普通高等院校机电工程类规划教材

机械制造工艺学

（第2版）

常同立 佟志忠 编著

清华大学出版社
北京

内容简介

本书按照"机械制造工艺学基本理论＋工程案例"的框架编写，主要包括机械加工工艺基础、机械加工工艺设计、数控加工工艺设计、机床夹具设计、机械加工精度控制、机械加工表面质量控制、机器装配工艺设计、先进制造技术与模式、复杂工程问题求解能力实训等9章。最后一章通过7个典型机械制造工艺案例开展工程实训。本书也介绍了工业4.0中机械制造工艺的新变化。

本书不仅适用于机械类专业的初学者，对已有较多机械制造行业从业经验的工程技术人员同样有较大帮助。可作为高等院校专业教材，也可供机械制造行业工程技术人员参考和培训。

图书在版编目(CIP)数据

机械制造工艺学/常同立，佟志忠编著. —2版. —北京：清华大学出版社，2018（2025.2重印）
（普通高等院校机电工程类规划教材）
ISBN 978-7-302-49562-8

Ⅰ. ①机… Ⅱ. ①常… ②佟… Ⅲ. ①机械制造工艺－高等学校－教材 Ⅳ. ①TH16

中国版本图书馆CIP数据核字(2018)第024665号

责任编辑：许 龙 赵从棉
封面设计：傅瑞学
责任校对：赵丽敏
责任印制：刘海龙

出版发行：清华大学出版社
网　　址：https://www.tup.com.cn，https://www.wqxuetang.com
地　　址：北京清华大学学研大厦A座　　**邮　　编**：100084
社 总 机：010-83470000　　**邮　　购**：010-62786544
投稿与读者服务：010-62776969，c-service@tup.tsinghua.edu.cn
质量反馈：010-62772015，zhiliang@tup.tsinghua.edu.cn
印 装 者：三河市科茂嘉荣印务有限公司
经　　销：全国新华书店
开　　本：185mm×260mm　　**印　　张**：23.5　　**字　　数**：566千字
版　　次：2010年5月第1版　2018年2月第2版　　**印　　次**：2025年2月第8次印刷
定　　价：68.00元

产品编号：070912-03

前　言

机械制造工艺学是本书内容的传统称谓，其实质是高阶、高层次机械制造技术。它承接机械制造基础课程，在金属切削原理、常用金属加工方法、金属切削机床等内容基础上，深入阐述保证或提高机械零件加工精度与机器装配质量等的方法与技术。

感谢读者和用户对本书第1版的支持！在吸收第1版使用反馈信息的基础上，结合编者十余年国企车辆研发经验和十多年高校教学经验，布局第2版内容。在第1版的基础上，本书增加了复杂工程问题求解能力实训内容，强化了数控加工工艺和增材制造等内容，增加了与工业4.0相关的机械制造工艺等内容，增添了机械制造工艺学理论的支撑素材（书后附录），贯彻了新的国家标准。为了便于读者参与国际交流与学习，附录L列出了机械制造工艺术语中英文对照。

我们在编写过程中仍然延续第1版的基本写作思想："写一本容易读的书；写一本实用性强的书。"力求使教师易教，学生易懂。一方面，读者读起来感觉内容很"简单"；另一方面，我们努力使书中内容与工程现实接轨，努力缩小校园教育与社会职场需求的差距。

本书主要特点如下：

(1) 体系完整，结构合理　本书具有完整的机械制造工艺学知识体系。在内容结构上，努力使知识阐述更加循序渐进、循循善诱，更加符合人类认知规律，并富有启发性。

(2) 重点突出，易读易懂　突出工艺设计的课程主线，加强机械制造工艺与产品结构协同设计意识。全书叙述简明，论述精炼，适应快节奏生活，追求良好的阅读体验。本书进行了易读性和易懂性设计，避免大量专业知识涌现对读者造成压迫感和窒息感。

(3) 能力培养，接轨职场　机械制造工艺是机械行业的一项重要工程实用技术。本书强化了实用性知识内容的阐述，强化了理论阐述与工程实际的联系，采用统一的理论与方法贯穿全书。追求以不变之理应万变事物的能力，切实提升读者处理复杂工程问题的能力。缩小校园教育与职场需求的差距，拉近学校人才培养与社会人才需求的距离。

(4) 阶梯难度，学教发展　面向不同读者的需求，内容采用梯级化设计，前八章为一般机械制造工艺理论讲解，第9章为复杂工程问题求解能力培养内容。既面向各类型高校学生大众的需求，也面向高校及社会卓越人才需求。顺应当前学习与教学方式变革，满足如"大众教育＋卓越人才培养""理论＋应用案例""必修＋选修""课堂教学＋课外自学"等多种教学与人才培养模式的需要，适应专业认证和卓越人才培养的需求。

(5) 融合数控，典型示范　针对当前传统机械加工方式与数控加工方式并存的现状，融合传统机械加工工艺设计与数控加工工艺设计内容，配备典型机械制造工艺设计等内容，起抛砖引玉的示范作用。

(6) 体现发展，面向未来　在内容取舍等多方面反映行业技术发展变化。增加了基于模型的工艺设计（工业4.0时代的机械制造工艺设计），强化了增材制造（3D打印）等反映新技术发展的内容。面向智能制造和工业4.0等制造业变革，引入工业信息化、智能化思想与观念,适应信息物理系统(cyber-physical system, CPS)在制造业的推广应用。

本书内容按阶梯难度设计以适应多种课时安排,可以方便依据教学计划编排授课内容。特别建议除课堂教学外,另配备一定数量的实验课、习题课、课程设计等内容。

对用本书作为教材的教师来说,可以通过电子邮件 tonglichang@126.com 与作者联系,可以获得相关的教学支撑资料。

对于自学读者,在阅读本书之外,选一本机械制造工艺手册作为参考资料,作为对本书内容的补充,预期将会收到较好的学习效果。

本书编写分工如下:第4、5章主要由佟志忠编写,其余部分由常同立编写。全书由常同立组织编写,并完成统稿和校稿工作。常悦参与书的结构设计和易读性设计。郭志鹏、潘正琦、和建增协助编写。东北林业大学王述洋教授对本书进行了审阅。

由于编者水平有限,书中缺点和错误在所难免,恳请读者不吝指正。

编　者

2018年1月

目　录

第1章　机械加工工艺基础

教学要求：

了解机械产品开发及生产过程；

掌握生产类型及其工艺特点；

掌握机械零件加工质量；

掌握工件尺寸和形状的获得方法；

掌握机械加工工艺过程；

掌握尺寸链基本计算方法。

1.1　机械产品开发及生产过程概述

1. 机械产品开发及改进过程

现代机械产品的开发与改进是持续演变和极其复杂的动态过程，大致可以用图1.1描述。机械产品开发与改进系统可以描述为一个负反馈系统，它描述了依据市场客户需求反馈信息，开发新产品，不断改进和发展现有产品的动态过程。

机械产品开发与改进系统中包含产品决策、产品设计、工艺设计、产品制造、产品使用等环节。上述环节之中任何一个环节的断裂，都会导致系统的崩溃。各个环节的状态都将对整个系统的运行产生影响。各个环节之间也有直接或间接的相互关联。因此，上述环节都具有与系统同等的重要性，每个组成环节都具有无可替代的重要性。因此学习和掌握机械制造工艺知识很重要，很有意义。

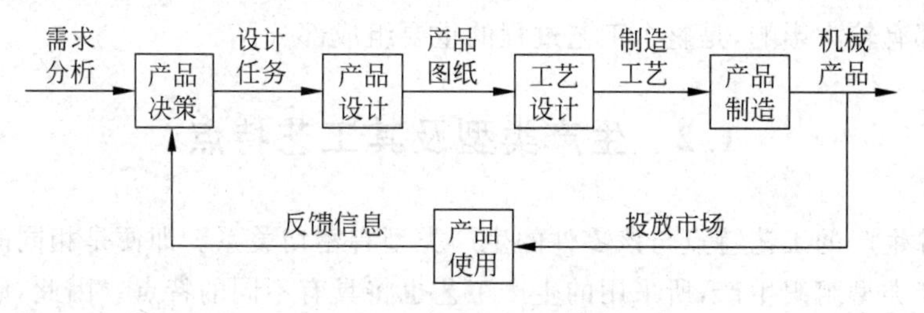

图1.1　机械产品开发与改进系统

2. 机械产品生产过程

机械制造过程是机械产品从原材料开始到成品之间各相互关联的劳动过程的总和。它包括毛坯制造、零件机械加工、热处理，以及机器的装配、检验、测试和油漆包装等主要生产过程，也包括专用夹具和专用量具制造、加工设备维修、动力供应（电力供应、压缩空气、液压动力以及蒸汽压力的供给等）。

工艺过程是指在生产过程中，通过改变生产对象的形状、尺寸、相互位置和性质等，使其成为成品或半成品的过程。机械产品生产工艺过程又可分为铸造、锻造、冲压、焊接、机械加工、热处理、装配、涂装等。其中与原材料变为成品直接有关的过程称为直接生产过程,是生产过程的主要部分;而与原材料变为产品间接有关的过程,如生产准备、运输、保管、机床与工艺装备的维修等,称为辅助生产过程。

直接机械生产过程可以用图 1.2 表示。机械制造过程大致可分为毛坯制造、零件机械加工与热处理、机器装配和调试等阶段。

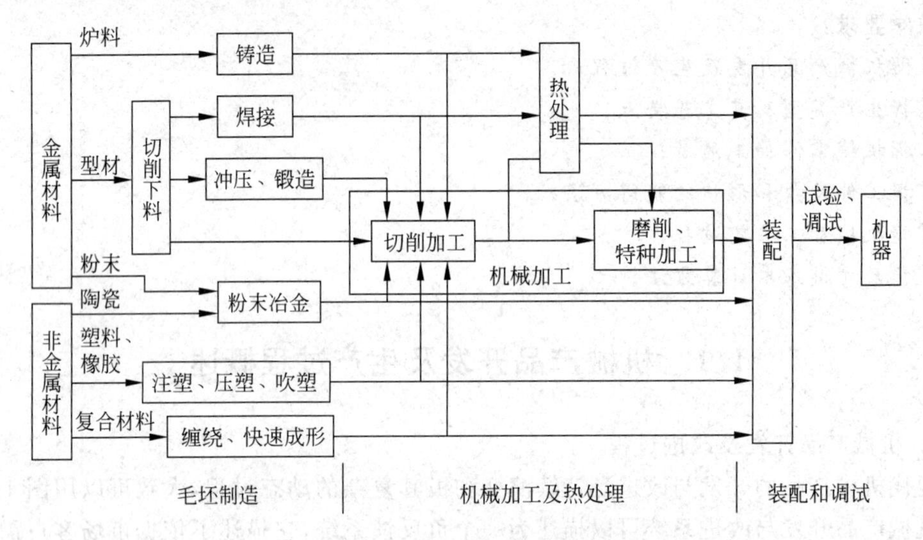

图 1.2　机械产品直接生产过程

机械制造的工艺过程一般包括零件的机械加工工艺过程和机器的装配工艺过程,这两部分在机械制造全过程中处于重要位置。

机械加工工艺过程(以下简称加工过程)是指用机械加工的方法直接改变毛坯的形状、尺寸、相对位置和性质等使之成为合格零件的工艺过程。从广义上来说,电加工、超声波加工、高能束加工等也属于加工过程。加工过程直接决定零件和机械产品的质量,对产品的成本和生产率都有较大影响,是整个工艺过程的重要组成部分。

1.2　生产类型及其工艺特点

机械零件生产的工艺特点与该零件的生产类型有密切关系。即便是相同的机械零件按照不同的生产类型组织生产,所采用的生产工艺也将具有不同的特点。因此,研究机械制造工艺需要了解生产类型。

产品的批量是生产类型划分的主要依据之一,而确定产品批量的依据则是生产纲领。

1.2.1　生产纲领和生产类型

1. 生产纲领

生产纲领是指企业在计划期内应当生产的产品产量和进度计划。计划期通常为 1 年,所以生产纲领也称为年产量。

对于零件而言,产品的产量除了制造机器所需要的数量之外,还要包括一定的备品和废品，因此零件的生产纲领应按下式计算：

$$N = Qn(1 + a\%)(1 + b\%) \tag{1.1}$$

式中，N为零件的年产量，件/年；Q为产品的年产量，台/年；n为每台产品中该零件的数量，件/台；$a\%$为该零件的备品率；$b\%$为该零件的废品率。

零件的生产纲领确定后，依据生产车间的具体情况，在计划期内将零件的生产纲领分批投入生产。一次投入或生产同一零件或产品的数量称为批量。

2. 生产类型

生产类型是指企业生产专业化程度的分类。人们按照零件或产品的生产纲领、投入生产的批量，可将生产分为单件生产、批量生产和大量生产三种类型。

生产类型的划分具有相对性，它与产品种类及所属行业类型有一定关系。例如，在生产类型划分上，机床的年产量与汽车的年产量未必是相同的。表1.1给出了一种常见的零件或产品生产类型与生产纲领的关系。

在确定零件或产品的生产类型时，首先计算零件或产品的生产纲领，然后参考表1.1即可确定其生产类型。

表1.1　生产类型和生产纲领的关系

生产类型		生产纲领/(件/年或台/年)		
		重型(≥30kg)	中型(4～30kg)	轻型(≤4kg)
单件生产		≤5	≤10	≤100
批量生产	小批量生产	5～100	10～200	100～500
	中批量生产	100～300	200～500	500～5 000
	大批量生产	300～1 000	500～5 000	5 000～50 000
大量生产		≥1 000	≥5 000	≥50 000

(1) 单件生产　单个生产不同结构和尺寸的产品，产品生产很少重复甚至不重复，这种生产类型称为单件生产。例如新产品试制、维修车间的配件制造和重型机械样机制造等都属单件生产。其生产特点是：产品的种类较多，而同一产品的产量很小，工作地点的加工对象经常改变。

(2) 大量生产　同一产品的生产数量很大，大多数工作地点经常按一定节奏重复进行某一零件的某一工序的加工，这种生产类型称为大量生产。例如紧固件、轴承等标准件的专业化生产即属大量生产。其生产特点是：同一产品的产量大，工作地点较少改变，加工过程重复。

(3) 批量生产　一年中分批轮流制造几种不同的产品，每种产品均有一定的数量，工作地点的加工对象周期性地重复，这种生产类型称为成批生产。例如减速器、水泵、风机等通用机械的生产即属批量生产。其生产特点是：产品的种类较少，有一定的生产数量，加工对象周期性地改变，加工过程周期性地重复。

根据零件或产品的批量大小，批量生产又可分为大批量生产、中批量生产和小批量生产。小批量生产的工艺特征接近单件生产，大批量生产的工艺特征接近大量生产。

1.2.2　生产类型的工艺特点

不同生产类型的制造工艺有不同特征，各种生产类型的工艺特征见表1.2。

表1.2 各种生产类型的工艺特征

项目 \ 生产类型	单件或小批量生产	中批量生产	大批或大量生产
零件数量及其变换	数量少,经常变换	数量中等,周期性变换	数量大,固定不变
毛坯制造方法	铸件用木模手工造型;锻件用自由锻	部分铸件用金属模造型;部分锻件用模锻	铸件广泛用金属模机器造型,锻件广泛用模锻
零件互换性	无须互换、互配零件可成对制造,广泛用修配法装配	大部分零件有互换性,少数用修配法装配	全部零件有互换性,某些要求精度高的配合,采用分组装配
机床类型及其布置	通用机床;按机床类别和规格采用"机群式"排列	部分采用通用机床,部分采用专用机床;按零件加工分"工段"排列	广泛采用生产率高的专用机床和自动机床;按流水线形式排列
加工方法	试切法	大部分调整法,部分试切法	调整法(且自动化加工)
机床夹具	通用夹具	大量专用夹具,部分通用夹具	广泛用专用夹具
刀具和量具	采用通用刀具和量具	较多采用专用刀具和量具	广泛采用高生产率的专用刀具和量具
操作者能力水平	技术熟练	需要一定熟练程度的技术工人	机床调整者能力水平高,机床操作者能力水平低
工艺文件	只有简单的工艺过程卡	有详细的工艺过程卡或工艺卡,重要零件的关键工序有详细的工序卡	有工艺过程卡、工艺卡、工序卡、操作卡和调整卡等详细的工艺文件
生产率	低	中	高
成本	高	中	低

1.3 机械加工质量

机械零件的加工质量主要包括零件的加工精度和零件的表面加工质量。

1.3.1 加工精度的含义

加工精度是指零件加工后的实际几何参数(包括尺寸、形状和位置)对理想几何参数的符合程度。加工精度包括尺寸精度、形状精度和位置精度三个方面。

(1) 尺寸精度　尺寸精度是指加工后零件表面本身或表面之间实际尺寸与理想尺寸之间的符合程度。其中理想尺寸是指零件图上所标注的有关尺寸的平均值。

(2) 形状精度　形状精度是指加工后零件表面实际形状与表面理想形状之间的符合程度。其中表面理想形状是指绝对准确的表面形状,如圆柱面、平面、球面、螺旋面等。

(3) 位置精度　位置精度是指加工后零件表面之间实际位置与表面之间理想位置的符合程度。其中表面之间理想位置是绝对准确的表面之间位置,如两平面垂直、两平面平行、两圆柱面同轴等。

1.3.2 加工表面质量的含义

加工表面质量包括两个方面的内容：加工表面的几何形状误差和表面层的物理力学性能。

1. 加工表面的几何形状误差

加工表面的几何形状误差主要包括表面粗糙度、波度和纹理方向等。

(1) 表面粗糙度　是加工表面的微观几何形状误差，表面粗糙度的波距小于1mm，如图1.3所示。

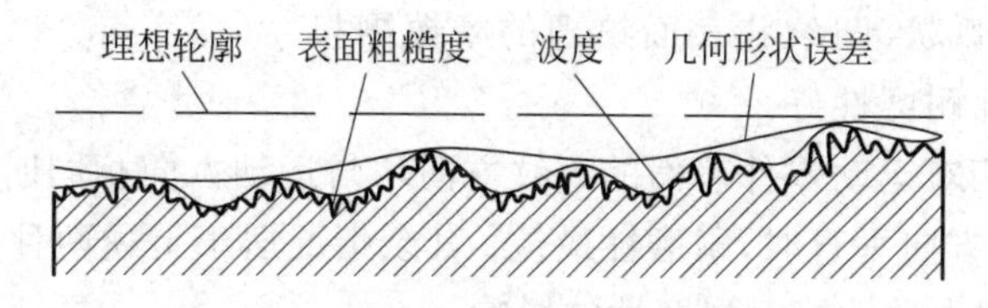

图1.3　加工表面的几何形状误差示意图

(2) 波度　是波距在1～10mm范围的加工表面不平度，它是由机械加工中的振动引起的。

宏观几何形状误差是波距大于10mm的加工表面不平度，例如圆度误差、圆柱度误差等，它们属于加工精度范畴，宏观几何形状误差不在本章讨论之列。

(3) 纹理方向　纹理方向是机械加工时在零件加工表面形成的刀纹方向。它取决于表面形成过程中所采用的机械加工方法。

2. 表面层的物理力学性能

由于机械加工中力因素和热因素的综合作用，工件(加工中的零件，workpiece)加工表面的物理力学性能将发生一定的变化，主要反映在以下几个方面。

(1) 表面层金属的冷作硬化　表面层金属硬度的变化用硬化程度和深度两个指标来衡量。在机械加工过程中，工件表面层金属都会有一定程度的冷作硬化，使表面层金属的显微硬度有所提高。一般情况下，硬化层的深度可达0.05～0.30mm；若采用滚压加工，硬化层的深度可达几个毫米。

(2) 表面层金属的金相组织变化　机械加工过程中，切削热会引起表面层金属的金相组织发生变化。

(3) 表面层金属的残余应力　由于切削力和切削热的综合作用，表面层金属晶格会发生不同程度的塑性变形或产生金相组织的变化，使表层金属产生残余应力。

1.3.3 加工表面质量对使用性能的影响

1. 表面质量对耐磨性的影响

1) 表面粗糙度对耐磨性的影响

表面粗糙度对零件表面磨损的影响很大。表面越粗糙，有效接触面积就越小，这样微观凸峰很快就会被磨掉。若被磨掉的金属微粒落在相配合的摩擦表面之间，则会加速磨损过程，即使在有润滑液存在的情况下，也会因为接触点处压强过大，破坏油膜，产生磨粒磨损。

一般说来，表面粗糙度越小，其耐磨性越好。但是表面粗糙度太小，有效接触面积会随着磨损增加而增大。这是因为表面粗糙度过小,零件间的金属微观粒子间亲和力增加,表面的机械咬合作用增大,且润滑液不易储存,磨损反而增加。图1.4给出表面粗糙度数与起始磨损量的关系曲线。

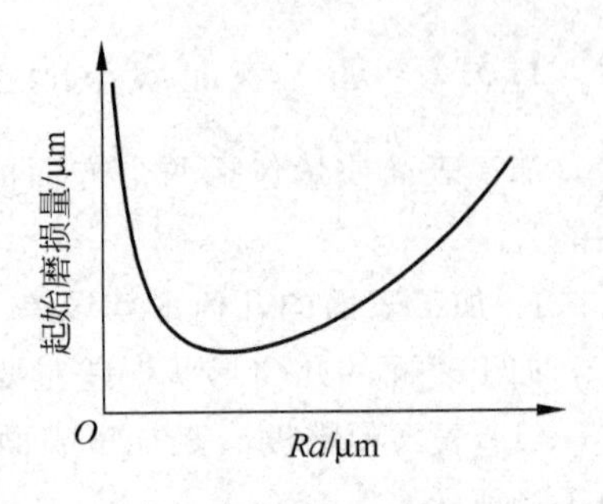

图1.4 表面粗糙度与磨损量的关系

2）表面纹理对耐磨性的影响

表面纹理形状及刀纹方向会影响有效接触面积与润滑液的存留,它们对耐磨性也有一定影响。一般来说,尖峰状的表面纹理的摩擦副接触面压强大,零件表面的耐磨性较差；圆弧状、凹坑状表面纹理的摩擦副接触面压强小,零件表面耐磨性好。

在运动副中,两相对运动零件表面的刀纹方向均与运动方向相同时,耐磨性最好；两者的刀纹方向均与运动方向垂直时,耐磨性最差；其余情况居于上述两种状态之间。

3）表面层的物理力学性能对耐磨性的影响

表面层金属的冷作硬化能够提高零件的耐磨性。一般地,冷作硬化可以提高表层显微硬度,减少接触部分变形,从而提高耐磨性。

2. 表面质量对耐疲劳性的影响

1）表面粗糙度对耐疲劳性的影响

表面粗糙度对承受交变载荷零件的疲劳强度影响很大。在交变载荷作用下,表面粗糙度大,容易产生疲劳裂纹,其抵抗疲劳破坏的能力较差；表面粗糙度小,表面缺陷少,工件耐疲劳性较好。

2）表面层的物理力学性能对耐疲劳性的影响

表面层金属的冷作硬化一定会存在残余压应力,残余压应力在一定程度上能够阻止疲劳裂纹的生长,可提高零件的耐疲劳强度。

3. 表面质量对耐蚀性的影响

1）表面粗糙度对耐蚀性的影响

零件的表面粗糙度对耐蚀性影响很大。表面粗糙度小,有助于减少加工表面与外界气体、液体接触的面积,有助于减少腐蚀物质沉积,因此有助于提高耐蚀性能。

2）表面层力学物理性能对耐蚀性的影响

当零件表面层有残余压应力时,能够阻止表面裂纹的进一步扩大,有利于提高零件表面抵抗腐蚀的能力。

4. 表面质量对零件配合质量的影响

零件的表面粗糙度一方面会影响零件磨损,间接影响零件配合质量；另一方面零件的表面粗糙度会影响配合表面的实际有效接触面积,影响接触刚度。当承受较大载荷时,相配合的两个表面的微观变形较大,对零件配合产生影响。

1.4 加工精度的获得方法

机械产品纷繁多样,机械零件的尺寸、形状等可能千差万别。需要采用一定的加工方法获得零件加工表面的尺寸精度、形状精度及位置精度。

1. 工件尺寸精度获得方法

在机械加工中，获得尺寸精度的方法主要有下面四种。

1）试切法

试切法是最早采用的获得零件尺寸精度的加工方法，同时也是目前常用的能获得高精度尺寸的主要加工方法之一。所谓试切法，即是在零件加工过程中不断对已加工表面的尺寸进行测量，以测量数据为依据调整刀具相对工件加工表面的位置，进行尝试切削，直至达到工件要求尺寸精度的加工方法。例如轴类零件上轴颈尺寸的试切车削加工和轴颈尺寸的在线测量磨削、箱体零件孔系的试镗加工及精密量块的手工精研等都是采用试切法加工。

2）调整法

调整法是在成批生产条件下经常采用的一种加工方法。调整法是按试切好的工件尺寸、标准件或对刀块等调整并确定刀具相对工件定位基准的准确位置，在保持此准确位置不变的条件下，对一批工件进行加工的方法。例如在多刀车床或六角自动车床上加工轴类零件、在铣床上铣槽、在无心磨床上磨削外圆及在摇臂钻床上用钻床夹具加工孔系等都是采用调整法加工。

3）定尺寸刀具法

定尺寸刀具法是在加工过程中依靠刀具或组合刀具尺寸保证被加工零件尺寸精度的一种加工方法。常见的定尺寸刀具加工方法有：用方形拉刀拉方孔，用钻头、扩孔钻或铰刀加工内孔，用组合铣刀铣工件两侧面和槽面等。

4）自动控制法

自动控制法是在加工过程中，通过由尺寸测量装置、动力进给装置和控制机构等组成的自动控制系统，使加工过程中的尺寸测量、刀具的补偿调整和切削加工等一系列工作自动完成，从而自动获得所要求尺寸精度的一种加工方法。例如在无心磨床上磨削轴承圈外圆时，通过测量装置控制导轮架进行微量的补偿进给，从而保证工作的尺寸精度；在数控机床上，通过数控装置、测量装置及伺服驱动机构，控制刀具在加工时应具有的准确位置，从而保证零件的尺寸精度等。

2. 形状精度的获得方法

在机械加工中，获得形状精度的方法主要有下面两种。

1）成形运动法

成形运动法是以刀具的刀尖作为一个点相对工件做有规律的切削成形运动，从而使加工表面获得所要求形状的加工方法。刀具相对工件运动的切削成形面即是工件的加工表面。

虽然机器零件形状可能差别很大，但它们的表面一般由几种简单的几何形面及其组合构成。例如，由圆柱面、圆锥面、平面、球面、螺旋面和渐开线面等及它们的组合构成了常见零件的表面形状，上述典型几何形面都可通过成形运动法加工出来。

为了提高效率，在生产中往往不是使用刀具刃口上的一个点，而是采用刀具的整个切削刃口加工工件。如采用拉刀、成形车刀及宽砂轮等对工件进行加工。上述情况下，由于制造刀具刃口的成形运动已在刀具的制造和刃磨过程中完成，故可明显简化零件加工过程中的成形运动。采用宽砂轮横进给磨削、成形车刀切削及螺纹表面的车削加工等，都是刀具刃口的成形加工和提高生产效率的实例。

通过成形刀具相对工件所做的展成啮合运动,还可以加工出形状更为复杂的几何形面。如各种花键表面和齿形表面,就常常采用展成法加工,刀具相对工件做展成啮合的成形运动,其加工后的几何形面即是刀刃在成形运动中的包络面。

2) 非成形运动法

采用非成形运动法加工零件形状时,零件表面形状精度的获得不是依靠刀具相对工件的准确成形运动,而是依靠在加工过程中对加工表面形状的不断检验和工人对其进行精细修整。

虽然非成形运动法是获得零件表面形状精度最原始的加工方法,但是它现在仍然是某些复杂的形状表面和形状精度要求很高表面的加工方法。例如精密刮研高精度测量平台,精研具有较复杂空间型面锻模,手工研磨精密丝杠等。

3. 位置精度的获得方法

获得位置精度的机械加工方法主要有下面两种。

1) 一次装夹获得法

零件有关表面间的位置精度是在工件的同一次装夹中,由各有关刀具相对工件的成形运动之间的位置关系保证的。

轴类零件加工时,零件主要外圆、端面和端台均在工件一次装夹中加工完成,则可以保证它们同轴度与垂直度等位置精度要求;在箱体零件加工时,将孔系中重要孔安排在工件一次装夹中加工,可以保证孔间的同轴度、平行度,以及垂直度。

2) 多次装夹获得法

如果零件复杂程度较大,在一次装夹中无法将主要表面全部加工完,则需要多次装夹工件才能完成零件主要表面加工,这时零件位置精度获得方法是多次装夹获得法。

采用多次装夹获得法加工时,零件有关表面间的位置精度是由刀具相对工件的成形运动与工件定位基准面(亦是工件在前几次装夹时的加工面)之间的位置关系保证的。如轴类零件上键槽对外圆表面的对称度,箱体平面与平面之间的平行度、垂直度,箱体孔与平面之间的平行度和垂直度等,均可采用多次装夹获得法。在多次装夹获得法中,又可根据工件的不同装夹方式划分为直接装夹法、找正装夹法和夹具装夹法。

1.5　机械加工工艺过程组成

为了更精确地描述生产过程的工艺问题,可以将工序细分为安装、工步、走刀等,它们的层次关系大致如图1.5所示。

1. 工序

工序是一个或一组工人,在相同的工作地对同一个或同时对几个工件连续完成的那一部分工艺过程。零件的机械加工过程就是该零件加工工序的序列。工序是工艺过程的基本单元,也是生产计划、成本核算的基本单元。

一个零件的加工过程需要包括哪些工序,由被加工零件的复杂程度、其加工精度要求及其产量等因素决定。例如,单件生产图1.6所示的阶梯轴时,其加工过程可以由两个工序组成,见表1.3;小批生产图1.6所示的阶梯轴时,该阶梯轴的加工过程可以由三个工序组成,见表1.4;大批量生产图1.6所示的阶梯轴时,该阶梯轴的加工过程可以分为五个工序,见表1.5。

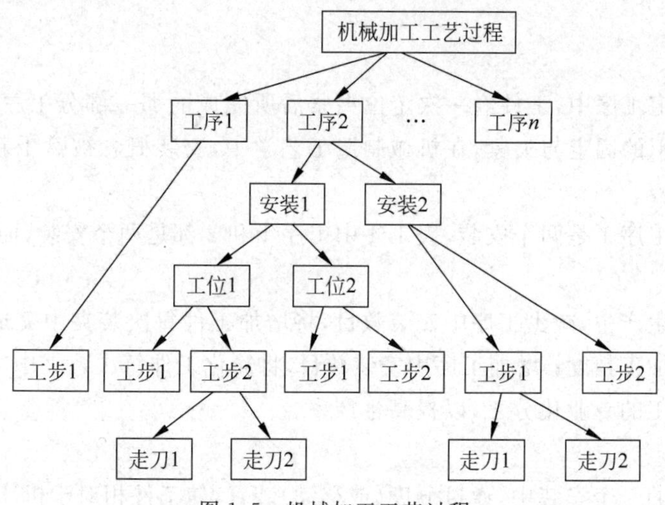

图 1.5　机械加工工艺过程

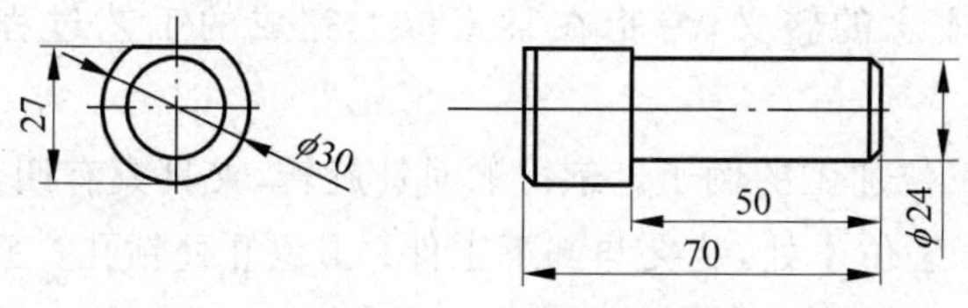

图 1.6　阶梯轴①

表 1.3　单件生产的工艺过程

工序	工 序 内 容	机床	夹　　具
1	车大端面，车大外圆及倒角。调头安装，车小端面，车小外圆及倒角	车床	三爪自定心卡盘
2	铣平面、去毛刺	铣床	平口钳

表 1.4　小批生产的工艺过程

工序	工 序 内 容	机床	夹　　具
1	车大端面，打中心孔。调头安装，车小端面，打中心孔	车床	三爪自定心卡盘
2	车大外圆及倒角。调头安装，车小外圆及倒角	车床	专用夹具
3	铣平面、去毛刺	铣床	平口钳

表 1.5　大批大量生产的工艺过程

工序	工 序 内 容	机　　床	夹　　具
1	同时铣两端面；同时打两中心孔	组合机床	多工位专用夹具
2	车大外圆及倒角	车床	专用夹具
3	车小外圆及倒角	车床	专用夹具
4	铣平面	铣床	专用夹具
5	去毛刺	钳工台	

① 文中未注明尺寸单位均为 mm。

2. 安装

安装指在一道工序中,工件经一次定位夹紧后所完成的那一部分工序内容。安装概念原指工件在机床上的固定与夹紧,在机械制造工艺学中,安装概念被赋予新的内涵,其内容是一部分工序内容。

如表1.3中工序1是两个安装,表1.4中工序1和2都是两个安装,而表1.5中各工序都是一个安装。

在大批大量生产中,减少工序中安装数目,将增加工件每次装夹中完成的加工内容,有助于提高和保证加工精度;增加工序中安装数目,将简化工件每次装夹中完成的加工内容,可以提高机械加工的专业化分工,以提高生产率。

3. 工位

在工艺过程的一个安装中,通过分度(或移动)装置,使工件相对于机床床身变换加工位置,则把每一个加工位置上的一部分安装内容称为工位。在机械制造工艺学中,工位概念是机床夹具的工位概念的转义,专指在某工位上完成的工艺过程,其内容是一部分工序内容。

图1.7所示为多工位加工的例子。依次顺时针旋转,夹具具有四个工位,在每一个工位完成一定的工序内容:工位Ⅰ处,装夹与卸下工件;工位Ⅱ处钻孔;工位Ⅲ处扩孔;工位Ⅳ处绞孔。这是一个安装包含四个工位的例子。

4. 工步

工步是指在加工表面、刀具和切削用量(不包括背吃刀量)均保持不变的情况下所完成的那一部分工序内容。

加工表面、刀具和切削用量(切削速度和进给量)构成工步三要素。三要素之中任一要素发生变化,则变为另一工步。

例如,表1.4中工序1可以划分为四个工步。工步1用弯头车刀车削大端面;工步2用中心钻打大端面中心孔;工步3用弯头车刀车削小端面;工步4用中心钻打小端面中心孔。

在多刀车床、转塔车床的加工中经常出现这种情况:有时为了节约机动时间,提高生产效率,经常出现用几把刀具同时分别加工几个表面的工步,这种工步称为复合工步。在工艺文件上,复合工步也被视为一个工步。如图1.8所示的复合工步是用两把车刀和一个钻头同时加工外圆和孔。

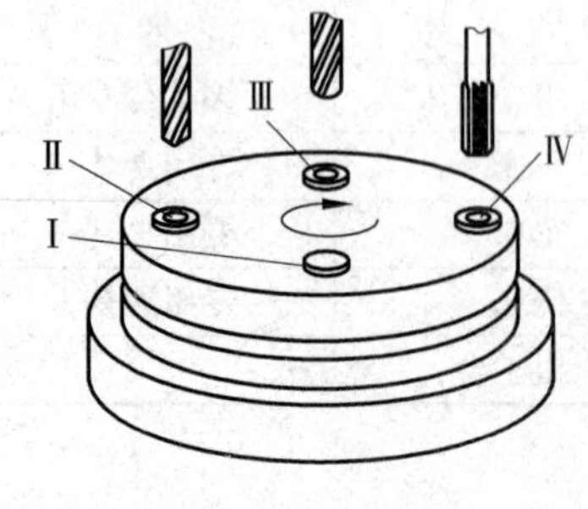

图1.7　多工位加工

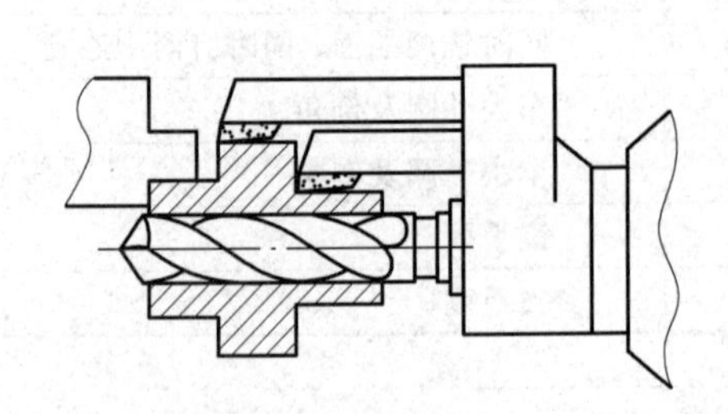

图1.8　复合工步

例如，表 1.5 的工序 1 中，组合机床安装两个铣刀和两个中心钻，该工序划分为两个复合工步。工步 1，同时铣削两端面；工步 2，同时打两端面中心孔。

5. 走刀

在一个工步内，因加工余量较大，需用同一刀具、在同一转速及进给量的情况下对同一表面进行多次切削，每次切削称为一次走刀。图 1.9 所示的走刀示意图中，加工包含两个工步，第 1 工步只有一个走刀Ⅰ；第 2 工步则包含走刀Ⅱ和走刀Ⅲ。走刀是构成机械加工过程的最小单元。

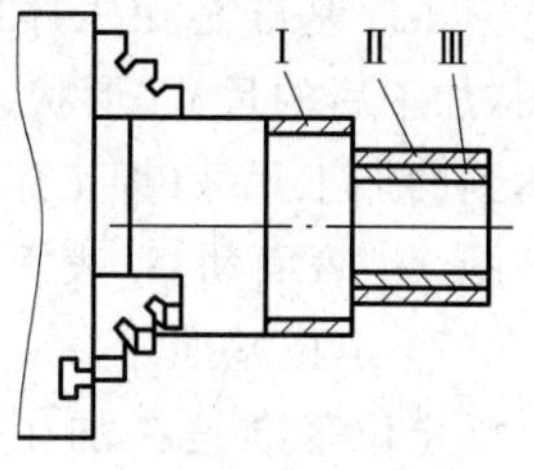

图 1.9　走刀示意图

1.6　设计基准与工艺基准

基准是指用来确定生产对象上几何要素间的几何关系所依据的那些点、线、面。按基准的用途和作用，可将其分为设计基准和工艺基准两大类，如图 1.10 所示。

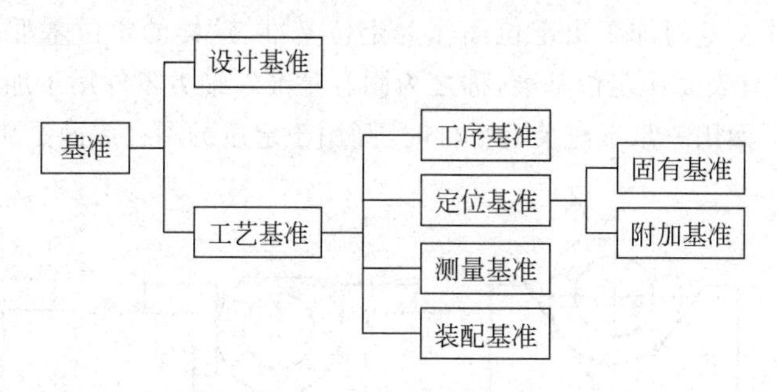

图 1.10　基准分类

1. 设计基准

设计基准是设计图样上所采用的基准。如图 1.11 所示零件结构，需要在阶梯轴零件上确定平面 B 的位置。在设计零件时，B 平面的设计基准可以有多种选择（也即，B 平面尺寸有多种标注方式）。例如，图 1.11(a)所示的零件 H_1 尺寸以轴线 S_1 为设计基准；图 1.11(b)所示的零件 H_2 尺寸以母线 S_2 为设计基准；图 1.11(c)所示的零件 H_3 尺寸以母线 S_3 为设计基准。

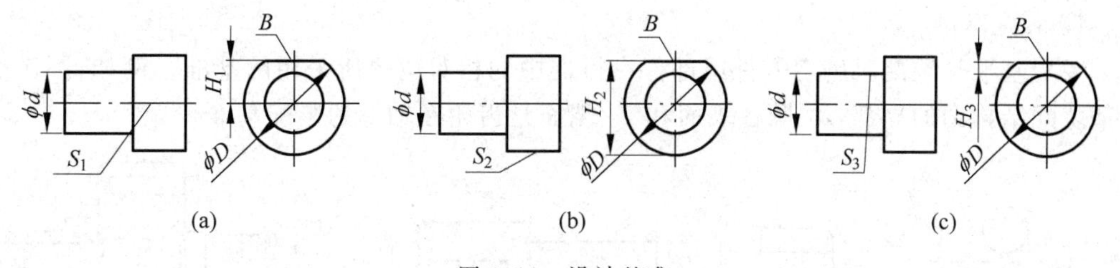

图 1.11　设计基准

2. 工艺基准

工艺基准是在工艺过程中所采用的基准。依据它们在工艺过程中的不同应用，工艺基准可分为工序基准、定位基准、测量基准和装配基准。

1) 工序基准

工序基准是在工序图上,用于确定本工序所加工的表面,加工后的尺寸、形状、位置。它是某一工序加工表面所要达到的加工尺寸(即工序尺寸)的起点。图1.12所示为某工序图,G_1 表面和 G_2 表面是工序基准。

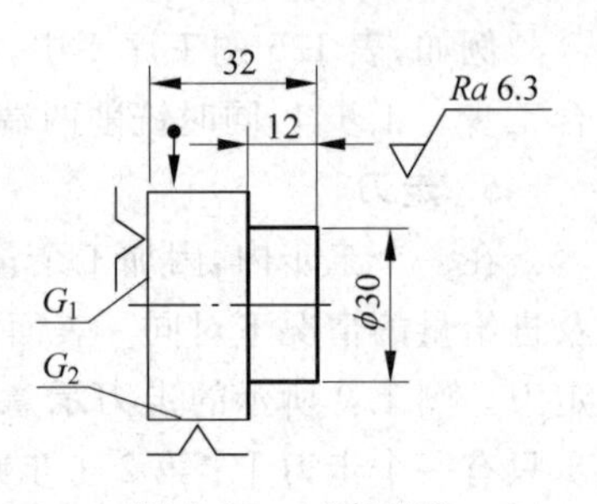

图1.12　工序基准

2) 定位基准

定位基准是在加工过程中用作工件定位的基准。如图1.11所示的零件加工时,定位基准可以有多种选择,例如图1.13(a)用三爪卡盘夹持工件,以轴线 W_1 为定位基准;图1.13(b)表示用V形块定位,以轴线 W_2 为定位基准;图1.13(c)用虎钳夹持工件大圆柱体,用支撑钉定位,以母线 W_3 为定位基准;图1.13(d)用虎钳夹持工件小圆柱体,用支撑钉定位,以母线 W_4 为定位基准。

如果需要用于加工定位的工件表面是斜面或曲面等不便于定位的表面,为了加工工件时定位方便,在工件上专门加工出定位面作为定位基准,这样的定位基准称为附加基准。相对应的,利用零件原有表面作定位基准,称之为固有基准。轴类零件用于加工定位的中心孔就是典型的附加基准;而用三爪卡盘装夹零件时,则用于定位的圆柱表面是典型的固有基准。

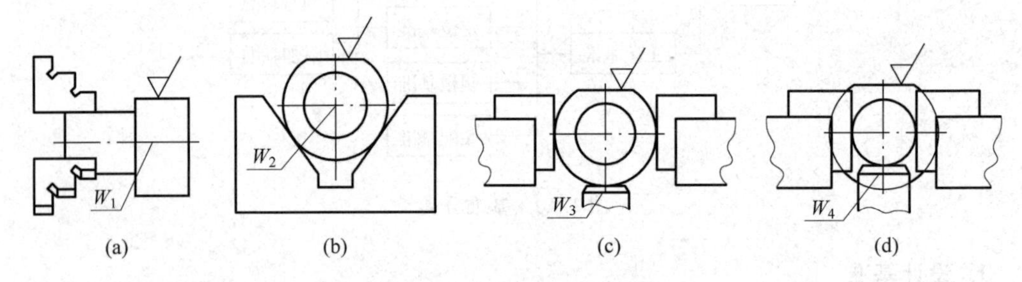

图1.13　定位基准

3) 测量基准

测量基准是零件测量时所采用的基准。采用不同的测量方法,如图1.11所示的零件的测量基准可以有多种,例如图1.14(a)以轴线 C_1 为测量基准;图1.14(b)表示用量规检测时,以母线 C_2 为测量基准;用卡尺检测时,以母线 C_3 为测量基准,如图1.14(c)所示。

4) 装配基准

装配基准是装配时确定零件或部件在机器中的相对位置所采用的基准。例如,图1.15是某装配结构图的局部,Z_1 圆柱表面和 Z_2 端面是齿轮在轴上的装配基准。

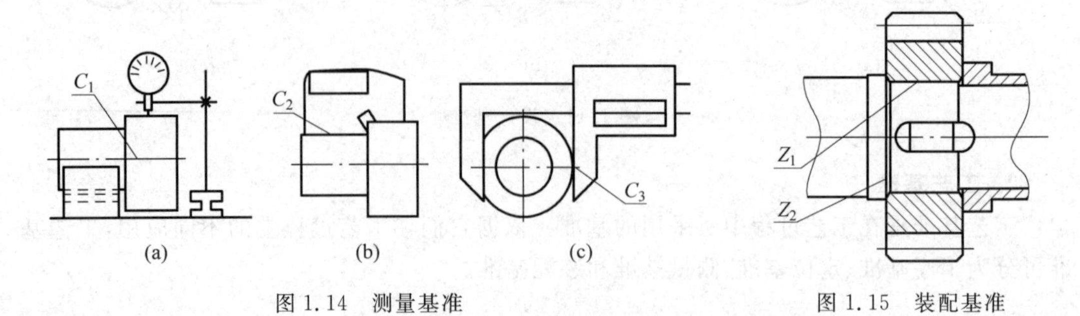

图1.14　测量基准

图1.15　装配基准

1.7　基本尺寸链理论

在机械产品设计与制造过程中，经常需要确定零件的结构要素间、零件与部件间的相互位置关系，也就是常会遇到尺寸精度分析与计算问题，这时就需要用尺寸链理论解决。

1.7.1　尺寸链的概念、组成及特性

尺寸链(dimensional chain)是指在机器装配或零件加工过程中，由相互连接的尺寸形成封闭的尺寸组。

1. 尺寸链的组成

组成尺寸链的各个尺寸称为尺寸链的环(link)。尺寸链的环可分为封闭环(closing link)和组成环(component link)。

尺寸链封闭环是尺寸链中最终间接获得或间接保证精度的那个环，换句话说，封闭环是在装配或加工过程中最后形成的一环。每个尺寸链中必有一个封闭环，且只有一个封闭环。

正确进行尺寸链分析与计算，封闭环的判定非常重要。装配尺寸链中，封闭环是决定机器装配精度的环，换句话说，封闭环就是机器装配精度要求或精度指标；工艺尺寸链中，封闭环必须在加工顺序确定后才能判断。

尺寸链中除封闭环以外的其他环都称为组成环。组成环又分为增环(increasing link)和减环(decreasing link)。

若在其他组成环不变的条件下，某一组成环的尺寸增大，封闭环的尺寸也随之增大，则该组成环称为增环；反之，则为减环。

尺寸链一般都用尺寸链图表示。下面举例说明尺寸链图建立过程及增环和减环判别方法。

某零件部分尺寸关系见图 1.16(a)，分析其机械加工工艺，知 B 表面与 C 表面间尺寸为间接保证尺寸，确定其为封闭环。再从封闭环出发，按照零件尺寸间的联系，用首尾相接的尺寸线依次表示各组成环，而构成的尺寸图就是尺寸链图，见图 1.16(b)。

利用尺寸链图可以判断各组成环是增环或减环。首先选定一个环绕方向，如顺时针方向。按照环绕方向，在尺寸链的封闭环和组成环上依次画上一个箭头，如图 1.16(b)所示。凡是箭头方向与封闭环的箭头方向相反的组成环均为增环；反之，则为减环。

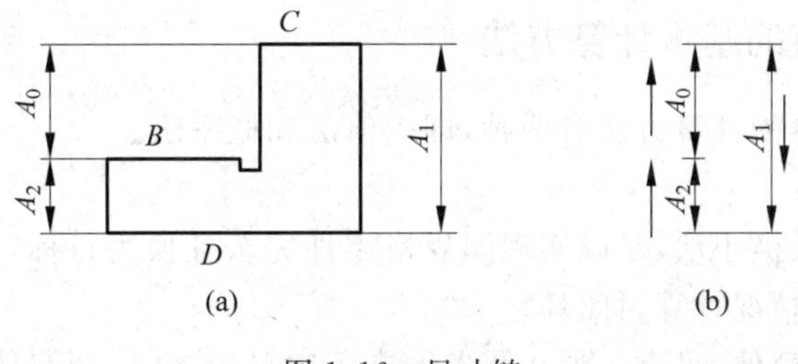

图 1.16　尺寸链

2. 尺寸链的特性

通过上述分析可知，尺寸链的主要特性是封闭性和关联性。

封闭性是指尺寸链中各尺寸的排列呈封闭形式。尺寸排列没有封闭的不能成为尺寸链。

关联性是指尺寸链中任何一个直接获得尺寸及其精度的变化，都将影响间接获得或间接保证的那个尺寸及其精度的变化。

1.7.2 尺寸链的分类

尺寸链有多种不同分类方法，按尺寸几何特征分为长度尺寸链与角度尺寸链；按尺寸链用途分为装配尺寸链、零件尺寸链和工艺尺寸链；按其在空间的位置分为直线尺寸链、平面尺寸链和空间尺寸链。

长度尺寸链是由长度尺寸构成的尺寸链。长度尺寸描述了零件两要素之间的距离。

角度尺寸链是由角度尺寸构成的尺寸链。角度尺寸描述了两要素之间的位置关系。角度尺寸链各环尺寸为角度量、平行度、垂直度等。角度尺寸链一般有两类求解方法：角度转换法(均以角度表示要素关系，建立和求解尺寸链)和直线转换法(在统一长度范围，将要素关系表达为直线长度要求，建立和求解直线尺寸链)。

装配尺寸链是在机器设计或装配过程中，由一些相关零件的尺寸形成有联系封闭的尺寸组。

零件尺寸链是同一零件上由各个设计尺寸构成相互有联系封闭的尺寸组。零件尺寸链组成环是指设计图样上标注的尺寸。

工艺尺寸链是零件在机械加工过程中，同一零件上由各个工艺尺寸构成相互有联系封闭的尺寸组。工艺尺寸是指工序尺寸、定位尺寸和基准尺寸。

直线尺寸链是全部环都位于两条或几条平行的直线上的尺寸链。机械加工和机械装配过程中遇到的大多数尺寸链为直线尺寸链，为阅读便利，本书着重讲解直线尺寸链计算。

平面尺寸链是全部环都位于一个或几个平行的平面上，但其中某些组成环不平行于封闭环的尺寸链。平面尺寸链求解方法是将平面尺寸链中各有关组成环按平行于封闭环方向投影，将平面尺寸链简化为直线尺寸链来计算。平面尺寸链计算方法详见附录A。

空间尺寸链是某些组成环没有位于平行于封闭环的平面上的尺寸链。空间尺寸链求解方法如下：一般将空间尺寸链按三维坐标分解，转化成平面尺寸链或直线尺寸链。然后根据需要，求解平面尺寸链或直线尺寸链。

1.7.3 尺寸链的基本计算方法

通常，工艺尺寸链的计算方法有两种，即极值法和概率法。

1. 极值法

极值法，也称极大极小法，是以实现同规格零件完全互换为目标，按照尺寸链各组成环出现极值的综合误差情况计算封闭环。

极值法的优点是简便、可靠；缺点是当组成环数目较多时，会使计算结果过于严格，尺寸公差过小，超出许可条件或超出机械加工能力，而造成加工困难。

极值法的计算方法如下：

为了计算方便和公式表达容易，公式中将尺寸链的增环挑出，放在一起排序，如 A_i($i=$

$1,2,\cdots,m$)；将尺寸链的减环挑出，放在一起排序，如 $A_d(d=m+1,m+2,\cdots,n)$。

1）封闭环的基本尺寸

封闭环的基本尺寸 A_0 等于增环基本尺寸 $A_i(i=1,2,\cdots,m)$之和减去减环基本尺寸 $A_d(d=m+1,m+2,\cdots,n)$之和，即

$$A_0=\sum_{i=1}^{m}A_i-\sum_{d=m+1}^{n}A_d \tag{1.2}$$

式中，m 为增环的环数；n 为组成环总数。

2）封闭环的极限尺寸

封闭环的最大极限尺寸 $A_{0\max}$ 等于所有增环的最大极限尺寸 $A_{i\max}(i=1,2,\cdots,m)$之和减去所有减环的最小极限尺寸 $A_{d\min}(d=m+1,m+2,\cdots,n)$之和，即

$$A_{0\max}=\sum_{i=1}^{m}A_{i\max}-\sum_{d=m+1}^{n}A_{d\min} \tag{1.3}$$

封闭环的最小极限尺寸 $A_{0\min}$ 等于所有增环的最小极限尺寸 $A_{i\min}(i=1,2,\cdots,m)$之和减去所有减环的最大极限尺寸 $A_{d\max}(d=m+1,m+2,\cdots,n)$之和，即

$$A_{0\min}=\sum_{i=1}^{m}A_{i\min}-\sum_{d=m+1}^{n}A_{d\max} \tag{1.4}$$

3）封闭环的上偏差 ESA_0 与下偏差 EIA_0

封闭环的上偏差 ESA_0 等于所有增环的上偏差 $ESA_i(i=1,2,\cdots,m)$之和减去所有减环的下偏差 $EIA_d(d=m+1,m+2,\cdots,n)$之和，即

$$ESA_0=\sum_{i=1}^{m}ESA_i-\sum_{d=m+1}^{n}EIA_d \tag{1.5}$$

封闭环的下偏差 EIA_0 等于所有增环的下偏差 $EIA_i(i=1,2,\cdots,m)$之和减去所有减环的上偏差 $ESA_d(d=m+1,m+2,\cdots,n)$之和，即

$$EIA_0=\sum_{i=1}^{m}EIA_i-\sum_{d=m+1}^{n}ESA_d \tag{1.6}$$

4）封闭环的公差 T_0

封闭环的公差等于所有组成环公差 $T_j(j=1,2,\cdots,n)$之和，即

$$T_0=\sum_{j=1}^{n}T_j \tag{1.7}$$

2. 概率法

依据概率理论，零件尺寸出现极值情况往往是小概率事件。

概率法是以保证大多数同规格零件具有互换性为目标，按照尺寸链各组成环出现大概率事件的综合误差情况计算封闭环。

概率法的优点是能够依据零件加工尺寸的概率分布情况，适当放宽对组成环的要求。特别是当尺寸链的组成环数目较多时，不至于使计算结果过于严格，以至于使机械加工制造成本过高或超出现有机械加工能力。其缺点是尺寸链计算较为烦琐，且会出现少量不合格品。

概率法在工艺尺寸链计算中应用相对较少。概率法计算公式参见第 7 章及相关参考资料。

1.7.4 尺寸链计算公式的使用方法

尺寸链计算公式使用方法有如下三种。

(1) 正计算 尺寸链正计算是已知尺寸链各组成环,计算封闭环。尺寸链正计算主要用来验算尺寸设计的正确性,也称校核计算。它既可以用于产品设计验算,也可以用于工艺设计验算。

(2) 反计算 尺寸链反计算是已知尺寸链封闭环和各组成环的基本尺寸,计算各组成环的极限偏差。尺寸链反计算主要用在设计计算上,即根据机器的技术指标(即技术要求)来分配各零件的公差。它既可以用于产品设计,也可以用于工艺设计。

(3) 中间计算 尺寸链中间计算是已知尺寸链封闭环和部分组成环的极限尺寸,计算某一组成环的极限尺寸。尺寸链中间计算常常用在工艺上。

通常,尺寸链反计算和中间计算通称为设计计算。

1.7.5 工艺尺寸链的应用

与工艺尺寸链相比,装配尺寸链还有一些特殊性,而且装配尺寸链与装配工艺过程联系密切。装配尺寸链内容将在第 7 章中探讨。这里将讲述工艺尺寸链计算应用问题。

工艺尺寸链是解决机械加工工艺问题的一种重要手段。工艺尺寸链计算问题的关键是正确地确定尺寸链的封闭环。下面通过例子说明工艺尺寸链的应用。

1. 测量基准与设计基准不一致,测量尺寸换算问题

例 1.1 零件结构如图 1.17(a)所示,由于尺寸$15_{-0.35}^{0}$ mm 不便测量,需要通过检验尺寸 A_2 判断零件合格与否。

解:尺寸 $15_{-0.35}^{0}$ mm 是封闭环,建立尺寸链见图 1.17(b)。检验尺寸计算过程如下:

$A_0=A_1-A_2$,代入数值,$15=40-A_2$,解得 $A_2=25$mm。

$ESA_0=ESA_1-EIA_2$,代入数值,$0=0-EIA_2$,解得 $EIA_2=0$。

$EIA_0=EIA_1-ESA_2$,代入数值,$-0.35=-0.16-ESA_2$,解得 $ESA_2=+0.19$mm。

则 $A_2=25_{0}^{+0.19}$mm。

尺寸 A_1 合格条件下,若测量 A_2 满足$25_{0}^{+0.19}$ mm,可以断定$15_{-0.35}^{0}$ mm 合格。

从计算结果看,尺寸 A_2 公差带较 A_0 公差带小,换句话说,用尺寸 A_2 检验产品,精度要求提高了。这是要求测量基准尽量与设计基准一致的原因。

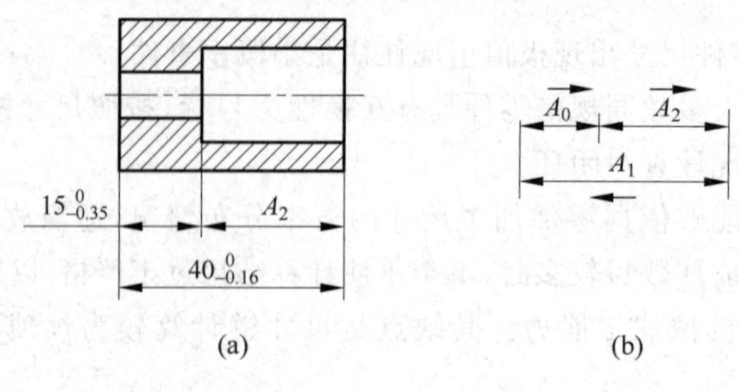

图 1.17 测量基准变换

必须指出：由于测量基准不一致，零件检验尺寸换算，导致检验标准发生了改变，可能会造成假废品的误判。

例如，实际加工尺寸 A_1 真值为 39.84mm，合格；实际加工尺寸 A_2 真值为 24.84mm，超出 $25^{+0.19}_{0}$ mm，用尺寸 A_2 判断零件为不合格品。然而实际情况是 A_0 为 15mm，合格。真实情况是该零件是合格品。

2. 定位基准与设计基准不一致，工序尺寸换算问题

例 1.2 零件结构如图 1.18(a)所示，尺寸(60±0.2)mm 已经加工，接下来的工序加工 B 表面，即尺寸(35±0.3)mm。(35±0.3)mm 设计基准是 C 表面。现在假定 B 表面加工工序需要以 D 表面作为定位基准，则需要确定 B 表面加工工序尺寸。

解：尺寸(35±0.3)mm 是封闭环，建立尺寸链见图 1.18(b)。工序尺寸计算过程如下：

$A_0=A_1-A_2$，代入数值，$35=60-A_2$，解得 $A_2=25$mm。

$ESA_0=ESA_1-EIA_2$，代入数值，$0.3=0.2-EIA_2$，解得 $EIA_2=-0.1$mm。

$EIA_0=EIA_1-ESA_2$，代入数值，$-0.3=-0.2-ESA_2$，解得 $ESA_2=+0.1$mm。

则 $A_2=(25\pm0.1)$mm。从计算结果看，用尺寸 A_2 加工 B 表面，加工精度要求提高了。这是要求工艺基准尽量与设计基准一致的原因。

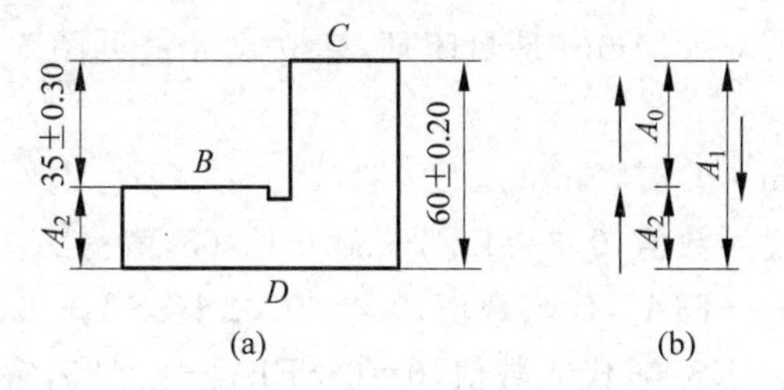

图 1.18 定位基准变换

3. 以尚未加工表面为基准的工序尺寸换算问题

例 1.3 零件局部结构如图 1.19(a)所示，轴孔硬度要求高，需淬火处理。由于淬火处理后，键槽无法加工，因此必须将键槽加工工序安排在热处理前完成，试确定键槽加工工序尺寸。工序安排如下：

(1) 拉孔至工序尺寸 $39.6^{+0.10}_{0}$ mm；

(2) 插键槽至工序尺寸 A_3；

(3) 淬火处理；

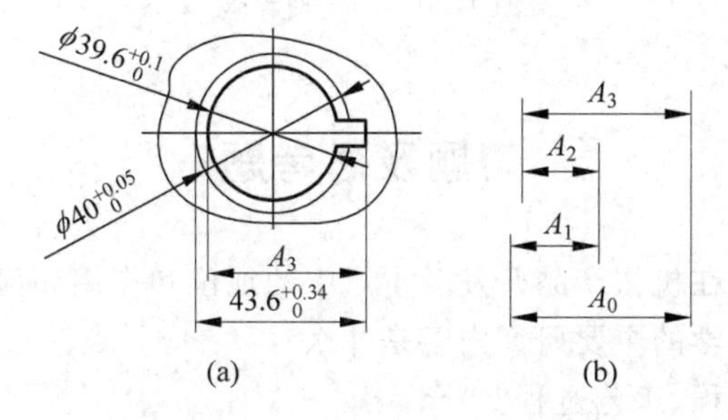

图 1.19 加工尺寸换算

(4) 磨孔至尺寸 $40^{+0.05}_{0}$mm,同时保证尺寸 $43.6^{+0.34}_{0}$mm。

解:尺寸 $43.6^{+0.34}_{0}$mm 是封闭环,建立尺寸链见图 1.19(b)。工序尺寸换算过程如下:

$A_0=A_1+A_3-A_2$,代入数值,43.6=20+A_3−19.8,解得 A_3=43.4mm。

$ESA_0=ESA_1+ESA_3-EIA_2$,代入数值,0.34=0.025+ESA_3−0,解得 ESA_3=0.315mm。

$EIA_0=EIA_1+EIA_3-ESA_2$,代入数值,0=0+EIA_3−0.05,解得 EIA_3=+0.05mm。

则 $A_3=43.4^{+0.315}_{+0.05}mm=43.45^{+0.265}_{0}$mm。

4. 热处理表层深度控制问题

例 1.4 图 1.20(a)所示零件,表面 F 需要渗碳处理,试确定渗碳处理工序渗碳层深度。工序安排如下:

(1) 精车 F 面至工序尺寸 $\phi85.3^{+0.05}_{0}$mm;

(2) 渗碳处理;

(3) 磨 F 面至尺寸 $\phi85^{+0.04}_{0}$mm,同时保证渗碳层深度为 0.3~0.7mm。

问题分析,由于热处理后需要磨削加工,需要预留磨削加工余量。由于渗碳处理时的渗碳层深度是从 F 面的工序尺寸 $\phi85.3^{+0.05}_{0}$mm 确定的,因此需要换算渗碳处理工序的渗碳层深度数值。

解:渗碳层深度为 0.3~0.7mm 是封闭环,建立尺寸链见图 1.20(b)。工序尺寸换算过程如下:

封闭环 $A_0=0^{+0.7}_{+0.3}$mm$=0.3^{+0.4}_{0}$mm。

$A_0=A_1+A_3-A_2$,代入数值,0.3=42.5+A_3−42.65,解得 A_3=0.45mm。

$ESA_0=ESA_1+ESA_3-EIA_2$,代入数值,0.4=0.02+ESA_3−0,解得 ESA_3=0.38mm。

$EIA_0=EIA_1+EIA_3-ESA_2$,代入数值,0=0+EIA_3−0.025,解得 EIA_3=0.025mm。

则 $A_3=0.45^{+0.38}_{+0.025}mm=0^{+0.83}_{+0.475}$mm,渗碳处理工序,渗碳层深度 0.475~0.83mm。

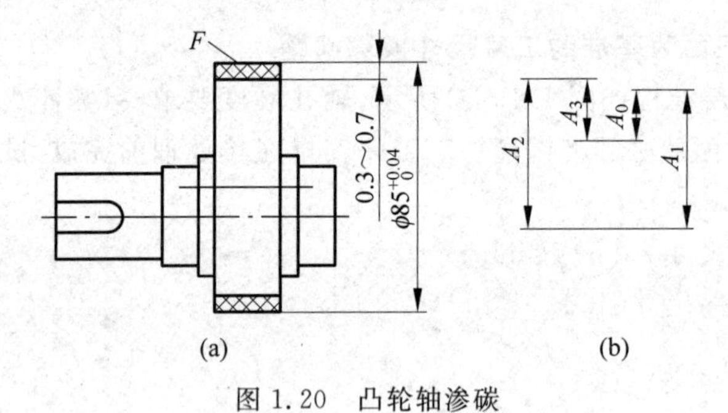

图 1.20 凸轮轴渗碳

习题及思考题

1-1 机械制造工艺在机械产品开发及生产中的地位和作用如何?

1-2 机械制造工艺学的主要研究内容是什么?

1-3 什么是生产过程、工艺过程?

1-4 如何划分生产类型?各种生产类型的工艺特征是什么?

1-5 机械加工质量包括哪两个方面,它们的含义分别是什么?

1-6　为什么机器上许多静止连接的接触表面往往要求较小的表面粗糙度，而相对运动的表面却不能对表面粗糙度要求过小？

1-7　在加工中可通过哪些方法保证工件的尺寸精度、形状精度及位置精度？

1-8　何谓工序？如何理解工序？

1-9　什么是安装、工位、工步？

1-10　何谓设计基准、定位基准、工序基准、测量基准、装配基准？并举例说明。

1-11　某液压缸活塞杆工艺过程为车削、粗磨、精磨、镀铬，镀层厚度 6～10μm，要求镀铬后活塞杆尺寸为 $\phi 55g6$，求镀铬前活塞杆尺寸。

1-12　某轴颈表面需要渗碳处理，该轴颈加工过程如下：

(1) 精车该轴颈至尺寸 $\phi 56.2_{-0.1}^{0}$ mm；

(2) 渗碳处理，控制渗碳层厚度为 H；

(3) 精磨轴颈至尺寸 $\phi 55.8_{-0.02}^{0}$ mm，同时保证渗碳层厚度为 0.5～0.8mm。

试确定 H 的数值。

1-13　题图 1.1 所示轴键槽加工过程如下：

(1) 精车该轴颈至尺寸 $\phi 50.5_{-0.1}^{0}$ mm；

(2) 铣削键槽至尺寸 A；

(3) 热处理；

(4) 精磨轴颈至尺寸 $\phi 50_{-0.05}^{0}$ mm，同时保证键槽尺寸。

如车外圆与磨外圆的同轴度为 $\phi 0.1$mm，试确定铣键槽工序尺寸 A。

1-14　题图 1.2 所示轴键槽加工过程如下：

(1) 精车该轴颈至尺寸 $\phi 40.5_{-0.1}^{0}$ mm；

(2) 铣削键槽至尺寸 H；

(3) 热处理；

(4) 精磨轴颈至尺寸 $\phi 40_{+0.015}^{+0.036}$ mm，同时保证键槽 $4_{0}^{+0.2}$ mm。

试确定铣键槽工序尺寸 H。

1-15　加工零件如题图 1.3 所示，加工工艺如下：

(1) 车外圆 $\phi 65_{-0.076}^{-0.030}$；

(2) 镗内孔 $\phi 45_{0}^{+0.03}$，并保证同轴度 $\phi 0.02$mm。

求套筒壁厚。

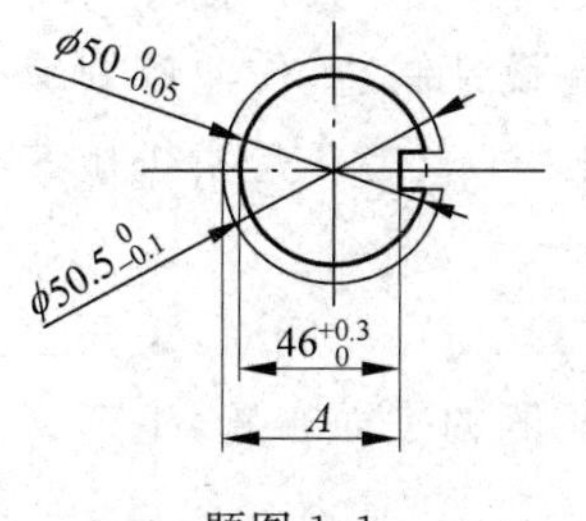

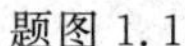
题图 1.1

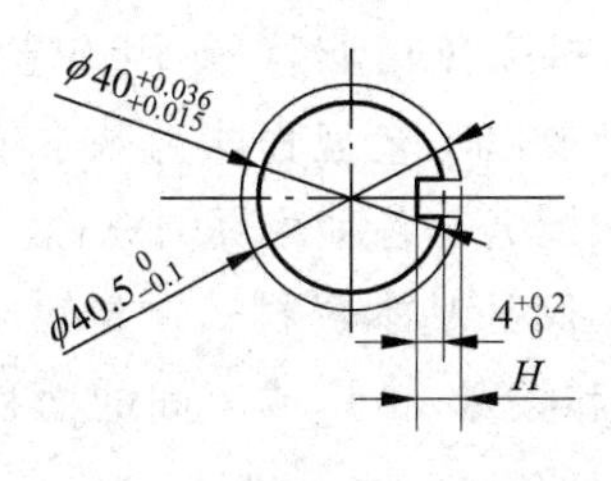

题图 1.2

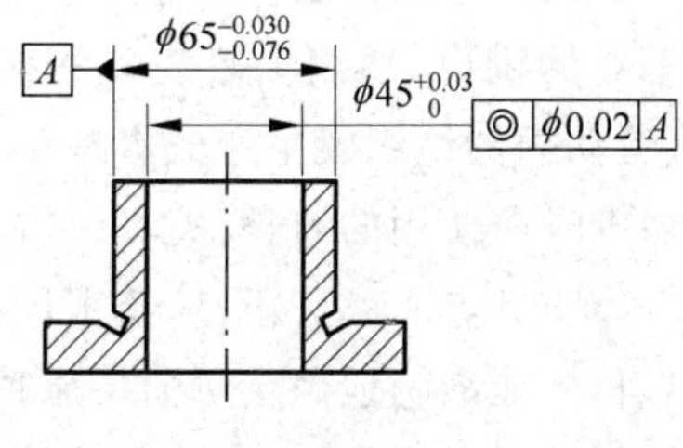

题图 1.3

第2章　机械加工工艺设计

教学要求：

掌握机械加工工艺规程的作用、设计原则、步骤和内容；

掌握机械加工工艺性审查、零件图加工分析、毛坯选择；

掌握机械加工工艺过程设计方法；

掌握机械加工工序设计方法；

掌握机械加工过程的时间定额、提高劳动生产率的途径以及工艺过程的技术经济分析的基本内涵。

2.1　机械加工工艺规程

机械加工工艺规程是规定产品或零部件机械加工工艺过程和操作方法规范等的工艺文件。通常，机械加工工艺规程是用定制的表格或卡片等形式描述了某种具体生产条件下，比较合理的工艺过程和规划的加工操作方法。简而言之，机械加工工艺规程不仅是指导机械零件生产的技术文件，而且是一切有关生产人员都应严格执行、认真贯彻的具有约束力的文件。

工艺规程是在实践经验的基础上，依据科学的理论和必要的工艺实验而设计的，体现了加工中的客观规律。经过审批而确定下来的机械加工工艺规程不得随意变更，若要修改与补充，则必须经过审查和审批程序。

1. 机械加工工艺规程的作用

机械工艺规程在规范生产上发挥重要作用，主要体现在如下几个方面。

（1）工艺规程是规范生产活动的主要技术文件　机械加工工艺规程是指导现场生产的依据，所有从事机械零件生产的人员都要严格、认真地贯彻执行，用它规范生产过程可以实现优质、高产和低成本。

（2）工艺规程是生产组织和管理工作的基本依据　在生产管理中，产品投产前原材料及毛坯的供应、通用工艺装备的准备、机床负荷调整、专用工艺装备设计制造、作业计划编排、劳动力的组织及生产成本核算等都要以工艺规程作为基本依据。工艺装备是指机械零件加工时所使用的刀具、夹具、量检具、模具等各种工具的总称。

（3）工艺规程是新、扩建工厂或车间的基本资料　在新建或扩建工厂、车间时，需要工艺规程才能准确地确定所需机床种类和数量，工厂或车间的面积，机床的平面布置，生产工人的工种、等级、数量，以及各辅助部门的安排。

2. 设计机械加工工艺规程的原则

通常，设计机械加工工艺规程应遵循如下原则。

(1) 机械加工工艺规程设计应保证零件设计图样上所有技术要求能够实现。

在设计机械加工工艺规程时,如果发现零件设计图样上某一技术要求不适当,需向产品设计部门提出建议并与之协商,不可擅自修改零件设计图样或不按零件设计图样上的要求生产。

(2) 机械加工工艺规程设计必须满足生产纲领的要求。

(3) 在满足技术要求和生产纲领要求的前提下,所设计机械加工工艺规程应使生产成本最低。

(4) 机械加工工艺规程设计应注意减轻工人的劳动强度,保障生产安全。

3. 设计机械加工工艺规程的原始资料

设计机械加工工艺规程需要依据必要的原始资料,主要包括如下几个方面:

(1) 产品的设计图(包括装配图、零件图及必要的设计技术文件等);

(2) 产品的验收质量标准;

(3) 产品的生产纲领和生产类型;

(4) 现有生产条件(可用机械加工设备及其设备的技术手册等);

(5) 各种有关技术手册、标准及其他指导性文件资料。

4. 设计机械加工工艺规程的过程与步骤

机械加工工艺规程是规范生产活动的约束性技术文件,它的设计须按照一定的程序步骤,并包含特定内容。机械加工工艺规程设计过程与步骤大体如下:

(1) 机械加工工艺性审查　阅读机器产品设计图纸,了解机器产品的用途、性能和工作条件,熟悉零件在机器中的地位和作用。审查设计图纸的完整性、统一性;审查设计图纸的结构工艺性;审查图样标注的合理性;审查材料选用的合理性。

(2) 零件图加工分析　阅读零件图纸等,分析零件的结构、技术要求。识别零件的主要加工表面并为其确定加工方案。确定定位基准。

(3) 毛坯选择　毛坯选择需要考虑零件的结构、作用、生产纲领,还必须注意零件毛坯制造的经济性和生产条件。

(4) 机械加工工艺过程设计　这是设计机械加工工艺规程的核心。其主要内容有:确定各加工表面的加工工序类型;将机械加工工艺过程划分为几个加工阶段;安排加工顺序以及安排热处理、检验和其他工序;确定工序划分采用工序集中原则还是工序分散原则等。

(5) 工序设计　为各工序选择机床及工艺装备,对需要改装或重新设计的专用工艺装备应提出具体设计任务书;确定零件加工过程中工序或工步的切削用量;依据图纸要求和机械加工工艺过程,确定各工序的加工余量、计算工序尺寸和公差;绘制工序简图。依据图纸和技术要求,确定各主要工序的技术要求和检验方法。确定生产过程中各道工序的时间定额。

(6) 填写工艺文件　依据规定工艺文件格式,填写工艺规程内容。包括对工艺规程审查和批准签字等内容。

5. 机械加工工艺规程文件

机械加工工艺规程的详尽程度与零件生产类型、零件设计精度、零件加工工艺过程的自动化程度、零件及加工工序的重要程度等有关。

一般情况下,采用普通加工方法的单件小批生产机械加工工艺设计,只需设计简单的机械加工工艺过程。之后将工艺过程内容填写入定制的工艺过程卡。工艺过程卡有多种样式,典型的工艺过程卡见表2.1。

表2.1　机械加工工艺过程卡

(工厂)	机械加工工艺过程卡	产品名称		产品图号		第　页
		零件名称		零件图号		共　页

材料牌号		毛坯种类		毛坯外形尺寸		每毛坯件数		每台件数		备注	

工序号	工序名称	工序内容	车间	工段	设备	工艺装备	工时 准终	工时 单件
标记	处数	更改文件号	签字	日期	标记	处数	更改文件号	签字	日期	设计(日期)	校对(日期)	审核(日期)	批准(日期)	会签(日期)

描图　描校　底图号　装订号

大批大量生产类型要求进行严密、细致的机械加工工艺设计工作,因此不仅要完成机械加工工艺过程设计,也要完成各工序设计,并填写工序卡。工序卡也有多种样式,典型工序卡参见表2.2。对有调整要求的工序要设计调整工艺,并填写调整卡。检验工序要设计检验工艺,并填写检验卡。在批量生产零件的机械加工工艺设计中,依据生产组织管理的完备程度和产品的批量适当确定机械加工工艺规程的复杂程度。

对于加工精度要求高的关键零件的关键工序,即使是普通加工方法的单件小批生产也应进行较详细的机械加工工艺规程设计(包括工序设计、调整工艺设计和检验设计等),以确保产品质量。

不论零件生产类型如何,数控加工工艺过程设计都必须设计详细的数控加工工艺文件,完成数控加工编程工作。(数控加工工艺设计详见第3章)

毛坯协作加工需要填写毛坯协作卡片。有外部协作加工工序的零件需要填写协作加工卡。

6. 标准作业程序文件

现代工业的生产规模不断扩大，产品日益复杂，分工日益明细，品质成本急剧增高，各工序的管理日益困难。需要采用标准作业程序（standard operation procedure，SOP），以作业指导书形式统一各工序的操作步骤及方法。

标准作业程序，就是将某一事件（工序、工步，机床调整，检验等）的标准操作步骤和要求以统一的格式描述出来，用来指导和规范日常的工作。

表 2.2　机械加工工序卡

<table>
<tr><td rowspan="2">（工厂）</td><td rowspan="2" colspan="2">机械加工工序卡</td><td>产品名称</td><td></td><td>产品图号</td><td></td><td>第　页</td></tr>
<tr><td>零件名称</td><td></td><td>零件图号</td><td></td><td>共　页</td></tr>
<tr><td rowspan="13" colspan="3">（工序简图）</td><td>车间</td><td>工序号</td><td>工序名称</td><td colspan="2">材料牌号</td></tr>
<tr><td></td><td></td><td></td><td colspan="2"></td></tr>
<tr><td>毛坯种类</td><td>毛坯外形尺寸</td><td>每毛坯件数</td><td colspan="2">每台件数</td></tr>
<tr><td></td><td></td><td></td><td colspan="2"></td></tr>
<tr><td>设备名称</td><td>设备型号</td><td>设备编号</td><td colspan="2">同时加工件数</td></tr>
<tr><td></td><td></td><td></td><td colspan="2"></td></tr>
<tr><td>夹具编号</td><td colspan="2">夹具名称</td><td colspan="2">工作液</td></tr>
<tr><td></td><td colspan="2"></td><td colspan="2"></td></tr>
<tr><td rowspan="2">工位器具编号</td><td colspan="2" rowspan="2">工位器具名称</td><td colspan="2">工序工时</td></tr>
<tr><td>准终</td><td>单件</td></tr>
<tr><td></td><td colspan="2"></td><td></td><td></td></tr>
<tr><td colspan="5"></td></tr>
<tr><td colspan="5"></td></tr>
</table>

<table>
<tr><td>描图</td><td rowspan="4">工步号</td><td rowspan="4">工步内容</td><td rowspan="4">工艺装备</td><td rowspan="4">主轴转速/(r/min)</td><td rowspan="4">切削速度/(m/min)</td><td rowspan="4">进给量/(mm/r)</td><td rowspan="4">切削深度/mm</td><td rowspan="4">进给次数</td><td colspan="2" rowspan="2">工步工时</td></tr>
<tr><td></td></tr>
<tr><td>描校</td><td rowspan="2">机动</td><td rowspan="2">辅助</td></tr>
<tr><td></td></tr>
</table>

<table>
<tr><td>底图号</td><td></td><td></td><td></td><td></td><td></td><td></td><td></td><td></td><td></td><td></td><td>设计（日期）</td><td>校对（日期）</td><td>审核（日期）</td><td>批准（日期）</td><td>会签（日期）</td></tr>
<tr><td></td><td></td><td></td><td></td><td></td><td></td><td></td><td></td><td></td><td></td><td></td><td></td><td></td><td></td><td></td><td></td></tr>
<tr><td>装订号</td><td></td><td></td><td></td><td></td><td></td><td></td><td></td><td></td><td></td><td></td><td></td><td></td><td></td><td></td><td></td></tr>
<tr><td></td><td>标记</td><td>处数</td><td>更改文件号</td><td>签字</td><td>日期</td><td>标记</td><td>处数</td><td>更改文件号</td><td>签字</td><td>日期</td><td></td><td></td><td></td><td></td><td></td></tr>
</table>

作业指导书是用于指导机械制造过程的某个岗位某个具体工艺过程的描述技术性细节的可操作性文件。它侧重描述如何进行操作，是对程序文件的补充或具体化。

作业指导书的作用体现在三个方面：它是指导保证过程质量的最基础的文件；它为开展纯技术性质量活动提供指导；它是质量体系程序文件的支持性文件。

依据工艺设计结果编写零件加工岗位的作业指导书。作业指导书形式多样，典型的作业指导书见表 2.3。

作业指导书涉及内容较多，若工件加工表面比较复杂、工艺过程比较复杂、加工过程动作比较复杂等情况出现，在一张表格中难以同时表达，常见处理方法是拆分为几个表格。

表 2.3 机械加工作业指导书

(工厂)	机械加工作业指导书			生产状态		设计(日期)		校对(日期)	
				编　　号		审核(日期)		会签(日期)	
零件图号		零件名称		过程(工序)号		过程(工序)名称		节拍	
加工简图	(加工简图)			技术要求质量控制标准	参数编号特性等级	规范	测量方法	抽样频次	控制方法	反应计划纠正对策
动作要领	(动作要领图示)	序号	作业顺序	注意事项	设备工装	名称	编号	型号/规格	数量
描图									
描校									
底图号									
装订号									第　页
标记	处数	更改文件号	签字	日期	标记	处数	更改文件号	签字	日期
标记	处数	更改文件号	签字	日期					共　页

2.2 机械加工工艺性审查

机械加工工艺性审查往往需要分为两个阶段或两个步骤完成。第一阶段,在设计部门完成机械产品设计图纸及其技术资料后,工艺人员进行第一阶段机械加工工艺审查(或工艺考核)。在工艺审查过程中,工艺人员与设计人员通过协商方式,共同协商工艺审查中出现问题的解决方案。其后,设计人员修正设计图纸,然后再次提交工艺部门进入第二阶段工艺审查。第二阶段,除了例行的工艺审查内容外,重点检查第一阶段共同商定工艺问题解决方案的落实情况。

工艺审查内容主要包括四个方面:零件图的完整性与统一性、零件的结构工艺性、设计图样标注合理性、材料选用合理性。装配工艺性将在第7章讨论。

当上述四个方面出现图纸要求与现实技术能力水平相矛盾时,如果是由于客观原因造成矛盾(如客观合理的设计需求与现实加工能力之间的矛盾)则出现了所谓的关键技术难题,需要攻关解决;否则属于简单的工艺审查问题,可以由工艺部门与设计部门协商解决。

2.2.1 零件图的完整性与统一性审查

要开展机械加工工艺设计的产品设计图纸必须具备完整性和统一性。

产品设计图纸的完整性包括图纸数量的完整无缺，也包括图纸表达内容的完整无缺。

产品设计图纸的统一性主要指在结构和图样标注等问题上，零件图与总装图等表达内容具有一致性。

设计图纸的完整性与统一性是图纸设计正确的必要条件，也是零件机械加工与机器装配正确的必要条件。

2.2.2　零件的结构工艺性审查

零件的结构工艺性是指在满足使用要求的前提下，机械零件制造的可行性、方便性和经济性。功能相同的零件，其结构工艺性可能有很大差异。零件结构工艺性好是指在一定的工艺条件下，既可以制造，能方便制造，又有较低的制造成本。诚然，零件的结构工艺性审查在机器装配工艺性审查通过的条件下才有意义。同样，零件的结构工艺性审查通过的条件下，装配工艺性审查才有意义。问题解决的关键是如何设计机器，使机器装配及其零件结构同时具有较好的工艺性，达成结构设计与工艺设计协同。

将零件设计成为具有良好工艺性的结构是设计人员追求的目标，但不是唯一目标。产品的实际工程设计有一个过程，设计人员在开展工程设计时需要面对各种各样的现实条件，因此设计师首先解决的是产品的有无，然后是产品的好坏，再次才是产品的便宜与否。

在现实世界中，零件结构工艺性不尽完美的例子还是能够看到的，这说明零件结构工艺性问题具有普遍性，也说明审查零件结构工艺性具有重要性。零件结构工艺性优劣的评价不能孤立分析零件自身的某个加工环节，还应该综合考虑零件的整个机械加工工艺过程，特别还要将零件的工艺性与整个机器的装配工艺性放在一起综合分析。零件工艺性也具有相对性，要与生产类型、生产条件、加工方法等相联系。零件结构工艺性优劣与特定历史时期的特定企业的技术能力和设备情况都有关系，目前尚不能给出统一的标准。这是零件结构工艺性问题的复杂性，同时也说明审查零件结构工艺性需要具体问题具体分析。

零件结构工艺性差可以概括为三个层次，分别是零件结构无法加工或几乎无法加工；零件结构可以加工，但是加工非常困难；零件加工不存在技术障碍，但是零件加工的经济性差。下面对零件结构工艺性差的三个层次作概要说明。书后附录B列出了一些典型的产品工艺性案例。

1. 零件结构无法加工或几乎无法加工

零件结构工艺性最差的情况是零件结构设计致使零件无法加工或几乎无法加工，也就是零件加工不具有可行性，表2.4给出了两个例子。这种零件结构工艺性差的情况是不能接受的，必须对零件结构进行修改。

2. 零件结构可以加工，但是加工非常困难

零件结构工艺性较差的情况是零件可以加工，但是零件结构致使零件加工非常困难，也就是零件加工的方便性差，表2.5给出了两个例子。

由于客观原因造成零件难加工情况出现在原理验证样机或单件生产中，有时这种难加工零件结构是可以接受的。但是对于批量生产，这种情况是不能接受的。难加工零件结构必须进行修改。

表 2.4 零件结构无法加工或几乎无法加工示例

结构工艺性差		结构工艺性好	
说明	图示	说明	图示
无退刀空间,小齿轮无法插齿加工	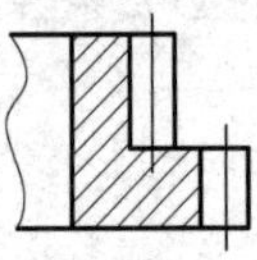	增加退刀空间,小齿轮可以插齿加工	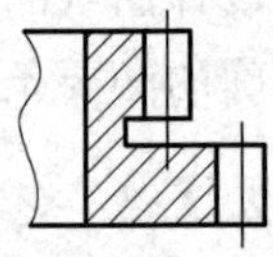
无退刀空间,螺纹无法加工	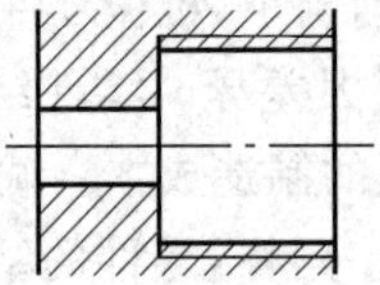	设置退刀空间,螺纹可以加工	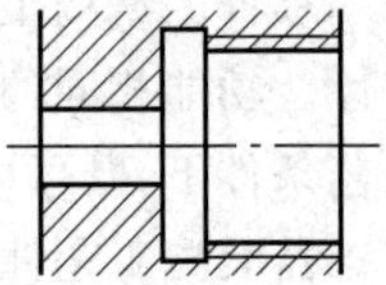

表 2.5 零件结构可以加工,但是加工非常困难示例

结构工艺性差		结构工艺性好	
说明	图示	说明	图示
平底盲孔,小直径孔加工困难	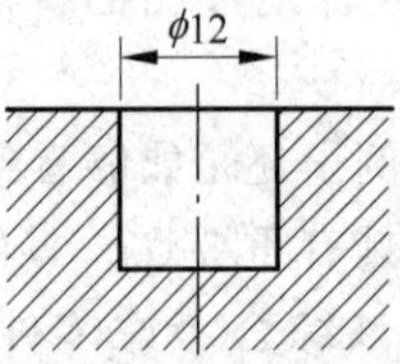 $\phi12$	盲孔,孔底与钻头形状一致,加工容易	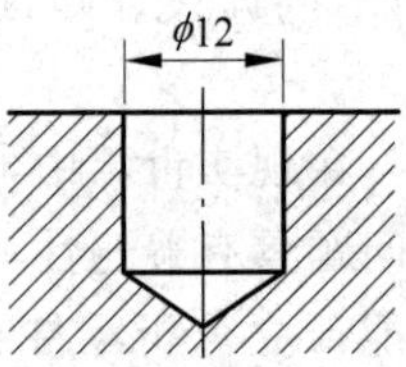 $\phi12$
箱体镗孔,中间孔大,两侧孔小,刀杆插入困难	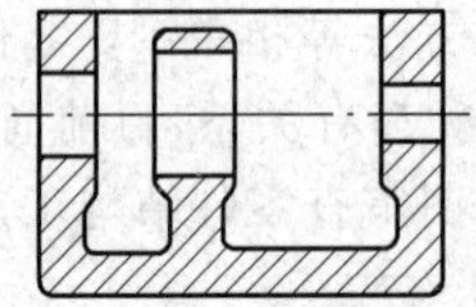	箱体镗孔,孔径大小依次排列,刀杆插入容易	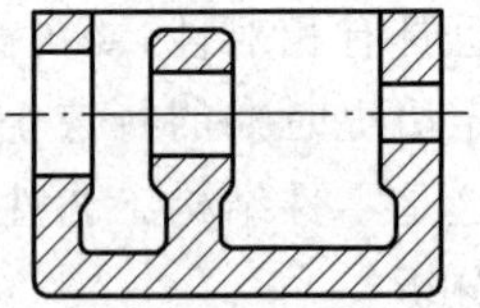

3. 零件结构加工不存在技术障碍,但是经济性差

零件结构工艺性稍差的情况是零件加工不存在技术障碍,但是零件加工的经济性差,表 2.6 给出了两个例子。

表 2.6 零件结构加工不存在技术问题,但是经济性差示例

结构工艺性差		结构工艺性好	
说明	图示	说明	图示
空刀槽宽度不一致,增加刀具种类及加工换刀次数	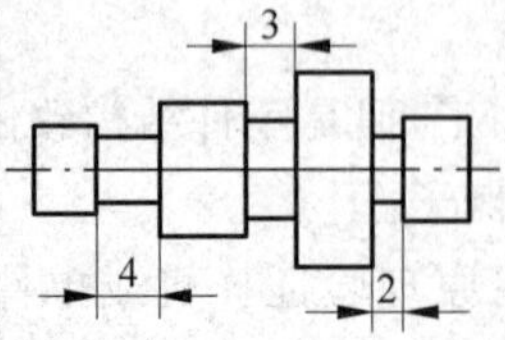 3 4 2	空刀槽宽度一致,减少刀具种类及加工换刀次数	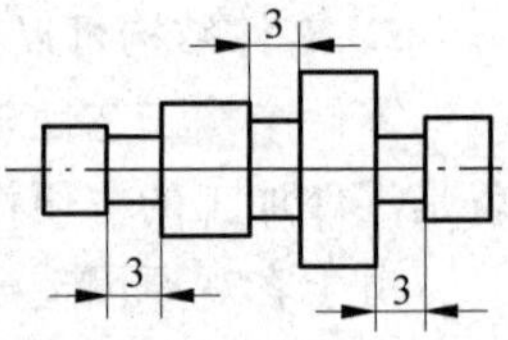 3 3 3

续表

结构工艺性差		结构工艺性好	
说　明	图　示	说　明	图　示
不必要的加工面积过大		不影响性能情况下，减少加工面积	

在大批大量生产中，即便是客观原因造成上述零件结构工艺性问题出现，也是不可以长期被接受的，必须逐步设法改进。其他情况下出现零件结构工艺性不影响加工，但经济性差问题能否被接受，尚需具体分析。

4. 非传统加工方法对零件结构工艺性的影响

较多非传统加工方法已经用于生产实践，一些企业也配备了非传统加工设备。因此判断零件结构工艺性时亦应该考虑非传统加工方法对零件结构设计会带来很大的影响。

对于传统机械加工手段来说，对方孔、小孔、深孔、弯孔、窄缝等被认为是工艺性很“差”的典型，有时甚至认为它们是机械设计的禁区。非传统加工方法则改变了这种判别标准。对于电火花穿孔、电火花线切割工艺来说，加工方孔和加工圆孔的难易程度是一样的。当企业具备了非传统加工设备时，对结构工艺性好与坏的判定不能延续原有的传统标准，需要采用新的判定标准。例如，喷油嘴小孔、喷丝头小异形孔、涡轮叶片大量的小深孔和窄缝、静压轴承、静压导轨的内油腔等采用电加工后变难为易了。非传统加工方法使零件结构中可以采用小孔、小深孔、深槽和窄缝。

需要指出：与传统加工方法相比较，非传统加工方法目前还普遍存在加工效率低、加工成本高，以及需要专用设备等问题。机械零件制造手段还是普遍以传统机械加工方式为主。

2.2.3　图样标注的合理性

设计图样标注一般包括尺寸及尺寸公差、形位公差、表面粗糙度、表面物理性能、技术要求及有关技术文件等。

图样标注的合理性有两层含义：一方面图样标注可以使设计图纸满足设计要求，即零件图表达内容满足产品装配及产品性能要求，并使产品最终实现其技术指标；另一方面，图样标注应符合机械加工制造要求，可以高效率和低成本地制造。工艺审查图样标注的合理性主要从机械加工工艺方面审查零件图样标注是否满足加工制造要求，满足程度如何。工艺审查图样标注的合理性可以分为两个层次：首先，图样标注使零件能够被制造出来。这是工艺审查的最低要求和最根本要求。然后，图样标注应使零件的制造成本低、效率高。

例如设计图样标注尺寸精度标注超出了零件加工方法的经济加工精度，则零件加工成本大大增加；如果设计图样标注尺寸精度要求进一步提高，则可能使零件加工制造变得十分困难，而不仅仅是增加制造成本的问题。

下面深入探讨图样标注合理性问题。

1. 尺寸及尺寸公差标注

零件的尺寸标注主要反映了零件表面之间的相互关系，也反映了设计者选用的设计基准。合理的尺寸标注应该使零件设计基准更容易被选用作工序基准、定位基准和测量基准。如果零件还要经过数控机床加工,则相关尺寸标注应方便数控工艺设计及数控编程、便于检验验收。

零件的尺寸公差则反映出零件设计精度要求。设计精度与制造误差是一对矛盾,事实上工艺审查能够缓和其中可能的对立性。合理的尺寸公差标注应该是在满足机械产品装配和性能的前提下,努力使加工制造更为容易,生产成本更低。

2. 形位公差标注

形位公差标注主要反映了零件设计对位置精度和形状精度的要求。形位公差往往是精密机械零部件设计须特别注意的关键内容,形位公差标注对机械产品的性能影响非常大。但是零件设计图标注的形位公差要求往往使零件制造难度大幅增加。合理的形位公差标注应该是在满足实际产品要求的前提下,尽量方便加工制造,尽量压低生产成本。

3. 表面粗糙度及表面物理性能

零件实际加工所能达到的表面粗糙度及表面物理性能与机械制造的多方面都有关系,如零件材料、零件加工方法、生产成本等。工艺审查时一方面考察零件设计要求的必要性,另一方面需要积极寻找低成本、高效率加工制造的解决方案。

4. 技术要求及技术文件

技术要求及技术文件往往补充说明了图示方式不便于表达的机械制造要求,它们是正确制造产品的不可少的组成部分。例如热处理渗碳层厚度及表面硬度,零件表面涂漆要求,机器的装配方法及技术要求,机器的调试试验,零部件验收标准,等等。

技术要求及技术文件往往会涉及较多专业领域,如机械加工、毛坯制造、装配、调试试验等。技术要求及技术文件的工艺审查应分别由工艺部门相关专业人员分别进行审查并进行会签。

2.2.4 材料选用合理性

零件材料选用合理性是通过选用适当的制造材料,可以使零件具有足够机械性能等满足设计要求,使零件具有良好的机械制造工艺性,使零件制造过程和生产组织较为便利,并降低零件乃至机器制造成本。

通常,零件材料选用工作在图纸设计时已经完成,鉴于零件材料选用的重要性,且零件材料选用同机械制造设备与工艺关系十分密切,在工艺审查时需要对零件材料选用进行必要的复核工作。零件选用材料的工艺审查,一般从如下几个方面考虑。

1. 选用材料的机械性能

零件材料选用的首要标准就是材料的机械性能必须满足零件的功能要求。工艺审查零件材料选用主要是复核图纸设计选用金属材料在工厂现有生产条件和工艺手段下,能否达到零件设计要求和达到整机功能要求。

2. 选用材料的工艺性

材料的工艺性可以从毛坯制造(铸造、锻造、焊接、切板、切棒)、机械加工、热处理及表面处理等多个方面衡量。

一般地,铸造材料的工艺性能是指材料的液态流动性、收缩率、偏析程度及产生缩孔的倾向性等。锻造材料的工艺性是指材料的延展性、热脆性及冷态和热态下塑性变形的能力等。焊接材料的工艺性是指材料的可焊性及焊缝产生裂纹的倾向性等。材料的热处理工艺性是指材料的可淬性、淬火变形倾向性及热处理介质对材料的渗透能力等。冷加工工艺性是指材料的硬度、切削性、冷作硬化程度及切削后可能达到的表面粗糙度等。

在材料的工艺性方面，工艺审查需要复核选用材料是否能够高效、低成本地开展零件生产。特别关注热处理前后材料的机械性能变化、机械加工性能变化及热处理变形量等对机械加工工艺规程设计的影响。

3. 选用材料的经济性

零件材料选用的经济性需要从材料本身的价格和材料的加工费用两个方面权衡。在满足性能和功能要求时，优先采用价廉材料，优先采用加工费低的材料。注意采用组合结构可以节约贵重材料。例如切削刀具采用组合结构，刀刃与刀杆采用不同材质。注意通过结构设计和选用先进加工方法提高材料利用率。零件选用材料性能大幅超过需求，实际上也是一种浪费。

4. 选用材料的供应情况

零件选材恰当与否还应考虑到当前本地的材料供应状况和本企业库存材料情况等。为了减少供应费用，简化供应和储存的材料品种，对于单件小批量生产的零件，应尽可能地减少选用材料品种和规格。

2.3　零件图加工分析

通过工艺审查后的零件图是工艺规程设计的基本依据。与其相关的组件图、部件图、总装图等技术资料有助于工艺人员了解零件图各项技术要求的实质。对零件进行加工分析能够掌握零件图的结构特征和主要的技术要求，从而为其选择恰当的表面加工方案及加工设备，设计合理的加工工艺过程，设计合理的加工工序。

零件图加工分析是机械加工工艺过程设计的基础，也是工序设计的基础。简而言之，无论零件的加工工艺过程设计，还是加工工艺的细节问题研讨(如工序设计、工艺问题研究)都需要回到零件图上，以零件的加工分析为基础展开。

2.3.1　零件的结构分析

分析零件的结构特点，目的是为零件的机械加工过程设计和加工工序设计提供依据。

任何复杂的表面都是由若干个简单的基本几何表面(外圆柱面、孔、平面或成形表面)组合而成的。零件加工的实质就是这些基本几何表面加工的组合。零件的结构是多种多样的，可能是极其复杂的。零件的加工工艺情况也具有多样性的特点，也可能是非常复杂的。下面依次阐述零件结构与毛坯类型、加工设备、定位基准、加工方案、工艺过程的关系。

(1) 零件结构与其毛坯类型关系密切。例如，形状简单的小型零件多选用型材作为毛坯；尺寸较大、结构复杂，且在强度等力学性能上要求不高的零件可选用铸件毛坯；尺寸较大、结构复杂，且强度要求高的零件可选用锻件或焊接件作为毛坯。

(2) 零件结构与其加工设备、定位基准关系密切。例如，对于回转体零件，其加工设备多选用车床、外圆磨床、内圆磨床、无心磨床等，其定位多用中心孔、外圆表面以及孔表面。对于非回转体零件，其加工设备通常是铣床、刨床、镗床及平面磨床等，其定位基准一般选择平面和孔。直径小的回转体零件采用卧式车床加工，常用外圆或内圆表面定位；直径大的回转体零件则需要在立式车床上加工,除了外圆或内圆表面常用作定位基准,端面常常也是定位基准。

(3) 零件结构与其加工方案关系密切。例如,方形箱体零件上的大孔普遍采用镗削加工;而回转体零件上的大孔通常采用车削加工,这是因为回转体零件上多是回转表面,它们便于在车床上完成。

(4) 零件结构与其机械加工工艺过程关系密切。例如,若零件的加工表面是平面,且其上有孔需要加工,通常的工艺过程是先加工面,然后在其上加工孔。若零件有外表加工面,也有内腔加工面,通常先加工内腔表面,然后加工外表面。

零件的结构与其工艺过程密切相连。分析零件结构是为了找出恰当的工艺措施,目标是设计出零件制造成本低、效益好的工艺规程。

2.3.2 零件的技术要求分析

工艺人员进行零件的加工分析时,着重关注零件图在如下几个方面的技术要求:

(1) 加工表面的尺寸精度与形状精度要求;

(2) 各个加工表面间的位置精度要求;

(3) 加工表面的表面粗糙度要求;

(4) 零件的热处理要求。

上述任一个方面技术要求出现较大幅度提高都可提高零件加工难度。往往加工难度大的表面就是零件的主要加工表面。它们应是设计人员为了保证整机的性能,对零件着重提出的加工质量要求。

2.3.3 识别零件的主要表面并确定其加工方案

依据零件的结构分析和技术要求分析,识别零件的主要加工表面,并优先为其确定加工方法。目的是以主要表面加工为主开展工艺设计,在完成零件主要表面加工过程中的工序间隙穿插安排零件的其他非主要表面加工工序。

基准对加工方法和加工质量有直接影响,无论主要表面加工方案确定,还是非主要表面加工方案确定,都需要落实工艺基准。

1. 识别零件的主要加工表面

零件的主要机械加工表面通常是对零件完成其在机器上的功能影响较大的表面。它们可能是尺寸公差、形位公差、表面粗糙度值小的比较难加工表面,也可能是各种型面或者不易加工表面的组合。

2. 零件主要表面的加工方案确定

零件表面由主要表面与次要表面构成。零件的机械加工工艺过程由主要加工表面的主要加工过程和次要加工表面的非主要加工过程构成。显然,设计零件的机械加工工艺过程要优先确定构成零件各个主要表面的加工方案。

加工方案选择的基本原则是使零件满足其加工质量要求的前提下,使零件的加工工艺过程具有较高的经济性和适当的生产率。

为简便起见,零件加工质量用加工表面的加工精度和表面粗糙度代表。

从典型加工方法的加工能力与应用频次的关系(参见表2.7)可以看出每种加工方法能达

到的表面加工质量范围还是非常宽的。同一种加工方法，当加工质量较高时往往生产率可能会降低。实践中，应用频次高的加工质量范围往往是这种加工方法的经济性较好的范围。

表 2.7　典型加工方法的加工能力与应用频次

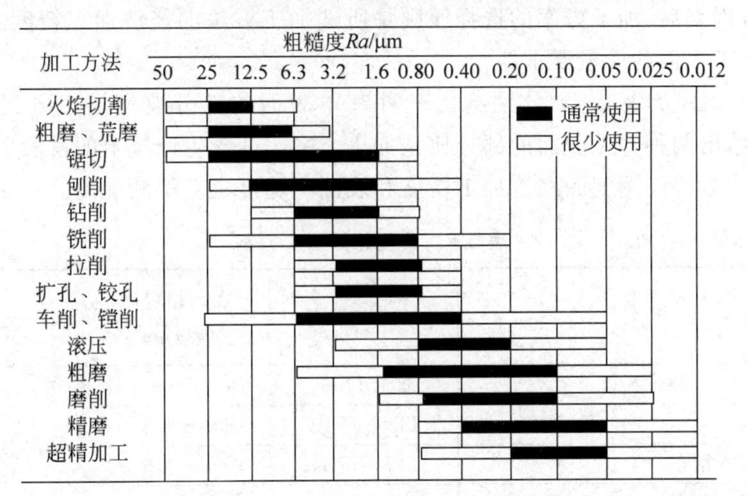

图 2.1 表达了增加零件机械加工过程带来的成本增加情况，从图中可以看出：控制零件制造成本需要选择恰当的零件机械加工方案，减少不必要的加工。通常，零件的机械加工方案选择应全面考虑下列各方面因素。

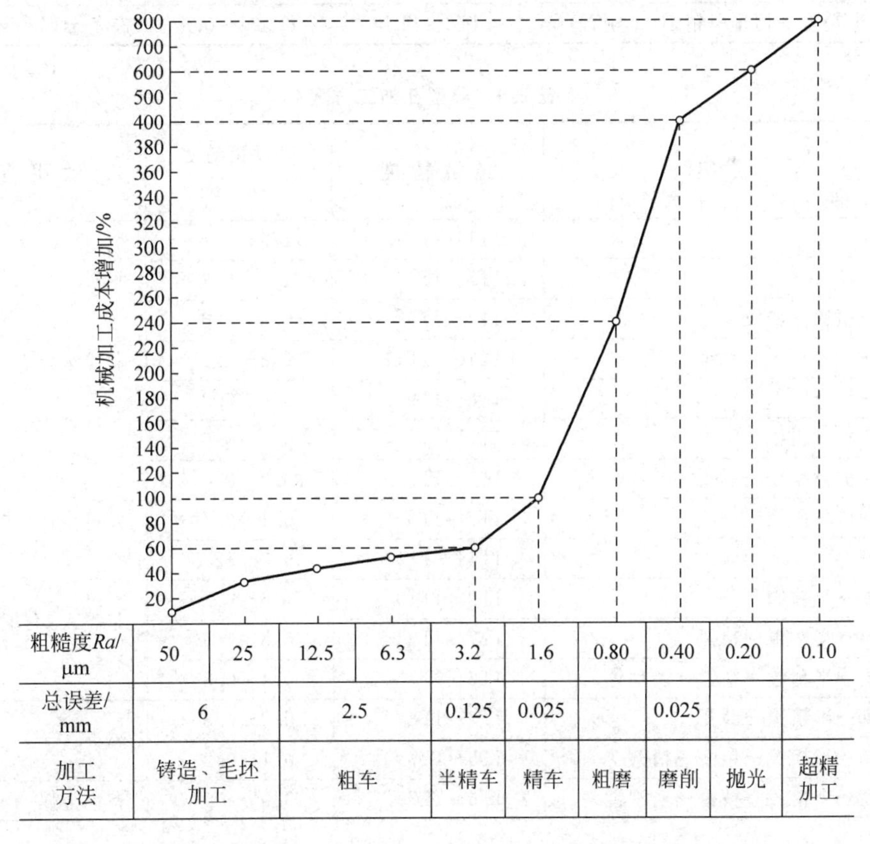

图 2.1　机械加工成本增加与表面粗糙度和加工精度的关系

1) 经济加工精度和表面粗糙度

经济加工精度和表面粗糙度是在正常加工条件下(采用符合质量标准的设备、工艺装备和标准技术等级工人,不延长加工时间)所能保证的加工精度和表面粗糙度。

考虑经济因素后,加工方案的选择原则是所选加工方法的经济加工精度及表面粗糙度应满足零件加工表面的质量要求。

表2.8、表2.9及表2.10分别给出三种基本表面的部分典型加工方案。表2.11及表2.12分别给出两种常见表面的部分典型加工方案。随着生产技术的发展、工艺水平的提高,同一种加工方法能达到的经济加工精度和表面粗糙度也会不断提高。

表2.8 典型外圆加工方案

加工方案	经济精度	表面粗糙度 $Ra/\mu m$	适用范围
粗车	低于IT11	12.5～50	非淬火钢
粗车→半精车	IT8～IT10	3.2～6.3	
粗车→半精车→精车	IT7～IT8	0.8～1.6	
粗车→半精车→精车→抛光	IT7～IT8	0.025～0.2	
粗车→半精车→粗磨	IT7～IT8	0.4～0.8	淬火与否均可,不适合有色金属
粗车→半精车→粗磨→精磨	IT6～IT7	0.1～0.4	
粗车→半精车→粗磨→精磨→研磨	IT5	0.006～0.1	
粗车→半精车→精车→精细(金刚石)车	IT6～IT7	0.025～0.8	有色金属

表2.9 典型孔加工方案

加工方案	经济精度	表面粗糙度 $Ra/\mu m$	适用范围
钻	IT11～IT13	12.5	非淬火钢
钻→铰	IT8～IT10	1.6～6.3	
钻→粗铰→精铰	IT7～IT8	0.8～1.6	
钻→扩	IT10～IT11	6.3～12.5	
钻→扩→铰	IT8～IT9	1.6～3.2	
钻→扩→粗铰→精铰	IT7	0.8～1.6	
钻→扩→粗铰→手铰	IT6～IT7	0.2～0.4	
钻→扩→拉	IT7～IT9	0.1～0.6	大量生产,非淬火
粗镗	IT11～IT13	6.3～12.5	非淬火,毛坯预留孔
粗镗→半精镗	IT9～IT10	1.6～3.2	
粗镗→半精镗→精镗	IT7～IT8	0.8～1.6	
粗镗→半精镗→精镗→浮动镗	IT6～IT7	0.4～0.8	
粗镗→半精镗→磨孔	IT7～IT8	0.2～0.8	淬火
粗镗→半精镗→粗磨→精磨	IT6～IT7	0.1～0.2	
粗镗→半精镗→精镗→金刚镗	IT6～IT7	0.05～0.4	有色金属

表 2.10　典型平面加工方案

加工方案	经济精度	表面粗糙度 $Ra/\mu m$	适用范围
粗车	IT11～IT13	12.5～50	非淬火，端面
粗车→半精车	IT8～IT10	3.2～6.3	
粗车→半精车→精车	IT7～IT8	0.8～1.6	
粗车→半精车→精车→精细(金刚石)车	IT6～IT7	0.025～0.8	
粗车→半精车→磨削	IT6～IT8	0.2～0.8	淬火，端面
粗刨(粗铣)	IT11～IT13	6.3～25	非淬火
粗刨(铣)→半精刨(铣)	IT8～IT10	1.6～6.3	
粗刨(铣)→半精刨(铣)→精刨(铣)	IT6～IT8	0.63～1.6	
粗刨(铣)→半精刨(铣)→精刨(铣)→刮研	IT6～IT7	0.1～0.8	
粗刨(铣)→半精刨(铣)→精刨(铣)→宽刃精刨	IT7	0.2～0.8	
粗刨(铣)→半精刨(铣)→精刨(铣)→磨削	IT7	0.2～0.8	淬火与否均可，不适合有色金属
粗刨(铣)→半精刨(铣)→精刨(铣)→粗磨→精磨	IT6～IT7	0.025～0.4	
粗铣→拉削	IT7～IT9	0.2～0.8	大量生产，非淬火
粗铣→精铣→磨削→研磨	高于 IT5	0.006～0.1	淬火，高精度

表 2.11　典型螺纹加工方案

加工方案	经济精度	表面粗糙度 $Ra/\mu m$	适用范围
攻螺纹	6～8 级	1.6～6.3	直径较小的内螺纹
套螺纹	6～8 级	1.6～6.3	直径较小的外螺纹
车螺纹	4～9 级	0.8～3.2	车床上加工直径较大的螺纹
铣螺纹	8～9 级	3.2～6.3	大直径梯形螺纹或模数螺纹
车螺纹(或铣螺纹)→磨螺纹	3～4 级	0.2～0.8	高精度内外螺纹
车螺纹(或铣螺纹)→磨螺纹→研磨螺纹	3 级	0.05～0.1	
滚螺纹	4～6 级	0.2～0.8	标准件螺纹或高强度紧固螺纹
搓螺纹	5～7 级	0.8～1.6	

表 2.12　典型渐开线齿形加工方案

加工方案	经济精度	表面粗糙度 $Ra/\mu m$	适用范围
铣齿	9～11 级	1.6～6.3	少量低精度齿轮
插齿或滚齿	7～8 级	1.6～6.3	非淬火
插齿→珩齿	7～8 级	0.8～3.2	淬火与非淬火，特别是去除淬火氧化皮，一般不提高精度
插齿→研齿	3～6 级	0.2～0.8	
插齿(或滚齿)→磨齿	3～6 级	0.2～0.8	淬火与非淬火，主要是提高精度
滚齿→剃齿	6～7 级	0.05～0.1	不淬火
滚齿→剃齿→珩齿	6～7 级	0.2～0.8	淬火

2) 形位公差因素

选择的加工方案要能保证加工表面的几何形状精度和表面相互位置精度要求。各种加工方法所能达到的几何形状精度和相互位置精度可参阅机械加工工艺手册或机械加工设备手册。

3）材料与热处理因素

选择加工方案要与零件材料的加工性能、热处理状况相适应。

当精加工硬度低、韧性较高的金属材料，如铝合金件时，通常不宜采用磨削加工。但是采用热处理工艺提高其硬度后，则可以采用磨削加工；普通非淬火钢件精加工可以采用精车和磨削，考虑生产率因素宜采用精车；而淬火钢、耐热钢等材料多用磨削进行精加工。

4）生产类型与生产率因素

不同加工方案的生产率有所不同，所选择的加工方案要与生产类型相适应。大批量生产可采用生产效率高的机床和先进加工方法。如平面和内孔采用拉削加工，轴类零件可用半自动液压仿形车或数控车床。而单件小批生产则普遍采用通用车床、通用工艺装备和一般的加工方法。

5）现有生产条件因素

零件加工方案设计要与工厂现有的生产条件相适应，不能脱离现有设备状况和操作人员技术水平，要充分利用现有设备，挖掘生产潜力。

2.3.4 确定零件其他加工表面的加工方案

在零件主要加工表面的加工方案设计完成后，尚需要设计其他非主要表面的加工方案，以便得到完全的零件机械加工工艺过程方案。

通常，非主要加工表面的加工工序是穿插在零件的主要表面加工工序之间完成的，非主要加工表面的加工方案设计需要充分利用零件主要表面加工方法和设备确定后产生的便利条件。例如，某零件的主要加工表面与非主要加工表面都是平面，若主要加工平面选定铣削加工，这个零件的非主要加工平面也采用铣削加工是便利的。这种情况下，如果选用刨削加工则需要更换机床设备和工艺装备，因而这个非主要加工平面的加工方法选用刨削加工则不便利。

2.3.5 定位基准的选择

定位基准的选择与零件的几何结构、零件的机械加工技术要求以及零件主要加工表面及其加工方法关系均较密切。

定位基准可分为粗基准和精基准两种。如果用作定位的零件表面是没有被机械加工过的毛坯表面，则称之为粗基准；如果用作定位基准的零件表面是经过机械加工的表面，则称之为精基准。

机械零件往往有许多表面，但不是零件每个表面都适合作定位基准。定位基准的选择需要遵循一些原则。

1. 粗基准选择的原则

在机械加工工艺的过程中，第一道工序总是用粗基准定位。粗基准的选择对零件各加工表面加工余量的分配、保证不加工表面与加工表面间的尺寸、保证相互位置精度等均有很大的影响。

如图2.2所示的套筒镗孔加工，粗基准可以选择外圆柱面，用三爪卡盘安装工件，参见

图 2.2(a)；也可以用内孔作粗基准，用四爪卡盘装夹工件，参见图 2.2(b)。两种定位基准产生的加工效果是不同的，因此粗基准选择不是随意的。粗基准选择需要遵循如下原则。

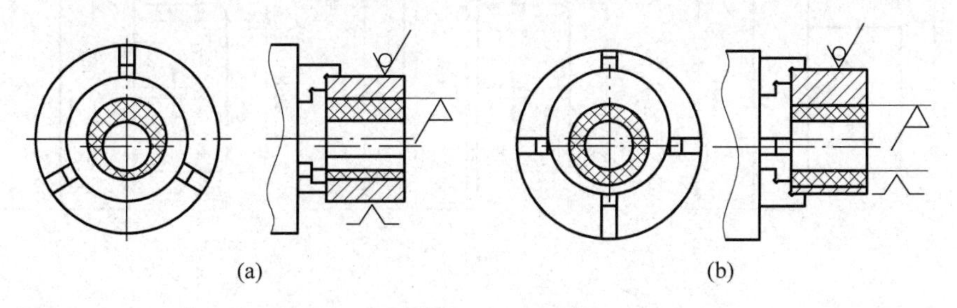

图 2.2　选择不同基准时不同加工结果

1）选择重要表面作为粗基准

工件都有相对重要的表面。通常，为了控制重要表面处金相组织均匀，要求重要表面处机械加工金属去除量小且均匀，那么应优先选择该重要表面为粗基准。

例如加工机床床身时，往往要以导轨面为粗基准，如图 2.3(a)所示，然后以加工好的机床底部作精基准，见图 2.3(b)，可以使导轨处金属去除量小，且导轨内部组织均匀。否则，如图 2.3(c)和(d)所示，机床导轨处金属去除量较大，可能导致导轨处金属去除量不均匀，而产生导轨内部金相组织差异较大，造成机床性能下降。

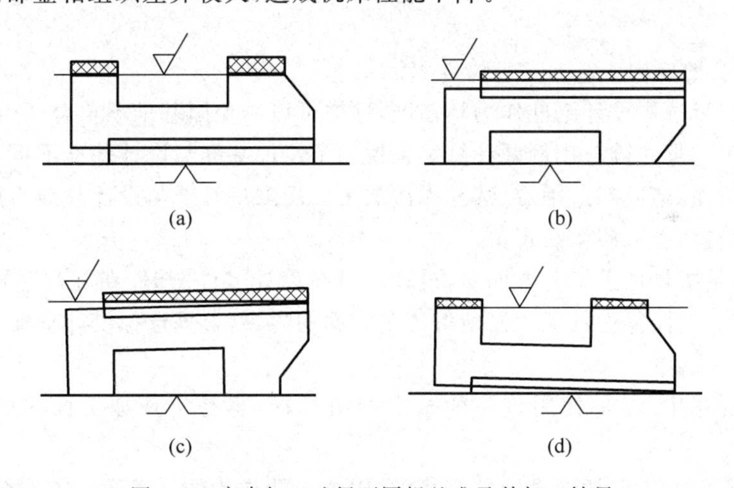

图 2.3　床身加工选择不同粗基准及其加工结果

2）选择不加工表面作为粗基准

为了保证加工表面与不加工表面之间的相互位置要求，一般应选择不加工表面为粗基准。如图 2.2 所示套筒镗孔加工，如果外圆柱面是不加工面，应该用图 2.2(a)以外圆柱面定位，保证壁厚均匀。

3）选择加工余量最小的表面为粗基准

若零件有多个表面需要加工，则应选择其中加工余量最小的表面作为粗基准，以保证零件各加工表面都有足够的加工余量。

例如，图 2.4(a)所示零件，如果毛坯件实际尺寸为图 2.4(b)或(c)所示，应选择其中加工余量最小的 ϕ95 圆柱表面作为粗基准，见图 2.4(b)；否则选用 ϕ68 表面作为粗基准，导致

ϕ90 表面加工余量不够，如图 2.4(c)所示。

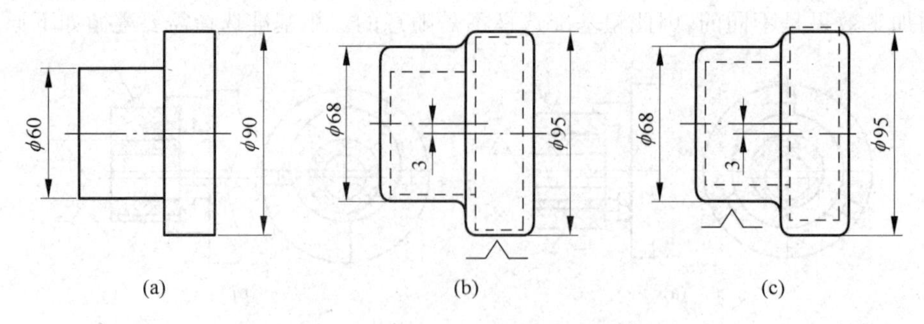

图 2.4　选择不同加工余量表面作粗基准及其加工结果

4）选择定位可靠、装夹方便、面积较大的表面为粗基准

粗基准应平整光洁，无分型面和冒口等缺陷，以便使工件定位可靠、装夹方便，减少加工劳动量。

5）粗基准在同一自由度方向上只能使用一次

重复使用粗基准并重复进行装夹工件操作会产生较大的定位误差。

2. 精基准的选择原则

精基准选择应着重保证加工精度，并使加工过程操作方便。选择精基准一般应遵循以下原则。

1）基准重合的原则

工艺人员尽量选用设计基准作为精基准，这样可以避免因基准不重合而引起的误差。

第 1 章中工艺尺寸链应用例题计算结果说明了定位基准与设计基准不重合情况会大大压缩加工尺寸公差，造成制造困难，甚至无法加工。而测量基准与设计基准不重合则会大大缩小测量尺寸公差，造成假废品现象。

特别强调，从机械加工工艺方面看，设计人员在设计零件图时，在关注零件的功能和要求以外，亦应充分关注零件的加工制造等工艺方面的需要，合理选择设计基准。

2）基准统一原则

工件加工过程中，尽量使用统一的基准做精基准，容易实现加工面之间具有高位置精度。

例如轴类零件的表面常常是回转表面，常用中心孔作为统一基准，加工各个外圆表面，采用统一基准加工有助于保证各表面之间的同轴度。箱体零件常用一平面和两个距离较远的孔作为精基准，加工该箱体上大多数表面。盘类零件常用一端面和一端孔为精基准完成各工序的加工。采用基准统一原则可避免基准变换产生的误差，提高工件加工精度，并简化夹具设计和制造。

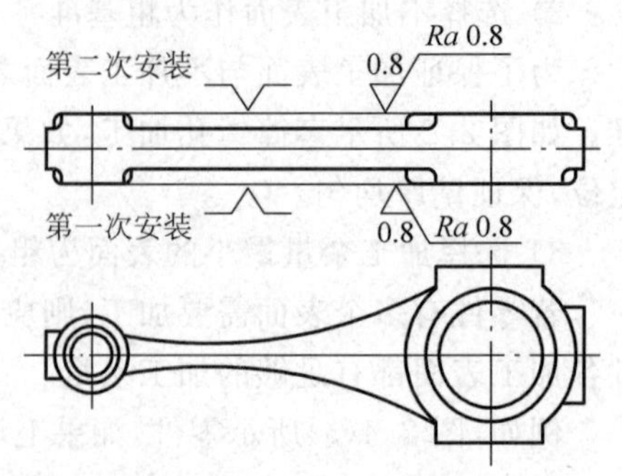

图 2.5　连杆磨削工序简图

3）互为基准原则

对于两个表面间相互位置精度要求很高，同时其自身尺寸与形状精度都要求很高的表面加工，常采用"互为基准、反复加工"原则。

如图 2.5 所示的连杆磨削工序，包含两个安装，两个安装的定位基准关系是互为基准。

4）自为基准原则

当零件加工表面的加工精度要求很高，加工余量小而且均匀时，常常用加工表面本身作为定位基准。

例如各种机床床身导轨面加工时，为保证导轨面上切除加工余量均匀，以导轨面本身找正和定位，磨削导轨面。

5）工件装夹方便，重复定位精度高

用作定位的精基准应保证工件装夹稳定可靠，夹具结构简单，工件装夹操作方便，重复定位精度高。

定位基准选定后，依据定位基准的几何特征、零件的结构以及加工表面情况，进一步可以确定工件的夹紧方式和夹紧位置。用表 2.13 中的定位与夹紧符号在工序简图上标记定位基准和夹紧位置。

表 2.13　定位和夹紧符号

项目		独立定位		联合定位	
		标注在视图轮廓线上	标注在视图正面	标注在视图轮廓线上	标注在视图正面
定位点	固定式				
	活动式				
辅助支撑					
夹紧点	机械				
	液压	Y	Y	Y	Y
	气动	Q	Q	Q	Q
	电动	D	D	D	D

2.4　毛坯的选择

毛坯的选择是机械加工过程的起点，它也是机械加工工艺设计的重要内容。

2.4.1　毛坯的种类

机械零件的毛坯主要可分为铸件、锻件、冲压件、焊接件、型材等多种。

1. 铸件

铸件是常见的毛坯形式,形状较为复杂的毛坯经常采用铸件。通常,铸件的重量可能占机器设备整机重量的50%以上。铸件毛坯的优点是适应性广,灵活性大,加工余量小,批量生产成本低;铸件的缺点是内部组织疏松,力学性能较差。

铸件成型方法主要有砂型铸造、金属型铸造、压力铸造和精密铸造等。按材质不同,铸件分为铸铁件、铸钢件、有色合金铸件等。不同铸造方法和不同材质的铸件在力学性能、尺寸精度、表面质量及生产成本等方面可能有所不同。

2. 锻件

锻件常用作受力情况复杂、重载、力学性能要求较高零件的毛坯。锻件是金属经过塑性变形得到的,其力学性能和内部组织较铸件好。锻件的生产方法主要是自由锻和模锻。锻件的形状复杂程度受到很大限制。

锻件材料种类较多,不同材料、不同热处理方法零件的机械性能差别较大。

3. 冲压件

冲压件是常温下通过对良好塑性的金属薄板进行变形和分离工序加工而成。冲压件的特点是重量较轻,具有一定的强度和刚度,并有一定的尺寸精度和表面质量;但是冲压模具制造成本高。

冲压件材料通常采用塑性好的碳钢、合金钢和有色金属。

4. 焊接件

焊接是一种永久性的金属连接加工方法。焊接可以制造毛坯,但不是毛坯件的主要制造方法。焊接件毛坯的优点是重量较轻,且机械性能较好。特别是焊接件还可以是异种材质的;焊接件毛坯的缺点是焊缝处及其附近机械加工性能不好。

焊接件作为毛坯通常出现在下列几种情况下:复杂大型结构件的毛坯、异种材质零件毛坯、某些特殊形状零件或结构件的毛坯、单件小批量生产的毛坯。

5. 型材

机械加工中常用型材是圆钢、方钢、扁钢、钢管及钢板等,型材经过切割下料后可以直接作为毛坯。

型材通常分为热轧型材和冷拉型材。冷拉型材表面质量和尺寸精度较高,当零件成品质量要求与冷拉型材质量相符时,可以选用冷拉型材。普通机械加工零件通常选用热轧型材制作毛坯。

2.4.2 毛坯选择方法

在零件结构设计时,设计人员通常会依据零件的功能、机械性能要求和结构特点为零件指定毛坯种类,通过图样标注、技术要求和材料标注等体现在零件图上。也有一些零件图只规定了零件的材质与力学性能,而对零件毛坯种类没有具体要求。这种情况下,工艺人员需要自己进行毛坯选择。

零件毛坯选择的基本原则是在保证零件质量的前提下,使零件的生产成本最低。通常,零件毛坯选择主要考虑如下几个方面因素。

(1) 零件的材料　设计图纸选用材料是毛坯选择考虑的重要因素。例如,设计图纸选用铸铁或铸钢时,毛坯选用铸件。

(2) 零件的力学性能要求　零件的力学性能要求通常是选择毛坯种类的主要考虑因素。例如,当零件受力情况复杂,力学性能要求较高时,选用钢材锻件毛坯;当零件力学性能要求较低时,可以选用铸铁件。

(3) 零件的形状及尺寸　零件的形状复杂程度和零件的尺寸也是选择毛坯种类的重要因素。

通常,形状复杂的零件宜采用铸件毛坯;大型复杂零件可以考虑选用铸件或焊接件作为毛坯。各个台阶直径相差不大的轴可以选用圆钢型材作为毛坯;如果轴的各个台阶直径相差不大时,宜选用锻件毛坯;且当零件尺寸较小时,宜用模锻件;当零件尺寸较大时,宜用自由锻件。

(4) 零件毛坯的生产条件　毛坯的选择还要考虑特定企业现场生产能力以及外协生产的可行性。

(5) 零件的生产纲领　零件的生产纲领决定零件的生产类型,相应对毛坯的生产率提出要求。

简单地说,毛坯的制造经济性与生产率和生产类型密切相关。单件小批量生产可以选用生产率较低,但单件制造成本低的制造方案,铸件可采用木模型手工造型;锻件采用自由锻。特别是单件生产可考虑采用型材作毛坯或制造外形简单的毛坯,进一步采用机械加工方法,制造零件外形。

大批大量生产时,可选用生产率高、毛坯质量较高、批量制造成本低的方法。例如铸件采用金属模造型,精密铸造。锻件应采用模锻方式。

(6) 采用新工艺、新技术、新材料的可能性　采用新工艺、新技术、新材料往往可以提高零件的机械性能,改善可加工性,减少加工工作量。

综上所述,尽管同一零件的毛坯可以有多种方法制造,毛坯制造方法选择却不是随意的,而是需要综合零件的力学性能、形状与尺寸、毛坯生产条件等因素进行选择。必要时,还要在选定的加工条件下,进行毛坯生产方案的技术经济性分析,确定出经济性好的毛坯制造方案。其目标是优质量、高效率、低能耗地制造机械零件。

2.5　机械加工工艺过程设计

机械加工工艺过程设计是工艺规程设计中的关键性工作。其结果会直接影响加工质量、加工效率、工人的劳动强度、生产成本等,对新建工厂将影响设备投资额度、车间面积大小等。

机械加工工艺过程设计以零件图加工分析为起点。在对零件图完成加工分析的基础上,需要明确各个加工过程的工序类型,对零件的加工工艺过程划分加工阶段,安排加工次序。在工序划分与加工安排上有工序集中和工序分散两种类型。

设计合理的机械加工工艺过程往往需要丰富的工程实际经验和较为扎实的机械加工工艺理论基础,也需要掌握特定企业的设备数量、分布、技术指标以及设备状况等现实制造条件因素,还需要掌握产品的生产类型等。

机械加工工艺过程设计是综合解决各种技术问题的过程,许多技术问题往往需要平行地加以考虑,因此机械加工工艺过程设计不一定是直线向前的过程,可能出现反复是正常的。对于新手来说,将机械加工工艺过程设计理解为迭代与提高的过程更为符合实际。为了保证所设计的机械加工工艺过程更为合理,往往同时提出两个以上方案进行分析比较,实施方案优化的过程。

2.5.1 工序类型

在毛坯变为成品零件的过程中,通常要经过若干道机械加工工序。由于各个加工工序在零件的机械加工工艺过程中的目的与作用不同,机械加工后零件的精度和表面质量也不同,因而就产生了加工工序类型。机械加工工序通常分为如下几种类型。

(1) 粗加工工序　粗加工工序的加工目的与作用是大量和快速地从工件表面去除材料,加工后工件表面粗糙度值比较大,加工精度比较低。例如,对于车削加工,粗加工的经济加工精度通常不高于 IT11～13,经济加工表面粗糙度通常为 $Ra=12.5\sim50\mu m$。

粗加工工序往往用于从毛坯开始的工件加工。由于毛坯与成品零件间尺寸相差较大,甚至形状也不相同,粗加工过程可以快速除去毛坯上过多的材料。粗加工表面也可作为零件不工作表面或不重要表面的最终加工表面。

(2) 半精加工工序　半精加工工序兼具获得加工质量和去除材料的任务,其目的与作用是为获得较高的加工质量或者为进一步获得很高的加工质量作准备。例如,对于车削加工,半精加工的经济加工精度通常为 IT8～10,经济加工表面粗糙度值通常为 $Ra=3.2\sim6.3\mu m$。

半精加工通常往往是粗加工工序与精加工工序之间的中间加工工序,也称为中间粗加工工序。半精加工的加工余量小于粗加工的加工余量,但是大于精加工余量。加工余量的变化规律通常是随着工件加工精度和表面加工质量的提高而逐渐减小。前道工序的加工余量总大于后续工序的加工余量。

半精加工工序可能不只进行一次,有时要进行几次才行。为了克服工艺系统受力变形、热变形和工件内应力对加工质量的影响,工件的主要加工表面的加工过程需要渐进式进行。即使某一主要加工表面的加工不分散在几道工序进行,而只在一道工序内进行的情况下,表面加工也需要分成若干工步,经过多次走刀完成。

若工件的加工质量要求一般,低于精加工的加工质量,半精加工也可为零件的最终加工手段。

(3) 精加工工序　精加工工序的目的与作用是获得工件的加工精度和表面粗糙度,而不以从工件上去除材料为目的。精加工往往得到工件的最终加工表面,因此精加工工序的去除材料仅仅是获取零件图纸规定加工质量的手段。例如,对于车削加工,精加工的经济加工精度通常不低于 IT7～8,经济加工表面粗糙度值通常为 $Ra=0.8\sim1.6\mu m$。

(4) 超精密或光整加工工序　超精密加工或光整加工是有特别高精加工质量要求的零件加工工艺过程中才有的工序。在这样的工序中,工件上去除材料数量很少或几乎不去除材料,超精密加工或光整加工工序的目的与作用是在精加工达到的加工质量上进一步提高工件的加工精度和表面质量。

因为加工原理不同,相同加工工序类型的不同机械加工方法能达到的经济加工精度与表面粗糙度是不同的。

2.5.2　加工阶段的划分

零件可能具有多个加工表面，对于每一个加工表面来说，其机械加工过程都是按由粗到精的次序进行的。由此产生的工序类型排列次序通常是粗加工工序→半精加工工序→精加工工序→超精密加工（或光整加工）工序。为了便于生产组织，通常将零件加工工艺过程划分为若干阶段，实际上零件的加工过程也就变成依次进行的几组加工子过程，也就是将繁杂的机械加工工序分成几组加工工序依次进行。每个加工阶段包含了若干加工工序。

加工阶段类型命名使用该加工阶段完成的大多数（主要）加工工序的工序类型名。它表明了该零件加工阶段的主要性质。因此，零件加工工艺过程往往可以划分为如下几种类型的加工阶段。

（1）粗加工阶段　在粗加工阶段，机械加工的主要任务是快速去除多余金属。因此粗加工采用大切削用量提高生产率。粗加工阶段还要加工出精基准，供下道工序加工定位使用。

（2）半精加工阶段　半精加工阶段是过渡阶段，主要任务是依据误差复映规律，采用多次加工，减少粗加工留下的误差，为主要表面的精加工做准备，并完成一些次要表面的加工。半精加工阶段通常安排在热处理前完成。

（3）精加工阶段　在精加工阶段，机械加工的主要任务是保证零件各主要表面达到图样规定要求。实现手段是均匀切除少量加工余量。精加工阶段通常安排在热处理后进行。

（4）超精密或光整加工阶段　超精密加工是通过极小的切削深度和走刀量，从精加工后的工件上切去极薄一层材料，从而取得更高的加工精度和表面质量。光整加工的主要任务是提高零件表面粗糙度，它不用于纠正几何形状和相互位置误差。常用光整加工方法有镜面磨、研磨、珩磨、抛光等。

加工阶段是按加工先后排序的零件加工的分组，由于零件加工表面的复杂性，各个加工阶段内的工序类型未必是相同的。零件工艺过程的加工阶段与加工阶段之间并没有严格的界限，只是一个大致的范围。例如，粗加工阶段的大多数和主要的加工工序为粗加工类型。但是粗加工工序内也可能包含半精加工或精加工工序，如用于基准加工的精加工工序。同样道理，若零件加工过程中个别的不工作表面粗加工工序不便安排在粗加工阶段完成，也可考虑在半精加工阶段或精加工阶段完成。

需要指出，当毛坯余量特别大时，可以在毛坯车间进行去皮加工，切除多余加工余量，并检查毛坯缺陷。

加工阶段的划分应依据具体情况而定，不是必需的。对于那些刚性好、余量小、加工质量要求不高或内力影响不大的工件，可以不划分加工阶段或少划分加工阶段。如有些重型零件安装和搬运困难，亦可不划分加工阶段。对于加工精度要求极高的重要零件需要在划分加工阶段的基础上，插入适当的时效处理环节，消除残余应力影响。

零件加工工艺过程划分为工序或加工阶段的主要原因有两点。第一，机械加工过程中存在误差复映现象，即上道工序加工误差会对下道工序加工误差产生影响。毛坯的各个待加工表面可能加工余量分布不均，需要分多次加工才可能得到较高加工质量。第二，零件分工序加工或分阶段加工（或中间加入时效处理）可以减少内应力对加工精度的影响。铸件或锻件往往具有内应力或平衡内应力。经过切削加工后，零件内应力平衡被打破，零件会产生变形而影响加工精度。

零件分阶段进行零件加工的益处如下:

(1) 有益于保证加工质量　粗加工时,切削余量大,切削力、切削热和夹紧力也大,切削加工难以达到较高精度。而且由于毛坯本身具有的内应力,粗加工后内应力将重新分布,工件会产生较大变形。划分加工阶段后,粗加工误差以及应力变形通过半精加工和精加工可以逐步修正,从而提高零件的精度和表面质量。

(2) 有益于合理使用设备　粗加工阶段可采用功率大、效率高,而精度一般的设备;精加工阶段则采用精度高的精密机床。从而发挥各类机床的效能,保护机床的精度,延长机床的使用寿命。

(3) 有益于选用合理加工方法　将零件加工划分加工阶段便于为不同的工序选择合适的设备与加工方法,从而提高生产率,降低成本。例如,螺纹加工可以安排在卧式车床上进行,生产效率比较低;若是生产车间恰好具备滚丝机床,按阶段加工可以方便将螺纹加工工序安排在滚丝机上滚压螺纹,生产率提高十几倍,而且螺纹加工质量好。

(4) 方便安排热处理工序安排　按阶段进行零件加工可在各阶段之间适当安排热处理工序。例如,对于重要和精密的零件,在粗加工后安排时效处理,可减少内应力对零件加工精度的影响;在半精加工后安排渗碳淬火处理,不仅容易达到零件的性能要求,而且热处理变形可通过(磨削)精加工过程予以消除。

(5) 有利于避免重要表面和精密表面受损伤　按阶段加工零件,可以将精加工工序安排在零件加工工艺过程的最后,精加工表面最后加工,从而避免因加工其他表面可能造成已经加工的重要表面受伤害。

(6) 有利于粗加工后及时发现毛坯缺陷　粗加工阶段快速和大量地去除各个加工表面的加工余量,便于及时发现毛坯缺陷,及时进行修补或报废,从而避免在工件上完成大量半精加工或精加工后才发现缺陷,造成加工浪费。

2.5.3　工序的集中与分散

在进行加工顺序安排之前需要首先了解机械加工工艺过程设计的两个原则,即工序集中与分散。依据零件的生产类型和加工设备情况,选定其中一种机械加工工艺过程设计原则,按照原则划分零件的机械加工工艺过程,安排加工顺序。

工序集中就是通过设计零件的机械加工工艺过程,使零件加工集中在较少的工序内完成,这样每道工序的加工内容多。工序分散就是通过设计零件的机械加工工艺过程,使零件加工分散在较多的工序内进行,这样每道工序的加工内容少。

采用工序集中原则设计零件的机械加工工艺过程时,机械制造过程的特点如下:

(1) 采用柔性或多功能机械加工设备及工艺装备,生产率高;

(2) 工件装夹次数少,易于保证加工表面间位置精度,减少工序间运输量,缩短生产周期;

(3) 机床数量、操作工人数量和生产面积可以较少,从而简化生产组织和计划工作;

(4) 因采用柔性或多功能设备及工艺装备,所以投资大,设备调整复杂,生产准备工作量大,转换产品费时。

若是机械制造过程具有如下特点,往往采用工序分散原则设计零件的机械加工工艺过程：

(1) 机械加工设备和工艺装备功能单一，调整维修方便，生产准备工作量小；

(2) 由于工序内容简单，可采用较合理的切削用量；

(3) 设备数量多，操作工人多，生产面积大；

(4) 对操作者技能要求低。

工序集中与工序分散各有利弊，应根据生产类型、现有制造生产条件(机械加工设备类型、设备数量及分布)、工件结构特点和技术要求等进行综合分析后选用。即使采用通用机床和工艺装备，单件生产也往往采用工序集中的原则；在具有加工中心等先进设备条件下，小批量生产可采用工序集中原则安排零件加工，以便简化生产组织工作。大批大量生产广泛采用专用机床时，采用工序分散的原则安排零件加工；当生产线中有加工中心、数控设备及先进工艺装备时，可部分采用工序集中原则安排零件加工。对于重型零件，工序应适当集中；对于刚性差、精度要求高的零件应适当分散其加工工序。

2.5.4　加工顺序的安排

机械零件常常有许多表面需要进行机械加工。零件各加工表面往往需要分阶段分批次逐步进行加工，其间需要安排热处理工序和检验工序等各种辅助工序。零件的加工顺序安排不是随意的，通常应遵循一些原则。

1. 机械加工工序次序安排原则

机械加工工序的先后次序安排通常遵循一些原则。

(1) 先粗后精原则　零件加工顺序安排应先进行粗加工工序，后进行精加工工序。机械加工精度要求较高零件的主要表面应按照粗加工→半精加工→精加工→超精密或光整加工的顺序安排，使零件加工质量逐步提高。

(2) 先主后次原则　零件的主要表面是加工精度和表面质量要求较高的面，其加工过程往往较为复杂，工序数目多，且零件主要表面的加工质量对零件质量影响较大，因此安排加工顺序时应优先考虑零件主要表面加工；零件一些次要表面如孔、键槽等，可穿插在零件主要表面加工中间或其后进行。

(3) 基准先行原则　零件加工顺序安排应尽早加工用作精基准的表面，以便为后续加工提供可靠的高质量的定位基准。在重要表面加工前，对精基准应进行一次修正，以利于保证主要表面的加工精度。

基准与加工次序安排有密切关系。基准选定也就初步确定了加工工序次序。

(4) 先面后孔原则　零件机械加工顺序应先进行平面加工工序，后进行孔加工工序。如箱体、支架和连杆等工件，因平面轮廓平整，定位稳定可靠，应先加工平面，然后以平面定位加工孔和其他表面，这样容易保证平面和孔之间的相互位置精度。

(5) 内外交替原则　若工件的加工表面既有孔、腔面等内表面，也有外表面，加工顺序往往是先加工内表面，然后加工外表面，再加工内表面，再加工外表面，如此交替进行。粗加工、半精加工皆如此。

(6) 废品先现原则　对于容易产生废品的工序，精加工、超精密或光整加工都应当适当提前，某些次要的小表面可以放在其后。如果加工主要表面出现废品，可以在较多工序尚未开展时使废品尽早显现出来，避免产生无效和无意义的加工，避免浪费。

在进行零件图加工性分析时,已经完成了零件各个表面的加工方案和定位基准的选择。将各个表面的加工过程由粗至精依次排列,于是就得到了一组加工各个加工表面的并列工艺过程。然后,将所用设备相同、工序余量及切削用量相同、加工精度与表面质量大体一致的若干个被加工表面放在一道或几道工序中,将它们按照上述机械加工工序安排原则依次排成一列,就得到了零件的完整的加工工艺过程。其间应该注意如下几个问题。

(1) 注意减少安装次数　能够在一道工序内完成的加工最好设计在一次安装中完成。这样有利于保证加工质量,减少辅助时间。

(2) 方便加工　机械加工工序加工内容与次序安排应具备加工方便的特点。这项内容涉及较多的方面,共同特征是提高生产率,操作方便、便捷,省时、省力、省事!

(3) 机床功能　机床的功能不同,能够在该机床上快速完成的机械加工任务也是不同的。加工安排时,需要依据机床的功能编排加工工序的次序。例如在数控铣床上能安排较少的次数换刀的加工内容;在加工中心上,则可完成更多的加工内容。

(4) 重要加工要求　若零件的某几个加工要求很高,则必须设法保证这几个表面加工在一个工序中,尽量在一次安装中完成。例如,轴的几个安装定位基准表面应该在一次安装中完成,可以保证其同心度。

2. 热处理工序的安排

在零件机械加工过程中,热处理工序的安排通常有一些规律可循。

(1) 预备热处理　是为了改善材料切削性能的热处理,例如退火、正火处理、调质等。正火处理可以匀化金相组织,改善材料切削性。退火处理可以降低锻件硬度,提高材料切削性,去除冷、热加工的应力,细化匀化晶粒,使碳化物球化,提高冷加工性能。调质处理可以使零件在强度、硬度、塑性和韧性等方面普遍具有较好的综合机械性能。通常,预备热处理安排在粗加工之前进行。

(2) 中间热处理　是安排在粗加工后和半精加工之前进行的热处理。中间热处理通常有两种情况,一种情况,中间热处理是为了消除(铸件等)内应力的热处理,包括人工时效、退火、正火等;另一种情况,中间热处理是为了获得材料的综合性能。例如,重要的锻件进行正火预备热处理后,在粗加工后安排调质处理作为中间热处理。

(3) 最终热处理　是为了改善材料的物理力学性能的热处理,包括淬火、淬火回火、渗碳淬火、高频感应加热淬火、渗氮等,用于提高材料强度、表面硬度和耐磨性。淬火、淬火回火、渗碳淬火等热处理产生变形较大,它们通常被安排在半精加工之后和磨削加工之前。

高频感应加热淬火等变形较小,有时允许安排在精加工之后进行。

渗氮(氮化)处理可以获得更高的表面硬度和耐磨性、更高的疲劳强度。由于氮化层较薄,所以氮化后磨削余量不能太大,故一般将其安排在粗磨之后、精磨之前进行。通常氮化处理前应对零件进行调质处理和去内应力处理,消除内应力,减少氮化变形,改善加工性能。

(4) 时效处理安排　时效处理可以消除毛坯制造和机械加工中产生的内应力。若铸件毛坯零件精度要求一般,可在粗加工前或粗加工后进行一次时效处理。铸件毛坯零件精度要求较高时,可安排多次时效处理。

(5) 低温失效处理和冷处理安排　零件的低温失效处理和冷处理用于稳定精加工后的尺寸精度,工序一般都安排在精加工工艺过程后进行。冷处理工艺是工件淬火热处理冷却至室温后,立即被放置入低于室温的环境下停留一定时间,然后取出放回室温的材料处理方法。低温冷处理和深冷处理可看成是淬火热处理的继续，亦即将淬火后已冷却到室温的工件继续深度冷却至零下很低温度。冷处理通常在最终热处理后进行。

(6) 表面处理安排　零件的表面处理工序一般都安排在工艺过程的最后进行。表面处理包括表面金属镀层处理、表面磷化处理、表面发蓝、表面发黑、表面钝化处理、铝合金的阳极化处理等。

3. 检验工序安排

检验工序分一般检验工序和特种检验工序，它们是工艺过程中必不可少的工序。一般检验工序通常安排在粗加工后、重要工序前后、转车间前后以及全部加工工序完成后。

特种检验工序，如 X 射线和超声波探伤等无损伤工件内部质量检验，一般安排在工艺过程开始时进行。如磁力探伤、荧光探伤等检验工件表面质量的工序，通常安排在精加工阶段进行。壳体零件的密封性检验一般安排在粗加工阶段进行。零件的静平衡和动平衡检查等一般安排在工艺过程的最后进行。

2.6 工序设计

工序设计是以零件图加工分析为基础，为机械加工工序选择适当的机床设备并配备工艺装备，确定切削用量，确定加工余量，确定工序尺寸及公差等。

2.6.1 机床与工艺装备的选择

1. 机床的选择

机床是实现机械切削加工(包括磨削等)的主要设备。机床设备选择应遵循的原则是:

(1) 机床的主要规格尺寸应与被加工零件的外廓尺寸相适应;

(2) 机床的加工精度应与工序要求的加工精度相适应;

(3) 机床的生产率应与被加工零件的生产类型相适应;

(4) 机床的选择应充分考虑企业现有设备情况。

如果需要改装或设计专用机床，则应提出设计任务书，阐明与加工工序内容有关的参数、生产率要求，保证零件质量的条件以及机床总体布置形式等。

2. 工艺装备的选择

工艺装备主要指夹具、刀具、量具和辅助工具等。

工艺装备选择首先需要满足零件加工需求。一般地，夹具与量具选择要注意其精度应与工件的加工精度要求相适应。刀具的类型、规格和精度应符合零件的加工要求。

工艺装备的配备还应该与零件的生产类型相适应，才能在满足产品质量的前提下提高生产率，并降低生产成本。

单件小批量生产中，夹具应尽量选用通用工具，如卡盘、台虎钳和回转台等，为提高生产率可积极推广和使用成组夹具或组合夹具。刀具一般采用通用刀具或标准刀具，必要时也可采用高效复合刀具及其他专用刀具。量具应普遍采用通用量具。

大批大量生产中，机床夹具应尽量选用高效的液压或气动等专用夹具。刀具可采用高效复合刀具及其他专用刀具。量具应采用各种量规和一些高效的检验工具。选用的量具精度应与工序设计工件的加工精度相适应。

如果工序设计需要采用专用的工艺装备,则应提出设计任务书。

中批量生产应综合权衡生产率、生产成本等多方面因素,可适当选用专用工艺装备。

2.6.2 切削用量的确定

切削用量是机械加工的重要参数,切削用量数值因加工阶段不同而不同。选择切削用量主要从保证工件加工表面的质量、提高生产率、维持刀具耐用度以及机床功率限制等方面来综合考虑。

1. 粗加工切削用量的选择

粗加工毛坯余量大,而且可能不均匀。粗加工切削用量的原则一般以提高生产率为主,但也应考虑加工经济性和加工成本。粗加工阶段工件的精度与表面粗糙度(一般 $Ra=12.5\sim50\mu m$)可以要求不高。在保证必要的刀具耐用度的前提下,应适当加大切削用量。

通常生产率用单位时间内的金属切除率 Z_w 表示,则 $Z_w=1000vfa_p$(单位:mm^3/s)。可见,提高切削速度 v、增大进给量 f 和背吃刀量 a_p 都能提高切削加工生产率。但是切削速度对刀具耐用度影响最大,背吃刀量对刀具耐用度影响最小。在选择粗加工切削用量时,应首先选用尽可能大的背吃刀量;其次选用较大的进给量;最后根据合理的刀具耐用度,用计算法或查表法确定合适的切削速度。

(1) 背吃刀量的选择　粗加工时,背吃刀量由工件加工余量和工艺系统刚度决定。在预留后续工序加工余量的前提下,应将粗加工余量尽可能快速切除掉;若总余量太大,或者工艺系统刚度不足,或者加工余量明显不均,粗加工可分几次走刀,但总是将第一、二次进给的背吃刀量尽可能取大些。

在中等功率机床上,粗加工背吃刀量可达8~10mm。

(2) 进给量的选择　由于粗加工对工件表面质量没有太高要求,这时主要考虑机床进给机构的强度与刚性和刀杆的强度与刚性等限制因素,实际限制进给量的主要因素是切削力。在工艺系统刚性和强度良好的情况下,可用较大的进给量值。

进给量的选择可以采用查表法,参阅机械加工工艺手册和金属切削手册,根据工件材料和尺寸、刀杆尺寸和初选的背吃刀量来选取。

(3) 切削速度的选择　切削速度的主要限制因素是刀具耐用度和机床功率。

刀具耐用度需参阅刀具产品手册和金属切削手册。

背吃刀量、进给量和切削速度三者决定切削功率,确定切削速度时应考虑机床的许用功率。在背吃刀量和进给量选定后,切削速度可按金属切除率公式计算得到。

切削速度选择还应注意以下几点:

(1) 尽量避开积屑瘤产生区域;

(2) 断续切削时,适当降低切削速度,减小冲击和振动;

(3) 易发生振动的情况,切削速度应该避开自激振动的临界速度;

(4) 切削大型工件、细长件和薄壁件时,应选择较低的切削速度;

(5) 切削带外皮的工件时,应适当降低切削速度。

2. 半精加工和精加工时切削用量的选择

半精加工(一般 $Ra=1.6\sim6.3\mu m$)和精加工(一般 $Ra=0.32\sim1.6\mu m$)时,加工余量小而均匀。切削用量的选用原则是在保证工件加工质量的前提下,兼顾切削效率、加工经济性和加工成本。

一般地，背吃刀量、进给量及切削速度的确定需要考虑如下因素：

(1) 背吃刀量的选择　背吃刀量的选择由粗加工后留下的余量决定，一般背吃刀量不能太大，否则会影响加工质量。

半精加工的背吃刀量一般取 0.5～2mm，精加工的背吃刀量一般取 0.1～0.4mm。

(2) 进给量的选择　限制进给量的主要因素是表面粗糙度。进给量应根据加工表面的粗糙度值要求、刀尖圆弧半径、工件材料、主偏角及副偏角、切削速度等选取。

(3) 切削速度的选择　切削速度选择主要考虑表面粗糙度要求和工件的材料种类。当表面粗糙度值要求较小时，需要选择较高的切削速度。

上述切削用量参数亦可依据相关手册或经验确定。

2.6.3　加工余量的拟定

加工零件的任一个表面，并达到图纸所规定的精度及表面粗糙度，往往需要经过多次加工方能完成，而每次加工都需要去除一定量的加工余量。

1. 加工余量的概念

加工余量是指在加工过程中从被加工表面上切除的金属层厚度。加工余量可分为加工总余量和工序余量两种。

工序余量是相邻工序的工序尺寸之差。由于工序尺寸有公差，故实际切除的余量大小不等，工序余量也是一个变动量。

当工序尺寸用名义尺寸计算时，所得的加工余量称为基本余量或者公称余量。保证该工序加工表面的精度和质量所需切除的最小金属层厚度称为最小余量(Z_{min})；该工序余量的最大值则称为最大余量(Z_{max})。

加工余量可以利用尺寸链理论计算。通常，加工余量形成过程是两道工序(或两次加工)间接形成的，因此加工余量是封闭环，工序尺寸是组成环。机械加工过程总是去除金属的过程，可以建立尺寸链图，如图 2.6(a)所示，其中 Z 表示加工余量。对应内表面加工示意参见图 2.6(b)，A 是上道工序的工序尺寸，B 是本工序的工序尺寸；对应外表面加工示意参见图 2.6(c)，A 是本工序的工序尺寸，B 是上道工序的工序尺寸。不论内表面还是外表面，加工余量和工序尺寸及公差的关系可统一写成如下形式：

$$Z = B - A \tag{2.1}$$

$$\mathrm{ES}Z = \mathrm{ES}B - \mathrm{EI}A \tag{2.2}$$

$$\mathrm{EI}Z = \mathrm{EI}B - \mathrm{ES}A \tag{2.3}$$

$$T_z = T_a + T_b \tag{2.4}$$

式中，T_a 为内表面加工时，表示上道工序尺寸的公差，外表面加工时，表示本道工序尺寸的公差；T_b 为内表面加工时，表示本道工序尺寸的公差，外表面加工时，表示上道工序尺寸的公差；T_z 为本工序的余量公差。

$$Z_{max} = Z + \mathrm{ES}Z \tag{2.5}$$

$$Z_{min} = Z + \mathrm{EI}Z \tag{2.6}$$

工序余量有单边余量和双边余量之分。零件非对称结构的非对称表面，其加工余量一般为单边余量。例如单一平面的加工余量为单边余量，见图 2.7(a)。零件对称结构的对称

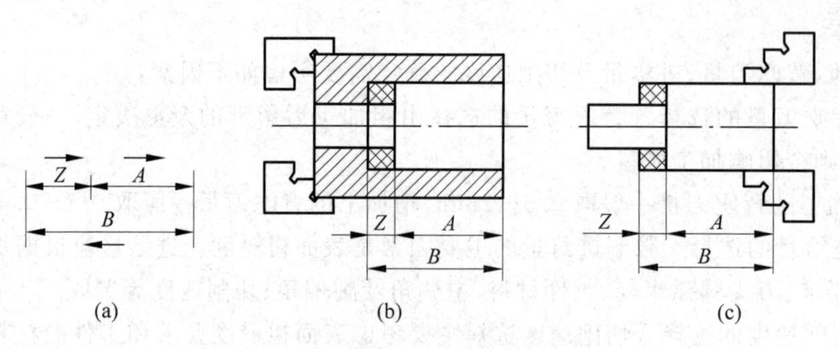

图 2.6 工序余量与工序尺寸的关系

表面,其加工余量为双边余量,如回转体表面(内、外圆柱表面)的加工余量为双边余量,如图 2.7(b)所示。

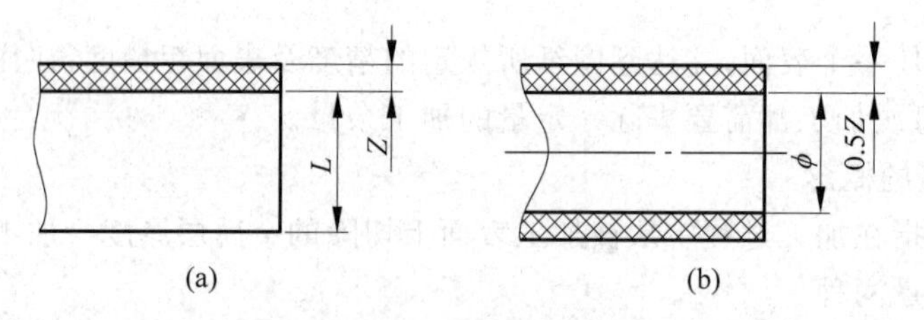

图 2.7 单边余量与双边余量

加工总余量是同一表面上毛坯尺寸与零件设计尺寸之差(即从加工表面上切除的金属层总厚度)。显然零件某表面加工总余量($Z_总$)等于该表面各个工序余量($Z_1, Z_2, \cdots, Z_n$)之和,即

$$Z_总 = Z_1 + Z_2 + \cdots + Z_n \tag{2.7}$$

第一道工序的加工余量 Z_1 就是粗加工的加工余量,其数值大小与毛坯制造方法有关。一般来说,毛坯的制造精度高,Z_1 可以小;若毛坯制造精度低,Z_1 需要大些。关于毛坯加工余量的详细内容请查阅相关教材或手册。下面着重分析和探讨机械加工余量的影响因素。

2. 影响工序加工余量的因素

工序加工余量的影响因素非常复杂。相比较,如下因素的作用较为明显:

(1) 前道工序的表面粗糙度 R_z(轮廓最大高度)和表面层缺陷层厚度 H_a 参见图 2.8,前道工序的表面粗糙度 R_z 和表面层缺陷层厚度 H_a 都应在本工序内去除。

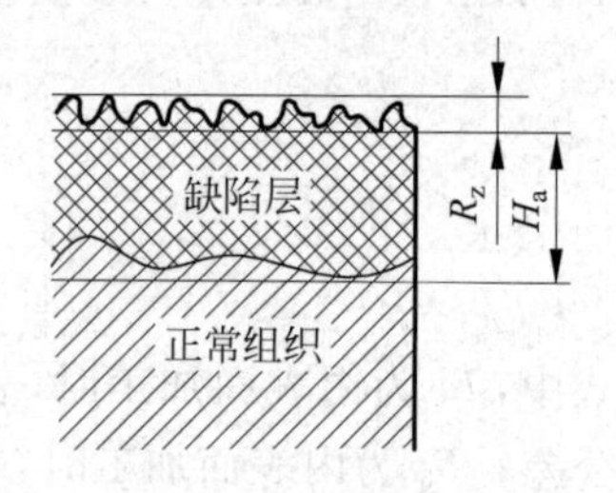

图 2.8 零件表层结构

(2) 前道工序的尺寸公差 T_a 应将前道工序的尺寸公差 T_a 计入本工序加工余量。

(3) 前道工序的形位误差 ρ_a 工件形位误差如工件表面的弯曲、工件的空间位置误差等。形位误差 ρ_a 往往具有空间方向性,加工余量分析与计算时可以按照其矢量模计算。其原因是如果工件形位公差可以用目视观察获知,则需要增加矫直工序,矫直后残余形位误差应无法目测判断其方向性,工序余量按照前道工序的形位误差矢量模计算。

(4) 本工序的安装误差 ε_b 安装误差 ε_b 也具有空间方向性,加工余量分析与计算时也可以按照其矢量模计算。其原因是如果对工件安装误差 ε_b 可以用目视观察获知其方向，则需要重新安装工件或找正处理，找正处理后残余安装误差应无法目测判断其方向性，工序余量计算按照本道工序的安装误差矢量模计算。

综合上述分析结果，本工序的加工余量应为：

对称余量

$$Z \geqslant 2(R_z + H_a + |\varepsilon_b| + |\rho_a|) + T_a \tag{2.8}$$

单边余量

$$Z \geqslant R_z + H_a + |\varepsilon_b| + |\rho_a| + T_a \tag{2.9}$$

3. 加工余量的拟定方法

加工余量的大小对零件的加工质量、生产率和生产成本均有较大影响。加工余量过大，不仅增加机械加工的劳动量、降低生产率，而且增加了材料、刀具和电力的消耗，提高了加工成本；与之相反，加工余量过小往往会造成废品，往往不是加工余量不能消除前道工序的各种表面缺陷和误差，就是加工余量不能补偿本工序加工时工件的安装误差。因此，应合理地确定加工余量。

确定加工余量的基本原则是：在保证工件加工质量的前提下，尽可能选用较小加工余量。

实际工作中，确定工件加工余量的方法有以下三种。

1）查表法

查表法是根据有关切削加工手册或机械加工工艺手册提供的加工余量数据，或者依据工厂自身积累的经验数据，以查表的方式拟定的加工余量。查表法往往可以获知各种工序余量或加工总余量，亦可以结合实际加工企业情况，对查表数据作进一步修正，拟定合适加工余量。

查表法操作方便、简单、实用，是目前应用较为广泛的方法。特别是对于机械加工经验尚不丰富的工艺人员，查表法拟定加工余量更显实用。

孔加工余量的一些经验数值参见表 2.14。孔加工余量与孔的大小有关，直径大的孔酌情取较大的加工余量。

外圆加工余量的一些经验数值参见表 2.15。外圆加工余量与外圆直径和工件长度有关。外圆直径不大于 180mm 且工件长度不超过 200mm 时，加工余量取下限；外圆直径超过 180mm 且工件长度超过 400mm 时，加工余量取上限；其他情况酌减。

平面或端面加工余量的一些经验数值参见表 2.16。平面或端面加工余量与平面或端面大小有关。当加工平面长与宽不大于 100mm 时，加工余量取下限；当加工平面长大于 500mm 且宽大于 200mm 时取上限，其他情况酌减。

渗碳热处理后工件变形较大需要进行磨削加工，加工余量经验数值参见表 2.17。

2）经验估计法

工艺人员根据自身积累的机械加工经验，确定加工余量的方法称为经验估计法。经验估计法最为快捷、方便。为了防止余量过小而产生废品，采用经验估计法确定的加工余量往往数值偏大。

3）分析计算法

分析计算法是根据理论公式和试验资料，对影响加工余量的各因素进行分析、计算从而确定加工余量的方法。这种确定加工余量的方法较合理,但需要掌握完备和可靠的试验资料,计算也相对复杂。一般只在材料十分贵重或少数大批、大量生产的情况下采用。

表 2.14 孔加工余量

加工方法		加工余量/mm
扩(钻)孔		0.15~0.2
铰孔		0.15
镗(车)孔	粗镗(车)	2~5
	精镗(车)	0.5~1.5
磨削	粗磨	0.2~0.8
	半精磨	0.1~0.4
半精磨(热处理后)		0.3~0.5
金刚石刀粗镗	有色合金	0.2~0.6
	钢	0.2~0.3
金刚石刀精镗(浮动镗)		0.1~0.2
珩孔	有色合金	0.09~0.12
	钢	0.06~0.09
研孔	有色合金	0.1~0.16
	钢	0.005~0.050

表 2.15 外圆加工余量

加工方法		加工余量/mm
车削	粗车	1.5~4.0
	半精车	0.5~2.5
磨削	粗磨	0.2~0.5
	精磨	0.1~0.35
金刚石刀车削	轻合金	0.3~0.5
	铸铁、青铜	0.3~0.4
	钢	0.2~0.3
无心磨削	粗磨	0.2~0.5
	精磨	0.05~0.15
研磨	手工	0.003~0.008
	机械	0.008~0.015
抛光		0.1~0.5
超精加工		0.003~0.02

表 2.16 平(端)面加工余量

加工方法		加工余量/mm
车削	粗车	1~4.0
	精车	0.4~1.7
磨削	粗磨	0.2~0.8
	精磨	0.05~0.4
铣(刨)削	粗铣(刨)	2.0~4.5
	半精铣(刨)	0.7~1.5
	精铣(刨)	0.6~1.2

表 2.17 切除渗碳层的加工余量

渗碳层深度	双边余量/mm	单边余量/mm
0.4~0.6	1.5~1.7	1~1.2
0.6~0.8	2~2.2	1.2~1.5
0.8~1.1	2.5~3	1.5~2
1.1~1.4	3.2~4	1.8~2.3
1.4~1.8	4~4.5	2.2~2.7

2.6.4 工序尺寸及其公差的确定

零件的设计尺寸一般都要经过多道工序加工才能得到,每道工序加工所应保证的尺寸称为工序尺寸。

工序尺寸及偏差应标注在对应的工序卡的工序简图上,它们是零件加工和工序检验的依据。工序尺寸及偏差标注应符合“入体原则”。

“入体原则”标注指标注尺寸公差时应向材料实体方向单向标注。内表面(如孔)的工序尺寸公差取下偏差为零;外表面(如轴)的工序尺寸公差取上偏差为零。通常,毛坯尺寸公差可以双向布置上、下偏差。

工序尺寸及偏差确定的基本原则如下:

(1) 满足零件加工质量要求;

(2) 毛坯制造方便,制造成本较低;

(3) 各工序加工方便，加工成本较低。

机械加工过程中，工件的尺寸是不断变化的，由毛坯尺寸到工序尺寸，从上道工序尺寸到本道工序尺寸，然后到下道工序尺寸，最后达到满足零件性能要求的设计尺寸。

工序尺寸及偏差确定的基本方法如下：

(1) 最后一道工序的工序尺寸及公差按零件图纸确定；

(2) 其余工序的工序尺寸及公差按工序加工方法的经济加工精度确定；

(3) 各工序的工序余量应当合理；

(4) 工序尺寸及公差确定过程是逐步推算的过程，推算方向是从最后一道工序向前依次推算。

由于零件结构和尺寸关系可能非常复杂，实际工序尺寸及公差计算过程可能会较为烦琐，需要遵循一些计算方法和步骤。

一般来说，如果某个工序尺寸在零件加工过程中工艺基准与设计基准是重合的，则工序尺寸及其公差的计算相对简单。当工艺基准与设计基准不重合时，工序尺寸及其公差的计算较为烦琐。

1. 基准重合时工序尺寸及其公差的计算

当工艺基准与设计基准重合时，工件表面多次加工的工序尺寸及其公差的计算是常见的工序尺寸计算问题。

零件设计图纸可以确定最后一道工序的工序尺寸及公差。其余工序尺寸及其公差确定的基本方法如下：

(1) 按照各工序加工方法，确定工序的加工余量；

(2) 依据加工余量计算公式，从最后一道工序的工序尺寸开始，依次计算上一道工序的工序尺寸，直至零件毛坯尺寸；

(3) 按工序加工方法的经济加工精度，确定各中间工序的工序尺寸及公差；

(4) 按“入体原则”标注尺寸极限偏差。

下面举例说明。

例 2.1　齿轮箱体轴承安装孔的设计要求为 $\phi 100\mathrm{H7}$，$Ra=0.4\mu\mathrm{m}$。其机械加工工艺过程为：毛坯→粗镗→半精镗→精镗→浮动镗。试确定各工序尺寸及其公差。

解：从机械工艺手册查得各工序的加工余量和所能达到的精度，具体数值见表 2.18 中的第二、三列，计算结果见表 2.18 中的第四、五列。工序余量、工序尺寸及其公差关系见图 2.9。

表 2.18　主轴孔工序尺寸及公差的计算

工序名称	工序余量	工序的经济精度	工序基本尺寸/mm	工序尺寸、公差、表面粗糙度
浮动镗	0.1	$\mathrm{H7}(^{+0.035}_{0})$	100	$\phi 100^{+0.035}_{0}$，$Ra=0.8\mu\mathrm{m}$
精镗	0.5	$\mathrm{H9}(^{+0.087}_{0})$	100−0.1=99.9	$\phi 99.9^{+0.087}_{0}$，$Ra=1.6\mu\mathrm{m}$
半精镗	2.4	$\mathrm{H11}(^{+0.22}_{0})$	99.9−0.5=99.4	$\phi 99.4^{+0.22}_{0}$，$Ra=6.3\mu\mathrm{m}$
粗镗	5	$\mathrm{H13}(^{+0.54}_{0})$	99.4−2.4=97	$\phi 97^{0.54}_{0}$，$Ra=12.5\mu\mathrm{m}$
毛坯孔		(±1.2)	97−5=92	$\phi 92\pm 1.2$

2. 基准不重合时工序尺寸及其公差的计算

零件机械加工过程往往是复杂的过程，因此工序尺寸计算过程也往往较为复杂。当零

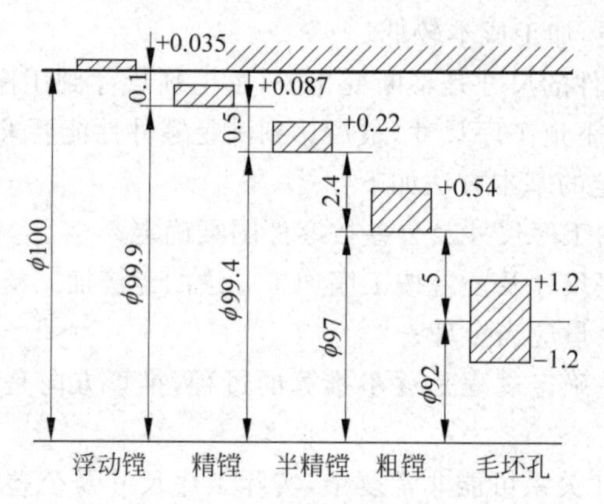

图2.9　工序余量、工序尺寸及其公差的关系

件结构复杂且加工表面较多时,零件加工工序会很多,加工过程中往往会多次更换机械加工机床设备,进行多次安装工件,并更换定位基准。当零件加工精度较高时,尽管零件结构不很复杂,其加工过程经常也会有很多工序,加工过程中常常会使用不同定位基准和工序基准。

由于基准转换致使工序基准、定位基准或测量基准与设计基准不重合时,工序尺寸及其公差的计算需要利用工艺尺寸链理论。

第1章的尺寸链应用例题已经介绍了测量基准或定位基准与设计基准不重合时的工序尺寸计算方法、热处理渗碳层控制工序尺寸计算方法、从未加工表面标注的工序尺寸计算方法。下面用多尺寸同时保证情况下的工序尺寸设计方法和尺寸跟踪图工序尺寸计算方法作为例题进一步介绍工序尺寸计算方法。

1) 多尺寸同时保证情况下的工序尺寸计算方法

多尺寸同时保证问题是工序设计时经常遇到的问题。

例2.2　如图2.10(a)所示零件中,尺寸$12_{-0.02}^{\ 0}$mm、$8_{\ 0}^{+0.4}$mm和$27_{\ 0}^{+0.1}$mm都是以端面A为基准。但是由于A面加工质量要求高,需要磨削加工,并且需要安排在最后工序进行,因此,以D面定位磨削A时,磨削加工需要同时保证上面三个零件尺寸符合精度要求。

要求通过尺寸链计算,设计磨削加工前加工A表面、加工B表面和加工C表面的工序尺寸A_1、B_1和C_1。

问题分析:由于磨削加工只能控制一个尺寸,那么选择磨削加工控制精度最高的尺寸$12_{-0.02}^{\ 0}$mm。依据精度要求最高的表面机械加工的尺寸链确定磨削加工余量。由于磨削加工同时加工三个尺寸的共同基准,该磨削余量同时是另外两个工序尺寸的加工余量。B表面加工和C表面加工工序尺寸计算时,控制尺寸是封闭环,工序余量是已知组成环,尺寸链可解。

解:工序尺寸间的关系见图2.10(b)。$A_0=12_{-0.02}^{\ 0}$mm,$B_0=8_{\ 0}^{+0.4}$mm,$C_0=27_{\ 0}^{+0.1}$mm,Z是磨削余量。

(1) 工序尺寸Z计算:

工序尺寸A_0、A_1与工序余量Z构成尺寸链,见图2.10(c),其中工序尺寸Z为封闭环,工序尺寸A_0已知。初步拟定$Z=0.3$mm,则可依据尺寸链理论拟定A_1基本尺寸12.3mm。

按经济加工精度确定 $A_1=12.3_{-0.04}^{0}$ mm。

依据尺寸链理论计算如下。

$Z=A_1-A_0$，代入数值，$Z=12.3-12$，解得 $Z=0.3$mm。

$ESZ=ESA_1-EIA_0$，代入数值，$ESZ=0-(-0.02)$，解得 $ESZ=0.02$mm。

$EIZ=EIA_1-ESA_0$，代入数值，$EIZ=-0.04-0$，解得 $EIZ=-0.04$mm。

故 $Z=0.3_{-0.04}^{-0.02}$mm，$A_1=12.3_{-0.04}^{0}$mm。

(2) 工序尺寸 B_1 计算：

工序尺寸 B_0、B_1 与工序余量 Z 构成尺寸链，见图 2.10(d)，其中工序尺寸 B_0 为封闭环，工序余量 Z 和工序尺寸 B_0 已知。依据尺寸链理论计算如下。

$B_0=B_1-Z$，代入数值，$8=B_1-0.3$，解得 $B_1=8.3$mm。

$ESB_0=ESB_1-EIZ$，代入数值，$0.4=ESB_1-(-0.04)$，解得 $ESB_1=0.36$mm。

$EIB_0=EIB_1-ESZ$，代入数值，$0=EIB_1-0.02$，解得 $EIB_1=0.02$mm。

则，工序尺寸 $B_1=8.3_{+0.02}^{+0.36}$mm$=8.32_{0}^{+0.34}$mm。

(3) 工序尺寸 C_1 计算：

工序尺寸 C_0、C_1 与工序余量 Z 构成尺寸链，见图 2.10(e)，其中工序尺寸 C_0 为封闭环，工序余量 Z 和工序尺寸 C_0 已知。

依据尺寸链理论计算如下：

$C_0=C_1-Z$，代入数值，$27=C_1-0.3$，解得 $C_1=27.3$mm。

$ESC_0=ESC_1-EIZ$，代入数值，$0.1=ESC_1-(-0.04)$，解得 $ESC_1=0.06$mm。

$EIC_0=EIC_1-ESZ$，代入数值，$0=EIC_1-0.02$，解得 $EIC_1=0.02$mm。

则，工序尺寸 $C_1=27.3_{+0.02}^{+0.06}$mm$=27.32_{0}^{+0.04}$mm。

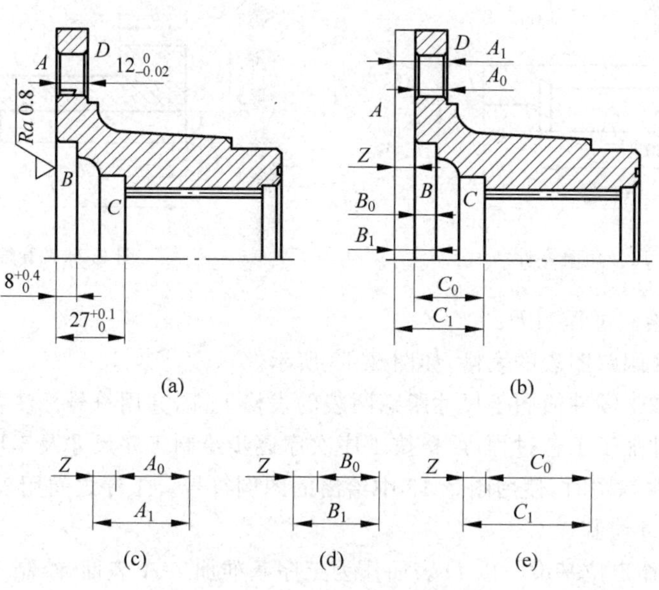

图 2.10　多尺寸保证加工

2) 尺寸跟踪图方法

当零件结构复杂或工序数目较多时，工序尺寸常常相互关联，工序尺寸分析计算显得错综复杂。遇到工序尺寸计算较为复杂的情况,可以用尺寸跟踪图方法理清尺寸关系,求解工序尺寸。

尺寸跟踪图法是一种有效的工序尺寸分析计算方法。下面举例说明。

例2.3　套筒零件(略去与轴向加工面无关的尺寸)如图2.11所示,零件轴向表面加工工艺过程如下,要求确定轴向端面加工各工序的工序尺寸及其公差。

工序1:以 D 面为定位基准,粗车 A 面;然后以 A 面作为工序基准,粗车 C 面。

工序2:以 A 面为定位基准,粗车和半精车 B 面;然后以 A 面作为工序基准,半精车 D 面。

工序3:以 B 面为定位基准,半精车 A 面;然后以 A 面作为工序基准,半精车 C 面。

工序4:以 A 面作为定位基准,磨削 B 面。

问题分析:

图2.11零件轴向表面加工中,出现了多次基准变换。工序1中,A 面加工以 D 面作为工序基准,C 面加工以 A 面作为工序基准;工序2中和工序4中各面加工都是以 A 面作为工序基准;工序3中,A 面加工以 B 面作为工序基准,C 面加工以 A 面作为工序基准。

图2.11零件轴向表面加工中,既有外表面加工,亦有内表面加工。重要表面还要分阶段进行加工。图2.11的零件加工具有一定代表性。

尽管图2.11的零件轴向设计尺寸只有三个,但由于加工表面需要多次加工和需要基准变换,工序尺寸分析计算具有一定复杂性。为清晰起见,可以绘制尺寸跟踪图,描述工序尺寸及工序余量之间的相互关系,方便工序尺寸分析计算。

解: 套筒零件毛坯(略去轴向加工面无关尺寸)如图2.12所示。

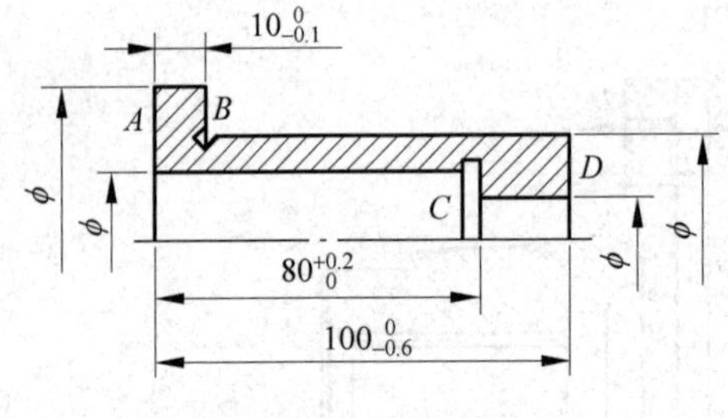

图2.11　套筒零件

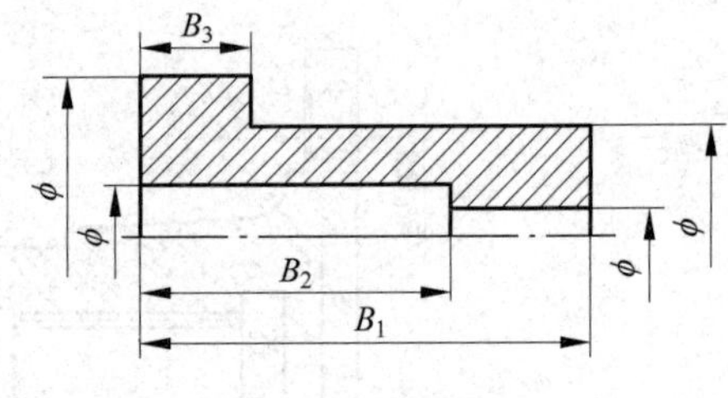

图2.12　套筒毛坯

尺寸跟踪图绘制过程如下:

(1) 绘制尺寸跟踪图表的表格,如图2.13所示。

(2) 绘制被加工零件简图于尺寸跟踪图表的表格上部,并用符号标注各个加工表面。

(3) 依据零件加工工艺过程,严格按工序次序逐步绘制工序尺寸及工序余量,不得变更次序。绘制尺寸跟踪图时,使用图2.13中给出的图例符号。工序之间用表格横线分开。

① 工序1尺寸绘制。

标注 D 表面作定位基准。以 D 表面作为工序基准加工 A 表面,绘制工序尺寸 A_1 和工序余量 Z_1;以加工后的 A 表面作为工序基准加工 C 表面,绘制工序尺寸 A_2 和工序余量 Z_2,见图2.13。

② 工序2尺寸绘制。

标注 A 表面作定位基准。以 A 表面作为工序基准加工 B 表面,绘制工序尺寸 A_3 和工

序余量 Z_3；以加工后的 A 表面作为工序基准加工 D 表面，绘制工序尺寸 A_4 和工序余量 Z_4，见图 2.13。

③ 工序 3 尺寸绘制。

标注 B 表面作定位基准。以 B 表面作为工序基准加工 A 表面，绘制工序尺寸 A_5 和工序余量 Z_5；以加工后的 A 表面作为工序基准加工 C 表面，绘制工序尺寸 A_6 和工序余量 Z_6，见图 2.13。

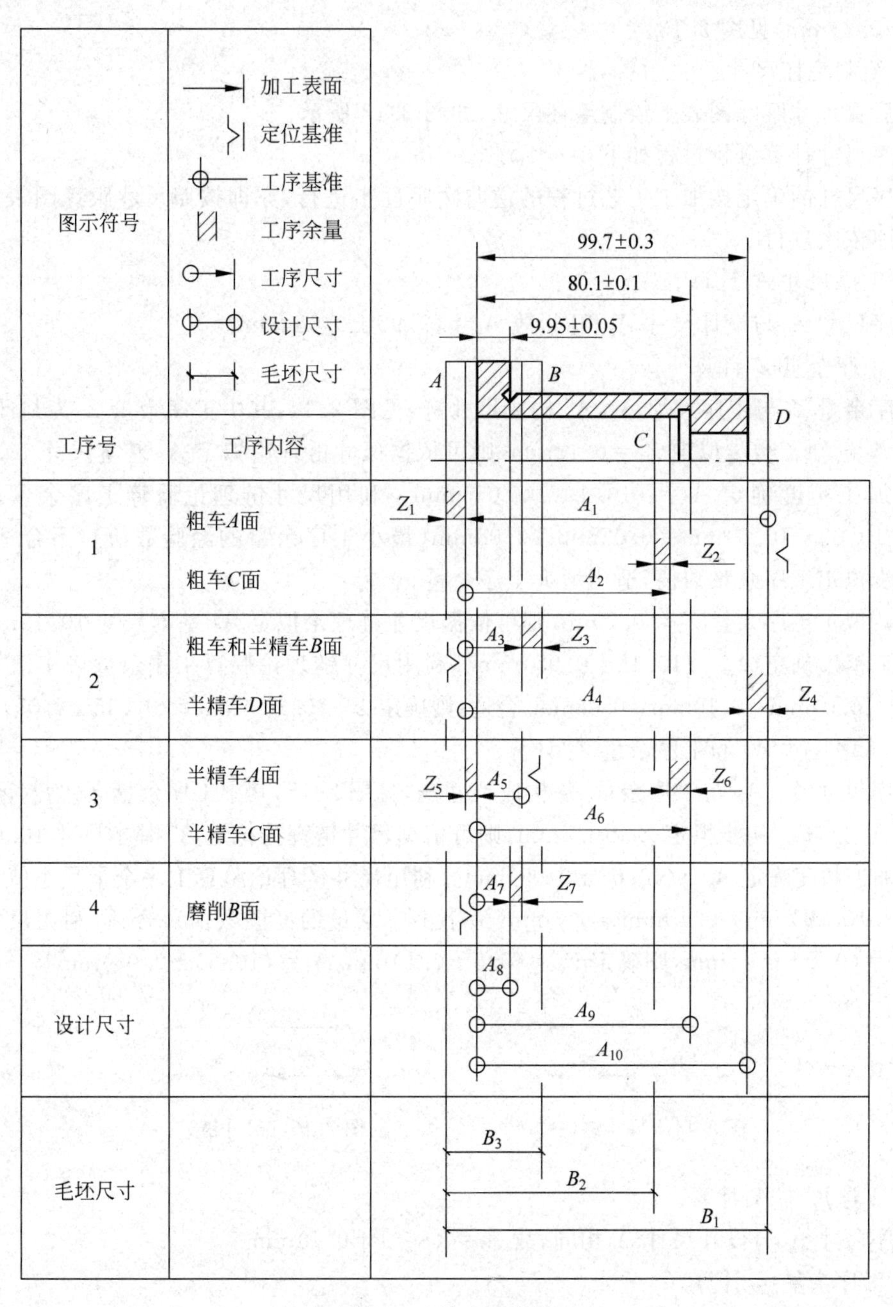

图 2.13　尺寸跟踪图

④ 工序4尺寸绘制。

标注A表面作定位基准。以A表面作为工序基准加工B表面，绘制工序尺寸A_7和工序余量Z_7，见图2.13。

⑤ 绘制设计尺寸。

绘制完全部相关加工工序的工序尺寸，另起一行表格绘制设计尺寸，使用设计尺寸符号。将设计尺寸写成对称公差形式，$A_8=(9.95\pm0.05)$mm，$A_9=(80.1\pm0.1)$mm，$A_{10}=(99.7\pm0.3)$mm，见图2.13。

⑥ 绘制毛坯尺寸。

最后在尺寸跟踪图表上绘制毛坯尺寸，如图2.13所示。

工序尺寸计算分析过程如下：

工序尺寸的确定按加工工艺过程的逆向次序逐步进行，亦即按照尺寸跟踪图表由下至上的顺序依次进行。

① 工序尺寸A_7计算。

工序尺寸A_7与设计尺寸A_8相同，故$A_7=(9.95\pm0.05)$mm。

② 工序余量Z_7计算。

工序余量Z_7与工序尺寸A_7、A_5构成尺寸链，见图2.14，其中工序余量Z_7为封闭环，工序尺寸A_7已知。初步拟定$Z_7=0.15$mm，则可依据尺寸链理论拟定A_5基本尺寸10.1mm。按经济加工精度确定$A_5=(10.10\pm0.05)$mm。利用尺寸链理论验算工序余量最小值$Z_{7\min}=(10.05-10.0)$mm$=0.05$mm<0.08mm(最小工序余量的经验数值)，不合适，需要修改初步拟定工序余量数值，适当增大工序余量。

重新拟定工序余量$Z_7=0.2$mm，则可依据尺寸链理论拟定A_5基本尺寸10.15mm。按经济加工精度确定$A_5=(10.15\pm0.05)$mm。利用尺寸链理论验算工序余量最小值$Z_{7\min}=(10.10-10.0)$mm$=0.10$mm>0.08mm，合适，则确定$Z_7=0.2$mm，$A_5=(10.15\pm0.05)$mm。

③ 工序尺寸A_3和工序余量Z_5计算。

工序尺寸A_5、A_3与工序余量Z_5构成尺寸链，见图2.15，其中工序余量Z_5为封闭环，工序尺寸A_5已知。初步拟定$Z_5=0.5$mm，则可依据尺寸链理论拟定A_3基本尺寸10.65mm。按经济加工精度确定$A_3=(10.65\pm0.05)$mm。利用尺寸链理论验算工序余量最小值$Z_{5\min}=(10.60-10.20)$mm$=0.40$mm>0.3mm(最小工序余量的经验数值)，合适，利用尺寸理论计算$Z_5=(0.5\pm0.1)$mm，则确定$Z_5=(0.5\pm0.1)$mm，$A_3=(10.65\pm0.05)$mm。

图2.14　尺寸链(一)　　　　图2.15　尺寸链(二)

④ 工序尺寸A_6计算。

工序尺寸A_6与设计尺寸A_9相同，故$A_6=(80.1\pm0.1)$mm。

⑤ 工序余量Z_6计算。

工序余量Z_6和Z_5与工序尺寸A_6、A_2构成尺寸链，见图2.16，其中工序余量Z_6为封闭环，工序尺寸A_6和工序余量Z_5已知。初步拟定工序余量$Z_6=0.8$mm，则可依据尺寸链理

论拟定 A_2 基本尺寸 79.8mm。按经济加工精度确定 A_2＝(79.8±0.2)mm。利用尺寸链理论验算工序余量最小值 Z_{6min}＝(80＋0.6－80.2)mm＝0.4mm＞0.3mm(最小工序余量的经验数值)，合适，利用尺寸理论计算 Z_6＝(0.8±0.4)mm，则确定 Z_6＝(0.8±0.4)mm，A_2＝(79.8±0.2)mm。

⑥ 工序尺寸 A_4 计算。

设计尺寸 A_{10}、工序尺寸 A_4 与工序余量 Z_5 构成尺寸链，见图 2.17，其中设计尺寸 A_{10} 为封闭环，工序余量 Z_5 已知。依据尺寸链理论，A_4＝100.2±0.2。

图 2.16　尺寸链(三)　　图 2.17　尺寸链(四)

⑦ 工序尺寸 A_1 计算。

工序尺寸 A_1、A_4 与工序余量 Z_4 构成尺寸链，见图 2.18，其中工序尺寸 Z_4 为封闭环，工序尺寸 A_4 已知。初步拟定工序余量 Z_4＝2mm，则可依据尺寸链理论拟定 A_1 基本尺寸 102.2mm。按经济加工精度确定 A_1＝(102.2±0.3)mm。利用尺寸链理论验算工序余量最小值 Z_{4min}＝(101.9－100.4)mm＝1.5mm＞1.2mm(最小工序余量的经验数值)，合适，利用尺寸理论计算 Z_4＝(2±0.5)mm，则确定 Z_4＝(2±0.5)mm，A_1＝(102.2±0.3)mm。

下面进行毛坯尺寸计算。

① 毛坯尺寸 B_1 计算。

工序尺寸 B_1、A_1 与工序余量 Z_1 构成尺寸链，见图 2.19，其中工序余量 Z_1 为封闭环，工序尺寸 A_1 已知。初步拟定工序余量 Z_1＝2mm，则可依据尺寸链理论拟定 B_1 基本尺寸 104.2mm。按经济加工精度确定 B_1 公差为 2mm，故圆整取 B_1＝(104±1)mm。利用尺寸链理论验算工序余量最小值 Z_{1min}＝(103－102.5)mm＝0.5mm＜1.2mm(最小工序余量的经验数值)，不合适，需要修改初步拟定工序余量数值，适当增大工序余量。

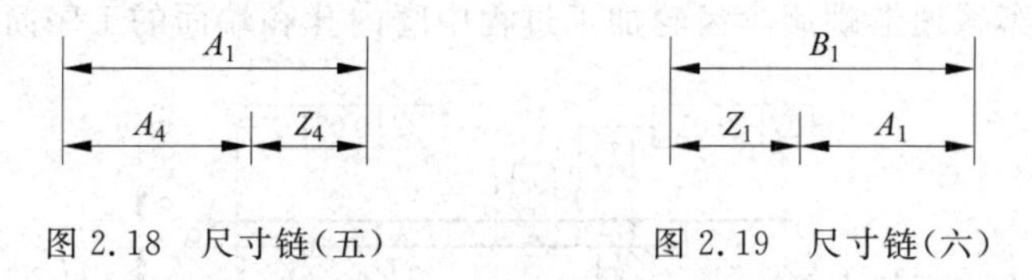

图 2.18　尺寸链(五)　　图 2.19　尺寸链(六)

再初步拟定 Z_1＝2.5mm，则可依据尺寸链理论拟定 B_1 基本尺寸 104.7mm。按经济加工精度确定 B_1 公差为 2mm，故圆整取 B_1＝(105±1)mm。利用尺寸链理论验算工序余量最小值 Z_{1min}＝(104－102.5)mm＝1.5mm＞1.2mm(最小工序余量的经验数值)，合适，利用尺寸理论计算 $Z_1=2.5^{+1.6}_{-1}$mm，则确定 $Z_1=2.5^{+1.6}_{-1}$mm＝(2.8±1.3)mm，B_1＝(105±1)mm。

② 毛坯尺寸 B_2 计算。

工序尺寸 B_2、A_2 与工序余量 Z_1、Z_2 构成尺寸链，见图 2.20，其中工序余量 Z_2 为封闭环，工序尺寸 A_2 和工序余量 Z_1 已知。初步拟定工序余量 Z_2＝3mm，则可依据尺寸链理论拟定 B_2 基本尺寸 78.6mm。按经济加工精度确定毛坯尺寸 B_2 公差为 2mm，故圆整取 B_2＝(78±1)mm。利用尺寸链理论验算工序余量最小值 Z_{2min}＝(1.5＋79.6－79)mm＝2.1mm＞

1.2mm(最小工序余量的经验数值),合适,则确定 $B_2=(78\pm1)$mm。

③ 毛坯尺寸 B_3 计算。

工序尺寸 B_3、A_3 与工序余量 Z_1、Z_3 构成尺寸链,见图2.21,其中工序余量 Z_3 为封闭环,工序尺寸 A_3 和工序余量 Z_1 已知。初步拟定 $Z_3=3.5$mm,则可依据尺寸链理论拟定 B_3 基本尺寸16.95mm。按经济加工精度确定 B_3 公差为2mm,故圆整取 $B_3=(17\pm1)$mm。利用尺寸链理论验算工序余量最小值 $Z_{3\min}=(16-4.1-10.7)$mm$=1.2$mm$=1.2$mm(最小工序余量的经验数值),合适,则确定 $B_1=(17\pm1)$mm。

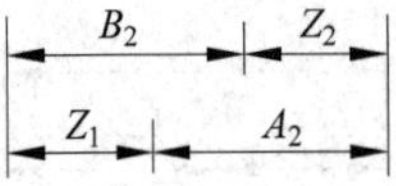

图2.20 尺寸链(七)

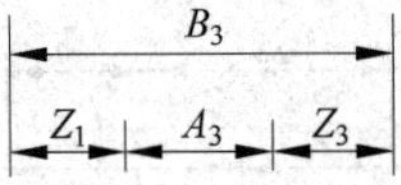

图2.21 尺寸链(八)

整理计算数据,将工序尺寸按入体原则标注,见表2.19。

表2.19 工序尺寸 mm

符号	A_1	A_2	A_3	A_4	A_5	A_6	A_7
数值	$102.5_{-0.6}^{0}$	$79.6_{0}^{+0.4}$	$10.7_{-0.1}^{0}$	$100.4_{-0.4}^{0}$	$10.2_{-0.1}^{0}$	$80_{0}^{+0.2}$	$10_{-0.1}^{0}$

2.6.5 工序简图

在工序卡上,需要用图示方式简洁标明工件装夹方式、加工质量要求等。一般地,工序简图主要包括如下内容:

(1) 零件结构图示;

(2) 用表中符号标明定位基准、夹紧位置等;

(3) 用加粗线条,突出标明本工序的加工表面轮廓;

(4) 标明本工序的工序尺寸及公差、形位公差、表面粗糙度等。

图2.22是汽车减速器螺旋伞齿轮加工过程中磨内孔和端面的工序简图。

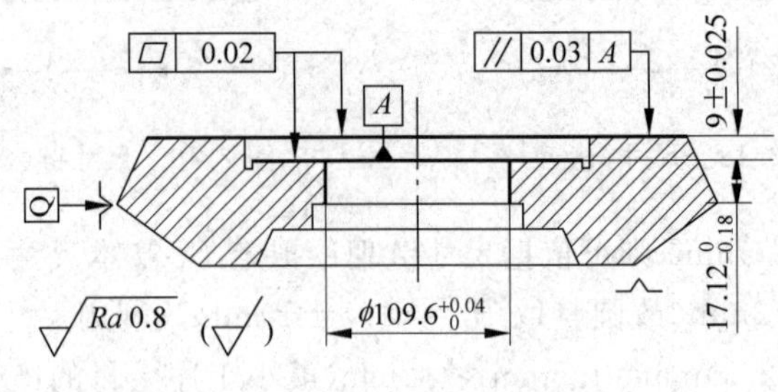

图2.22 工序简图

2.7 工艺方案的生产率和技术经济分析

经济性是工艺方案的重要指标。优良的工艺方案应使机械加工过程具有较高的生产率,能够用更短的时间完成同样的机械加工工作量。

劳动生产率是一个工人在单位时间内生产出合格产品的数量。劳动生产率是衡量生产效率的综合性指标,表示了一个工人在单位时间内为社会创造财富的多少。

2.7.1 时间定额与提高生产率的措施

1. 时间定额

时间定额是工艺规程的重要组成部分,是生产计划、成本核算的主要依据,也是计算和规划新建厂机床设备配置(种类、数量)、人员编制(工种、数量)、车间布置和组织生产的主要依据。

时间定额,通常指单件时间定额,是指在一定生产条件下,规定完成一件产品或完成一道工序所消耗的时间。

合理的时间定额能促进工人生产技能不断提高,也能促进生产率不断提高。

时间定额由下面几部分组成。

(1) 基本时间 t_j　也称机动时间,它是直接改变工件尺寸、形状、相对位置、表面状态或材料性质等工艺过程所消耗的时间。直白地说,基本时间是机床上对工件开展机械加工的时间,它包括刀具切入、切削加工和刀具切出的时间。

(2) 辅助时间 t_f　即为完成工艺过程所进行的各种辅助动作所消耗的时间。它包括装卸工件(包括定位夹紧)、开启和停止机床、改变切削用量、测量工件等所消耗的时间。

基本时间和辅助时间的总和称为作业时间。在批量生产中,作业时间内的机械加工动作重复进行。

(3) 单件布置工作地时间 t_b　布置工作地时间是为了维持机械加工作业正常进行,工人班内照管工作地消耗的时间,即用于调整与更换刀具、维护机床、清洁工作场地的时间。单件布置工作地时间是分摊到班内加工的每个工件上的布置工作地时间,一般可按下式估算:

$$t_b = \alpha(t_j + t_f) \tag{2.10}$$

式中,α 与生产环境有关,可在 2%～7%间近似取值。

(4) 单件休息与生理需要时间 t_x　即分摊到班内加工的每个工件上的工人在工作班内为恢复体力和满足生理需要所消耗的时间,一般可按下式估算:

$$t_x = \beta(t_j + t_f) \tag{2.11}$$

式中,β 约为 2%。

(5) 准备终结时间 t_z　指加工一批零件时,开始和终了时所做的准备与终结工作而消耗的时间。如熟悉工艺文件、领取毛坯、安装刀具和夹具、调整机床、领取与归还工艺装备以及送交成品等所消耗的时间都是准备与终结时间。

成批生产时的单件时间定额为

$$t_d = t_j + t_f + t_b + t_x + t_z/N = (t_j + t_f)(1 + \alpha + \beta) + t_z/N \tag{2.12}$$

准备终结时间对一批零件只消耗一次。零件批量 N 越大,分摊到每个工件上的准备终结时间越小。所以成批生产零件节省时间,具有经济性。

2. 提高劳动生产率的工艺途径

提高生产率实际上就是减少工时定额。一般来说,提高生产率可以从如下几个方面考虑:

(1) 缩短基本时间

首先,考虑采用新技术、新工艺、新方法和新设备等提高切削用量,提高去除金属材料的速度。这是提高生产率的最有效办法。

其次,考虑减少切削行程,减少机械加工工作量,从而缩短基本时间。

再次,考虑采用复合工步加工,使工步的部分或全部基本时间重合,从而减少工序基本时间。

最后,可以采用多工件同时加工方式减少基本时间。机床在一次安装中,同时加工几个工件,减少了每个工件上消耗的基本时间和辅助时间。

(2) 缩短辅助时间

缩短辅助时间主要有两种方法,其一是采用先进工装夹具;其二是采用多工位机床或多工位机床夹具使辅助时间与基本时间重合。

(3) 缩短布置工作地时间

缩短布置工作地时间主要通过采用先进刀具和先进的对刀装置等,缩短微调刀具和每次换刀时间,提高刀具使用寿命,从而减少工作地点服务时间。

(4) 缩短准备与终结时间

缩短准备与终结时间的主要方法是扩大零件的生产批量和减少机床及夹具的调整时间。利用成组技术可以将结构、技术条件和工艺过程相近的零件进行归类加工,从而减少准备与终结时间。

2.7.2 工艺方案的技术经济分析

在设计机械加工工艺规程时,需要考察工艺方案的经济性指标。

1. 技术经济分析的评价参数

常用的技术经济分析评价参数有工艺成本、工艺过程劳动量、工艺过程生产率、基本时间系数、材料利用系数等。

1) 工艺成本

制造一个零件或一件产品所需的一切费用的总和称为生产成本。

工艺成本是生产成本中与机械加工工艺过程直接相关的一部分费用。

去除工艺成本后剩余的生产成本与工艺过程没有直接关系,这部分费用包括行政人员工资、厂房折旧费等,它们基本上不随工艺方案的变化而改变。进行工艺方案的技术经济分析时,不必分析生产成本,只需要考虑工艺成本即可。

工艺成本还可以细分为可变费用和不变费用两部分。可变费用与产品产量有关,用 V 表示。不变费用与产品产量没有关系,用符号 C 表示。若用 S 表示单件工艺成本,用 S_n 表示年工艺成本,用 N 表示该产品的年产量,则

$$S_n = C + VN \tag{2.13}$$

$$S = C/N + V \tag{2.14}$$

如果某种工艺方案的不变费用 C 较其他方案的不变费用大,且其可变费用 V 亦较其他工艺方案的可变费用大,显然该种工艺方案的经济性不好。

在进行经济性分析时,对生产规模较大的主要零件的工艺方案选择,应该用工艺成本来评定其经济性。在特别复杂的情况下,工艺方案的经济性需要进一步采用一些其他方法和

手段进行深入分析。

2）工艺过程劳动量

工艺过程劳动量可以用工艺过程的单件时间定额表征，它是评定工艺过程的重要经济指标之一。使用工艺过程劳动量作为评价指标可以进行单个工序方案比较，也可以进行整个工艺过程方案比较。

全工艺过程的劳动量是工艺过程的全部工序劳动量之和。

需要指出，采用工艺过程劳动量指标评价工艺过程方案时，被比较工艺过程方案的生产条件必须相似，生产成本必须相近，否则没有可比性。

3）工艺过程生产率

工艺过程生产率可以用工艺过程劳动量的倒数表征。它可以用来比较单个工序的经济性，也可以用来比较整个工艺过程方案的经济性。

工序的生产率可以用工序的工艺过程劳动量的倒数表征，即工序时间定额的倒数。

全工艺过程的生产率可以用全工艺过程的劳动率的倒数表征。

同样需要指出，采用工艺过程生产率指标评价工艺过程方案时，被比较工艺过程方案的生产条件必须相似，生产成本必须相近，否则没有可比性。

4）基本时间系数

基本时间系数，也称机动时间系数，是工艺过程的基本时间与时间定额的比值。它可以在工艺过程中实际用于表示机械加工的时间占总工作时间的比例。

通常，基本时间系数较高表明生产管理与生产组织比较合理，表明生产辅助时间、单件布置工作地时间或单件准备与总结时间等缩短。

5）材料利用系数

材料利用系数是成品工件质量与毛坯质量的比值。它可以表征在工艺过程中是否有效地利用了原材料。

如果材料利用系数比较大，那么表明工艺过程中机械加工工作量较小，也表明基本时间较小，减少动力及切削刀具损耗。

2. 工艺方案的技术经济分析方法

通常工艺方案的经济性分析主要采用两种方法：一种是比较各个工艺方案的工艺成本；另一种是通过计算工艺方案的技术经济指标进行评判。

(1) 若各工艺方案的基本投资相近，或者在可以使用现有设备，不需要增加基本投资的情况下，可以采用工艺成本作为评价各方案经济性的依据。

假设两个工艺方案的全年工艺成本分别为 $S_{n1}=C_1+V_1N$，$S_{n2}=C_2+V_2N$，且有 $C_1>C_2$，$V_1<V_2$。

当产量 N 一定时，先分别依据公式(2.13)绘制两种方案的全年工艺成本曲线图，如图 2.23 所示。比较工艺成本曲线，选工艺成本小的方案。当计划产量 $N<N_K$ 时，则选第二方案；当 $N>N_K$ 时，则选第一方案。

N_K 称临界产量，其数值可由下式计算：

$$N_K=\frac{C_2-C_1}{V_1-V_2} \tag{2.15}$$

采用单件工艺成本计算公式(2.14)可以绘制单件工艺成本曲线图，见图 2.24。同样可以进行工艺方案经济性分析,并得到相同的结论。

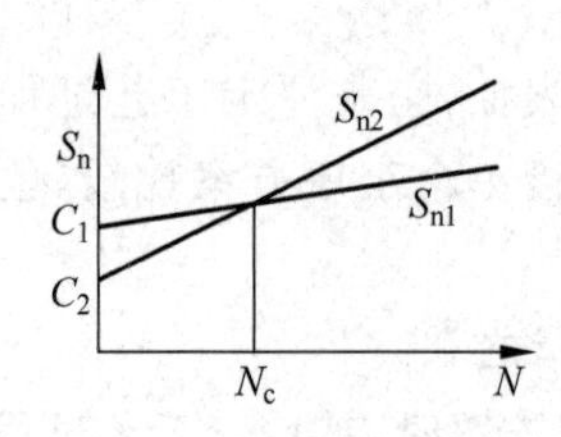

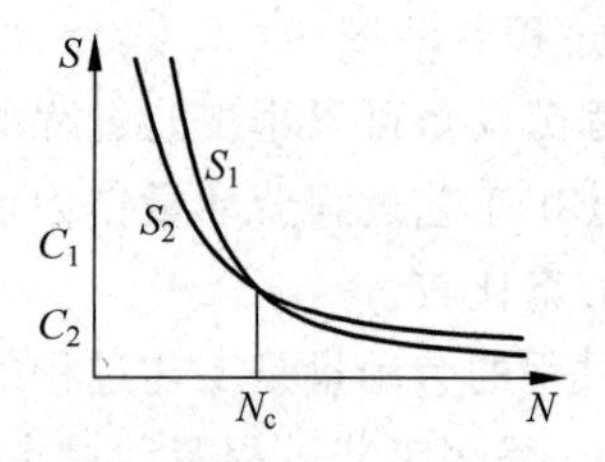

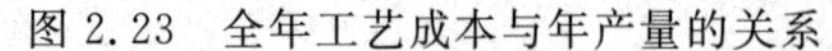

图 2.23　全年工艺成本与年产量的关系

图 2.24　单件成本与年产量的关系

(2) 若各工艺方案的基本投资差额较大,仅用工艺成本评价工艺方案的经济性是不全面的,需要补充考察工艺方案的基本投资的回收期。

基本投资主要包括:机床设备和工艺装备等方面的资金投入。基本投资用 K 表示。

最简单的情况是当某种工艺方案的工艺成本 S 和基本投资 K 都较其他工艺方案的大,显然该种工艺方案的经济性不好;反之,则经济性好。

除了上述简单情况外,评价工艺方案的经济性往往需要进一步判断工艺成本低是否由于增加投资而得到的,需要考虑基本投资的经济效益,即考虑不同方案的基本投资回收期。

假设第一方案基本投资 K_1 大,但工艺成本 S_1 小;第二方案基本投资 K_2 小,但工艺成本 S_2 较大。

回收期是指第二方案比第一方案多花费的投资由工艺成本的降低而收回所需的时间。回收期用 τ 表示,则

$$\tau = (K_2 - K_1)/(S_1 - S_2) \tag{2.16}$$

显然,回收期越短,则工艺方案的经济效益越好。

一般工艺方案的回收期应小于所用设备的使用年限,也应小于市场对该产品的需求年限。国家规定夹具的回收期为2~3年,机床的回收期为4~6年。

如果按工艺成本和基本投资回收期比较,工艺方案的结果差别不明显,则可以从工艺方案的劳动量、生产率、基本时间系数、材料利用率等评价参数中适当选取一些作为指标,进一步评价。也可以考虑补充其他相对性指标,参与工艺方案的评价。例如,每一工人的年产量、每台设备的年产量、每平方米生产面积的年产量、设备负荷率、工艺装备系数、设备构成比(专用设备与通用设备之比)、钳工修配劳动量与机床加工工时之比、单件产品的原材料消耗与电力消耗等。

此外,工艺方案的选取还可以考虑改善劳动条件、促进生产技术发展等问题。

习题及思考题

2-1　简述机械加工工艺规程的作用及其设计原则。

2-2　什么是作业指导书?它与机械加工工艺规程的区别是什么?

2-3　机械加工工艺审查主要审查哪些内容?

2-4　什么是零件的结构工艺性?

2-5　毛坯选择的基本方法是什么?

2-6　简述定位基准的选择原则。

2-7　如何选择下列加工过程中的定位基准？

(1) 浮动铰刀铰孔；(2)拉齿坯内孔；(3)无心磨削销轴外圆；(4)磨削床身导轨面；(5)箱体零件攻螺纹；(6)珩磨连杆大头孔。

2-8　何种情况下使用工序集中原则设计机械加工工艺过程？为什么？

2-9　加工方法选择的基本原则是什么？

2-10　为什么要划分加工阶段？如何划分加工阶段？

2-11　简述工序安排的原则。

2-12　试叙述零件在机械加工工艺过程中，安排热处理工序的目的、常用的热处理方法及其在工艺过程中安排的位置。

2-13　简述工序设计的主要内容。

2-14　简述加工余量的计算方法及确定加工余量的方法。

2-15　某轴，毛坯为热轧棒料，大量生产的加工工艺过程为粗车→精车→淬火→粗磨→精磨，外圆设计尺寸为 $\phi 30_{-0.013}^{\ 0}$ mm，已知各工序的加工余量和经济精度，试确定各工序尺寸及其偏差、毛坯尺寸及粗车余量，并填入下表：

工序名称	工序余量/mm	经济精度/mm	工序尺寸及偏差/mm
精磨	0.1	0.013(IT6)	
粗磨	0.4	0.033(IT8)	
精车	1.5	0.084(IT10)	
粗车	6	0.21(IT12)	
毛坯尺寸		±1.2	

2-16　题图 2.1 所示工件（略去与轴向加工面无关的尺寸），工件轴向表面加工工艺过程如下，要求确定轴向端面加工各工序的工序尺寸及其公差，并确定毛坯尺寸。工件材料：45 钢，无热处理及硬度要求。

工序 1：以 D 面作为定位基准，粗车 A 面；然后以 A 面作为工序基准，粗车 C 面。

工序 2：以 A 面作为定位基准，粗车和半精车 B 面；然后以 A 面作为工序基准，粗车 D 面；最后以 A 面作为工序基准，粗车和精车 C 面。

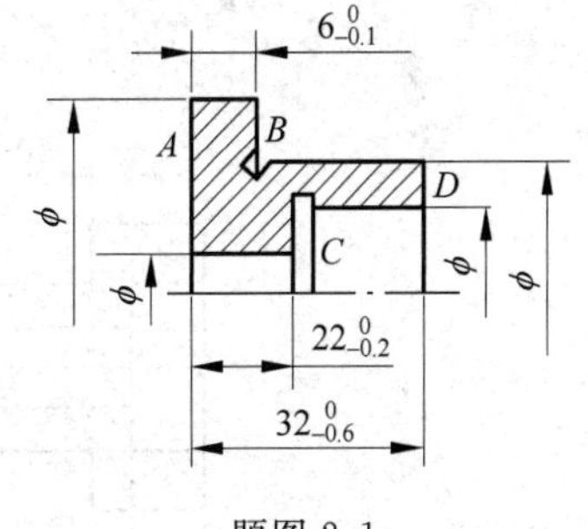

题图 2.1

工序 3：以 B 面作为定位基准，精车 A 面。

工序 4：以 A 面作为定位基准，磨削 B 面。

2-17　批量生产题图 2.2 所示盘状零件，零件材料：45 钢，调质热处理 269～302HBS。试设计工艺方案，并开展工艺设计。

2-18　如题图 2.3 所示零件，零件材料：HT200。批量生产，试设计其机械加工工艺。

2-19　加工如题图 2.4 所示工件的轴向尺寸，试设计其工序尺寸 A_1、A_2、A_3（包括偏差）。

2-20　简述时间定额的组成及提高劳动生产率的途径。

2-21　简述机械加工工艺方案的技术经济分析的目的及方法。

2-22　什么是工艺成本？它由哪两类费用组成？单件工艺成本与年产量的关系如何？

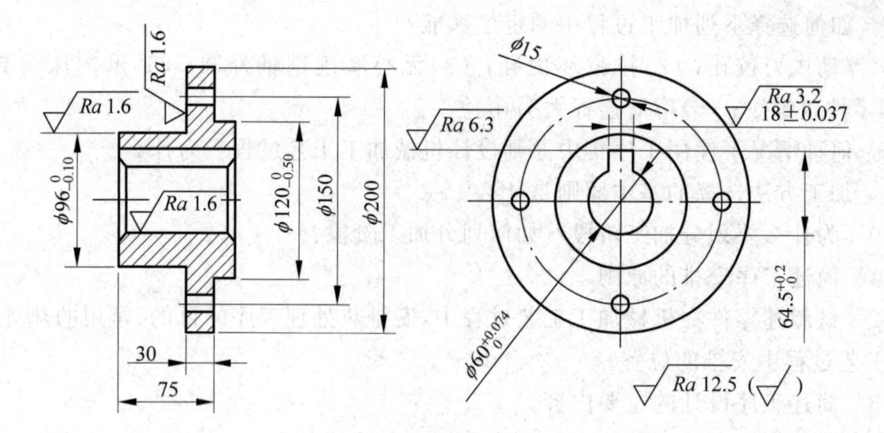

题图 2.2

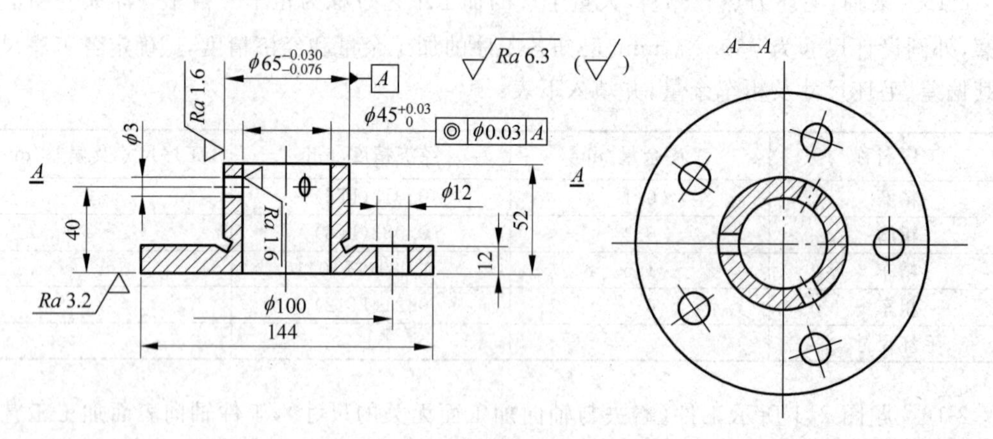

题图 2.3

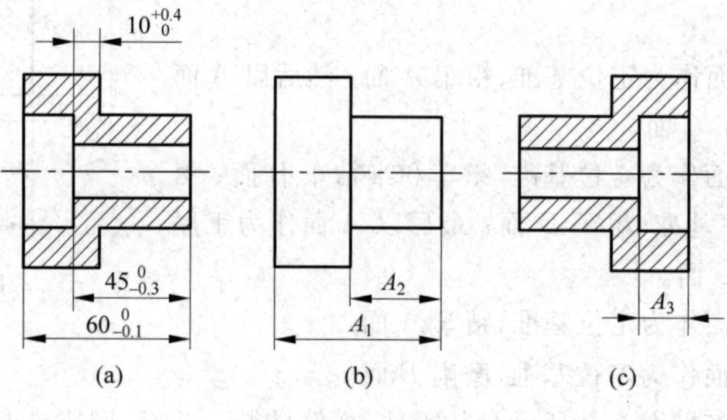

题图 2.4

第3章 数控加工工艺设计

教学要求：

掌握数控加工工艺设计的一般规律；

掌握数控车床的工艺设计要点；

掌握数控铣床的工艺设计要点；

掌握数控加工中心的工艺设计要点。

从起源上看，数控加工工艺是普通机床机械加工工艺的延续与演变，数控加工工艺继承了传统加工工艺的大量内容。由于数控加工设备的新特点，数控加工工艺与普通机床机械加工工艺在工艺审查、加工过程设计、工序设计等方面也有着明显的不同，数控加工工艺在工序工步划分、刀具选择、工件装夹、夹具设计、加工方式、走刀路线、加工柔性等诸多工艺设计细节上有新特点。

与普通机床机械加工相比，数控加工具有如下特点：

(1) 自动化程度高　用数控机床加工工件时，切削加工过程在数控系统控制下全自动完成。若数控机床配备了自动化程度高的机床夹具，那么除了手工装卸工件外，工件加工的全部过程都由机床自动完成。

(2) 加工精度高，加工质量稳定　数控加工的尺寸精度通常在0.005～0.01mm之间。数控机床往往采用尺寸稳定性更高的刀具。数控加工在数控程序下完成，数控加工精度不受零件复杂程度的影响，因而数控加工具有更高的形状精度。数控机床上总是在工件一次装夹后尽可能完成更多表面的加工，因而这些表面之间具有更高的位置精度。

数控加工过程中大幅度减少了人为误差，因而同批工件具有更好的一致性。

(3) 对加工对象的适应性强　数控加工体现了更强的制造柔性。决定表面加工质量的主要因素是数控系统的程序，加工不同的表面或加工不同形状的工件只需要调整加工程序。数控加工具有更大的柔性。

(4) 生产效率高　数控系统具有很高的自动化程度，一次装夹工件，各个表面加工在数控系统控制下依次完成，可节约时间定额，具有很高的生产率。而且一些数控机床还采用了高速切削技术。

本章首先讲述数控加工工艺设计的一般性规律。然后，以数控车削加工、数控铣削加工和数控加工中心的加工为例，讲述这三类机床数控加工工艺设计的要点。

3.1 数控加工工艺设计总述

数控加工是使用数控机床作为加工手段进行的零件加工。采用数控加工方式加工零件的工作、方法、技术和经验等的总和称为数控加工工艺。数控加工工艺过程是利用数控加工手段，直接改变加工对象的形状、尺寸、表面位置、表面形状等使其成为成品或半成品的过程。

在机械加工工艺基本理论方面,数控机床加工工艺与普通机床加工工艺是相同的。由于数控加工的全过程是机床在数控加工程序控制下自动完成的,因而数控加工工艺有其特殊性。特殊性突出表现在如下三个方面。

(1) 工序划分高度集中　数控加工设备是自动化程度较高的加工设备,具有一定的加工柔性,非常适合采用工序集中原则编排加工工序。例如,加工中心采用机械手换刀,可以在一台设备上完成铣削、镗削、车削、攻螺纹等多种加工。而普通机床功能相对较为单一,更适合采用较为分散的工序安排。

(2) 数控工序内容复杂　与普通机床相比,数控机床价格贵、精度高,使用费也高,故常安排其进行复杂工序加工或普通机床无法完成的加工。

(3) 数控加工工步安排详尽　数控机床完全按照加工程序工作,因此工艺设计需要详细安排工步内容,确定对刀点、换刀点及走刀路线等,并将其编入数控加工程序。而普通机械加工工序内的工步内容往往允许操作者灵活处置。

下面对比普通机床机械加工工艺设计,简明概括数控加工工艺设计。

3.1.1 数控加工工艺设计步骤及文件

数控加工工艺设计与普通机床机械加工工艺设计并没有本质区别,而有很多相同之处。一个机械零件往往可以全部采用数控加工完成,也可以部分采用数控加工完成,只是采用数控加工完成几道工序。

1. 数控加工工艺设计步骤

数控加工工艺设计大体分为如下几步:

(1) 原始资料准备;

(2) 数控加工工艺分析;

(3) 数控工艺方案确定;

(4) 数控机床、刀具及夹具选择;

(5) 确定加工参数及走刀路线;

(6) 数控加工程序编制;

(7) 数控程序调试、加工模拟及修正;

(8) 编写技术文件。

2. 数控加工工艺设计原始资料

除了具有设计普通机床机械加工工艺所需的原始资料之外,数控工艺设计还应具备针对现有数控设备的数控机床说明书、数控机床编程手册、切削用量表、标准工具、夹具手册等资料。

3. 数控加工工艺文件

数控加工程序编制完成后,填写工序卡(见表3.1),绘制工序简图。在工序简图中除了标注加工表面、定位基准、夹紧点以及工序尺寸外,还需用图示表示走刀路线,以方便操作人员检查核对数控加工程序。

数控加工程序连同工艺卡一起作为数控加工的工艺文件。

依据数控加工过程中所用刀具情况,填写数控刀具卡,见表3.2。

表 3.1　数控加工工序卡

(工厂)	数控加工工序卡	产品名称		产品图号		第　页
		零件名称		零件图号		共　页

(工序简图、走刀路线图)	车间	工序名称	工序号
	设备名称	设备型号	设备编号
	夹具名称	夹具编号	工作液
	材料牌号		
		加工程序编号	

	工步号	工步内容	加工面号	刀具号	刀补量	主轴转速/(r/min)	进给量/(mm/r)	背吃刀量/mm	备注
描图									
描校									

											设计(日期)	校对(日期)	审核(日期)	批准(日期)	会签(日期)
底图号															
装订号															
	标记	处数	更改文件号	签字	日期	标记	处数	更改文件号	签字	日期					

表 3.2　数控刀具卡

(工厂)	数控刀具卡	产品名称		产品图号		第　页
		零件名称		零件图号		共　页
		设备名称		设备编号		

	序号	刀具号	刀具名称	刀具型号	刀片		刀尖半径/mm	备注
					型号	牌号		
描图								
描校								

											设计(日期)	校对(日期)	审核(日期)	批准(日期)	会签(日期)
底图号															
装订号															
	标记	处数	更改文件号	签字	日期	标记	处数	更改文件号	签字	日期					

4. 数控加工作业指导书

数控加工普遍采用自动专用夹具,安装工件和卸下工件都较为方便。数控加工程序启动运行后,数控加工过程在数控系统控制下自动完成,工件加工过程不需要人干预。因此数控加工作业指导书较普通机械加工作业指导书简单,这里不再赘述。

3.1.2 数控加工零件工艺分析

数控加工零件工艺分析的首要问题是分析判断被加工对象是否可以在一台数控机床上完成全部加工工作。如若不能,则需要确定数控加工内容和数控加工使用的数控机床,即确定数控加工工序。其后可以针对数控加工设备开展工件的数控加工工艺分析。

数控加工工艺性审查涉及面很广,但从数控加工的可行性和方便性两方面来看,数控加工工艺审查有如下要求。

1. 零件图样标注应便于数控编程

(1) 零件图上尺寸标注应符合数控加工的特点。

在数控加工零件图上,应以同一基准标注尺寸。在不得已情况下,可将局部的分散标注法改为同一基准标注尺寸或直接给出坐标尺寸。这种尺寸标注方法容易使设计基准、工艺基准、检测基准与编程原点设置等具有一致性,也方便编制加工程序。

(2) 构成零件轮廓的几何要素应充分。

人工编程往往需要计算基点或节点坐标。自动编程则要对构成零件轮廓的所有几何要素进行定义。因此在分析零件图工艺性时,要分析几何要素是否充分。

2. 零件结构设计应符合数控加工的特点

(1) 零件的内腔和外形最好采用统一的几何类型和尺寸,以便减少刀具规格和换刀次数,方便编程,有益于提高生产效益。

(2) 内槽圆角的大小决定着刀具直径的大小,因而内槽圆角半径不应过小。零件工艺性的好坏与被加工轮廓的高低、转接圆弧半径的大小等都有关系。

(3) 零件铣削底平面时,槽底圆角半径不应过大。

(4) 零件结构设计应便于采用统一的定位基准,确保两次装夹加工后其相对位置的准确性。

3.1.3 数控加工工艺过程设计

下面对比普通机床机械加工,阐述一般数控加工工艺过程设计的特殊性。

1. 数控加工定位安装

数控加工普遍使用专用夹具装夹工件,数控加工的定位安装应遵循如下基本原则:

(1) 力求设计、工艺与编程计算的基准统一;

(2) 尽量减少装夹次数,尽可能在一次定位装夹后,加工出全部待加工表面;

(3) 避免采用人工调整式定位安装方案。

2. 数控机床的选用

选用数控机床的目标首先是要保证零件加工精度要求,加工出合格的产品;其次是有利于提高生产率,还要尽可能降低生产成本。

数控机床选用主要是实现机床与加工任务的匹配。实现机床合理选用,除了考虑机床技术参数和功能外，还需要考虑加工对象的材料和类型、零件轮廓形状复杂程度、尺寸大小、加工精度、零件数量、热处理情况等因素。

3. 数控加工方法的选择

数控加工方法的选择主要依据数控设备加工能力、加工表面的加工精度和表面粗糙度的要求进行，兼顾加工过程的生产率和经济性指标，也要考虑工厂的设备及工作量分配情况。

4. 数控加工工序划分

与普通机械加工相比，数控加工在工件一次装夹中能够完成更多的表面加工，具有工序集中的特点，因而带有数控加工工序的机械加工过程往往有较少的工序。但是由于工件加工表面数量和质量要求并未改变，而且数控加工过程需要编程实现，因而数控加工工序往往需要划分工步。数控加工的工序和工步的内容设计均需要更为详尽。

除了可以与普通机械加工一样以粗、精加工划分工序外，根据加工的特点，数控加工工序的划分还可按下列方法进行。

(1) 以一次工件安装作为一道工序　这种工序划分适合于加工内容较少的工件，每道工序加工完后就能达到待检状态。

(2) 以一把刀具可以完成的加工内容作为一道工序　有些工件虽然能在一次安装中加工出很多待加工表面，但考虑到程序太长，会受到某些限制，如控制系统的限制(主要是内存容量)、机床连续工作时间的限制(如一道工序在一个工作班内不能结束)等。此外，程序太长会增加出错率，造成检索困难。因此程序不能太长，一道工序的内容不能太多。

(3) 以加工部位划分工序　对于加工内容很多的工件，可按其结构特点将加工部位分成几个部分，如内腔、外形、曲面或平面，并将每一部分的加工作为一道工序。

5. 数控加工工步划分

数控加工工序设计较普通机械加工工序设计更为详细，数控工序内往往划分工步，工步的划分主要从加工的精度和效率两方面考虑。下面以加工中心为例来说明工步划分的原则。

(1) 同一表面按粗加工、半精加工、精加工依次完成，或将全部加工表面按先粗后精加工分开进行。

(2) 对于既有铣面又有镗孔的零件，可先铣面后镗孔。按此方法划分工步，可以提高孔的精度。因为铣削时切削力较大，工件易发生变形。先铣面后镗孔，可以使其有一段时间进行形变恢复，减少由变形引起的对孔的精度的影响。

(3) 按刀具划分工步。某些机床工作台回转时间比换刀时间短，可采用按刀具划分工步，以减少换刀次数，提高加工效率。

总之，工序与工步的划分要根据具体零件的结构特点、技术要求等情况综合考虑。

6. 数控加工顺序设计

普通机械加工顺序的设计原则(如先粗后精、先主后次、基准先行、先面后孔、内外交替、废品先行等)对数控加工同样适用，只是数控加工过程往往不是在人脑智能控制和人目检测下进行，而是在预先设计的数控程序下自动完成，因而数控加工顺序需要详细设计，进而设计进给路线和走刀路线，开展数控程序编写。

数控加工顺序设计应根据零件的结构和毛坯状况，以及定位安装与夹紧的需要来考虑。

一般遵循如下原则：

(1) 前面工序的加工不能影响后面工序的定位与夹紧；

(2) 先进行内腔加工(可能只是一道工序就完成内腔加工)，后进行外形加工；

(3) 以相同定位、夹紧方式或用同一把刀具的加工，最好连续进行，以减少重复定位次数、换刀次数与挪动压板次数。

7. 数控加工工艺与普通工序的衔接

现阶段，数控加工往往不是指从毛坯到成品的整个工艺过程，而仅是穿插于零件加工整个工艺过程中的几道数控加工工序，因而要注意数控加工工艺与普通加工工艺衔接问题，使各工序相互满足加工需要，且质量目标及技术要求明确，交接验收有依据。

8. 数控机床夹具的设计要求

由于数控加工的特点，对数控机床夹具提出以下一些基本要求：

(1) 要使夹具的坐标方向与机床的坐标方向相对固定；

(2) 要便于确定零件和机床坐标系的尺寸关系；

(3) 夹具上各零部件应不妨碍机床对零件各表面的加工，即夹具要开敞，其定位与夹紧机构元件不能影响加工中的走刀(如产生碰撞等)；

(4) 零件的装卸要快速、方便、可靠，以缩短机床的停顿时间。

3.1.4 数控加工工序设计

在普通机床上加工零件的工序设计内容实际上只是一个工序卡，机床加工的切削用量、走刀路线、工步的具体安排往往允许操作工人现场自行确定。

数控加工是按照数控加工程序进行的加工。在数控加工工序设计中，每一道工序的具体内容，如切削用量、工艺装备、定位夹紧装置及刀具运动轨迹等都是编制数控加工程序的工艺基础。因此，数控加工中的所有工序、工步的切削用量、走刀路线、加工余量，以及所用刀具的尺寸、类型等都要预先确定好，并编写入数控加工程序。因此，一名合格的数控加工编程人员首先应该是一名很好的工艺设计人员，应该对数控机床的性能特点和应用、切削规范和标准刀具系统等非常熟悉。否则就无法做到周详、恰当地设计零件加工的全过程，无法正确、合理地编制零件加工程序。

下面对比普通机械加工，概述一般数控加工工序设计的几个重要问题。

1. 刀具的选择

刀具的选择是数控加工工艺中的重要内容之一，它不仅影响机床的加工效率，而且直接影响加工质量。数控编程时，刀具选择通常要考虑机床的加工能力、工序内容、工件材料等因素。

与普通机床机械加工方法相比，数控加工对刀具的要求更高。不仅要求刀具精度高、刚度好、耐用度高，而且要求刀具尺寸稳定、安装调整方便。数控加工刀具普遍采用新型优质材料制造，并优选刀具参数。附录E、F、G列举了数控加工的常用刀具。

选取刀具时，要使刀具与被加工工件的表面尺寸和形状相适应。生产中，平面零件周边轮廓的加工，常采用立铣刀；铣削平面时，应选硬质合金刀片铣刀；加工凸台、凹槽时，选高速钢立铣刀；加工毛坯表面或粗加工孔时，可选镶硬质合金的玉米铣刀。曲面加工常采用球头铣刀，但加工曲面上较平坦的部位时，刀具以球头顶端刃切削，切削条件较差，因而应采用环形刀。在单件或小批量生产中，常采用鼓形刀或锥形刀来加工一些变斜角零件，避免使用多坐标联动机床。镶齿盘铣刀适用于在五坐标联动的数控机床上加工一些球面，其效率比用球头铣刀高近十倍，并可获得好的加工精度。

此外，编程人员还应了解数控机床上所用刀杆的结构尺寸以及调整方法、调整范围，以便在编程时确定刀具的径向和轴向尺寸。刀杆是连接普通刀具的接杆，以便在加工中心上可以采用普通标准刀具进行钻、镗、扩、铰、铣削等加工时。

2. 对刀点与换刀点的确定

编制数控程序时，应正确地确定对刀点和换刀点的位置。

对刀点就是在数控机床上加工零件时，刀具相对于工件运动的起点。加工结束时刀具要回到对刀点。对刀点既是程序的起点，也是程序的终点，因此在成批生产中要考虑对刀点的重复精度。

对刀点的选择原则如下：

(1) 便于用数值计算和简化程序编制；

(2) 应使在机床上找正容易；

(3) 应便于在加工过程中检查；

(4) 引起的加工误差小。

对刀点可选在工件上，也可选在工件外面(如选在夹具上或机床上)，但必须与零件的定位基准有一定的尺寸关系。为了提高加工精度，对刀点应尽量选在零件的设计基准或工艺基准处。

加工过程中需要换刀时，应规定换刀点。换刀点是佰刀架转位换刀时的位置。该点可以是某一固定点(如数控加工中心，其换刀机械手的位置是固定的)，也可以是任意的一点(如数控车床)。换刀点应设在工件或夹具的外部，以刀架转位时不与工件及其他部件干涉为准。其设定值可用实际测量或计算方法确定。

3. 走刀路线的设计

在数控加工中，为了实现刀具对工件的加工，刀具刀位点从对刀点(或机床原点)出发至返回的运动轨迹称为走刀路线，也称加工路线(加工路径)或刀具运动轨迹。走刀路线包括切削进给路线和空行程路线(刀具切入前和切出后的没有切削加工的运动轨迹)两部分。

与普通机床机械加工工艺相比，走刀路线设计是数控加工工艺设计非常有特色的部分。普通机床机械加工是在人的操作下进行，数控加工则是按照预先设计的走刀路线走刀，完成数控加工。

与普通机床机械加工类似，按照加工过程完成的任务不同，数控加工过程也可以分为粗加工和精加工。粗加工的任务也是为了尽快去除多余材料；精加工任务则是获取一定的加工质量(加工精度与表面质量)。精加工的走刀路线与工件的加工表面形状一致，是连续走刀过程。走刀路线设计相对比较固定，可变性小。粗加工的走刀路线则可以有较多的变化，有很大的灵活性。

走刀路线不但包括了工步的内容，也反映出工序的顺序。走刀路线也是编程的主要依据之一。因此，在设计走刀路线时往往要画一张工序简图，将已经拟订出的走刀路线画上去(包括进、退刀路线)，这样可方便编程，也方便操作人员核对数控加工程序。

走刀路线设计主要遵循如下原则：

(1) 走刀路线首先应保证工件的加工精度和表面粗糙度值符合要求;

(2) 应使走刀路线最短,这样既可减少程序段,又可减少空刀时间,加工效率较高;

(3) 使几何要素的数值计算简单,以减少编程工作量。

工步的划分与安排一般可随走刀路线来进行,在确定走刀路线时,主要注意以下几点;

(1) 对点位加工的数控机床如钻床,铣床,要考虑尽可能缩短走刀路线,以减少空程时间,提高加工效率。

(2) 为了保证工件轮廓表面加工后的粗糙度值要求,最终轮廓应由最后一次走刀连续加工而成。

(3) 刀具的进退刀路线必须认真考虑,要尽量避免在轮廓处停刀或垂直切入、切出工件,以免留下刀痕(切削力发生突然变化而造成弹性变形)。

(4) 铣削轮廓的走刀路线要合理设计。在铣削封闭的凹轮廓时,刀具的切入或切出不允许外延,最好选在两面的交界处,否则会产生刀痕。

(5) 旋转类型零件一般采用数控车床或数控磨床加工,由于车削零件的毛坯多为棒料或锻件,加工余量大且不均匀,因此,合理设计粗加工时的走刀路线,对编程至关重要。

精加工的走刀路线基本上都是沿其零件轮廓顺序进行的,因此设计走刀路线的工作重点是确定粗加工及空行程的进给路线。

4. 切削用量的确定

数控加工切削用量的确定方法、原则与普通机床机械加工相同。通常,对数控机床应根据机床说明书、切削用量手册,并结合刀具情况、工件材料、加工类型、加工要求及加工条件等具体加工因素,依据粗、精加工要求及条件,查看刀具或刀片手册得到切削用量的推荐值。

与普通机床机械加工工艺不同,数控加工的切削用量应编入数控加工程序内。

3.1.5 数控加工程序

数控加工程序就是数控机床自动加工零件的工作指令序列。

数控编程就是用数控加工指令语言记录和描述零件的工艺过程、工艺参数、机床的运动以及刀具位移量等信息,形成代码序列,并完成对其进行校核的全过程。

目前,数控机床生产商可以选用不同的数控系统。数控机床的编程语言与其采用的数控系统关系密切。

目前多种数控系统应用较广泛,不同数控系统使用的数控程序的语言规则和格式也不尽相同。即便使用相同语言针对不同设备编写的加工程序也不可以交换使用,否则有可能导致严重事故。编制加工程序必须严格按照机床配备的编程手册进行。

编制加工程序过程中,编程人员应对图样规定的技术要求、零件的几何形状、尺寸精度要求等内容进行分析,确定加工方法和走刀路线;进行数学计算,获得刀具轨迹数据;然后针对某种特定数控机床规定的代码和程序格式,将被加工工件的尺寸、刀具运动中心轨迹、切削参数以及辅助功能(如换刀、主轴正反转、切削液开关等)信息编制成加工程序,并输入数控系统,由数控系统控制机床自动地进行加工。理想的数控程序不仅应该保证能加工出符合图纸要求的合格工件,还应该使数控机床的功能得到合理的应用与充分的发挥,以使数控机床能安全、可靠、高效地工作。

数控加工程序编制方法主要分为人工编程与自动编程两种。

1. 人工编程

人工编程亦称手工编程,是指从零件图纸分析、工艺处理、数值计算、编写程序单,直到程序校核等数控编程各步骤工作均由人工完成的全过程。人工编程适合于编写进行点位加工或几何形状不太复杂的零件的加工程序,以及程序坐标计算较为简单、程序段不多、程序编制易于实现的场合。人工编程较为简单,容易掌握,且适应性较强。人工编程方法是数控加工编程的基础,也是机床现场加工调试的主要方法,对机床操作人员来讲是必须掌握的基本技能,其重要性是不容忽视的。

2. 自动编程

自动编程是指在计算机及相应的软件工具的支持下,自动生成数控加工程序的过程。自动编程充分发挥了计算机快速运算和存储的功能,使用计算机代替编程人员完成了烦琐的数值计算工作,并省去了书写程序单等工作量,因而可提高编程效率几十倍乃至上百倍。自动编程的大致过程是采用友好的高级语言对加工对象的几何形状、加工工艺、切削参数及辅助信息等内容按规则进行描述,再由计算机自动地进行数值计算、刀具中心运动轨迹计算,最终产生出零件加工程序单,并完成对加工过程的仿真模拟。采用自动编程方法编写形状复杂,具有非圆曲线轮廓、三维曲面等零件的数控加工程序,明显较人工编程效率高,可靠性高。在自动编程过程中,程序编制人员可及时检查程序是否正确,需要时可及时修改。

3.2 数控车床工艺设计

数控车床是最为常见的数控设备,具有价格低和加工精度高的特点。用数控车床取代普通车床进行机械加工,数控车削工艺设计具有显著的特点。

3.2.1 适合加工表面

与普通车床相比,数控车床的进给机构都采用数字控制,具有更高的自动化程度,因而数控车床的加工范围较普通车床有所扩大。如果工件能够在数控车床上恰当装夹,适合数控车削加工的表面主要有如下几类。

1. 精度要求高的回转表面,特别是加工误差一致性要求高

由于数控车床的车削加工是在数字控制系统的控制下完成的,在工件一次装夹后,数控车床可以完成更多和更复杂的回转表面加工,因此零件的加工表面精度较高,各个加工表面之间的位置关系更为准确,加工表面的形状精度也较高。正是数控车床的加工过程由数控系统完成,较大程度排除了人的参与,数控车床普遍采用较好的刀具,因而一次调整后数控车床加工的一批零件具有很好的一致性。

2. 表面加工质量高的回转表面

在工件材质、加工余量和刀具已经确定的条件下,工件加工表面质量取决于进给量和切削速度。数控车床往往具备恒速切削功能。在加工锥面时,可以依据锥面直径变化自动调整主轴转速实现恒速切削,因而可以获得较好的加工表面质量。在加工复杂回转表面时也可以获得相同的表面粗糙度值。

在数控系统控制下,数控车床可以很方便地改变加工表面质量。例如,同一圆柱表面分段车削出不同表面粗糙度。

3. 形状复杂的回转表面

数控车床的车削加工由数控系统控制实现,车床的进给轴可以实现数控联动,因而数控车床可以方便地加工各种能够用数学函数描述的回转表面。

4. 特殊螺纹表面

由于数控系统的进给动作由数字控制实现,并能实现与主轴的联动,因而数控车床配合专用硬质合金成型刀具,可以方便地加工各种螺纹,并获得较高的加工质量。相比较,普通车床能够加工的螺纹数量只有有限的几种。

3.2.2 定位基准与工件装夹

数控车床主要进行回转表面加工,数控车床加工的工件大多数是回转体零件。因此,在多数情况下数控车床的工件定位采用回转轴线、回转体外圆或内孔。

以回转轴线为定位基准时,数控车床的工件装夹多采用双顶尖。

用回转体外圆作为定位基准时,数控车床多采用动力卡盘装夹工件。动力卡盘是采用液压、气压等动力方式夹紧工件的三爪卡盘,便于快速装卸工件,提高数控机床的利用率和生产率。为了适应高速切削,一些数控车床上安装了高速卡盘。在低端数控车床上也有的采用普通三爪自定心卡盘等装夹工件。

用回转体内圆作为定位基准时,数控车床多采用心轴装夹工件,特别是液压等动力驱动夹紧的自定心心轴。

若加工工件为非回转体,不便于采用上述夹具安装工件。当生产批量较大时,数控车床多配备专用车床夹具,以减少工件装卸时间,提高生产率。单件小批量生产也可以采用单动四爪卡盘或花盘找正安装工件。

3.2.3 刀具

数控车床刀具对许多工艺参数都有直接影响,比如切削用量等。

与传统车床相比,数控车削对刀具提出了更高的要求,不仅要求刀具精度高、刚度大、寿命长,而且要求刀具尺寸稳定,刀具安装调整方便。因而,数控车床用车刀无论是刀具材质,还是刀具的尺寸精度都明显优于普通车床刀具。

数控车床的刀具也是种类繁多。按照刀片与刀体的连接方式不同,数控车床刀具主要分为焊接式和机夹可转位式两类。

(1) 焊接式车刀　焊接式车刀是将刀片采用钎焊方式焊接在刀体上,具有结构简单、制造方便、刀具刚性大的优点。但是,焊接式车刀磨损后,刀片和刀体不便回收利用。

(2) 机夹可转位车刀　机夹可转位车刀用可拆机械连接方式将刀片固定在刀体上。它往往由刀杆、刀片、垫片、夹紧元件等构成。当切削刃磨损后,卸下刀片更换切削刃。机夹可转位刀片参见附录 E,机夹可转位车刀参见附录 F。

数控车床配备电动或液压回转刀架、电动方刀架、排式刀架等。

3.2.4 工序划分

数控车削加工主要按照下面两种方式划分工序。

1. 按零件加工表面划分工序

将位置精度要求较高的表面安排在工件一次安装中完成,以免工件多次安装所产生的安装误差影响位置精度。这种方法适用于加工内容不多的零件。

2. 按粗、精加工划分工序

以粗加工中完成的工艺过程为一道工序,精加工中完成的工艺过程为一道工序。这种工序划分方法适用于零件加工后易变形或精度要求较高的零件。

3.2.5　加工顺序

与普通车削加工类似,数控车削加工通常依据先粗后精原则、基准先行原则、内外交替原则设计表面加工顺序。除此之外,依据数控车削加工工件的结构与加工表面的特点,数控车削加工还要遵循先近后远的原则。也就是说,离对刀点近的部位先加工,离对刀点远的部位后加工,以便缩短刀具移动距离,减少空行程时间。

3.2.6　走刀路线

数控车削的走刀路线由数控程序控制,在编写数控程序前应预先设计好走刀路线。走刀路线也是数控切削加工工艺设计中非常有特色的内容。

数控车削走刀路线可以分为两类：粗加工走刀路线和精加工走刀路线。它们分别对应粗加工工序和精加工工序。由于粗加工过程与精加工过程的任务不同,因而走刀路线设计要求与原则也不同。

1) 粗加工(或半精加工)走刀路线

粗车过程以提高除去材料效率为主要目标,兼顾加工后剩余加工余量和加工表面质量,并为半精加工和精加工做准备。

为了提高生产率,通常设计长度较短的走刀路线。基本措施是缩短切削走刀路线长度,缩短空行程路线长度。通常通过巧用起刀点,巧设换(转)刀点,合理安排"回零"路线等方式设计长度较短的走刀路线。

粗加工(或半精加工)的目标是去除金属,进给走刀路线有多种方式实现。例如,阶梯切削进给走刀路线如图 3.1(a)所示,是"矩形"进给路线；"三角形"进给路线如图 3.1(b)所示；"工件轮廓线形"进给路线如图 3.1(c)所示。在同等条件下,上述三种进给路线中"矩形"进给路线切削所需时间(不含空行程)最短,刀具的损耗最小。

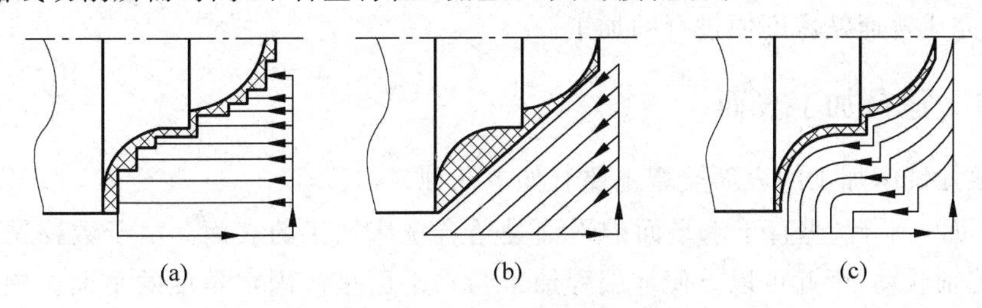

图 3.1　去除材料的走刀路线

2) 精加工走刀路线

精加工走刀路线是完工轮廓的连续切削进给路线。在安排一刀或多刀进行的精加工进给路线时,其零件的完工轮廓应由一刀连续加工而成,尽量避免停顿和换刀。

在设计各加工表面的加工精度要求不一致的精加工进给路线时,若各加工表面的加工精度要求相差不是很大,应以最严的精度为准,连续走刀加工所有部位;若加工表面的加工精度要求相差很大,则加工精度接近的加工表面应在一把车刀的走刀路线内加工,并且先加工精度要求较低的加工表面,最后再单独安排加工精度高的加工表面的走刀路线。

针对数控车床,走刀路线设计一般还要考虑如下两个原则。

(1) 刀具实际工作角度应合理。

数控车削加工过程中,在数控加工程序控制下刀具的移动轨迹可以比较复杂。因此需要确保在车削过程中车刀实际工作角度处于合理数值范围内。

数控车床的机床运动相对固定,只能通过改变进给方向从而改变刀具实际工作角度。例如图3.2所示圆弧面加工中,图3.2(a)和(b)所示的单方向"工件轮廓线形"连续切削进给路线会造成刀具实际工作角度变化较大,超出合理范围,这种按常规方式设计的进给路线并不合理,甚至可能将工件车削成废品。改用图3.2(c)所示双向进给路线则较为合理。

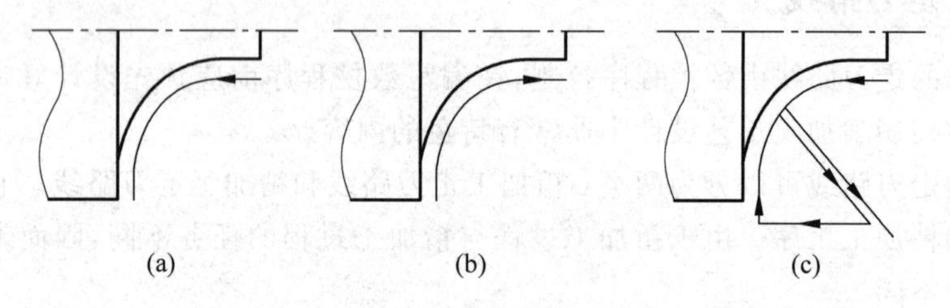

图3.2 走刀路线对刀具实际工作角度的影响

(2) 走刀路线长度应短。

加工速度一定,若加工方案的走刀路线长度较短,则加工方案的额定工时较短,加工生产率较高。

3.3 数控铣床工艺设计

数控铣削是机械加工中最常用和最主要的数控加工方式之一,数控铣床与普通铣床加工原理相同。由于数控铣床采用数控系统实现进给轴联动,因此能够完成更加复杂的表面加工,能够完成普通铣床不便进行的加工。

3.3.1 适合加工表面

适合数控铣床加工的表面类型主要有如下几种。

(1) 平面 平行、垂直于水平面的平面是适合铣床加工的表面。由于数控铣床可以实现各个数控轴联动,因此可以方便地编程加工与水平面呈一固定角度的平面。展开面是平面的表面,若可以便于数控编程,也可以加工。

(2) 变角度斜面 加工表面与水平面倾斜,且倾斜角度沿某一直线方向连续变化而产生的斜面。

(3) 曲面(适合数控编程的) 可以用数学函数描述的空间曲面,如涡轮叶片、螺旋桨叶片。随着曲面复杂程度增加，需要采用更多联动轴数的数控铣床。

3.3.2　定位基准与工件装夹

数控铣床上夹紧工件的方式与普通铣床类似。

在生产批量较大时，数控铣床普遍采用液压夹紧的专用夹具，实现自动化程度较高的快速装卸工件，充分发挥数控铣床的高生产率优势。单件小批量生产时，数控铣床广泛采用通用夹具装夹工件，如平口虎钳、万能分度头、压板、组合夹具等。

数控铣床加工工件的定位基准选择应该尽量减少工件装夹次数，尽量在一次工件装夹中实现更多的表面加工，充分发挥数控加工的优势。通常，优先选用工件上较大的平面和定位孔实现其在数控铣床上的定位。

3.3.3　刀具

数控铣床上可使用的刀具种类很多，常见的有如下几种。

(1) 面铣刀　面铣刀的圆周表面和端面上都有切削刃，端部切削刃为副切削刃。面铣刀多为镶齿结构。

(2) 立铣刀　立铣刀的圆周表面和端面都有切削刃，圆周表面的切削刃为主切削刃，端面上的切削刃为副切削刃。直径较大的立铣刀采用镶齿结构。

(3) 模具铣刀　模具铣刀由立铣刀发展而来，通常包括圆锥铣刀、圆柱球头铣刀、圆锥球头立铣刀等三种主要类型。ϕ16mm 以上模具铣刀制成镶齿结构。

(4) 成形铣刀　多为加工成型表面设计制造的铣刀，常见的如键槽铣刀、鼓形铣刀等。

数控铣削刀具广泛采用可换刀片设计，可换刀片参见附录 E。数控加工工具系统可参见附录 G。

3.3.4　数控铣削方式

在铣削加工中，依据刀具切削的线速度方向与工件运动方向的关系可以分为顺铣与逆铣两种铣削方式。顺铣是指刀具切削的线速度方向与工件运动方向相同；逆铣则是指刀具切削的线速度方向与工件运动方向相反。

铣削加工中是采用顺铣还是逆铣，对工件表面粗糙度有较大的影响。确定铣削方式应根据工件的加工要求，材料的性质、状态、使用机床及刀具等条件综合考虑。

在普通铣床上根据其进给传动系统的结构特点，采用顺铣时会造成工作台受切削力的作用而沿进给方向窜动的现象，通常称为“拉刀”，所以常采用逆铣切削方式。数控机床由于采用了高精度的传动系统，消除了反向间隙，而且传动系统的刚性好，可以有效地避免“拉刀”现象的发生，充分发挥顺铣切削方式的优点，具体如下：

(1) 顺铣时切削刃从工件外部切入工件，切削厚度由大变小，这样就减少了工件与刀刃之间的挤刮，有利于工件切削和减少刀具磨损；

(2) 顺铣可以避免过切现象的产生；

(3) 顺铣有利于减少切削热；

(4) 顺铣可降低刀具负载，获得较好的加工表面质量。

一般情况下，尽可能采用顺铣，尤其是精铣内外轮廓，精铣铝镁合金、钛合金或耐热合金时,应尽量按顺铣方式安排走刀路线。需要特别说明：对于表面硬化比较严重的铸件和锻件,为了保护刀具,则应采用逆铣。

3.3.5　走刀路线

影响走刀路线设计的因素很多,有工艺方法、工件材料及状态、加工精度及表面粗糙度要求、工件刚度、加工余量、刀具的刚度及耐用度、机床类型和工件的轮廓形状等。在确定铣削走刀路线(加工路线)时,主要应遵循以下原则：

(1) 精加工要求能保证零件的加工精度和表面粗糙度,这是必须实现的要求；

(2) 粗加工和半精加工要求加工余量均匀；

(3) 设计最短的走刀路线,这样既可简化程序段,又可减少刀具空行程时间,提高加工效率；

(4) 应使数值计算简单,程序段数量少,以减少编程工作量。

此外,在设计走刀路线时,还要综合考虑工件、机床与刀具等多方面因素,确定一次走刀还是多次走刀,以及设计刀具的切入点与切出点、切入方向与切出方向。在铣削加工中,还要选择采用顺铣还是逆铣等。

对不同类型加工表面,数控铣削走刀路线设计要点是不同的。

1. 柱面铣削走刀路线

铣削柱面类零件外轮廓时,一般采用立铣刀的侧刃进行切削。为减少接刀痕迹,保证零件表面质量,不允许在铣刀与表面轮廓接触时出现停刀和抬刀,避免沿轮廓线的法线方向切入和切出。例如铣削图3.3(a)所示外表面轮廓时,铣刀应沿零件轮廓曲线的延长线上切入和切出零件表面,而不应沿法向直接切入零件。若外轮廓曲线不允许外延(见图3.3(b)),则刀具只能沿外轮廓曲线的切向切入切出,并将其切入、切出点选在零件轮廓曲线平滑过渡处。

铣削图3.4所示封闭的内轮廓表面时,若内轮廓曲线允许外延,如图3.4(a)所示,则应沿切线方向切入切出。若内轮廓曲线不允许外延(见图3.4(b)),则刀具只能沿内轮廓曲线的切向切入切出,并将其切入、切出点选在零件轮廓曲线平滑过渡处。

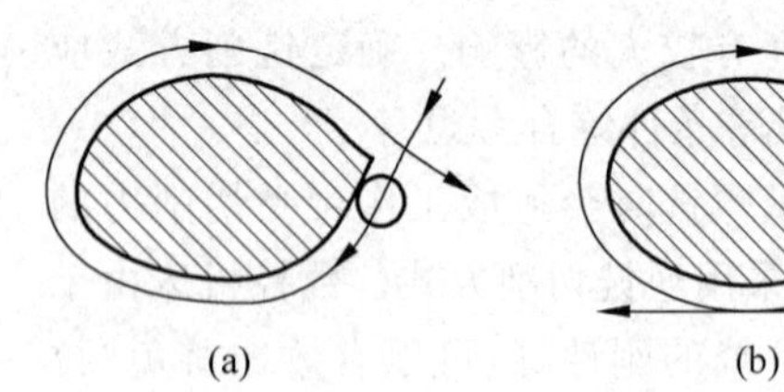
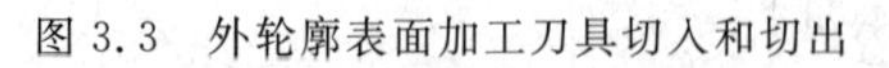
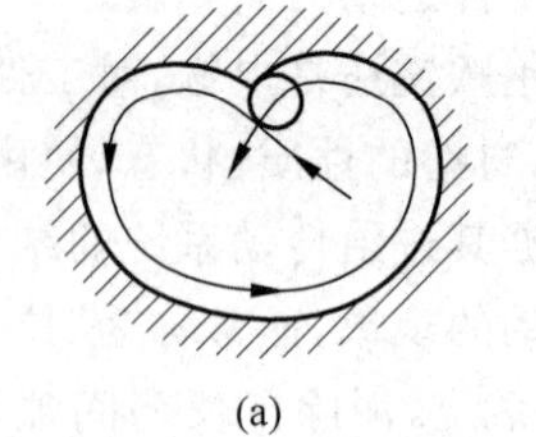
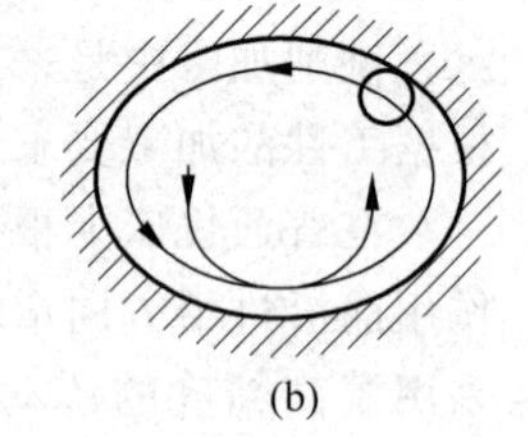

(a)　(b)　(a)　(b)

图3.3　外轮廓表面加工刀具切入和切出　　　图3.4　内轮廓表面加工刀具切入和切出

2. 平底槽面铣削走刀路线

平底槽面加工是常见的数控铣削加工表面,它既包括底面的平面加工,也包括轮廓表面的侧面加工。一般采用球头铣刀或成形铣刀进行切削。常见的走刀路线有四种,如图3.5所示。图3.5(a)为单方向切削进给,抬刀返回,是单向行切走刀方式。特点是走刀轨迹计算简单,抬刀次数多,加工效率低,槽侧面表面粗糙度值较大。图3.5(b)为往返双向切削进给,是往返行切走刀。其特点是加工效率高,且表面粗糙度有所改善。图 3.5(c)为环形切削进给,是环切走刀。特点是走刀轨迹计算复杂,耗时多,编程烦琐,槽侧面表面粗糙度值较小。环切走刀一般只用于内槽加工和凸凹明显的曲面,在平面加工中较少采用。图 3.5(d)为复合切削进给,它是前三种走刀方式的复合,可以充分发挥三种走刀方式的优点。

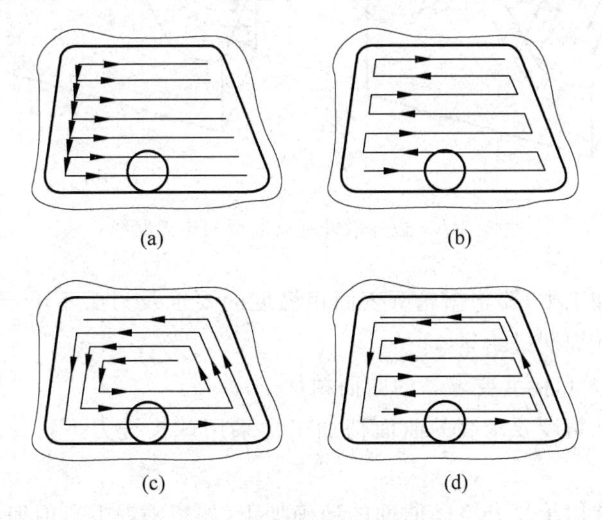

图 3.5 平底槽面加工走刀路线

3. 曲面铣削走刀路线

在机械加工中,常会遇到各种曲面类零件,如模具、叶片螺旋桨等。加工面为空间曲面的零件称为曲面零件。由于这类零件型面复杂,需采用两轴半联动、三轴联动、四轴联动、五轴联动等多坐标联动加工,因此多采用数控铣床、数控加工中心进行加工。

1) 直纹面加工

若曲面零件的边界是敞开的,因没有其他表面限制,所以曲面边界可以延伸,球头刀应由边界外开始加工。

对于边界敞开的直纹曲面,加工时常采用球头刀进行"行切法"沿直线进给加工,即刀具与零件轮廓的切点轨迹是一行一行的,如图 3.6 所示,行间距按零件加工精度要求而确定。直纹曲面通常每次沿直纹母线加工,如图 3.6(a)所示,其刀位点计算简单,程序短,加工过程符合直纹面的形成,可以准确保证直纹母线的直线度。如果采用图 3.6(b)所示的加工方案,曲面的准确度高,但程序较长。

若曲面零件的边界不是敞开的,其加工与图 3.5 所示的槽面加工类似,需要加工底面和轮廓侧面。显然,若图 3.5 所示槽面的底面是曲面,加工更为复杂,往往需要多轴联动。

2) 曲率变化不大和精度要求不高的曲面粗加工

曲率变化不大和精度要求不高的曲面粗加工常采用球头铣刀进行两轴半坐标的行切法加工,即 x、y、z 三坐标中的两个坐标轴联动插补,第三坐标轴作单独周期进给。

二轴半坐标加工的刀心轨迹为平面曲线,故编程计算比较简单,不需要采用复杂数控加工设备即可完成。

球头铣刀的刀头半径应选得大些,有利于散热,但刀头半径不应大于曲面的最小曲率半径。

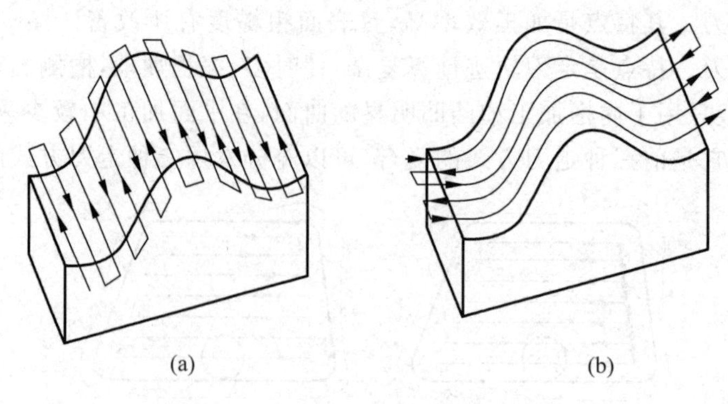

图 3.6　边界敞开直纹曲面的走刀路线

在曲面行切法加工中,要根据轮廓表面粗糙度的要求及刀头不干涉相邻表面的原则选取第三坐标轴的单独周期进给量。

3）曲率变化较大和精度要求高的曲面精加工

曲率变化较大和精度要求高的曲面精加工常采用球头铣刀进行 x、y、z 三坐标轴联动插补行切法加工。

三轴联动加工常用于复杂空间曲面的精确加工(如精密锻模),但编程计算较为复杂,所用机床的数控装置还必须具备三轴联动功能。

4）叶轮、螺旋桨等零件的空间曲面加工

对叶轮、螺旋桨空间曲面仍然可采用“行切法”加工,但因其叶片形状复杂,刀具容易与相邻表面干涉,应采用从里到外的环切。如此设计有利于减少工件在加工过程中的变形,且常采用四坐标联动或五坐标联动加工。在切削成型点,铣刀端平面与被切曲面相切,铣刀轴心线与曲面该点的法线一致。空间曲面加工的编程计算相当复杂,一般采用自动编程。

3.4　加工中心工艺设计

加工中心是配备大型刀库和自动换刀装置的数控机床。以不同类型数控机床为基础扩展成的加工中心也是不同类型的,可以有车削加工中心、镗铣削加工中心等不同分类。不同类型加工中心的加工工艺也有不同的特点。例如,车削加工中心的加工工艺与数控车床的加工工艺有较多的共同点。

本章所讲的加工中心特指数控镗铣加工中心。它是最早出现的加工中心,是一种以镗削和铣削加工为主,功能更为丰富的数控机床。它能够完成镗削、铣削、钻削、铰削、攻螺纹、切螺纹等多种加工,具备更强的加工能力、更大加工柔性和更高的生产率。

3.4.1　适合加工表面

与普通机床加工的表面相比,加工中心加工的表面具有如下特点。

(1) 尺寸精度高,特别是形状精度和位置精度高　工件在加工中心上进行一次安装即可完成孔、平面、螺纹等多种型面的加工。加工过程由数控系统控制完成,采用了先进的刀具,因而加工尺寸精度高和形状精度高。如果加工过程中工件没有重新装夹,各个加工表面之间的相互位置精度较高。

(2) 加工精度的一致性好　加工中心的切削加工过程都是在数控系统控制下完成,避免了人带入的不确定因素。加工中心往往配备了先进的加工刀具,减少了刀具磨损引起的加工误差。因此,加工中心加工一批工件,工件加工精度的一致性好。

(3) 可加工工件结构复杂　加工中心上可加工工件的加工表面包括多种型面,例如轴颈孔、光孔、螺纹孔、平面、端面、斜面、曲面、槽等,以及它们的组合。并且这些加工表面之间可以有位置精度要求。

(4) 生产率高　工件在加工中心上装夹一次即可完成多种型面加工,大幅减少了时间定额。

与普通机床相比,加工中心设备复杂、刀具和设备投入成本都比较高,加工中心一般用于普通机床较难完成的加工。适合加工中心的零件通常有下面几类。

(1) 既有平面加工,也有孔系加工的零件　既需要铣削加工,又需要镗削、钻削加工,特别是加工表面之间位置精度要求高,这类零件中典型的是箱体类零件。

(2) 结构复杂,普通机床难加工的零件　零件表面主要由复杂曲线、曲面构成,加工时需要多轴联动,普通机床上无法实现。这类零件主要包括模具、整体叶轮和凸轮等。

模具需要加工平滑过渡曲面。整体叶轮的叶面是复杂曲面,往往需要多轴联动加工。盘形凸轮、圆柱凸轮、端面凸轮等往往都可以用数学函数描述刀具轨迹,在加工中心上进行加工。

(3) 不规则表面需要机械加工的异型零件　异型零件的不规则表面往往采用铸造、锻造等方法制造,不需要机械加工。若在新产品试制和关键设备修配时,制作单件异型零件,这种情况异型零件的不规则表面往往需要采用机械加工方法加工,可以采用多轴联动加工。

3.4.2　加工中心的选择

加工中心的选择从加工中心类型、规格和精度等三个方面进行,需要将经济因素与功能、性能等综合考虑。

1. 加工中心类型

通常,加工中心分为卧式、立式两种类型。

卧式加工中心适用于多工位加工,适用于位置精度要求高的零件(如箱体、阀体等)加工。规格相近的卧式加工中心价格比立式加工中心高许多。

立式加工中心适合于单工位加工的零件(如箱盖、泵盖、平面凸轮等)。显然,立式加工中心的工艺范围较卧式加工中心窄。

2. 加工中心的规格

加工中心的规格参数主要包括工作台大小、坐标行程、坐标数量、主电机功率等。

3. 加工中心的精度

依据机床精密程度不同,国产加工中心分为普通型和精密型两种。表 3.3 给出了几项关键精度参数。

表3.3 加工中心精度等级

精度项目	普通型	精密型
精磨单轴精度	±0.01mm/300mm全长	±0.005mm全长
单轴重复定位精度	±0.006mm	±0.003mm
铣圆精度	0.03～0.04mm	0.02mm

4. 加工中心的功能

加工中心的功能包括数控加工功能、坐标轴联动控制功能、工作台自动分度功能等。

5. 刀库容量

依据加工零件的复杂程度计算出工件一次装夹能够完成的加工和所需的刀具数量。

6. 刀柄和工具的选择

刀柄是机床主轴与工(刀)具之间的连接工具。加工中心上一般采用7∶24圆锥刀柄，是标准化和系列化产品。

数控铣削刀具广泛采用可换刀片设计，可换刀片参见附录E。数控加工工具系统参见附录G。

7. 刀具预调仪

刀具预调仪也称对刀仪，是用来调整或测量刀具尺寸的。多台机床共用一台刀具预调仪可以提高对刀仪的利用率。

3.4.3 加工方案设计

1. 平面、平面轮廓、斜面、曲面加工

在加工中心上，平面、平面轮廓、斜面、曲面的加工只能采用铣削方式。

2. 孔与内圆表面加工

孔加工表面直径大于ϕ30mm，并且已经有孔的内圆表面加工往往采用粗镗→半精镗→倒角→精镗的加工方案。若没有孔，则先锪平端面，打中心孔，然后采用钻孔→扩孔(倒角)→精镗(或铰)的加工方案。

3. 螺纹加工

在加工中心上，螺纹(孔)加工方案依据孔径大小确定。孔径大于M20mm的螺纹可采用镗削加工。孔径在M6～M20之间的螺纹通常采用攻螺纹方式加工。小直径丝锥容易折断，孔径小于M6的螺纹通常只在加工中心上完成底孔加工。螺纹采用其他设备或手工进行攻螺纹。

3.4.4 加工顺序

加工中心功能十分丰富，往往具有数控铣床的全部功能，并且加工轴数较数控铣床还可能多，还可以完成镗床与钻床功能。

在加工中心上加工的零件一般都有多种表面需要加工，加工工序划分为多个工步，使用多把刀具加工，因此加工顺序设计是否合理会影响工件的加工精度、加工效率、经济效益等。

与普通机床机械加工类似，数控加工中心的加工顺序也要遵循“先粗后精”“先主后次”“基准先行”“先面后孔”的一般原则。除此之外，还要考虑以下事项：

(1) 减少换刀次数　不换刀而用同一把刀具加工,可以获得更好的加工面之间相对位置关系。增加换刀次数,还会降低加工效率。

(2) 减少走刀路线的空行程　按照最短路线的目标设计加工表面的加工次序。

加工中心常采用的加工方案:粗铣大平面→粗镗大孔、半精镗大孔→立铣刀加工→加工中心孔→钻孔→攻螺纹→平面和孔精加工(精铣、铰、镗等)。

加工中心的加工工艺设计应注意避免如下情况产生的精度降低:加工中心的刀具多采用悬臂梁结构,结构刚度较差。加工中心的加工能力较强,一次加工多个加工表面,材料内部应力来不及充分释放,没有充分的时效过程,因而加工后零件可能发生应力形变。

加工中心工艺设计需注意切削加工过程的断屑措施设计,避免切屑缠绕刀具或工件。

3.4.5　定位基准与工件装夹

加工中心的加工能力强,加工零件种类较多,几乎包括所有类型工件。加工中心上加工工件的定位基准因工件类型和工件结构不同而不同。工件在加工中心上的装夹也因定位基准不同和工件结构形状差异有多种方式。工件在加工中心上的定位基准通常需要考虑如下事宜:

(1) 工件上应该有一个或几个共同的基准,采用该基准作定位基准可以确保工件多处装夹后,其加工表面的相互位置关系能获得较高精度;

(2) 工件一次装夹后可以完成更多的表面加工;

(3) 定位基准优先选用已经存在的表面或孔。

生产线上的加工中心多配备液压专用夹具安装工件。选用或设计加工中心的夹具需要考虑以下两点:

(1) 夹具不能妨碍进给运动,或者夹具不能与刀具的走刀路线干涉;

(2) 确保夹紧变形最小。

3.4.6　走刀路线

加工中心进行表面加工主要采用铣削方式,进行孔加工采用镗削与钻削方式。加工中心上走刀路线分为铣削走刀路线和孔走刀路线。加工中心的铣削走刀路线设计与数控铣床的走刀路线设计基本一致,这里不再赘述。下面着重探讨孔系走刀路线设计。

加工中心的孔加工过程一般是首先将刀具在 xOy 平面内快速定位运动到孔中心线的位置上,然后刀具沿 z 向进给运动,进行孔加工。孔加工走刀路线包括 xOy 平面内的点位运动路线和 z 向进给路线。

1. *xOy* 平面内的点位运动路线

加工中心 xOy 平面内的点位运动路线设计原则如下:

(1) 定位准确　设计走刀路线时要避免机床进给系统的反向传动间隙对加工孔位置定位精度的影响。

(2) 定位迅速　在刀具不与工件、夹具和机床碰撞的前提下,走刀路线的空行程尽可能短,定位省时迅速。

(3) 准确优先　若定位准确与定位迅速不能兼得时,优先选择定位准确的走刀路线。如图 3.7(a)所示零件有四个孔需要加工。按照定位迅速原则,最短路线如图 3.7(b)所示,但是孔4的定位精度受机械进给系统的反向传动间隙影响。采用图3.7(c)所示走刀路线，对孔4定位单独处理，保证了定位精度。为清晰表达一条线上的往返走刀路线，将其画成分开的两条线。

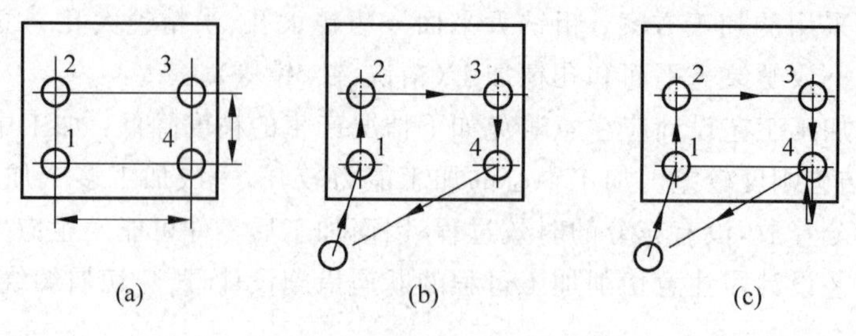

图3.7　xOy平面内的点位运动路线

2. z向进给路线

刀具在z向进给路线分为快速进给阶段和工作进给阶段。刀具首先从初始平面快速移动到R平面，R平面至工件加工表面距离为L_R。然后，刀具以工作进给速度进行z向进给至加工尺寸，然后快速返回至R面，如图3.8所示。为清晰表达一条线上往返走刀路线，将其画成分开的两条线。若只加工一个孔，则从R面继续快速返回至初始平面，如图3.8(a)所示。若加工多个孔，则在R面(xOy平面)内进行点位运动，移动至下一个孔的位置进行孔加工，直至全部孔加工完毕，从R面继续快速返回至初始平面，如图3.8(b)所示。

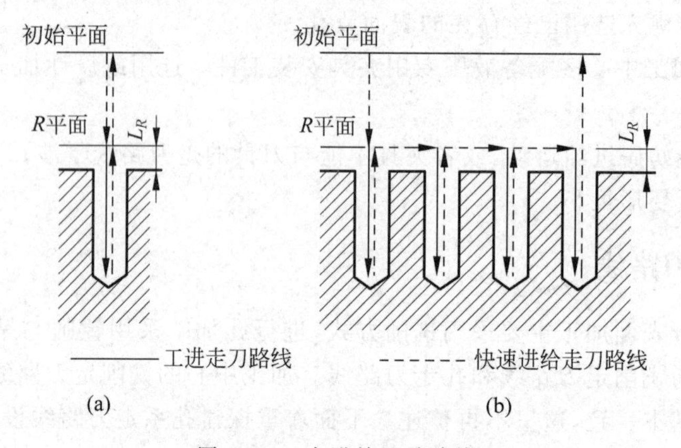

图3.8　z向进给运动路线

习题及思考题

3-1　与普通机床机械加工相比，数控加工有何特点？

3-2　听路人说：“数控加工是全新的现代先进加工方式，自动完成机械零件加工，不同于普通机床加工。因此，数控加工工艺也是全新的，与普通机床机械加工工艺完全不同。”对此说法你怎么理解？为什么？

3-3　简述数控加工工序划分的特点。

3-4　简述数控加工工艺设计的特殊性。

3-5　数控加工工艺设计的基本步骤是什么？

3-6　从数控加工的可行性和方便性两方面来看，数控加工工艺审查有何要求？

3-7　数控加工的定位安装应遵循哪些基本原则？

3-8　如何选用数控机床？

3-9　数控加工是否可以由操作者在工件加工时临时自行拟定走刀路线？为什么？

3-10　如何划分数控加工工序？

3-11　如何划分数控加工工步？

3-12　数控加工对机床夹具有何要求？

3-13　数控加工，如何选择对刀点？

3-14　数控加工的走刀路线设计有何原则？

3-15　人工编写数控加工程序与自动编写有何异同？

3-16　适合数控车削加工的表面有哪几类？

3-17　哪几种加工表面适合数控铣削加工？

3-18　与普通机床加工表面相比，适合加工中心加工的表面有何特点？

3-19　题图 3.1 所示零件采用何种类型数控机床加工较为合适？进行加工分析，尝试设计数控加工工艺。零件材料：45 钢，无热处理及硬度要求。

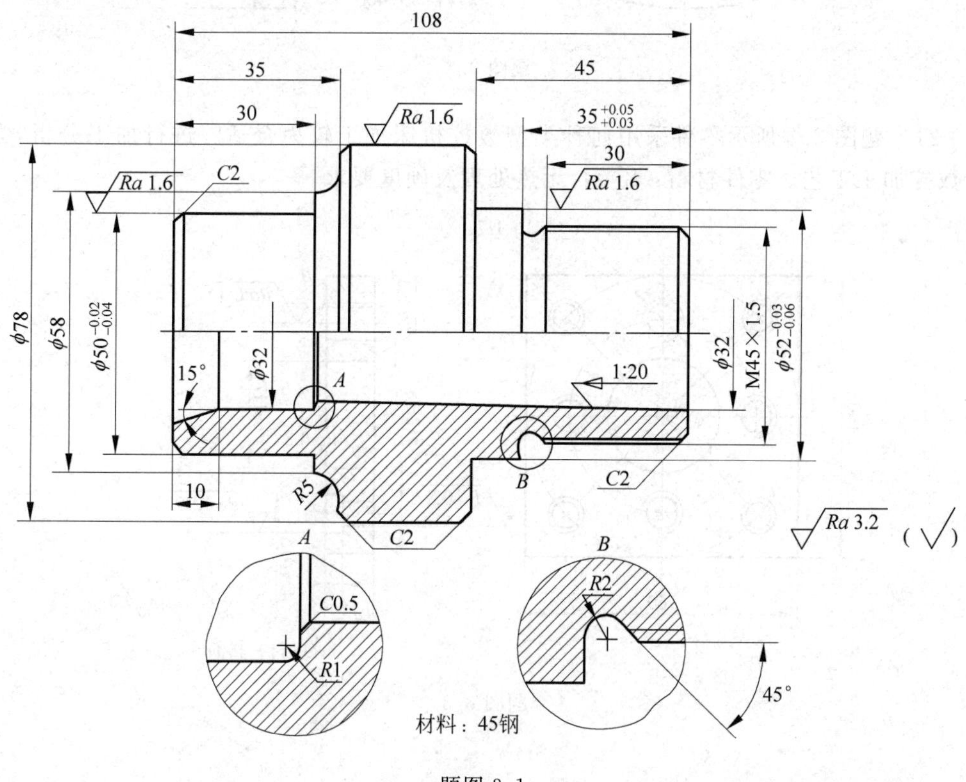

题图 3.1

3-20　题图 3.2 所示零件采用何种类型数控机床加工较为合适？进行加工分析，尝试设计数控加工工艺。零件材料：QT400。

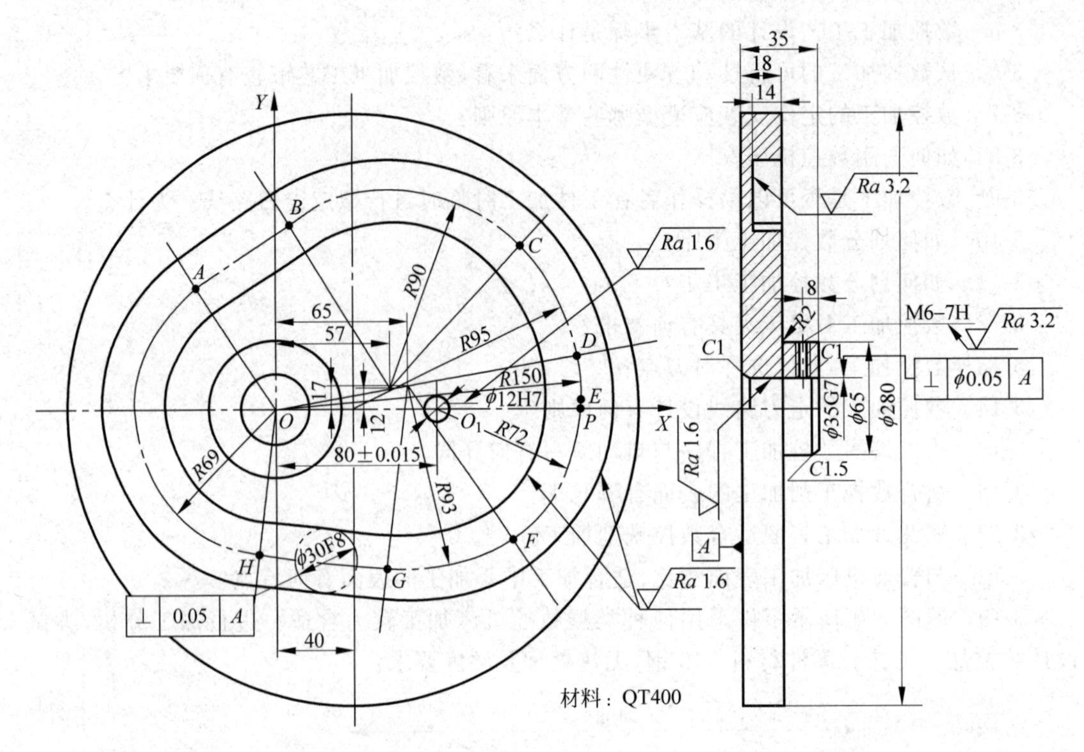

题图 3.2

3-21　题图 3.3 所示零件采用何种类型数控机床加工较为合适？进行加工分析，尝试设计数控加工工艺。零件材料：45 钢，无热处理及硬度要求。

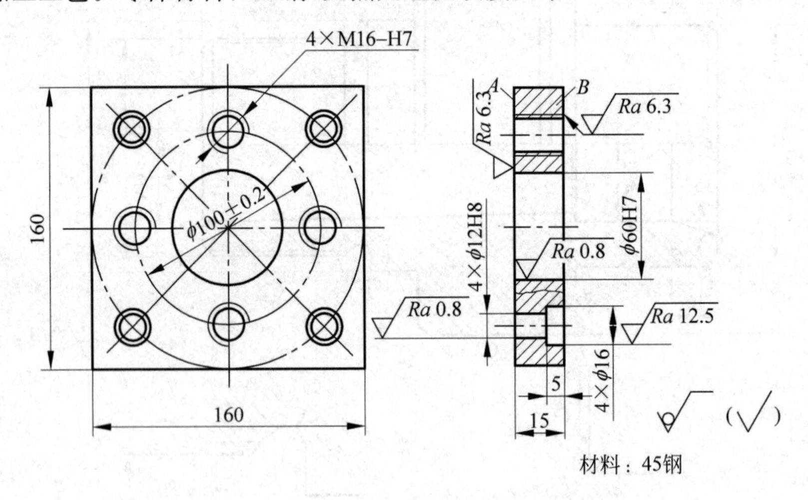

题图 3.3

第4章 机床夹具设计

教学要求：

掌握夹具的基本概念；

掌握六点定位原理及主要定位方式；

掌握定位精度分析与计算方法；

熟悉典型夹紧机构及夹具其他元件；

掌握典型机床夹具的设计要点；

掌握夹具设计的基本方法。

4.1 概　　述

机械制造过程中用来固定加工对象，使之在机床上占有正确的位置，以便进行机械加工或检测的装置被称为机床夹具，简称夹具。

夹具设计是直接为机械产品生产服务的一项生产准备工作。机床夹具设计的特点是周期要求短，夹具精度高。机床夹具设计不仅与机械加工工艺设计等关系密切，还与产品设计关系密切，它们之间的关系如图4.1所示。

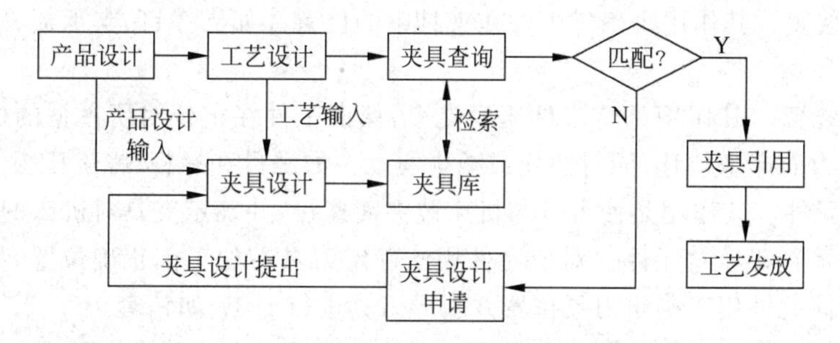

图4.1　机床夹具与产品设计、工艺设计的关系

4.1.1 工件的装夹

1. 装夹的概念

工件装夹是将工件在机床上或夹具中定位、夹紧的过程。工件的装夹包含了定位、夹紧两方面内容。

工件定位是工件在机床或夹具上占有正确的位置，使工件与刀具及机床主轴、导轨之间具有正确的相对关系，从而保证被加工工件的尺寸精度、形状精度及位置精度。

工件夹紧是工件定位后将其固定在正确位置上，使之不因切削力、惯性力、重力的作用而变化。

2. 装夹的方式

在机床上,工件一般可采用如下几种装夹方式。

(1) 直接装夹　是将工件的定位基准面直接密切贴合在机床的装夹面上,不需找正即可完成定位,通过夹紧工件,使其在整个加工过程中保持正确位置。在平面磨床的磁力工作台上固定工件等都是直接装夹。实际生产中,只有少数情况可实现直接装夹。

(2) 找正装夹　是利用可调整工具将工件夹持在机床上,并使机床作慢速运动,利用划针或千分表检测和调整工件的位置,使之处于正确位置的装夹方式。例如,在车床上加工一个具有较高同轴度要求的阶梯轴时,采用四爪卡盘和千分表调整工件的位置,以提高和保证加工精度的工件装夹过程是找正装夹。

对于形状复杂,尺寸、重量均较大且精度较低的铸件和锻件毛坯,如果工件毛坯没有方便的找正表面,则可预先在毛坯上划出待加工面的轮廓线,然后按照所划的轮廓线找正其位置完成工件装夹,这种工件装夹方式也属于找正装夹。

(3) 夹具装夹　是将夹具预先安装在机床上并精确调整其位置,在机械加工过程中利用该夹具迅速而准确地装夹工件的方式。

在上述三种工件装夹方式中,夹具装夹和直接装夹具有较高的定位精度,装夹操作方便、简单和省时,适合大批量生产;找正装夹亦具有较高定位精度,但操作费时、费力,仅适合单件小批量生产。

4.1.2　夹具的组成、分类和在机械加工中的作用

1. 机床夹具的组成

机床夹具虽然多种多样,但是一般包含如下几个组成部分。

(1) 定位装置　其作用是确定工件在夹具中的位置。如支撑钉、支承板、V形块等都是定位元件。

(2) 夹紧装置　其作用是将工件压紧夹牢,保证工件在定位时所占据的位置在加工过程中不因受外力而产生位移,同时防止或减少震动。如螺母和螺杆、螺旋压板等。

(3) 连接元件　其作用是使夹具与机床装夹面连接,并确定夹具对机床的相互位置。

(4) 对刀元件和导向元件　对刀元件用于确定刀具在加工前正确位置,如铣床夹具中的对刀块。导向元件用于确定刀具位置并引导刀具进行加工,如钻套。

对刀元件和导向元件的共同作用是保证工件与刀具之间的正确位置。

(5) 夹具体　是夹具的基座和基础件。夹具的其他装置或元件都安装在夹具体上,使之成为一个整体。

(6) 其他装置或元件　主要有分度装置、排屑装置等。

2. 机床夹具的分类

夹具的分类方法比较多,机床夹具按应用范围、使用特点可分为通用夹具、专用夹具、可调夹具、成组夹具、组合夹具和随行夹具等类型。

通用夹具指已经标准化的,在一定范围内可用于加工不同工件的夹具。如三爪或四爪卡盘、机器虎钳、回转工作台、万能分度头、磁力工作台等。

专用夹具是指专为某一工件的某道工序的加工而设计制造的夹具。专用夹具一般是在一定批量的生产中应用,通常说的工装夹具一般指专用夹具。

可调夹具和成组夹具的共同特点是：在加工完一种工件后，经过调整或更换个别元件，即可加工形状相似、尺寸相近或加工工艺相似的多种工件。但通用可调夹具的加工对象并不很确定，其通用范围大，如滑柱钻模、带各种钳口的机器虎钳等即是这类夹具。而成组夹具则是专门为成组加工工艺中某一组零件而设计的，针对性强，加工对象和使用范围明确，结构更为紧凑。

组合夹具是指按某一工件的某道工序的加工要求，用一套事先准备好的通用的标准元件和部件，通过它们的组合而构成的夹具。这种夹具用完之后可以拆卸存放，或待重新组装新夹具时再次使用。

随行夹具是在自动线或柔性制造系统中使用的夹具，工件安装在随行夹具上，由输送装置送往各机床，并在机床夹具或机床工作台上定位夹紧。

按照使用夹具的机床类型，夹具可分为车床夹具、铣床夹具、钻床夹具、镗床夹具等类型。

按照夹具的用途，可将夹具分为机床夹具、装配夹具、检测夹具等。

按照夹紧力的力源类型，夹具还可分为手动夹具、气动夹具、液压夹具、电磁和电动夹具等。

3. 夹具在机械加工中的作用

夹具虽是机床的一种附加工艺装置，但是它在生产中发挥的作用很大。采用夹具装夹工件，不仅有助于保证工件的加工件质量、缩短辅助时间、提高生产效率、减轻工人劳动强度和降低对工人的技术水平要求，还能够扩大机床的工艺范围和改变机床用途。

4.1.3　工件在夹具中加工时加工误差的组成

利用夹具装夹工件进行加工，工件加工表面尺寸和位置误差包含如下三个方面。

(1) 工件装夹误差($\delta_{装夹}$)　包括定位误差 $\delta_{定位}$ 和夹紧误差 $\delta_{夹紧}$。定位误差是定位不准确而造成的加工误差，夹紧误差是夹紧时引起工件和夹具变形造成的加工误差。

(2) 夹具对定误差($\delta_{对定}$)　包括对刀误差 $\delta_{对刀}$ 和夹具位置误差 $\delta_{夹位}$。对刀误差是与夹具相对刀具位置有关的加工误差，夹具位置误差是夹具相对刀具成形运动的加工误差。

(3) 加工过程误差($\delta_{过程}$)　包括加工过程中工艺系统的受力变形、热变形及磨损等因素所造成的加工误差。

利用夹具装夹工件加工时，为了保证加工精度，应使上述各项误差之和不大于工件相应尺寸或位置要求的公差 T，即

$$\delta_{装夹} + \delta_{对定} + \delta_{过程} \leqslant T \tag{4.1}$$

上式被称为加工误差不等式。

通常，可粗略地平均分配加工误差，即 $\delta_{装夹} \leqslant T/3$，$\delta_{对定} \leqslant T/3$，$\delta_{过程} \leqslant T/3$。

也可以综合考虑夹具造成的加工误差，使加工时满足加工不等式。

4.2　工件在夹具中的定位

工件在夹具中定位的目的是使同一批工件在夹具中占有一致的正确加工位置。但由于实际定位基准和定位元件存在制造误差，故同批工件在夹具中所占据的位置不可能是完全

一致的,这种位置的变化将导致加工尺寸产生误差。

对于工件在夹具中的定位可以从定位基本原理、定位方法与定位元件、定位精度三个方面研究。

4.2.1　工件定位的基本原理

1. 六点定位原理

在夹具中未定位以前,任何一个工件都可以看成为在空间直角坐标系中的自由物体。如图4.2所示的方形工件,它在空间的位置是任意的,可沿三个垂直坐标轴放在任意位置,通常称为工件沿三个垂直坐标轴具有平动自由度,分别以$\vec{x}$、$\vec{y}$、$\vec{z}$表示。此外,工件绕三个垂直坐标轴的转角位置也是任意的,通常称之为绕三个垂直坐标轴具有转动自由度,分别以$\widehat{x}$、$\widehat{y}$、$\widehat{z}$表示。要使工件在夹具中占据正确位置,就必须恰当地限制工件在空间上的六个自由度。

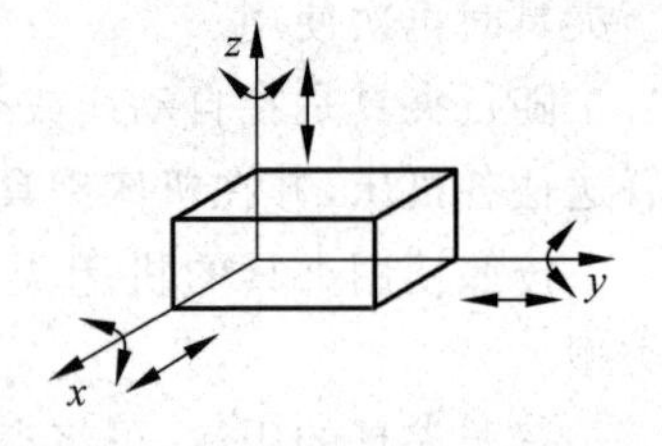

图4.2　工件的六个自由度

在进行工件定位分析时,通常是用一个支承点限制工件的一个自由度,用合理分布的六个支承点限制工件的六个自由度,使工件在夹具中的位置完全正确,这就是"六点定位原理"。

用于空间定位的六个支承点的分布必须遵循一定的规则,如图4.3(a)所示的平行六面体上加工键槽时,为保证加工尺寸$A\pm\delta_a$,需限制工件的$\widehat{x}$、$\widehat{y}$、$\vec{z}$三个自由度;为保证$B\pm\delta_b$,还需限制$\vec{y}$、$\widehat{z}$两个自由度;为保证$C\pm\delta_c$,最后还需限制$\vec{x}$自由度。

在夹具上布置了六个支承点,当工件基准面安置在这六个支承点上时,就限制了它的全部自由度,见图4.3(b)。工件底面(M面)紧贴在支承点1、2、3上,限制了工件的$\widehat{x}$、$\widehat{y}$、$\vec{z}$三个自由度;工件侧面(N面)紧靠在支点4、5上,限制了$\vec{y}$、$\widehat{z}$两个自由度;工件的端面(P面)在支承点6上,限制了$\vec{x}$自由度。

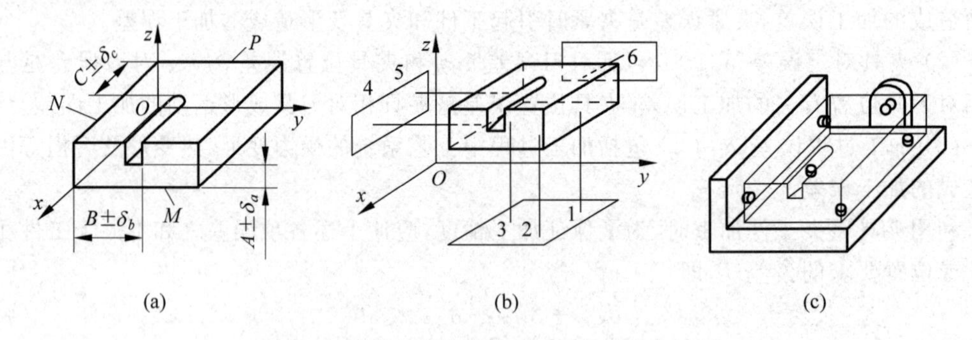

图4.3　平行六面体定位时支承点的分布示例

工件上布置三个支承点的M面称为主要定位基准。三个支承点布置得越远,所组成的三角形就越大,工件定位就越稳定。

布置两个支承点的N面称为导向定位基准。应选取工件上窄长表面作为导向定位基准。

工件上布置一个支承点的P面称为止推定位基准。由于它只和一个支承点接触,工件在加工时,常常还要承受加工过程中的切削力和冲击等,因此可选工件上窄小且与切削力方向相对的表面作为止推定位基准。

在夹具结构中,支承点是用定位元件来实现的,如图 4.3(c)中设置了六个支撑钉。对其他各种类型工件,也须按六点定位原理布置支承点。如图 4.4(a)所示为在环状工件上钻孔的工序,夹具上布置了六个支承点,见图 4.4(b),工件端面紧贴在支承点 1、2、3 上,限制 $\vec{y}$、$\widehat{x}$、$\widehat{z}$ 三个自由度;工件内孔紧靠支承点 4、5,限制 $\vec{x}$、$\vec{z}$ 两个自由度;键槽侧面靠在支承点 6 上,限制 $\widehat{y}$ 自由度。图 4.4(c)是实现图 4.4(b)中六个支承点所采用定位元件的具体结构,以台阶面 A 代替 1、2、3 三个支承点;短销 B 代替 4、5 两个支承点;嵌入键槽中防转销 C 代替支承点 6。

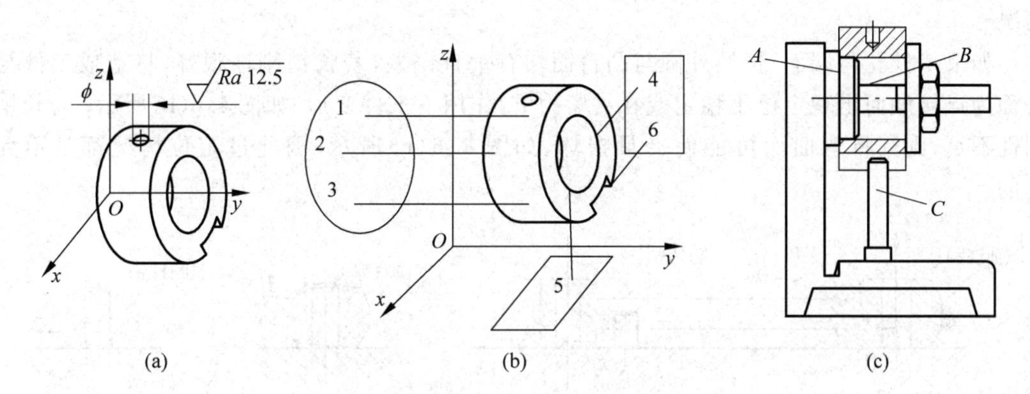

图 4.4　圆环工件定位时支承点的分布示例

2. 限制工件自由度与加工要求的关系

1) 完全定位

工件的六个自由度全部被限制的定位称为完全定位。当工件在 x、y、z 三个坐标方向上均有尺寸要求或位置精度要求时,一般采用这种定位方式。

2) 不完全定位和欠定位

根据工件加工要求,并不需要限制其全部自由度的定位称为不完全定位。如图 4.5(a)所示为车床上加工轴的通孔,根据加工要求,不需要限制 $\vec{y}$ 和 $\widehat{y}$ 自由度,故使用三爪卡盘限制其余四个自由度即可。图 4.5(b)所示为平板工件在平面磨床上采用电磁工作台定位磨平面,工件只有厚度及平行度要求,故只需要限制 $\widehat{x}$、$\widehat{y}$、$\vec{z}$ 三个自由度即可。

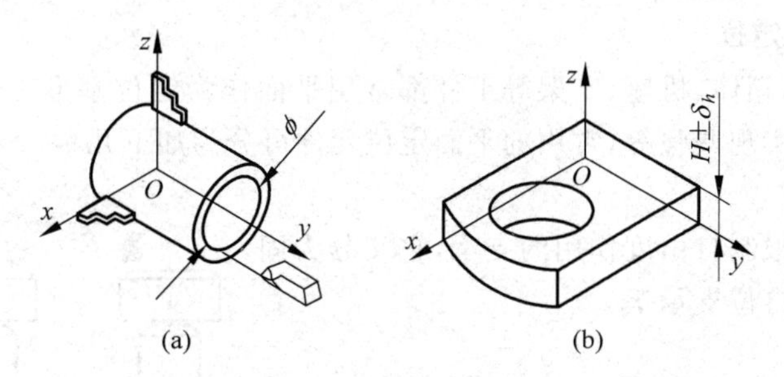

图 4.5　不完全定位示例

3) 欠定位

欠定位是应该限制的自由度没有被加以限制的定位。

在满足加工要求的前提下,采用不完全定位是允许的。但欠定位是不允许的。

4) 过定位

工件的同一个或几个自由度被重复限制的定位称为过定位。过定位在生产中是被限制使用的。

图4.6(a)所示为加工连杆小头孔的正确定位方案。以平面限制$\vec{z}$、$\widehat{x}$、$\widehat{y}$三个自由度;以短圆柱销限制$\vec{x}$、$\vec{y}$两个自由度;以防转销限制 $\widehat{z}$ 自由度,属完全定位。

如果短圆柱销换为长圆柱销,则会造成过定位现象。由于长圆柱销限制了 $\widehat{x}$、$\widehat{y}$、$\vec{x}$、$\vec{y}$四个自由度,其中被限制的 $\widehat{x}$、$\widehat{y}$ 两个自由度与平面限制的自由度重复,因此出现了过定位情况。

如果工件孔与端面、长销外圆与凸台面均有垂直误差,若长销刚性很好,将造成工件与底面为点接触而出现定位不稳定或在夹紧力 F_c 作用下工件变形,如图4.6(b)所示;若长销刚性不足,则其将弯曲而可能使夹具损坏,如图4.6(c)所示,因此过定位情况都是不允许的。

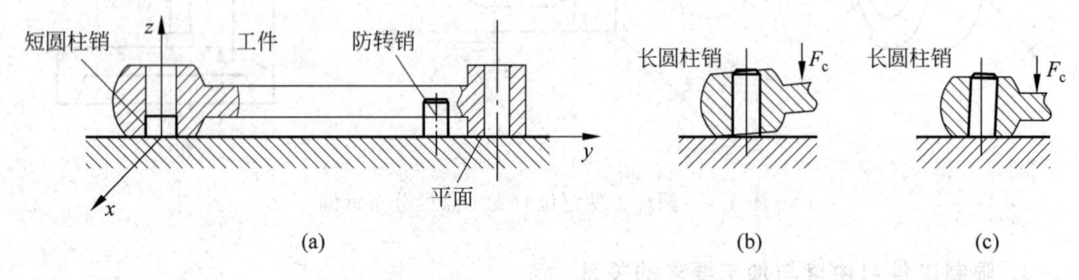

图4.6　连杆定位简图

通常有两种消除或减小过定位的方法:一种方法是提高定位基准之间以及定位元件工作表面之间的位置精度;另一种方法是改变定位元件的结构,使定位元件在重复限制自由度的部分不起定位作用。

4.2.2　工件定位方式及其所用定位元件

生产中定位的方法很多,常用的定位方案主要有工件以平面定位、工件以圆柱孔定位和工件以外圆柱面定位。

1. 工件以平面定位

在机械加工中,箱体、机座、支架等工件都常用平面作为定位基准。依据是否起限制自由度作用以及能否实现调整等,常用的平面定位元件可分为如下几种。

1) 主要支承

主要支承是起限制自由度作用的支承,它又分为固定支承、可调支承、自位支承等。

(1) 固定支承

固定支承主要是各种支承钉和支撑板,如图4.7和图4.8所示。当定位基准面是粗糙不平的毛坯表面时,采用布置较远的三个球头支承钉,使其与毛面接触良

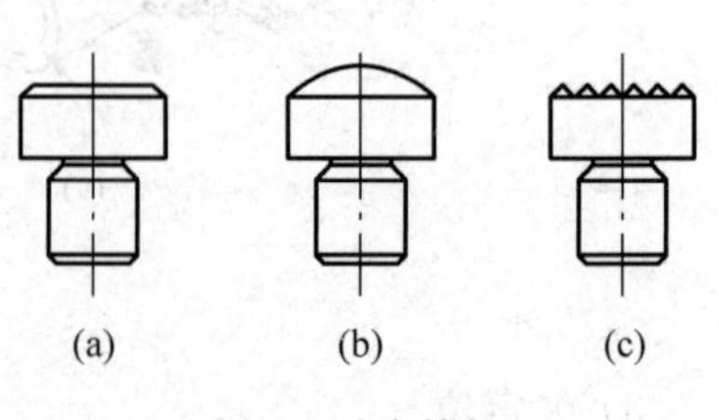

图4.7　支撑钉

好，C 型齿纹头支撑钉用于侧面定位，它能增大摩擦系数，防止工件受力后滑动。

工件以加工后的平面作为定位基准时，一般采用图 4.8(a)所示的 A 型的平头支承钉和支撑板。A 型支撑板的结构简单，制造方便。但孔边缘切屑不易清除干净，故适用于侧面和顶面定位。B 型支撑板结构如图 4.8(b)所示，其特点是易于保证工作表面清洁，故适用于底面定位。

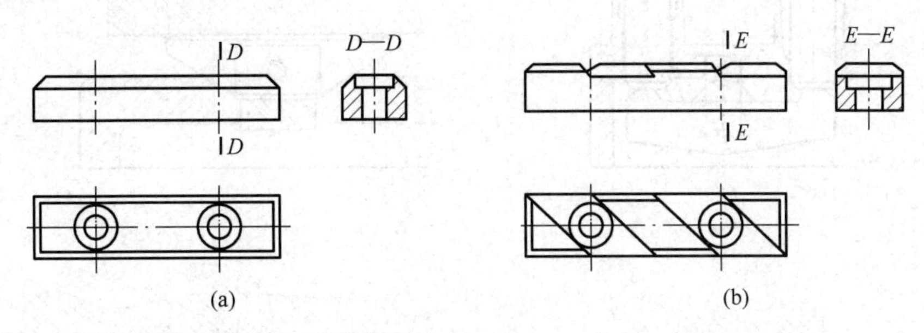

图 4.8　支撑板

(2) 可调支承

可调支承如图 4.9 所示，它能够调整支承的高度尺寸。可调支承常用于粗加工夹具、毛坯表面定位支撑，可调支承在一定范围内可以改变支撑尺寸，常用于粗基准定位的场合。

可调支承也可用于同一夹具加工形状相同而尺寸不同的工件。如图 4.10 所示的销轴端部铣槽，采用可调支承轴向定位，通过调整其高度位置，可以加工不同长度的销轴类工件。

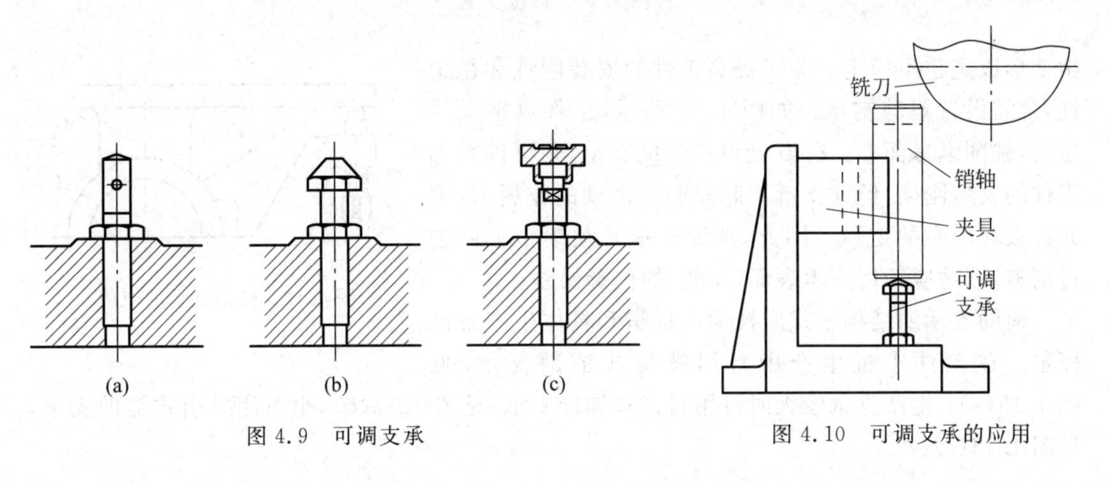

图 4.9　可调支承　　图 4.10　可调支承的应用

在通用可调整夹具及成组夹具中，可调支承的应用更广泛。可调支承在一批工件加工前调整一次。在同一批工件加工中，其作用相当于固定支承。所以，可调支承在调整后都需用锁紧螺母锁紧。

(3) 自位支承

自位支承(或浮动支承)是具有几个活动工作点的支承件，当压下其中一点，则其余的点上升直至全部与工件定位基准接触为止，其作用仍相当于一个固定支承点。如图 4.11 所示为常见的自位支承。

2) 辅助支承

生产中，由于工件形状以及夹紧力、切削力、工件重力等原因可能使工件在定位后还产

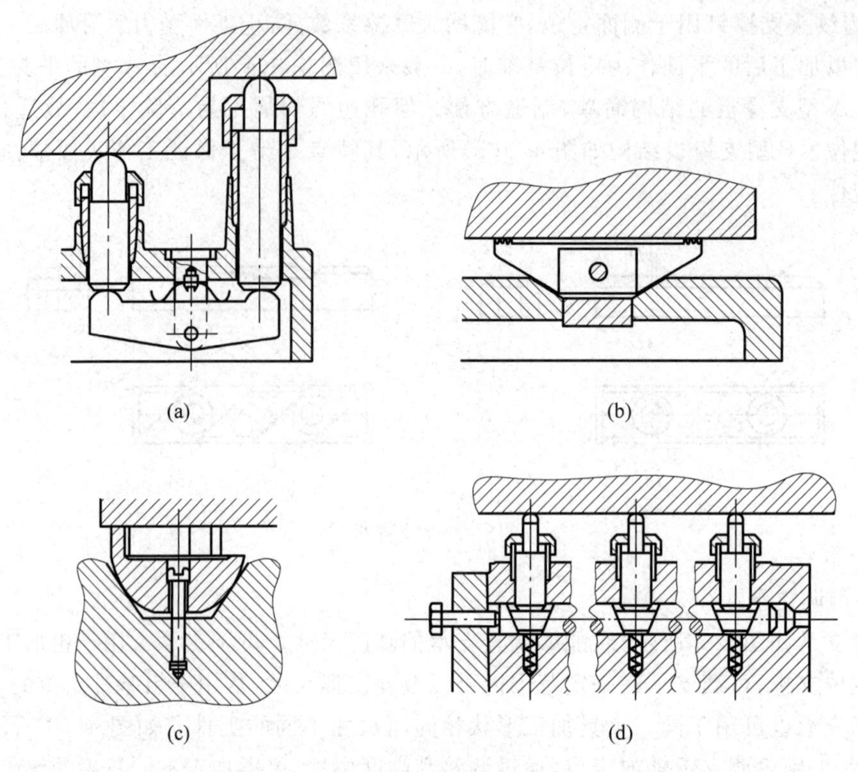

图 4.11　自位支承

生变形或定位不稳定。为了提高工件的安装刚性和稳定性,常需设置辅助支承。如图 4.12 所示,工件以平面 A 定位,铣削上平面 C。在 B 处设置辅助支承,则可以增加工件的安装刚度,但此支承不起限制自由度的作用,也不允许破坏原有的定位。因此,辅助支承必须逐个工件进行调整,以适应工件支承表面(B 面)的位置误差。

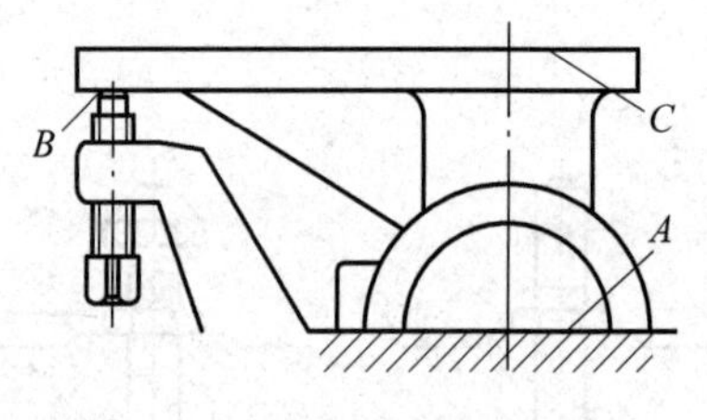

图 4.12　辅助支承的应用

辅助支承的结构形式应视生产批量和具体生产条件而定。在单件小批生产中常用螺旋式辅助支承,见图 4.13(a);生产批量较大时可用自位式辅助支承,见图 4.13(b),也可用推引式辅助支承,见图 4.13(c)。

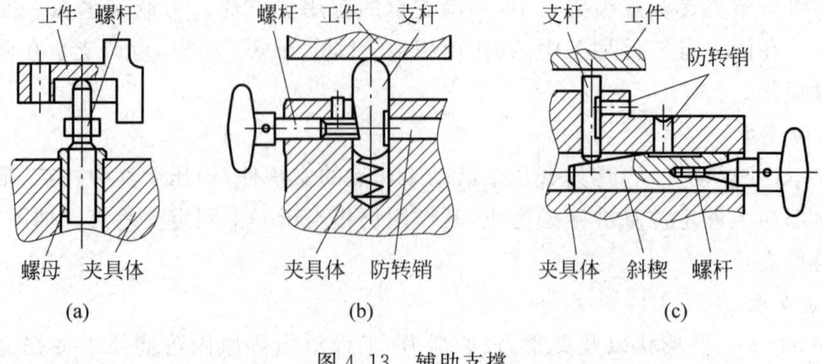

图 4.13　辅助支撑

2. 工件以圆柱孔定位

在加工中，工件以孔作为定位基准的应用很广，如连杆、套筒、法兰盘和各种杂件等。实现定位的方法有：在圆柱体上定位和在圆锥体上定位等。

1）在圆柱体上定位

在圆柱体上定位常用的定位元件有定位销和定位心轴。

图4.14所示为常用定位销结构。定位销工作部分的直径可根据工件的具体情况按g5、g6、f6、f7制造。定位销可用小过盈配合压入夹具体孔中。当定位销需要经常更换时，可采用图4.14(d)的结构形式。

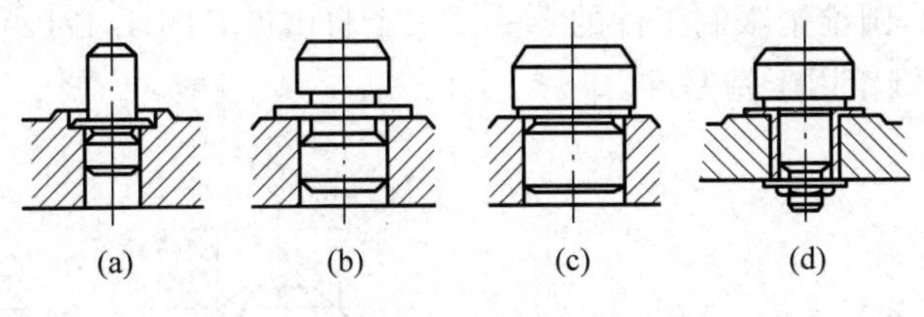

图4.14　定位销

定位心轴主要用在车、铣、磨、齿轮加工等机床上加工套筒和盘类零件。定位基准可为已加工过的圆柱孔或花键孔。心轴的结构形式较多，图4.15所示为几种常见的圆柱心轴。

图4.15(a)所示为间隙配合心轴，其工作表面一般按基孔h6、g6或f7制造。这种心轴结构简单，装卸工件方便，但定心精度低，仅在工件同轴度要求不高时采用。

图4.15(b)所示为过盈配合心轴。过盈配合心轴由引导部分、工作部分和传动装置（如鸡心夹头等）联系部分组成。引导部分的作用是使工件迅速而正确地套入心轴，其直径按e8制造，长度约为基准孔长度的一半。工作部分直径按r6制造。当工件孔的长径比$L/D>1$时，心轴工作部分应稍带锥度。心轴上的凹槽是供车削工件端面时退刀用的。图4.15(c)所示为花键心轴，它用于加工以花键孔为定位基准的工件。

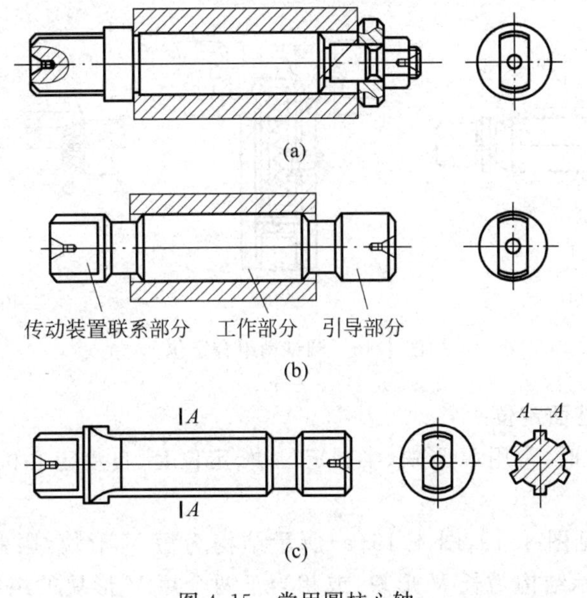

图4.15　常用圆柱心轴

2）在圆锥体上定位

在圆锥体上定位常用的定位元件是小锥度心轴和圆锥销。

小锥度心轴上定位如图 4.16 所示。小锥度心轴的定心精度较高，但其轴向基准位移误差较大，工件还有倾斜。小锥度心轴是以工件孔与心轴表面的弹性变形夹紧工件，故传递的扭矩较小，装卸工件不方便，且不能加工端面。一般用于工件定位孔的精度不低于 IT7 的精车和磨削加工。

设计小锥度心轴，主要是确定锥度 K。生产推荐 $K=1/1\,000\sim1/5\,000$，选择锥度 K 值越小，定心精度越高，且夹紧越可靠。

如图 4.17 所示，圆锥销限制工件的$\vec{x}$、$\vec{y}$、$\vec{z}$三个自由度。图 4.17(a)为圆锥销用于粗基准，图 4.17(b)为圆锥销用于精基准。

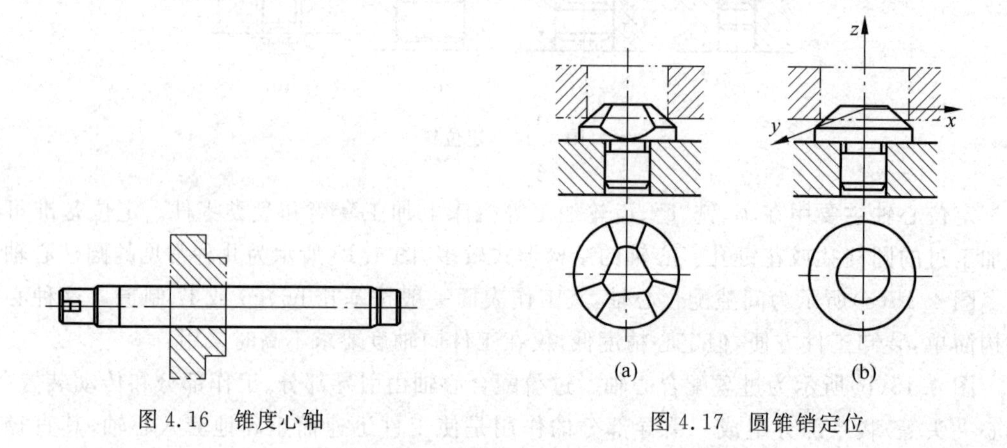

图 4.16　锥度心轴　　　　图 4.17　圆锥销定位

工件以单个圆锥销定位时容易倾斜，故应和其他定位元件组合定位。如图 4.18 所示，这三种组合定位方式，均限制了工件的五个自由度。

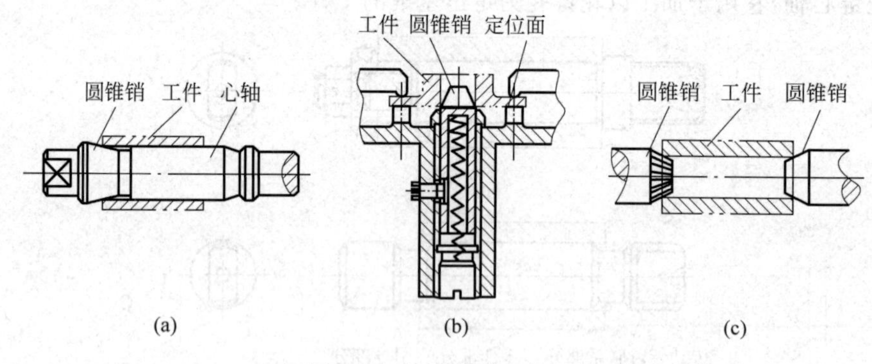

图 4.18　圆锥销组合定位

3. 工件以外圆柱面定位

工件以外圆定位时，常用 V 形块、半圆定位块、定位套、自动定心机构等。其中 V 形块应用最广。

常用的 V 形块见图 4.19，图 4.19(a)所示结构为短 V 形块，限制了两个自由度，即$\vec{x}$、$\vec{z}$。图 4.19(b)所示结构为长 V 形块，或相当于两个短 V 形块的组合，它限制四个自由度，即$\vec{x}$、$\vec{z}$、$\widehat{x}$和$\widehat{z}$。

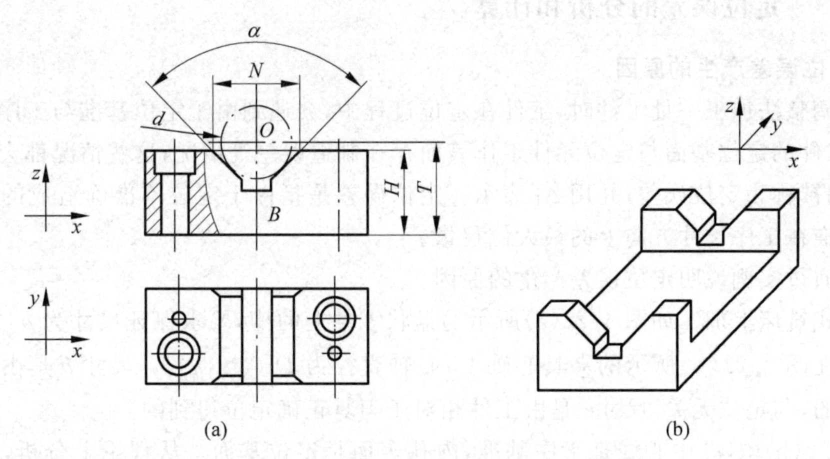

图 4.19　V 形块的结构

V 形块用于工件定位主要利用其对中作用，即能使工件外圆轴线与 V 形块两斜面的对称平面重合。V 形块两斜面的夹角 α 一般选用 60°、90°和 120°，其中最常用的为 $\alpha=90°$。V 形块的结构和基本尺寸均已标准化。

起定位作用的 V 形块，通常都是做成固定式的。但是，V 形块有时还兼起夹紧作用，这时，所用的 V 形块常常做成可移动式的，其典型应用实例如图 4.20 所示。工件以其底面与支承环平面接触，限制三个自由度；工件左端圆弧与固定短 V 形块接触，限制两个自由度；工件右端圆弧与可移动短 V 形块接触，限制一个自由度。可移动 V 形块起限制转动自由度的作用，同时又借助螺杆而起夹紧元件的作用。

4. 工件以一组表面定位

在实际生产中，通常都是以两个或两个以上表面作为定位基准，采取组合定位方式。其中以“一面两孔”定位为最常见的组合定位方式，其示意图如图 4.21 所示。这时，支承板限制了三个自由度，$\vec{z}$、$\widehat{x}$和$\widehat{y}$；短圆柱销限制了两个自由度，$\vec{x}$和$\vec{y}$；还剩下一个绕 z 轴线的转动自由度$\widehat{z}$由菱形销限制。

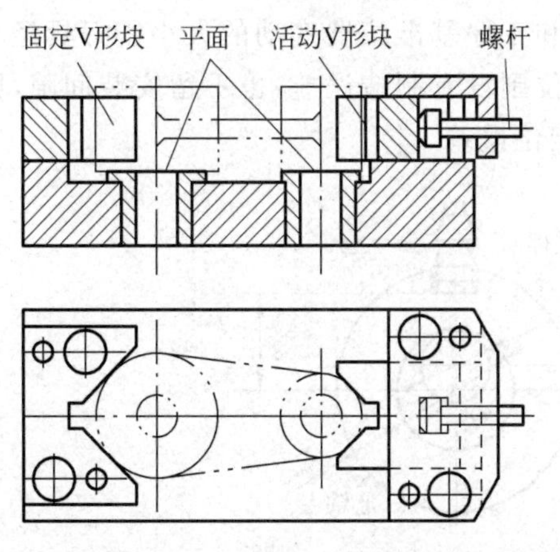

图 4.20　可移动 V 形块应用

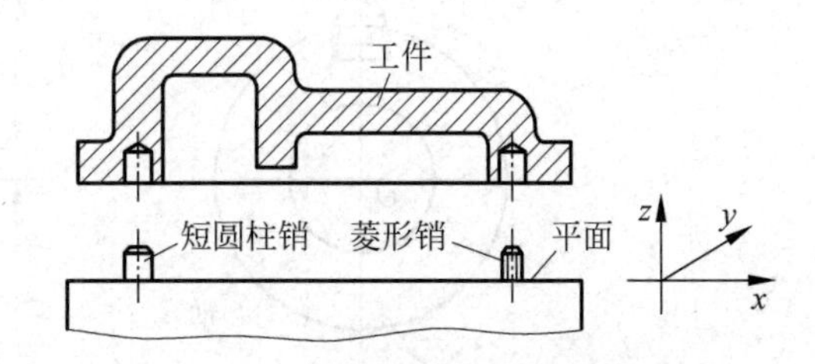

图 4.21　“一面两孔”的组合定位

4.2.3 定位误差的分析和计算

1. 定位误差产生的原因

采用调整法加工一批工件时,工件在定位过程中,会遇到由于定位基准与工序基准不重合,以及工件的定位基面与定位元件工作表面存在制造误差等情况,这些情况都会引起加工误差,它们被称为定位误差,并用 Δ_d 表示。定位误差是指由于定位不准确造成的某一工序的工序基准在工序尺寸方向上的最大位移量。

下面通过实例说明定位误差产生的原因。

在卧式铣床上加工如图 4.22(a)所示的盘状零件上的槽,要求保证尺寸为 $b^{+T_b}_{0}$ 及 $e_{-T_e}^{0}$。工件装夹在图 4.22(b)所示的夹具心轴上,心轴直径为 $D_{-(X_{\min}+T_{dp})}^{-X_{\min}}$。尺寸 b 是由铣刀宽度直接保证的,与定位无关,尺寸e 是由工件相对于刀具正确定位得到的。

图 4.22(b)中,孔中心线是工序基准,内孔表面是定位基面。从理论上分析,当工件内孔与心轴的直径完全相同时(无间隙配合),内孔表面与轴外圆重合,两者中心线也重合。因此,可以看作以内孔中心线作为定位基准。由此,凡工件以圆柱表面定位时,都以其中心线作为定位基准。

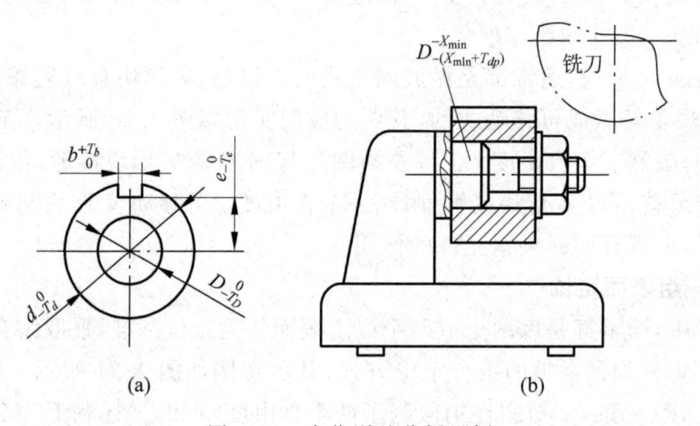

图 4.22 定位误差分析示例

要保证工件加工要求 $e_{-T_e}^{0}$,需要分析铣刀外圆和工序基准位置变动的大小。刀具经一次调整后,相对于轴的位置是保持不变的。如果定位副没有制造误差,也不留安装间隙,则工序基准和心轴中心线重合(见图 4.23(a)),没有定位误差。

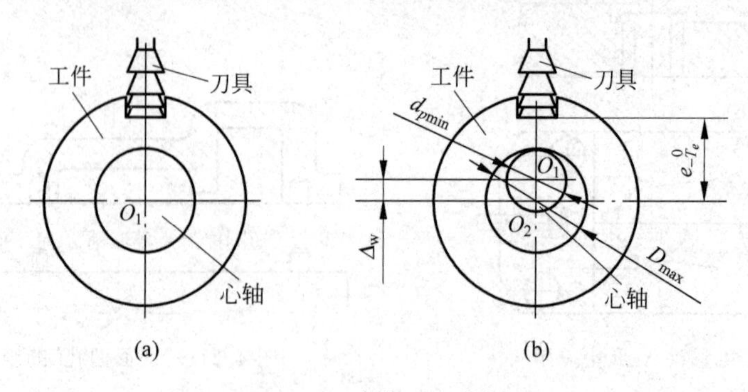

图 4.23 定位误差分析

机床夹具必须装卸工件方便，以提高生产率。工件定位孔与圆柱心轴之间必须存在一定配合间隙，故工件圆孔中心和心轴中心不可能同轴。若心轴水平安置，因重力等影响工件将以定位孔单边支撑在心轴的母线上，如图 4.23(b)所示。此时，刀具的位置未变，而同批工件的定位基准却在 O_1 和 O_2 之间变动，从而导致工序基准也发生变化，使一批工件中加工尺寸 e 产生了误差。这种由于定位副存在误差引起的定位基准在加工方向上的最大位置变动范围称为基准位移误差，以 Δ_w 表示。

如果设计图纸要求键槽的尺寸为 $C_{-T_c}^{\ 0}$，如图 4.24(a)所示，该尺寸设计基准为圆柱体下母线 B。即使仍然采用图 4.22(b)所示的夹具定位，定位误差产生情况也会有所不同。

假设工件孔与心轴为无间隙配合，见图 4.24(b)，定位基准没有位移，不产生基准位移误差 Δ_w。但由于工件外圆有制造误差，当外直径在 $d_{min}\sim d_{max}$ 范围内变化时，工序基准在 $B_1\sim B_2$ 范围内变动，引起加工尺寸在 $C_1\sim C_2$ 之间变动。造成加工尺寸这一变动的原因是工序基准(工件外圆下母线)和定位基准(工件孔中心)不重合。这种因工序基准和定位基准不重合而引起的加工方向上的最大位置变动范围，称为基准不重合误差，以 Δ_b 表示。在本例中

$$\Delta_b = B_1B_2 = \frac{1}{2}(d_{max} - d_{min}) = \frac{1}{2}T_d$$

当工件以孔与心轴采用间隙配合时，则同时存在 Δ_w 和 Δ_b 两项误差，使同批工件加工后的加工尺寸在 C_1 和 C_3 之间变动，见图 4.24(c)。

上述两项误差皆是由于定位引起的。这种因基准不重合和基准位移而引起的加工尺寸的最大变动范围称为定位误差，以 Δ_d 表示，即 $\Delta_d=\Delta_w+\Delta_b$。

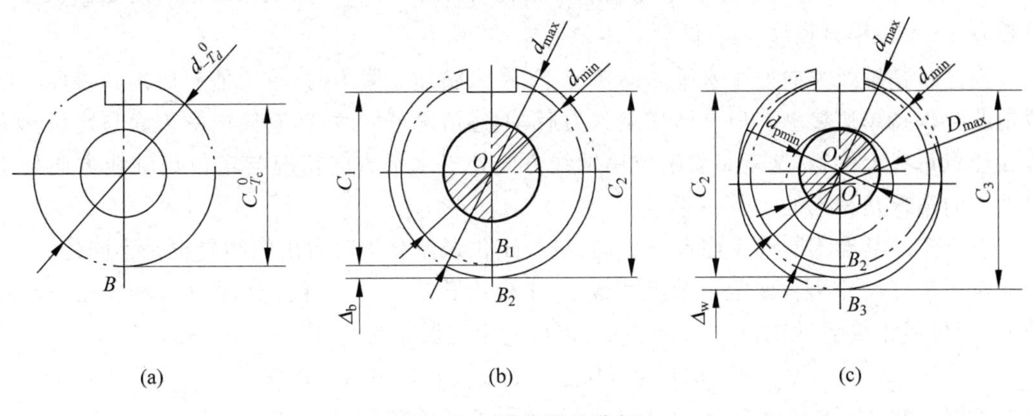

图 4.24　定位误差分析

2. 典型定位方式的定位误差的计算

机床夹具常常采用平面定位、内圆表面定位、外圆定位等典型定位方式。因此，分析计算定位误差，可以首先探讨典型定位方式的定位误差计算。

1）工件以平面定位时的定位误差

工件以平面定位时的定位误差同样分为两个部分：基准位移误差和基准不重合定位误差。

工件以平面定位时可能产生的基准位移误差是由于定位副制造不准确造成的，主要体现在定位表面的不平整误差。当以加工过的平面定位时，一般可以不予考虑。由于不允许重复使用毛坯表面作粗基准，也可以忽略使用毛坯表面作定位基准对定位精度的影响。由上述分析可知：应严格控制定位基准面的加工质量，避免其产生定位误差。

在实际工作中,由于存在工件结构复杂等因素,加工过程中基准不重合是常见情况,因此,工件以平面定位时可能产生的定位误差主要是由基准不重合定位误差引起的。

2) 工件以内圆表面定位时的定位误差

工件以内圆表面(圆孔)定位产生的定位误差的情况比较复杂。

例如工件以圆孔在圆柱定位心轴上定位时(一般地,心轴轴向处于水平方向),当工件与定位心轴为过盈配合时,因为工件圆孔与心轴是过盈配合,所以定位副间无径向间隙,即这时不存在配合间隙引起的定位误差。

当工件与定位心轴为间隙配合时,因为工件圆孔与心轴之间存在配合间隙,该配合间隙将会引起定位误差。但是由于重力等因素影响,工件以圆孔在圆柱定位心轴上定位时可能出现工件圆孔与心轴始终固定单边接触的情况,故此时相当于定位副间只存在单边间隙。

同样以内圆表面定位,工件以圆孔用定位销定位(一般地,定位销轴向通常会处于铅垂方向)时,如果工件与定位销为间隙配合,工件圆孔与定位销之间存在配合间隙,定位圆孔与圆柱定位销在任意母线上接触都是可能的,工件圆孔与定位销间的配合间隙影响不再等效为单边间隙。

综合考虑金属切削加工过程中切削力、夹紧力、重力等多方面影响因素,考虑多种金属切削加工的异同,以及现实工程问题中的不确定性,探讨工件以圆孔用定位销定位情况(通常为间隙配合)更具代表性。

下面以图 4.22 所示套筒铣削键槽加工为例,简述工件以内圆表面定位时的定位误差的分析方法,定位销直径尺寸为 $D_{-(X_{\min}+T_{dp})}^{-X_{\min}}$。

当定位销轴线方向处于水平方向情况下,在未施加夹紧力时,重力使套筒内圆表面与定位销始终保持单边接触。但是施加夹紧力后,上述情况可能改变,套筒内圆表面与定位销可能在任意母线上接触,这就是说定位销轴线方向处于水平方向情况与定位销轴线方向处于铅垂方向情况是相同的。

由于工序基准不同或工序尺寸不同,进行定位误差分析时得出的结果也是不同的。

对于工序尺寸 H_1,取定位销尺寸最小、工件内孔最大的情况。分别使工件内孔与定位销上、下母线相接触,如图 4.25(b)所示,则可知定位误差为

$$\Delta_{\mathrm{d}_{H1}} = O_1O_2 = H_{1\max} - H_{1\min} = T_D + T_{dp} + X_{\min}$$

工序尺寸 H_2 的情况同上,如图 4.25(c)所示,分析结果为

$$\Delta_{\mathrm{d}_{H2}} = O_1O_2 = H_{2\max} - H_{2\min} = T_D + T_{dp} + X_{\min}$$

对于工序尺寸 H_3,取定位销尺寸最小、工件内孔最大的情况。分别使工件内孔与定位销上、下母线相接触,如图 4.25(d)所示,可知定位误差为

$$\Delta_{\mathrm{d}_{H3}} = A_1A_2 = H_{3\max} - H_{3\min} = \frac{d}{2} + X_{\min} - \frac{d-T_{dp}}{2} = T_D + T_{dp} + X_{\min} + \frac{T_d}{2}$$

则

$$\Delta_{\mathrm{d}} = T_D + T_{dp} + X_{\min} + \frac{T_d}{2}$$

菱形销是一种特殊的定位销,如图 4.26 所示,仅限制一个自由度 $\vec{y}$。在该自由度上定位误差计算方法与圆柱定位相同。

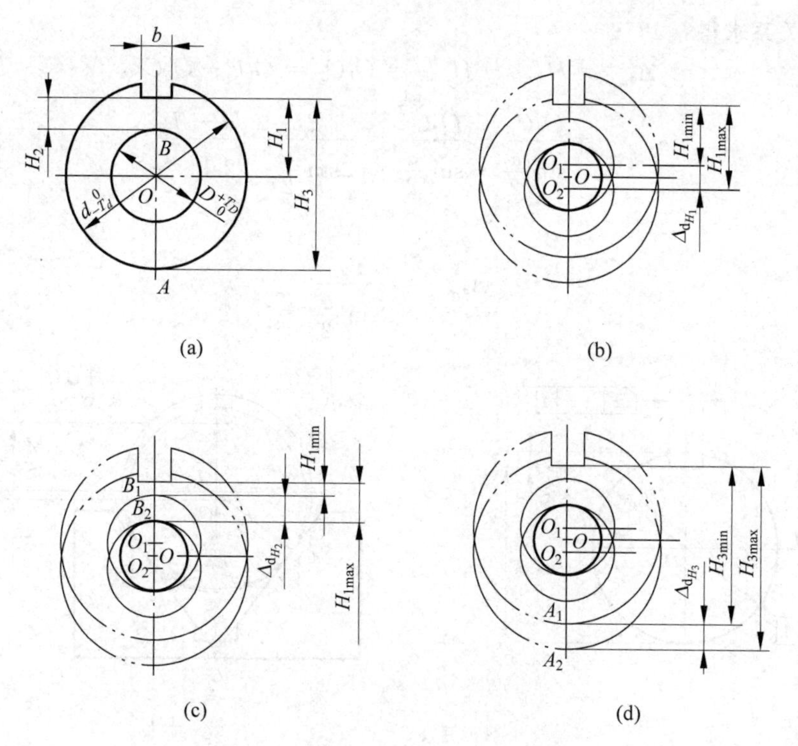

图 4.25　工件用定位销定位时的定位误差

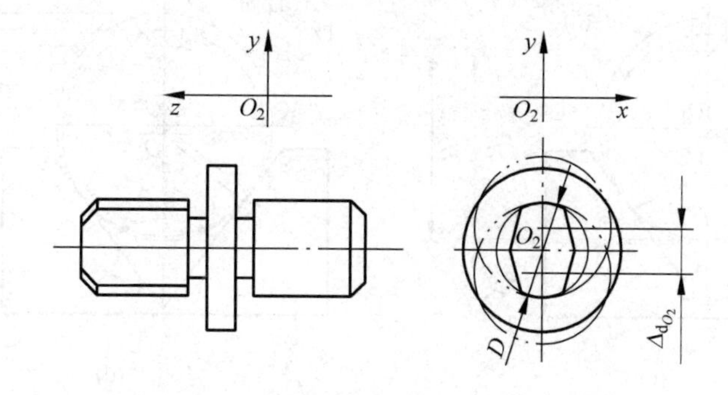

图 4.26　工件用菱形销定位时的定位误差

3）工件以外圆柱面（V形块）定位时的定位误差

加工过程中，外圆表面定位的方式常采用定位套筒、支承钉、支承板及V形块等定位。采用定位套筒定位外圆柱面的情况与工件以圆孔用定位销定位等情况相似。以支承钉、支承板等定位外圆柱面的情况与工件以平面定位情况相似。

下面以在圆柱体上铣键槽为例来说明用V形块定位时，定位误差的计算。由于键槽槽底（工序尺寸 H）的工序基准不同，而可能出现如图4.27所示的三种情况。

（1）以轴线 O 为工序基准

在外圆 $d_{-T_d}^{\ 0}$ 上铣削工序尺寸为 H_1 的键槽（图4.27(b)）。这时，工序基准为外圆的轴线 O_1，而定位基准也为 O_1，两者是重合的。因此，不存在基准不重合误差。但是，由于一批工件的定位基面——外圆有制造误差 $\Delta h = h'_1 - h_1 = O_1O_2$，定位误差可通过 ΔO_1C_1C 与

ΔO_2C_2C 的关系求得：

$$\Delta_{d_{H_1}}=H_{1\max}-H_{1\min}=O_1O_2=O_1C-O_2C$$
$$=\frac{O_1C_1}{\sin\frac{\alpha}{2}}-\frac{O_2C_2}{\sin\frac{\alpha}{2}}=\frac{d}{2\sin\frac{\alpha}{2}}-\frac{d-T_d}{2\sin\frac{\alpha}{2}}$$

因此

$$\Delta_{d_{H_1}}=\frac{T_d}{2\sin\frac{\alpha}{2}}$$

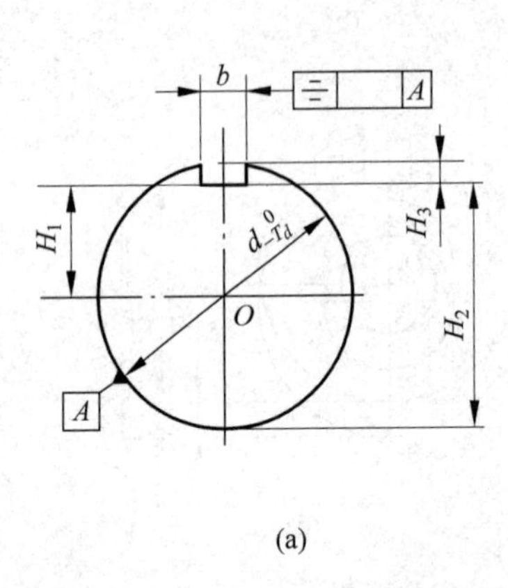

(a)

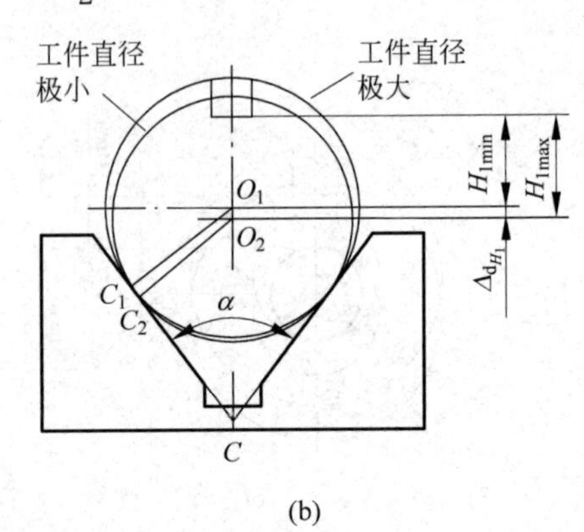

(b)

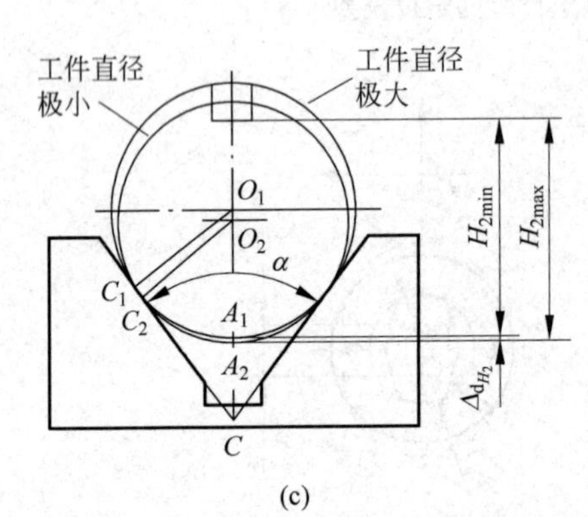

(c)

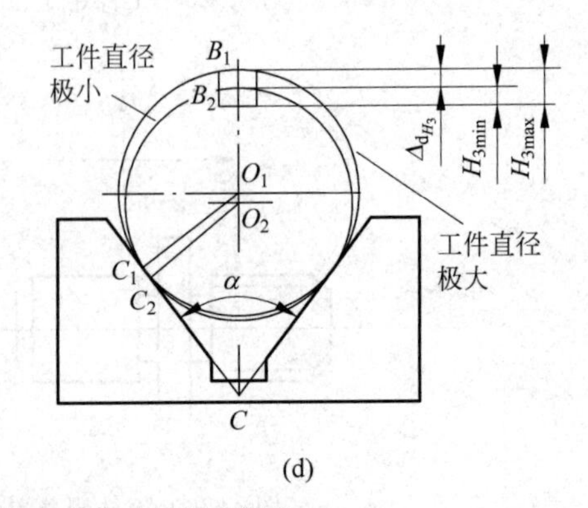

(d)

图 4.27　外圆在 V 形块上定位时的定位误差

(2) 以外圆下的母线 A 为工序基准

铣键槽时，保证的工序尺寸为 H_2，见图 4.27(c)。这时，除了存在上述定位基面制造误差而产生的基准位移误差外，还存在基准不重合误差。此时的定位误差为

$$\Delta_{d_{H_2}}=H_{2\max}-H_{2\min}=A_1A_2=O_1O_2+O_2A_2-O_1A_1$$
$$=\frac{T_d}{2\sin\frac{\alpha}{2}}+\frac{d-T_d}{2}-\frac{d}{2}$$

因此

$$\Delta_{d_{H_2}}=\frac{T_d}{2}\left(\frac{1}{\sin\frac{\alpha}{2}}-1\right)$$

(3) 以外圆上母线 B 为工序基准

如图 4.27(d)所示,需保证的工序尺寸为 H_3。与以外圆下的母线 A 为工序基准的情况相同,定位误差也是由于基准不重合和基准位移误差共同引起的。此时的定位误差为

$$\Delta_{d_{H_3}} = H_{3\max} - H_{3\min} = B_1B_2 = O_1O_2 + O_1B_1 - O_2B_2$$

$$= \frac{T_d}{2\sin\frac{\alpha}{2}} + \frac{d}{2} - \frac{d-T_d}{2}$$

因此

$$\Delta_{d_{H_3}} = \frac{\delta_d}{2}\left(\frac{1}{2\sin\frac{\alpha}{2}} + 1\right)$$

由上述分析可知,外圆在 V 形块上定位铣键槽时,键槽深度的工序基准不同,其定位误差也是不同的,即 $\Delta_{d_2} < \Delta_{d_1} < \Delta_{d_3}$。从减小定位误差来考虑,标注尺寸 h_2 为最佳。定位误差大小还与定位基面的尺寸公差和 V 形块的夹角 α 有关。α 角越大,定位误差越小,但其定位稳定性也降低。用 V 形块定位,键槽宽度的对称度的定位误差为零。所以 V 形块具有良好的对中性。

4) 一面两销定位时的定位误差

工件以组合表面定位时,其定位误差计算是较为复杂的,必须针对定位元件的作用分清主次关系,具体问题具体分析。下面以一面两销定位为例,说明组合定位时的定位误差计算方法。

由图 4.21 可知,当工件以两个孔和一个大平面进行组合定位时,夹具上通常是一个定位平面,其上垂直安装一个短圆柱销和一个菱形销。依据上述定位元件的功能,一面两销定位误差包含如下几个方面。

(1) 工件以平面定位方式的定位误差。$\vec{z}$、$\hat{x}$ 和 $\hat{y}$ 自由度的定位精度取决于平面定位精度,该项定位误差分析方法如前所述。

(2) 内圆表面与定位销方式的定位误差。$\vec{x}$ 和 $\vec{y}$ 自由度的定位误差主要取决于短圆柱销的定位精度,分析方法如前所述。

(3) 内圆表面与菱形销方式的定位误差。$\hat{z}$ 自由度的定位误差主要取决于短圆柱销的定位精度 $\Delta_{d_{O_1}}$、菱形销定位精度 $\Delta_{d_{O_2}}$ 以及两定位销之间的距离 L。

如图 4.28 所示,工件的转角误差为

$$\Delta_\alpha = \pm \arctan\frac{\Delta_{d_{O_1}} + \Delta_{d_{O_2}}}{2L}$$

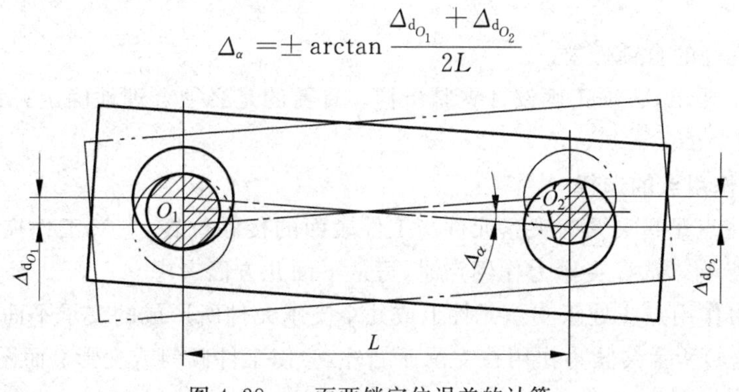

图 4.28　一面两销定位误差的计算

4.3 工件在夹具中的夹紧

4.3.1 工件的夹紧及对夹紧装置的基本要求

在加工过程中，工件会受到切削力、惯性力等力的作用而发生位置变化或产生振动。为保证加工精度和安全，工件定位以后必须采用一定的装置把工件压紧夹牢在定位元件上，这种把工件压紧夹牢的装置称为夹紧装置。

夹紧工件的方式多种多样，因而夹紧装置的结构形式也就种类繁多。一般夹紧装置由动力装置、中间传动机构和夹紧元件组成，见图4.29。

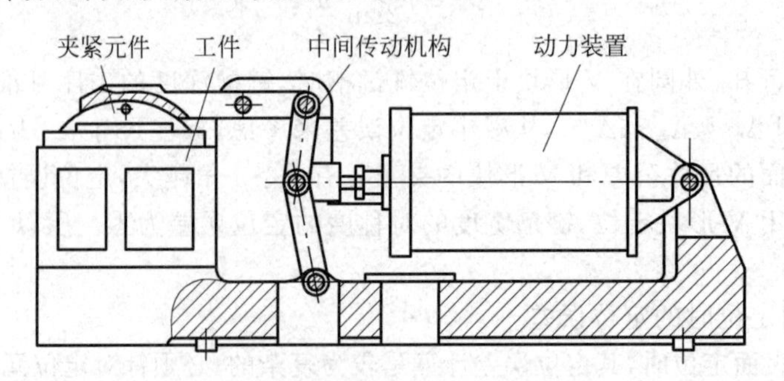

图4.29 夹紧装置的组成

动力装置是产生夹紧力的动力源，它产生原始动力。夹紧力来自气动、液压和电力等动力源的，称为机动夹紧；夹紧力来自人力的，则称为手动夹紧。

中间传动机构是变原始作用力为夹紧力的中间传力环节，亦称为中间传力机构，如铰链、杠杆等。

夹紧元件是直接与工件接触的元件，如各种螺杆、压板等。

有时把夹紧元件和中间传动机构统称为夹紧机构。夹紧机构一般应满足以下要求：

(1) 夹紧时不能破坏工件的定位；

(2) 夹紧力应保证工件在整个加工过程中的位置稳定不变，不允许产生振动、变形和表面损伤；

(3) 夹紧机构的复杂程度、工作效率与生产类型适应，尽量做到结构简单，操作安全省力、方便；

(4) 具有良好的自锁性能。

为满足以上要求，必须正确设计夹紧机构。首要的是必须合理地确定夹紧力的三要素：作用点、方向和大小。

1. 夹紧力作用点的选择

夹紧力作用点是指夹紧时夹紧元件与工件表面的接触位置，它对工件夹紧的稳定性和变形有很大的影响。选择夹紧力作用点时，可从下面几方面考虑。

(1) 夹紧力作用点应处于支承元件上或几个支承元件所形成的支承平面内。

如图4.30(a)所示夹紧力作用在支承面之外，会使工件倾斜或变形；而图4.30(b)是合理的。

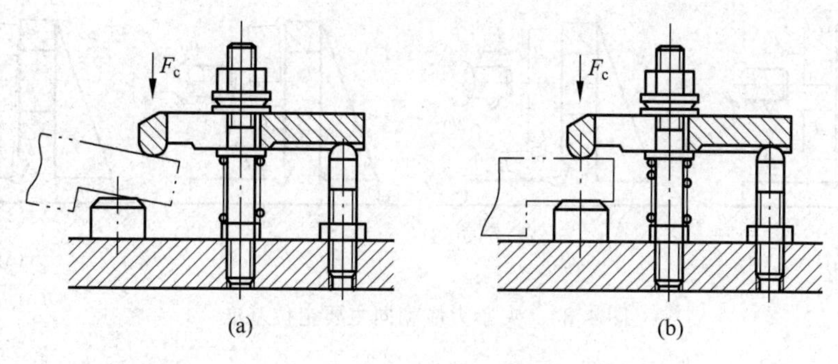

图 4.30　夹紧力的作用点应落在支承元件上

(2) 夹紧力作用点应处于工件刚性较强的部位上。刚性差工件的夹具尤应如此。如图 4.31 所示，作用点中间单点改为在两侧的两点，可避免工件变形，且夹紧也较为可靠。

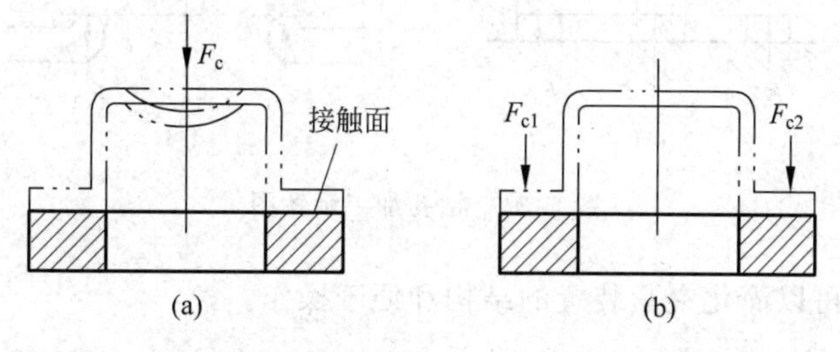

图 4.31　夹紧力作用点应落在工件刚性强的部位上

(3) 夹紧力作用点应尽可能靠近加工面，可以增加工艺系统刚度。如图 4.32 所示，同样的夹紧力 F_c 作用于 O_1 点时比作用于 O_2 点夹紧牢固。

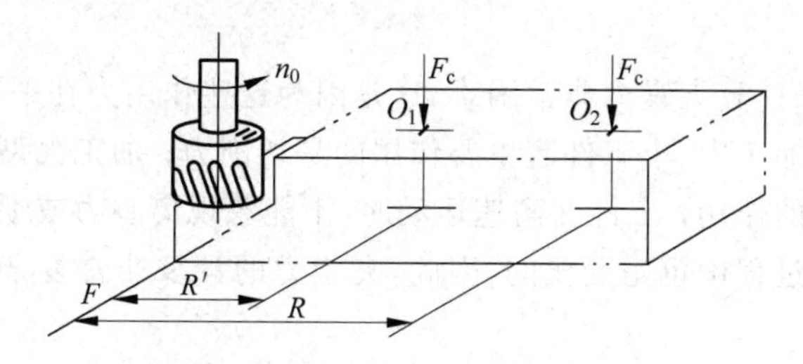

图 4.32　夹紧力尽可能靠近加工面

2. 夹紧力方向的选择

夹紧力的方向与工件定位基准所处的位置，以及工件所受外力的作用方向等有关。考虑夹紧力方向时，应遵循如下原则。

(1) 垂直于工件的主要定位基面，以保证加工精度。

图 4.33 所示为工件在支架上镗孔的简图。被加工孔与端面 A 有一定的垂直度要求，夹紧力 F_c 垂直作用于主要定位基准 A，如图 4.33(a)和(b)所示，从而保证定位要求，又使工件定位稳定可靠。如果被加工孔与端面 B 有一定的平行度要求，则夹紧力 F_c 垂直作用于主要定位基准 B，如图 4.33(c)和(d)所示。

(2) 有利于减少所需要的夹紧力。

图 4.34(a)中从工件上面夹紧，所需夹紧力小。图 4.34(b)是从工件下面夹紧，所用夹

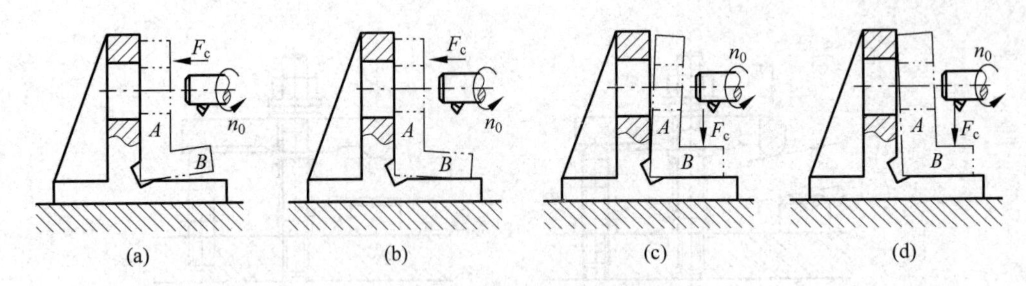

图 4.33 夹紧力应朝向主要定位基准

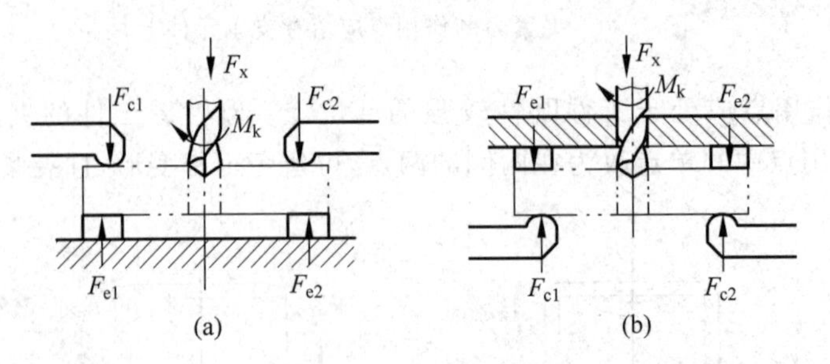

图 4.34 钻孔加工示意图

紧力大。夹紧力小可以简化夹紧装置的结构和便于操作。

3. 夹紧力的大小

夹紧力的大小,对工件装夹的可靠性、工件和夹具的变形、夹紧装置的复杂程度等都有着很大的影响。因此,在夹紧力的作用点和方向确定之后,还要恰当确定夹紧力的大小。

关于夹紧力大小的计算,可按工件受力平衡条件,列出夹紧力的计算方程式,并从中求出所需的夹紧力。

实际工程中,准确计算夹紧力非常困难,这是因为这些作用力在平衡力系中对工件所起的作用并不相同。如加工中、小工件起主要作用的是切削力;加工大型笨重工件时,还需要进一步考虑工件重力的作用;工件在高速运动时,不能忽视离心力或惯性力对夹紧的影响。考虑到切削力在加工过程中也是变化的,因此,夹紧力的计算非常复杂,工程上普遍采用简化计算方法。

假设工艺系统是刚性的,切削过程是稳定不变的;只考虑切削力(或切削力矩)等主要作用力对夹紧力的影响,然后找出加工过程中对夹紧最不利的状态,按力平衡原理求出夹紧力 F_c;最后为保证夹紧力可靠,再乘以安全系数 K 作为实际所需的夹紧力数值 F'_c,即

$$F'_c = KF_c \tag{4.2}$$

考虑到切削力的变化和工艺系统变形等因素,一般在粗加工夹具取 $K=2.5\sim3$,精加工夹具取 $K=1.5\sim2$。

在实际夹具设计中,对夹紧力的大小并非在所有情况下都要用计算确定。如对手动夹紧机构,常根据经验或用类比的方法确定所需夹紧力的数值。对于需要比较准确地确定夹紧力大小的,如气动、液压传动装置或夹紧容易变形的工件,仍有必要对夹紧状态进行受力分析,估算夹紧力的大小。

4.3.2　常用典型夹紧机构

在确定所需夹紧力的作用点、方向和大小之后，接着需要具体设计和选用夹紧装置来实现夹紧方案。在各种夹紧装置中，不论采用何种力源(手动或机动)形式，一切外加力的作用都要转化为夹紧力，并通过夹紧机构来实现夹紧。

下面介绍几种常用夹紧机构的典型结构、作用原理和应用范围等。

1. 斜楔夹紧机构

图 4.35 所示为具有斜楔夹紧机构的钻床夹具。斜楔在外力 F 的作用下，以夹紧力 F_c 直接夹紧工件。斜楔所产生的夹紧力

$$F_c = \frac{F}{\tan\varphi_1 + \tan(\alpha + \varphi_2)} \tag{4.3}$$

式中，F_c 为夹紧力，N；F 为原始作用力，N；φ_1 为工件与斜楔间的摩擦角，(°)；φ_2 为夹具体与斜楔间的摩擦角，(°)。

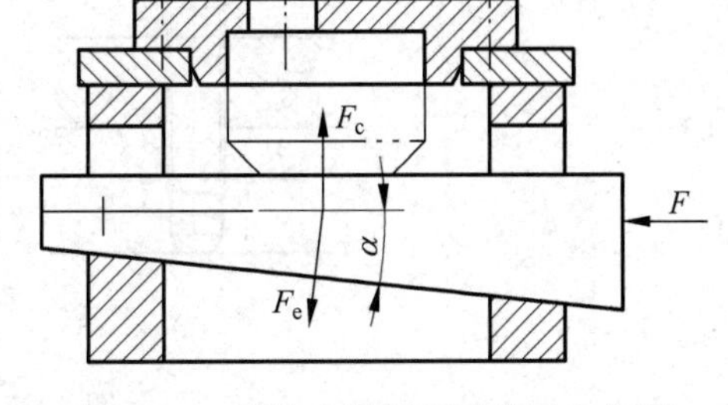

图 4.35　斜楔夹紧原理及其受力分析

斜楔的自锁条件是

$$\alpha \leqslant \varphi_1 + \varphi_2 \tag{4.4}$$

一般钢的摩擦系数 μ 为 0.1～0.15，则 $\varphi_1 = \varphi_2 = 5°\sim8°$，故 $\alpha \leqslant 10°\sim16°$，为了安全，通常取 $\alpha = 5°\sim7°$。

斜楔夹紧机构具有增力作用，当外加一个较小作用力 F 时，可获得比 F 大好几倍的夹紧力。夹紧力和原始外力之比称为扩力比(或称增力系数)，即 $i_c = F_c/F$。斜楔夹紧机构的扩力比 $i_c \approx 3$。α 越小，增力越大；而升角的选取还与斜楔的夹紧行程有关。夹紧力的增加倍数和夹紧行程的缩小倍数正好相等，即夹紧力增大多少倍，夹紧行程就缩小多少倍，这是斜楔夹紧机构的一个重要特性。

在实际生产中，手工操作的简单斜楔夹紧机构应用较少。但是利用斜楔与其他机构组合为夹紧工件的机构却用得比较普遍，如图 4.36 所示的气动斜楔夹紧机构。

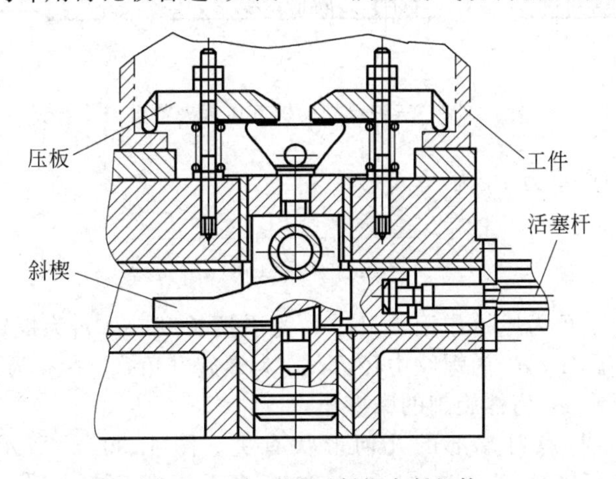

图 4.36　气动滚子斜楔夹紧机构

2. 螺旋夹紧机构

螺旋夹紧机构结构简单，夹紧可靠，在夹具中得到广泛的应用。

螺旋夹紧工件的形式有两种。一种如图 4.37(a)所示，螺钉头部与工件表面直接接触，这种方式的缺点是容易使工件产生移动；另一种如图 4.37(b)所示，螺杆的头部通过活动压块与工件接触，这种方式可以防止在夹紧时带动工件转动，并避免螺钉头部与工件接触而产生压痕。

螺旋夹紧的缺点是动作慢，夹紧费时。在生产中，它常与其他机构联合使用，如组成螺旋压板夹紧机构，并采用快速装卸机构。

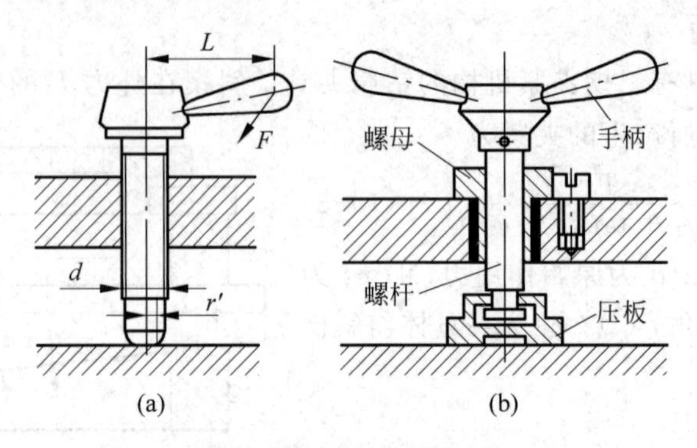

图 4.37　螺旋夹紧机构

图 4.38 所示为较典型的三种螺旋压板夹紧机构。图 4.38(a)所示机构的扩力比最小；图 4.38(c)所示机构的扩力比最大，但结构受工件形状限制；图 4.38(b)所示机构的扩力比适中。

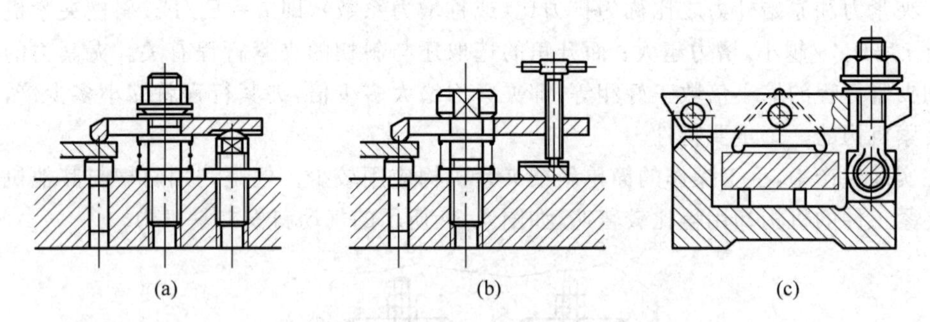

图 4.38　三种典型的螺旋压板夹紧机构

螺旋夹紧机构的夹紧力 F_c 为

$$F_c = \frac{FL}{r'_1\tan\varphi_1 + \frac{d_0}{2}\tan(\alpha + \varphi_2)} \tag{4.5}$$

式中，F_c 为夹紧力，N；F 为原始作用力，N；L 为手柄长度，m；r'_1为螺钉头部与工件(或压块)间的当量摩擦半径，m；d_0 为螺纹中径，m；α 为螺旋升角，(°)；φ_1 为螺杆头部与工件(或压块)间的摩擦角，(°)；φ_2 为螺旋副的摩擦角，(°)。

当量摩擦半径 r'_1与螺钉端部的几何形状有关。图 4.39(a)所示为点接触，$r'_1=0$；图 4.39(b)所示为平面接触，$r'_1=2r/3$；图 4.39(c)所示为锥面接触，$r'_1=R\cot(\beta/2)$。

螺旋夹紧机构也是扩力机构，其扩力比较大，一般可达 $i_c=60\sim100$。

3. 偏心夹紧机构

偏心夹紧机构是斜楔夹紧机构的又一种变型。它是通过偏心零件直接夹紧或与其他元

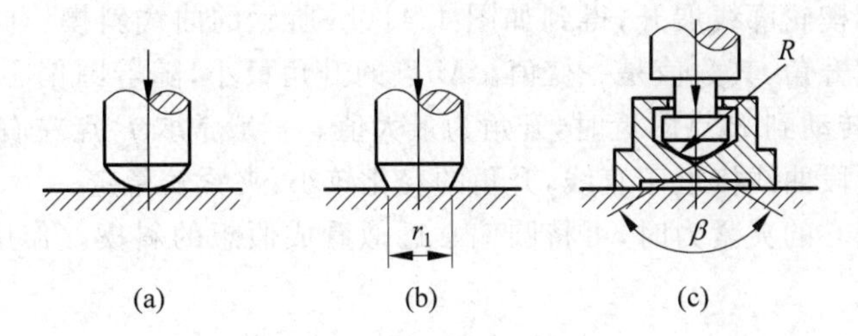

图 4.39　螺钉端部形状

件组合而实现夹紧工件的。偏心零件一般有圆偏心和曲线偏心两种,常用的是圆偏心(偏心轮或偏心轴)。圆偏心夹紧机构具有结构简单、动作迅速等优点,但它的夹紧行程受偏心距的限制,夹紧力也较小,故一般适用于工件被夹压表面的尺寸公差较小和切削过程中振动不大的场合。图 4.40 所示为偏心压板夹紧机构。

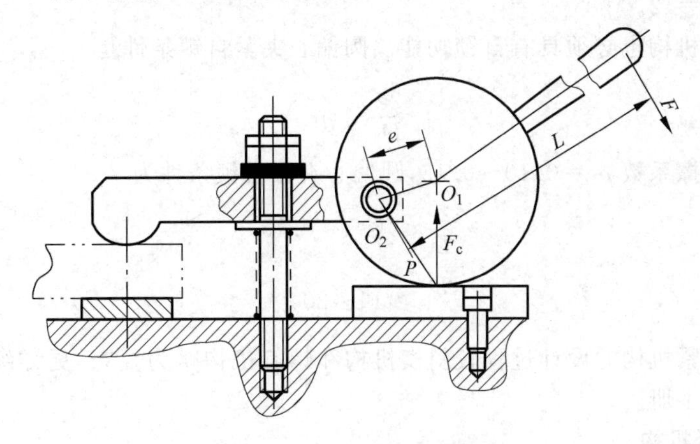

图 4.40　偏心压板夹紧机构

圆偏心的特性可用图 4.41 来说明,圆偏心直径为 D,其旋转中心 O_2 与外圆中心 O_1 间的距离为偏心距 e。当转动手柄后,由于转动轴心 O_2 至圆偏心轮工作表面上各点的距离是不相等的,就相当于一个弧形楔卡紧在基圆和工件受压表面之间而产生夹紧作用。P 点为偏心转轴中心与圆心连线处于水平位置时的夹紧接触点,如图 4.41(a)所示。

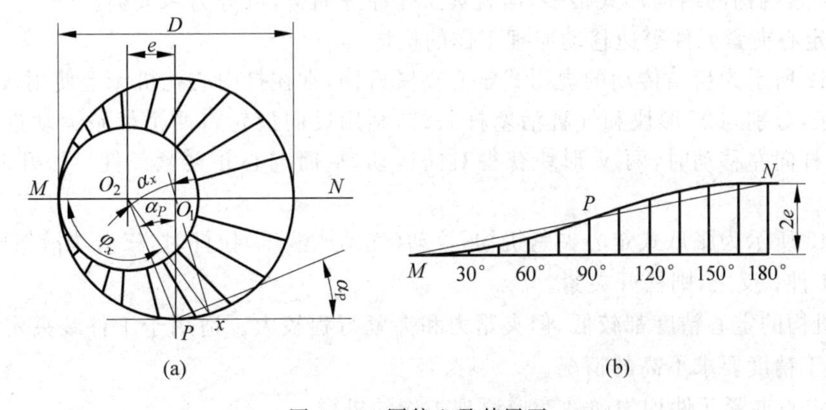

图 4.41　圆偏心及其展开

将偏心的弧形楔轮廓线展开，得到如图4.41(b)所示的曲线斜楔。曲线上任意点的斜率即为该点的斜楔升角，其数值是一变值。M点的升角最小，随着圆偏心旋转角度的增加，升角逐渐增大，当转动到P点附近时，升角为最大值。一般常取P点左右30°作为偏心轮的工作表面。因为这段曲线接近于直线，升角的变化较小，夹紧较稳定。

分析计算圆偏心的夹紧力时，可将圆偏心近似看成假想的斜楔。作用于手柄上的原始力矩为FL，则有

$$F_c = \frac{FL}{\rho[\tan\varphi_1 + \tan(\alpha_P + \varphi_2)]} \tag{4.6}$$

式中，F_c为夹紧力，N；F为偏心圆手柄上的原始作用力，N；L为转动轴心至原始作用力作用点的距离，m；ρ为转动轴心至夹紧点P间的回转半径，m；φ_1为圆偏心轮与工件间的摩擦角，(°)；φ_2为圆偏心转轴处摩擦角，(°)。

如取$\rho = D/2\cos\alpha_P$，$\varphi_1 = \varphi_2 = \varphi$，而$\tan\varphi = \mu = 0.15$，力臂$L = (2\sim2.5)D$，$\tan\alpha_{max} \approx 2e/D = 1/7$，则扩力比$i_c = 12$。

圆偏心夹紧机构也必须具有自锁功能。圆偏心夹紧自锁条件是

$$\frac{2e}{D} \leqslant \mu_1 \tag{4.7}$$

一般钢的摩擦系数$\mu_1 = 0.10\sim0.15$，圆偏心夹紧自锁条件为

$$\frac{2e}{D} \leqslant 0.1\sim0.15$$

$$\frac{D}{e} \geqslant 14\sim20$$

圆偏心轮夹紧机构的设计过程较斜楔机构和螺旋机构略为复杂，更详细的设计指导可以参见有关设计手册。

4. 定心夹紧机构

定心夹紧机构(亦称自动定心机构)能在实现定心(定位基准与工序基准重合)作用的同时，又实现将工件夹紧的作用。在定心夹紧机构中，与工件接触的元件既是定位元件，又是夹紧元件。这种机构能使定位夹紧元件等速趋近或退离工件，所以能将定位基面的误差沿径向或沿对称面对称分布，从而使工件的轴线、对称中心不产生位移，实现定心夹紧作用。常用的三爪卡盘就是一种定心夹紧夹具。

定心夹紧机构的结构形式很多，但就其工作原理而言，可分为两大类。

1) 按定心夹紧元件等速移动原理工作的机构

图4.42所示为齿条传动的虎钳式定心夹紧机构，常在打中心孔机床上使用。主动齿条和被动齿条，分别与V形块和气缸活塞杆联结，利用反向齿轮将两个齿条运动进行等速反向，当活塞杆向左移动时，两V形块获得对向运动，从而定心并夹紧工件。松开时，其运动则相反。

图4.43所示为胀爪式定心夹紧机构，拉动(气动或液压)拉杆时，三滑块沿斜面张开，定心并夹紧工件；反之，则松开夹紧。

上述机构的定心精度都较低，但夹紧力和夹紧行程较大。适用于工件装夹定位精度要求较低，加工精度要求不高的情况。

2) 按定心夹紧元件均匀弹性变形原理工作的机构

这类机构的共同特点是利用弹性元件受力后的弹性变形来实现定心夹紧作用。其定心

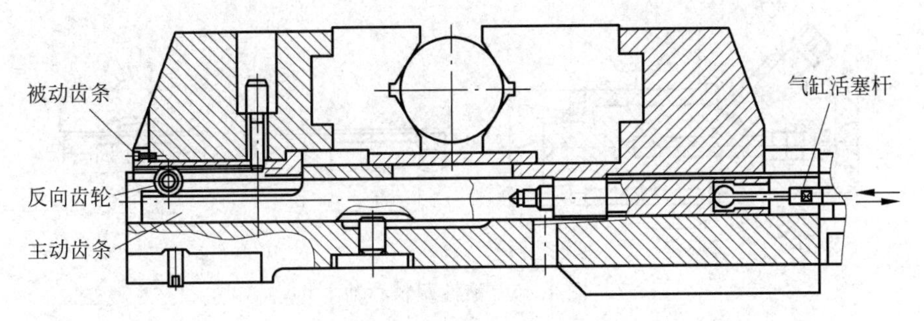

图 4.42　虎钳式定心夹紧机构

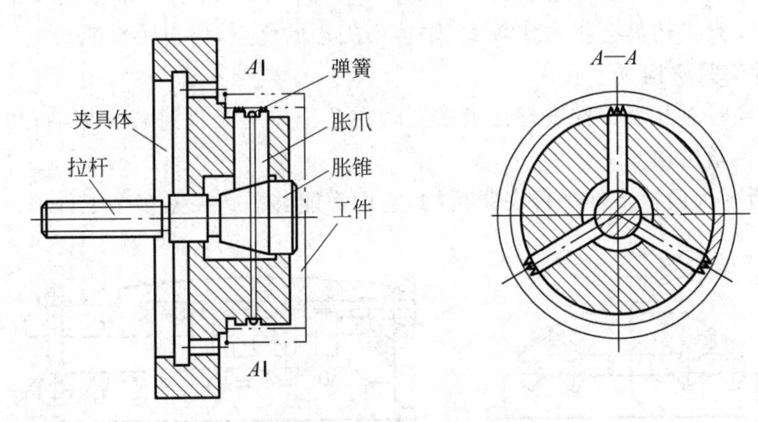

图 4.43　胀爪式定心夹紧机构

精度比上一类高，适合于精加工过程，常见的有下面几种类型。

(1) 弹性筒夹定心夹紧机构

图 4.44 所示为用于带孔工件的弹簧胀套心轴。该机构的主要元件弹簧胀套为一个开有三四条或更多条槽的锥面套筒，弹簧胀套因其圆锥面受压迫而产生向外扩张的弹性变形，使工件圆孔定心并夹紧。

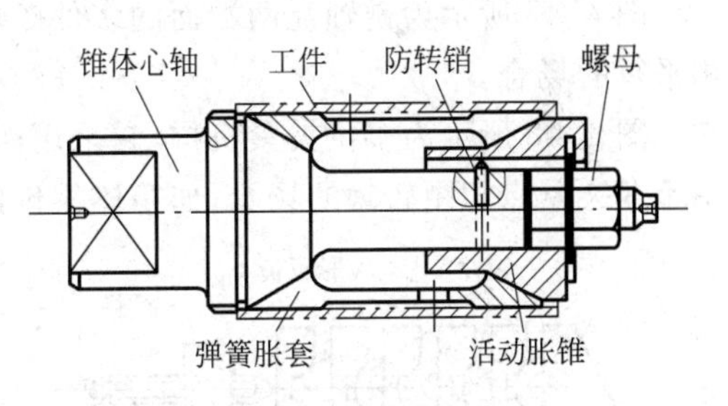

图 4.44　弹簧胀套心轴

弹性筒夹的变形不宜过大，所以夹紧力不大。其定心精度可保证在 0.02～0.01mm 之间，一般适用于精加工和半精加工工序。

(2) 液性塑料定心夹紧机构

图 4.45 所示为液性塑料心轴。工件以内孔为主要定位基准，套在薄壁套上，薄壁套的两端与夹具采取过盈配合，二者之间形成的环槽内注满液性塑料，作为传力介质。拧动螺钉，滑柱对介质产生压力，迫使薄壁套均匀变形，对工件定心夹紧。

液性塑料在常温下是一种半透明冻胶状物质，特性稳定，具有一定的流动性，能将压力均匀传至薄壁上产生均匀的弹性变形，夹紧时，压强可达 $p=30$MPa。其定心精度很高，定心误差可不大于 0.01mm，适合精车、磨削等加工过程采用。

5. 铰链杠杆增加机构

在需要较大夹紧力时，可采用中间传动机构来扩大夹具夹紧力。这些增力机构，一般安

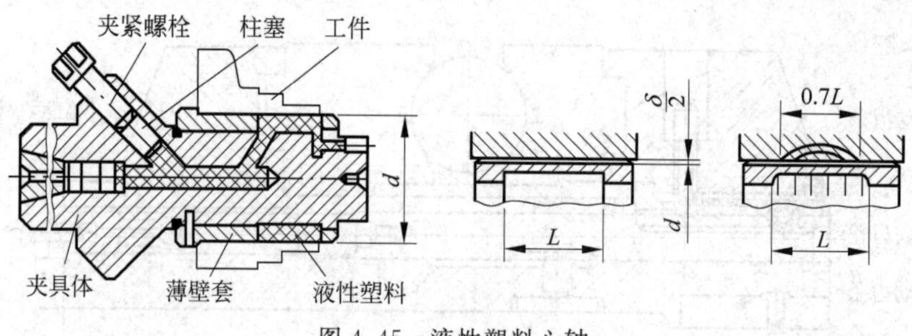

图 4.45 液性塑料心轴

置在夹紧元件和动力源(气缸或液压油缸)之间。如图 4.29 所示为单作用铰链杠杆夹紧机构。铰链杠杆夹紧机构具有扩力比较大、摩擦损失小的优点,但自锁性能较差。

6. 多工件夹紧机构

有时需要同时对几个工件进行夹紧或同时在几个点对工件进行夹紧,可以采用各种多点或多件联动夹紧机构。

图 4.46 所示为两种多件平行夹紧机构,它们都能够平行夹紧多个工件。

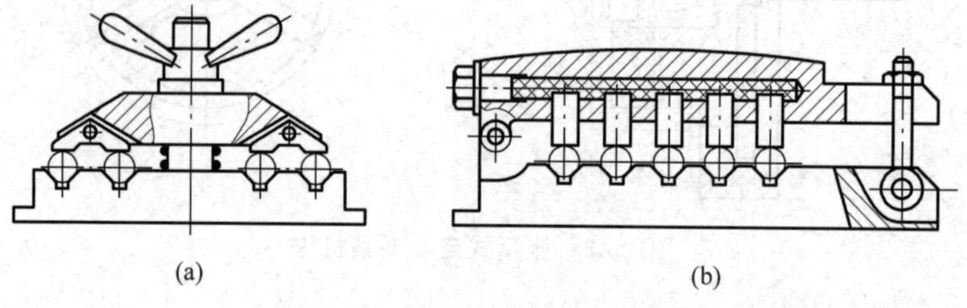

图 4.46 多件平行夹紧工件夹具

图 4.47 所示为铣轴瓦两端面的多件顺序夹紧机构,用于工件的加工表面和夹紧力方向相平行的场合。

图 4.48 所示为多位夹紧机构,它采用浮动横杆夹紧实现多点夹紧。多位夹紧机构一般用于多夹紧点相距较远的场合,如箱体零件的夹紧。

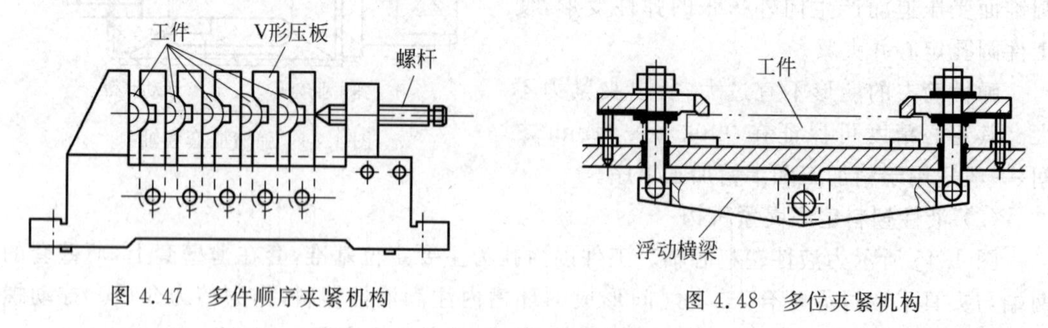

图 4.47 多件顺序夹紧机构

图 4.48 多位夹紧机构

4.4 夹具的其他元件

4.4.1 夹具的连接元件

夹具与机床的连接形式有三种:一是夹具安装在平面工作台上,如铣床夹具和镗床夹具；二是夹具安装在机床的回转主轴上，如车床夹具和内孔圆磨床夹具；三是夹具自由放在工作台上，如台钻等钻床夹具。

1. 安装在平面工作台上的夹具

工作台上安装的机床夹具一般设置两个定位键，用埋头螺钉把定位键固定在夹具体的底面键槽中。夹具在机床上安装时，常用定位键与工作台的 T 形槽实现间隙配合，使夹具方向与机床走刀方向实现定向。

在夹具体的底面上，设计带有 U 形槽的耳座，供 T 形槽用螺栓穿过，将夹具体紧固在工作台上。

2. 安装在回转主轴上的夹具

安装在回转主轴上的夹具连接形式，取决于机床主轴端部的结构形式。常见主轴端部形式为莫氏锥孔，夹具以锥孔与之相连接，可以靠其自锁性传递扭矩，根据需要也可以在空心主轴内放上拉杆。

3. 夹具的其他连接方式

(1) 夹具靠找正基准校正，用螺钉紧固。这种夹具在其侧面设计有找正基面。夹具安装时，通过在找正基面打表调整夹具在走刀方向的位置。

(2) 靠定位销定位的夹具。对专用机床上的专用夹具，常在调整好后用两个定位销定位，再用螺钉紧固。

(3) 不定位和不紧固的夹具。小型钻床夹具常采用不定位和不紧固的自由活动的方式，靠重力、切削力及操作者的扶持力固定其位置。

4.4.2 夹具的分度装置

实际生产中，经常遇到零件上一组加工表面之间成等角度分布或等间距分布，采用单刀加工时常用分度夹具达到改变加工表面的要求。分度装置由分度副、分度操作机构等组成。

1. 分度副的形式

按照分度副和对定销的相互位置关系，一般分为轴向分度和径向分度两种。所谓轴向分度是指对定销是沿着与分度盘的回转轴线相平行方向进行工作的，如图 4.49 所示；所谓径向分度是指对定销是沿着分度盘的半径方向进行工作的，如图 4.50 所示。

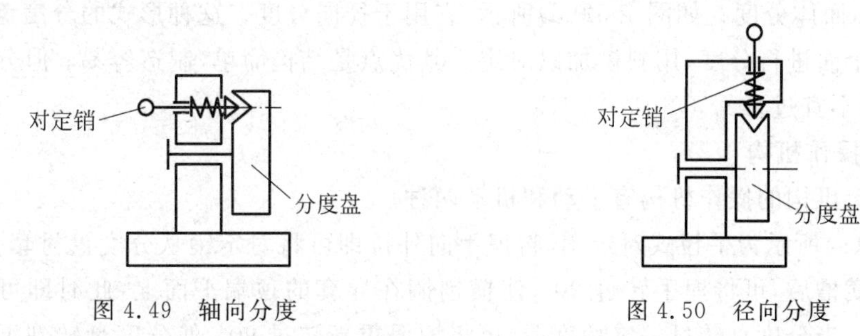

图 4.49　轴向分度　　图 4.50　径向分度

分度对定机构的结构形式较多，常见的有以下几种。

(1) 钢球(球头销)对定　如图 4.51(a)及图 4.52(a)所示。这种形式既可用于轴向分度也可用于径向分度。它是靠弹簧将钢球或球头销压入分度盘锥坑内实现对定。该形式的优点是机构简单、操作方便；缺点是分度精度不高，由于锥坑较浅(深度要小于钢球或球头销半径)，故定位不可靠，只能用于切削负荷不大、分度精度要求不高的场合，或作为分度装置的预定位。

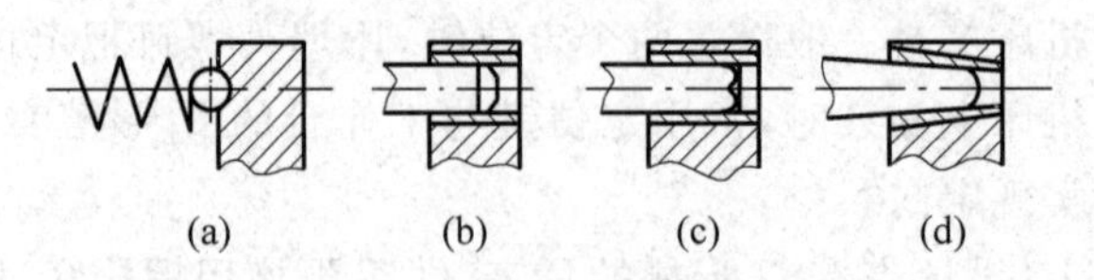

图4.51　轴向分度对定机构

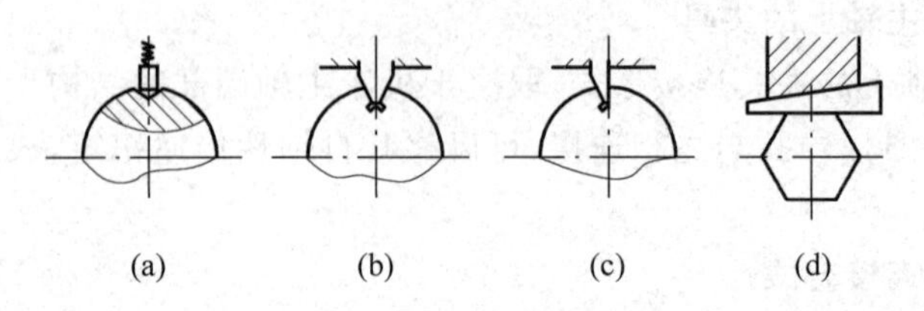

图4.52　径向分度对定机构

(2) 圆柱销对定　如图4.51(b)所示，主要用于轴向分度。为提高其使用寿命，分度盘孔中一般压入耐磨衬套，与圆柱对定销采用H7/g6配合。这种形式的优点是结构简单，制造容易，使用时不易受碎屑污物的影响；缺点是无法补偿孔销之间的配合间隙及中心距误差，故分度精度不高。

(3) 菱形销　如图4.51(c)所示，此形式主要是针对上述圆柱销对定的缺点，将对定销削边，使得在同样条件下提高了分度精度，制造也不困难，故在轴向分度中用得较多。

(4) 圆锥销、双斜面对定　图4.51(d)所示圆锥销对定用于轴向分度，图4.52(b)所示双斜面对定则用于径向分度。这两种形式由于能消除配合间隙，故分度精度较高，但使用中当表面上沾有碎屑油污时，将直接影响分度精度，故结构上要考虑必要的防屑、挡尘措施。

(5) 单斜面对定　图4.52(c)所示单斜面对定用于径向分度。这种形式由于斜面始终靠在相对应的一侧，使分度误差也始终分布在斜面的一侧。另外，即使工作表面上沾有碎屑油污而引起对定销稍有后退，也不影响分度精度，故可用作一般精密分度。

(6) 正多面体分度　如图4.52(d)所示，它用于径向分度。这种形式的分度盘是利用正多面体上各个面进行分度，用斜楔加以对定。其优点是结构简单，制造容易；但分度精度一般，分度数目不宜过多。

2. 分度操作机构

分度对定机构的操作机构有手动和机动两种。

图4.53(a)所示为手拉式对定销，将捏手向外拉即可将对定销从分度盘衬套孔中拔出。至横销脱离横槽后，可将捏手转过90°，使横销搁在导套的顶端平面上，此时即可转动分度盘进行分度。当分度盘转过一定角度后，可将捏手重新转过90°，使分度盘转到下一分度衬套孔对准对定销时，在弹簧作用下，对定销插入分度衬套孔中，便完成一次分度。

图4.53(b)所示为齿条式对定销。这种结构形式的对定销工作比较可靠，多用在较大工件的分度夹具中。

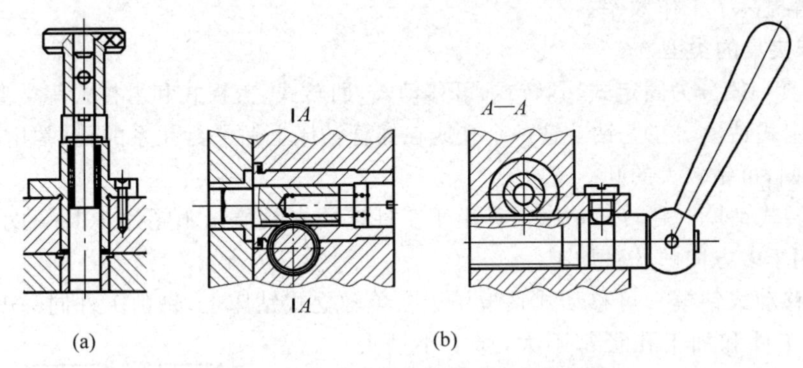

图 4.53　分度对定机构的手动操纵机构

4.4.3　夹具体

夹具体的作用是将各种夹具装置或元件联结成一个完整夹具，它是夹具的基座和骨架。在加工过程中夹具体需承受作用在夹具元件上的作用力，所以夹具体结构设计对于保证夹具的刚度、工作精度及安全生产等有重要作用。夹具体结构设计应注意以下几个方面。

(1) 应有足够的刚度和强度。保证在加工过程中在夹紧力、切削力作用下，不会发生不允许的变形和振动。夹具体要有足够的壁厚，一般铸造夹具体壁厚为 15～30mm，焊接夹具体壁厚为 8～10mm。必要时，可采用加强筋或框式结构提高其刚性。

(2) 力求结构简单，尺寸稳定，在保证刚度和强度的前提下，尽可能使其重量轻，体积小，特别是手动翻转夹具要求连同工件的总质量不超过 10～15kg。

(3) 具有良好的结构工艺性和装配工艺性，便于制造和装配。

(4) 夹具体结构应便于切屑排出切屑和清理夹具。

(5) 对于大型夹具体要考虑起吊装置，以便于运输。

4.5　典型机床夹具设计

机床夹具可以看作机床的附件。夹具可以增强或拓展机床的功能，使通用机床具有一定的专用机床的属性。机床类型往往决定了机床夹具设计，不同类型机床的夹具设计各具特点。

下面着重介绍常见的钻床夹具设计、镗床夹具设计、车床夹具设计及铣床夹具设计。

4.5.1　钻床夹具设计

在钻床上钻孔常采用划线法加工，其生产效率和加工精度较低，故当生产批量较大时，常使用专用钻床夹具。

在钻床夹具上，一般都装有一定尺寸的钻套，用以确定定位元件相对于刀具的位置，故习惯上称为钻模。通过钻套引导刀具进行加工。使用钻床夹具加工易于保证被加工孔对其定位基准和各孔之间的位置精度；有助于提高刀具系统的刚度，防止钻头在切入后引偏；并有利于提高孔的尺寸精度和降低表面粗糙度值。此外，由于不需划线和找正，工序时间大为缩短,显著提高了工作效率。

1. 钻床夹具的类型

钻床夹具一般分为固定式、翻转式、可移动式,回转式、盖板式和滑柱式等类型。

(1) 固定式钻模　在立钻上钻一个孔或在摇臂钻床上钻平行孔系的孔,常用固定钻模,这种夹具稳固,可钻较大的孔。

(2) 翻转式钻模　翻转式钻床夹具用于工件连同夹具质量不超过10kg的小型零件加工,特别适用于多方向的孔系加工。

(3) 可移动式钻模　可移动式钻模用于在单轴立式钻床上,钻削工件同一表面上的多个孔。一般工件和加工孔径都不大,属于小型夹具。移动方式有两种:一种是自由移动;另一种是使用专门设计的导轨和定程机构来控制移动的方向和距离。

(4) 回转式钻模　加工工件需要均匀布于轴线四周的孔常采用回转式钻模。

(5) 盖板式钻模　加工大型工件局部位置的孔系常常采用只有钻模板的盖板式钻模。然后按其上钻套孔位置钻削工件所需加工的孔,如图4.54所示。这类夹具结构简单、使用方便,但生产率不高。

(6) 滑柱式钻模　滑柱式钻模是一种通用可调夹具,其结构特点是钻模板装在可升降的滑柱上。滑柱式钻模的定位元件、夹紧元件和钻套等可根据工件不同进行更换,而其他部分可保持不变。滑柱式钻模适用于小型零件生产。

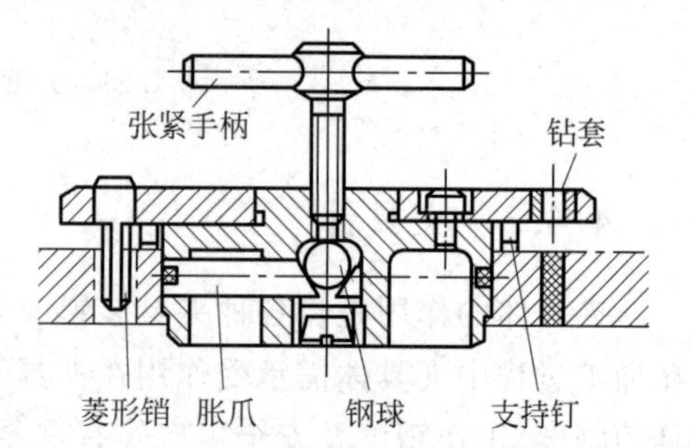

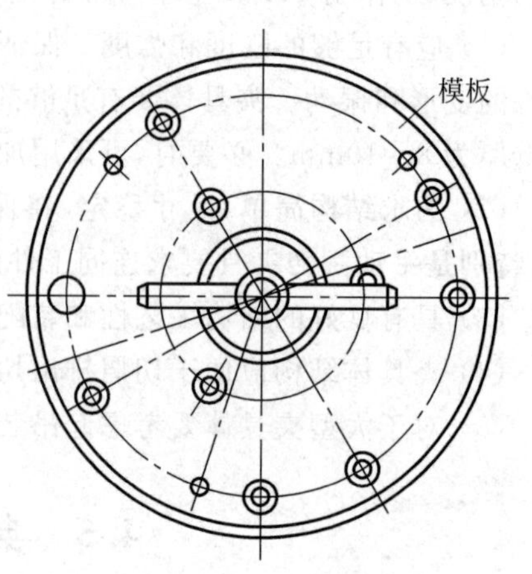

图 4.54　盖板式钻模

2. 钻套

钻套是引导孔加工刀具的元件,其作用是确定刀具相对夹具定位元件的位置,引导钻头等孔加工刀具,提高其刚性,防止刀具在加工中发生偏斜。按钻套的结构和使用情况,可分为固定式、可换式、快换式和特殊钻套,其中前三种均已标准化。

图4.55所示为标准化的钻套结构。图4.55(a)、(b)为固定式钻套的两种形式,钻套外径以H7/n6配合直接压入钻模板的孔中。这两种类型多用于中小批生产,使用过程不需要更换钻套的场合。固定式钻套结构简单,可获得较高精度。图4.55(c)、(d)所示为可换式钻套。当生产量较大,使用过程中需要更换磨损了的钻套时,可使用这种钻套。可换式钻套装在衬套中,衬套按H7/n6的配合压入夹具体内,可换式钻套外径与衬套内径一般采用H7/g6或H7/h6的配合,并用螺钉加以紧固,以防止在加工过程中钻头与钻套内径摩擦而使钻套发生转动,或退刀时随刀具抬起。其中图4.55(d)所示为快换式钻套,不仅可换,而且更换快速。在一次安装中顺序进行钻、扩、铰孔,需要使用不同内径的钻套来引导刀具。使用时,只要将钻套逆时针方向转过一个角度,使得螺钉的头部刚好对准钻套上的缺口,然

后往上一拔，就可取下钻套。

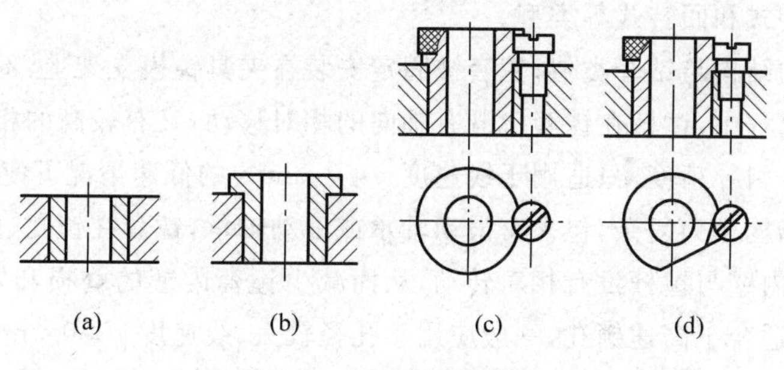

图 4.55　标准结构的钻套

图 4.56 所示为几种特殊结构的钻套。图 4.56(a)用于加深底面孔的加长钻套；图 4.56(b)用于加工曲面上的孔；图 4.56(c)用于加工间距很小的孔。

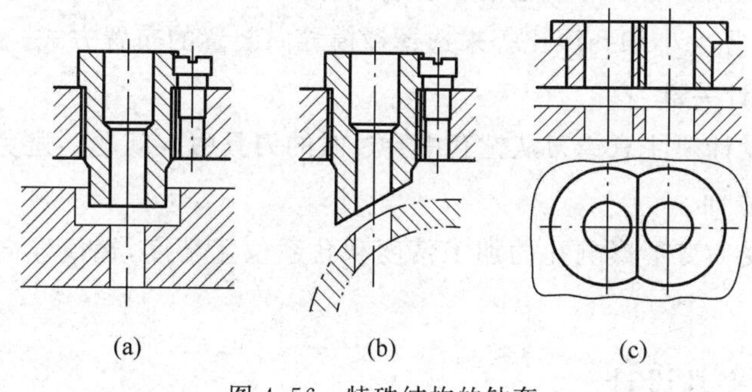

图 4.56　特殊结构的钻套

3. 钻模板

用于安装钻套的板叫钻模板，钻模板与夹具体的连接方式有固定式、铰链式、可折式和悬挂式等几种。

4.5.2　镗床夹具设计

镗床也是采用刀具回转加工方式，因此镗床夹具的重要特征是具有镗杆导向装置，被称为镗套，一般称为镗模。在镗床夹具中，镗套要安装在镗模支架上，镗模支架连接在夹具体上，如图 4.57 所示。镗床夹具设计的关键在于设计镗套结构及其位置布置。

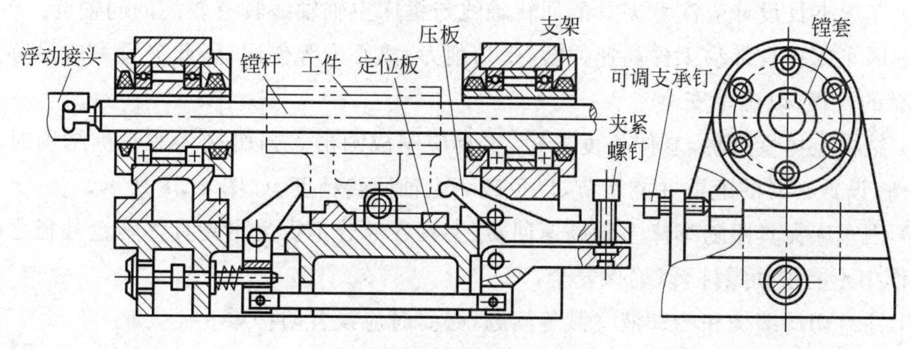

图 4.57　镗床夹具

1. 镗套

镗套分为固定式和回转式等类型。

固定式镗套的结构与钻套类似,镗套被固定安装在夹具镗模支架上,不能随镗杆一起转动,因此,在镗削过程中,镗杆在镗套中既有轴向的相对移动,又有较高的相对转动。镗套容易摩擦磨损而失去引导精度,只适用于线速度 $v<0.3\text{m/s}$ 的低速情况下使用。

回转式镗套结构较为复杂,包含有滑动轴承或滚动轴承,镗套在镗孔过程中随同镗杆一起回转,因此镗套内壁与镗杆没有相对转动,从而减少镗套内壁的磨损和发热,可长期维持其引导精度,比较适合于高速镗孔,一般应用于孔径较大、线速度 $v>0.3\text{m/s}$ 的场合。

2. 镗套导向支架的布置

镗套导向支架的布置指的是镗套相对于镗刀的位置分布。

按照镗套相对刀具分布位置的不同,镗模导向装置的布置可分为单套前引导、单套后引导、双套单向引导、前后单套引导和前后双套引导等五种结构形式。夹具设计时应根据零件结构、孔的位置及孔径大小和孔深比等来选择镗模导向装置的布置方式。

3. 镗床夹具设计关键

(1) 镗床夹具设计须注意镗刀从镗套中穿过时的刀具引入问题。避免破坏已调整好的镗刀或碰伤已加工表面。

(2) 为了防止受力变形影响孔的加工精度和孔系位置精度,镗模导向支架上不允许设计夹紧机构等。

4.5.3　车床夹具设计

相比较,车床夹具较简单,有较多车床夹具实现了通用化和标准化。典型的车床夹具有以外圆定位的车床夹具,如卡盘、卡头;以内孔定位的车床夹具,如各类心轴;以中心孔定位的车床夹具,如各类顶尖、拨盘等。

车床夹具设计的主要特点是由于夹具装在机床主轴上并带动工件回转,因此需要关注回转中心的同轴问题和平衡问题,特别是零件不是回转体结构时,平衡问题更为突出。

一般地,车床夹具的设计关键如下:

(1) 夹具与主轴的连接,定心精度要高,连接方式要与选用的机床主轴端部结构相符,定心后要压紧或拉紧,保证可靠与安全。

(2) 车床夹具设计应注意夹具的回转轴线与机床主轴轴线具有较高的同轴度。

(3) 因车床夹具带动工件高速回转,受切削力、离心力等作用,因此夹紧力应足够大,且须有可靠的自锁,以确保安全。

(4) 结构应尽量紧凑,悬伸长度要短,夹具应制成圆形。当机构为非对称结构时,应注意动平衡,设置必要的配重并能调节,以免破坏主轴回转精度,如图4.58所示。

(5) 因车床夹具跟随车床主轴高速回转,夹具各部分不得突出夹具体转盘外径之外,且夹具工作中不能松动零件,以确保安全。

(6) 注意切屑缠绕和冷却液飞溅等问题,必要时应设置防护罩。

外圆磨床夹具设计与车床夹具设计较为相似。

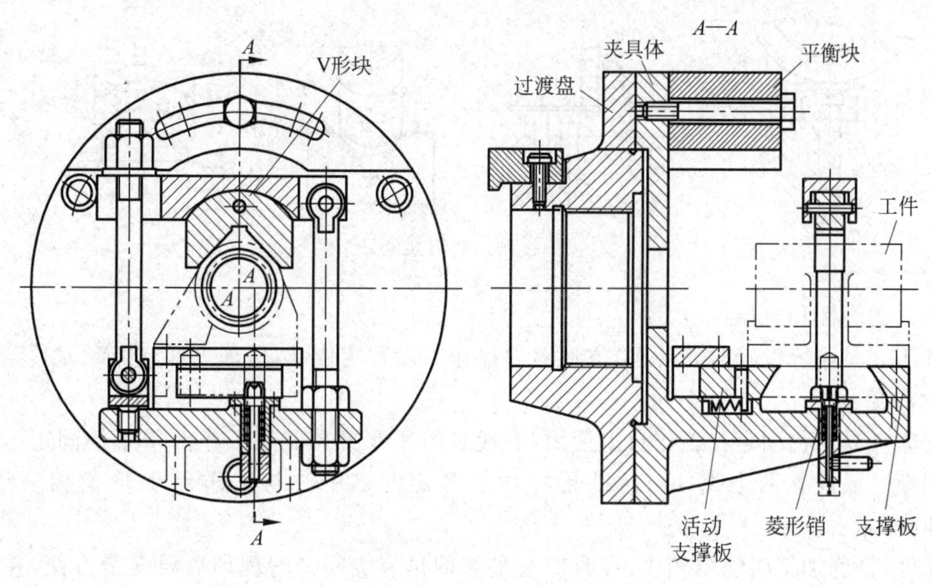

图 4.58　车床夹具

4.5.4　铣床夹具设计

1. 铣床夹具的主要类型

专用铣床夹具是机械加工生产中应用很广泛的一种夹具。在铣削过程中，多数铣床夹具是与机床工作台一起作进给运动的。铣床夹具的整体结构在很大程度上取决于铣床的工作方式、工件加工表面特征等。

依据铣削的进给方式，铣床夹具可分为直线进给式铣床夹具、圆周进给式铣床夹具和仿形进给式铣床夹具等。

依据在夹具同时装夹的工件数量，铣床夹具可分为单件加工铣床夹具和多件加工铣床夹具等。

依据夹具的工位数量，铣床夹具可分为单工位铣床夹具、双工位铣床夹具和多工位铣床夹具等。

2. 定位键

铣床夹具底面上常常装有定位键，定位键可用来确定夹具相对机床进给方向的正确位置。

3. 对刀元件

为迅速确定刀具相对夹具的相对位置，铣削夹具常使用对刀元件。它由对刀块及塞尺组成，如图 4.59 所示。当对刀具要求高或夹具不便设置对刀元件时，也可以采用试切法或者样板对刀。

4. 铣床夹具设计关键

由于铣削时切削力较大，且为不连续切削，易产生振动，因此铣床夹具应具有足够的强度和刚度，应使工件的加工表面尽可能地靠近工作台面，以降低夹具重心。通常夹具体的高度与宽度之比限制在 $H/B \leqslant 1 \sim 1.5$ 范围内。根据实际情况还可以设置必要的加强筋，以

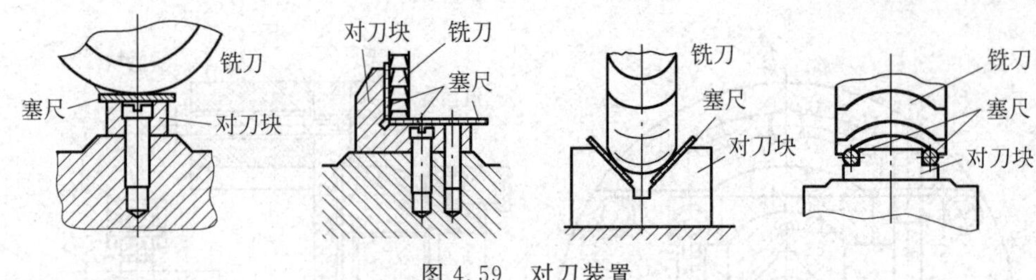

图 4.59　对刀装置

提高夹具的刚性和抗振性。

铣床夹具一般设置对刀装置，方便对刀操作。设置定位键，保证工件、机床、刀具等之间的位置精度。

铣床夹具往往固定在工作台上使用，一般采用T形螺栓利用工作台T形槽固定。铣床夹具侧面一般设置两个U形口，U形口中心和定向键中心与工作台T形槽相一致，如图4.60所示。

此外，铣削加工时切屑较多，夹具应有足够的排屑空间。清理切屑要安全方便，并注意切屑的流向。

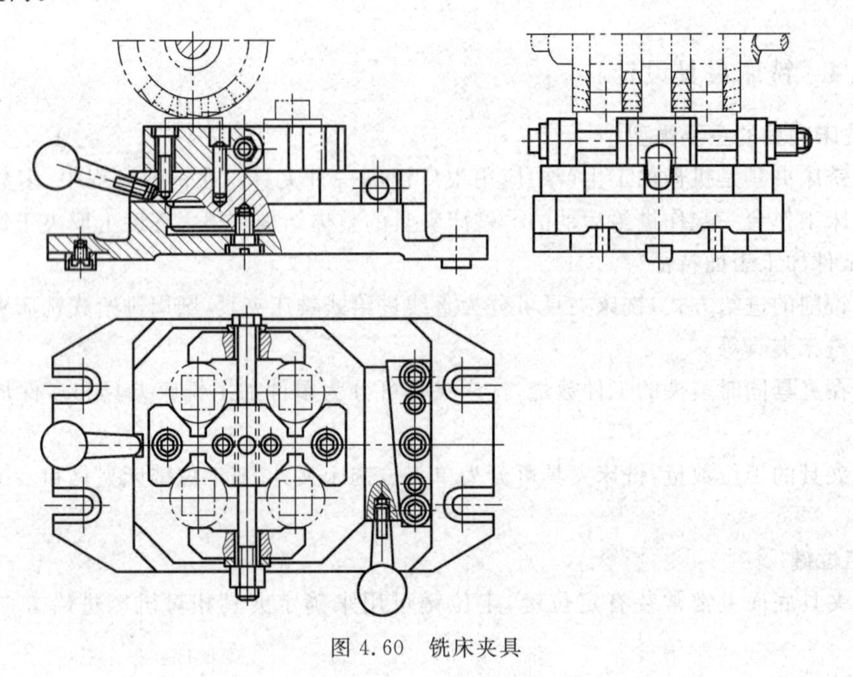

图 4.60　铣床夹具

4.6　夹具的设计方法和步骤

4.6.1　对机床夹具的基本要求

对机床夹具的基本要求可以总括为四个方面：

(1) 稳定地保证工件的加工精度；

(2) 提高机械加工的劳动生产率；

(3) 结构简单,有良好的结构工艺性和劳动条件;

(4) 应能降低工件的制造成本。

简而言之,设计夹具时必须对加工质量、生产率、劳动条件和经济性等几个方面进行权衡。其中保证加工质量是最基本的要求。为了提高生产率采用先进的结构,往往会增加夹具的制造成本,但当工件的批量增加到一定规模时,将因单件工时的下降所获得的经济效益而使增加的成本得到补偿,从而降低工件的制造成本。因此所设计的夹具其复杂程度和工作效率必须与生产规模相适应,才能获得良好的经济效果。

设计夹具时,对加工质量、生产率、劳动条件和经济性几个方面有时要有所侧重。如对位置精度要求很高的加工,往往着眼于保证加工精度;对于位置加工精度要求不高而加工批量较大的情况,则侧重考虑提高夹具的工作效率。

在设计过程中必须深入生产实际进行调查研究,广泛征求操作者意见,注意吸取国内外的先进经验,在此基础上拟出初步设计方案,经过讨论,然后确定合理的方案,开展结构设计。

4.6.2 夹具的设计步骤

1. 明确设计要求,收集有关资料

(1) 熟悉加工零件图、毛坯图和工艺规程等文件;掌握本工序的加工技术要求。

(2) 了解所用机床、刀具、辅助工具、检验量具的有关情况。

(3) 了解生产批量。

(4) 掌握有关零部件标准(国标、部标、厂标),典型夹具图册等。

(5) 了解有关本企业制造、使用夹具情况,了解本厂制造夹具的能力与经验等。

2. 确定夹具结构方案,绘制结构草图

(1) 确定工件的定位方案,计算定位误差,确定定位装置。

(2) 确定工件的夹紧方案,计算夹紧力,确定加紧机构形式。

(3) 确定夹具其他组成部分(如对刀装置、分度装置等)的结构方案。

(4) 绘制草图。

确定夹具结构方案的过程中,应注意夹具的精度和经济性。

3. 绘制夹具总装配图

选择视图关系,绘制夹具总装配图。通常主视图尽可能选取与操作者对着的位置,以利于装配、检查。一般绘图比例采用1∶1,有较好的直观性。

用细双点划线绘制出被加工零件的轮廓及加工、定位、夹紧表面,用粗线或网文线绘制出加工余量;夹紧机构应处在夹紧状态;把工件看成透明体,即工件对夹具的轮廓线,不要有所遮挡。

标注总装配图上的尺寸和技术要求。如外形轮廓尺寸、可动部分的极限位置尺寸、配合尺寸、相关尺寸、特性尺寸、联系尺寸等。

相关尺寸是指在夹具上的对刀元件与定位元件之间的联系尺寸,对刀元件与对刀元件之间的联系尺寸,定位元件与定位元件之间的联系尺寸等。

特性尺寸是夹具设计中用来保证夹具的某项功能的尺寸,如偏心夹紧机构的偏心距、楔块的自锁升角、菱形销的销边尺寸等。

联系尺寸是夹具与机床之间的联系尺寸,如夹具与车床主轴连接的定位面尺寸、与铣床T形槽连接的定向键尺寸等。

4. 编写零件序号和标准件的明细表

5. 绘制夹具零件图

主要是绘制夹具上专用零件的工作图。在确定这些零件的尺寸、公差或技术要求时,要符合夹具总图的要求。

4.6.3 夹具设计实例

1. 题目

加工如图 4.61 所示锥台零件,生产类型为成批成产,试设计钻 ϕ5mm 的专用夹具。

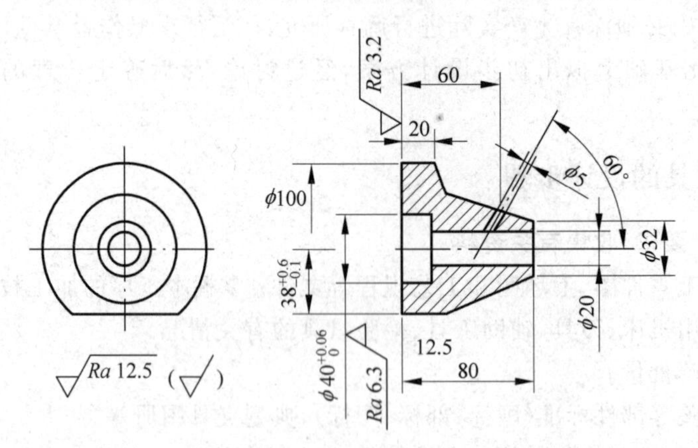

图 4.61 锥台零件

2. 明确设计要求和资料准备

1) 零件加工工艺卡

(1) 铸造毛坯;

(2) 粗、精车大端面及孔,CA6140 车床;

(3) 粗、精车小端面及 ϕ20mm 孔,CA6140 车床;

(4) 铣平面,X6026 铣床;

(5) 钻斜孔,Z5125 立钻。

2) 明确夹具设计任务

需要设计的夹具为第五工序钻斜孔的专用夹具。在工件底面、孔轴线上选坐标轴,需要限制工件六个自由度才能确定工件加工斜孔的位置。

3. 夹具方案设计

1) 定位方案设计

方案(1):选底面、侧平面、孔为定位基准,这时采用平面、支撑板、菱形销为定位元件。

方案(2):以工件底面、孔及侧平面为定位基准,这时采用平面、短圆柱销、滑动支撑板为定位元件。

上述两个方案均能限制工件六个自由度,可保证斜孔与中心孔 ϕ20mm 轴线重合,两个方案对 60°轴线交叉角误差均相同,均可以同时保证斜孔与削边平面对称的要求。由于方案(1)结构简单,所以选用方案(1)。

2) 导向(对刀)方案设计

本工序只有钻斜孔一个工步,其对刀方式选特殊结构的可换钻套即可,钻套与钻模板之间放置衬套,以便于钻套磨损后更换。

3) 夹紧方案设计

由于本工序仅为加工 ϕ5mm 的小孔,其钻削力矩及轴向力均不大,选用单手柄操纵螺旋结构方案即可,可采用快速装卸机构。

4) 绘制装配图

(1) 用双点划线绘制出加工工件轮廓图,如图 4.62(a)所示;

(2) 安排定位元件,如图 4.62(b)所示;

(3) 布置导向元件,如图 4.62(c)所示;

(4) 绘制夹紧元件,如图 4.62(d)所示;

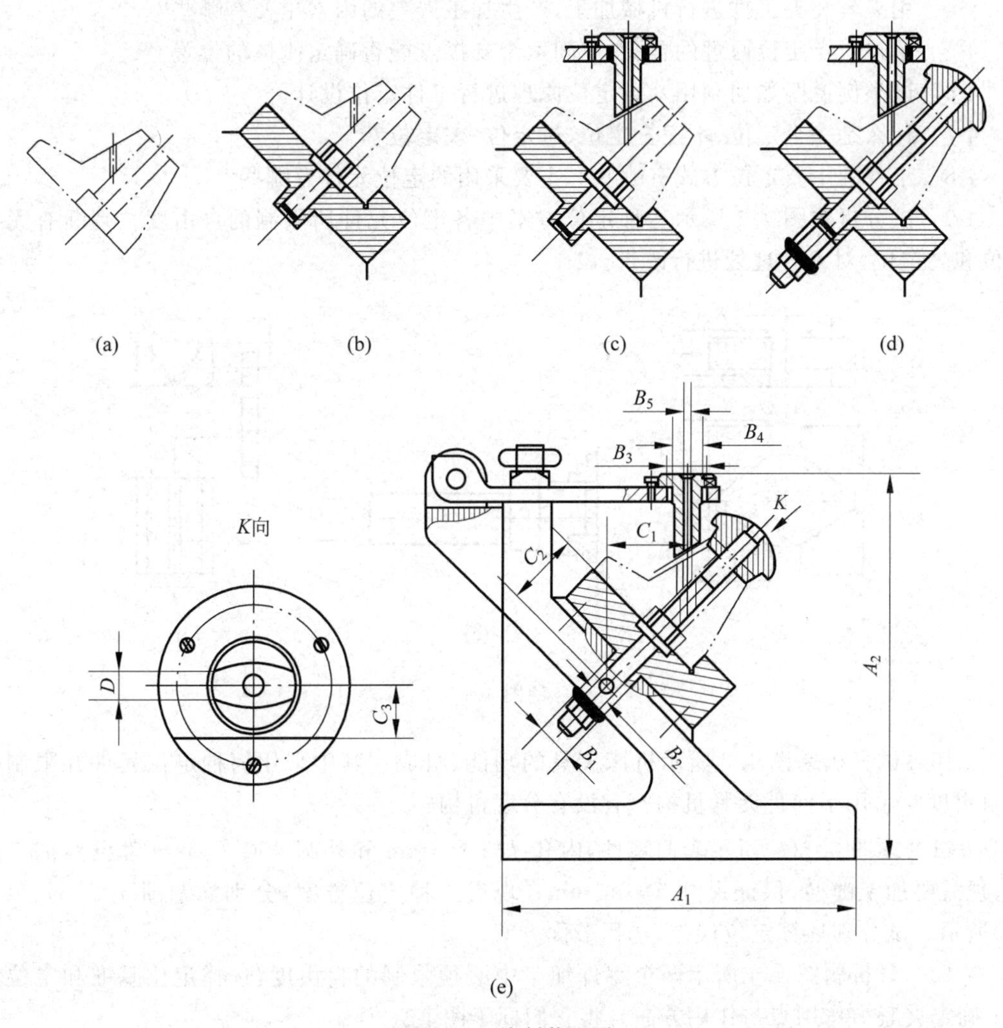

图 4.62　绘制装配图

(5) 设计其他部分结构方案,完成方案总图,如图 4.62(e)所示。

参看图 4.62(e), A_1、A_2 为轮廓尺寸; B_1、B_2、B_3、B_4、B_5 为主要配合尺寸; C_1、C_2、C_3 为对刀元件与定位元件之间的相关尺寸; D 为特性尺寸。

4. 详细设计

按照设计要求,完成结构设计,包括夹具零件图等。完成校核工作,包括定位精度评估和夹紧力校核等。(略)

习题及思考题

4-1　如何理解工件装夹的概念? 工件装夹的方式有哪些?

4-2　机床夹具包含哪些组成部分? 各部分的作用是什么?

4-3　机床夹具如何分类? 机床夹具在生产中有何作用?

4-4　用夹具装夹工件进行机械加工,产生加工误差的因素主要有哪些?

4-5　阐述六点定位原理的含义,空间六个支撑点能否确定刚体的位置?

4-6　试举例说明如何利用六点定位原理进行工件定位设计。

4-7　什么是完全定位、不完全定位、过定位、欠定位?

4-8　工件的主要定位方式有哪些? 主要采用的定位元件有哪些?

4-9　试分析题图 4.1 所示三种定位方案中各定位元件所限制的自由度。判断有无过定位和欠定位,对不合理处进行改正。

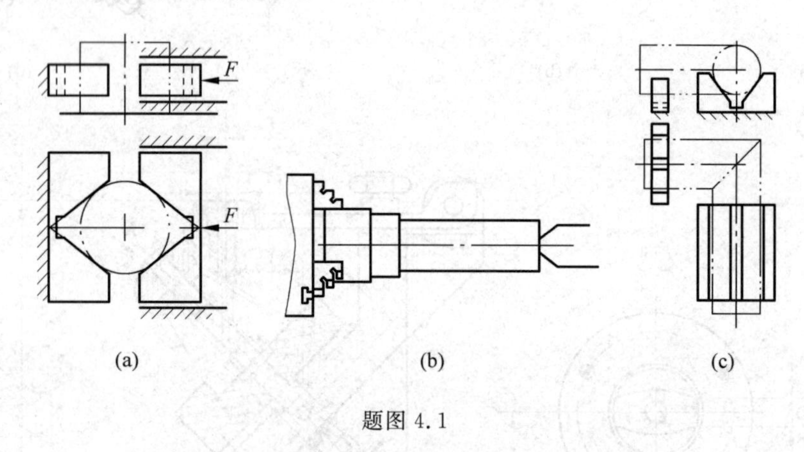

题图 4.1

4-10　试分析题图 4.2 所示机床夹具的功能、组成。其中采用何种定位元件并限制哪些自由度? 采用了何种夹紧机构? 有没有分度机构?

4-11　题图 4.3(a)所示套筒零件,内孔 $\phi32^{+0.03}_{0}$ mm 和外圆 $\phi60^{0}_{-0.14}$ mm 都已经加工完毕,现需要加工键槽,保证尺寸 $54^{0}_{-0.14}$ mm。现有三种定位方案,分别如题图 4.3(b)、(c)、(d)所示。试分别计算定位误差,选择最优方案。

4-12　分析题图 4.4 所示两个零件加工中必须限制的自由度,选择定位基准和定位元件; 确定夹紧力作用点与作用方向。将它们标于图上。

(1) 题图 4.4(a)需要在球体上加工螺纹盲孔;

(2) 题图 4.4(b)需要在板状零件上加工两个通孔。

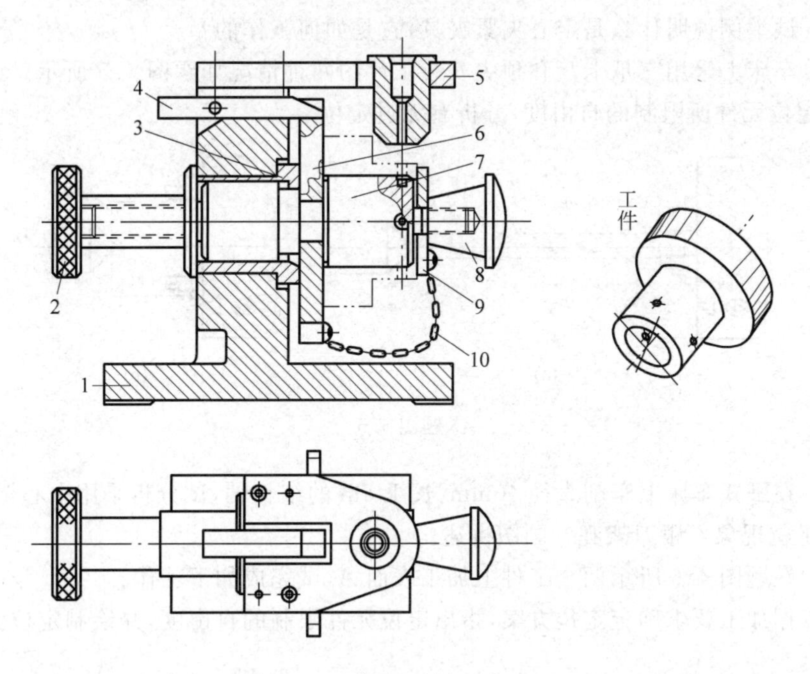

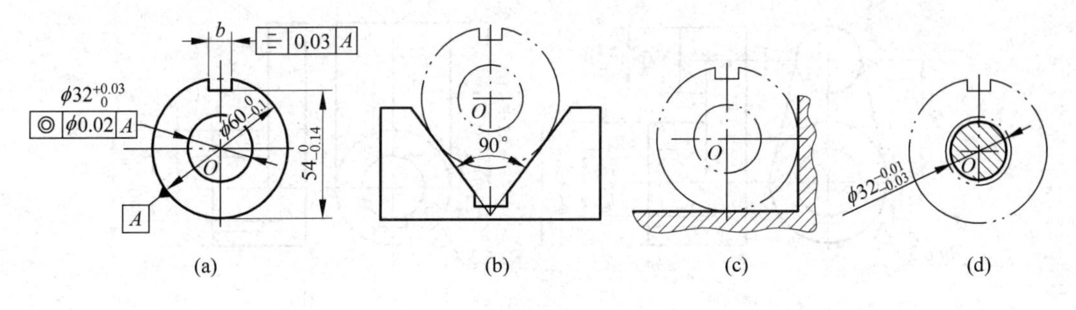

题图 4.2

题图 4.3

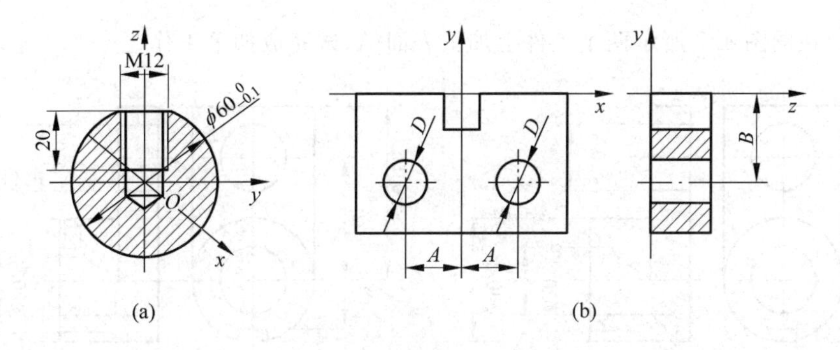

题图 4.4

4-13　如何确定夹紧力作用点和作用方向？

4-14　斜楔夹紧、螺旋夹紧、偏心夹紧的优缺点和应用范围如何？

4-15 试举例说明什么是定心夹紧夹具,它是如何工作的?

4-16 车床上采用三爪卡盘和顶尖安装工件的两种情况如题图4.5所示。试分析定位方案中各定位元件所限制的自由度,分析有无过定位。

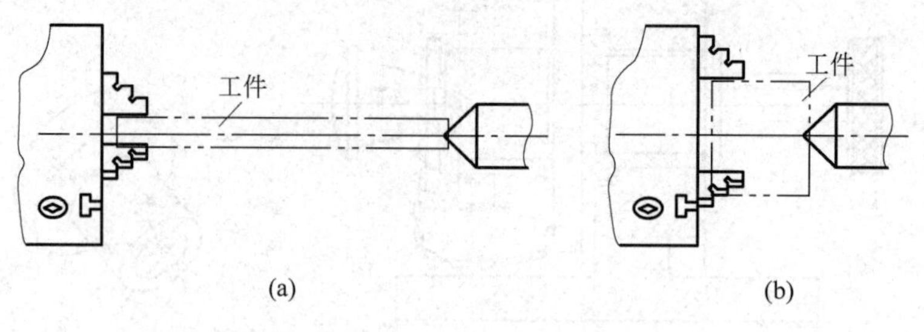

题图 4.5

4-17 在卧式车床上车削直径40mm、长1.5m的细长轴,试分析采用中心架的作用,是否产生过定位现象?跟刀架呢?画图讲述。

4-18 在题图4.6所示两个工件上加工表面A,试完成如下工作。

(1) 依据加工要求确定定位方案,指出定位元件限制的自由度,并绘制定位元件及定位方式。

(2) 拟定夹紧方案,并绘制出简图。

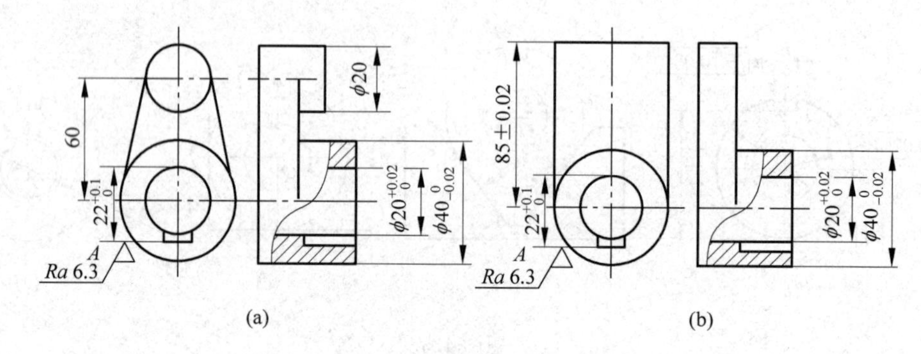

题图 4.6

4-19 在题图4.7所示两个工件上加工表面A,试完成如下工作。

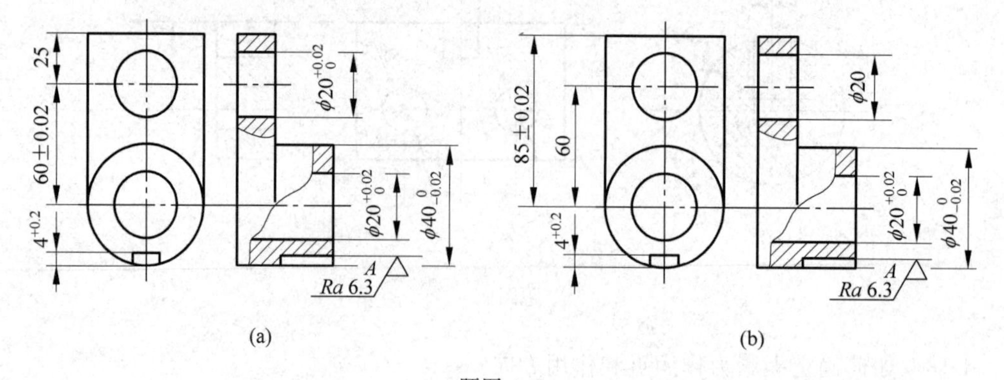

题图 4.7

(1) 依据加工要求确定定位方案，指出定位元件限制的自由度，并绘制定位元件及定位方式。

(2) 拟定夹紧方案，并绘制出简图。

(3) 计算定位方案的定位误差，说明其是否符合加工要求。

4-20　在题图 4.8 所示两个工件上加工表面 A，试完成如下工作。

(1) 设计加工定位方案，指出定位元件限制的自由度，并绘制定位元件及定位方式。

(2) 拟定夹紧方案，并绘制出简图。

(3) 计算定位方案的定位误差，说明其是否符合加工要求。

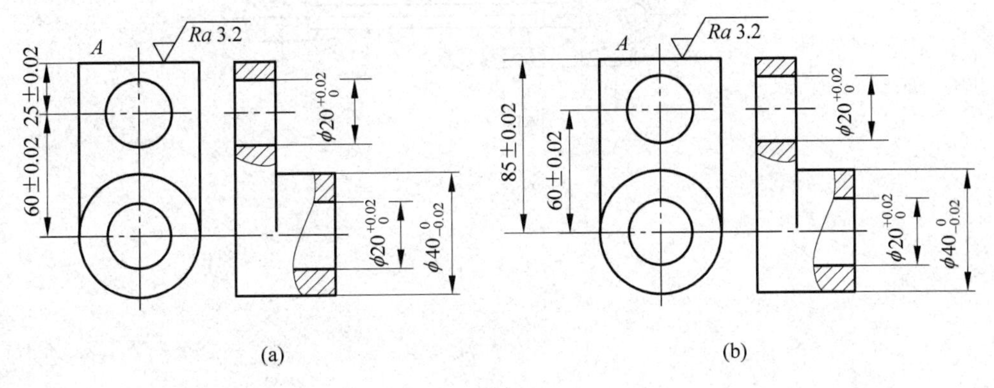

题图 4.8

4-21　试述车床夹具的设计要点。

4-22　题图 4.9 所示为哪种机床的夹具，它采用何种定位元件并限制哪些自由度？采用了何种夹紧机构？

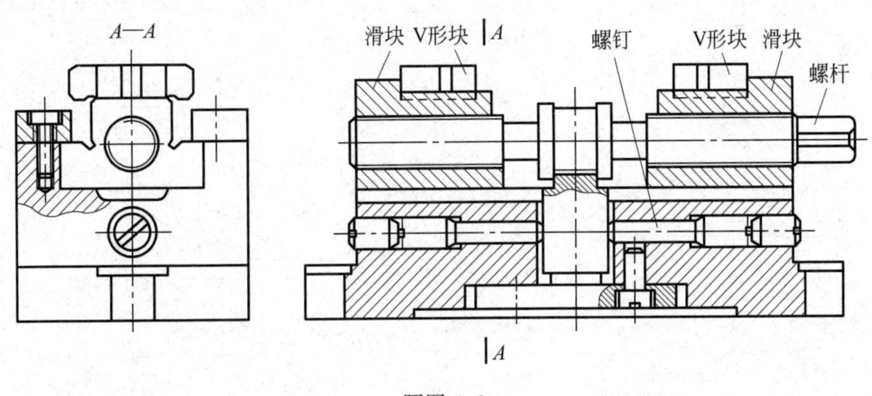

题图 4.9

4-23　试为题图 2.3 所示零件的钻 ϕ3mm 孔工序设计夹具(绘制出夹具装配图即可)。提示：首先设计机械加工工艺，然后设计钻 ϕ3mm 孔工序的钻床夹具。

4-24　题图 4.10 所示连杆进行钻 ϕ7mm 孔工序，试为其设计夹具(绘制出夹具装配图即可)。

4-25　机床对夹具的基本要求是什么？

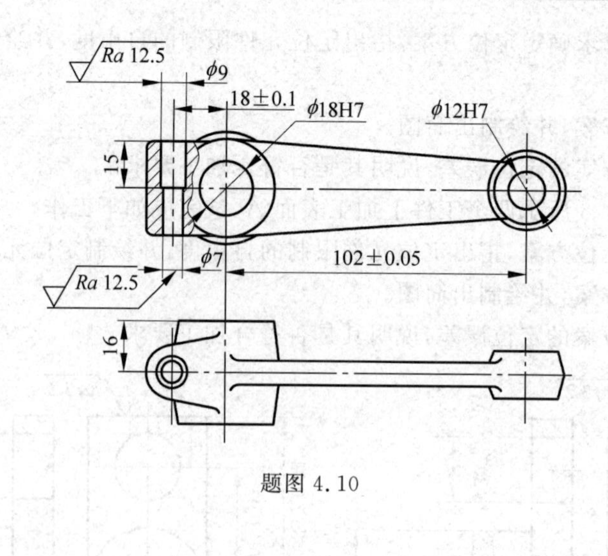

题图 4.10

第 5 章　机械加工精度控制

教学要求：

掌握原始误差及其敏感方向；

熟悉工艺系统的几何误差、受力变形、热变形以及其他影响加工精度的因素；

掌握加工误差的统计学分析方法；

了解控制机械加工精度的途径。

5.1　影响机械加工精度的因素

加工精度是零件机械加工质量的重要指标，直接影响整台机器的工作性能和使用寿命。深入研究影响加工精度的各种因素及其规律，探究提高和保证加工误差的措施和方法是机械制造工艺学研究的重要内容。

1. 影响机械加工精度的因素

研究提高加工精度的工艺措施要从减少加工误差入手。加工误差是指零件加工的实际几何参数相对理想几何参数的偏离程度。按照几何参数类型可将加工误差分类为尺寸加工误差、形状加工误差和位置加工误差。尺寸加工误差、形状加工误差和位置加工误差分别是加工零件的实际尺寸、形状和位置相对理想的尺寸、形状和位置的偏差。

在机械加工中，零件的尺寸、几何形状和表面间相对位置的形成，取决于工件和刀具在切削过程中的相互位置关系，而工件安装在夹具上，夹具和刀具安装于机床之上，机床、夹具、刀具和工件组成工艺系统。直接或间接影响机械加工工艺系统的因素都将影响机械加工精度。

将工艺系统中能够直接引起加工误差的因素统称为原始误差。原始误差中的一部分与工艺系统的初始状态有关，即零件未加工之前工艺系统本身就具有的某些误差因素，称为与工艺系统的初始状态有关的原始误差，或称几何误差；而另一部分原始误差与加工过程有关，即受到力、热、磨损等原因的影响，工艺系统原有精度受到破坏而产生的附加误差因素，称为与加工过程有关的原始误差，或动误差。机械加工过程中可能出现的原始误差如图 5.1 所示。

2. 加工误差及误差敏感方向

以图 5.2 所示车削外圆为例，工件的回转中心为 O，刀尖的理想位置在 A 处，工件理想半径 $R_0=OA$。假设各种原始误差的综合影响使刀尖的位置偏离到 A'，实际加工工件半径 $R=OA'$。AA' 即为原始误差 δ，它与 OA 间的夹角为 φ。因而工件半径上（即工序尺寸方向上）的加工误差 ΔR 为

$$\Delta R = OA' - OA = \sqrt{R_0^2 + \delta^2 + 2R_0\delta\cos\varphi} - R_0 \approx \delta\cos\varphi + \frac{\delta^2}{2R_0} \tag{5.1}$$

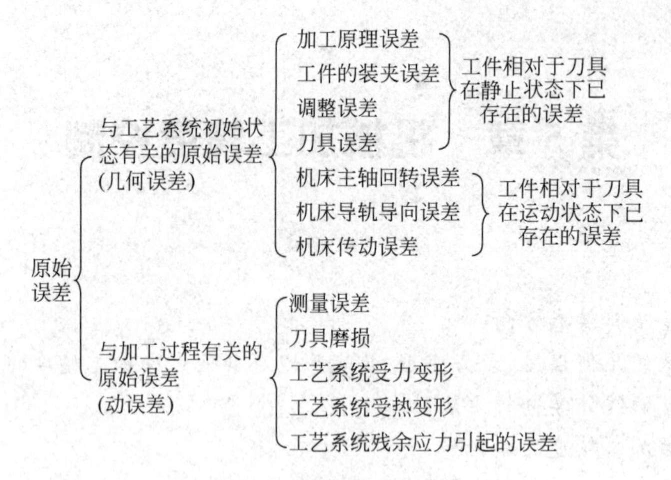

图 5.1 原始误差的种类

分析可知,当原始误差的方向为加工表面的法向方向时,即 $\varphi=0°$,引起的加工误差最大,$\Delta R=\delta+\frac{\delta^2}{2R_0}\approx\delta$;当原始误差的方向为加工表面的切线方向时,即 $\varphi=90°$,引起的加工误差最小,$\Delta R=\frac{\delta^2}{2R_0}$,通常可以忽略。显然,原始误差方向与工序尺寸方向相正交时,原始误差对加工方向的精度几乎没有影响。

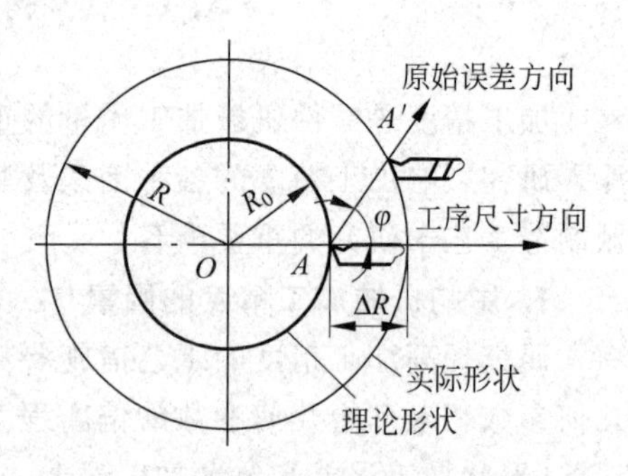

图 5.2 车削加工时的误差敏感方向

原始误差对加工精度影响最大的方向称为误差的敏感方向,而原始误差对加工精度影响最小的方向称为误差的不敏感方向。一般加工表面的法线方向为误差敏感方向,而加工表面的切线方向为误差非敏感方向。通常在研究工艺系统的加工精度时,主要研究误差敏感方向的精度。

5.2 工艺系统的几何误差及磨损

5.2.1 机床误差

加工中引起机床误差的原因主要有机床的制造误差、安装误差及其磨损等三个方面,这里着重分析对工件加工精度影响较大的主轴回转误差、导轨导向误差和传动链误差。

1. 机床主轴回转运动误差

1) 主轴回转误差的概念

机床主轴做回转运动时,主轴的各个截面必然有它的回转中心。机床主轴回转时,在主轴的任一截面上速度始终为零的点为理想回转中心。理想的回转中心在空间相对刀具或工件的位置是固定不变的。主轴各截面回转中心的连线称为回转轴线。

主轴回转误差是指主轴实际回转轴线相对于理想回转轴线的最大变动量。显然变动量越小,即主轴回转误差越小,主轴回转精度越高;反之越低。主轴理想的回转轴线是一条在空间位置不变的回转轴线。主轴理想的回转轴线是客观存在的,但现实中难以确定其位置,通常以主轴各瞬时回转轴线的平均位置作为主轴轴线，也称为平均轴线。

2）主轴回转误差的表现形式

为便于分析和研究，主轴回转运动误差可以分解为三种基本形式：轴向跳动、径向跳动、纯角度摆动。

轴向跳动：瞬时回转轴线沿平均回转轴线方向的轴向运动，如图5.3(a)所示。主轴的轴向跳动对工件的圆柱面加工没有影响，主要影响端面形状、轴向尺寸精度端面垂直度。主轴存在轴向跳动误差时，车削加工螺纹将会使加工后的螺旋产生螺距误差。

径向跳动：瞬时回转轴线始终平行于平均回转轴线方向的径向运动，如图5.3(b)所示。主轴的纯径向跳动会使工件产生圆柱度误差，对加工端面基本没有影响。但加工方法不同，所引起的加工误差形式和程度也不同。

纯角度摆动：瞬时回转轴线与平均回转轴线方向成一倾斜角度，但其交点位置固定不变的运动，如图5.3(c)所示。主轴的角度摆动不仅影响工件加工表面的圆柱度误差，而且影响工件端面误差。

实际上，主轴回转误差是三种基本形式误差综合作用的结果，见图5.3(d)。

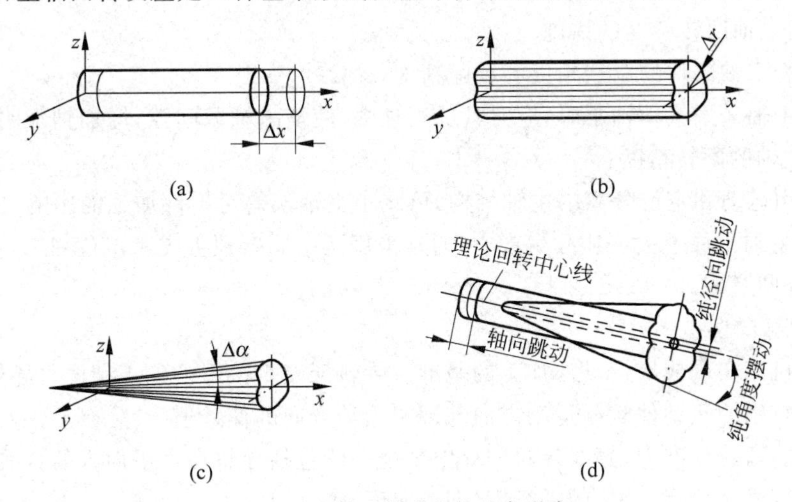

图5.3　主轴回转误差的基本形式

3）影响主轴回转精度的主要因素

可以产生主轴回转误差的因素较多，主要来自于零件加工和整机装配。因主轴结构不同，因素也不同，主轴回转误差亦不同，往往需要具体问题具体分析。

这里主要探讨主轴径向误差的影响。为了讨论问题方便，将主轴结构简化处理，将其处理成轴孔与轴颈配合的简单结构。

车床、外圆磨床等工件回转类机床切削加工过程中，切削力的方向相对机床床身大致不变，相对主轴孔大致不变，所以主轴转动过程中主轴轴颈的圆周不同部位都将有机会与主轴孔的某一固定部位相接触。这种情况使得主轴颈的圆度误差对加工误差影响较大，而主轴孔的圆度误差影响较小。如图5.4(a)所示，假如主轴孔为理想轴孔，主轴颈为椭圆形时，主轴径向跳动误差为Δ。

镗床等刀具回转类机床切削加工过程中，切削力的方向相对主轴(镗刀杆)大致不变，所以主轴转动过程中主轴轴颈的某一固定部位将始终与主轴孔圆周不同部位相接触。这种情况使得主轴孔的圆度误差对加工误差影响较大,而主轴颈的圆度误差影响较小,如图 5.4(b)所示。

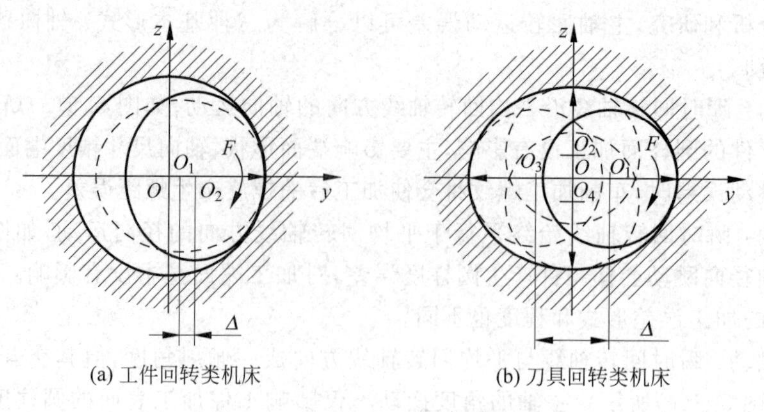

(a) 工件回转类机床　　(b) 刀具回转类机床

图 5.4　两类主轴回转误差的影响

4) 提高主轴回转精度的措施

(1) 提高主轴部件的制造精度和装配精度。

(2) 当主轴采用滚动轴承时,应对其适当预紧,使消除轴承间隙,增加轴承刚度,均化误差,可提高主轴的回转精度。

(3) 采用运动和定位分离的主轴结构,可减小主轴误差对零件加工的影响,使主轴的回转精度不反映到工件上去。实际生产中,通常采用两个固定顶尖支承定位加工,主轴只起传动作用,如外圆磨床。

2. 导轨导向误差

导轨是机床实现成形运动法加工的基准。导轨误差直接影响加工精度。导轨导向误差是指机床导轨副的运动件实际运动方向与理想运动方向的偏差值。

在机床的精度标准中,直线导轨的导向精度一般包括导轨在水平面内的直线度、导轨在垂直面内的直线度、前后导轨的平行度(即扭曲度)等。

1) 导轨在水平面内直线度误差的影响

卧式车床在水平面内存在直线度误差 ΔY,见图 5.5(a),则车刀尖的直线运动轨迹也要产生直线度误差 ΔY,从而造成工件圆柱度误差,$\Delta R=\Delta Y$,如图 5.5(b)所示。这表明水平方向是卧式车床加工误差对导轨误差的敏感方向。

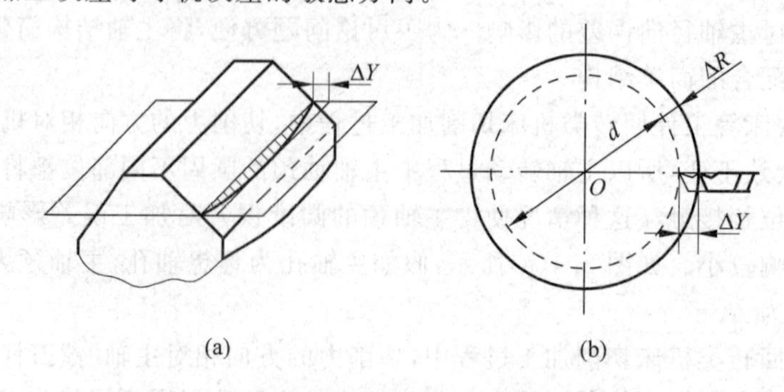

(a)　　(b)

图 5.5　车床导轨在水平面内的直线度误差

外圆磨床情况与卧式车床类似。而平面磨床、龙门刨床的加工误差对导轨误差的敏感方向在铅垂方向上，故平面磨床、龙门刨床、铣床等设备加工误差对导轨在水平面内的直线度误差不敏感。

2）导轨在垂直面内直线度误差的影响

卧式车床在垂直面内存在直线度误差 ΔZ，见图 5.6(a)，则车刀尖的直线运动轨迹也要产生直线度误差 ΔZ，从而造成工件圆柱度误差，$\Delta R=\Delta Z^2/2R$（见图 5.6(b)），说明卧式车床对导轨在垂直面内的直线度误差不敏感。

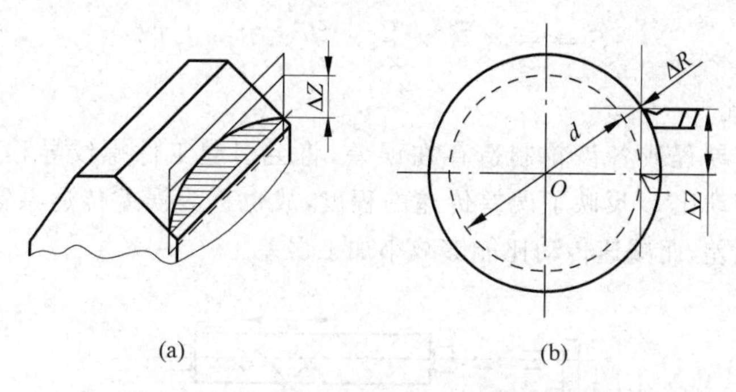

图 5.6　磨床导轨在垂直面内的直线度误差

外圆磨床情况与卧式车床类似。由于平面磨床、龙门刨床的加工误差对导轨误差的敏感方向在铅垂方向上，所以平面磨床、龙门刨床、铣床等设备的导轨在垂直面内的直线度误差将直接反映被加工件的表面，造成加工误差。

3）导轨面间平行度误差的影响

卧式车床两导轨间存在平行度误差时，将使床鞍产生横向倾斜，引起刀架和工件的相对位置发生偏斜，刀尖的运动轨迹是一条空间曲线，从而引起工件产生形状误差。根据图 5.7 所示的几何关系，可知因导轨平行度误差所引起的工件半径的加工误差 ΔR 为

$$\Delta R = H\Delta/B \tag{5.2}$$

式中，H 为主轴至导轨面的距离，m；Δ 为导轨在垂直方向的最大平行度误差，m；B 为导轨宽度，m。

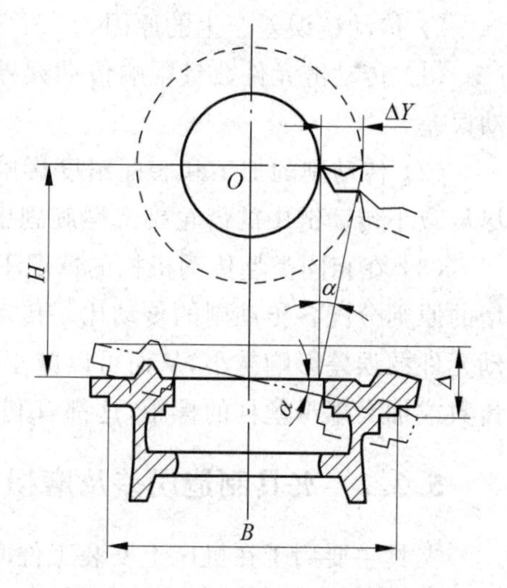

图 5.7　导轨间的平行度误差

一般车床 $H/B\approx 2/3$，外圆磨床 $H/B\approx 1$，因此导轨间的平行度误差对加工精度影响很大。

4）导轨误差产生的原因

导轨误差主要来自于机床安装、机床制造、机床变形（在重力作用下），以及机床使用中的磨损。

机床的安装（包括安装地基和安装方法）对导轨的原有精度影响非常大，一般远大于导轨的制造误差。特别是龙门刨床、龙门铣床和导轨磨床等，其床身导轨的刚性较差，在自重的作用下容易产生变形，导致工件产生加工误差。此外，导轨的不均匀磨损也是造成导轨误差的重要因素。

3. 机床传动链误差

1) 机床传动链误差的含义

机床传动链误差是指机床内部传动机构传动过程中出现传动链首末两端传动元件间相对运动的误差。传动链误差一般不影响圆柱面和平面的加工精度,但对齿轮、蜗轮蜗杆、螺纹和丝杆等加工有较大影响。

例如车削单头螺纹时,见图5.8,要求工件旋转一周,相应刀具移动一个螺距 S,这种运动关系是由刀具与工件间的传动链来保证的,即保持传动比 i_f 恒定,有

$$S=\frac{z_1}{z_2}\times\frac{z_3}{z_4}\times\frac{z_5}{z_6}\times\frac{z_7}{z_8}\times T=i_fT \tag{5.3}$$

式中,i_f 为总传动比。

如果机床丝杠导程或各齿轮制造存在误差,将会引起工件螺纹导程的加工误差。由式(5.3)可知,总传动比 i_f 反映了误差传递的程度,故也称为误差传递系数。显然,增速传动比会放大加工误差,而减速传动比能够减小加工误差。

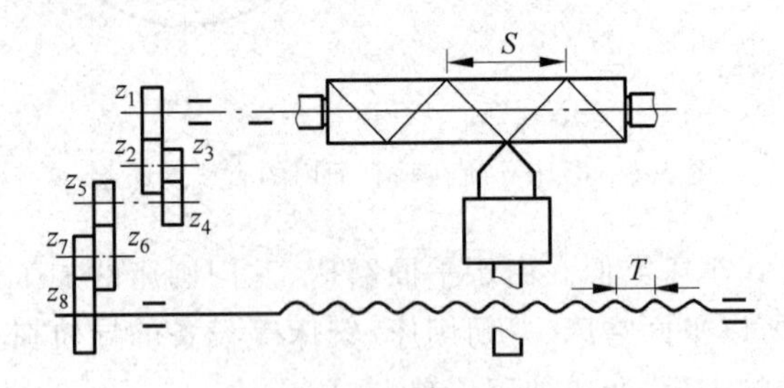

图5.8　车削螺纹的传动链示意图

2) 传动链误差产生的原因

(1) 传动链元件数量影响传动误差大小。每增加一个传动元件,必然会带来一部分传动误差。

(2) 传动副的加工和装配精度影响传动误差。特别要注意保证末端传动件的精度,并尽量减小传动链中的齿轮副或螺旋副中存在的间隙,避免传动速比的不稳定和不均匀。

(3) 在相同类型传动机构的情况下采用减速传动链有助于减小传动误差。按降速比递增的原则分配各传动副的传动比。传动链末端传动副的减速比越大,则传动链中其余各传动元件的误差影响越小,从而可以减小末端传动元件转角误差的影响。为此,可增加蜗轮的齿数或加大螺母丝杠的螺距,这都有利于减小传动链误差。

5.2.2　夹具制造误差及磨损

夹具主要用于在机床上安装工件时,使工件相对于切削工具占有正确的相对位置。如果夹具存在误差,工件与切削刀具间的正确位置关系将可能受到破坏,从而可能影响机械加工精度。

夹具误差主要来源于夹具的定位元件、导向元件、夹具体等的加工与装配误差,还包括使用过程中发生的工作表面磨损。

为减小因夹具制造精度而引起的加工误差,在设计夹具时,应严格控制与工件加工精度有关的结构尺寸和要求。精加工用夹具的有关尺寸公差一般取工件公差的1/2～1/5,粗加

工用夹具一般取工件公差的 1/5～1/10。而对于容易磨损的元件,如定位元件与导向元件等,均应采用较为耐磨的材料进行制造,且便于磨损后更换。

5.2.3　刀具制造误差及磨损

刀具的种类不同,对加工精度的影响也不同。

(1) 定尺寸刀具(如钻头、铰刀、拉刀、槽铣刀等)的尺寸精度将直接影响工件的尺寸精度。

(2) 成形刀具(如成形车刀、成形铣刀、成形砂轮等)的切削刃形状精度将直接影响加工表面形状精度。

(3) 展成加工(如齿轮加工、花键加工等)时,刀具切削刃形状精度和有关尺寸精度都会影响加工精度。

(4) 一般刀具(如普通车刀、单刃镗刀和平面铣刀等)的制造误差对加工精度没有直接影响。

在切削过程中,刀具不可避免地要产生磨损,使原有的尺寸和形状发生变化,从而引起加工误差。在精加工以及大型工件加工时,刀具磨损对加工精度可能会有较大的影响。刀具磨损往往是影响工序加工精度稳定性的重要因素。

5.3　工艺系统的受力变形

在机械加工过程中,工艺系统受到切削力、夹紧力、惯性力和重力等作用,会产生相应的变形和振动,使得工件和刀具之间已调整好的正确的相对位置发生变动,从而造成工件的尺寸、形状和位置等方面的加工误差。工艺系统的受力变形亦会影响加工表面质量,甚至导致工艺系统产生振动,而且在某种程度上还可能制约生产率的提高。

5.3.1　工艺系统刚度

1. 工艺系统刚度的概念

从材料力学可知,任何一个物体在外力作用下总要产生一定的变形。作用力 F(单位 N)与力作用下产生的相应变形 y(单位: mm)的比值称为物体的刚度,用 K 表示(单位: N/mm),即

$$K=\frac{F}{y} \tag{5.4}$$

工艺系统各部分在切削力作用下,将在各个受力方向产生相应变形。为了切实反映工艺系统刚度对零件加工精度的实际影响,将法向切削分力 F_y 与在总切削分力作用下工艺系统在该方向所产生的变形的法向位移量 y_{xt} 之比定义为工艺系统刚度 K_{xt},则

$$K_{xt}=\frac{F_y}{y_{xt}} \tag{5.5}$$

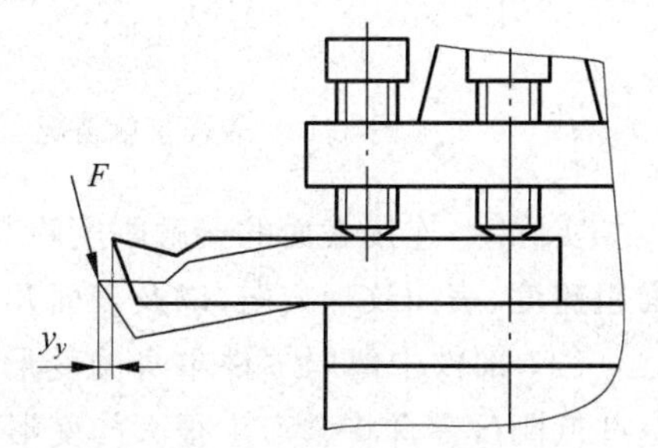

图 5.9　工艺系统的负刚度现象

在实际加工中,法向切削分力与法向位移有可能方向相反,计算刚度为负值,即出现负刚度现象。如图 5.9 所示,在车床上加工工件外圆时,车刀在切削力

F 作用下将产生弯曲变形,使车刀尖在水平方向产生位移 y_y,位移方向与切削力水平方向分力 F_y 方向相反,故工艺系统刚度为负值。这对加工质量是不利的,应尽量避免。

2. 工艺系统刚度的计算

工艺系统在某一处的法向总变形 y_{xt} 是各个组成部分在同一处的法向变形量的叠加,即

$$y_{xt} = y_{jc} + y_{jj} + y_d + y_g \tag{5.6}$$

式中,y_{jc} 为机床的受力变形,mm;y_{jj} 为夹具的受力变形,mm;y_d 为刀具的受力变形,mm;y_g 为工件的受力变形,mm。

根据工艺系统刚度的定义,机床刚度 K_{jc}、夹具刚度 K_{jj}、刀具刚度 K_d 及工件刚度 K_g 可分别写为

$$K_{jc} = \frac{F_y}{y_{jc}},\quad K_{jj} = \frac{F_y}{y_{jj}},\quad K_d = \frac{F_y}{y_d},\quad K_g = \frac{F_y}{y_g} \tag{5.7}$$

代入式(5.5),即可得到工艺系统刚度的计算公式:

$$K_{xt} = \frac{F_y}{y_{xt}} = \frac{F_y}{\frac{F_y}{K_{jc}} + \frac{F_y}{K_{jj}} + \frac{F_y}{K_d} + \frac{F_y}{K_g}} = \frac{1}{\frac{1}{K_{jc}} + \frac{1}{K_{jj}} + \frac{1}{K_d} + \frac{1}{K_g}} \tag{5.8}$$

分析式(5.8)可知,薄弱环节刚度是主导系统刚度的,刚度很大的环节对系统刚度影响小,可以忽略,所以计算工艺系统刚度时应把握主导因素,从而对问题进行简化。例如外圆车削时,车刀本身在切削力作用下的变形对加工误差的影响很小,可略去不计;再如镗孔时,工件(如箱体零件)的刚度一般较大,其受力变形很小,也可忽略不计。因为整个工艺系统的刚度取决于薄弱环节的刚度,故而通常采用单向载荷测定法寻找工艺系统中刚度薄弱的环节,而后采取相应措施提高薄弱环节的刚度,即可明显提高整个工艺系统的刚度。

3. 影响工艺系统刚度的因素

影响工艺系统刚度的因素主要有以下几个方面。

(1) 连接表面间的接触变形　连接零件间接合面的实际接触面积只是名义接触面积的一部分,如图5.10所示。在外力作用下,这些接触处将产生较大的接触应力,因而就有较大的接触变形产生,甚至可能产生局部塑性变形。变形与接触压强的关系如图5.11所示。

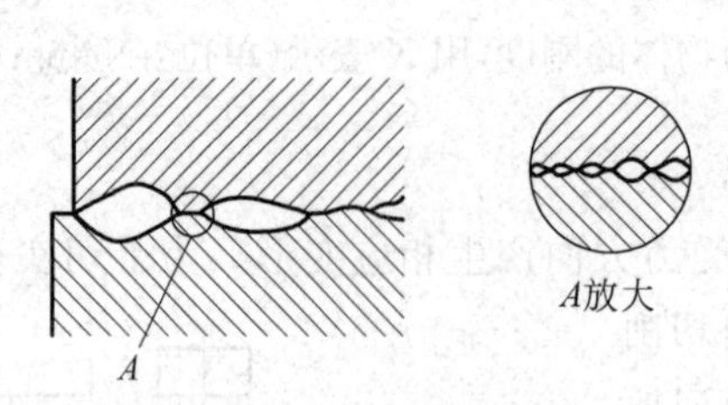

图5.10　表面接触情况

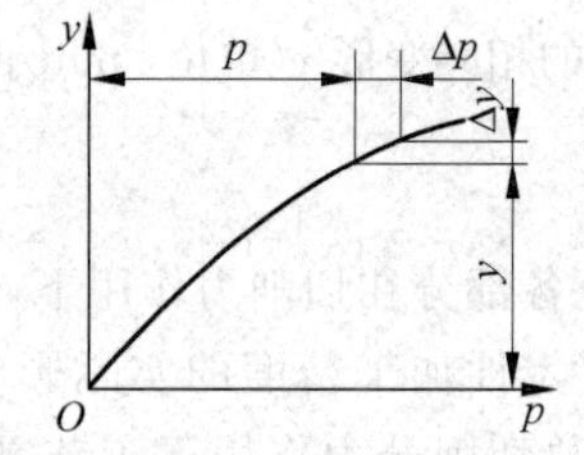

图5.11　接触变形与压强的关系

实际上,连接表面的接触刚度除与法向载荷大小有关外,还与接触表面的材料、硬度、表面粗糙度、表面纹理方向,以及表面几何形状误差等因素有关。

(2) 部件中薄弱零件本身的变形　如果部件中存在某些刚度很低的薄弱零件,受力后这些低刚度零件将会产生很大的变形,从而使整个部件的刚度降低。

4. 工艺系统刚度的测定

实际中,通常采用实验方法测定工艺系统的总刚度。

单向静载测定法是一种静刚度测试方法。这种方法是在机床静止状态下，对机床施加静载荷以模拟切削过程中的受力情况，根据机床各部件在不同静载荷下的变形做出刚度特性曲线，从而确定各部件的刚度。

单向静载测定车床静刚度的实验装置见图5.12。在车床上采用双顶尖定位安装大刚度短轴，螺旋加力器安装在刀架上，短轴和螺旋加力器之间装有测力环。当转动螺旋加力器的螺钉时，刀架与短轴之间便产生相互作用力，力的数值可由测力环中的千分表3读出，而主轴箱、尾座和刀架的受力变形可分别从相应的千分表1、2和4读出。调整螺旋加力器的加载力作用点和大小可以模拟切削加工时工艺系统静态受力的情况，通过连续的加载和卸载可获得车床静刚度的实测曲线。

图5.13所示为车床刀架部件的三次加载—卸载循环的实验曲线，由图可以看出机床部件刚度曲线有以下特点。

(1) 受力变形与作用力不呈线性关系，反映刀架变形不纯粹是弹性变形。

(2) 加载曲线与卸载曲线不重合，卸载曲线滞后于加载曲线。两曲线间的包络面积代表了加载—卸载循环中所损耗的能量，这部分能量主要用以克服部件内零件间的摩擦和接触塑性变形所做的功。

(3) 卸载曲线不会到原点，这说明有残余变形存在。经反复加载、卸载后，残余变形逐渐减小并接近于零，加载曲线与卸载曲线封闭。

(4) 机床部件的实际刚度远比按实体估算的要小。

这种静载测定法结构简单，易于操作，但很难模拟实际切削加工时的切削力，与机床加工时的受力状况出入较大，故一般只用于定性比较机床部件的刚度。

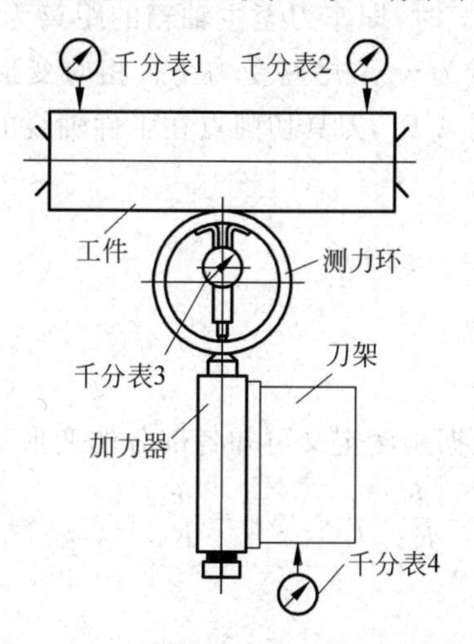

图5.12　单向静载测定车床静刚度

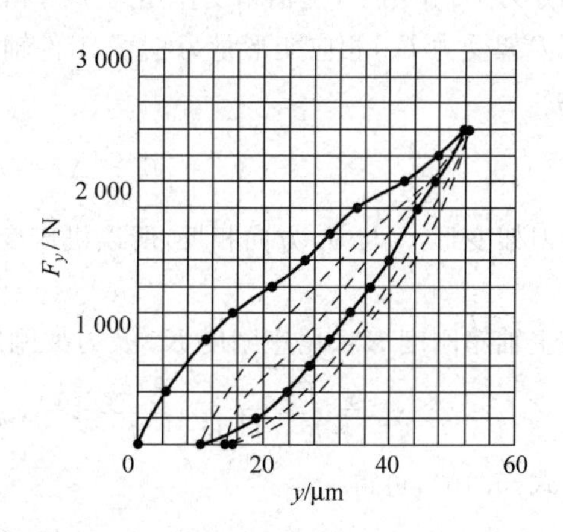

图5.13　车床刀架部件静刚度测定曲线

5.3.2　工艺系统受力变形对加工精度的影响

机械加工过程中，工艺系统的受力变形将造成工件加工误差。例如，如图5.14(a)所示，在车削细长轴时往往会出现腰鼓形误差；加工直径和长度尺寸都很大的内孔时，如图5.14(b)所示，经常会出现锥度。

工艺系统的机床、夹具、刀具及工件等受力后都会产生变形，下面将逐一分析这些环节

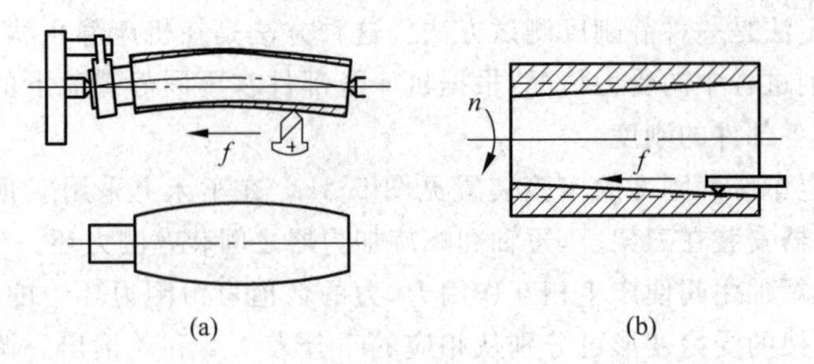

(a) (b)

图 5.14 受力变形引起的加工误差

的受力变形对加工精度的影响。

1. 切削力作用点位置变化引起的工件形状误差

在切削过程中,工艺系统的刚度随切削力的作用点位置不同而变化,因而工艺系统的受力变形也是变化的,使得加工后获得的工件表面存在形变误差。

1) 机床变形

各种不同的机床,其刚度对加工精度影响不同。以车床顶尖间加工光轴为例,假定工件短而粗,即工件的刚度很大,其受力变形可忽略不计,因而工艺系统的总变形取决于主轴箱、尾座(包括顶尖)和刀架的变形,如图 5.15(a)所示。车刀在切削工件的不同部位时,切削力对机床有关部件施加载荷大小不同,所以主轴箱和尾座等部分受力变形不同。车刀在切削工件左端时,切削力集中作用在主轴箱上,使它变形最大;而切削工件右端时,切削力集中作用在尾座上,尾座的变形最大,刀架也有一定变形。

设工件长度为 L,当加工中车刀进给到图示位置 x 时,即车刀至主轴箱的距离为 x,在切削分力 F_y 作用下,主轴箱受作用力 F_A,相应变形量为 y_{zx};尾座受力 F_B,相应变形量为 y_{wz};刀架受力 F_y,相应变形量为 y_{dj}。工件轴线位移到 $A'B'$,刀具切削点在工件轴线的位移 y_x 为

$$y_x = y_{zx} + \Delta x = y_{zx} + (y_{wz} - y_{dj})\frac{x}{L} \tag{5.9}$$

考虑刀架变形 y_{dj} 与 y_x 方向相反,所以机床变形量 y_{jc} 为

$$y_{jc} = y_x + y_{dj} \tag{5.10}$$

已知主轴箱刚度 K_{zx}、尾座刚度 K_{wz} 及刀架刚度 K_{dj},根据刚度定义可知各部分的变形量为

$$y_{zx} = \frac{F_A}{K_{zx}} = \frac{F_y}{K_{zx}}\frac{L-x}{L}, \quad y_{wz} = \frac{F_B}{K_{wz}} = \frac{F_y}{K_{wz}}\frac{x}{L}, \quad y_{dj} = \frac{F_y}{K_{dj}} \tag{5.11}$$

代入式(5.10),可得

$$y_{jc} = F_y\left[\frac{1}{K_{zx}}\left(\frac{L-x}{L}\right)^2 + \frac{1}{K_{wz}}\left(\frac{x}{L}\right)^2 + \frac{1}{K_{dj}}\right] \tag{5.12}$$

上式说明,随着切削力作用点位置变化,工艺系统的变形是变化的,由此引起的加工误差也随之变化,从而使得加工出来的工件表面产生形变误差。

若 $K_{zx}=6\times10^7\,\text{N/m}$,$K_{dj}=4\times10^7\,\text{N/m}$,$F_y=300\text{N}$,两顶尖的距离 $L=600\text{mm}$,则沿工件长度方向上的受力变形曲线如图 5.15(b)所示。这说明车床刚度沿光轴的长度方向是变化的,加工所得的工件母线呈抛物线状,因而工件形状就成为两端粗、中间细的旋转抛物体形。

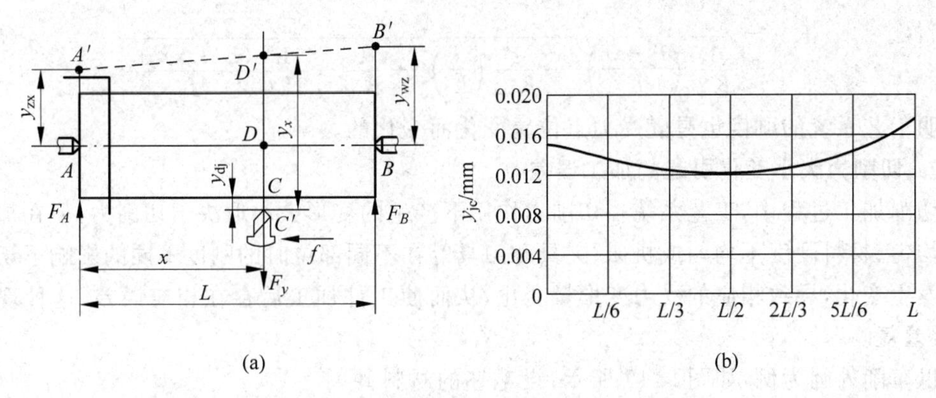

图 5.15　大刚度工件工艺系统受力变形

2）工件的变形

工件的变形对加工精度的影响需要根据具体情况进行分析。当工件、刀具形状比较简单时，其刚度可按材料力学中的有关公式进行估算。

以车床上顶尖间加工长轴为例，工件刚度很低时，机床、夹具和刀具的受力变形可略去不计，工艺系统的变形完全取决于工件的变形量大小。当加工中车刀进给到图 5.16(a)所示位置 x 时，工件的轴线将在切削力作用下产生弯曲。根据材料力学中的挠度计算公式，可求得工件在此切削点的变形量 y_g：

$$y_g = \frac{F_y}{3EI}\frac{(L-x)^2x^2}{L} \tag{5.13}$$

式中，E 为材料的弹性模量，N/mm^2；I 为工件的截面惯性矩，mm^4。

若 $F_y=300N$，工件尺寸为 $\phi30mm\times600mm$，$E=2\times10^5N/mm^2$，则沿工件长度方向上的受力变形曲线如图 5.16(b)所示。

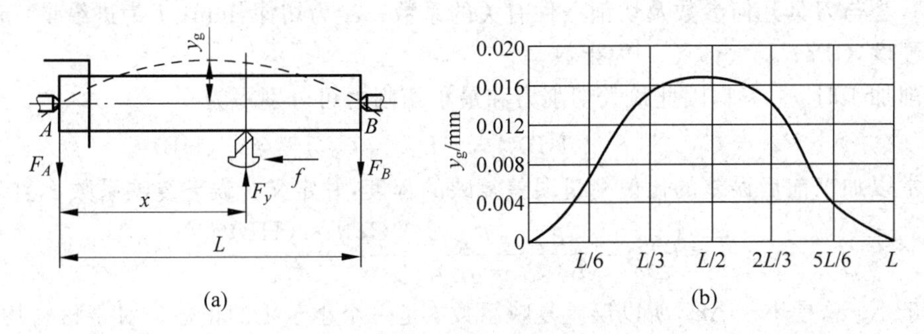

图 5.16　小刚度工件工艺系统受力变形

3）工艺系统的总变形

若同时考虑机床变形和工件变形，将上述两种情况下的变形量进行叠加，则在切削点处刀具相对于工件的位移量为

$$y_{xt} = y_{jc} + y_g = F_y\left[\frac{1}{K_{zx}}\left(\frac{L-x}{L}\right)^2 + \frac{1}{K_{wz}}\left(\frac{x}{L}\right)^2 + \frac{1}{K_{dj}}\right] + \frac{F_y}{3EI}\frac{(L-x)^2x^2}{L} \tag{5.14}$$

此时工艺系统的刚度为

$$K_{xt}=\frac{1}{\frac{1}{K_{zx}}\left(\frac{L-x}{L}\right)^2+\frac{1}{K_{wz}}\left(\frac{x}{L}\right)^2+\frac{1}{K_{dj}}+\frac{1}{3EI}\frac{(L-x)^2x^2}{L}} \tag{5.15}$$

这说明工艺系统的刚度也是随受力点位置变化而变化的。

2. 切削力大小变化引起的加工误差

切削加工过程中,工艺系统在切削力作用下产生的变形大小取决于切削力,但在加工余量不均匀、材料硬度不均匀或机床、夹具和刀具等在不同部位时的刚度不同的影响下切削力将会发生变化,导致相应的受力变形量变化,从而使工件加工后存在相应误差,这种现象称为“误差复映”。

以车削外圆为例,如图5.17所示,设毛坯的材料硬度均匀,但存在椭圆形圆度误差 $\Delta m=a_{p1}-a_{p2}$。车削加工时首先按加工表面尺寸要求将刀尖调整到细实线位置,即调整一定的切深。由于毛坯形状误差,工件在每一转中,切深是不断变化的,最大切深为 a_{p1},最小切深为 a_{p2},相应地,a_{p1} 处的切削力 F_{y1} 最大,相应变形 y_1 最大;a_{p2} 处的切削力 F_{y2} 最小,相应变形 y_2 也最小。因而,车削加工时的切削力变化将引起受力变形不一致。最终加工后,毛坯的椭圆形圆度误差仍以一定的比例保留在工件上,形成圆度误差 $\Delta g=y_1-y_2$。

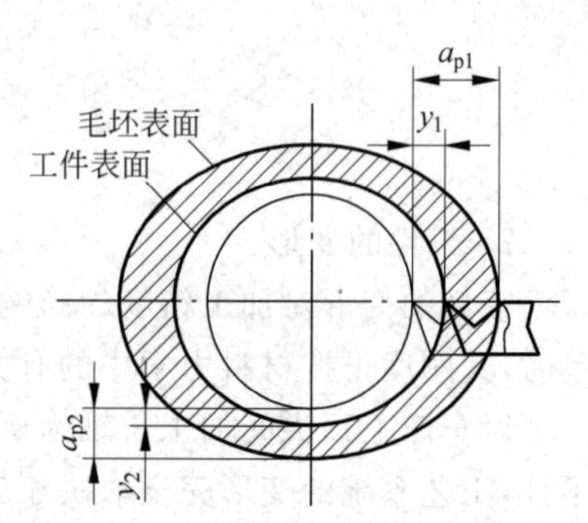

图5.17　零件加工的形状误差复映

设工艺系统的刚度为 K,则工件的圆度误差

$$\Delta g=y_1-y_2=\frac{F_{y1}-F_{y2}}{K} \tag{5.16}$$

根据切削原理,切削力可用如下的经验公式进行计算:

$$F_y=C_{F_y}a_p^{x_{F_y}}f^{y_{F_y}}(\mathrm{HB})^{n_{F_y}} \tag{5.17}$$

式中,C_{F_y} 为与刀具几何参数及切削条件有关的系数;a_p 为切深,mm;f 为进给量,mm;HB为材料硬度,GPa;x_{F_y}、y_{F_y}、n_{F_y} 为指数。

车削加工时 $x_{F_y}\approx 1$,因此最大切削力和最小切削力可分别写为

$$F_{y1}=C_{F_y}a_{p1}^{x_{F_y}}f^{y_{F_y}}(\mathrm{HB})^{n_{F_y}},\quad F_{y2}=C_{F_y}a_{p2}^{x_{F_y}}f^{y_{F_y}}(\mathrm{HB})^{n_{F_y}} \tag{5.18}$$

通常以加工前后误差的比值衡量误差复映的程度,并定义为误差复映系数 ε,其表示为

$$\varepsilon=\frac{\Delta g}{\Delta m}=\frac{F_{y1}-F_{y2}}{K(a_{p1}-a_{p2})}=\frac{C_{F_y}f^{y_{F_y}}(\mathrm{HB})^{n_{F_y}}}{K} \tag{5.19}$$

由于 Δg 总是小于 Δm,所以误差复映系数 ε 是一个小于1的正数。对于材料均匀的毛坯,误差复映系数只与进给量、工艺系统刚度有关。

由误差复映规律知,误差复映系数定量反映了毛坯误差加工后减小的程度,因而要减小误差复映现象,可减小进给量或提高工艺系统的刚度。一般情况下,误差复映系数 $\varepsilon<1$,故加工后工件的误差较加工前明显减少。

设第1次、第3次、第3次……第 n 次走刀时的误差复映系数分别为 $\varepsilon_1,\varepsilon_2,\varepsilon_3,\cdots,\varepsilon_n$,则总的误差复映系数

$$\varepsilon=\varepsilon_1\varepsilon_2\varepsilon_3\cdots\varepsilon_n \tag{5.20}$$

这说明,经多次走刀或多道工序能够减小误差复映的程度,可以降低工件的加工误差,但也

意味着生产率的降低。实际中可根据工件的公差值和毛坯误差值确定加工次数。

3. 夹紧力引起的加工误差

工件在装夹过程中，如果工件刚度较低或夹紧力的方向和着力点选择不当，都会引起工件的变形，造成加工误差。特别是薄壁套、薄板等零件，易于产生加工误差。

以三爪自定心卡盘夹持薄壁套筒进行镗孔加工为例。假定工件是圆形，夹紧后套筒因受力变形，如图5.18(a)所示。虽镗出的内孔为圆形，见图5.18(b)，但去除夹紧力后，套筒零件弹性变形恢复，使得外圆大致为圆形，而内孔将不再是圆形，如图5.18(c)所示。所以为了减少该加工误差，生产中常在套筒外面加装一个厚壁的开口过渡环，见图5.18(d)，使夹紧力均匀分布在套筒上，可避免上述问题。

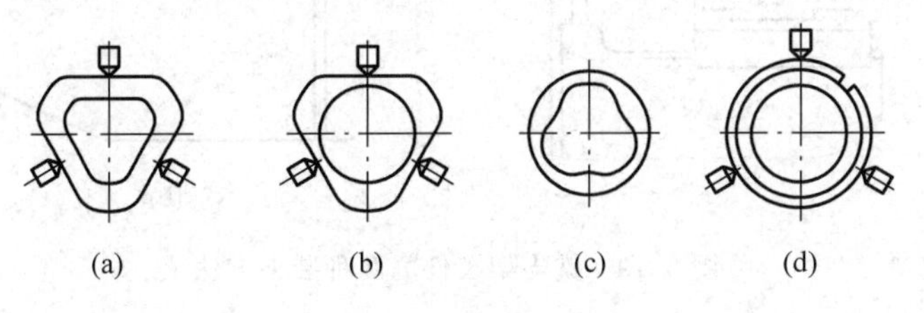

图5.18 工艺系统变形随受力点的变化而变化的情况

4. 重力引起的加工误差

工艺系统的零部件自重也会产生变形，尤其是在大型工件或组合件加工时，工件自重引起的变形可能会成为产生加工形状误差的主要原因，如龙门铣床、龙门刨床横梁在刀架自重下引起的变形将造成工件的平面度误差。所以装夹工件时，可适当布置支承位置或通过平衡措施以减少自重影响。

5. 惯性力对加工精度的影响

如果工艺系统中有不平衡的高速旋转的构件存在，就会产生离心力。它在工件的每一转中将不断地变更方向，引起工件几何轴线作相同形式的摆动。当不平衡质量的离心力大于切削力时，车床主轴轴颈和轴套内孔表面的接触点就会不断地变化，则轴套孔的圆度误差将传给工件的回转轴心。周期性变化的惯性力还会引起工艺系统的强迫振动。

5.3.3 减少受力变形对加工精度影响的措施

减小工艺系统受力变形对工件加工精度影响的主要措施是提高工艺系统的刚度，特别是提高工艺系统中刚度最为薄弱部分的刚度。一般常采用以下方法提高工艺系统刚度。

1. 合理的结构设计

机床的床身、立柱、横梁、夹具体、镗模板等支承零件的刚度对整个工艺系统刚度影响较大，因而设计时应尽量减少连接面的数目，注意刚度的匹配，并尽可能防止有局部低刚度环节的出现。合理设计零件、刀具结构和截面形状，使其具有较高刚度。

2. 提高连接表面的接触刚度

由于零件间的接触刚度往往远低于零件的刚度，因而提高零件间的接触刚度是提高工艺系统刚度的关键。

3. 采用合理的装夹及加工方式

合理的装夹能够使夹紧力分布均匀，从而减小受力变形，如薄壁套类零件加工可采用刚性开口夹紧环(见图 5.18(d))或改为端面夹紧。

加工方式对刚度也有影响。如按图 5.19(a)所示铣削加工,加工面距夹紧面较远,加工中刀杆和工件的刚度都很差。如果将工件平放,改用端铣刀加工,如图 5.19(b)所示,加工面距夹紧面较近,则刚度会明显提高。

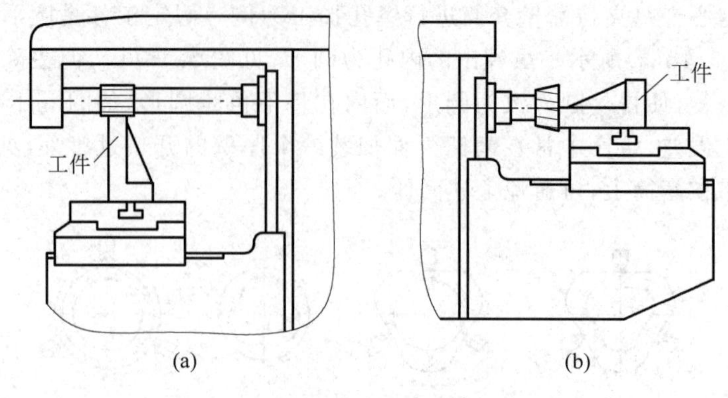

图 5.19　铣支架工件的两种装夹方法

5.4　工艺系统的热变形

在机械加工过程中,工艺系统受到各种热源的影响将产生复杂的变化,工件、刀具、夹具和机床会因温度变化而产生热变形,这种热变形对加工精度影响较大。研究表明,现代机床加工中热变形所引起的加工误差占总误差的 40%～70%。实际加工中为了减少热变形的影响,常需要很多时间进行预热和调整机床。所以热变形不仅影响机械加工精度,而且制约着加工效率的提高。随着高效率、高精度和自动化技术的发展,产品质量的需求不断提高,工艺系统的热变形问题将更为突出,对其进行分析和控制极为重要。

5.4.1　工艺系统的热源

工艺系统的热变形是由加工过程中存在的各种热源所引起的。按其来源大致分为内部热源和外部热源两大类。内部热源包括切削热和摩擦热;外部热源包括环境温度场和辐射热。

1. 内部热源

1) 切削热

切削加工或磨削加工过程中,切削层的弹性变形、塑性变形、刀具与工件及切屑之间的摩擦机械能绝大部分被转化为切削热,形成切削加工过程的最主要热源。切削热将传到机床、工件、刀具、夹具、切屑、切削液和周围的介质。

车削加工时,切削热中的大部分热量被切屑带走。切削速度越高,切屑所带走热量的百分比越大。一般切屑所带走的热量占 50%～80%,传给工件的热量约 30%,而传给刀具的热量一般在 10%以下。

钻削和卧式镗孔时,因有大量切屑滞留在工件孔内,散热条件不良,因而传给工件的切削热较多。如钻孔时传给工件的热量一般在 50%以上。

磨削加工时，细小的磨屑带走的热量很少，且砂轮为不良导体，因而84%左右的热量将传入工件。由于磨削在短时间产生的热量大，而热源面积小，故热量相当集中，以致磨削区的温度可高达800～1 000℃。

2）摩擦热

摩擦热主要是机械和液压系统中的运动部件产生的。这些运动部件在相对运动时，会因摩擦力作用而形成摩擦热，如轴与轴承、齿轮、导轨副、摩擦离合器、电动机、液压泵、节流元件等。尽管摩擦热较切削热少，但摩擦热会导致工艺系统局部发热，引起局部升温和变形，温升的程度由于相对热源位置的不同而有所区别，即使同一个零件，其各部分的温升也可能有所不同。

2. 外部热源

工艺系统受热源影响，温度逐渐升高，同时热量通过辐射、对流和传导等方式向周围传递。当单位时间内的热量传入和传出相等时，温度将保持恒定，工艺系统达到热平衡状态。在热平衡状态下，工艺系统各部分的温度基本不变，因而各部分的热变形也就相应趋于稳定。

1）环境温度场

在工件加工过程中，周围环境的温度场随季节气温、昼夜温度、地基温度、空气对流等的影响而变化，从而造成工艺系统温度的变化，影响工件的加工精度，特别是加工大型精密件时影响更为明显。

2）辐射热

在加工过程中，阳光、照明、取暖设备等都会产生辐射热，致使工艺系统产生热变形。

5.4.2 热变形对加工精度的影响

虽然工艺系统的热源很多，但对工艺系统的影响是有主次之分的，因此分析工艺系统热变形时应明确占据主导的影响因素，而后采取措施减小或消除其影响。在工艺系统热变形中，以机床热变形最为复杂，工件和刀具次之，常可用解析的方法进行估算和分析。

1. 工件热变形对加工精度的影响

加工中工件热变形的主要热源是切削热或磨削热，但对于大型零件和精密零件，外部热源的影响也不可忽视。工件的热变形情况与工件材料、工件的结构和尺寸，以及加工方法等因素有关。工件的热变形可能会造成切削深度和切削力的改变，导致工艺系统中各部件之间的相对位置改变，破坏工件与刀具之间相对运动的准确性，造成工件的加工误差。工件的热变形及其对加工精度的影响，与其受热是否均匀有关。

(1) 工件均匀受热而产生的变形　均匀受热是指工件的温度分布比较一致，工件的热变形也会比较均匀。一些形状简单的回转类工件（如短轴类、套类和盘类零件等），切削加工时属于均匀受热。这类工件进行内、外圆加工时，由于工作行程短，一般可将其热变形引起的纵向形状误差忽略不计，而这种热变形主要影响工件的尺寸精度。

(2) 不均匀受热而产生的变形　影响热源及其传递的因素较为复杂，实际上多数情况下工件受热不均匀，其热变形也不均匀。这种热变形主要影响工件的形状和位置精度。

2. 刀具热变形对加工精度的影响

刀具的热变形也主要是由切削热引起的。传给刀具的热量虽不多，但因刀具体积小、热容量小,且热量集中在切削部分,仍有相当程度的温升,从而引起刀具的热伸长并导致加工误差。如用高速钢刀具车削时,刃部的温度高达700～800℃,刀具热伸长量达0.03～0.05mm。

图5.20所示为车削时车刀热变形与切削时间的关系曲线。当车刀连续切削工作时,开始切削时车刀温升较快,热伸长量增长较快,随后趋于缓和并最后达到平衡状态,此时车刀变形很小。当切削停止时,刀具逐渐冷却收缩。当车刀间断切削工作时,非切削时刀具有一段短暂的冷却时间,切削时刀具继续加热,因此刀具热变形时伸长和冷却交替进行,具有热胀冷缩的双重性质,总的变形量比连续工作时要小一些。

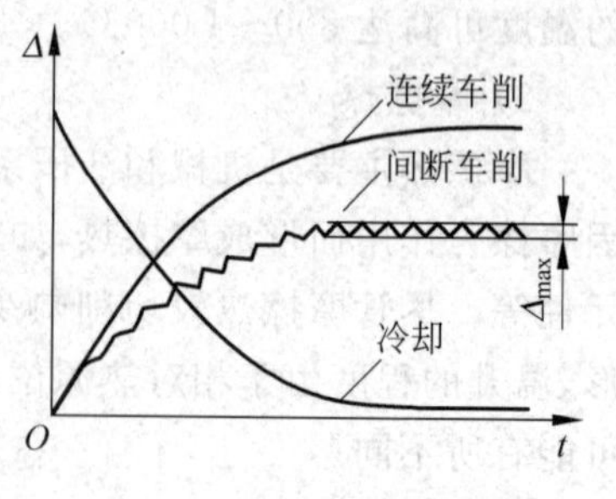

图5.20　车刀热变形曲线

加工大型零件时,刀具热变形往往造成几何形状误差,如车削长轴或立车端面时,刀具连续工作的时间较长,随着切削时间的增加,刀具逐渐伸长,造成加工后工件产生圆柱度误差或平面度误差。加工小零件时,刀具热变形对加工尺寸的影响并不显著,但会造成一批工件尺寸分散。

3. 机床热变形对加工精度的影响

机床工作时会受到内外热源的影响,但各部分热源不同且分布不均匀,加上机床的结构比较复杂,将造成机床各部件发生不同程度的热变形,从而破坏了机床的几何精度,以主轴部件、床身、导轨、立柱和工作台等部件的热变形对加工精度影响较大。

车、铣、镗床类机床的主要热源是主轴箱。主轴箱内的齿轮、轴承摩擦发热和箱中油池的润滑油发热等,都将导致主轴箱以及与之相连的部分(如床身或立柱)发生变形和翘曲,从而造成主轴的偏移和倾斜。尽管温升不大,但如果热变形出现在加工误差的敏感方向,则对加工精度的影响较为显著。立式铣床产生热变形后,将使铣削后工件的平面与定位基面之间出现平行度或垂直度误差。而镗床的热变形则会导致所镗内孔轴线与定位基面之间的平行度或垂直度误差。

龙门刨床、外圆磨床、导轨磨床等大型机床的主要热源是工作台运动时导轨面产生的摩擦热及环境温度。它们的床身较长,温差影响会产生较大的弯曲变形(见图5.21(a)和(b)),上表面温度高则床身中凸,下表面温度高则床身中凹。床身热变形是影响加工精度的主要因素。如长12m、高0.8m的导轨磨床床身,若导轨面与床身底面温差1℃时,其弯曲变形量可达0.22mm。

平面磨床床身的热变形决定于油池安放位置及导轨副的摩擦热。油池不放在床身内时,机床运转之后,导轨上面温度高于下部,床身将出现中凸;油池放在床身底部时,会使床身产生中凹。它们都将使加工后的零件存在平面度误差。双端面磨床的冷却液喷向床身中部的顶面,使其局部受热而产生中凸变形,从而使两砂轮的端面产生倾斜,如图5.21(c)所示。

当机床运转一段时间后传入各部件的热量与各部件散失的热量接近或相等时,各部件的温度将停止上升并达到热平衡状态,相应的热变形以及部件间的相互位置也趋于稳定。机床达到热平衡状态时的几何精度称为热态几何精度。热平衡状态前,机床的几何精度是变化不定的,其对加工精度的影响也变化不定。因此,精密加工应在机床处于热平衡之后进行。一般机床,如车床、磨床等,其运转的热平衡时间为1～2h,大型精密机床往往超过12h,甚至达到数十小时。

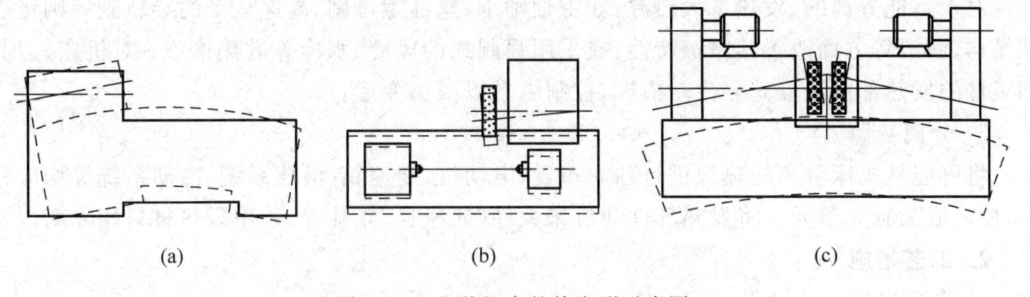

图 5.21　几种机床的热变形示意图

加工中心机床是一种高效率机床,可在不改变工件装夹的条件下,对工件进行多面和多工位的加工。加工中心机床的转速较高,内部有很大的热源,而较高的自动化程度使其散热的时间极少。但工序集中的加工方式和高加工精度并不允许有较大的热变形,所以加工中心机床上采取了很多防止和减少热变形的措施。

5.4.3　减小热变形对加工精度影响的措施

综上分析,热变形主要取决于温度场的分布,但热变形分析应注意热变形的方向与加工误差敏感方向的相对位置关系,应将机床热变形尽量控制在加工误差的不敏感方向上,以减少工件的加工误差,这可以从结构和工艺两个方面采取措施。

1. 结构措施

1) 采用热对称结构

机床大件的结构和布局对机床热态特性有较大影响。以加工中心机床立柱为例,单立柱结构受热将产生较大的扭曲变形,而双立柱结构由于左右对称,仅产生垂直方向的热位移,容易通过调整的方法予以补偿。

主轴箱的内部结构中,应注意传动元件(如轴、轴承及传动齿轮等)安放的对称性,使箱壁温度分布及变化均匀,从而减少箱体的变形。

2) 采用热补偿及冷却结构

热补偿结构可以均衡机床的温度场,使机床产生的热变形均匀,从而不影响工件的形状精度。例如 M7150A 型平面磨床的床身较长,当油箱独立于主机布置时,则床身上部温度高于下部,产生较大的热变形。可采取回油补偿的方法均衡温度场,如图 5.22 所示。在床身下部配置热补偿油沟,使一部分带有余热的回油经热补偿油沟后送回油池。采取这些措施后,床身上下部温差降至 1～2℃,从而热变形明显减少。

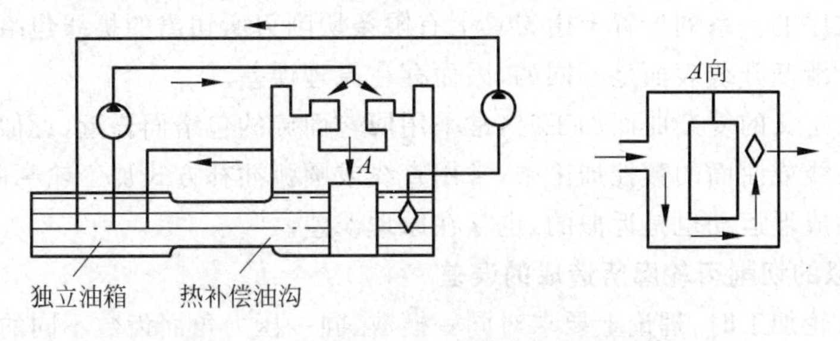

图 5.22　M1750A 型磨床的热补偿油沟

对于不能分离的、发热量大热源,如主轴轴承、丝杠螺母副、高速运动的导轨副等则可以从结构、润滑等方面改善其摩擦特性,或采用强制式的风冷、水冷等散热措施;对机床、刀具和工件的发热部位采取充分冷却措施,控制温升以减小变形。

3)分离热源

将可能从机床分离的热源进行独立布置,电动机、变速箱、液压系统、冷却系统等均应移出,使之成为独立单元。将发热部件和机床大件(如床身、立柱等)采用隔热材料相隔离。

2. 工艺措施

1)合理安排工艺过程

当粗、精加工时间间隔较短时,粗加工的热变形将影响到精加工,工件冷却后将产生加工误差。因此,为避免粗加工时的热变形对加工精度的影响,在安排工艺过程时,应将粗、精加工分开,并保证工件粗加工后有一定的冷却时间,既可保证加工精度,又可满足较高的切削生产要求。在单件小批生产中,粗精加工在同一道工序进行,则粗加工后应停机一段时间使工艺系统冷却,同时还应将工件松开,待精加工时再重新夹紧。

2)保持或加速工艺系统的热平衡

在精密加工之前,应让机床先空转一段时间,等达到热平衡状态后再进行加工,从而利于保证加工精度。对于精密机床特别是大型机床,可在加工前进行高速空转预热,或在机床的适当部位设置控制热源,使机床较快地达到热平衡状态,然后进行加工。加工一些精密零件时,间断时间内不要停车,以避免破坏热平衡。

3)控制环境温度

精加工机床应避免日光直接照射,精密机床应安装在恒温车间内。

5.5 其他影响加工精度的因素及改进措施

机械加工工艺系统中还有一些其他因素影响加工精度,主要包括加工原理误差、测量误差、调整误差和残余应力误差等。

5.5.1 加工原理误差

加工原理误差是指采用了近似的成形运动或近似的刀刃轮廓进行加工而产生的误差,也称之为原理误差。

1. 采用近似的成形运动所造成的误差

在展成法加工渐开线齿轮时,因为滚刀或插刀是由数目有限的切削刃构成的,所以被加工齿形是在有次序的一系列位置上由刀具上有限条切削刃所切出的折线包络而成。这与理论上所要求的光滑渐开线表面是不同的,因而存在原理误差。

在用离散点定义的复杂曲面加工时,常采用回转面族的包络面逼近(近似)原曲面,存在原理误差。在曲线或曲面的数控加工中,常用直线或圆弧插补方式加工轮廓曲线和曲面,刀具相对于工件的成形运动也是近似的,也存在原理误差。

2. 采用近似的切削刃轮廓所造成的误差

在渐开线齿轮加工时,理论上要求对同一模数、同一压力角而齿数不同的齿轮应选取相应齿数的铣刀。但为避免铣刀数目过多而引起过高成本或难于管理,实际上的铣刀刀具是按优选系列制备的，这必然产生齿形误差。如 3 号铣刀可用于加工齿数为 17～20 的齿轮，但其切削刃是按本组最小齿数 17 的齿形设计的。

由于制造上的困难，实际上采用阿基米德蜗杆或法向直廓蜗杆代替渐开线蜗杆，这种近似造型的刀刃轮廓必然引起加工误差。

虽然近似的成形运动或近似的刀刃轮廓会产生加工原理误差，但采用近似加工方法可使工艺装备的结构得以简化，工艺过程更为经济，从而提高生产率、保证质量。因此，在满足产品精度要求的前提下，只要原理误差不超过规定的范围，则其存在是允许的，一般其应小于工件公差值的 10%～15%。

5.5.2　测量误差

工件在加工过程中要用各种量具、量仪等进行检验测量，并以测量结果进行工艺系统的调整，防止工件超差，保证工件加工后能够达到预定的加工精度。测量误差是指工件实际尺寸与量具表示的尺寸之间的差值。测量误差直接影响加工精度，但在理论上是不可避免的，产生测量误差的原因主要有以下几种。

1. 计量器具和测量方法本身的误差

1）计量器具本身精度的影响

任何一种精密量具、量仪等测量设备本身都存在制造误差，但制造误差并不直接影响加工精度，仅使加工误差的数值失真。但在试切法或调整加工时，其对加工精度则有直接影响。而计量器具精度主要是由示值误差、示值稳定性、回程误差和灵敏度等四个方面综合起来的极限误差表示的，选用不同的计量器具，测量误差的变动范围也很大。如用光学比较仪测量轴类零件，误差＜1μm，用千分尺测量时误差为 5～10μm，而用游标卡尺误差则达 150μm。

2）计量器具或测量方法不符合“阿贝原则”

所采用的测量方法和量具结构不符合“阿贝原则”时，会产生很大的测量误差，称为“阿贝误差”。例如，常用的外径百分尺、测深尺、立式测长仪等进行测量时，是符合“阿贝原则”的，而用游标卡尺等测量则不符合“阿贝原则”。

3）单次测量判断的不准确性

测量精度是由测量误差衡量的，而测量误差的大小是以实际测得值与所谓“真值”之差表示的。然而，真值在测量前是未知的。为了衡量测量误差的大小，必须寻找一个非常接近真值的数值代替真值，以评价测量精度的高低。因此，在排除测量过程中系统误差的前提下，对某一测量尺寸进行多次重复测量，一般以重复测量值的算术平均值代替真值。

2. 测量条件的影响

环境条件对测量精度也有影响，主要指测量环境的温度和振动。温度变化会引起测量时量具和工件的热变形量不相等，从而产生测量误差；振动则会使工件位置变动或使量具读数不稳定。

除此之外，测量者的视力、判断能力、测量经验、相对测量或间接测量所用的对比标准，以及测量力等因素都会引起读数的误差而产生测量误差。

减小测量误差的主要措施有：

(1) 提高量具精度，根据加工精度要求合理选择量具；

(2) 注意操作方法,正确使用和维护量具,定期检测;

(3) 注意测量条件,精密零件应在恒温环境下进行测量。

5.5.3 调整误差

零件加工的每一道工序中,为了获得被加工表面的形状、尺寸和位置精度,必须对机床进行调整。而任何调整方法及任何调整工具都不可能绝对精确,因而会产生调整误差。

机械加工中,由于零件生产量的不同和加工精度的不同,所采用的调整方法也不相同。单件小批量生产时,多采用试切法调整;而大批大量生产时,一般采用样板、样件、挡板及靠模等调整工艺系统。调整方式不同,其误差来源也不同。

1. 试切法调整

单件小批生产中,通常采用试切法加工。试切法调整是一种通过“试切→测量→调整→再试切”的反复过程来确定刀具与工件相对位置的正确性,从而保证零件加工精度的方法。它的调整误差主要来源于三个方面。

(1) 测量误差　量具本身的精度、测量方法或使用条件下的误差都会影响测量的准确性,并可能引起误差。

(2) 进给机构的位移误差　在试切最后一刀或在精加工时,总需要按刻度盘的显示值微调刀具的进给量。这种低速微量进给运动会导致进给机构出现“爬行”现象,将导致刀具的实际位置与刻度盘的数值不一致,从而造成加工误差。

(3) 试切时与正式切削层厚度不同的影响　刀具所能切除的最小切削层厚度是有一定限度的,一般锐利的刀刃最小切削层厚度可达 5μm,而钝刀为 20～50μm。切削厚度过小时,刀刃只起挤压作用而不进行切削。在精加工时,试切的最后一刀总是很薄,但正式切削时的加工余量较大,实际切深要大于试切,因此工件尺寸与试切不同,会产生加工尺寸误差。

2. 调整法

生产中常用标准样块或对刀块(导套)调整刀具,以及按试切尺寸调整刀具。当以试切为依据进行工艺系统调整时,影响试切法调整精度的因素同样对调整法有影响。除此之外,影响调整精度的因素还有以下几种。

(1) 定程机构误差　成批生产中,广泛采用行程挡块、靠模、凸轮等机构保证刀具和工件的相对位置,这些定程机构的制造精度和调整误差,以及它们的受力变形和与它们配合使用的电、液、气动元件的灵敏度等都是影响调整误差的主要因素。

(2) 样件或样板的误差　在各种仿形机床、多刀机床和专用机床中,常采用专用的样件或样板确定刀具和工件的相对位置。这种情况下,样板或样块的制造误差、安装误差和对刀误差以及它们的磨损等都是造成调整误差的来源。

(3) 测量有限试件造成的误差　工艺系统进行试切加工的工件数(称为抽样件数)不可能太多,从统计上讲不能完全反映整批工件切削过程中的各种随机误差,试切工件的平均尺寸不可能完全符合总体尺寸,从而产生加工误差。

5.5.4 残余应力

残余应力是指外部载荷去除后,仍残存在工件内部的应力。零件中的残余应力往往处于一种很不稳定的平衡状态,在外界某种因素的影响下很容易失去原有的平衡状态,而重新达到一个新的较稳定的平衡状态。这一过程中，将使残余应力重新分布，零件也要产生相应的变形，使原有的加工精度逐渐丧失。若把具有残余应力的零件装配成机器，则可能使机器在使用过程中也产生变形，甚至破坏整个机器的质量。

1. 产生残余应力的原因

残余应力是由金属内部的相邻宏观或微观组织发生了不均匀的体积变化而产生的，促成这种变化的因素主要来自冷加工或热加工。

1）毛坯制造过程中产生的残余应力

在铸、锻、焊及热处理等加工过程中，由于工件各部分热胀冷缩不均匀及工件金相组织转变时的体积变化，将使毛坯内部产生残余应力。

图5.23(a)所示为一个内外壁厚相差较大的铸件。当铸件冷却时，由于A和C部分比B部分的壁厚薄很多，散热较容易，冷却较快，因而冷却后将在B部分产生拉伸残余应力，相应A和C部分产生压缩残余应力与之平衡，如图5.23(b)所示。如果在铸件上A部分切开一个缺口，见图5.23(c)，则A部分的压缩残余应力作用消失，B和C部分的内应力将产生新的平衡，B部分收缩，C部分伸长，铸件就会产生弯曲变形。推广到一般情况，各类结构的铸件都难免存在冷却不均匀而产生内应力。

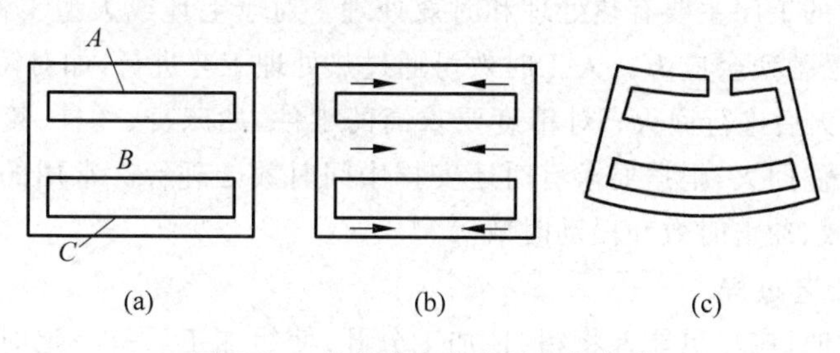

图5.23　铸件残余应力引起的变形

残余应力的程度与毛坯的结构、厚度均匀情况、散热条件等有直接关系。毛坯的结构越复杂，各部分壁厚越不均匀，则散热条件相互差别越大，毛坯内部产生的残余应力也越大。具有残余应力的毛坯，其残余应力暂时处于相对平衡状态，一旦去除表面部分后，打破这种平衡，残余应力将重新分布，从而使工件出现变形。

2）工件冷校直时产生的残余应力

一般在细长的零件（如细长的轴或曲轴等轴类零件）加工时易产生弯曲变形，不能满足后续工序的加工精度要求，常采用冷校直工艺进行校正。校正的方法是在与变形相反的方向上施加作用力，使工件反方向弯曲产生塑性变形，以使工件变直，如图5.24(a)所示。

冷校直时，在力F作用下工件内部产生的应力分布如图5.24(b)所示。工件轴线以上部分产生压应力，轴线以下部分产生拉应力。为使工件变直，工件部分处的应力必须超过弹性极限，即产生塑性变形。外力去除后，弹性变形部分要恢复原有形状，而塑性变形的部分已不能恢复。两部分互相牵制，应力将重新分布，并达到新的平衡状态，如图5.24(c)所示。

经过冷校直之后，虽然减少了工件的弯曲，但工件内部产生了新的应力状态，工件仍处于不稳定状态。如果再次加工，工件将产生新的弯曲。所以，精度要求较高的细长轴类工件（如精密丝杠等），不允许采用冷校直工艺减小弯曲变形，而是加大毛坯余量，经过多次切削和人工时效处理来消除残余应力。

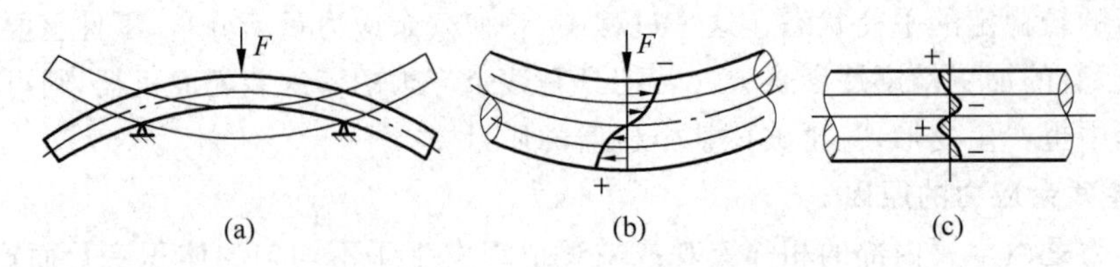

图 5.24　冷校直时引起的残余引力

3）切削加工中产生的残余应力

切削加工过程中产生的力和热,也会使被加工工件的表面层产生残余应力。这种残余应力的分布情况由加工时的工艺因素决定。

2. 减小或消除残余应力的措施

1）合理设计零件结构

零件结构设计中,应简化结构,提高零件的刚度,尽量使零件的壁厚均匀、结构对称,以减少残余应力的产生。

2）设立消除残余应力的热处理工序

消除残余应力的工序主要有热处理和时效处理。对于毛坯或大型工件,在粗加工后可进行自然时效,以松弛残余应力。人工时效可通过热处理工艺进行,如对铸、锻、焊件进行退火或回火;零件淬火后进行回火;对精度要求高的零件,如床身、丝杠、箱体、精密主轴等,在粗加工后进行低温回火,根据要求有时还安排中间时效处理等。常用的时效处理方法有高温时效、低温时效、冲击时效和振动时效等。

3）合理安排工艺过程

安排工艺过程时,应尽可能地将粗、精加工分开,使粗加工后有一定时间让残余应力重新分布,经过充分变形后,通过精加工减少对加工精度的影响。对于质量和体积很大的零件,即使在同一台中型机床上进行粗、精加工,也应该在粗加工后将加紧工件松开,使之有充足时间松弛应力,待充分变形后再重新夹紧,然后进行精加工。

5.6　加工误差的统计学分析

前几节就影响加工精度的各种主要因素,从单一影响因素的角度进行了详细分析,并提出了一些保证机械加工精度的措施。但在实际生产中,一个工序加工完成后,工件的加工精度是一系列工艺因素综合作用的结果,各种影响因素产生的加工误差可能相互叠加,也可能相互补偿或抵消,而且各种误差的表现性质在很大程度上带有一定的随机性。

实际上,影响加工精度的因素是错综复杂的,需要要用概率理论和统计方法进行分析和处理,进而提出控制和解决加工精度问题的工艺措施。

5.6.1　加工误差的统计学规律

虽然从表面上看影响加工误差的因素似乎没有规律,但是应用概率理论和统计方法可以发现一批工件加工误差的总体规律,从而找出产生误差的根源,在工艺上采取措施予以控制。

1. 加工误差的性质

根据加工一批工件所出现的误差规律来看，加工误差可分为系统误差和随机误差两类。

1）系统误差

在相同的工艺条件下，顺序加工一工件时，加工误差的大小和方向都保持不变，或者按照一定的规律性变化，称这类误差为系统误差。称前者为常值系统误差，后者为变值系统误差。

机床、夹具、刀具和量具本身的制造误差和很慢的磨损往往被看作常值系统误差。机床、夹具和刀具等在热平衡前的热变形常被看作变值系统误差。

常值系统误差和变值系统误差在不同条件、不同定义域内是可以相互转化的，要对具体问题进行具体分析。如加工艺系统的热变形在平衡状态之前引起的误差为变值系统误差，而热平衡之后引起的误差则为常值系统误差。

2）随机误差

在相同工艺条件下，顺序加工一批工件时，其加工误差的大小、方向及其变化是随机性的，称这类误差为随机误差。

加工前毛坯或零件自身的误差、工件的定位误差、多次调整误差以及工件残余应力变形引起的加工误差等，都属于随机误差。

不同的条件下，误差表现的性质不同，系统误差和随机误差的划分也不是绝对的。如绞孔时，绞刀直径不正确所引起的工件误差是常值系统误差；而绞刀在直径正确条件下绞孔的孔径尺寸仍然不同，则属于随机误差。

2. 加工误差的统计规律

实践和理论分析表明，一批工件在正常的加工状态下，其尺寸误差是很多独立的随机误差综合作用的结果。在无某种优势因素影响的情况下，即其中没有一个起决定作用的随机误差，则加工后工件的尺寸分布符合正态分布，见图 5.25(a)。正态分布曲线的数学表达式为

$$y=\frac{1}{\sigma\sqrt{2\pi}}\mathrm{e}^{-\frac{1}{2}\left(\frac{x-\mu}{\sigma}\right)^2},\quad -\infty<x<+\infty,\sigma>0 \tag{5.21}$$

式中，y 为正态分布的概率密度，即工件尺寸为 x 时的概率密度；μ 为正态分布随机变量总体的算术平均值，即分散中心；σ 为正态分布随机变量的标准偏差。

正态分布曲线关于直线 $x=\mu$ 对称，且 $x=\mu$ 时，工件尺寸为$\bar{x}$时概率密度极值最大，即

$$y_{\max}=\frac{1}{\sigma\sqrt{2\pi}} \tag{5.22}$$

正态分布曲线的形状与 μ 和 σ 值有关。μ 值表征正态分布曲线的位置，即改变 μ 值分布曲线将沿横坐标移动而不改变曲线的形状，如图 5.25(b)所示。σ 值表征分布曲线的形状，σ 值减小，则分布曲线将向上伸展，曲线两侧向中间收紧；σ 值增大，则分布曲线趋向平坦并向两端伸展，如图 5.25(c)所示。

总体平均值 $\mu=0$、总体标准偏差 $\sigma=1$ 的正态分布称为标准正态分布。正态分布曲线与横轴所包含的面积为 1。在 $x-\mu=\pm\sigma$ 处，正态分布曲线出现拐点，而 $x-\mu=\pm 3\sigma$ 范围内的分布曲线包含的面积为 99.73%，说明随机变量分布在此范围外的概率仅为 0.27%。因此，一般认为正态分布的随机变量的分散范围为 $\pm 3\sigma$，这就是所谓的 $\pm 3\sigma$（或 6σ）原则。

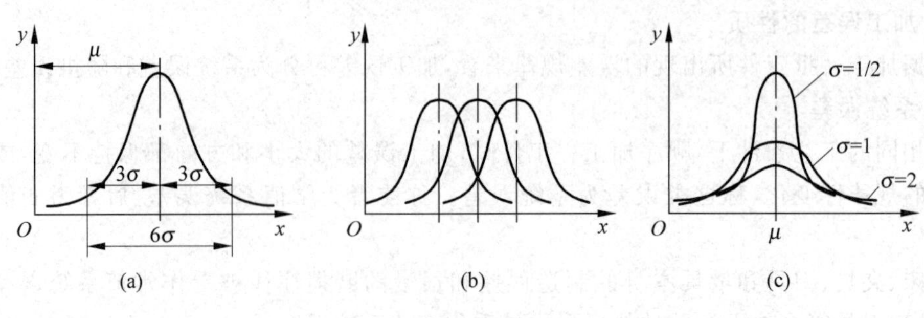

图 5.25　误差分布曲线

$\pm 3\sigma$ 或 6σ 是一个很重要的概念,在研究加工误差时应用很广,它代表了某种加工方法在一定条件下所能达到的加工精度。因此,在一般情况下应该使所选择加工方法的标准偏差 σ 与尺寸公差带宽度 T 间具有如下关系:

$$6\sigma \leqslant T \tag{5.23}$$

正态分布的 μ 和 σ 值可由样本的平均值 $\bar{x}$ 和样本标准偏差 S 近似估计,常值系统误差仅影响平均值 $\bar{x}$,引起正态分布曲线沿横轴平移;而 σ 值是由随机误差决定的,所以随机误差影响分布曲线的形状。因而抽检成批加工的一批工件,即可判断整批工件的加工精度及加工误差性质。

然而在实际机械加工中,工件尺寸或误差的实际分布有时并不近似于正态分布,典型的具有明显特征的分布曲线如下:

(1) 双峰分布　将两次调整下加工的工件混在一起,由于每次调整时常值系统误差是不同的,因此样本的平均值 $\bar{x}$ 不可能完全相同。当常值系统误差之差值大于 2.2σ 时,分布曲线就会出现双峰。假如把两台机床加工的工件混在一起,不仅调整时的常值系统误差不等,机床精度可能也不同,即随机误差的影响不同,因而分布曲线的峰高不等,如图 5.26(a)所示。双峰分布的实质是两组分布曲线的叠加,而且每组曲线有各自的分散中心和标准偏差,即加工误差主要为随机误差和常值系统误差。

(2) 平顶分布　在加工过程中,如果存在比较明显的变值系统误差(如刀具或砂轮磨损较快),则正态分布曲线的尺寸中心将随时间均匀地移动,使分布曲线呈平顶状,如图 5.26(b)所示。

(3) 偏态分布　当采用试切法加工零件时,加工误差呈现偏态分布,如图 5.26(c)所示。轴加工时凸峰向右偏,孔加工时凸峰向左偏。平行和垂直误差趋向偏态分布。

(4) 瑞利分布　偏心和径向跳动误差趋向瑞利分布。

(5) 均匀分布　当工艺过程明显不稳定时,尺寸随时间近似线性变动,形成均匀分布。

(6) 三角分布　两个分布范围相等的均匀分布相组合,形成三角分布。

非正态分布的分布范围 T 按式(5.24)计算,分布中心偏移量 Δ 按式(5.25)计算。

$$T = \frac{6\sigma}{k_i} \tag{5.24}$$

$$\Delta = \frac{e_i T}{2} \tag{5.25}$$

式中,k 为相对分布系数,e 为相对不对称系数,参见表 5.1。

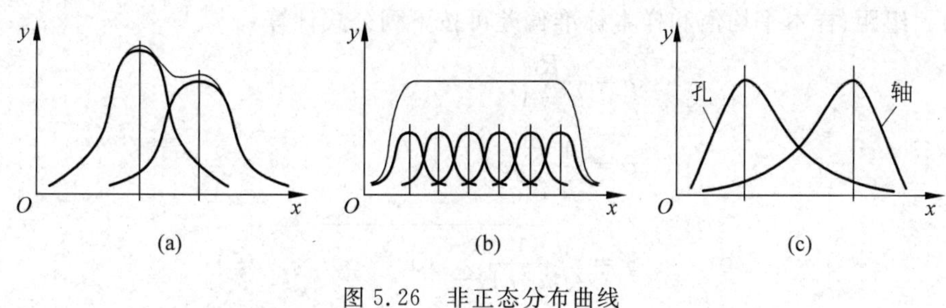

图 5.26　非正态分布曲线

表 5.1　分布曲线的 e、k 值

分布特征	正态分布	三角分布	均匀分布	平顶分布	瑞利分布	偏态分布	
						外尺寸	内尺寸
分布曲线					Δ	Δ	Δ
e	0	0	0	0	−0.28	0.26	−0.26
k	1	1.22	1.73	1.1～1.5	1.14	1.17	1.17

上面所述为加工误差分布的理论模型和理论分布曲线，一般进行加工误差分析主要采用两种方法：分布图分析法和点图分析法。

5.6.2　分布图分析法

分布图分析法是通过测量某工序加工所得一批零件的实际尺寸，用作图（如直方图或曲线）分析的方法来判断加工方法产生误差的性质和大小。

其基本思路与方法是收集样本数据，绘制实验分布图，从实验分布图上寻找加工误差的统计规律，进而依据统计学理论估计加工误差的概率理论与统计学参数，分析加工误差的性质，评估工序能力。

1. 实验分布图绘制

实验分布图的绘制方法与步骤如下：

1）样本数据的收集

按照一定的抽样方法，如在一次调整加工中连续抽样，或每间隔一定时间抽样，或随意抽样等，抽样方法应根据不同的要求而定。在统计学上，称抽取的一批零件为一个样本，其数量 n 为样本容量。一般样本容量 $n\geqslant 50$ 件。

2）样本数据的整理与计算

依加工次序逐个测量其尺寸或误差 x_i，将获得数据按顺序排列。由于随机误差的存在，样本的加工尺寸的实际数值是各不相同的，这种现象称为统计分散。

剔除样本中各工件尺寸 x_i 中的异常数据（奇异值），根据样本最大值 x_{max} 与最小值 x_{min}，依据式（5.26）确定工件尺寸的分布范围 R，也称极差、全距。

$$R = x_{max} - x_{min} \tag{5.26}$$

将样本分为 b 组，组距为 d（将组距圆整为测量尾数的整数倍，测量尾数即量具的最小分辨率)。组距、样本平均值和样本标准偏差可按下列公式计算：

$$d = \frac{R}{b-1} \tag{5.27}$$

$$\bar{x} = \frac{1}{n}\sum_{i=1}^{n} x_i \tag{5.28}$$

$$S = \sqrt{\frac{1}{n-1}\sum_{i=1}^{n} (\bar{x} - x_i)^2} \tag{5.29}$$

误差组的组中值用式(5.30)计算,组界用式(5.31)计算。

$$x_{\min} + (i-1)d, \quad i = 1,2,\cdots,k \tag{5.30}$$

$$x_{\min} + (i-1)d \pm \frac{d}{2}, \quad i = 1,2,\cdots,k \tag{5.31}$$

同一尺寸或同一误差组内零件的数量称为频数 m_i,频数与样本容量 n 的比值称为频率 f_i,即

$$f_i = \frac{m_i}{n} \tag{5.32}$$

3) 绘制实验分布图

实验分布图主要有两种表现形式：直方图、曲线图。

(1) 实验分布直方图

以频数或频率为纵坐标,零件尺寸或误差的组界为横坐标,即可绘制直方图,称其为实验分布直方图。

(2) 实验分布曲线图

以频数或频率为纵坐标,零件尺寸或误差的组中值为横坐标,即可得到若干个数据点,将这些数据点连接起来,就可得到一条曲线,称其为实验分布曲线。

为了使分布图能够反映某一工序的加工精度,而不受组距大小和工件总数多少的影响,也可以频率密度为纵坐标。频率密度 D_{f_i} 用下式计算：

$$D_{f_i} = \frac{f_i}{d} = \frac{m_i}{n \times d} \tag{5.33}$$

如果加工误差分布是服从统计学规律的,可能合乎正态分布或非正态分布,因而理论曲线分析的方法同样适用于实验分布图分析的样本。在用理论分布曲线与实验分布图相比较时,实验分布图的纵坐标要采用频率密度,而概率密度函数计算的参数可分别取：$\mu = \bar{x}$,$\sigma = S$。

2. 分布图分析法的应用

1) 判别加工误差性质

对于正态分布而言,常值系统误差影响平均值 $\bar{x}$,会引起正态分布曲线沿横轴平移,即样本平均值 $\bar{x}$ 与公差带中心不重合；而随机误差决定 σ 值,仅影响分布曲线的形状。因此,如果实际分布与正态分布基本相符,可判断整批工件的加工精度及加工误差性质。

如果实际分布与正态分布有较大出入,可根据分布图初步判断变值系统误差的类型。

2) 判定工序能力及其等级

工序能力是指工序处于稳定状态时,加工误差正常波动的幅度。当加工尺寸服从正态分布时,其尺寸分布范围是 6σ,所以工序能力就是 6σ。6σ 的大小代表了某一种加工方法在

规定的条件下(如毛坯余量,切削用量,正常的机床、夹具和刀具等)所能达到的加工精度。

工序能力等级描述了工序能力满足加工精度要求的程度,是以工序能力系数来表示的。当工序处于稳定状态时,工序能力系数 C_p 按下式计算:

$$C_p = \frac{T}{6\sigma} \tag{5.34}$$

式中,T 为工件尺寸公差。

根据工序能力系数 C_p 的大小,可将工序能力分为5级,如表5.2所示。一般工序能力不应低于二级,即 $C_p>1$。

表5.2 工序能力等级

工序能力系数	工序等级	说 明
$C_p>1.67$	特级	工序能力过高,可以允许有异常波动,但不一定经济
$1.67\geqslant C_p>1.33$	一级	工序能力足够,可以允许一定的异常波动
$1.33\geqslant C_p>1.00$	二级	工序能力勉强,必须密切注意
$1.00\geqslant C_p>0.67$	三级	工序能力不足,可能出少量不合格品
$0.67\geqslant C_p$	四级	工序能力不行,必须予以改进

3) 估算合格品率或不合格品率

如果工件尺寸分散范围超出了公差带,则将有废品产生。如图5.27所示,图中左侧阴影部分的零件尺寸过小,为不合格品;右边阴影部分的零件尺寸过大,为不合格品;中间部分的零件尺寸在公差带范围内,都是合格品。因此,通过分布曲线可估算合格品率或不合格品率。

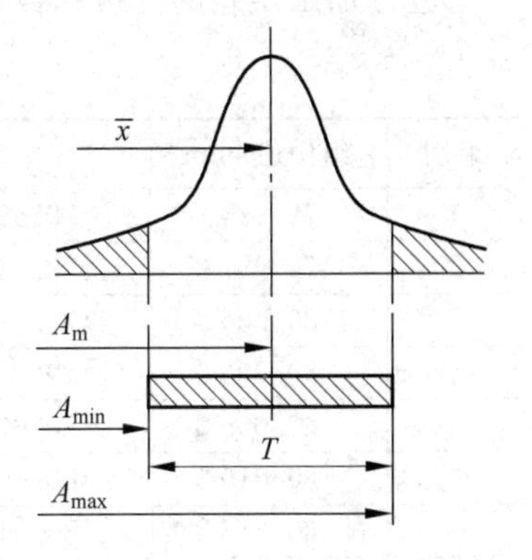

图5.27 利用分布曲线估算合格品率和废品率

4) 分析减少废品的工艺措施

工序能力系数 $C_p>1$,只说明该工序的工序能力足够,加工中出现废品与否同机床调整正确性有关。如果加工中有常值系统误差,标准偏差 μ 就与公差带中心 A_m 位置不重合,那么只有当 $C_p>1$ 且 $T\geqslant 6\sigma+2|\mu-A_m|$ 才不会出现不合格品。如 $C_p<1$,那么不论怎样调整,不合格品总是不可避免的。这说明,在采用调整法加工一批零件时,可预先估算产生废品的可能性及其数量,从而通过调整刀具的位置或改变刀具的尺寸等措施减少加工误差及废品率。

3. 分布图法的缺点

分布图分析法的主要缺点如下:

(1) 不能反映误差的变化趋势。在加工误差分析过程中,没有涉及工件加工的先后顺序,难以将加工中存在的随机性误差与变值系统误差进行区分。

(2) 需要待一批工件加工完毕后才能获得尺寸分布的数据,进行分布图绘制和分析,因而不能在加工过程中起到及时提供控制质量的作用。

4. 分布图分析法实例

例5.1 生产实际中,在数控车床上连续车削加工一批工件内孔,直径尺寸 $\phi80^{+0.04}_{0}$ mm,零件数为100,实际测量的尺寸数据依加工次序记录如表5.3所示(次序为第一行从左至右依次，然后第二行从左至右依次，依此类推)。试分析工序能力，并分析废品情况。进一步给出刀具调整措施。

表 5.3　销孔直径测量数据记录

80.009	80.006	80.010	80.012	80.015	80.008	80.009	80.012	80.017	80.005
80.011	80.013	80.014	80.018	80.013	80.015	80.016	80.010	80.013	80.015
80.010	80.009	80.011	80.006	80.008	80.001	80.026	80.013	80.010	80.008
80.007	80.014	80.003	80.016	80.010	80.019	80.004	80.012	80.020	80.007
80.005	80.002	80.015	80.010	79.997	80.013	80.024	80.009	80.025	80.023
80.012	79.996	80.001	80.012	80.015	80.007	80.008	79.994	80.014	80.010
80.006	80.012	80.009	80.016	80.008	80.005	80.001	80.004	80.010	80.006
80.011	80.002	80.008	80.012	80.010	80.009	80.007	80.011	80.019	80.005
80.017	80.004	80.000	80.009	80.006	80.016	79.999	80.010	80.007	80.003
80.010	80.005	80.011	80.007	80.017	80.009	80.012	80.008	80.017	80.009

解：

(1) 数据处理

进行加工误差的分析和数据处理，编制表 5.4。

表 5.4　分布图法分析数据处理表

组别	组中值/mm	组界/mm		频数	频率/%	频率密度/(%/μm)
1	79.994	≥79.992 4	<79.995 6	1	1	0.031 25
2	79.997 2	≥79.995 6	<79.998 8	2	2	0.062 5
3	80.000 4	≥79.998 8	<80.002 0	5	5	0.156 25
4	80.003 6	≥80.002 0	<80.005 2	12	12	0.375
5	80.006 8	≥80.005 2	<80.008 4	18	18	0.562 5
6	80.010 0	≥80.008 4	<80.011 6	25	25	0.781 25
7	80.013 2	≥80.011 6	<80.014 8	16	16	0.5
8	80.016 4	≥80.014 8	<80.018 0	13	13	0.406 25
9	80.019 6	≥80.018 0	<80.021 2	4	4	0.125
10	80.022 8	≥80.021 2	<80.024 4	2	2	0.062 5
11	80.026	≥80.024 4	<80.027 6	2	2	0.062 5

(2) 分布图绘制

以工序尺寸为横坐标、频率为纵坐标绘制分布图，如图 5.28 所示。

(3) 分析工序质量

分散范围中心(工件平均尺寸)：$\bar{x} = \frac{1}{n}\sum_{i=1}^{n} x_i = 80.0099\text{mm}$

样本均方根偏差：$S = \sqrt{\frac{1}{n-1}\sum_{i=1}^{n}(x_i - \bar{x})^2} = 0.0059\text{mm}$，估值 $\sigma = 0.0059\text{mm}$

由图 5.28 分析可知，分布图曲线与正态分布基本相符，说明加工过程没有变值系统误差，但$\bar{x}$与公差带中心 A_m 不重合，表明存在常值系统误差：公差带中心 $A_m = (80 + 0.04/2)\text{mm} = 80.02\text{mm}$，$\Delta = |A_m - \bar{x}| = 0.0101\text{mm}$。

工序能力系数：$C_p=\frac{T}{6\sigma}=\frac{0.040}{6\times0.0059}=1.1299$

这说明加工的工序能力为二级，该工序能力勉强，必须密切注意。

根据加工公差要求，工件要求最小尺寸 $d_{min}=80.0$mm，工件要求最大尺寸 $d_{max}=80.040$mm，如图 5.29 所示。

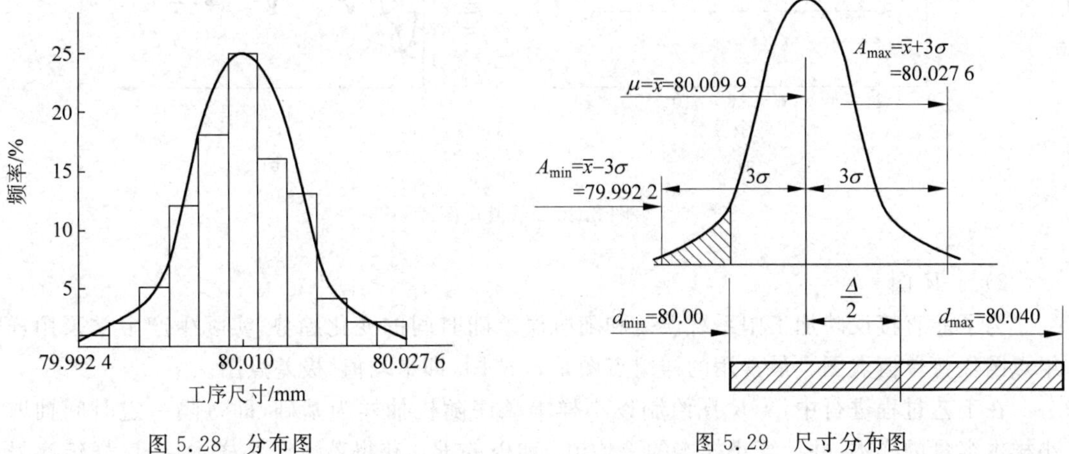

图 5.28　分布图　　图 5.29　尺寸分布图

工件可能出现的最小极限尺寸 $A_{min}=\bar{x}-3\sigma=(80.0099-0.0177)\text{mm}=79.9922\text{mm}<d_{min}$，将产生可修复的废品；工件可能出现的最大极限尺寸 $A_{max}=\bar{x}+3\sigma=(80.0099+0.0177)\text{mm}=80.0276\text{mm}<d_{max}$，因此将不会产生不可修复的废品。

$$z=\frac{|x-\mu|}{\sigma}=\frac{|80.0-80.0099|}{0.0059}=1.68$$

计算得到的合格品率和废品率为

$$Q_{合格品率}=0.5+F(z)=0.9535,\quad Q_{废品率}=0.5-F(z)=100-Q_{合格品率}=0.0465$$

(4) 刀具调整措施

重新调整刀具尺寸，使分散中心与公差带中心重合，则可减少废品率。将车刀的进给量伸出方向(孔径向方向)增加 $\Delta/2=0.00505$mm，可使全部尺寸都在公差带范围内，可保证加工工件基本全部合格。

5.6.3　点图分析法

点图分析法是用点图研究加工精度，估计工件加工误差的变化趋势。点图是按照加工顺序绘制的尺寸分布图。通过点图分析法可判断工艺过程是否处于控制状态，以便调整和控制加工过程。

1. 点图形式

点图有多种形式，这里介绍常用的两种：单值点图和$\bar{x}$-R 图。

1) 单值点图

按加工顺序逐个测量工件的尺寸，以工件加工的顺序号为横坐标、工件尺寸(或误差)为纵坐标，则整批工件的加工结果可画成点图，每个工件画一点，如图 5.30 所示，反映了每个工件尺寸(或误差)与加工时间的关系，故称为单值点图。

在点图上绘出公差上下限,可以判断零件尺寸是否合格,如图5.30(a)所示;或者在点图上绘出上下两条包络线,可以反映零件尺寸的变化趋势,如图5.30(b)所示。

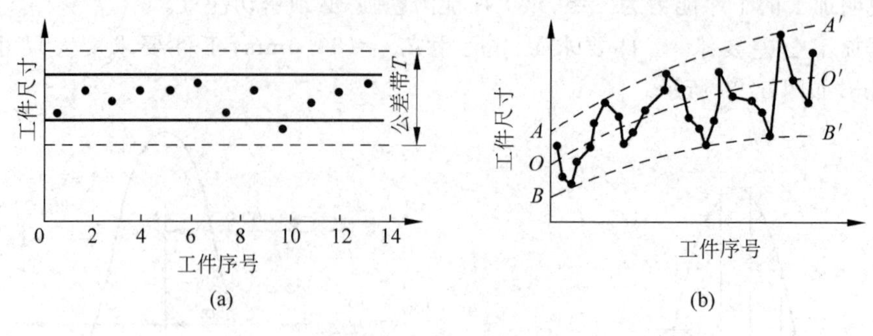

图5.30　单值点图

2) $\bar{x}$-R 图

为了能直接反映加工中系统误差和随机误差随时间的变化趋势,实际生产中常采用样组点图代替单值点图。最常用的样组点图是$\bar{x}$-R图,即平均值-极差点图。

在工艺过程进行中,$\bar{x}$-R图绘制以小样本顺序随机抽样为基础,即每隔一定时间抽取小样本容量的样本,并计算小样本的平均值$\bar{x}$和极差R。获得若干个小样本后,以样组序号为横坐标,分别以$\bar{x}$和R为纵坐标,即可做出$\bar{x}$点图和R点图,如图5.31所示。

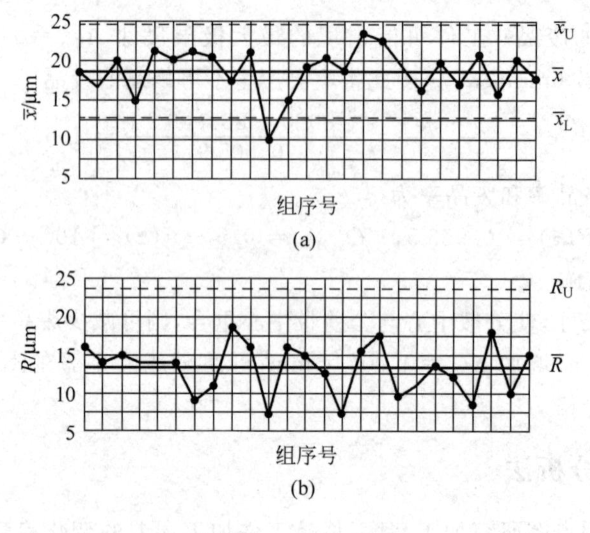

图5.31　$\bar{x}$-R点图

分析可知,平均值$\bar{x}$在一定程度上代表瞬时的分散中心,故$\bar{x}$点图主要反映系统误差及其变化趋势。极差R在一定程度上代表瞬时间的尺寸分散范围,故R点图可反映出随机误差及其变化趋势。也就是说,$\bar{x}$点图反映工艺过程质量指标的分布中心,R点图反映工艺过程质量指标的分散程度,因而单独的$\bar{x}$点图和R点图并不能全面地反映加工误差的情况,这两种点图必须结合起来应用。

2. 点图分析法的应用及分析

点图分析法主要用于工艺验证、分析加工误差和加工过程的质量控制。

1）分析误差性质及趋势

假如用两根平滑的曲线包络点图的上下极限点，做出这两根曲线的平均值曲线，则能较清楚地揭示出加工过程中误差的性质及其变化趋势，如图5.30(b)所示。平均值曲线OO'表示每一瞬时的分散中心，其变化情况反映了变值系统误差随时间变化的规律，而常值系统误差影响起始点O的位置；上下限曲线AA'与BB'之间的宽度表示每一瞬时的尺寸分散范围，反映了随机误差的影响。

2）判断工艺稳定性

工艺验证的目的是判定某工艺是否稳定，能否满足产品要求的加工质量。工艺验证的主要内容是通过抽样检查，确定其工序能力系数，并判断工艺过程是否稳定。

为了在点图上分析工艺过程的稳定性，需要在点图上做出其中心线和上下控制线，如图5.31所示。各线的位置可按下列公式计算：

$\bar{x}$图的中心线

$$\bar{\bar{x}} = \frac{1}{m}\sum_{i=1}^{m}\bar{x}_i \tag{5.35}$$

式中，m为分组数。

$\bar{x}$图的上控制线

$$\bar{x}_{\mathrm{U}} = \bar{\bar{x}} + A\bar{R} \tag{5.36}$$

$\bar{x}$图的下控制线

$$\bar{x}_{\mathrm{L}} = \bar{\bar{x}} - A\bar{R} \tag{5.37}$$

R图的中心线

$$\bar{R} = \frac{1}{m}\sum_{i=1}^{m}R_i \tag{5.38}$$

式中，m为分组数。

R图的上控制线

$$R_{\mathrm{U}} = \bar{R} + 3\sigma_R = D_1\bar{R} \tag{5.39}$$

R图的下控制线

$$R_{\mathrm{L}} = \bar{R} - 3\sigma_R = D_2\bar{R} \tag{5.40}$$

式中，A、D_1、D_2为计算系数，见表5.5。

表5.5 各控制线计算系数值

分组工件数	2	3	4	5	6	7	8	9	10
A	1.880 6	1.021 31	0.728 5	0.576 8	0.483 3	0.419 3	0.372 6	0.336 7	0.308 2
D_1	3.268 1	2.574 2	2.281 9	2.114 5	2.003 9	1.924 2	1.864 1	1.816 2	1.776 8
D_2	0	0	0	0	0	0.075 8	0.135 9	0.183 8	0.223 2

做出中心线和上下控制线后，即可根据点图分布的情况判别工艺系统的稳定性。假如加工中系统误差影响很小，加工误差主要是随机误差，且R保持不变，那么这种波动属于正常波动，加工工艺是稳定的。点图中点密集分布在中线附近，说明加工误差分散范围小，该工艺过程处于控制之中。假如点图中点的分布波动很大或集中偏离中线的一侧，那么这种波动属于异常波动，加工工艺是不稳定的，需要适时加以调整，否则可能出现废品。

需要注意的是工艺系统的稳定性与是否产生废品是两个不同的概念,加工工件的合格与否是用尺寸公差衡量的。

3. 点图分析法实例

例 5.2 生产实际中,在数控车床上连续车削加工一批工件内孔,直径尺寸 $\phi 80^{+0.04}_{0}$ mm,零件数为 100,实际测量的尺寸数据依加工次序记录如表 5.3 所示(次序为第一行从左至右依次,然后第二行从左至右依次,依此类推)。试绘制点图,并分析加工工艺的稳定性。

解:

依加工次序将表 5.3 中的加工数据分为 10 组,从上至下依次为,第一组,第二组,……,第十组。依据式(5.26)和式(5.28)计算表 5.6 中各组极差与均值。

依据式(5.35)、式(5.36)、式(5.37)、式(5.38)、式(5.39)和式(5.40)计算得

$\bar{\bar{x}} = 80.0099\text{mm}$, $\bar{x}_U = 80.0151\text{mm}$, $\bar{x}_L = 80.0048\text{mm}$, $\bar{R} = 0.0168\text{mm}$, $R_U = 0.0299\text{mm}$, $R_L = 0.0037\text{mm}$

绘制 $\bar{x}$-R 图,见图 5.32。两条曲线均未超出各自上下控制线,无异常波动。$\bar{x}$ 点多数在中线附近波动,分布大致对称,分布中心是稳定的,属于正常波动,无明显变值误差影响。R 点在中线附近上下分布均匀,无明显随时间变化的规律性趋势,属于正常波动,但是波动较大,不能说明加工工艺是非常稳定的。

表 5.6 点图数值计算表

mm

组序号	1	2	3	4	5
$\bar{x}$	80.010 3	80.013 8	80.010 2	80.011 2	80.012 3
R	0.012	0.008	0.020	0.017	0.028
组序号	6	7	8	9	10
$\bar{x}$	80.006 9	80.007 7	80.009 4	80.007 1	80.010 5
R	0.021	0.015	0.017	0.018	0.012

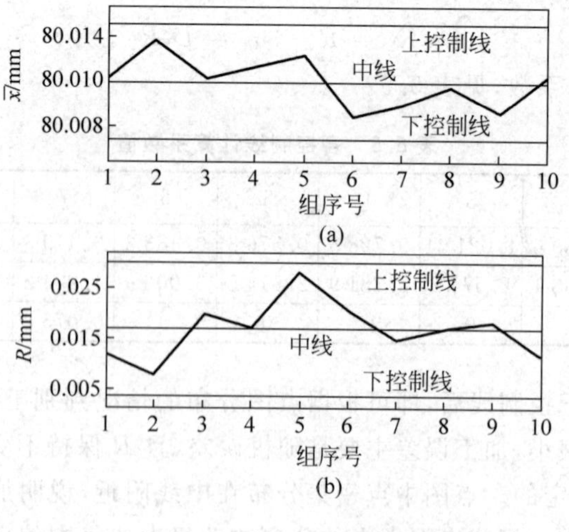

图 5.32 $\bar{x}$-R 点图

5.7　控制加工精度的途径

为了保证和提高机械加工精度,必须找出造成加工误差的主要因素(原始误差),然后采取相应的工艺技术措施来控制或减少这些因素的影响。加工误差的性质不同,减少加工误差的途径也不同。对于常值系统误差,若能掌握其大小和方向,可以采取相应的调整或基于误差补偿原理进行消除；对变值系统误差,可根据误差随时间的变化规律,通过自动补偿消除；而对于随机误差,只能缩小其变动范围,而不可能完全消除。

1. 减小或消除原始误差

在查明产生加工误差的主要因素后,可以直接对其进行减少或消除,以提高加工精度,这是生产中应用较广的一种方法。

2. 补偿或抵消原始误差

误差补偿法是人为地制造出一种新的原始误差,以补偿或抵消原有的原始误差,从而减少加工误差,提高加工精度。

例如,龙门铣床的横梁导轨在立铣头自重作用下将产生向下弯曲的变形,如图 5.33(a)所示,一种误差补偿方案是将导轨预先制造成向上凸起的几何形状误差,以抵消因铣头重量而产生的受力变形,见图 5.33(b)。

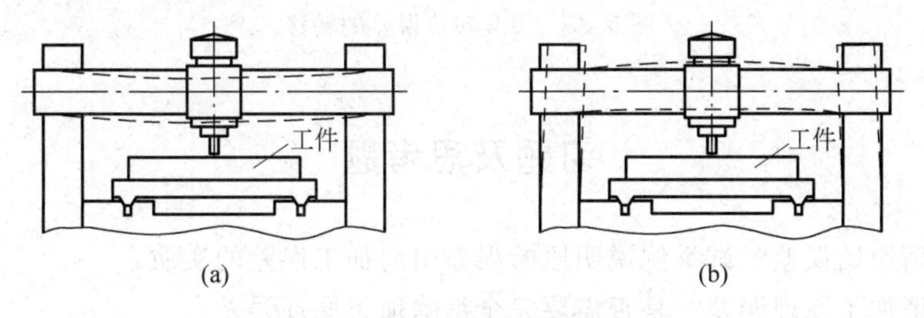

图 5.33　导轨凸起补偿横梁变形

误差补偿法还用于补偿精密螺纹、精密齿轮和蜗轮加工机床内传动链的传动误差。如精密丝杠车床用校正装置对传动误差进行校正或补偿,如图 5.34 所示。

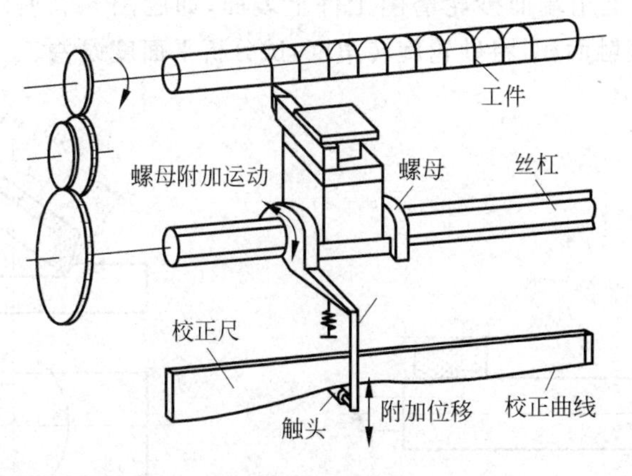

图 5.34　丝杠加工误差校正装置

误差补偿的方法对于消除或减小系统稳态误差比较有效,但不能对系统动态误差进行补偿。

3. 转移原始误差

各种原始误差反映到零件加工误差上的程度,与其是否在加工误差的敏感方向上有直接关系。因而在一定条件下,设法将工艺系统的误差转移到误差非敏感方向或不影响加工精度的其他方向,则可提高加工精度。

例如对具有分度或转位的多工位加工工序,或采用转位刀架加工的工序,分度、转位误差将直接影响零件有关表面的加工精度。如果改变刀具的安装位置,使分度转位误差处于加工表面的切向,即可明显减小分度转位误差对加工精度的影响。如图 5.35 所示,将刀具垂直安装,可将转塔刀架转位时的重复定位误差转移到零件内孔加工表面的误差非敏感方向,可减少加工误差的产生,提高加工精度。

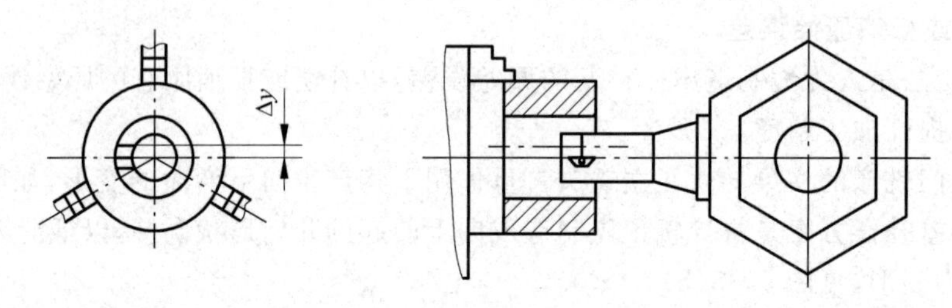

图 5.35　刀具转位误差的转移

习题及思考题

5-1　何谓原始误差?试举例说明原始误差引起加工误差的实质。

5-2　何谓加工原理误差?是否需要完全消除加工原理误差?

5-3　何谓加工误差敏感方向?车床和镗床的误差敏感方向有何不同?

5-4　磨削外圆如题图 5.1 所示,使用死顶尖的目的是什么?哪些因素会引起外圆的圆度或锥度误差,分别采用什么办法减小或消除?

5-5　在平面磨床上用端面砂轮磨削工件上表面,如题图 5.2 所示。为了改善切削条件,减少砂轮与工件接触面积,将砂轮旋转角度,试分析平面度误差。

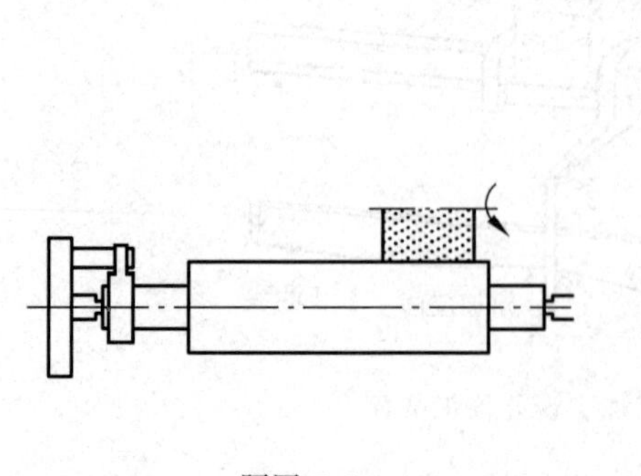

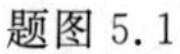
题图 5.1

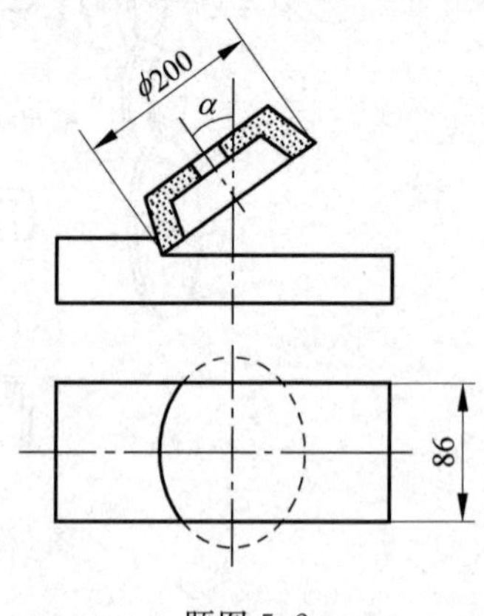

题图 5.2

5-6　为什么卧式车床床身导轨在水平面内的直线度要求高于垂直面内的直线度要求，而对平面磨床的床身导轨的要求却相反，镗床导轨在垂直面和水平面内的要求都较高？

5-7　传动链误差对所加工的螺纹的螺距误差有什么影响？

5-8　何谓接触刚度？影响连接表面接触刚度的因素有哪些？减小接触变形通常采用哪些措施？

5-9　何谓误差复映规律？误差复映系数的含义是什么？哪些因素影响其大小，减小误差复映的工艺措施有哪些？

5-10　设某一工艺系统的误差复映系数为 0.25，工件在本工序前有圆度误差 0.45mm，若本工序形状精度规定允差 0.01mm，试问至少要走刀几次方能使形状精度合格？

5-11　什么是工艺系统刚度？影响工艺系统刚度的因素有哪些？

5-12　在车床上用双顶尖安装细长轴工件，车削加工后测量工件，工件表面连续光滑。

(1) 若出现工件中间略粗，两端略细，试分析这种情况是何原因造成。

(2) 若出现工件中间略细，两端略粗，试分析这种情况是何原因造成。

(3) 若出现工件一端（尾座端）略粗，另一端（主轴箱端）略细，呈现锥体状，试分析这种情况是何原因造成。

5-13　在某车床上用顶尖车光轴 $\phi 50_{-0.04}^{\ 0}$ mm×600mm，且测得车床的主轴箱刚度 $K_{zx}=$ 6 000N/mm，尾座刚度 $K_{wz}=5\,000$N/mm，刀具刚度 $K_{dj}=4\,000$N/mm，切削力 $F_y=100$N，试求：

(1) 因机床刚度变化所产生的最大直径误差，并画出工件的形状误差曲线；

(2) 因工件受力变形所产生的最大直径误差，做出工件的纵向截面形状误差曲线；

(3) 两种因素综合后的工件最大直径误差，做出工件纵向截面形状误差曲线。

5-14　在钻床上用小钻头加工深孔时，常发现孔轴线偏弯，而在车床上用小钻头加工常发现孔径扩大，试分析原因。

5-15　刀具的制造误差和磨损在哪些加工场合直接影响加工精度？所引起的加工误差属于何种误差？

5-16　残余应力产生的原因是什么？如何减少或消除残余应力？

5-17　根据统计规律，加工误差分为几种？统计分析方法有哪些？

5-18　分布图的功用是什么？点图呢？

5-19　机械加工工艺过程稳定性的含义是什么？如何评价工艺稳定性？

5-20　机械连续加工一批工件，顺序测量工序尺寸记录为下表（每行从左至右，行序从上至下）。已知该某工序尺寸要求$10_{\ 0}^{+1.5}$mm，完成下列加工误差分析任务。

(1) 绘制分布图，分析工序能力和废品率，并提出改进方案。

(2) 绘制点图，分析加工工艺稳定性。

10.24	9.94	10.00	9.99	9.85	9.94	10.42	10.30	10.36	10.09
10.21	9.79	9.70	10.04	9.89	9.81	10.13	10.21	9.84	9.55
10.01	10.36	9.88	9.22	10.01	9.85	9.61	10.03	10.41	10.12
10.15	9.76	10.57	9.76	10.15	10.11	10.03	10.15	10.21	10.05
9.73	9.82	9.82	10.06	10.42	10.24	10.60	9.58	10.06	9.98
10.12	9.97	10.30	10.12	10.14	10.17	10.00	10.09	10.11	9.70
9.49	9.97	10.18	9.99	9.98	9.83	9.55	9.87	10.19	10.39

续表

10.27	10.18	10.01	9.77	9.58	10.33	10.15	9.91	9.67	10.10
10.09	10.33	10.06	9.53	9.95	10.39	10.16	9.73	10.15	9.75
9.79	9.94	10.09	9.97	9.91	9.64	9.88	10.02	9.91	9.54

5-21　在无心磨床上磨削一批 $\phi16_{-0.02}^{\ 0}$mm 小轴，加工后测量发现其尺寸分布符合正态分布，均方根差 $\delta=0.005$mm，分布曲线中心带比公差带中心大 0.01mm。试做出尺寸分布曲线，分析可修复及不可修复的废品率。

5-22　某箱体孔，图纸尺寸为 $\phi50_{+0.009}^{+0.034}$mm，根据过去经验镗后尺寸呈正态分布，均方根差 $\delta=0.003$mm，试分析计算该工艺能力如何。为保证加工要求，应采用何种工艺措施？

5-23　题图 5.3 分别给出了四个工艺过程的点图，试分析每个工艺过程的特点。

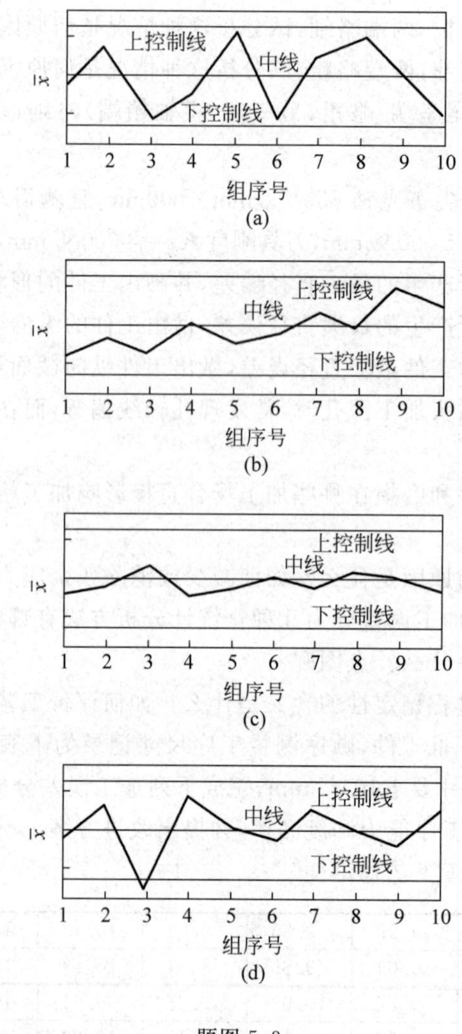

题图 5.3

5-24　提高加工精度的主要措施有哪些，试举例说明。

第6章　机械加工表面质量控制

教学要求：

掌握机械加工表面质量的影响因素；

熟悉机械加工工艺系统的振动及其对表面质量的影响；

掌握控制机械加工表面质量的途径。

6.1　影响加工表面质量的因素

机械加工表面质量对机器零件的使用性能，甚至整机的工作性能都有很大影响。深入研究影响加工表面质量的各种因素及其规律，探究提高和保证加工表面质量的措施和方法是机械制造工艺学研究的重要内容。

6.1.1　影响表面粗糙度的工艺因素

影响加工表面粗糙度的工艺因素主要有几何因素和物理因素两个方面。加工方式不同，影响表面粗糙度的工艺因素也各不相同。

1. 切削加工的表面粗糙度

1) 几何因素

影响表面粗糙度的几何因素是指刀具相对工件作进给运动时，由于刀具的几何形状、几何参数、进给运动及切削刃本身的粗糙度等影响，未能完全将加工余量切除，在加工表面留下残留面积，形成表面粗糙度。

以车削或刨削加工零件表面为例。切削残留面积的高度与刀尖圆弧半径 r_e、主偏角 κ_r、副偏角 κ_r' 以及进给量 f 和刀刃本身的粗糙度等因素有关。

切削深度较大且刀尖圆弧半径很小时，或者采用尖刀刃具切削时，如图6.1(a)所示，残留面积的高度为

$$H=\frac{f}{\cot\kappa_r+\cot\kappa_r'} \tag{6.1}$$

圆弧刀刃切削加工时，残留面积的高度与刀尖圆弧半径 r_e 和进给量 f 有关，图6.1(b)所示的几何关系可近似为

$$H\approx 2r_e\left(\frac{f}{4r_e}\right)^2=\frac{f^2}{8r_e} \tag{6.2}$$

减小进给量 f、增大刀尖圆弧半径 r_e、减小主偏角 κ_r 或副偏角 κ_r' 都会使表面粗糙度得到改善，但以进给量 f 和刀尖圆弧半径 r_e 的影响最为明显。

实际加工表面的粗糙度值总是大于式(6.1)和式(6.2)理论计算的残留面积高度，只有切削脆性材料或高速切削塑性材料时，计算结果才比较接近实际。因此还有其他因素会影

响加工表面粗糙度。

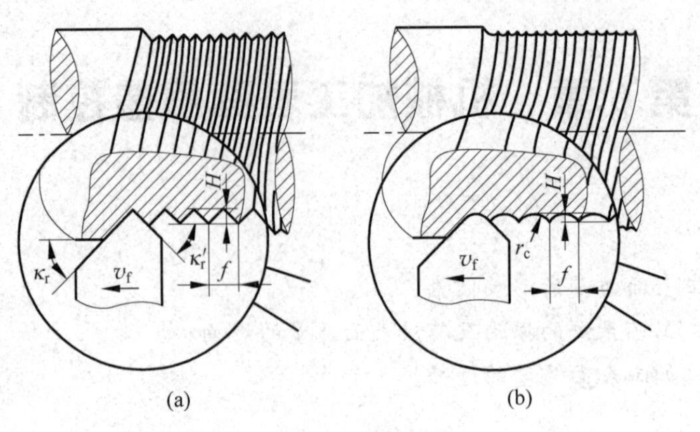

图6.1　车削层残留面积的高度

2）物理因素

在切削过程中刀具对工件的挤压和摩擦等物理因素使金属材料发生塑性变形，从而影响理论残留部分的轮廓以及表面粗糙度。加工获得的表面粗糙度轮廓形状是几何因素和物理因素综合作用的结果。

影响加工表面粗糙度的物理因素可归结为以下几个方面。

(1) 刀具几何参数及刀具材料　刀具的几何参数对切削加工表面粗糙度影响很大。刀具的主偏角、副偏角和刀尖圆弧半径影响较为显著。适当增大刀具前角可以有效改善加工表面粗糙度。而刀具后角的大小与已加工表面的摩擦有关，后角大的刀具有利于改善表面粗糙度，但后角过大对刀刃强度不利，易产生切削振动，表面粗糙度值反而增大。

选用强度好，特别是热硬性高的材料制造的刀具，易于保持刃口锋利，而且摩擦系数小、耐磨性好，在切削加工时则能获得较小的表面粗糙度值。

(2) 工件材料及热处理　由于工件材料的品种、成分和性质，以及热处理方法不同，加工表面的粗糙度也存在一定差别。

塑性材料切削加工过程中，如低碳钢、耐热钢、铝合金和高温合金等，在一定切削速度下会在刀面形成硬度很高的积屑瘤，从而改变刀具的几何形状和加工进给量，使加工表面的粗糙度严重恶化。而脆性材料加工后，一般其表面粗糙度易于达到要求。

对于同样的工件材料，金相组织的晶粒越粗大，则切削加工获得的表面粗糙度越差。因此，为减小切削加工的表面粗糙度值，常在加工前对工件材料进行调质处理，以获得较均匀的、细密的晶粒组织和较高的硬度。

(3) 切削用量　一般来说，切削深度对加工表面粗糙度影响不明显，但过小的切削深度无法维持正常切削，常会引起刀刃与工件相互挤压、摩擦，使加工表面质量恶化。

切削速度、进给量对表面粗糙度影响较大。较小的切削进给量可减少残留面积的高度，减轻切削力和工件材料的塑性变形程度，从而获得较小的表面粗糙度值。但进给量过小，刀刃不能进行切削而仅形成挤压，致使工件的塑性变形程度增大，使表面粗糙度值变大。切削过程中，切削速度越高，则被加工表面的塑性变形程度越小，表面粗糙度越低。

(4) 刀具的刃磨　考虑到刀具刃口表面粗糙度在工件表面的复映效应，提高刀具的刃磨质量也能改善表面粗糙度。

(5) 润滑冷却液　切削过程中,润滑冷却液可吸收、传递切削区内的热量,减小摩擦、促进切屑分离,减轻力、热的综合作用,抑制刀瘤和鳞刺的产生,减少切削的塑性变形,利于改善加工表面的粗糙度。

2. 磨削加工的表面粗糙度

磨削是较为常见的精加工方法,其表面粗糙度的形成也是由几何因素和物理因素决定的,但磨削过程较切削过程复杂。

1) 磨削加工表面粗糙度的形成

磨削加工是通过砂轮和工件的相对运动,使得分布在砂轮表面上的磨粒对工件表面进行磨削。砂轮的磨粒分布存在很大的不均匀性和不规则性,尖锐且突出的磨粒可产生切削作用,而不足以形成切削的磨粒可产生刻划作用,形成划痕并引起塑性变形,更低而钝的磨粒则在工件表面引起弹性变形,产生滑擦作用。因此磨削加工的表面是砂轮上大量的磨粒刻划出的无数极细的刻痕形成的。

另外,磨削加工时的速度较高,砂轮磨粒大多具有较大的负前角,磨粒与表面间的相互作用较强,将造成磨削比压大、磨削区的温度较高。如果工件表层温度过高,则表层金属易软化、微熔或产生相变。而且,每个磨粒所切削的厚度仅为 0.2μm 左右,大多数磨粒在磨削加工过程中仅起到挤压作用,磨削余量是在磨粒的多次挤压作用下经过充分塑性变形出现疲劳剥落产生的,因而磨削加工的塑性变形一般要比切削加工大。

2) 影响磨削加工表面粗糙度的工艺因素

影响磨削表面粗糙度的主要工艺因素有如下几个方面。

(1) 砂轮的选择

砂轮的粒度、硬度、组织、材料及旋转质量平衡等因素都会影响磨削表面粗糙度,在选择时应综合考虑。单纯从几何因素考虑,在相同的磨削条件下,砂轮的粒度细,则单位面积上的磨粒多,加工表面上的刻痕细密均匀,磨削获得的表面粗糙度值小。但磨粒太细时,砂轮容易被磨屑堵塞。通常磨粒的大小和磨粒之间的距离用粒度表示,一般常取 46 号～60 号。

砂轮的硬度是指磨粒从砂轮上脱落的难易程度。砂轮选择过硬,则磨粒钝化后不易脱落,使得工件表面受到强烈的摩擦和挤压作用,致使塑性变形的程度增加,增大表面粗糙度值。反之,砂轮选择太软,则磨粒易于脱落,产生磨损不均匀,从而磨削作用减弱,难以保证工件表面的粗糙度。因此砂轮硬度选择要适当,通常选用中软砂轮。

砂轮的组织是指磨粒、结合剂和气孔的比例关系。紧密组织能获得高精度和较小的表面粗糙度值,而疏松组织的砂轮不易阻塞,适合加工软金属、非金属软材料和热敏性材料。

砂轮的材料,即磨料的选择要综合考虑加工质量和成本。高硬磨料的砂轮可获得较小的表面粗糙度值,但加工成本很高。

(2) 磨削用量

磨削用量主要指砂轮速度、工件速度、进给量和磨削深度等,即磨削加工的条件。

提高砂轮速度,则通过被磨削表面单位面积上的磨粒数和划痕增加。与此同时,每个磨粒的负荷小,热影响区浅,工件材料的塑性变形的传播速度可能大于磨削速度,工件来不及产生塑性变形,使得表面层金属的塑性变形现象减轻,磨削表面的粗糙度值将明显减小。

工件速度对表面粗糙度值的影响与砂轮速度的影响相反,增大工件速度时,单位时间内通过被磨表面的磨粒数减少,工件表面粗糙度值将增大。

砂轮纵向进给量减少,工件表面被砂轮重复磨削的次数将增加,表面粗糙度值会减小;而轴向进给量减少时,单位时间内加工的长度短,表面粗糙度值也会减小。

磨削深度对表面粗糙度的影响很大。减小磨削深度,工件材料的塑性变形减弱,被磨表面的粗糙度值会减小,但也会降低生产率。

(3) 砂轮的修整

修整砂轮是改善磨削表面粗糙度的重要措施,因为砂轮表面的不平整在磨削时将被复映到被加工表面。修整砂轮的目的是使砂轮具有正确的几何形状和获得具有磨削性能的锐利微刃。

砂轮的修整与修整工具、修整砂轮纵向进给量等有密切关系。以单颗金刚石笔修整砂轮时,金刚石笔纵向进给量越小,金刚石越锋利,修出的砂轮表面越光滑,磨粒微刃的等高性越好,磨出的工件表面粗糙度值越小。

此外,工件材料的性质、磨削液等对磨削表面粗糙度的影响也很明显。

6.1.2 影响零件表层物理力学性能的因素

机械加工过程中,工件表层在力、热的综合作用下,表面层的物理力学性能会发生变化,使其与金属基体材料性能有所不同。最主要的变化是表层金属显微硬度的改变,金相组织的变化和在表层金属中产生残余应力和表面强化现象。不同的工件材料,不同的加工条件,会产生不同的表面层特性。在磨削加工时所产生的塑性变形和切削热比切削加工时更严重,因而磨削加工表面层的上述三项物理力学性能的变化会很大。

1. 加工表面的冷作硬化

磨削和切削加工中,若加工工件表面层产生的塑性变形使表面层材料沿晶面产生剪切滑移,使晶格扭曲、畸变,产生晶粒拉长、破碎和纤维化,将引起材料的强化,使工件表面层的强度和硬度增加,这种现象称为冷作硬化。

评定表面层冷作硬化的指标主要为硬化层深度 h_y、表面层金属的显微硬度 HV 和硬化程度 N。一般硬化程度越大,硬化深度也越大。硬化程度 N 的表达式如下:

$$N = \frac{\mathrm{HV} - \mathrm{HV}_0}{\mathrm{HV}_0}\% \tag{6.3}$$

式中,HV 为加工后表面层显微硬度,GPa; HV_0 为基体材料的显微硬度,GPa。

表面层冷作硬化的程度取决于产生塑性变形的力、变形速度和变形时的温度。产生塑性变形的力越大,塑性变形越大,硬化程度越大。变形速度越大,则塑性变形越不充分,硬化程度反而减少。变形时的温度会影响塑性变形的程度和变形后金相组织恢复的能力。冷作硬化的表面层金属处于高能位不稳定状态,在某些条件下(如温度变化在某范围内),金属结构会向稳定的结构转化,从而部分地消除冷作硬化,即弱化。因此,工件加工后表面层的最终性质是强化和弱化作用的综合结果。

实际上,冷作硬化的程度和深度还与金属基体的性质、机械加工的方法和条件有关。下面将以切削和磨削加工为例,分析影响加工工件表面层冷作硬化的工艺因素。

1) 影响切削加工表面冷作硬化的因素

切削加工过程中,被加工材料、刀具几何参数和切削用量均在不同程度上影响表面层的冷作硬化程度。

(1) 被加工材料的影响　工件材料的硬度越小、塑性越大，切削后的冷硬程度越严重。就碳素结构钢而言，含碳量越低，强度越低，塑性越大，因而切削加工后工件表面层的冷硬程度严重。

(2) 刀具几何参数的影响　刀具的前角、刃钝圆半径和后面的磨损对冷硬程度有很大影响，而后角、主偏角、副偏角及刀尖圆弧半径等的影响不大。刀具刃钝圆半径增大时，加工后表面的冷硬层深度和硬度也随之增大。原因在于切削刃钝圆半径增大会加大径向切削力，从而加剧塑性变形，导致硬化现象严重。刀具的后面的磨损量增加时，使得刀具的后面与被加工表面的摩擦加剧，塑性变形增大，从而表层冷硬程度增大。

(3) 切削用量的影响　在切削用量中，以切削速度和进给量影响较大。在不致引起表层金相组织发生相变的范围内，增加切削速度时，刀具与工件的接触时间缩短，使得塑性变形程度减小，硬化层深度和硬度都有所减小。进给量增大时，切削力增大，表层的塑性变形程度也增大，从而加剧表面层的冷作硬化程度。但进给量较小时，由于刀具刃口圆角在加工表面单位长度上的挤压次数增多，反而会增大硬化程度。

2) 影响磨削加工表面冷作硬化的因素

相比较而言，磨削加工的温度比切削加工温度高很多，磨削过程中的弱化作用或金相组织的变化起主导作用，使得磨削加工表面的硬化规律较为复杂。

(1) 被加工材料的影响　工件材料的塑性好，则磨削加工时塑性变形大，冷硬倾向大。导热性能佳的材料，磨削加工产生的热量不易集中于表面层，弱化倾向小。如磨削高碳工具钢 T8 时，加工表面冷硬程度平均达 60%～65%；而磨削纯铁时，加工表面冷硬程度可达 75%～80%，甚至有时可达 140%～150%。其原因在于纯铁的塑性好，磨削时的塑性变形大，强化倾向大，而且纯铁的导热性比高碳钢高，热不易集中于表面层，弱化倾向小。

(2) 磨削量的影响　磨削速度的提高会减弱塑性变形的程度，而且磨削区温度的增高会加强弱化作用。所以，高速磨削加工表面的冷硬程度一般比普通磨削低。相对而言，工件速度对冷硬程度的影响与磨削速度的影响基本相反。

磨削加工的磨削力会随磨削深度的加大而增大，从而加工件表面的塑性变形程度、表面冷硬倾向增大。

加大纵向进给速度时，磨削加工的磨削力加大，冷硬倾向增大。但纵向进给速度的提高也可能使磨削区产生较大的热量而使冷硬减弱。因而加工表面的冷硬状况要考虑这两种因素的综合作用。

2. 加工表面的金相组织变化与磨削烧伤

1) 表面层金相组织的变化及磨削烧伤的发生

机械加工过程中，加工时所消耗的能量绝大部分转化为热能，而使工件表面的加工区域及其附近区域的温度升高。当温升超过工件材料金相组织变化的临界点时，就会发生金相组织的变化。

一般的切削加工不一定使加工表面层金相组织产生变化，原因是单位内切削截面所消耗的功率不是很大，温度升高一般不会达到相变温度。

磨削加工时，磨削比压和磨削速度较高，切除单位截面金属所消耗的功率大于其他加工方法。这些热量部分由切屑带走，很小一部分传给砂轮。假若冷却效果不好，则这些热量中的大部分(80%左右)将传给被加工工件表面,使工件表层金属强度和硬度降低,并伴有残余应力的产生,甚至出现微观裂纹,这种现象称为磨削烧伤。所以磨削加工是一种典型的、易使加工表面层产生金相组织变化的加工方法。

影响磨削加工时表面层金相组织变化的因素主要有工件材料、磨削温度、温度梯度及冷却速度等。然而,各种材料的金相组织及其转变特性是不同的。如轴承钢、高速钢及镍铬钢等高合金钢材料,磨削时若冷却不充分则容易使工件表面层形成瞬时高温,产生磨削烧伤。磨削淬火钢时,根据温度的不同一般分为三种烧伤。

(1) 回火烧伤　如果磨削区的温度超过马氏体的转变温度(中碳钢为350℃),但未超过淬火钢的相变临界温度(碳钢的相变温度约为720℃)时,则工件表面层金属的马氏体组织会产生回火现象,转变成硬度较低的回火组织(索氏体或托氏体)。这种烧伤称为回火烧伤。

(2) 淬火烧伤　如果磨削区温度超过了相变温度,且在冷却液的急冷作用下,表面会出现二次淬火马氏体组织,硬度比原来的回火马氏体高,但其厚度很薄。在它的下层,因冷却较慢会出现硬度比原来回火马氏体低的回火索氏体或托氏体。这称为淬火烧伤。

(3) 退火烧伤　如果磨削区温度超过相变温度,但磨削过程没有冷却液,这时工件表层金属将被退火,表面硬度急剧下降。这称为退火烧伤。一般干磨时很容易产生这种情况。

2) 防止磨削烧伤的工艺措施

如果在磨削加工中出现磨削烧伤现象,零件的使用性能将会受到严重影响。磨削热是磨削烧伤的根源,故而改善磨削烧伤的途径主要有两个:一是减少磨削热的产生;二是改善冷却条件。实际中,通常采用以下工艺途径改善磨削烧伤的程度。

(1) 合理选择砂轮　砂轮的硬度、粒度、结合剂和组织等对磨削烧伤有很大影响。磨削导热性差的材料(如耐热钢、轴承钢及不锈钢等),或干磨、磨削空心薄壁零件以及工件与砂轮接触弧较长时,更易产生烧伤现象。为避免产生烧伤,应选择较软的砂轮。具有一定弹性的结合剂(如橡胶结合剂、树脂结合剂),或组织疏松的砂轮,利于减轻烧伤。此外,在砂轮的孔隙内浸入石蜡之类的润滑物质,对降低磨削区的温度、防止工件烧伤也有一定效果。

(2) 控制磨削量　一般情况下,提高工件回转速度具有减小烧伤层深度的作用,同时相应提高砂轮速度可避免烧伤,并能兼顾工件的表面粗糙度。

减小磨削深度和加大纵向进给量,也能够降低表面层温度改善烧伤,但会导致表面粗糙度值增大。一般采用提高砂轮转速或使用较宽砂轮来弥补。

(3) 改善冷却条件　改善冷却条件可将磨削产生的热量迅速带走,从而降低磨削区的温度,有效地防止烧伤现象的产生。

磨削冷却液能降低温度、减少烧伤、冲去脱落的砂粒和切屑,既能改善烧伤又能减小表面粗糙度值。选取比热容大的磨削冷却液,加大磨削液的压力和流量,能够提高热传递效率,利于避免烧伤。

目前通用的冷却方法较差,由于砂轮的高速旋转,圆周方向产生强大气流,使得磨削液很难直接送入磨削区,冷却效果很差。而内冷却是一种较为有效的方法,如图6.2所示。其工作原理是将严格过滤后的冷却液通过中空主轴法兰套引入砂轮的中心腔内,在离心力的作用下冷却液会通过砂轮内部的孔隙向砂轮四周的边缘洒出,冷却液就有可能直接注入磨削区。然而,内冷却装置会产生大量水雾,从而影响加工条件,而且磨削冷却液必须严格过滤，要求杂质不超过0.02%，以防止堵塞砂轮内部孔隙。所以，其应用不广。

实际中多采用开槽砂轮，即在砂轮的圆周上开一些横槽，开槽砂轮的形状如图6.3所示，这就能使砂轮将冷却液带入磨削区；同时，开槽可使砂轮间断磨削，工件受热时间缩短，金相组织来不及转变，开槽砂轮还能起到风冷作用，改善散热条件。因此，开槽砂轮可有效地防止烧伤现象产生。开槽的形状主要有两种形式：均匀等距开槽和变距开槽。

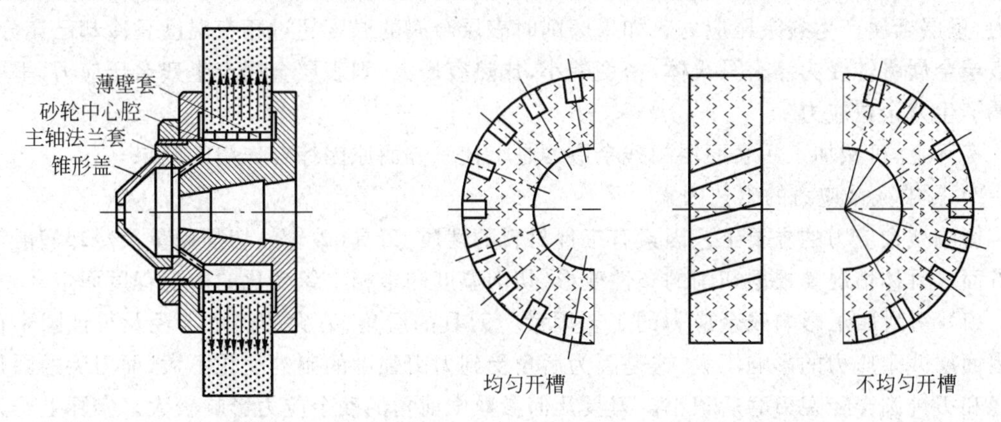

图6.2 内冷却砂轮

图6.3 开槽砂轮

(4) 回火工序处理　对某些塑性低、导热系数小的材料，如淬火高碳钢、渗碳钢、耐热合金、球墨铸铁等，磨削前在适当的温度下安排回火工序处理，可减少裂纹的产生。

3. 加工表面的残余应力

在机械加工过程中，当加工表面层相对基体材料发生形状变化、体积变化或金相组织的变化，外载荷去掉后仍在工件表面层及其与基体材料的交界处残存相互平衡的应力，称为残余应力。

1) 表面层产生残余应力的原因

表面层产生残余应力的原因主要有以下三方面。

(1) 冷塑性变形的影响　机械加工过程中，被加工工件表面在切削力的作用下会产生强烈的塑性变形，使表面层金属的比容增大、体积膨胀。而基体金属受应力较小，处于弹性变形状态。因此，表面层金属的变形受到与它相连的里层基体金属的阻碍，从而在表面层内产生了残余压应力，里层产生残余拉应力。当刀具切离后，里层基体金属的弹性变形将逐渐恢复，而表面层金属的塑性变形不能恢复。趋向复原的内层基体金属将受到表面层已塑性变形金属的限制，故而表面层有残余压应力，里层有残余拉应力与之平衡。

(2) 热塑性变形的影响　机械加工时，工件表面层受切削热的作用而产生热膨胀。由于表面层金属的温度比里层基体金属的温度高，表面层的热膨胀会被里层基体金属的膨胀所阻碍，因而表面层产生压缩应力，而在里层产生热态拉应力。若表面层产生的压缩应力没有超过材料的屈服极限，不会产生塑性变形；若表面层在加工时温度很高，产生的压缩应力超过材料的屈服极限时，就会产生热塑性变形。

加工时温度越高，发生热塑性变形的倾向越大，产生的残余应力也越大。残余应力的大小，除与温度有关外，也与材料的特性有关，即与屈服极限的曲线及温度升降的斜率有关。

(3) 金相组织的变化　不同的金相组织，具有不同的密度和比容。机械加工过程中，如果工件表面层的金相组织发生变化，则工件表面层金属的比容也会发生变化。这种比容的变化必然受到里层基体金属的阻碍,从而产生残余应力。如果金相组织的变化引起表面层金属的比容减小,则表面层金属产生拉应力,而里层产生压应力;反之,若金属的比容增大,表面层金属将产生压应力,而里层产生拉应力。如在磨削淬火钢时,由于磨削热导致表层可能产生回火,表层金属组织将由马氏体转变为接近珠光体的屈氏体或索氏体,密度增大,比热容减小,表层金属要产生相变收缩但会受到基体金属的阻止,从而在表层金属产生残余拉应力,里层金属产生残余压应力。如果磨削时表层金属的温度超过相变温度且冷却已充分,则表层金属将转变为淬火马氏体,密度减小,比热容增大,则表层金属产生残余压应力,里层金属产生残余拉应力。

实际上,机械加工后表面层的残余应力是上述三方面原因综合作用的结果。

2) 影响残余应力的工艺因素

影响残余应力的主要工艺因素有工件材料的性质、刀具(砂轮)、切削用量及冷却润滑液等方面。具体情况要根据切削的塑性变形、切削温度和金相组织变化的影响程度而定。

(1) 切削加工影响残余应力的工艺因素　刀具的后角、刀尖的圆角半径及刃钝圆半径对表面层残余应力的影响不大,这是因为后角受到刀刃强度的制约变化不大,而刀尖的圆角半径和刃钝圆半径在刃磨后很小。刀具几何参数中前角的残余应力影响较大。实际上当刀具磨损到一定程度时,切削力以及刀具和工件的摩擦会显著增加,使表面层温度升高,表面层的塑性变形加剧,因而刀具的磨损对残余应力影响较大。

加工用量对残余应力的影响比较复杂,它与工件的材料、原来的状态及具体的加工条件等有关。在一般情况下,残余应力的数值和方向与切削速度有关。以较低的速度切削时,工件表面层会产生残余拉应力。但随着切削速度的增大,拉应力值将逐渐减小,并在一定切削速度以上转变为残余压应力。这说明低速切削时切削热的作用占主导作用,表层产生残余拉应力。而随着切削速度的提高,表层温度逐渐提高至淬火温度,表层金属的金相组织发生变化,使残余拉应力的数值逐渐减小。高速切削时,表层金属的金相组织变化起主导作用,因而表层产生残余压应力。进给量增加时,残余应力的数值及扩展深度均随进给量的增加而增加。增加切削深度,残余应力也会随之稍有增加。

(2) 磨削加工影响残余应力的工艺因素　一般而言,工件材料的硬度越高、塑性越低、导热性能越差,则表面金属产生残余拉应力的倾向越大。磨削导热性能差的高强度合金钢时,表面层的残余拉应力很可能超过材料的强度极限,表面甚至会产生裂纹。

磨削用量是影响残余应力的首要因素。通过提高工件速度、减小磨削深度,均可减小残余应力。当磨削深度减小到一定程度时,可获得较低残余应力的表面。而增大工件速度和进给速度,将使表面金属的塑性变形程度加剧,从而表层金属中产生残余拉应力的趋势减小,产生残余压应力的趋势增大。

磨削时,轻磨削条件下因没有金相组织变化,温度影响也很小,主要是塑性变形的影响在起作用,因而产生浅而小的残余压应力;中等磨削条件下,产生浅而大的拉应力;重磨条件下,如磨削淬火钢,则产生深而大的拉应力(最外表面可能出现小而浅的压应力),是热态塑性变形和金相组织变化起主导作用。

3) 零件加工后表面层的残余应力

在不同的条件下,表面层的残余应力可能有所差别。例如:切削加工中,切削热不多时则以冷态塑性变形为主;若切削热多则以热态塑性变形为主。由于加工方法的不同,也可能某一种或两种因素占主导地位。图6.4示出了三类磨削条件下产生的工件表面层残余应力。

(1) 精细磨削条件下产生浅而小的残余压应力,因为表层金属的金相组织没有变化,主要是塑性变形的影响起主导作用。

(2) 精磨条件下则产生浅而大的拉应力。

(3) 粗磨条件下产生深而大的拉应力,原因在于热态塑性变形和金相组织的变化影响起主导作用。

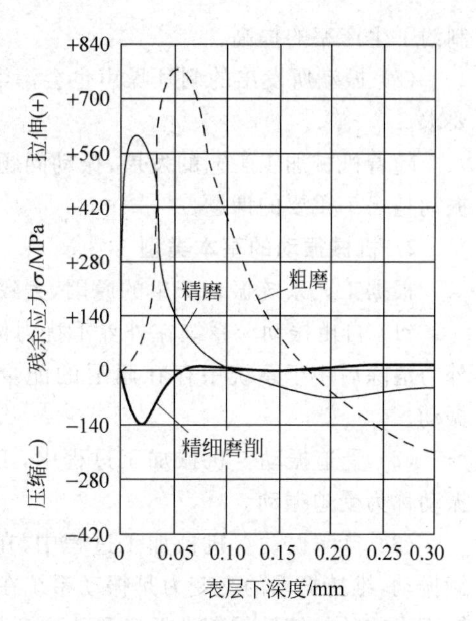

图6.4　三类磨削条件下产生的工件表面层残余应力

4) 零件加工后表面层的磨削裂纹的产生

当表面层存在残余应力时,可使工件的疲劳强度和耐磨性能提高;而表面层存在残余拉应力时,会使工件的疲劳强度和耐磨性能降低。当残余应力值超过材料的疲劳极限时,工件表面层就会出现磨削裂纹。

磨削裂纹一般很浅(0.25～0.50mm),基本垂直于磨削方向或呈网状。磨削裂纹的产生常与磨削烧伤同时出现。当零件加工表面层存在磨削烧伤和磨削裂纹时,将使零件的疲劳强度和使用寿命受到严重影响。因此,在磨削加工中应严格控制表面层残余拉应力,以免产生磨削裂纹。

6.2　机械加工中的振动

机械加工过程中常产生振动,振动对于加工质量和生产效率都有很大影响。新型的、难加工材料的加工过程中工艺系统更易产生振动。所以研究振动产生的诱因及机理,进而避免、抑制或消除振动是非常有意义的。

6.2.1　机械加工动力学系统

1. 振动对机械加工过程的影响

除了前面分析的影响工件表面质量的工艺因素外,工艺系统的振动影响也不容忽视,是一种极其有害的现象,主要表现在以下几点。

(1) 振动使工艺系统的正常切削过程受到干扰和破坏,工件及切削工具等的正常相对运动会叠加振动,使零件加工表面产生振痕,恶化零件的加工精度和表面质量。

(2) 振动会使刀具极易磨损,振动严重时甚至使刀具出现崩刃、打刀现象,影响机械加工的正常进行。磨削加工时的振动虽不如切削剧烈,但可能出现振动烧伤,严重影响表面质量。

(3) 机床连接特性受到振动可能遭到破坏,进而产生部分松动,影响轴承的工作性能,缩短刀具的耐用度和机床的使用寿命。

(4) 振动限制了切削用量的进一步提高,致使机床、刀具的工作性能偏离最佳工作区,制约了生产率的提高。

(5) 振动所发出的刺耳噪声也会污染环境,影响人的身心健康,不符合绿色环保的发展要求。

随着机械加工工艺的发展,振动问题愈发突出,因此分析振动的产生机理、消除和抑制振动是一个重要的课题。

2. 机械振动的基本类型

根据工艺系统振动产生的原因,大致可分为自由振动、受迫振动和自激振动三类。

(1) 自由振动　系统在外界干扰力作用下会产生振动,振动频率是系统的固有频率,而外力消除后由于系统中存在阻尼的能量耗散作用,振动会逐渐衰减。这种振动称为自由振动。

(2) 受迫振动　机械加工过程中,工艺系统由外界周期性干扰力的作用而被迫产生的振动称为受迫振动。

(3) 自激振动　机械加工过程中,在未受到外界周期性干扰力作用下工艺系统产生持续振动,维持振动的交变力是振动系统在自身运动中激发产生的。这种由系统内部激发反馈而引起的持续性周期性振动称为自激振动,简称颤振。

由于实际的工艺系统存在阻尼作用,自由振动会在外界干扰力去除后迅速衰减,因而对加工过程影响较小。机械加工过程中产生的振动主要是受迫振动和自激振动。据统计,受迫振动约占65%,自激振动约占30%,自由振动所占比例则很小。

3. 机械加工系统的动力学特性

机械加工过程中产生的振动与机床、夹具、刀具和工件组成的工艺系统动力学特性有关。实际工艺系统的动力学特性极为复杂,精确地分析和解算工艺系统动力学模型是极为困难的,通常根据系统本身的结构特点、所研究振动问题的性质、要求的精度和实际振动状况将其简化为有限个自由度的振动系统。

单自由度系统是最简单的振动系统。下面以图6.5(a)所示的内圆磨削加工为例,讨论单自由度受迫振动情况。磨削加工过程中磨头受周期性变化的干扰力作用会产生振动。当工件的刚度远大于磨头系统的刚度时,可简化为如图6.5(b)所示质量-弹簧-阻尼的单自由度系统。磨头系统的等效质量为 m,等效弹簧刚度为 K,等效黏性阻尼系数为 c。

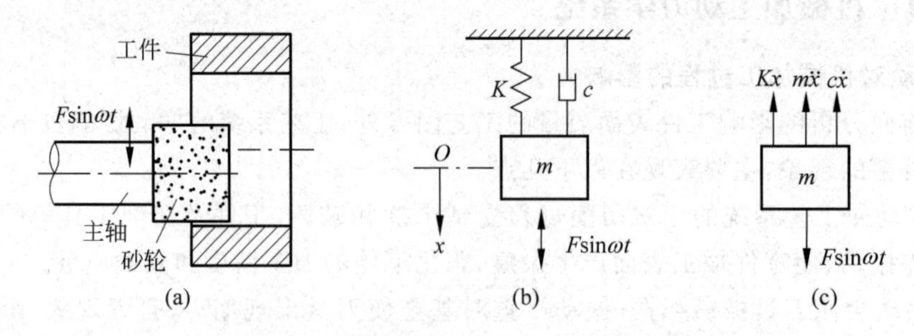

图6.5　内圆磨床的单自由度振动系统

将作用在磨头与工件之间的激振力取定为简谐激振力,该系统的运动方程式为

$$m\ddot{x} + c\dot{x} + Kx = F\sin\omega t \tag{6.4}$$

式中,F 为简谐激振力的幅值,N;ω 为简谐激振力的频率,rad/s。

式(6.4)两边分别除以 m,则有

$$\ddot{x} + 2a\dot{x} + \omega_0^2 x = f\sin\omega t \tag{6.5}$$

式中,$f=\dfrac{F}{m}$; a 为衰减系数,$a=\dfrac{c}{2m}$; ω_0 为系统无阻尼振动的固有频率,$\omega_0=\sqrt{\dfrac{K}{m}}$,rad/s。

二阶常系数线性非齐次微分方程式(6.5)的解为

$$x = A_1 e^{-at}\sin(\sqrt{\omega_0^2 - a^2 t} + \varphi_1) + A\sin(\omega t - \varphi) \tag{6.6}$$

式(6.6)的第一项(齐次方程的通解)表示为有阻尼的、逐渐衰减的自由振动过程,如图 6.6(a)所示;式(6.6)的第二项(非齐次方程的特解)表示由激振力引起的频率等于激振力频率的受迫振动,如图 6.6(b)所示。这两部分振动的叠加为振动的响应,如图 6.6(c)所示。

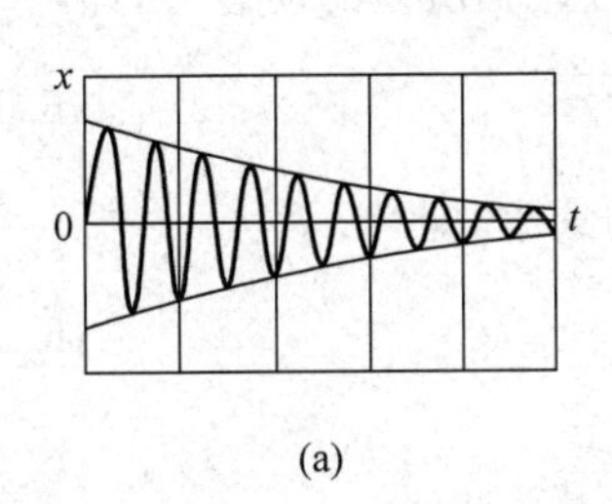

(a)

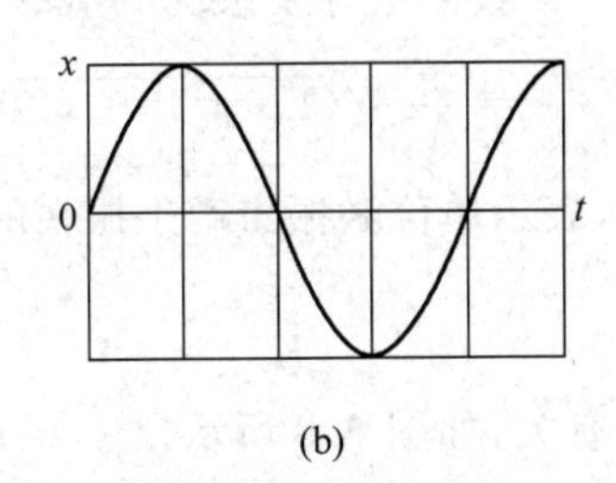

(b)

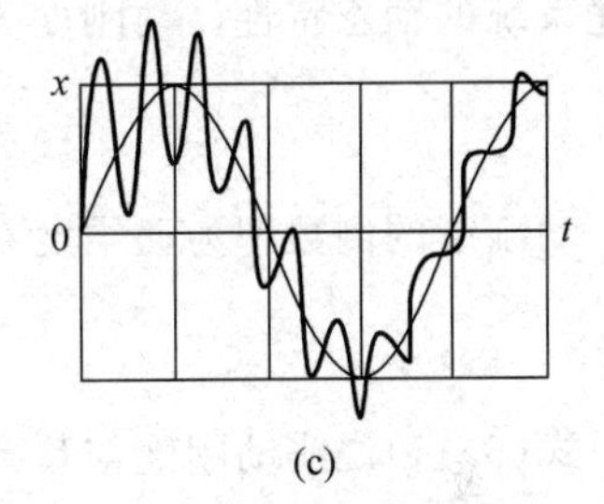

(c)

图 6.6　单自由度振动响应

事实上更关心经历过渡过程后的稳定振动,即受迫振动的稳态过程。稳态振动方程为

$$x = A\sin(\omega t - \varphi) \tag{6.7}$$

式中,A 为受迫振动响应的幅值,m; φ 为振动响应幅值与激振力的相位差,rad。

将上式代入式(6.6),解得

$$A = \frac{f}{\sqrt{(\omega_0^2 - \omega^2)^2 + 4a^2\omega^2}} = \frac{A_0}{\sqrt{(1-\lambda^2)^2 + (2\lambda\xi)^2}} \tag{6.8}$$

$$\varphi = \arctan\frac{2\lambda\xi}{1-\lambda^2} \tag{6.9}$$

式中,A_0 为系统在 F 力作用下产生的静位移,$A_0=\dfrac{f}{\omega_0^2}=\dfrac{F}{K}$,m; λ 为频率比值,$\lambda=\dfrac{\omega}{\omega_0}$; ξ 为阻尼比,$\xi=\dfrac{a}{\omega_0}=\dfrac{c}{2\sqrt{Km}}$。

为了分析影响受迫振动振幅的因素,通常引入动态放大系数的概念。动态放大系数 V 定义为受迫振动的振动幅值与系统静位移的比值,即

$$V = \frac{A}{A_0} = \frac{1}{\sqrt{(1-\lambda^2)^2 + (2\lambda\xi)^2}} \tag{6.10}$$

分析可知,影响振动的因素主要有三个:静位移 A_0、频率比 λ 和阻尼比 ξ。静位移反映了激振力的影响,说明振动幅值与激振力幅值成正比。频率比 λ 对振动的影响比较复杂,可用动态放大系数与频率特性曲线表示,如图 6.7 所示。

(1) $\lambda=\omega/\omega_0\to 0$ 时,激振力频率极低,相当于激振力作为静载荷作用于系统上,从而使系统产生的位移等于静位移,$V\approx 1$。这种现象发生在 $0\leqslant\lambda\leqslant 0.7$ 的范围,故称此范围为准静态区。

(2) λ 接近或等于1时,振幅急剧增加,这种现象称为共振。故将范围在 $0.7 \leqslant \lambda \leqslant 1.3$ 的区域称为共振区。工程上常把系统的固有频率作为共振频率,而把固有频率前后20%~30%的区域作为禁区,使激振力的频率避免在这个区域,以免产生共振。

(3) $\lambda \gg 1$ 时,$V \to 0$,振幅迅速下降,甚至消失。这表明振动系统的惯性跟不上快速变化的激振力,这个区域称为惯性区,一般在 $\lambda \geqslant 1.3$ 的区域。在惯性区内,阻尼的影响大大减小,系统的振幅小于静位移,可增加系统的质量来提高系统的抗振性。

图6.7也反映了阻尼比对振动的影响。在共振区域增加阻尼比对抑制振动的效果较为明显,而其他区域阻尼比对振动的影响作用不大。当 $\lambda \gg 1$ 时,阻尼几乎不起作用。

动刚度和动柔度是一对很重要的概念。二者能够表示激振力与系统响应之间的关系,描述系统的动态特性。动刚度 K_D 在数值上等于系统产生单位振幅所需的动态力,即

$$K_D = \frac{F}{A} = \frac{F}{A_0}\sqrt{(1-\lambda^2)^2 + (2\lambda\xi)^2} \tag{6.11}$$

动刚度的倒数即为动柔度 G,表示单位激振力产生振幅的大小,即

$$G = \frac{1}{K_D} \tag{6.12}$$

式(6.11)说明动刚度与频率有关,如图6.8所示。

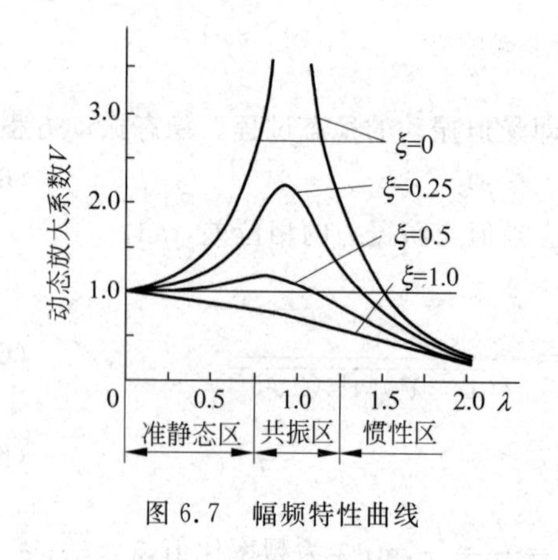

图6.7　幅频特性曲线

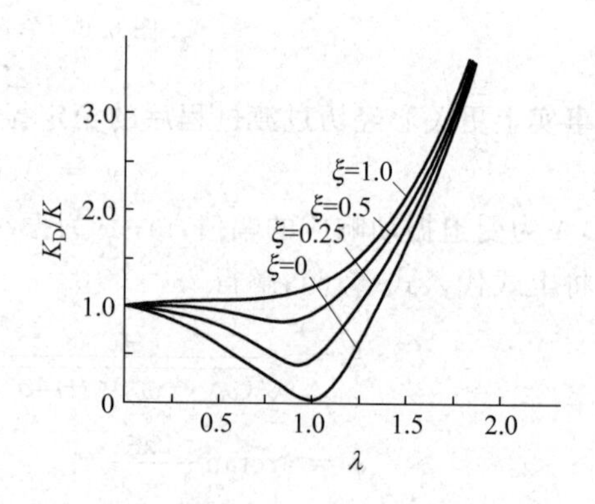

图6.8　动静态刚度与频率变化的关系

(1) 激振频率 $\omega=0$ 时,系统受到静载荷作用,动刚度等于静刚度,$K_D=K$;

(2) $\omega \approx \omega_0$ 时,系统将发生共振,此时系统动刚度 K_D 值最小;

(3) 相同频率比的条件下,随着阻尼比 ξ 的增大,系统的动刚度 K_D 增大;

(4) $\xi=0$,且 $\omega=\omega_0$ 时,系统动刚度 $K_D=0$,失去物理意义。

显然,系统的动刚度越大或系统阻尼比越大,表明产生一定振幅或动态位移的激振力越大,即振动激励能量要求越大,说明系统的抗振能力强。因此,提高工艺系统的动态刚度和阻尼比,能够提高工艺系统的动态特性。

6.2.2　机械加工中的受迫振动

机械加工中的受迫振动与一般机械振动中的受迫振动没有本质上的区别,但其对机械加工的影响较大。受迫振动产生的原因可从机床、刀具和工件三方面入手分析,找出振源后,可采取适当措施加以控制。

1. 受迫振动产生的振源

机械加工过程中产生受迫振动的振源主要有两种：来自机床内部的机内振源；来自机床外部的机外振源。机外振源较多，但它们都是通过地基传递给机床的，通过一定的隔振措施可以消除，如加设隔振地基或采用隔振设备等。机内振源主要有以下几种。

(1) 高速旋转零件的不平衡　各种旋转零件，如砂轮、齿轮、带轮、电动机转子、轴、联轴器或离合器等，因其形状不对称、材质不均匀、加工误差或装配误差等原因，旋转件质量分布不均，旋转运动的不平衡会产生离心力，从而引起受迫振动。

(2) 传动机构的缺陷　齿轮啮合的冲击、带传动中的带厚不均或带接头不良、轴承滚动体尺寸及形状误差等，都会引起受迫振动。

(3) 过程的间歇性　有些加工方法，如铣削、拉削、车削带有沟槽的工件表面及滚齿等，由于切削的不连续，导致切削力产生周期性变化，引起受迫振动。

(4) 往复运动部件的惯性力。

(5) 液压及气压动力系统的动态扰动。

液压及气压的传动及控制中，存在压力脉动、冲击现象以及管路动态特性，这些因素容易引起振动。

2. 受迫振动的特性

受迫振动主要具有如下特点：

(1) 受迫振动在外界周期性干扰力作用下产生，其振动本身并不能引起干扰力的变化；

(2) 受迫振动的振动频率与干扰力的频率相同，与工艺系统的固有频率无关；

(3) 受迫振动的幅值与干扰力的幅值有关，还与工艺系统的动态特性有关。

一般来说，在干扰力频率不变的情况下，干扰力的幅值越大，受迫振动的幅值越大。如果干扰力的频率与工艺系统各阶模态的固有频率相差甚远，则受迫振动响应将处于动态响应的衰减区，振动幅值很小。若干扰力频率接近工艺系统某一固有频率时，受迫振动的幅值将明显增大，一旦干扰力频率和工艺系统某一固有频率相同，系统将产生共振。如果工艺系统阻尼较小，则共振幅值将很大。

由于机械加工中产生的受迫振动频率与干扰力频率存在对应关系，因而可作为诊断机械加工中所产生的振动是否为受迫振动的主要依据，并可利用此频率特征去分析、查找受迫振动的振源。根据受迫振动的响应特征，可通过改变干扰力的频率或者改变工艺系统的结构，使得干扰力的频率远离工艺系统的固有频率，可在一定程度上减小受迫振动的强度。

上一节论述的振动系统分析方法完全适用于受迫振动。但需要注意的是，受迫振动的振源来自振动系统外部的、周期性的激振力，要根据实际振动状况及分析问题的要求进行合理处理，这里不予赘述。

6.2.3 机械加工中的自激振动

机械加工过程中，还常常出现一种与受迫振动形式完全不同的强烈振动。这种振动是当工艺系统在外界或系统本身某些偶然的瞬时干扰力作用下而触发自由振动后，由振动过程本身的某些原因使得切削力产生周期性变化，并由这个周期性变化的动态力反过来加强和维持振动，使振动系统补充了由阻尼消耗的能量，这种类型的振动称为自激振动。强烈的自激振动又称为颤振。

1. 自激振动的原因及特征

机械加工系统是一个由振动系统(工艺系统)和调节系统(切削过程)两个环节组成的闭环系统,如图6.9所示。以切削加工为例,振动系统的运动控制着调节系统的振动,而调节系统所产生的交变切削力反过来又控制着振动系统的运动。二者相互作用,相互制约,形成了闭环的自激振动系统。维持振动的能量来源于系统工作的能源。

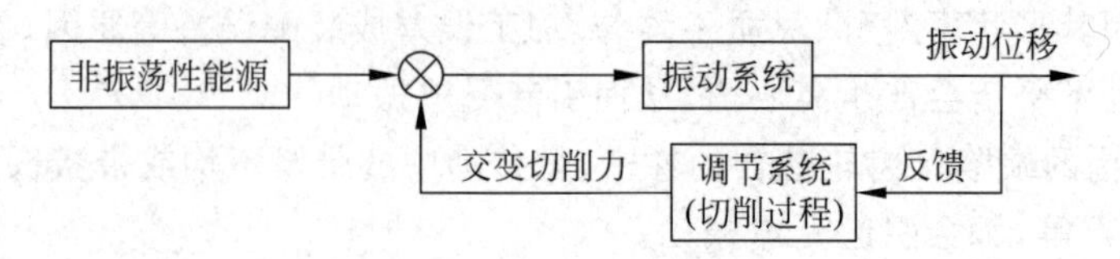

图6.9 自激振动系统框图

自激振动与自由振动和受迫振动不同,它具有以下特征。

(1) 自激振动是没有周期性外力干扰下所产生的振动,这与受迫振动有本质区别。

(2) 自激振动的频率等于或接近系统的低阶固有频率,即由系统本身固有的物理特性所决定。这与受迫振动则完全不同,受迫振动的频率取决于外界干扰力的频率。

(3) 自激振动是一种不衰减的运动,振动过程本身能引起周期性变化的力,能量来源于非交变特性的能源,以维持这个振动。而自由振动会因存在阻尼作用而衰减。

(4) 自激振动的振幅大小取决于每个振动周期内振动系统所获得和消耗能量情况。如果吸收能量大于消耗能量,则振幅会不断加强;反之,如果吸收能量小于消耗能量,则振幅将不断衰减。

2. 自激振动的产生机理

自激振动的产生机理非常复杂,针对某些特定问题,许多学者提出了一些解释自激振动的学说,比较公认的理论有再生颤振机理、负摩擦机理及振型耦合机理等。这些学说都是从振动维持的能量补偿来源及规律这一最基本、最必要的物理条件进行分析和研究的。

(1) 再生颤振机理 切削加工过程中,多数情况下刀具总是完全重复或部分重复地切削已加工的表面。多点刀具加工工件如图6.10所示,多个切削刃依次切入和切出工件,易于引起振动。单点刀具加工工件如图6.11(a)所示,刀具与机床组成的系统可简化为质量-弹簧-阻尼的单自由度系统。假定切削过程在某一时刻受到瞬时的偶然性扰动,则刀具和工件会发生相对振动,并在加工表面留下振纹,见图6.11(b)。当再次切削残留振纹的表面时,切削厚度将发生波动,见图6.11(c),从而引起切削力的周期性变化。如果动态变化的切削力在一定条件下是促进和维持振动的,这种切削力和振纹相互作用引起的自激振动将进一步发展为颤振,称为再生颤振,见图6.11(d)。

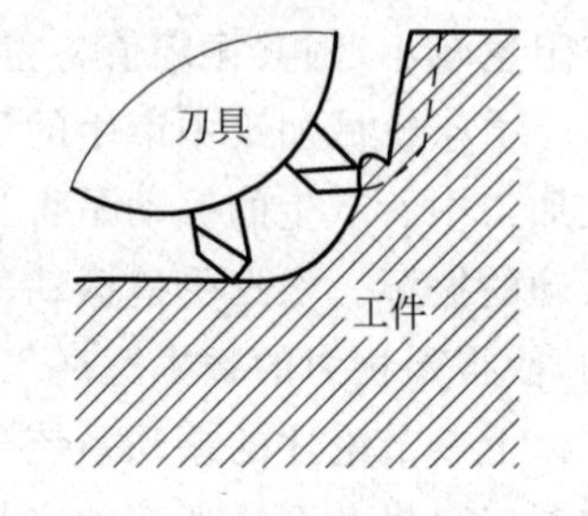

图6.10 多齿刀具加工工件

(2) 振型耦合机理 实际的机械加工系统是由不同刚度和阻尼组成的多自由度系统。振型耦合机理认为各个自由度上的振动是相互影响、相互耦合的,满足一定组合条件就会产生自激振动,这种自激振动称为振型耦合颤振。

(3) 负摩擦原理 径向切削力 F_y 主要决定于切削加工过程中切屑和刀具相对运动时

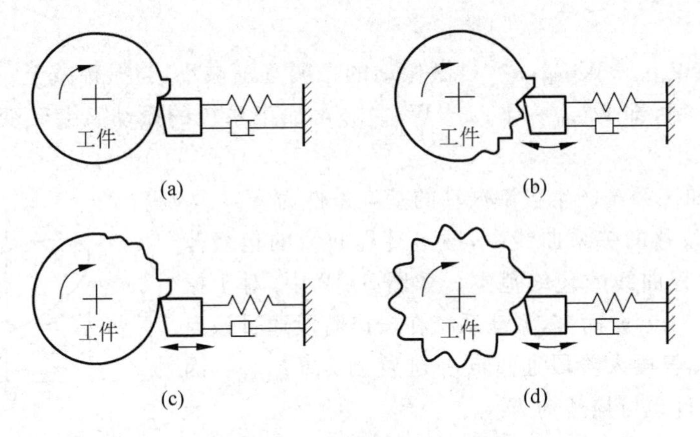

图 6.11　再生颤振的产生过程

产生的摩擦力。径向切削力 F_y 起初随切削速度的增大而增大，自某一速度开始随切削速度增加而下降。上述现象说明切削过程中存在负摩擦特性。依据控制理论可知负摩擦特性会引起振动。

3. 自激振动产生的条件和机理分析

实际加工中，重复切削是极为常见、不可避免的，但不一定能产生自激振动。如果工艺系统是稳定的，非但不会产生振动，还可以将前次切削残留的振纹消除。这说明，任何一个工艺系统受到外界一个瞬时的偶然扰动时稳定与否，能否产生自激振动，是有一定的前提条件的。

1）自激振动的产生条件

假若工艺系统发生了自激振动，则振出运动和振入运动的过程中，振动系统会吸收能量和消耗能量。振动系统吸收的能量来源于切削过程对其所做的功，而实际上机械加工系统必然存在阻尼，阻尼则会消耗能量。振动系统在振入过程中，为克服阻尼需要消耗能量。那么振动系统的吸收能量和消耗能量满足何种关系，机械加工过程才能产生持续的自激振动呢？

设振动系统振出过程中吸收的能量表示为 $W_{振出}$，振入过程中消耗的能量表示为 $W_{振入}$，克服阻尼消耗的能量表示为 $W_{阻尼(振入)}$。在每一个振动周期之内，振动系统从外界获得的能量为

$$\Delta W = W_{振出} - (W_{振入} + W_{阻尼(振入)}) \tag{6.13}$$

分析式(6.13)可知，$W_{振出} < W_{振入}$ 或 $W_{振出} = W_{振入}$ 时，$\Delta W < 0$，这说明振动系统吸收的能量小于消耗的能量。振动系统每振动一次，系统便会损失一部分能量，即使振动系统内部原来就储存一部分能量，但若干次振动也会使这部分能量耗尽。因此，加工系统稳定，系统也不会有自激振动产生。

而 $W_{振出} > W_{振入}$ 时，振动系统将获得维持自激振动的能量，从而加工系统处于不稳定状态。振动系统的振动状态与 $W_{振出}$ 和 $W_{振入}$ 的差值大小有关，可分为以下三种情况：

(1) $W_{振出} = W_{振入} + W_{摩阻(振入)}$，加工系统将产生稳幅的自激振动。

(2) $W_{振出} > W_{振入} + W_{摩阻(振入)}$，自激振动的振幅逐渐增加，当振幅增至一定程度时将会出现新的能量平衡，即 $W'_{振出} = W'_{振入} + W'_{摩阻(振入)}$。此时，加工系统的振动转变为稳幅的自激

振动。

(3) $W_{振出} < W_{振入} + W_{摩阻(振入)}$,自激振动的振幅逐渐减小,当振幅减至一定程度时将会出现新的能量平衡,即 $W''_{振出} = W''_{振入} + W''_{摩阻(振入)}$,加工系统的振动又会转变为稳幅的自激振动。

综上所述,加工系统产生自激振动的基本条件为 $W_{振出} > W_{振入}$,即在力与位移的关系曲线中,振出过程曲线的包络范围要大于振入过程曲线的包络范围。如图 6.12 中,对于振动运动轨迹上任一点 y_i 而言,振动系统在振出阶段通过该点的力 $F_{振出(y_i)}$ 应大于振入阶段通过同一位置的力 $F_{振入(y_i)}$,因而自激振动的条件也可描述为 $F_{振出(y_i)} > F_{振入(y_i)}$。

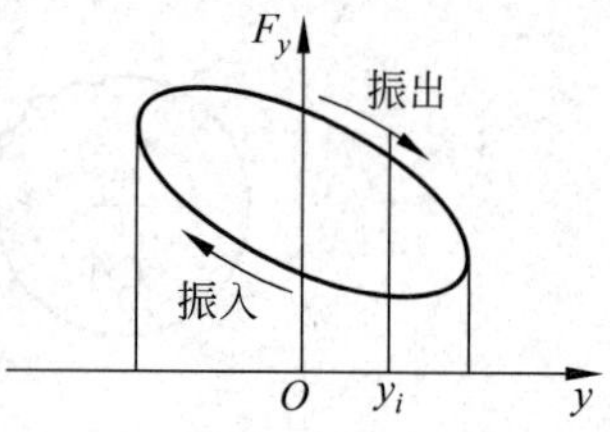

图 6.12 振动运动轨迹

2) 自激振动机理的分析

根据自激振动的产生条件,可以分析工艺系统是否能够产生和维持自激振动。

以切削加工出现的再生性颤振为例,本次(转)切削产生的振纹与前次(转)的振纹基本上是不可能完全同步的,两者之间存在一定的相位差,如图 6.13 所示。

定义前次切削残留的振纹与本次切削的振纹间的相位差为 φ,且两次切削产生的振动幅值相等,则前次切削和本次切削的振动方程分别为

$$y_{n-1} = A_{n-1}\cos(\omega t + \varphi) \tag{6.14}$$

$$y_n = A_n \cos\omega t \tag{6.15}$$

瞬时切削厚度 $a(t)$ 和切削力 $F(t)$ 的表达式为

$$a(t) = a_0 + (y_{n-1} - y_n) \tag{6.16}$$

$$F(t) = k_c b_D (a_0 + (y_{n-1} - y_n)) \tag{6.17}$$

式中,a_0 为名义切削公称厚度,m; b_D 为切削层公称宽度,m; k_c 为单位切削宽度的刚度,N/m。

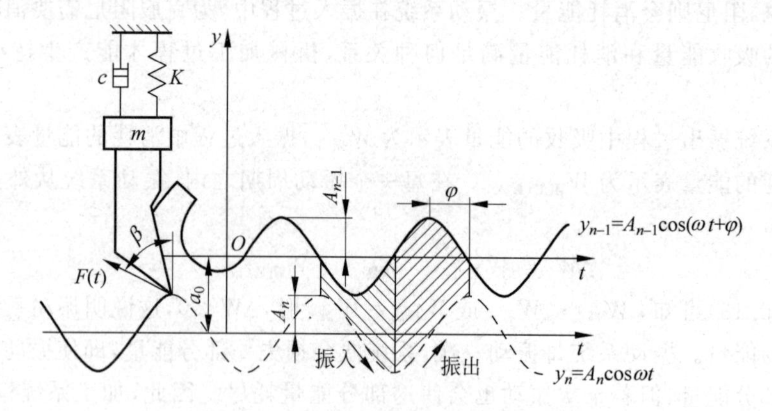

图 6.13 切削厚度变化引起的再生颤振

在振动的一个周期内,切削力对振动系统所做的功为

$$W = \int_0^{2\pi/\omega} -F(t)V(t)\,\mathrm{d}t = \int_0^{2\pi/\omega} -F(t)\cos\beta\,\mathrm{d}y(t) = k_c b_D A_{n-1} A_n \cos\beta\sin\varphi \tag{6.18}$$

式中,$V(t)$ 为振动速度;β 为切削力 $F(t)$ 与 y 轴的夹角。

分析式(6.18)可知,切削力对振动系统做功的性质取决于相位差 φ 的数值。$0 < \varphi < \pi$

时，切削力对振动系统做正功，振动系统因有能量输入使得振动状态得以维持，系统将有再生型颤振产生；$\varphi=\frac{\pi}{2}$时，振动系统外部输入的能量最大，再生型颤振最为强烈；$\pi<\varphi<2\pi$时，振动系统将消耗能量，振动状态趋向衰减，从而工艺系统趋向稳定。$\varphi=2\pi$($\varphi=0$不可能出现)时，振动系统没有外部能量输入，切削厚度基本保持不变，切削力基本稳定。

切削厚度变化效应引起的再生型颤振也称为再生切削效应。为了描述前次切削残留振纹对本次切削厚度变化的影响程度，通常引入重叠系数μ的概念，即

$$\mu=\frac{b_{d_{n-1}}}{b_{D_n}} \tag{6.19}$$

式中，$b_{d_{n-1}}$为前次切削残留振纹的宽度，m；b_{D_n}为本次切削层的公称宽度，m。

重叠系数μ反映了再生切削效应的程度，μ值越小则产生再生型颤振的可能性越小。一般加工情况下，$0<\mu<1$；在自由正交切削条件下，$\mu=1$。

6.3　控制机械加工表面质量的措施

实际上，机械加工过程中影响表面质量的因素十分复杂，完全避免或消除这些不利因素是不可能的，因此经过机械加工后不可能获得完全理想的零件表面，但通过合理地制订、控制机械加工工艺过程，以及采取一定的改善措施，保证所要求的加工表面质量是能够实现的。

控制机械加工表面质量的措施大致可分为三大类：减小加工表面粗糙度值，改善工件表面层的物理力学性能，以及消减工艺系统的振动。

1. 减小加工表面粗糙度值的措施

1) 减小切削加工表面粗糙度值的工艺措施

(1) 根据工件材料、加工要求，合理选择刀具材料，选用与工件亲和力小的刀具材料，有利于减小表面粗糙度值。

(2) 对工件材料进行适当的热处理，以细化晶粒、均匀晶粒组织，减小表面粗糙度值。

(3) 在工艺系统刚度足够时，适当地采用较大的刀尖圆弧半径，较小的副偏角，或采用较大前角的刀具加工塑性大的材料，提高刀具的刃磨质量，减小刀具前、后刀面的粗糙度数值，均能减小加工表面的粗糙度值。

(4) 选择高效切削液，减小切削过程中的界面摩擦，降低切削区温度，可减小切削变形，抑制鳞刺和积屑瘤的产生，减小表面粗糙度值。

(5) 根据工件材料、磨料等选择适宜的砂轮硬度，选择与工件材料亲和力小的磨料，或采用适宜的弹性结合剂的砂轮及增大砂轮的宽度等，均可减小表面粗糙度值。

(6) 修整砂轮，去除外层已钝化的磨粒(或被磨屑堵塞的一层胶粒)，从而保证砂轮具有足够的等高微刃。另外也要注意砂轮的平衡。

(7) 正确选择磨削用量，避免磨削区温度过高，防止工件表面烧伤，可减小工件表面粗糙度值。

2) 减小表面粗糙度值的加工方法

对于表面质量要求极高的零件，在经过普通切削、磨削等方法加工后，还需要采用适当

的特殊加工方法来提高其表面质量。

(1) 超精密切削和小粗糙度值磨削加工。

(2) 超精密加工、珩磨、研磨等方法作为最终加工工序。

2. 改善加工表面层物理力学性能的工艺措施

表面强化工艺可使材料表面层的硬度、组织和残余应力得到改善,从而减小表层粗糙度值,提高表面层的物理力学性能。常用的方法主要有表面机械强化、化学热处理及加镀金属等。机械强化工艺是一种简便、有明显效果的加工方法,因而应用十分广泛。

机械表面强化是通过冷压加工方法使表面层金属发生冷态塑性变形,以提高硬度.减小表面粗糙度值,并在表面层消除残余拉应力并产生残余压应力的强化工艺。

1) 喷丸强化

喷丸强化是采用特定设备,将大量的一定当量直径(一般为 $\phi0.2\sim4$mm)的珠丸进行加速后,向被加工工件的表面喷射,从而使工件表面层产生很大的塑性变形,引起表层冷作硬化,并产生残余压应力的一种表面强化工艺。喷丸强化可显著提高零件的疲劳强度和使用寿命。

珠丸可以是铸铁的,或者是砂石、玻璃丸、钢丸,甚至是切成小段的钢丝(使用一段之后,自然变成球状)。对于铝质工件,为避免表面残留铁质微粒而引起电解腐蚀,宜采用铝丸或玻璃丸。

喷丸强化主要用于强化形状复杂或不宜用其他方法强化的工件,例如板弹簧、螺旋弹簧、连杆、齿轮、曲轴、焊缝等。在磨削、电镀等工序后进行喷丸强化可以有效地消除这些工序残留的、有害的残余拉应力。当表面粗糙度值要求较小时,也可在喷丸强化后再进行小余量磨削,但要注意磨削加工的温度,以免影响喷丸的强化效果。

2) 滚压加工

滚压加工是利用经过淬硬和精细研磨过的滚轮或滚珠,在常温状态下对金属表面进行挤压,将工件表层的原有凸起的部分向下压,凹下部分往上挤,使其产生塑性变形,逐渐将前工序留下的波峰压平,从而修正工件表面的微观几何形状;同时使工件表面金属组织细化,形成残余压应力。典型滚压加工示意图如图 6.14 所示。

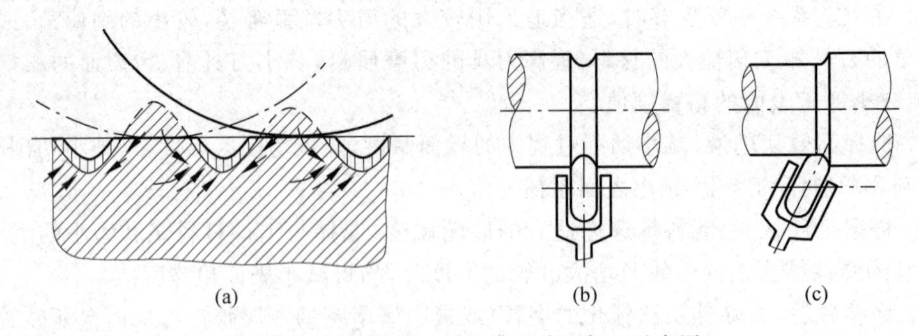

图 6.14 滚压加工原理及典型滚压加工示意图

滚压加工可减小表面粗糙度值,提高表面硬度,使零件的承载能力和疲劳强度得到一定程度上的改善。对于有应力集中的零件(如有键槽或横向孔的轴),效果尤为显著。滚压加工可加工外圆、内孔、平面以及成形表面,通常在普通车床、转塔车床或自动车床上进行。滚压加工操作方便，工具结构简单，对设备要求不高，生产率高、成本低，所以应用广泛。

3) 冷处理和深冷处理

冷处理和深冷处理是材料科学中改善金属工件性能的一类工艺，统称为冷处理，它有大幅提高工件稳定性，降低淬火应力、提高强度的作用。

冷处理工艺是工件淬火热处理冷却至室温后，立即被放置入低于室温的环境下停留一定时间，然后取出放回室温的材料处理方法。通常冷处理温度超过－130℃则称为深冷处理，深冷处理可达－190℃低温，甚至更低。

低温冷处理和深冷处理可看成是淬火热处理的继续，亦即将淬火后已冷却到室温的工件继续深度冷却至零下很低温度，使淬火后留下来的残余奥氏体继续向马氏体转变，减少或消除残余奥氏体，提高强度并消除内应力。在超低温时由于组织体积收缩，铁晶格缩小而加强碳原子析出的驱动力，于是马氏体的基体析出大量超微细碳化物，这些超微细结晶体会使物料的强度提高，同时增加耐磨性。

冷处理和深冷处理的作用如下：

(1) 提升工件的硬度及强度；

(2) 保证工件的尺寸精度；

(3) 提高工件的耐磨性；

(4) 提高工件的冲击韧性；

(5) 改善工件内应力分布；

(6) 提高疲劳强度；

(7) 提高工件的耐腐蚀性能。

3. 消减工艺系统的振动

根据机械加工过程中振动产生的原因、机理和条件，可采取相应的手段对工艺系统的振动进行避免、抑制或消除。通常控制振动的途径主要有三个：消除或减弱产生工艺系统振动的条件；改善工艺系统的动态特性，增强工艺系统的稳定性；采取减振和隔振装置。

1) 消除或减弱产生工艺系统振动的条件

不同类型振动的激振机理和条件不同，因此在消减工艺系统振动时必须首先进行诊断，判定振动类型、查找振源后再进行振动控制。

对于受迫振动而言，振动的频率为干扰力的频率或其整数倍，振源诊断相对容易。通常采用以下途径抑制和控制振动。

(1) 减少或消除振源的激振力　振动的振幅和激振力的大小成正比，故而减小振源的激振力可直接减小振动，即在根本上减少或消除振源的影响。对于高速旋转的零件必须进行静、动平衡，尽量消除旋转不平衡产生的干扰力，设法提高传动机构的稳定性，改善齿轮传动、带传动、链传动、轴承等传动装置的传动缺陷。对于高精度机床，尽量少用或不用可能成为振源的传动元件，并使动力系统(如液压或气压动力系统)与机床本体分离，地基分开布置。为消除往复运动部件的惯性力，可采用较平稳的、质量较小的换向结构，并注意动力学特性。

(2) 调节振源频率　工艺系统发生共振时危害最大，因而应尽可能使旋转件的频率或受迫振动的频率远离机床加工系统中较弱模态的固有频率，从而避开共振区，使工艺系统各部件在准静态区或惯性区工作。

(3) 隔振　在振动的传递路线中,安放具有弹性性能的隔振装置,以吸收振源能量,达到减小振源危害的目的。隔振有两种方式,一种是阻止机床振源通过地基外传的主动隔振,另一种是阻止外干扰力通过地基传给机床的被动隔振。常用的隔振材料有橡皮垫片、金属弹簧、空气弹簧、泡沫、乳胶、软木、矿渣棉、木屑等。

消除和减弱自激振动产生条件的措施如下:

(1) 调整振动系统小刚度主轴的位置　合理配置小刚度主轴的位置,使小刚度主轴位于切削力和加工表面法线方向的夹角范围之外,可抑制振型耦合型自激振动的发生。如图6.15所示,不同的尾座结构其小刚度主轴位置不同。因而,配置小刚度主轴的位置可通过调整主轴系统、进给系统的间隙,改进机床的结构或合理安排刀具和工件的相对位置等实现。

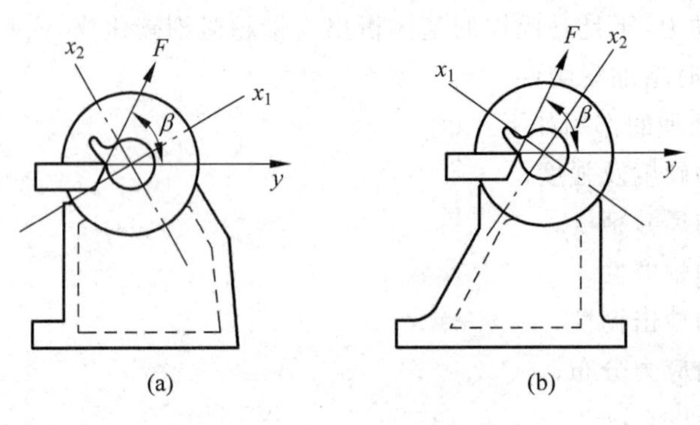

图6.15　主轴位置对振动的影响

(2) 合理安排主切削力方向　考虑振型耦合对振动的影响时,配置刚度主轴的位置是为了避免切削力激起小刚度模态,同理可使切削力的方向与系统最大刚度方向趋于一致,从而提高系统的稳定性,如车削时采用反向切削。

2) 改善工艺系统的动态特性,增强工艺系统的稳定性

(1) 提高工艺系统刚度　提高工艺系统的刚度,可有效地改善工艺系统的抗振能力和稳定性。

增加机床刚度对提高抗振能力非常重要,特别是增加机床主轴部件、刀架部件、尾座部件和床身的刚度。需要注意的是,增强刚度的同时应尽量减小部件的质量,这是结构设计一个重要的优化原则。

(2) 增加工艺系统阻尼　在共振区及其附近区域,阻尼对振动的影响十分显著。工艺系统的阻尼主要来自零部件材料的内阻尼、结合面上的摩擦阻尼以及其他附加阻尼。增大工艺系统的阻尼,可选用内阻尼比较大的材料制造加工设备或零件,如铸铁的内阻尼比钢大,所以多用于机床的床身、立柱等大型支承件。此外,还可把高阻尼的材料附加到零件上,提高抗振性,如图6.16所示。机床阻尼大多来自零部件结合面间的摩擦阻尼,有时可占到总阻尼的80%。所以对于机床的活动结合面,要注意间隙调整,必要时施加预紧力以增大摩擦;而对于固定结合面,可选用合理的加工方法、表面粗糙度值、结合面上的比压以及固定方式等来增加摩擦阻尼。

3) 采取减振和隔振装置

减振和隔振装置一定程度上可以缓解振动带来的影响。

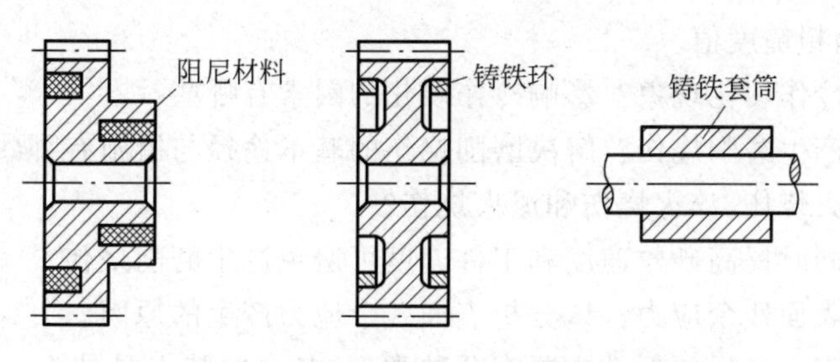

图 6.16　在零件上灌注阻尼材料和压入阻尼环

采用减振装置是提高工艺系统抗振能力的一个重要途径。减振装置的类型很多，按工作原理不同分为被动式和主动式两大类。被动式减振器，也称作阻尼器，它是用阻尼来吸收、耗散振动的能量。主动式减振器，也简称为减振器，它是向振动系统输入能量进行强制性补偿。实际中，有些减振装置是主被动的复合形式。常用的减振装置主要有以下三种类型。

(1) 摩擦式减振器　摩擦式减振器利用固体或液体的摩擦阻尼来消耗振动的能量。

(2) 动力式减振器　动力式减振器的工作原理是利用附加质量的动力作用，使其作用在主振系统上的力或力矩与激振力的力矩相抵消。一般镗床上采用动力式阻尼器消除镗杆的振动，如图 6.17 所示。

(3) 冲击式减振器　冲击式减振器由一个与振动系统刚性连接的壳体和一个在壳体内自由冲击的质量块所组成，如图 6.18 所示。当系统振动时，自由质量块反复冲击壳体，以消耗振动能量，达到减振的目的。

冲击式减振器虽然具有因碰撞产生噪声的缺点，但其结构简单、质量轻、体积小，在较大的频率范围内都适用，所以应用较广。

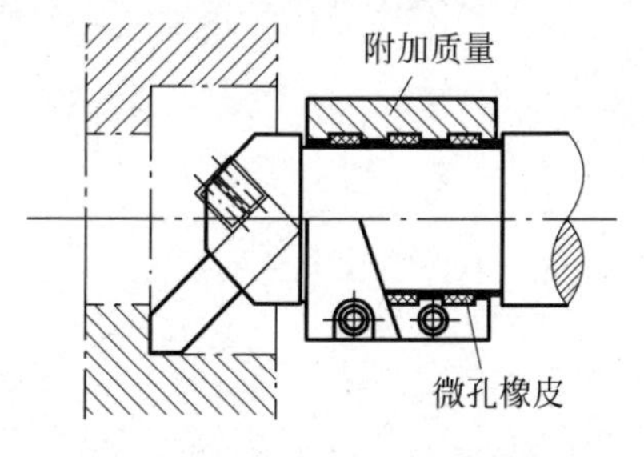

图 6.17　镗刀杆的动力减振器

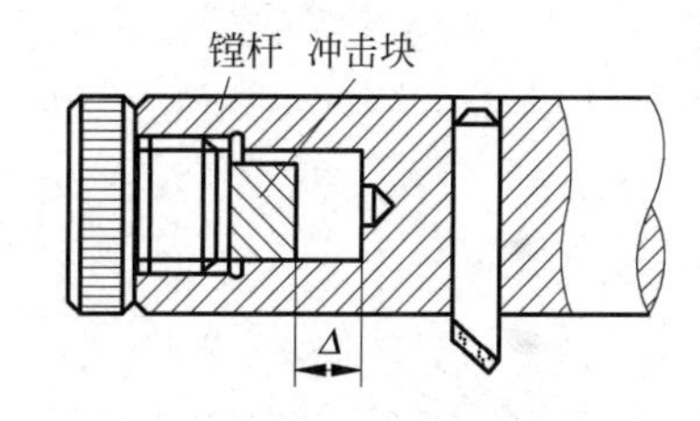

图 6.18　冲击式减振器

采用以上所述的各种工艺措施和方法能够有效地控制工件的加工表面质量，但零件的使用性能与加工表面质量和加工精度两者密切相关，所以在实际应用中应综合考虑，合理安排工艺和工序。

习题及思考题

6-1　以车削为例，几何因素如何影响加工表面的粗糙度？

6-2　切削塑性材料时，为什么高速切削得到的表面粗糙度值较小？

6-3　车削一铸铁零件的外圆表面，若走刀量 $f=0.5$mm/r，车刀圆弧半径 $r=4$mm，试计算能达到的表面粗糙度值。

6-4　什么是冷作硬化现象？影响冷作硬化的因素有哪些？

6-5　为何会产生磨削烧伤？解决磨削烧伤的基本途径与措施有哪些？

6-6　何谓回火烧伤、淬火烧伤和退火烧伤？

6-7　为什么同时提高砂轮速度和工件速度可避免产生磨削烧伤？

6-8　什么是表面残余应力？试分析表面残余应力产生的原因。

6-9　机械加工中产生的振动主要有几种类型，各自的特点是什么，它们之间的区别有哪些？

6-10　引起受迫振动的振源有哪些？

6-11　自激振动产生的条件是什么？试分析三种机理假说的产生条件。

6-12　车削外圆时，车刀安装高一点或低一点哪种抗振性较好？而镗孔时，镗刀安装高一点还是低一点？

6-13　如何减小车削或磨削加工的表面粗糙度值？

6-14　表面强化工艺的目的是什么，有哪些常用的强化方法？

6-15　消除受迫振动和自激振动的措施有哪些？

6-16　简述冲击减振器的特点。

第7章　机器装配工艺设计

教学要求：

掌握装配的基本概念与装配精度；

掌握装配的组织形式及其工艺特点；

掌握装配尺寸链分析与计算；

掌握保证装配精度的方法；

掌握装配工艺规程设计要点。

7.1　机器装配与装配精度

机器装配是机械制造中较难实现自动化的生产过程。目前，在多数工厂中，装配的主要工作是手工完成的，所以选择合适的装配方法、设计合理的装配工艺规程不仅是保证机器装配质量的手段，也是提高生产效率、降低制造成本的有力措施。

7.1.1　机器装配的概念

任何机器都是由许多零件装配而成的，零件是机器的最小制造单元。

机器装配是按照机器的技术要求，将零件进行配合和连接，使之成为机器的工艺过程。机器装配是整个机器制造过程中的最后阶段，包括装配、调整、检验和试验等工作。

为了有效地组织装配工作，一般将机器划分为若干可以独立开展装配工作的部分，称之为装配单元。机器装配单元主要有合件、组件、部件和机器等。

合件是由若干零件固定连接(铆、焊、热压等)而成，或组合后再经合并加工而成(这样合件的零件不具有互换性)。如分离式箱体是合件，它的轴承孔往往是箱盖与箱体合装成一体后镗削的。发动机连杆也是合件，连杆体与连杆盖合在一起后加工连杆大端孔。合件也称为结合件、套件。

组件，是指一个或几个合件与零件的组合，它没有显著完整的作用，如主轴箱中轴与其上的齿轮、套、垫片、链和轴承的组合体。

部件是若干组件、合件及零件的组合体，在机器中具有完整的功能与用途。例如汽车的发动机、变速箱、车床主轴箱和溜板箱等。

工程上，合件、组件、部件统称为总成，总成是零件的集合体。

机器是由零件、合件、组件和部件等组成的。机器装配的一般过程是零件预先装成合件、组件和部件，然后进一步装配成机器。

合件装配是在一个基准零件上，装上一个或若干个零件形成一个最小装配单元的装配过程。

组件装配是在一个基准零件上装上若干个合件及零件构成组件装配单元的装配过程，

简称为组装。

部件装配是在一个基准零件上装上若干个组件、合件和零件构成部件装配单元的装配过程。

总装配是在一个基准件上安装若干个部件、组件、合件和零件，最终组成一台机器的装配过程。总装配简称总装。

7.1.2　装配系统图与装配工艺系统图

常用装配单元系统图来清晰地表示装配顺序。

装配单元系统图的绘制方法如下：

用一个长方格表示一个零件或装配单元。即用该长方格可以表示参加装配的零件、合件、组件、部件和机器。在该方格内，上方注明零件或装配单元名称，左下方填写零件或装配单元的编号，右下方填写零件或装配单元的件数，如图7.1所示。

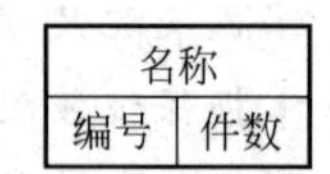

图7.1　装配单元及零件表示法

装配单元系统图的绘制方法与步骤如下：

首先，画一条较粗的横线，横线右端指向装配单元的长方格，横线左端为基准件的长方格。

其次，按装配先后顺序，从左向右依次将装入基准件的零件、合件、组件和部件引入。表示零件的长方格画在横线上方，表示合件、组件和部件的长方格画在横线下方。

合件装配系统图如图7.2所示，组件装配系统图如图7.3所示，部件装配系统图如图7.4所示，机器装配系统图如图7.5所示。它们清晰地反映了合件、组件、部件和机器的装配特点。

对比较简单的产品也可把所有装配单元的装配系统图画在机器装配系统图中，称之为装配单元系统合成图，如图7.6所示。

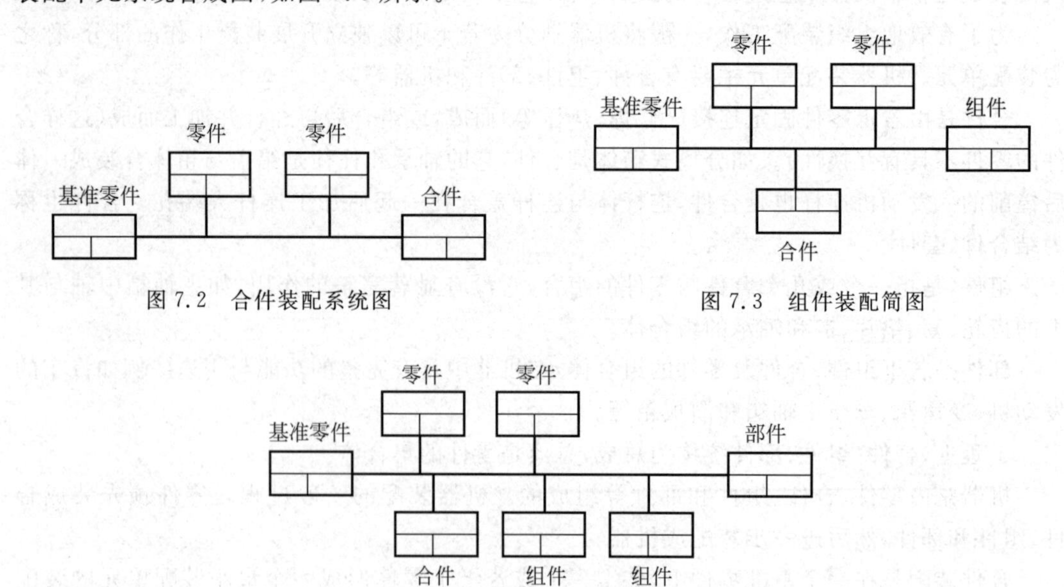

图7.2　合件装配系统图

图7.3　组件装配简图

图7.4　部件装配系统图

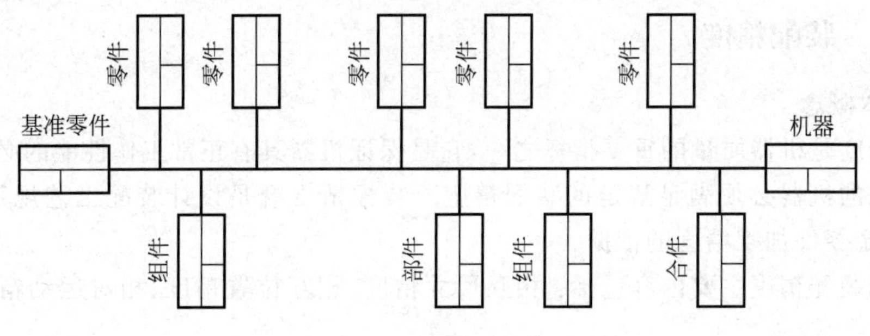

图 7.5　机器装配系统图

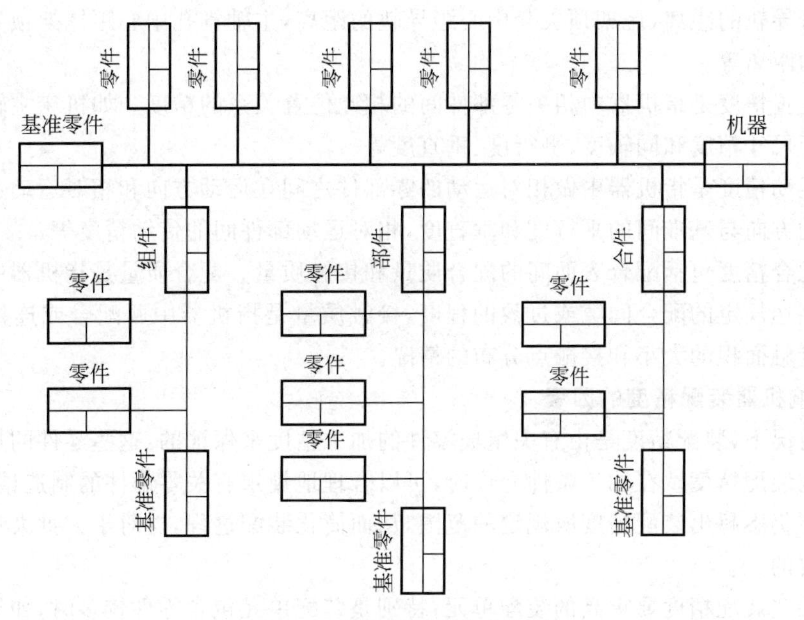

图 7.6　装配单元系统合成图

在装配单元系统图上加注所需的工艺说明内容，如焊接、配钻、配刮、冷压、热压和检验等，就形成装配工艺系统图，如图 7.7 所示。

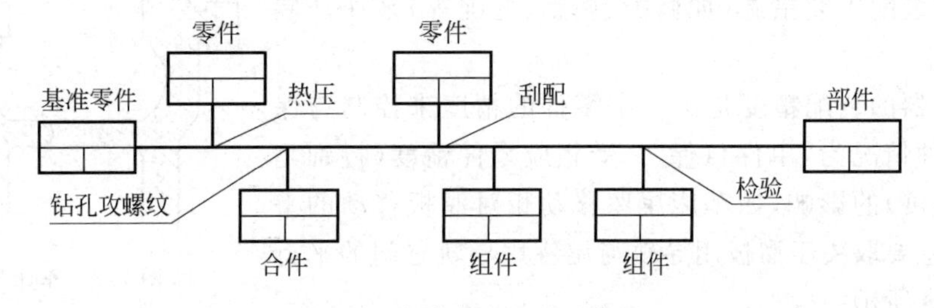

图 7.7　部件装配工艺系统图

装配工艺系统图比较清楚而全面地反映了装配单元的划分、装配顺序和装配工艺方法。它是装配工艺规程设计中的主要文件之一，也是划分装配工序的依据。

7.1.3 装配精度

1. 基本概念

装配精度是机器质量的重要指标之一，它是保证机器具有正常工作性能的必要条件，凡是装配完成的机器必须满足规定的装配精度。装配精度既是设计装配工艺规程的主要依据，也是确定零件加工精度的依据。

机器的装配精度主要内容包括：相互尺寸精度、相互位置精度、相对运动精度、相互配合精度。

相互尺寸精度是指机器中相关零部件间的相互尺寸关系的精度。例如，机床主轴锥孔中心距床身导轨的距离，尾架顶尖套中心距导轨的距离，主轴锥孔中心距尾架顶尖套中心以及距导轨的距离等。

相互位置精度是指机器中相关零部件间的相互位置关系的精度。如机床主轴箱中相关轴间中心距尺寸精度和同轴度、平行度、垂直度等。

相对运动精度是指机器中做相对运动的零部件之间在运动方向和相对运动速度上的精度。如运动方向与基准间的平行度和垂直度，相对运动部件间的传动精度等。

相互配合精度包括配合表面间的配合质量和接触质量。配合质量是指机器中零件配合表面之间到达规定的配合间隙或过盈的程度，接触质量是指机器中两配合或连接表面间达到规定的接触面积的大小和接触点分布的情况。

2. 影响机器装配精度的因素

一般情况下，装配精度是由有关组成零件的加工精度来保证的，这些零件的加工误差的累积将影响装配精度。在加工条件允许时，可以合理地规定有关零部件的制造精度，使它们的累积误差仍不超出装配精度所规定的范围，从而简化装配过程，这对于大批大量生产过程是十分必要的。

对于某些装配精度要求高的装配单元，特别是装配单元包含零件较多时，如果装配精度完全由有关零件的加工精度来直接保证，则对各零件的加工精度要求很高，这样会造成加工困难，甚至无法加工。遇到这种情况，常按经济加工精度来确定大部分零件的精度要求，使之易于加工，而在装配阶段采用一定的装配工艺措施(如修配、调整、选配等)来保证装配精度。

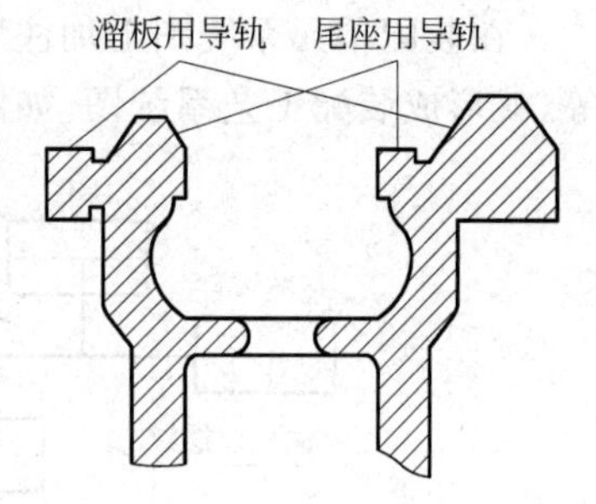

图 7.8 车床导轨

如果机器的装配精度是由一个零件的精度来控制与保证，则称这种情况为“单件自保”。受相应零件精度(特别是关键零件精度)的影响，如车床尾座移动相对溜板移动的平行度要求，主要取决于溜板用导轨与尾座用导轨之间的平行度，如图 7.8 所示。

7.2 装配的组织形式及生产纲领

1. 装配的组织形式

装配的组织形式的选择主要取决于机器的结构特点(包括重量、尺寸和复杂程度)、生产纲领和现有生产条件。

按机器产品在装配过程中移动与否，装配的组织形式分为固定式和移动式两种。

1）固定式装配

固定式装配是在一个固定的地点进行全部装配工作，机器在装配过程中不移动，多用于单件小批生产或重型产品的成批生产。固定式装配也可以按照组织工人专业分工和按照装配顺序轮流到各产品点进行装配，这种装配组织形式称为固定流水装配，多用于成批生产结构比较复杂、工序数多的大型、重型机器，如机床、汽轮机的装配。

2）移动式装配

移动式装配是将零、部件用输送带或小车按装配顺序从一个装配地点移动到下一个装配地点，各装配地点分别完成一部分装配工作，全部装配工作分散到各个装配地点分别进行，全部装配地点完成机器的全部装配工作。移动式装配按移动的形式可分为连续移动和间歇移动两种。连续移动式装配即装配线连续按节拍移动。在每一个装配地点，工人一边装配机器，一边跟随装配线走动，工序装配工作完毕立即回到原位继续重复装配；间歇移动式装配是每一个装配地点装配时产品不动，工人在规定时间（节拍）内完成装配规定工作后，机器再被生产线输送到下一工作地点。

移动式装配按移动时节拍变化与否又可分为强制节拍和变节拍两种。变节拍式移动比较灵活，具有柔性，适合多品种装配。移动式装配常用于大批大量生产组成流水作业线或自动线，如汽车、拖拉机、仪器仪表等产品的装配。

2. 生产纲领及其工艺特点

生产纲领决定了产品的生产类型。不同的生产类型致使机器装配的组织形式、装配方法、工艺过程的划分、设备及工艺装备专业化或通用化水平、手工操作工作量的比例、对工人技术水平的要求和工艺文件格式等均有不同。

各种生产类型的装配工艺特征如表7.1所示。

表7.1 各种生产类型的装配工艺特征

项目 \ 生产类型	大批大量生产	成批生产	单件小批生产
工作特点	机器不变，生产活动长期重复，生产周期一般较短	产品在系列化范围内波动，分批交替投产或多品种同时投产，生产活动在一定时期内重复	产品经常交换，不定期重复生产，生产周期一般较长
组织形式	多采用流水装配，有连续移动、间歇移动及可变节奏移动等方式，还可采用自动装配机或自动装配线	笨重、批量不大的产品多采用固定式流水装配；批量较大时采用移动流水装配；多品种平行投产时采用多品种可变节奏流水装配	多采用固定装配或固定式流水装配
工艺方法	按互换法装配，允许有少量简单的调整，精密偶件成对供应或分组供应装配，无任何修配工作	主要采用互换装配法，但灵活运用其他保证装配精度的方法，如调整装配法、修配装配法、合并加工装配法，以节约加工费用	以修配装配法及调整装配法为主，互换件比例较小

续表

项目 \ 生产类型	大批大量生产	成批生产	单件小批生产
工艺过程	工艺过程划分很细,力求达到高度的均衡性	工艺过程的划分必须适合于批量的大小,尽量使生产均衡	一般不设计详细的工艺文件,工序可适当调整,工艺也可灵活掌握
工艺装备	专业化程度高,宜采用专用高效工艺装备,易于实现机械化、自动化	通用设备较多,但也另用一定数量的专用工具、夹具和量具等,以保证装配质量和提高工效	一般为通用设备及通用工具、夹具和量具等
手工操作	手工操作比例小,熟练程度容易提高	手工操作比例较大,技术水平要求较高	手工操作比例大,要求工人有较高的技术水平和多方面的工艺知识

7.3 装配尺寸链

7.3.1 装配尺寸链的概念

在机器装配关系中,由相关零件的尺寸或相互位置关系所组成的尺寸链,称为装配尺寸链。

装配尺寸链的封闭环是装配过程所要保证的机器装配精度或技术要求。封闭环(装配精度)是通过装配过程最终形成或保证的尺寸或位置关系。

装配尺寸链也是一种尺寸链,具有尺寸链的共性。装配尺寸链也具有封闭性和关联性等。

同样,按照各个组成环和封闭环的几何特征和所处空间位置分布情况可以将其分为直线尺寸链、平面尺寸链、空间尺寸链和角度尺寸链。

工程上,直线尺寸链是最常见的尺寸链。限于篇幅,本书以直线尺寸链为例探讨装配尺寸链问题。其他类型尺寸链问题,读者可以参阅相关手册及参考资料。

7.3.2 装配尺寸链的建立

依据机器装配精度要求,准确地从机械部件图或总装图中找出相应的装配尺寸关系并建立装配尺寸链是解算装配尺寸链的关键。例如链轮装配图结构见图 7.9,装配精度要求控制轴向装配间隙 A_0,与轴向装配间隙 A_0 直接相关的零件尺寸有 A_1、A_2、A_3、A_4 和 A_5。

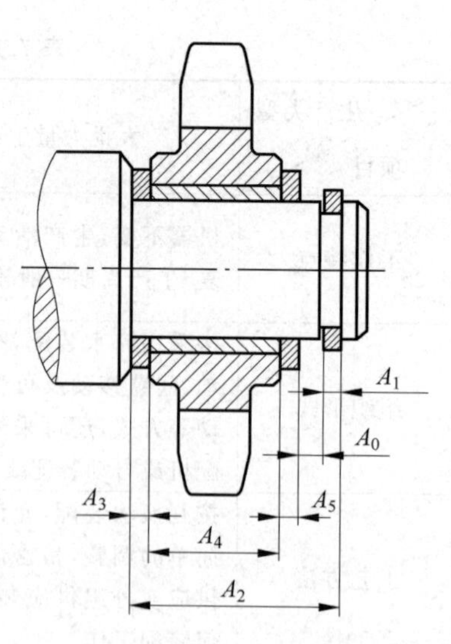

图 7.9 链轮装配图

下面结合实例说明建立装配尺寸链的步骤。

1. 确定封闭环

装配尺寸链的封闭环是有关零、部件装配后形成的，具有装配精度要求或装配技术要求的尺寸，一般为某一个配合间隙量或配合过盈量。

链轮装配尺寸链中，封闭环为 A_0。

2. 查找组成环

装配尺寸链的组成环是对装配精度发生直接影响的那些零、部件的尺寸。在查找装配尺寸链组成环时，应遵循最短路线原则。

最短路线原则要求每个装配相关的零、部件只应有一个尺寸作为组成环列入装配尺寸链，即将连接两个装配基准面间的位置尺寸直接标注在零件图上。这样，组成环的数目就等于有关零、部件的数目，即“一件一环”，此时装配尺寸链环数最少。

链轮装配尺寸链中，组成环为 A_1、A_2、A_3、A_4 和 A_5。

3. 画尺寸链图并确定组成环的性质

根据封闭环和找到的组成环画出尺寸链图，并根据尺寸链理论可以确定增减环(见第1章)。

建立链轮装配尺寸链图(见图7.10)，其中 A_2 是增环，A_1、A_3、A_4 和 A_5 是减环。

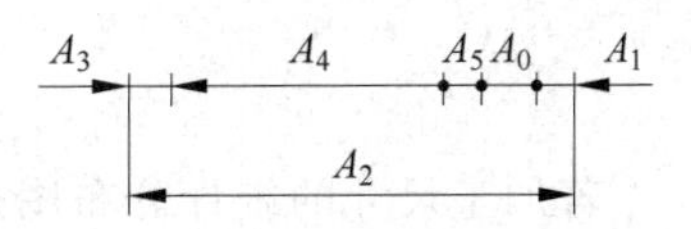

图7.10　链轮装配尺寸链图

7.3.3 装配尺寸链的计算方法

装配尺寸链的计算也可分为正计算和反计算。已知与装配精度有关的各零部件的基本尺寸及其偏差.求解装配精度要求的基本尺寸及偏差的计算过程为正计算，主要用于校核验算。当已知装配精度要求(即已知装配尺寸链封闭环的基本尺寸及其偏差)，求解与该项装配精度有关的各零部件基本尺寸及其偏差的计算过程称为反计算。装配尺寸链的反计算主要用于产品的结构设计。

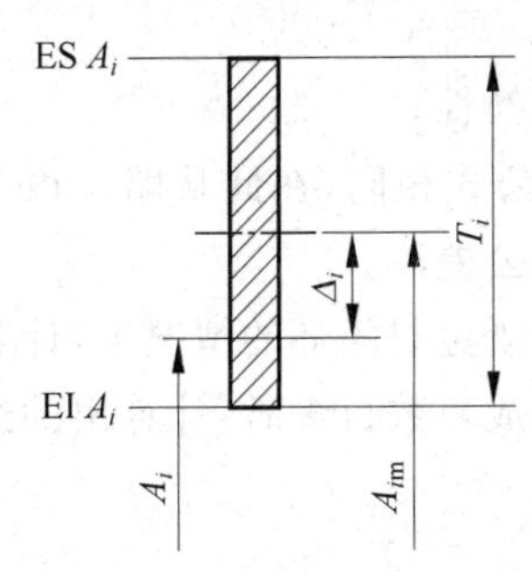

图7.11　公差带尺寸关系图

装配尺寸链的环数可能较多，公差带与基本尺寸的关系多样，为了简便起见，装配尺寸链计算常用对称公差法。

对称公差法是将所有组成环的尺寸变为对称公差，注意变换过程中组成环的基本尺寸也会发生改变，然后，利用变换后的基本尺寸和对称公差进行尺寸链计算。根据需要，将计算结果重新改写为极限偏差形式。

假设装配尺寸链由 n 个组成环和一个协调环(装配环、封闭环)组成。极限偏差表示与对称公差表示的关系如图7.11所示。对称公差法与极限公差法的转换计算公式如下：

$$T_i = \mathrm{ESA}_i - \mathrm{EIA}_i, \quad i = 0,1,2,\cdots,n \tag{7.1}$$

$$\Delta_i = \frac{\mathrm{ESA}_i + \mathrm{EIA}_i}{2}, \quad i = 0,1,2,\cdots,n \tag{7.2}$$

$$\mathrm{ESA}_i = \Delta_i + \frac{T_i}{2}, \quad i = 0,1,2,\cdots,n \tag{7.3}$$

$$\mathrm{EIA}_i = \Delta_i - \frac{T_i}{2}, \quad i = 0,1,2,\cdots,n \tag{7.4}$$

$$A_{im}=\frac{A_{i\max}+A_{i\min}}{2},\quad i=0,1,2,\cdots,n \tag{7.5}$$

$$A_{im}=A_i+\Delta_i,\quad i=0,1,2,\cdots,n \tag{7.6}$$

$$A_{i\max}=A_i+\mathrm{ESA}_i,\quad i=0,1,2,\cdots,n \tag{7.7}$$

$$A_{i\min}=A_i+\mathrm{EIA}_i,\quad i=0,1,2,\cdots,n \tag{7.8}$$

式中,A_0 为协调环;$A_i(i=1,2,\cdots,n)$为组成环;$\Delta_i(i=0,1,2,\cdots,n)$为第 i 个环中间偏差;$A_{im}(i=0,1,2,\cdots,n)$为第 i 个环中间尺寸。

装配尺寸链的 m 个增环记为 $A_i(i=1,2,\cdots,m)$,$n-m$ 个减环记为 $A_i(i=m+1,\cdots,n)$。依次类推,用下脚标数值表示增环与减环的参数,例如 $\Delta_i(i=1,2,\cdots,m)$是增环的中间偏差,$\Delta_i(i=m+1,\cdots,n)$是减环的中间偏差。

封闭环中间尺寸为

$$A_{0\mathrm{m}}=\sum_{i=1}^{m}A_{im}-\sum_{i=m+1}^{n}A_{im} \tag{7.9}$$

若加工尺寸的统计分布图是对称的,如正态分布、均匀分布、三角分布的情形,中间偏差的计算比较简单,见式(7.10):

$$\Delta_0=\sum_{i=1}^{m}\Delta_i-\sum_{i=m+1}^{n}\Delta_i \tag{7.10}$$

若加工尺寸的统计分布图是非对称的,如偏态分布、瑞利分布的情形,中间偏差的计算略复杂,见式(7.11)。$e_i(i=1,2,\cdots,n)$的数值参见表5.1。

$$\Delta_0=\sum_{i=1}^{m}\left(\Delta_i+e_i\frac{T_i}{2}\right)-\sum_{i=m+1}^{n}\left(\Delta_i+e_i\frac{T_i}{2}\right) \tag{7.11}$$

装配尺寸链的解算可根据不同需要,选择极值法或概率法。

1. 极值法

极值法的优点是计算简单,极值法设计的零件具有完全的互换性。

装配尺寸链极值法的计算公式和第1章工艺尺寸链的计算公式相同,在此从略。由于装配尺寸链的环数往往较多,装配尺寸链极值法计算常采用对称公差法。

极值法的公式是根据极大极小的极端情况推导出来的,故在既定封闭环的情况下,计算出的组成环公差往往过于严格。特别是在封闭环精度要求高、组成环数目多时,计算出的组成环公差过小,甚至无法用机械加工来保证。

(1) 正计算　装配尺寸链的组成环已知,计算封闭环公差。

在利用极值法对直线尺寸链进行正计算时,封闭环极值公差为

$$T_{0\mathrm{L}}=\sum_{i=1}^{n}T_i \tag{7.12}$$

式中,$T_{0\mathrm{L}}$为封闭环极值公差;T_i 为第 i 个组成环公差;n 为组成环环数。

为保证装配精度要求,封闭环极值公差 $T_{0\mathrm{L}}$ 必须小于或等于封闭环公差要求值 T_0,即

$$T_{0\mathrm{L}}\leqslant T_0 \tag{7.13}$$

(2) 反计算　装配尺寸链的封闭环已知,求解或分配各个组成环公差。

在利用极值法对直线尺寸链进行反计算时,可按"等公差"原则计算各组成环的平均极值公差为

$$T_{avL} = \frac{T_0}{n} \tag{7.14}$$

装配尺寸链组成环按“等公差”分配各个组成环的公差未必达到合理设计。原因是组成环尺寸大小不一，加工难度也不同。因此，可进一步根据“等精度”原则和“等加工难度”原则对依据式(6.10)求得的各个组成环平均极值公差进行适当的调整。装配尺寸链组成环尺寸公差调整可参照以下原则。

(1) 当组成环为标准件尺寸时(如轴承环或弹性垫圈的厚度等)，其公差大小和极限偏差在相应标准中已有规定，是已知值。

(2) 对于同时为几个不同装配尺寸链的组成环(称为公共环)，其公差及分布位置应根据对其有严格公差要求的那个装配尺寸链的计算来确定。在其余尺寸链计算中，该环的尺寸公差及偏差已经成为已知值。

(3) 尺寸相近、加工方法相同的组成环，可取相等的公差值。

(4) 难加工或难测量的组成环，可取较大的公差值。

(5) 在确定各组成环的极限偏差时，按入体原则确定各尺寸偏差。

显然，如果待定的各组成环公差都按上述办法确定，往往不能满足装配后封闭环的要求。为此，需要从组成环中选择一个环，其公差大小和分布位置不用上述方法确定，而是用它来协调各组成环与封闭环的关系，以满足封闭环的要求。这个预定在尺寸链中起协调作用的组成环称为协调环(也称补偿环)。一般选用便于制造及便于测量的零件尺寸作为协调环，取较小的制造公差，这样可放宽难加工零件的尺寸公差。协调环不能选择标准件或多个尺寸链的公共环。

例 7.1　链轮装配如图 7.9 所示，装配技术要求链轮轴向间隙 A_0 应在 0.05～0.45mm 之间。已知：$A_1=2.5\text{mm}$，$A_2=52\text{mm}$，$A_3=4.5\text{mm}$，$A_4=40\text{mm}$，$A_5=5\text{mm}$。

试用极值法确定装配尺寸关系中各组成的设计尺寸。

解：

(1) 建立尺寸链如图 7.10 所示。确定 A_0 为封闭环，$A_0=0^{+0.45}_{+0.05}\text{mm}$。

(2) 计算组成环平均公差

$$T_{avL} = \frac{T_0}{n} = \frac{0.40}{5}\text{mm} = 0.08\text{mm}$$

(3) 选择为 A_5 协调环，记为 A_k，$A_k=A_5$。

(4) 按经济加工精度确定除了协调环之外的组成环的公差及偏差

$$T_1 = 0.1\text{mm},\quad T_2 = 0.12\text{mm},\quad T_3 = 0.05\text{mm},\quad T_4 = 0.1\text{mm}。$$

按照入体原则，确定上述各组成环的尺寸如下：

$$A_1 = 2.5^{\ 0}_{-0.1}\text{mm},\quad A_2 = 52^{\ 0}_{-0.1}\text{mm},\quad A_3 = 4.5^{\ 0}_{-0.05}\text{mm},\quad A_4 = 40^{\ 0}_{-0.10}\text{mm}。$$

(5) 计算协调环公差 T_k(或者 T_5)

$T_0=T_1+T_2+T_3+T_4+T_k$，代入数值，经计算得 $T_k=0.03\text{mm}$。

(6) 计算协调环平均尺寸

计算除协调环之外的各环的中间偏差：

$$\Delta_0 = \frac{0.05+0.45}{2}\text{mm} = 0.25\text{mm};\quad \Delta_1 = \frac{-0.10}{2}\text{mm} = -0.05\text{mm};$$

$\Delta_2 = \frac{-0.12}{2}\text{mm} = -0.06\text{mm}$；　$\Delta_3 = \frac{-0.05}{2}\text{mm} = -0.025\text{mm}$；

$\Delta_4 = \frac{-0.10}{2}\text{mm} = -0.05\text{mm}$。

计算协调环的中间偏差：

$\Delta_0 = \Delta_2 - \Delta_1 - \Delta_3 - \Delta_4 - \Delta_k$，代入数值，经计算得 $\Delta_k = -0.185\text{mm}$。

计算协调环名义尺寸

$A_{km} = A_k + \Delta_k$，代入数值，经计算得 $A_{km} = 4.815\text{mm}$。

则 $A_k = (4.815 \pm 0.015)\text{mm} = 4.830_{-0.03}^{\ 0}\text{mm}$。

(7) 整理计算结果，见表7.2。

表7.2　计算结果　　mm

尺寸	A_1	A_2	A_3	A_4	A_5
数值	$2.5_{-0.1}^{\ 0}$	$52_{-0.1}^{\ 0}$	$4.5_{-0.05}^{\ 0}$	$40_{-0.10}^{\ 0}$	$4.830_{-0.03}^{\ 0}$

2. 概率法

根据数理统计规律，每个组成环尺寸都处于极限情况的机会是相对较少的，特别是在大批量生产中，若组成环数目较多，装配过程中各零件的组合均趋于极限情况的概率很小，因此采用概率解法计算装配尺寸链更为合理。采用概率法计算装配尺寸链，可以扩大各零件的制造公差，降低制造成本。

装配尺寸链的各组成环是有关零件的加工尺寸或相对位置精度，是彼此独立的随机变量。因此，作为组成环合成量的封闭环也是一个随机变量。

当尺寸链分析计算考虑尺寸加工的统计分布情况时，则尺寸链计算方法称为概率法。

(1) 封闭环平方公差 T_{0Q} 和组成环平均平方公差 T_{avQ}　当组成环和封闭环的统计分布规律都是正态分布时，相对分布系数 $k_i = 1(i = 0, 1, 2, \cdots, n)$ 是比较简单的情况，也是常见的情况。

在直线尺寸链中，由概率论知：各独立随机变量(装配尺寸链的组成环)的均方根偏差 σ_i 与这些随机变量之和(尺寸链的封闭环)的均方根偏差 σ_0 的关系为

$$\sigma_0 = \sqrt{\sum_{i=1}^{n}\sigma_i^2} \tag{7.15}$$

当尺寸链各组成环均为正态分布时，其封闭环也为正态分布。此时，各组成环的尺寸误差分散范围 ω_i 与其均方根偏差 σ_i 的关系为

$$\omega_i = 6\sigma_i,\quad i = 1, 2, \cdots, n \tag{7.16}$$

当误差分散中心与正态分布中心重合，且误差分散范围等于公差值(即置信水平为99.73%情况下)，即 $\omega_i = T_i$ 时，则

$$T_{0Q} = \sqrt{\sum_{i=1}^{n}T_i^2} \tag{7.17}$$

公式(7.17)的置信水平 P 为99.73%。如果置信水平不为99.73%，则需要引入系数 k_0。相对分布系数 k_0 与置信水平的关系见表7.3。概率法的计算以一定置信水平为依据，置信水平表示装配后合格品所占的百分比，$1-P$ 表示超差品的百分数。

引入上述 k_0 系数后，封闭环的公差值为

$$T_{0Q}=\frac{1}{k_0}\sqrt{\sum_{i=1}^{n}T_i^2} \tag{7.18}$$

表 7.3　置信水平与相对分布系数的关系

置信水平 P	99.73%	99.5%	99%	98%	95%	90%
相对分布系数 k_0	1	1.06	1.16	1.29	1.52	1.82

式(7.17)说明，当各组成环都为正态分布时，封闭环的公差等于各组成环公差平方和的平方根。按“等公差”原则，取各组成环公差相等，则各组成环平均平方公差为

$$T_{avQ}=\frac{T_0}{\sqrt{n}} \tag{7.19}$$

比较式(7.14)和式(7.19)可知，与极值解法反计算装配尺寸链相比，概率解法可将组成环的公差值扩大$\sqrt{n}$倍，这是概率法的突出优点。

(2) 封闭环当量公差 T_{0E} 和组成环平均当量公差 T_{avE}　当封闭环的统计分布规律都是正态分布时，相对分布系数 $k_0=1$；组成环统计分布规律相同时，取其相对分布系数 $k_i=k(i=1,2,\cdots,n)$。则封闭环当量公差为

$$T_{0E}=k\sqrt{\sum_{i=1}^{n}T_i^2} \tag{7.20}$$

各组成环平均当量公差为

$$T_{avE}=\frac{T_0}{k\sqrt{n}} \tag{7.21}$$

(3) 封闭环统计公差 T_{0S} 和组成环平均统计公差 T_{avS}　当组成环和封闭环的统计分布规律都不是正态分布时，相对分布系数 $k_i\neq1(i=0,1,2,\cdots,n)$，此种情况相对比较烦琐，则封闭环当量公差为

$$T_{0S}=\frac{1}{k_0}\sqrt{\sum_{i=1}^{n}k_i^2T_i^2} \tag{7.22}$$

各组成环平均当量公差为

$$T_{avS}=\frac{k_0T_0}{\sqrt{\sum_{i=1}^{n}k_i^2}} \tag{7.23}$$

例 7.2　图 7.9 所示链轮装配，装配技术要求链轮轴向间隙 A_0 应在 0.05～0.45mm 之间。已知：$A_1=2.5$mm，$A_2=52$mm，$A_3=4.5$mm，$A_4=40$mm，$A_5=5$mm。各加工尺寸符合正态分布。

试用概率法确定装配尺寸关系中各组成的设计尺寸。

问题分析：从装配精度看，例 7.2 的链轮轴向间隙 A_0 应在 0.05～0.45mm 之间，装配精度与例 7.1 相同。由极值法计算结果看协调环公差较小，协调环加工精度要求较高。概率法计算结果可以与极值法计算结果进行对比分析：在同等装配精度要求下，概率法设计

组成环尺寸能否降低对组成环的加工精度要求,显示出概率法的特点。

解:

(1) 建立尺寸链如图7.10所示。确定 A_0 为封闭环,$A_0=0^{+0.45}_{+0.05}$mm。

(2) 计算组成环平均平方公差:

$$T_{avQ}=\frac{T_0}{\sqrt{n}}=\frac{0.40}{\sqrt{5}}\text{mm}=0.1789\text{mm}$$

(3) 选择为 A_5 协调环,记为 A_k,$A_k=A_5$。

(4) 按经济加工精度确定除了协调环之外的组成环的公差及偏差

概率法计算的组成环平均公差大于极值法计算的组成环平均公差,因此采用概率法设计组成环的公差及偏差时,组成环可以采用较低的加工精度。

为了与极值法对比方便,这里各组成环(除了协调环之外)公差数值取与极值法相同的数值。

$$T_1=0.1\text{mm},\quad T_2=0.12\text{mm},\quad T_3=0.05\text{mm},\quad T_4=0.1\text{mm}$$

按照入体原则,确定上述各组成环的尺寸如下:

$$A_1=2.5^{\ 0}_{-0.1}\text{mm},\quad A_2=52^{\ 0}_{-0.1}\text{mm},\quad A_3=4.5^{\ 0}_{-0.05}\text{mm},\quad A_4=40^{\ 0}_{-0.10}\text{mm}$$

(5) 计算协调环公差 T_k(或者 T_5)

$T_0^2=T_1^2+T_2^2+T_3^2+T_4^2+T_k^2$,代入数值,经计算得 $T_k=0.35$mm。

(6) 计算协调环平均尺寸

计算除协调环之外的各环的中间偏差:

$$\Delta_0=\frac{0.05+0.45}{2}\text{mm}=0.25\text{mm};\quad \Delta_1=\frac{-0.10}{2}\text{mm}=-0.05\text{mm};$$

$$\Delta_2=\frac{-0.12}{2}\text{mm}=-0.06\text{mm};\quad \Delta_3=\frac{-0.05}{2}\text{mm}=-0.025\text{mm};$$

$$\Delta_4=\frac{-0.10}{2}\text{mm}=-0.05\text{mm}$$

计算协调环的中间偏差:

$\Delta_0=\Delta_2-\Delta_1-\Delta_3-\Delta_4-\Delta_k$,代入数值,经计算得 $\Delta_k=-0.185$mm。

计算协调环名义尺寸:

$A_{km}=A_k+\Delta_k$,代入数值,经计算得 $A_{km}=4.815$mm。

则 $A_k=(4.815\pm0.175)\text{mm}=4.990^{\ 0}_{-0.35}$mm。

(7) 整理计算结果,见表7.4。

表7.4 计算结果 mm

尺寸	A_1	A_2	A_3	A_4	A_5
数值	$2.5^{\ 0}_{-0.1}$	$52^{\ 0}_{-0.1}$	$4.5^{\ 0}_{-0.05}$	$40^{\ 0}_{-0.10}$	$4.990^{\ 0}_{-0.35}$

7.4 保证装配精度的装配方法

机械产品的精度要求最终要靠装配来达到。为了减少装配劳动量、降低零件加工精度,并获得或保持较高的装配精度,需要根据产品的性能要求、结构特点、生产纲领、生产技术条件等诸因素选择合适的装配方法。

在生产中,常用的保证产品装配精度的方法有互换装配法、分组装配法、修配装配法与调整装配法等四类。

7.4.1　互换装配法

互换装配法是从制造合格的同规格零件中任取一个用来装配均能达到装配精度要求的装配方法。

互换法装配产品的装配精度是靠控制零件的加工精度来保证的,因此需要零件的制造要满足互换性。

按互换程度的不同,互换装配法分为完全互换装配法与大数互换装配法。

1. 完全互换装配法

在产品装配时各组成环零件不需挑选或改变其大小或位置,全部产品装配后即能达到封闭环的公差要求,这种装配方法称为完全互换装配法。

完全互换装配法的思路与措施是采用极值法设计各个组成环公差。

完全互换装配法的特点是机器装配时能保证各个组成环具备完全互换性。

完全互换装配法的应用范围:它是装配尺寸链设计的基本方法,在不引起加工困难和大幅度增加成本等条件下,广泛采用完全互换法。

2. 大数互换装配法

大数互换装配法是指在产品装配时,对各组成环零件不需挑选或改变其大小或位置,绝大多数装配后即能达到封闭环的公差要求。

大数互换装配法的思路与措施是采用统计法设计各个组成环公差。

大数互换装配法的特点是机器装配时不能保证各个组成环具备完全互换性,是大部分具有互换性。在大批量加工时,大量加工尺寸分布在平均值附近是常见现象,这是大数互换装配法的使用条件。在同等装配性能要求情况下,大数互换法可以大幅度放宽零件设计精度。

大数互换装配法的应用范围:大批大量生产。剩余少量不能完全互换的可以修配处理。

7.4.2　分组装配法

当采用互换装配法设计零件尺寸公差,零件加工精度过高难以满足加工要求,或者经济性很差时,如果零件数目很少(如只有两件),则可以考虑采用分组装配法。

1. 基本概念

分组装配法是先将组成环的公差相对于完全互换装配法所求之公差数值增大若干倍,使组成环零件加工较为经济,然后,将各组成环零件按实际尺寸进行分组,各对应组零件进行装配,从而达到封闭环公差要求的装配方法。分组装配法又称分组互换法。

2. 设计思路与方法

分组装配法采用极值法设计装配尺寸链的组成环。为了便于生产,将组成环的公差数值放大若干倍用于生产。生产零件按照放大倍数进行分组,产品按照对应组进行装配。

3. 设计案例

下面以发动机活塞与活塞销的装配为例，讲解分组装配方法。

例 7.3　发动机活塞销孔与活塞销的结构如图 7.12 所示，冷态装配要求活塞销孔与活塞销过盈量是 0.002 5～0.007 5mm。试用分组装配法设计活塞销孔和活塞销的相关加工尺寸。

问题分析：从装配精度看，冷态装配要求活塞销孔与活塞销过盈量是 0.002 5～0.007 5mm，装配精度要求很高。尽管装配涉及零件少，但采用互换法计算组成环公差小，零件加工精度要求很高。

解：

(1) 采用完全互换法装配，则可以设计活塞销孔 $\phi 26_{-0.0025}^{0}$ mm，活塞销直径 $\phi 26_{-0.0075}^{-0.0050}$ mm。可以验证它们配合的过盈量符合要求。

但是按照完全互换法设计的活塞和活塞销的公差等级相当于 IT2，机械加工较为困难。

(2) 在实际生产中采用分组装配法将活塞销孔和活塞销的制造公差在相同方向上同时放大四倍，并将零件按照放大后的公差进行加工制造。

通过测量零件实际尺寸，按照表 7.5 给出的设计尺寸分为四组，零件分组公差带图示见图 7.13。

为了生产操作方便，将分组后的零件用颜色标识。同种颜色零件进行装配，具有完全互换性。

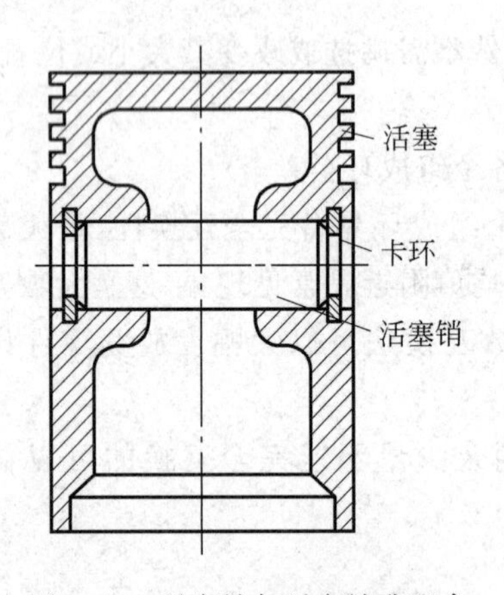

图 7.12　活塞销与活塞销孔配合

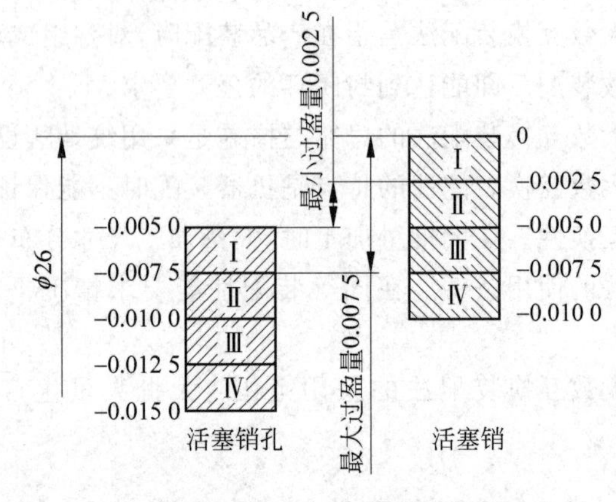

图 7.13　公差带图

表 7.5　计算结果　　mm

组别	活塞销直径 $\phi 26_{-0.010}^{0}$ (加工制造尺寸)	活塞销孔直径 $\phi 26_{-0.0150}^{-0.0050}$ (加工制造尺寸)	配合情况	标志颜色
Ⅰ	$\phi 26_{-0.0025}^{0}$	$\phi 26_{-0.0075}^{-0.0050}$	0.002 5～0.007 5	红
Ⅱ	$\phi 26_{-0.0050}^{-0.0025}$	$\phi 26_{-0.0100}^{-0.0075}$		黑
Ⅲ	$\phi 26_{-0.0075}^{-0.0050}$	$\phi 26_{-0.0125}^{-0.0100}$		蓝
Ⅳ	$\phi 26_{-0.0100}^{-0.0075}$	$\phi 26_{-0.0150}^{-0.0125}$		白

4. 特点及应用范围

分组装配法的特点是在保证装配精度条件下,可降低装配精度对组成环的加工精度要求。但是,分组装配法增加了测量、分组和配套工作。当组成环数较多时,上述工作就会变得非常复杂。

分组装配法适用于成批大量生产中封闭环公差要求很严、尺寸链组成环很少的装配尺寸链中。例如,精密偶件的装配、精密机床中精密件的装配和滚动轴承的装配等。

正确采用分组装配法的关键是保证分组后各对应组的配合性质和配合公差满足设计要求,并使对应组内相配零件的数量匹配。分组装配应符合以下条件:

(1) 配合件的公差应相等,公差要向同方向增大,增大的倍数应等于分组数。

(2) 由于装配精度取决于分组公差,故配合件的表面粗糙度值和形状公差均需与分组公差相适应,不能随尺寸公差的增大而放大。

(3) 为保证对应组内相配件的数量配套,相配零件的尺寸分布应相同;否则,将产生剩余零件,如图 7.14 所示。

为解决积压剩余件问题,生产中常常专门生产一些与剩余件配套的零件。

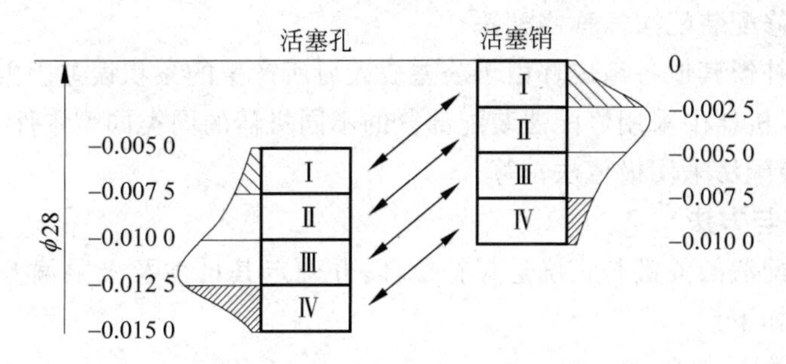

图 7.14　销与销孔尺寸分布不同时产生剩余件的情况

5. 与分组装配法类似的其他装配方法

1) 直接选择装配法

直接选择装配法也是先将组成环的公差相对于互换装配法所求之值增大,但不需预先测量分组,而是在装配时直接从待装配的零件中选择合适的零件进行装配,以满足装配精度要求。例如,发动机中活塞与活塞环的装配,为了避免活塞环可能在活塞的环槽内卡住,装配工人可凭经验直接挑选合适的活塞环进行装配。

直接选择装配法的缺点是装配精度在很大程度上取决于工人的技术水平,而且装配工时也不稳定。

直接选择装配法常用于封闭环公差要求不太严、产品的产量不大或生产节拍要求不很严格的成批生产中。

2) 复合选择装配法

复合选择装配法是分组装配和直接选择装配的复合形式。它是先将组成环的公差相对于互换法所求之值增大,零件加工后预先测量、分组,装配时工人将在各对应组内进行选择装配。例如,发动机中的气缸与活塞的配合多采用本法。

复合选择装配法吸取了前两种方法的特点,既能提高装配精度,又不必过多增加分组数。但是,装配精度仍然要依赖工人的技术水平,工时也不稳定。

在相配件公差不等时,复合选择装配法常作为分组装配法的一种补充形式。

7.4.3　修配装配法

在成批生产中,若装配尺寸链的封闭环公差要求较严,组成环又较多时,用互换装配法势必要求组成环的公差很小,提高了装配精度,造成零件加工困难,并影响机器制造的经济性。若用分组装配法,又会因装配尺寸链环数多,使测量、分组和配套工作变得非常困难和复杂,甚至造成生产上的混乱。

在单件小批生产时,当封闭环公差要求较严时,即使组成环数很少,也会因零件生产数量少而不能采用分组装配法。

当装配尺寸链的封闭环公差要求严格时,常采用修配装配法达到封闭环公差要求。

1. 基本概念

修配装配法是将装配尺寸链中各组成环的公差相对于互换装配法所求之值增大,使其能按现有生产条件下较经济的加工精度制造,装配时通过去除补偿环(compensating link)(或称修配环,是预先选定的某一组成环)部分材料,改变其实际尺寸,使封闭环达到精度要求的装配方法。修配装配法简称修配法。

补偿环用来补偿其他各组成环由于公差放大后所产生的累积误差。因修配装配法是逐个修配机器,所以机器中采用修配法装配部分的不同机器的同类同型零件不能互换。

通常,修配装配法采用极值法计算。

2. 设计思路与方法

采用修配装配法的关键是正确选择补偿环,并确定其尺寸及极限偏差。修配法的设计思路与方法大体如下:

(1) 选择补偿环。

一般地,补偿环应便于装拆,易于修配。因此补偿环应选形状比较简单、修配面较小的零件。补偿环应选只与一项装配精度有关的环,而不应选择公共组成环。

(2) 按经济加工精度确定除了补偿环之外的组成环的公差及偏差。

按照入体原则,确定上述各组成环的尺寸。

(3) 确定补偿环的尺寸及极限偏差。

确定补偿环尺寸及极限偏差的出发点是要保证修配时的修配环有足够的修配量,且修配量不能太大。为此,首先要了解补偿环被修配时,对封闭环的影响是渐渐增大还是渐渐变小。例如图7.15表示了铣床矩形导轨的装配结构,其中压板是修配件。装配精度要求是控制装配间隙。分析图7.15,可知:修磨A面可以使装配间隙减小,这是"越修越小"的情况;修磨B面可以使装配间隙增大,这是"越修越大"的情况。

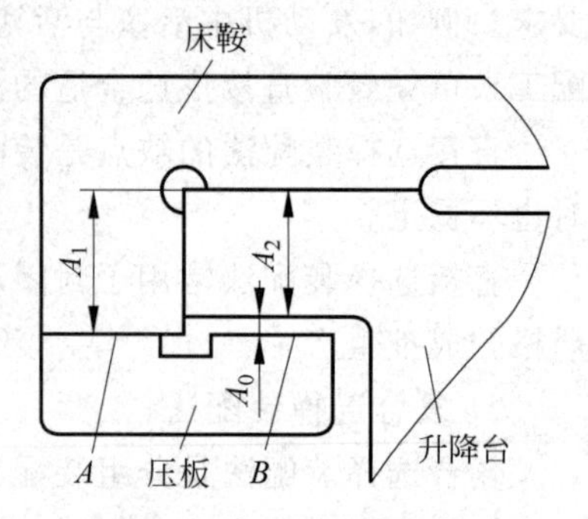

图7.15　铣床矩形导轨装配结构

针对不同情况,修配法的计算方法略有不同。

在"越修越小"情况下,封闭环公差带要求值和实际公差带的相对关系见图7.16(a)。由图可知,为保证修配量足够和最小,放大组成环公差后实际封闭环的公差带和设计要求封闭环的公差带之间的相对关系应如图7.16(a)所示。图中

T_0、A_{0max}和A_{0min}分别表示设计要求封闭环的公差、最大极限尺寸和最小极限尺寸；T_{0D}、A_{0Dmax}和A_{0Dmin}分别表示放大组成环公差后实际封闭环的公差、最大极限尺寸和最小极限尺寸；F_{max}表示最大修配量。应满足下式：

$$A_{0Dmin} = A_{0min} \tag{7.24}$$

若已经$A_{0Dmax} < A_{0max}$，那么修配补偿环A_{0Dmax}后会更小，不能满足设计要求。

在“越修越大”情况下，封闭环公差带要求值和实际公差带的相对关系见图7.16(b)。由图可知，为了保证修配量足够和最小，须

$$A_{0Dmax} = A_{0max} \tag{7.25}$$

上述两种情况下，分别满足式(7.24)和式(7.25)时，最大修配量F_{max}均为

$$F_{max} = T_{0D} - T_0 \tag{7.26}$$

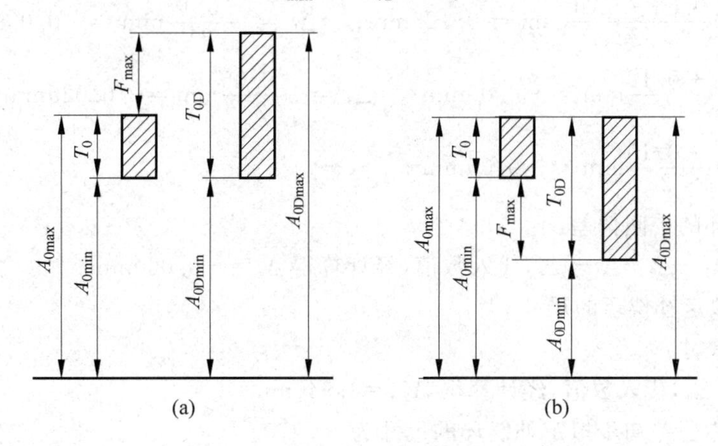

图7.16　封闭环公差带要求值和实际公差带的相对关系

当已知各组成环放大后的公差，并按“入体原则”确定组成环的极限偏差后，就可按式(7.24)或式(7.25)求出补偿环的某一极限尺寸(或极限偏差)，再由已知的补偿环公差求出补偿环的另一极限尺寸(或极限偏差)。

3. 设计案例

例7.4　图7.9所示链轮装配，装配技术要求链轮轴向间隙A_0应在0.05～0.20mm之间。已知：$A_1=2.5$，$A_2=52$，$A_3=4.5$，$A_4=40$，$A_k=5$。

试用修配法确定装配尺寸关系中各组成环的设计尺寸。

问题分析：从装配精度看，例7.4链轮轴向间隙A_0要求控制在0.05～0.20mm之间。装配精度高于例7.1和例7.2，根据极值法和概率法的计算过程与结果看，采用互换法无法实现装配精度要求。下面采用修配法设计各组成环尺寸。

解：

(1) 建立尺寸链，如图7.10所示。确定A_0为封闭环，$A_0=0^{+0.20}_{+0.05}$mm。

(2) 计算组成环平均公差

$$T_{avL} = \frac{T_0}{n} = \frac{0.15}{5}\text{mm} = 0.03\text{mm}$$

(3) 选择为A_5补偿环，记为A_k，$A_k=A_5$。这是“越修越大”情况。

(4) 按经济加工精度分配各组成环的公差

$T_1 = 0.1\text{mm}$, $T_2 = 0.12\text{mm}$, $T_3 = 0.05\text{mm}$, $T_4 = 0.1\text{mm}$, $T_k = 0.03\text{mm}$

按照入体原则,确定上述各组成环的尺寸如下:

$$A_1 = 2.5_{-0.1}^{\ 0}\text{mm},\quad A_2 = 52_{-0.1}^{\ 0}\text{mm},\quad A_3 = 4.5_{-0.05}^{\ 0}\text{mm},\quad A_4 = 40_{-0.10}^{\ 0}\text{mm}$$

(5) 计算封闭环实际公差 T_{0DL}:$T_{0DL} = T_1 + T_2 + T_3 + T_4 + T_k$,代入数值,经计算得 $T_{0DL} = 0.40\text{mm}$。

(6) 计算补偿环的最大补偿量 F_{max}:$F_{max} = T_{0DL} - T_0$,代入数值,经计算得

$$F_{max} = (0.40 - 0.15)\text{mm} = 0.25\text{mm}$$

(7) 计算各环的中间偏差

计算除补偿环之外,其余各环的中间偏差:

$$\Delta_0 = \frac{0.05 + 0.20}{2}\text{mm} = 0.125\text{mm};\quad \Delta_1 = \frac{-0.10}{2}\text{mm} = -0.05\text{mm};$$

$$\Delta_2 = \frac{-0.12}{2}\text{mm} = -0.06\text{mm};\quad \Delta_3 = \frac{-0.05}{2}\text{mm} = -0.025\text{mm};$$

$$\Delta_4 = \frac{-0.10}{2}\text{mm} = -0.05\text{mm}$$

计算补偿环的中间偏差:

$\Delta_0 = \Delta_2 - \Delta_1 - \Delta_3 - \Delta_4 - \Delta_k$,代入数值,经计算得 $\Delta_k = -0.060\text{mm}$。

(8) 初步拟定补偿环的尺寸

计算中间尺寸:

$A_{km} = A_k + \Delta_k$,代入数值,经计算得 $A_{km} = 4.940\text{mm}$。

因此按对称公差初步拟定补偿环的尺寸为

$$A_{kc} = (4.940 \pm 0.015)\text{mm}$$

(9) 验算装配后封闭环的极限尺寸

$$A_{0Dmax} = A_{0m} + \frac{1}{2}T_{0L} = \left(0.125 + \frac{1}{2} \times 0.40\right)\text{mm} = +0.325\text{mm}$$

$$A_{0Dmin} = A_{0m} - \frac{1}{2}T_{0L} = \left(0.125 - \frac{1}{2} \times 0.40\right)\text{mm} = -0.075\text{mm}$$

按照装配精度要求,封闭环的极限尺寸为

$$A_{0max} = +0.20\text{mm}$$
$$A_{0min} = +0.05\text{mm}$$

由于这是一例“越修越大”情况,配置修配量要求 $A_{0Dmax} = A_{0max}$。因此,需要对初步拟定的 $A_{kc} = 4.940 \pm 0.015\text{mm}$ 进行修正。

A_k 是减环,确定补偿环尺寸:

$$A_k = A_{kc} + (A_{0Dmax} - A_{0max}) = (4.940 \pm 0.015 + 0.125)\text{mm} = 5.08_{-0.03}^{\ 0}\text{mm}$$

(10) 整理计算结果,见表 7.6。

表 7.6 计算结果 mm

尺寸	A_1	A_2	A_3	A_4	A_k
数值	$2.5_{-0.1}^{\ 0}$	$52_{-0.1}^{\ 0}$	$4.5_{-0.05}^{\ 0}$	$40_{-0.10}^{\ 0}$	$5.08_{-0.03}^{\ 0}$

4. 特点及应用范围

采用修配法可以降低对组成环的加工要求，利用修配补偿环的方法可获得较高的装配精度，尤其是尺寸链中环数较多时，修配法优点更为明显。但是修配工作往往需要技术熟练的工人，修配操作大多是手工操作，需要逐个机器进行修配，所以修配法生产率低，不容易保证一定生产节拍，不适合组织流水线装配，修配法装配的机器中的零件没有互换性。

大批大量生产中很少采用修配法装配；单件小批量生产中广泛采用修配法，特别是精度要求高时，更需要采用修配法降低加工成本；中批量生产中，当装配精度要求高时，也可以采用修配法。

7.4.4 调整装配法

封闭环公差要求较严而组成环又较多的装配尺寸链，也可以用调整装配法达到要求。

1. 基本概念

调整装配法，简称调整法，是将尺寸链中各组成环的公差相对于互换装配法所求之值增大，使其能按该生产条件下较经济的公差制造，装配时用调整的方法改变补偿环(预先选定的某一组成环)的实际尺寸或位置，使封闭环达到其公差与极限偏差要求。

一般以螺栓、斜面、挡环、垫片或孔轴连接中的间隙等作为补偿环(或称调整环)，它用来补偿其他各组成环由于公差放大后所产生的累积误差。

根据调整方法的不同，调整法分为固定调整法、可动调整法和误差抵消调整法三种。下面主要讲述固定调整装配法。

采用改变补偿环的实际尺寸，使封闭环达到其公差与极限偏差要求的方法，称为固定调整法。

2. 设计思路与方法

调整法通常采用极值法设计计算。

1) 基本思路

固定调整装配法的基本思路是根据封闭环公差与极限偏差的要求，分别装入不同尺寸的补偿环，改变补偿环实际尺寸从而实现封闭环设计要求。例如，补偿环是减环，因放大组成环公差后使封闭环实际尺寸较大时，就取较大的补偿环装入；反之，当封闭环实际尺寸较小时，就取较小的补偿环装入。为此，需要预先按一定的尺寸要求制成若干组不同尺寸的补偿环，供装配时选用。补偿环要形状简单、便于装拆，常用的补偿环有垫片、挡环、套筒等。

2) 步骤与方法

采用固定调整法时，计算装配尺寸链的关键是确定补偿环的组数和各组的尺寸。通常按如下步骤进行：

(1) 确定补偿量 F　采用固定调整法时，由于放大组成环公差，装配后的实际封闭环的公差必然超出设计要求的公差，其超差量需用补偿环补偿。该补偿量 F 等于超差量，可用下式计算：

$$F = T_{0L} - T_0 \tag{7.27}$$

式中，T_{0L} 为实际封闭环的极值公差(含补偿环)；T_0 为封闭环公差的要求值。

(2) 确定每一组补偿环的补偿能力 S　若忽略补偿环的制造公差 T_k，则补偿环的补偿能力 S 就等于封闭环公差要求值 T_0；若考虑补偿环的公差 T_k，则补偿环的补偿能力为

$$S = T_0 - T_k \tag{7.28}$$

(3) 确定补偿环的组数　当第一组补偿环无法满足补偿要求时，就需要相邻一组的补偿环来补偿。所以相邻组别补偿环基本尺寸之差也应等于补偿能力 S，以保证补偿作用的连续进行。因此，分组数 N 可用下式表示：

$$N = \frac{F}{S} + 1 \tag{7.29}$$

计算所得分组数 N 后，要圆整至邻近的较大整数。

(4) 计算各组补偿环的尺寸　由于各组补偿环的基本尺寸之差等于补偿能力 S，所以只要先求出某一组补偿环的尺寸，就可推算出其他各组的尺寸。比较方便的方法是先求出补偿环的中间尺寸，再求各组尺寸。

补偿环中间尺寸可先由各环中间偏差之关系式求出补偿环的中间偏差后再求得。

当补偿环的组数 N 为奇数时，求出的中间尺寸就是补偿环中间一组尺寸的中间值。其余各组尺寸的中间值相应增加或减小各组之间的尺寸差 S 即可。

当补偿环的组数 N 为偶数时，求出的中间尺寸是补偿环的对称中心，再根据各组之间的尺寸差 S 安排各组尺寸。

补偿环的极限偏差也按“入体原则”标注。

下面通过实例，说明采用固定调整法时尺寸链的计算步骤和方法。

3. 设计案例

例 7.5　如图 7.9 所示链轮装配，装配精度要求链轮轴向间隙 A_0 应在 0.05～0.20mm 之间。已知：$A_1=2.5\text{mm}$，$A_2=52\text{mm}$，$A_3=4.5\text{mm}$，$A_4=40\text{mm}$，$A_k=5\text{mm}$。

试用调整法确定装配尺寸关系中各组成环的设计尺寸。

问题分析：从装配精度看，例 7.5 与例 7.4 相同，链轮轴向间隙 A_0 要求控制在 0.05～0.20mm 之间。装配精度高于例 7.1 和例 7.2，根据极值法和概率法的计算过程与结果看，采用互换法无法实现装配精度要求。其装配精度与例 7.4 相同，但是修配法不适合生产线采用，因此考虑其他装配方法。

解：

(1) 建立尺寸链，如图 7.10 所示。确定 A_0 为封闭环，$A_0=0^{+0.20}_{+0.05}\text{mm}$。

(2) 计算组成环平均公差

$$T_{\text{avL}} = \frac{T_0}{n} = \frac{0.15}{5}\text{mm} = 0.03\text{mm}$$

(3) 选择为 A_5 补偿环，记为 A_k，$A_k=A_5$。

(4) 按经济加工精度确定除了补偿环之外的组成环的公差及偏差

$$T_1 = 0.1\text{mm},\quad T_2 = 0.12\text{mm},\quad T_3 = 0.05\text{mm},\quad T_4 = 0.1\text{mm},\quad T_k = 0.03\text{mm}$$

按照入体原则，确定上述各组成环的尺寸如下：

$$A_1 = 2.5^{\ 0}_{-0.1}\text{mm},\quad A_2 = 52^{\ 0}_{-0.1}\text{mm},\quad A_3 = 4.5^{\ 0}_{-0.05}\text{mm},\quad A_4 = 40^{\ 0}_{-0.10}\text{mm}$$

(5) 计算封闭环实际公差 T_{0L}

$T_{0L}=T_1+T_2+T_3+T_4+T_k$，代入数值，经计算得 $T_{0L}=0.40\text{mm}$。

(6) 计算补偿量

$F=T_{0L}-T_0$，代入数值，经计算得 $F=(0.40-0.15)\text{mm}=0.25\text{mm}$。

(7) 计算补偿环补偿能力

$S=T_0-T_k$，代入数值，经计算得 $S=(0.15-0.03)\text{mm}=0.12\text{mm}$。

(8) 计算分组数

$N=\frac{F}{S}+1$，代入数值，经计算得 $N\approx3.1$，取 $N=4$。

(9) 计算各组补偿环尺寸

计算除补偿环之外的各环的中间偏差：

$$\Delta_0=\frac{0.05+0.20}{2}\text{mm}=0.125\text{mm};\quad \Delta_1=\frac{-0.10}{2}\text{mm}=-0.05\text{mm};$$

$$\Delta_2=\frac{-0.12}{2}\text{mm}=-0.06\text{mm};\quad \Delta_3=\frac{-0.05}{2}\text{mm}=-0.025\text{mm};$$

$$\Delta_4=\frac{-0.10}{2}\text{mm}=-0.05\text{mm}$$

计算补偿环的中间偏差：

$\Delta_0=\Delta_2-\Delta_1-\Delta_3-\Delta_4-\Delta_k$，代入数值，经计算得 $\Delta_k=-0.060\text{mm}$。

计算中间尺寸：

$A_{km}=A_k+\Delta_k$，代入数值，经计算得 $A_{km}=4.940\text{mm}$。

计算各组补偿环的尺寸：

因补偿环是偶数4，故上面中间尺寸 A_{km} 为补偿环对称中心。各组尺寸的中间值分别为：

$A_{km1}=A_{km}+S+\frac{S}{2}$，代入数值，经计算得 $A_{km1}=5.120\text{mm}$。

$A_{km2}=A_{km}+\frac{S}{2}$，代入数值，经计算得 $A_{km2}=5.000\text{mm}$。

$A_{km3}=A_{km}-\frac{S}{2}$，代入数值，经计算得 $A_{km3}=4.880\text{mm}$。

$A_{km4}=A_{km}-S-\frac{S}{2}$，代入数值，经计算得 $A_{km4}=4.760\text{mm}$。

则 $A_{k1}=(5.120\pm0.015)\text{mm}=5.135_{-0.03}^{0}\text{mm}$，$A_{k2}=(5.000\pm0.015)\text{mm}=5.015_{-0.03}^{0}\text{mm}$，$A_{k3}=(4.880\pm0.015)\text{mm}=4.895_{-0.03}^{0}\text{mm}$，$A_{k4}=(4.760\pm0.015)\text{mm}=4.775_{-0.03}^{0}\text{mm}$。

(10) 整理计算结果，见表7.7和表7.8。

表7.7　计算结果　mm

尺寸	A_1	A_2	A_3	A_4
数值	$2.5_{-0.1}^{0}$	$52_{-0.1}^{0}$	$4.5_{-0.05}^{0}$	$40_{-0.10}^{0}$

表7.8　补偿环结果　mm

尺寸	A_{k1}	A_{k2}	A_{k3}	A_{k4}
数值	$5.135_{-0.03}^{0}$	$5.015_{-0.03}^{0}$	$4.895_{-0.03}^{0}$	$4.775_{-0.03}^{0}$

4. 特点及其应用范围

固定调整法可降低对组成环的加工要求，利用调整的方法改变补偿环的实际尺寸，从而可以获得较高的装配精度，尤其是尺寸链中环数较多时，固定调整法的优点更为明显。在装配时采用固定调整法不必修配补偿环,没有修配法的一些缺点,所以固定调整法在大批大量生产中得到普遍应用。

固定调整法又没有可动调整法中改变位置的补偿件,因而刚性较好,结构比较紧凑。但是,固定调整法在调整时要拆换补偿环,装拆和调整工作耗时耗力,所以设计时要选择装拆方便的结构。另外,由于要预先做好若干组不同尺寸的补偿环,这也给生产带来不便,为了简化补偿件的规格,生产中常用“多件组合法”。

“多件组合法”是把补偿环(如垫片)做成几种规格,如厚度分别为0.1mm、0.2mm、0.5mm、1mm等,根据需要把不同规格的垫片组合起来满足封闭环公差要求(如同量规组合使用一样)。为了提高“多件组合法”的调整精度,生产中采用“套筒和垫片”的组合法,其中垫片的最小间隔为0.1mm,套筒的间隔值为0.02mm(如做成15.02mm、15.04mm、15.06mm、15.08mm、15.10mm等五种)。调整时,用垫片做粗调整,用套筒做精调整。

固定调整法常用于大批大量生产和中批生产,以及封闭环要求较严的多环装配尺寸链中,尤其是在比较精密的机械传动中用调整法还能补偿使用过程中的磨损和误差,恢复原有精度。如精密机械、机床和传动机械中的锥齿轮啮合精度的调整、轴承间隙或预紧度的调整等,都普遍采用固定调整法。

5. 其他调整装配法

1) 可动调整装配法

采用调整的方法改变补偿环的位置,使封闭环达到其公差与极限偏差要求的方法,称为可动调整装配法,简称可动调整法。常用的补偿环有螺栓、斜面、挡环或孔轴连接中的间隙等。

例如,图7.17所示为齿轮箱中用调节螺钉调整轴承安装位置精度,再用锁紧螺母锁紧。该装置用螺栓旋入程度来改变压盖的位置,补偿装配中零件误差累计。

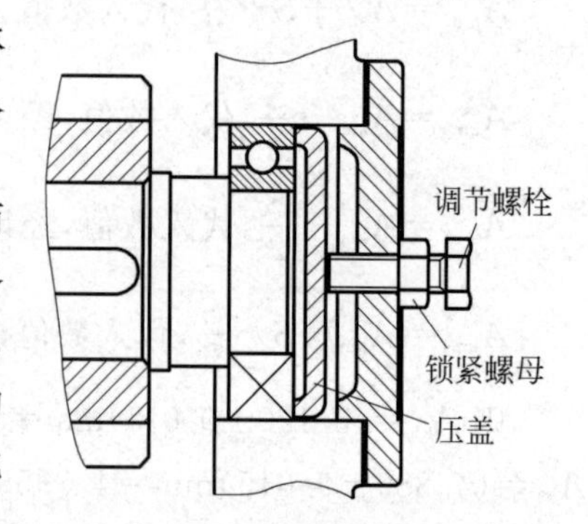

图7.17　调整轴承间隙的装置

可动调整法不但调整方便,能获得比较高的精度,而且还可以补偿由于磨损和变形等所引起的误差,使设备恢复原有精度。所以,在一些传动机构或易磨损机构中,常用可动调整法。但是,可动调整法中因可动调整件的出现,削弱了机构的刚性,因而在刚性要求较高或机构比较紧凑而无法安排可动调整件时,就要采用其他调整法。

2) 误差抵消调整法

在机器装配时,通过调整有关零件的相互位置关系,使零件加工误差对机器装配误差相互抵消或部分抵消,从而提高机器装配精度的方法称为误差抵消调整法。例如装配机床主轴时,通过调整前后轴承的径向跳动的相位关系,减少主轴径向圆跳动。

7.5　装配工艺规程设计

装配工艺规程是指导装配生产的主要技术文件,设计装配工艺规程是一项重要工作。装配工艺规程对保证装配质量、提高装配生产效率、缩短装配周期、减轻装配工人的劳动强度、缩小装配占地面积和降低成本等都有重要的影响。

7.5.1 装配工艺规程设计的原始资料和设计原则

1. 设计装配工艺规程所需原始资料

(1) 产品的装配图及验收技术条件　产品的装配图应包括总装配图和部件装配图,并能清楚地表示出零、部件的相互连接情况及其联系尺寸,装配精度和其他技术要求,以及零件的明细表等。为了在装配时对某些零件进行补充机械加工和核算装配尺寸链,有时还需要某些零件图作为原始资料。

验收技术条件应包括验收的内容和方法。

(2) 产品的生产纲领　生产纲领决定了装配的组织形式、装配方法、工艺过程的划分、设备及工艺装备专业化或通用化水平、手工操作量的比例、对工人技术水平的要求和工艺文件格式等。

(3) 现有生产条件　为了针对现有企业生产条件,设计合理的装配工艺规程,需要掌握企业现有装配设备、工艺装备、装配车间面积、工人技术水平、机械加工条件及各种工艺资料等。

(4) 相关标准资料　设计装配工艺规程需要掌握相关标准。机器性能往往需要符合相关标准,机器装配操作也要符合相关标准。

2. 装配工艺规程设计原则

(1) 保证产品的质量　这是一项最基本的要求,因为产品的质量最终是由装配保证的。有了合格的零件才能装出合格的产品,如果装配不当,即使零件质量很高,却不一定能装出高质量的机器。从装配过程中可以反映产品设计及零件加工中所存在的问题,以便进一步保证和改进产品质量。

(2) 满足装配周期的要求　装配周期是根据生产纲领的要求计算出来的,是必须保证的。成批生产和大量生产采用移动式生产组织形式,组织流水生产,需要保证生产节拍;单件小批生产则往往是规定月产数量,努力避免装配周期不均衡的现象。装配周期均衡与否和整个零件的机械加工进程有关,需要统筹安排。

(3) 要尽量减少手工劳动量　装配工艺规程应该使装配工作少用手工操作,特别是钳工修配操作。

7.5.2 装配工艺规程设计的步骤和内容

1. 装配工艺性审查

与第2章讲述的零件加工工艺性审查一样,装配工艺性审查也是产品图纸工艺性审查的组成部分。它也应在产品工艺设计之前,与设计部门协商完成。装配工艺性审查主要包括如下三方面内容。

(1) 了解产品及部件的机械结构、装配关系、装配技术要求和检查验收的内容及方法。

(2) 审查产品的装配工艺性。书后附录B列出了一些常见的装配工艺性案例。

(3) 研究与审查设计图纸所表达的装配方法,进行必要的装配尺寸链分析与计算。

选择合理的装配方法是保证装配精度的关键。一种产品应该采用何种装配方法来保证装配精度要求,通常在设计阶段已经确定。因为只有在装配方法确定后,才能通过尺寸链的计算,合理地确定各个零、部件在加工和装配中的技术要求。但是,同一种产品的同一装配精度要求,在不同的生产类型和生产条件下,可能采用不同的装配方法。要结合具体生产条件,从机械加工和机器装配的全过程出发,应用尺寸链理论,同设计人员一起最终确定合理的装配方法。

一般说来,只要组成环零件的加工比较经济可行时,就要优先采用完全互换装配法成批生产,组成环又较多时,可考虑采用大数互换装配法。

当封闭公差要求较严,采用互换装配法将使组成环加工比较困难或不经济时,就采用其他方法。大量生产时,环数少的尺寸链采用分组装配法,环数多的尺寸链采用调整装配法。单件小批生产时,则常采用修配装配法。成批生产时可灵活应用调整装配法、修配装配法和分组装配法(后者在环数少时采用)。

2. 确定(落实)装配方法

工艺审查后,将机器与部件的装配方法确定下来,并在后续装配工艺设计中编制在工艺文件中。

3. 确定装配的组织形式

确定装配的组织形式是采用固定式还是移动式。如采用移动式装配组织形式,还可以进一步确定它是连续移动式装配,还是间隙移动式装配等。

4. 划分装配单元,确定装配顺序

依据机器的装配关系,可将产品划分为可进行独立装配的单元。这是设计装配工艺规程的重要一步。特别是对于结构复杂的产品的装配工艺规程设计,只有划分好装配单元,才能合理安排装配顺序和划分装配工序,组织流水作业。

产品装配过程是上述分解过程的逆过程,将产品分为装配单元进行组装,然后将组装好的装配单元进一步组装成部件或机器。

机器的装配依次包括合件装配、组件装配、部件装配和总装配,共四个层次。

上述各装配单元都要选定某一零件或比它低一级的单元作为装配基准件。通常应选体积或重量较大、有足够支承面能保证装配时的稳定性的零件、组件或部件作为装配基准件。如床身零件是床身组件的装配基准件,床身组件是床身部件的装配基准组件,床身部件是机床产品的装配基准部件。

划分好装配单元,并确定装配基准件后,就可以设计装配顺序。恰当设计装配顺序的主要目的是保证装配精度,以及使装配连接、调整、校正和检验工作能顺利地进行,前面装配工序不能妨碍后面工序进行、后面工序不应损坏前面工序的质量。

一般地,机器装配按如下原则设计装配次序:

(1) 工件要预先处理,如工件的倒角、去毛刺与飞边、清洗和干燥等;

(2) 先进行基准件、重大件的装配,以便保证装配过程的稳定性;

(3) 先进行复杂件、精密件和难装配件的装配,以保证装配顺利进行;

(4) 先进行容易对后续装配质量产生破坏的工作,如冲击性质的装配、压力装配和加热装配;

(5) 集中安排使用相同设备及工艺装备的装配和有共同特殊装配环境的装配;

(6) 处于基准件同一方位的装配应尽可能集中进行;

(7) 电线、油气管路的安装应与相应工序同时进行;

(8) 易燃、易爆、易碎、有毒物质或零、部件的安装,做好防护工作,保证装配工作顺利完成。

装配单元的划分可以用装配工艺系统图清楚和全面地表达,并可以表达装配顺序和装配工艺方法。装配工艺系统图是装配工艺规程设计中的主要文件之一。

5. 装配工序的划分与设计

装配顺序确定后，就可将装配工艺过程划分为若干个装配工序，并进行具体装配工序的设计。

装配工序的划分主要是确定工序集中与工序分散的程度。装配工序的划分通常和装配工序设计一起进行。

装配工序设计的主要内容有以下几点。

(1) 设计装配工序的操作规范。例如：螺栓联结的预紧力矩、装配环境等。

(2) 选择设备与工艺装备。若需要专用设备与工艺装备，则应提出设计任务书。

(3) 确定工时定额，并协调各装配工序内容。在大批大量生产时，要平衡装配工序的节拍，均衡生产，实现流水装配。

6. 填写装配工艺文件

单件小批生产仅要求填写装配工艺过程卡。中批生产时，通常也只需填写装配工艺过程卡，但对复杂产品则还需填写装配工序卡。大批大量生产时，不仅要求填写装配工艺过程卡，而且要填写装配工序卡，以便指导工人进行装配。

装配工艺过程卡和装配工序卡格式见表 7.9 和表 7.10。

表 7.9　装配工艺过程卡

(工厂)	装配工艺过程卡	产品名称		零(部)件名称		第　页
		产品图号		零(部)件图号		共　页

工序号	工序名称	工序内容	装配部门	设备及工艺装备	辅助材料	工时定额/min

描图
描校
底图号
装订号

标记	处数	更改文件号	签字	日期	标记	处数	更改文件号	签字	日期	设计(日期)	校对(日期)	审核(日期)	批准(日期)	会签(日期)

表 7.10 装配工序卡

<table>
<tr><td rowspan="2">(工厂)</td><td rowspan="2" colspan="4">装配工序卡</td><td>产品名称</td><td colspan="2"></td><td>零(部)件名称</td><td colspan="2"></td><td>第 页</td></tr>
<tr><td>产品图号</td><td colspan="2"></td><td>零(部)件图号</td><td colspan="2"></td><td>共 页</td></tr>
<tr><td>工序号</td><td></td><td>工序名称</td><td></td><td>车间</td><td></td><td>工段</td><td></td><td>设备</td><td></td><td>工序工时</td><td></td></tr>
<tr><td colspan="12">(工序简图)</td></tr>
<tr><td>工步号</td><td colspan="5">工步内容</td><td colspan="2">工艺装备</td><td colspan="2">辅助材料</td><td colspan="2">工时定额/min</td></tr>
<tr><td></td><td colspan="5"></td><td colspan="2"></td><td colspan="2"></td><td colspan="2"></td></tr>
</table>

描图														
描校														
底图号											设计(日期)	校对(日期)	审核(日期)	批准(日期)	会签(日期)
装订号														
	标记	处数	更改文件号	签字	日期	标记	处数	更改文件号	签字	日期				

7. 标准作业程序文件

与机械加工的标准作业程序文件一样,现代工业的装配工作也需要采用标准作业程序文件,用装配作业指导书形式统一各个装配工序的操作步骤及方法。

装配作业指导书也是依据工艺设计结果编写。作业指导书形式多样,典型作业指导书见表7.11。

8. 设计产品检测与试验规范

产品装配工艺设计完毕,应按产品技术性能和验收技术条件设计检测与试验规范。主要有:

(1) 检测和试验的项目及检验质量指标;

(2) 检测和试验的方法、条件与环境要求;

(3) 检测和试验所需工艺装备的选择或设计;

(4) 质量问题的分析方法和处理措施。

表 7.11　装配作业指导书

(工厂)	装配作业指导书					生产状态		设计(日期)			校对(日期)	
						编　　号		审核(日期)			会签(日期)	
组件图号		组件名称		过程(工序)号			过程(工序)名称				节拍	
序号	作业顺序	注意事项	序号	作业顺序	注意事项	技术要求质量控制标准	操作描述	特性规范公差	方法	抽样频次	手段	反应计划纠正对策
动作要领	(动作要领、步骤说明及图示)					设备工装工具材料	名称	编号	型号/规格		数量	

描图
描校
底图号
装订号

															第　页
标记	处数	更改文件号	签字	日期	标记	处数	更改文件号	签字	日期	标记	处数	更改文件号	签字	日期	共　页

习题及思考题

7-1　什么是装配？装配包含哪些内容？

7-2　装配精度与零件精度的关系如何？

7-3　什么是装配精度？影响装配精度的因素是什么？

7-4　与机械加工尺寸链相比，装配尺寸链有何特点？

7-5　装配尺寸链计算极值法和概率法的特点分别是什么？

7-6　什么是互换装配法？互换装配法有哪些？

7-7　什么是分组装配法？其特点与应用场合如何？

7-8　什么是修配装配法？其特点与应用场合如何？

7-9　什么是调整装配法？其特点与应用场合如何？

7-10　双联转子泵结构如题图 7.1 所示。要求冷态装配间隙 $A_0=0.05\sim0.15$mm。已知各组成环的基本尺寸如下：$A_1=41$mm，$A_2=A_4=17$mm，$A_3=7$mm。

(1) 选择 A_1 为协调环，试用完全互换法设计各组成环尺寸及其极限偏差。

(2) 选择 A_1 为协调环，取置信水平 $P=99.73\%$，试用大数互换法设计各组成环尺寸及其极限偏差。

(3) A_1 按 IT10 级公差制造，A_2、A_4 按 IT9 级公差制造，选择 A_3 为修配环。试用修配法设计修配环尺寸及其极限偏差。

(4) A_1 按 IT10 级公差制造，A_2、A_4 按 IT9 级公差制造，选择 A_3 为调整环，并取 $T_3=0.02\text{mm}$。试用调整法设计调整环尺寸及其极限偏差。

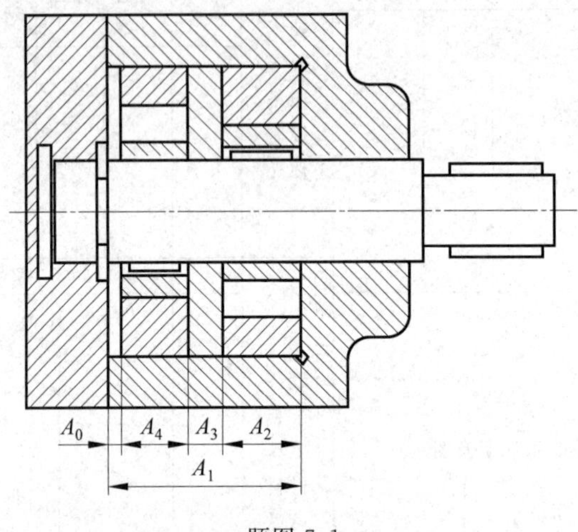

题图 7.1

7-11　如题图 7.2 所示摇臂部件装配。已知基本尺寸如下：$A_1=30\text{mm}$，$A_2=5\text{mm}$，$A_3=43\text{mm}$，$A_4=3\text{mm}$，$A_5=5\text{mm}$。要求控制安装间隙 A_0 为 0.1～0.35mm。采用完全互换法、大数互换法、修配法、调整法分别设计零件尺寸。

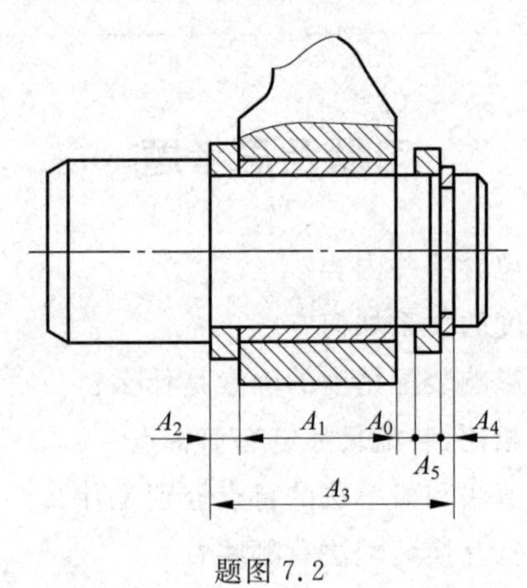

题图 7.2

7-12　如题图 7.3 所示，普通车床主轴与尾座顶尖轴线的高度差不超过 0.06mm。已知基本尺寸如下：$A_1=202\text{mm}$，$A_2=46\text{mm}$，$A_3=156\text{mm}$。通常采用修配法装配。特别说明：修配工艺只允许修尾座高度，并在底板底面预先留有一定的修刮量。试设计各个尺寸。

7-13　某铣床矩形导轨装配结构如图 7.15 所示，要求装配配合间隙 $A_0=0.01\sim0.07\text{mm}$。已知 $A_1=30\text{mm}$，$A_2=30\text{mm}$。A_1、A_2 按 IT11 级公差制造。

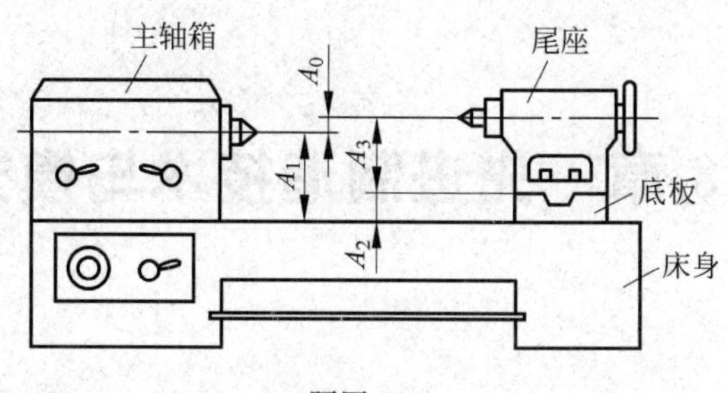

题图 7.3

(1) 只修配 A 面时,试用修配法确定修配环尺寸及其极限偏差。

(2) 只修配 B 面时,试用修配法确定修配环尺寸及其极限偏差。

(3) 可以修配 A 面,也可以修配 B 面时,试用修配法确定修配环尺寸及其极限偏差。

7-14　题图 7.4 所示为齿轮装配图。已知基本尺寸:$A_1=115\text{mm}$,$A_2=8.5\text{mm}$,$A_3=95\text{mm}$,$A_4=2.5\text{mm}$,$A_k=9\text{mm}$。按照固定调整法装配。试设计各个尺寸。

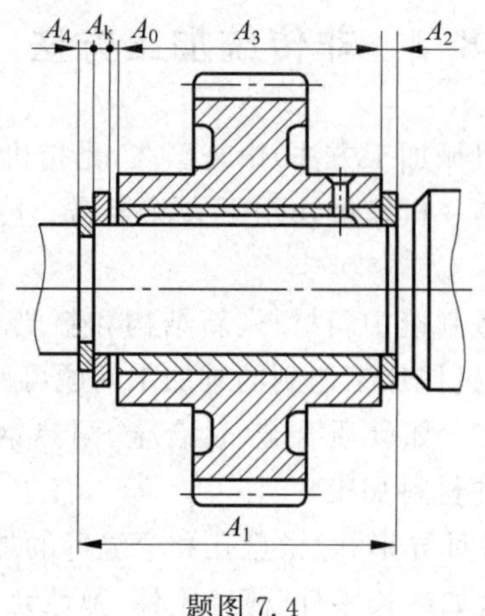

题图 7.4

7-15　什么是装配工艺规程?机械加工工艺规程的作用及其设计原则是什么?

7-16　装配的组织形式包含哪些?如何确定机器装配组织形式?

7-17　通常如何安排机器装配顺序?

7-18　装配工序设计的主要内容是什么?

第8章　先进制造技术与模式

教学要求：

掌握非传统加工方法的原理、特点及应用；

掌握增材制造的原理、特点及应用；

掌握成组技术思想与应用；

掌握计算机辅助工艺设计基础；

掌握计算机辅助机床夹具设计基础；

掌握先进机械制造模式基础。

8.1　非传统加工方法

传统机械加工方法(常规机械加工方法)由来已久，是指机械切削加工(包括磨削)方法，其本质是利用更高硬度的刀具，在机械能作用下去除金属。传统机械加工方法在人类发展进步中发挥了重要作用。

随着科学技术的发展，机械制造中新材料、新结构和新要求的不断出现，传统切削加工工艺面临着严峻的挑战。传统机械加工遇到的难加工问题可以归纳为以下三个方面。

(1) 难切削加工材料的加工，如硬质合金、钛合金、耐热钢、不锈钢、宝石及其他各种高硬度、高强度、高韧性、高脆性的材料加工。

(2) 复杂表面的加工，如各种异形孔、微型孔和窄缝等的加工。

(3) 特殊要求零件的加工，如细长零件、薄壁零件、弹性元件等低刚度零件的加工。

要解决上述加工难题，仅采用传统的切削加工方法难以实现，甚至无法实现。如果采用非传统加工技术，则可能相对容易解决。因此，非传统加工技术已成为当前机械制造业中不可缺少的加工方法。

非传统加工(non-traditional machining，NTM)，也称非常规加工、特种加工，是指利用化学的、物理的(电、声、光、热、磁、水)、电化学的等非机械能的方法对材料进行加工的工艺方法。其主要特点如下：

(1) 加工范围不受材料物理机械性能的限制，甚至可以使用软工具加工硬工件；

(2) 加工过程中，工具与工件间不存在显著的切削力；

(3) 非传统加工方法获得的零件的精度及表面质量有其严格的、确定的规律性。

非传统加工方法种类较多，主要有：电火花加工、电化学加工、高能束加工、超声波加工、快速成型制造技术、化学加工等几大类加工方法。每类加工方法中又包含多种加工方法。如高能束加工主要包含激光加工、电子束加工、离子束加工等加工方法。

非传统加工方法的加工能力如图8.1所示。与传统加工方法相比，非传统加工方法在加工精度上并没有明显优势。下面着重介绍非传统加工方法的原理、特点与应用。

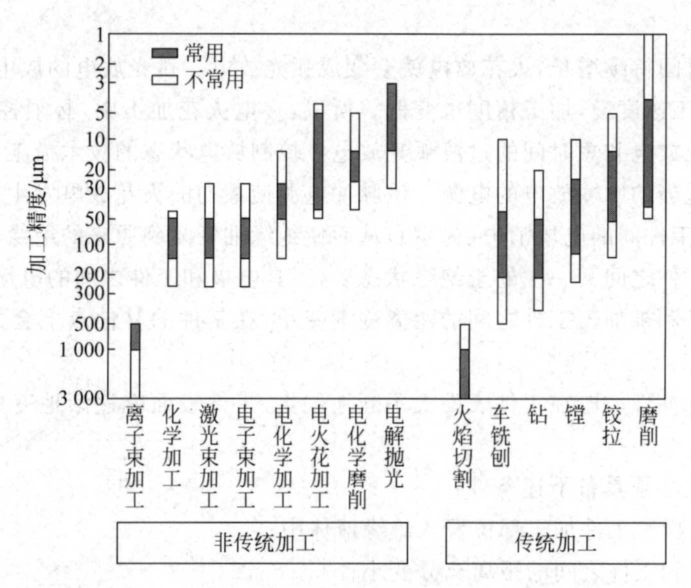

图 8.1　非传统加工方法与传统加工方法的加工精度比较

8.1.1　电火花加工

电火花加工(electrical discharge machining, EDM),又称电腐蚀加工或放电加工,是基于电火花腐蚀的原理,使工具和工件之间不断产生脉冲性的火花放电,利用放电时局部、瞬时产生的高温把金属蚀除下来的加工方法。电火花加工主要包括电火花成型加工、穿孔加工和线切割加工等。

随着加工速度和电极损耗等加工特性的改善,电火花加工得到了广泛的应用,从数米大的金属模具到数微米小的孔和槽都可以采用电火花加工。特别是电火花线切割机床的出现,使电火花加工的应用范围更加广泛。

1. 电火花加工的工作原理

电火花加工的工作原理见图 8.2,加工工具电极和被加工工件都放入绝缘液体(一般使用煤油)中,在电极和工件之间加上直流 100V 左右的电压。因为电极和工件的表面不可能是完全平滑的,电极间不可能是完全等间距的,所以当两者逐渐接近,间隙变小时,在电极和工件表面的某些点上,电场强度急剧增大,引起绝缘液体的局部电离,于是电极和工件间隙的局部发生火花放电。放电时的火花温度高达 5 000℃,在火花放电发生的微小区域(称为放电点)内,致使工件材料被熔化和汽化。同时,该处的绝缘液体也被局部加热,急速地汽化,体积发生膨胀,随之产生很高的压力。在上述高压力的作用下,已经熔化、汽化的材料被从工件的表面迅速地除去。

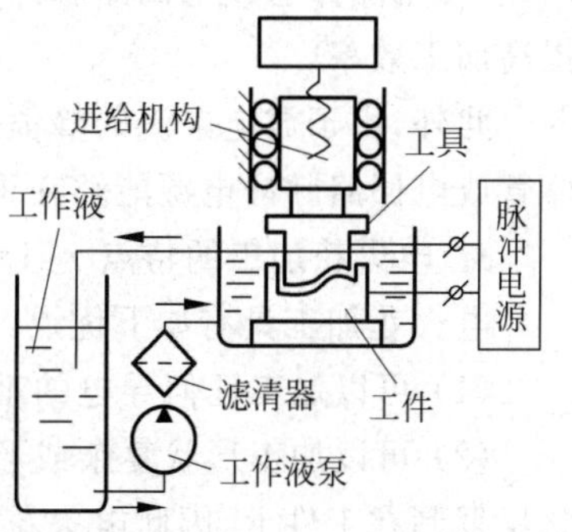

图 8.2　电火花加工原理

在加工过程中,虽然工具电极也因火花放电而损耗,但如果采用热传导性好的铜或熔点高的石墨材料作为工具电极,在适当的放电条件下,工具电极的损耗可以控制到工件材料消耗的 1%以下。

如果放电时间持续增长,火花放电就会变成弧光放电。弧光放电的放电区域较大,因而能量密度小,加工速度慢,加工精度也变低。所以,在电火花加工中,必须控制放电状态,使放电仅限于火花放电和短时间的过渡弧光放电。控制放电状态的技术措施是在工具电极和工件之间接上适当的脉冲放电的电源。该脉冲电源使最初的火花放电发生数毫秒至数微秒后,工具电极和工件间的电压消失(为零),从而使绝缘油恢复到原来的绝缘状态,放电消失。在工具电极和工件之间又一次处于绝缘状态后,工具电极和工件之间的电压再次得到恢复。如果使工具电极和被加工工件之间的距离逐渐变小,在工件的其他点上会发生第二次火花放电。

由于这些脉冲性放电在工件表面上不断地发生,工件表面就逐渐地变成和电极形状相反的形状。

电火花加工必须具备下述条件:

(1) 要把电极和工件加工部位置入绝缘液体中;

(2) 使电极和工件之间的距离充分变小;

(3) 使电极和工件间发生短时间的脉冲放电;

(4) 多次重复上述火花放电过程。

2. 电火花加工脉冲电源

电火花加工的脉冲电源有多种原理形式。目前,常用晶体管放电回路作为脉冲电源,如图 8.3 所示。晶体管的基极电流可由脉冲发生器的信号控制,使电源回路产生开、关两种状态。脉冲发生器由控制电路和振荡电路组成。由于脉冲的开、关周期与放电间隙的状态无关,可以独立地调整脉冲的开、关周期,所以晶体管放电回路脉冲电源常被称为独立脉冲电源。

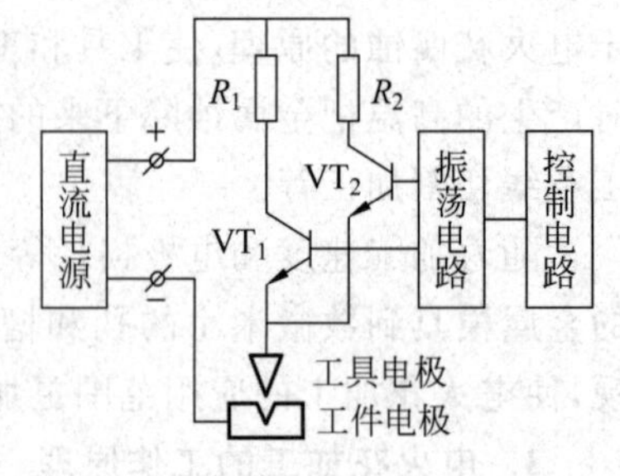

图 8.3 晶体管放电回路脉冲电源

在晶体管放电回路脉冲电源中,由于开关电路可以强制断开电流,放电消失以后容易恢复电极间隙的绝缘。可以增大脉冲宽度(放电持续时间)和减小放电停止时间。因此,使用晶体管放电回路脉冲电源,可以缩短放电间隔,提高加工效率。

此外,由于放电电流的峰值、脉冲宽度可由改变多谐振荡器输出的波形来控制,所以晶体管放电回路脉冲电源能够在很宽的范围内选择加工条件。

3. 电火花加工的特点

电火花加工具有如下优点:

(1) 可以加工任何导电的难机械加工材料。

(2) 可以加工形状复杂或形状特殊的零件　电火花成型加工可以简单地将工具电极形状反复制在工件上,因此电火花成型加工适合加工形状复杂的零件。

(3) 适合加工低刚度零件　电火花加工过程中工具与工件不直接接触,没有宏观切削力,加工低刚度零件时,电火花加工不会引起零件变形。

电火花加工的缺点如下:

(1) 只可以加工导电材料;

(2) 加工效率较低；

(3) 存在电极损耗。

电火花加工的工具电极存在损耗问题，电极损耗将会影响加工精度。因此，需要控制电极损耗数值。

4. 电火花加工的应用

按照工具电极、工具电极的相对运动方式和用途不同，电火花加工大致可分为电火花成型加工、电火花穿孔加工、电火花线切割加工等。

1）电火花成型加工

电火花成型加工的工具和工件之间主要的相对伺服进给运动只有一个；工具为成型电极，其截面形状与被加工工件对应截面相反。

电火花成型加工主要用于加工各类型腔模具以及型腔零件。

2）电火花穿孔加工

电火花穿孔加工的工具和工件之间主要的相对伺服进给运动也只有一个；工具的截面形状为被加工工件对应截面相反图形。

电火花穿孔加工方法主要用于加工各种冲模、挤压模、粉末冶金模、各种异型孔等。

3）电火花线切割加工

图8.4所示为电火花线切割加工原理图，电火花线切割用细金属丝(通常直径为ϕ0.05～0.25mm)作为工具电极，利用电火花放电腐蚀切割工件。工具电极丝相对于工件具有走丝运动，以使加工精度等不受电极损耗等影响。在加工指令控制下，数控工作台在X、Y两方向作进给运动，电火花线切割加工利用数控工作台进给运动的合成运动完成零件形状的加工。

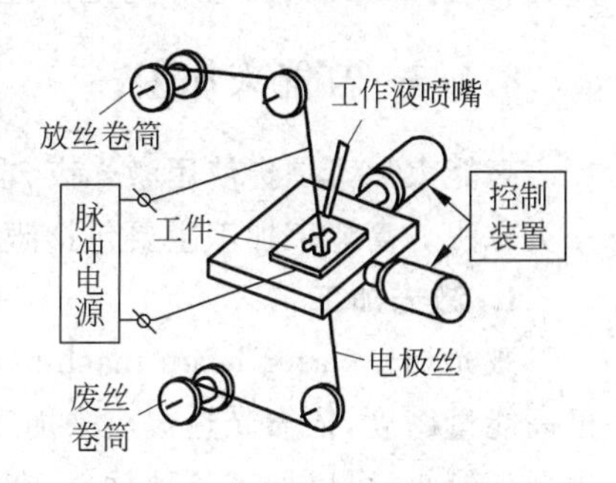

图8.4 慢走丝线切割原理图

电火花线切割加工主要用于加工各种冲模、电火花成型加工用电极、电机定子铁芯等零件。

8.1.2 电化学加工

电化学加工是利用金属在电解液中发生的电化学阳极溶解或电化学阴极沉积现象，将工件加工成型的加工方法。

电化学加工分为两类：一类是利用金属在电解液中发生的电化学阳极溶解，将工件加工成型的加工方法，称为电解加工(electrochemical machining，ECM)；另一类是利用金属在电解液中发生的电化学阴极沉积加工工件方法，例如电铸和涂镀。

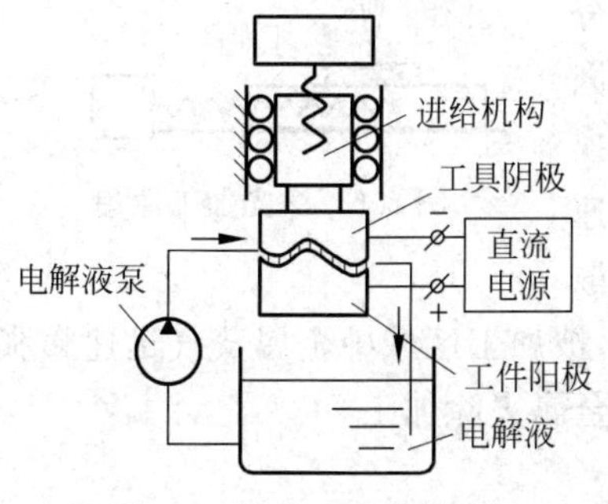

图8.5 电解加工原理图

电解加工是电化学加工中最常见的一种，它是继电火花加工之后发展较快、应用较广的一种新工艺。电解加工在国防工业和模具制造业中也得到了广泛的应用。

1. 电解加工原理

图8.5所示为电解加工原理图。工件接电源阳极，工具(铜或不锈钢)接电源阴极，工件与工具间加6～

24V的直流电压，电极间保持0.1～1mm的间隙。在电极间隙处通以6～60m/s高速流动的电解液，形成极间导电通路，工件表面材料不断溶解，工件溶解物及时被电解液冲走。工具电极不断进给，以保持极间间隙，从而实现工件材料不断被去除的加工。

2. 电解加工的特点

电解加工有如下特点：

(1) 可加工材料多　电解加工加工过程不受材料硬度的限制，能加工任何高硬度、高韧性的导电材料，并能用简单的进给运动加工出形状复杂的型面和型腔。

(2) 加工效率高　电解加工型面和型腔效率比电火花加工高5～10倍。

(3) 工具电极损耗小　电解加工过程中阴极(工具电极)损耗小。

(4) 加工表面质量好　电解加工表面无毛刺、残余应力和变形层。

(5) 加工设备投资较大。

(6) 有污染环境隐患　电解液易污染环境，电解液及其挥发物具有腐蚀性，需加以防护。

3. 应用领域

电解加工广泛应用于模具的型腔加工，汽轮机的叶片加工，枪炮的膛线加工，花键孔、内齿轮、深孔加工，以及电解抛光、倒棱、去毛刺等。

8.1.3　高能束加工

高能束加工是指使用激光束、电子束、离子束等具有极高能量密度的能量束进行加工的一类方法。高能束加工主要包括激光加工、电子束加工和离子束加工等。

1. 激光加工

激光加工(laser beam machining, LBM)，是利用激光经过透镜聚焦后，在焦点处达到极高能量密度，依靠光热效应来加工材料的方法。激光加工不需要加工工具、加工速度快、表面变形小，可以加工各种材料，在生产实践中显示出优越性。

1) 工作原理

激光加工原理如图8.6所示，它是利用光能量进行加工的一种方法。由于激光具有准直性好、功率大等特点，激光聚焦后可以形成截面积很小、能量密度很高的细激光束。细激光束能量密度可高达10^8～10^{10} W/cm^2。当光能转化为热能时，上述激光束几乎可以熔化和汽化任何材料。

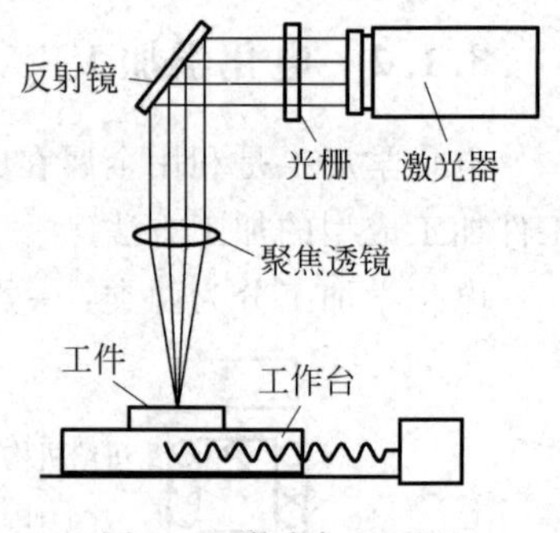

图8.6　激光加工原理

当能量密度很高的激光光束照射到工件表面时，部分光能量被工件表面吸收转变为热能。对不透明的物质，因为光的吸收深度非常小(在100μm以下)，所以热能的转换发生在加工表面的浅层，使照射斑点的局部区域温度迅速升高到使被加工材料熔化甚至汽化的温度。同时，热扩散作用使照射斑点周围的金属熔化。随着光能持续被吸收，被加工区域中金属蒸气迅速膨胀，产生一次“微型爆炸”，把熔融物高速喷射出来，从而实现金属去除加工。

2) 激光加工的特点

(1) 加工精度高　激光加工可用作精密微细加工。

(2) 加工材料适应广　激光加工可以加工任何材料。对于反光材料和透明材料加工，需要预先进行色化或打毛处理。

(3) 非接触式加工,热变形小,受力变形小。

(4) 加工速度高,效率高。

(5) 设备价格和使用费用昂贵。

(6) 不需要真空装置　激光加工不需要在真空下进行,与电子束加工等不同。

3) 应用领域与方式

激光加工适合加工任何材料。按照工艺方法不同,激光加工应用方式细分为激光打孔、激光切割、激光焊接等。

(1) 激光打孔

激光打孔已广泛应用于金刚石、红宝石、陶瓷、玻璃等非金属材料加工,也广泛用于硬质合金、不锈钢等金属材料的小孔加工。

激光打孔不需要工具,不存在工具损耗问题,适合于自动化连续加工。

(2) 激光切割

激光切割的原理与激光打孔基本相同。它们之间的区别是激光切割的工件与激光束要进行相对移动。

激光切割不仅具有切缝窄、速度快、热影响区小、省材料、成本低等优点,而且可以在任何方向上切割,包括内尖角。目前激光切割已成功地用于切割钢板、不锈钢、钛、钽、镍等金属材料,以及布匹、木材、纸张、塑料等非金属材料。

(3) 激光焊接

激光焊接与激光打孔的原理略有不同,焊接时不需要使工件材料汽化蚀除,而只需要较低的能量密度将工件的加工区烧熔,使其黏合在一起。

激光焊接的特点是激光照射时间短,焊接过程迅速,热影响区小,具有较高生产率,而且被焊接材料不易氧化,适合于对热敏感性很强的材料焊接。激光焊接既没有焊渣,也不需去除工件的氧化膜,甚至可以透过玻璃进行焊接,特别适合微型机械和精密焊接。激光焊接可用于同种材料的焊接,还可用于两种不同的材料焊接,甚至还可以用于金属和非金属之间的焊接。

2. 电子束加工

电子束加工(electron beam machining, EBM),是在真空条件下,利用聚焦后能量密度极高的电子束,以极高的速度冲击工件的极小表面,在极短的时间内,熔化汽化被加工材料而实现加工的方法。

电子束加工是近年来发展迅速,而且应用较多的非传统加工技术。

1) 工作原理

电子束加工的原理如图 8.7 所示。电子束加工是在真空条件下,利用电流加热阴极发射电子束,带负电荷的电子束高速飞向阳极,途中经加速极加速,并通过电磁透镜聚焦,使电子束能量非常集中,可以把 1kW 或更高的功率集中到直径为 5～10μm 的斑点上,获得

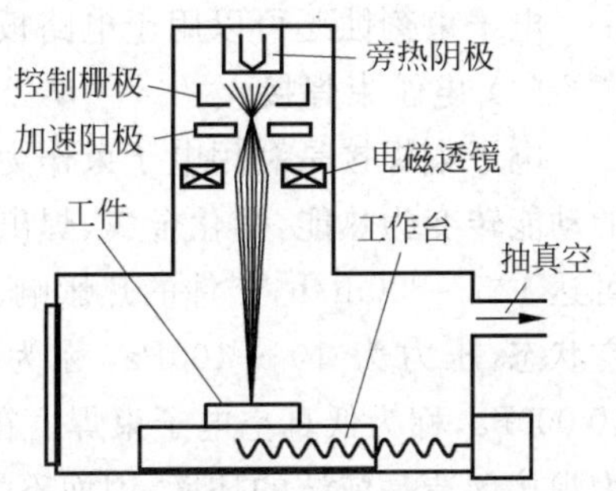

图 8.7　电子束加工原理图

高达 $10^9 W/cm^2$ 左右的功率密度。如此高的功率密度,可使任何材料被冲击部分的温度在百万分之一秒时间内升高到几千摄氏度以上,热量还来不及向周围扩散,就已把局部材料瞬时熔化、汽化直到蒸发去除。随着孔不断变深,电子束照射点亦越深入。由于孔的内侧壁对电子束产生“壁聚焦”,所以加工点可能到达很深的深度,从而可打出很细很深的微孔。

2) 电子束加工的特点

电子束加工具有以下特点:

(1) 能量密度高　电子束聚焦点范围小,能量密度高,适合于加工精微深孔和窄缝等。且加工速度快,效率高。

(2) 工件变形小　电子束加工是一种热加工,主要靠瞬时蒸发,工件很少产生应力和变形,而且不存在工具损耗。适合于加工脆性、韧性、导体、半导体、非导体以及热敏性材料。

(3) 加工点上化学纯度高　因为电子束加工是在真空度 $1.33\times10^{-4}\sim1.33\times10^{-2}$ MPa 的真空室内进行的,所以可以防止金属熔化时因空气的氧化作用产生杂质缺陷。电子束加工适合于加工易氧化的金属及合金材料,特别是要求纯度极高的半导体材料。

(4) 可控性好　电子束的强度和位置均可采用电、磁的方法进行控制,电子束加工容易实现自动化加工。

3) 应用方式

改变电子束功率密度和照射时间,电子束加工可实现电子束高速打孔、型孔及特殊表面加工、刻蚀加工、电子束焊接等多种应用。

(1) 高速打孔

电子束打孔已广泛应用于不锈钢、耐热钢、宝石、陶瓷、玻璃等各种材料上加工小孔、深孔。最小加工直径可达0.003mm,最大深径比可达10∶1。

由于电子束方便控制,电子束打孔最适宜高速打孔加工,有时孔径还可变。

采用电子束高速打孔技术可以在塑料和人造革上打许多微孔,令其像真皮一样具有透气性。

(2) 型孔及特殊表面加工

电子束加工可以加工型孔,如喷丝头异型孔;也可以用来切割各种复杂型面。

利用电子束在磁场中偏转的原理,电子束加工也可以加工弯孔和弯曲型面。

(3) 刻蚀加工

在微电子领域,可利用电子束对陶瓷或半导体材料刻出细微沟槽和孔。利用这项技术可以制造半导体器件。

电子束刻蚀还可以用于电路板制版加工。

(4) 电子束焊接

电子束焊接是利用电子束作为热源进行的焊接加工。电子束轰击到工件表面上,释放的动能转变为热能,熔化金属,焊出既深又窄的焊缝(深宽比可达10∶1～30∶1),焊接速度可达125～200m/h,工件的热影响区和变形量都很小。电子束的焊接工作室一般处于高真空状态,压力为10～100Pa,称为高真空电子束焊;处于低真空状态时压力为100～10 000Pa,称为低真空电子束焊。在大气中焊接的称为非真空电子束焊。真空工作室可以为焊接创造高纯洁的环境,因而不需要保护气体就能获得无氧化、无气孔和无夹渣的优质焊接接头。随着工作室气压的增加,电子束散焦程度增大,焊缝的深宽比减小。

电子束焊可焊接所有的金属材料和某些异种金属接头，在汽车、原子能、航空、航天等许多工业中已成为重要的焊接方法之一。

3. 离子束加工

离子束加工是利用离子束射到材料表面时所发生的撞击效应、溅射效应和注入效应实现的加工方法。离子束加工是当代最精密和最细微的加工方法，是纳米加工技术的基础。

1）工作原理

离子束加工与电子束加工类似，其原理如图8.8所示。离子束加工是在真空条件下，采用离子源将Ar、Kr、Xe等惰性气体电离产生离子束，并经过加速、集束、聚焦后，投射到工件表面的加工部位，以实现去除材料加工。

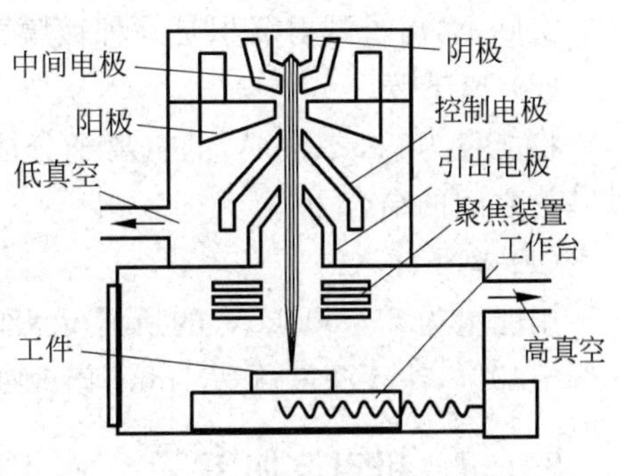

图8.8　离子束加工原理图

离子束加工与电子束加工不同的是离子的质量比电子的质量大成千上万倍，例如最小的氢离子，其质量是电子质量的1 840倍，氖离子的质量是电子质量的7.2万倍。由于离子的质量大，故在同样的速度下，离子束比电子束具有更大的能量。电子束加工中高速电子撞击工件材料时，因电子质量小、速度大，动能几乎全部转化为热能，使工件材料局部熔化、汽化，通过热效应进行加工。而离子束加工中离子本身质量较大，速度较低，撞击工件材料时，将引起变形、分离、破坏等机械作用。离子束加工依靠微观机械撞击能量，而不依靠机械能转变成热能进行加工。

2）离子束加工的特点

离子束加工具有下列特点：

(1) 易于精确控制　由于离子束可以通过离子光学系统进行扫描，使离子束可以聚焦到光斑直径1μm以内进行加工，同时离子束流密度和离子的能量可以精确控制，因此能精确控制加工效果，如控制注入深度和浓度。抛光时，可以一层层地把工件表面的原子抛掉，从而加工出没有缺陷的光整表面。此外，借助于掩膜技术可以在半导体上刻出宽度小于1μm的沟槽。

(2) 加工洁净　因离子束加工是在真空中进行，离子的纯度比较高，因此特别适合于加工易氧化的金属、合金和半导体材料等。

(3) 加工应力变形小　离子束加工是靠离子撞击工件表面的原子而实现的，这是一种微观作用，宏观作用力很小，不会引起工件产生应力和变形，对脆性、半导体、高分子等材料都可以加工。

(4) 离子束加工设备昂贵，加工成本高、加工效率低。

3）应用方式

离子束加工主要有离子刻蚀、离子溅射沉积、离子镀和离子注入四种方式。

(1) 离子刻蚀

当所带能量为0.1～5keV、直径为十分之几纳米的氩离子轰击工件表面，此高能离子所传递的能量超过工件表面原子(或分子)间键合力时，材料表面的原子(或分子)被逐个溅射出来,以达到加工目的。离子刻蚀加工本质上属于一种原子尺度的切削加工,通常又称为离子铣削。

离子束刻蚀可用于加工空气轴承的沟槽、打孔、加工极薄材料及超高精度非球面透镜,还可用于刻蚀集成电路等的高精度图形。

(2) 离子溅射沉积

采用能量为0.1~5keV的氩离子轰击某种材料制成的靶材,将靶材原子击出并令其沉积到靶材附近的工件表面上,在其上形成一层薄膜。

实际上,离子溅射沉积是一种镀膜工艺。

(3) 离子镀

将能量为0.5~5keV的氩离子分成两束,同时轰击靶材和工件表面,以增强膜材与工件基材之间的结合力。

(4) 离子注入

用能量为5~500keV的所需元素的离子束轰击工件表面而注入工件表层,含量可达10%~40%,注入深度可达1mm,以改变工件表层性能。

8.1.4 超声波加工

超声加工(ultrasonic machining, USM),也称超声波加工,是利用工具端面作超声频振动,使工作液中的悬浮磨粒对工件表面进行撞击抛磨实现加工。

超声波加工是一种常见的加工形式,在农业、国防、医疗等方面的应用十分广泛。不仅可用于半导体硅片、锗片的加工,还可以用于清洗、探伤和焊接等工作。

1. 工作原理

超声波加工的原理图见图8.9。超声波发生器将工频交流电能转变为有一定功率输出的超声频电振荡,通过换能器将超声频电振荡转变为超声机械振动。换能器产生超声机械振动的振幅一般较小,需要通过变幅杆使固定在变幅杆端部的工具振幅增大到0.01~0.15mm。利用工具端面的超声(16~25kHz)振动,使工作液(普通水)中的悬浮磨粒(碳化硅、氧化铝、碳化硼或金刚石粉)对工件表面产生撞击抛磨,实现加工。

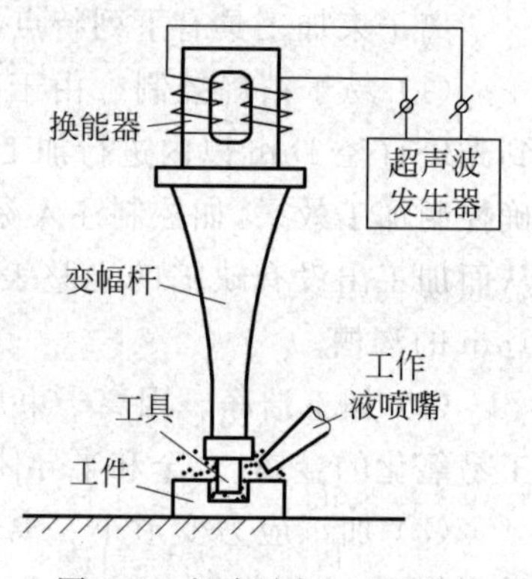

图8.9 超声波加工原理图

2. 加工特点

(1) 超声波加工适用于加工各种脆性金属材料和非金属材料,特别是不导电材料。如玻璃、陶瓷、半导体、宝石、金刚石等。

(2) 加工精度较高,被加工表面无残余应力,无破坏层,加工尺寸精度可达0.01~0.05mm。

(3) 加工过程受力小,热影响小,可加工薄壁、薄片等易变形零件。

3. 应用方式

从应用方式上看,超声加工可细分为如下几种。

(1) 型孔、型腔加工　超声加工适用于加工各种脆性金属材料和非金属材料的型孔、型腔。

(2) 切割加工 超声波加工可以切割半导体脆硬材料。

(3) 超声清洗 超声清洗主要是利用超声振动在液体中产生的冲击波和空化作用进行清洗。超声清洗广泛用于清洗喷油嘴、手表机芯、印刷电路板、集成电路微电子器件等。

(4) 复合加工 单纯超声加工效率较低。采用超声复合加工(如超声车削、超声磨削、超声电解加工、超声线切割等),可显著提高加工效率。

8.2 增材制造

增材制造(additive manufacturing,AM)技术是基于全新的制造概念,采用材料逐渐增加的方法制造实体零件的一类技术。也有其他称谓,如快速原型制造技术(快速成型技术)(rapid prototyping manufacturing,RPM),立体印刷(立体打印,3D打印)(stereoscopic printing,3D-printing),实体自由制造(solid free-form fabrication)等。

相对于传统制造方法(去除材料的制造方法),增材制造方法是增加材料的制造方法。它包括了一类工艺原理不同的零件制造方法。增材制造技术工艺原理的共同点是基于离散-堆积原理,在计算机上将三维实体模型(虚拟零件)进行分层处理(转化为许多平面"薄片"模型的叠加),得到每层技术信息,并通过计算机控制特定成型设备,用各种成型技术方法逐层制造零件,最终制造出三维立体零件。

增材制造技术的特点如下:

(1) 增材加工法 快速原型制造技术是增材加工方法,与其他加工方法有很大不同。其他加工方法大都基于去材加工方法。

(2) 不需要模型或模具 快速原型制造技术基于材料叠加的方法制造零件,可以不用模具制造出形状结构复杂的零件、模具型腔件等,例如叶轮、壳体、医用骨骼与牙齿等。

(3) 技术复杂程度高 快速原型制造技术是机械加工技术领域的一次重大突破,快速原型制造技术是计算机图形技术、数据采集与处理技术、材料技术,以及机电加工与控制技术的综合体现。因此,快速原型制造技术是科技含量极高的制造技术。

(4) 制造快捷 与传统加工技术相比较,用快速原型制造技术可以大大缩短样品的制造时间。在新产品开发过程中,快速原型制造技术可以发挥极大的作用。一般地,从计算机的三维立体造型开始直至制造出实体零件,只需要几个小时或几十个小时,这是传统制造方法很难做到的。

(5) 可以实现远程制造 通过计算机网络,快速原型制造技术可以在异地制造出零件实物。

(6) 材料利用率高 各种快速原型制造技术仅产生少量边角料等废弃物。

由于快速原型制造技术具有以上特点,所以在新产品设计开发等工业应用中得到迅速发展。

近二十年来,AM技术取得了快速的发展。目前,比较成熟的增材制造技术主要有光敏树脂快速成型、熔融沉积快速成型、薄片分层叠加成型、选择性激光烧结等几种常用类型。

8.2.1　光敏树脂液相固化成型

光敏树脂液相固化(stereo lithography,SL)成型又称光固化立体造型。SL 工艺是基于液态光敏树脂的光聚合原理工作的。这种液态材料在一定波长和功率的紫外激光的照射下能迅速发生光聚合反应,分子量急剧增大,材料也就从液态转变成固态。

它由 Charles Hul 发明并于 1984 年获美国专利,1988 年美国 3D 系统公司推出商品化的世界上第一台快速原型成型机。SL 系列成型机占据着 RP 设备市场较大的份额。

1. 工艺原理

图 8.10 所示的储液槽中盛满液态光敏树脂,激光经过光纤传输和聚焦镜聚焦后形成激光束,一定波长($A=325$nm)和功率($P=30$mW)的紫外激光束在计算机控制下,在液体表面上扫描,光点扫描到的地方液体就固化。成型开始时,工作平台在液面下一个确定的深度,液面始终处于激光的焦点平面内,聚焦后的光斑在液面上按计算机的指令逐点扫描即逐点固化。当一层扫描完成后,未被照射的地方仍是液态树脂。然后升降台带动平台下降一层高度(约 0.1mm),已成型的层面上又布满一层液态树脂,刮平器将黏度较大的树脂液面刮平,然后再进行下一层的扫描,新固化的一层牢固地黏在前一层上,如此重复,直到整个零件制造完毕,制造出三维原形实体零件。

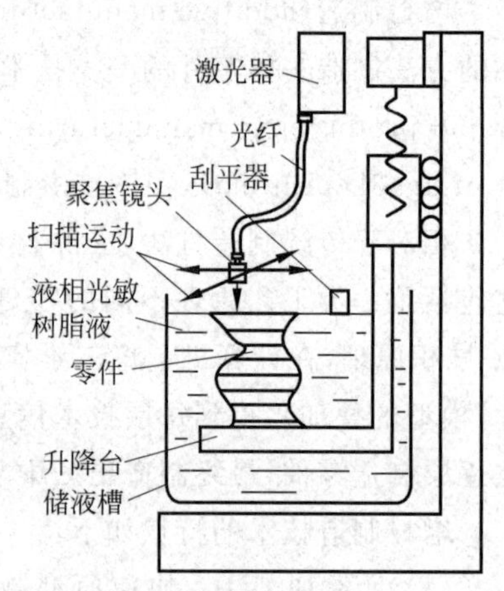

图 8.10　光敏树脂快速成型原理示意图

2. 工艺特点与成型材料

SL 工艺的特点是精度高,表面质量好,原材料利用率接近 100%,能制造形状复杂(如空心零件)、精细的零件。制作出来的原型件,可快速翻制各种模具。

SL 方法是目前 RPM 技术领域中研究得最多的方法,也是技术上最为成熟的方法。SL 工艺成型的零件精度较高。目前,该工艺的精度能达到或小于 0.1mm。

SL 工艺的成型材料称为光固化树脂(或称光敏树脂),光固化树脂材料中主要包括齐聚物、反应性稀释剂及光引发剂。根据引发剂的引发机理,光固化树脂可以分为三类:自由基光固化树脂、阳离子光固化树脂和混杂型光固化树脂。

3. 应用领域

光敏树脂液相固化成型可以直接制作各种树脂功能件,用于结构验证和功能测试;可以制作比较精细和复杂的零件;可以制造出有透明效果的制件;制作出来的原型件可快速翻制各种模具,如硅橡胶模、金属冷喷模、陶瓷模、合金模、电铸模、环氧树脂模等。

8.2.2　熔融沉积快速成型

熔融沉积快速成型(fused deposition modeling,FDM)工艺是发展较快的快速原型制造技术之一。FDM 工艺是利用热塑性材料的热熔性、黏结性,使用专用设备在计算机控制下层层堆积成立体造型。

此工艺由美国学者 Dr. Scott Drump 于 1988 年研制成功,并由美国 Stratasys 公司推出商品化的样机。

1. 工艺原理

FDM的工艺原理如图8.11所示，丝状热塑性材料通过送丝机构送进加热喷头，热塑性材料在喷头内被加热熔化，喷头沿零件截面轮廓和填充轨迹运动，同时将熔化的材料挤出，材料迅速固化，并与周围的材料黏结，层层堆积成型。

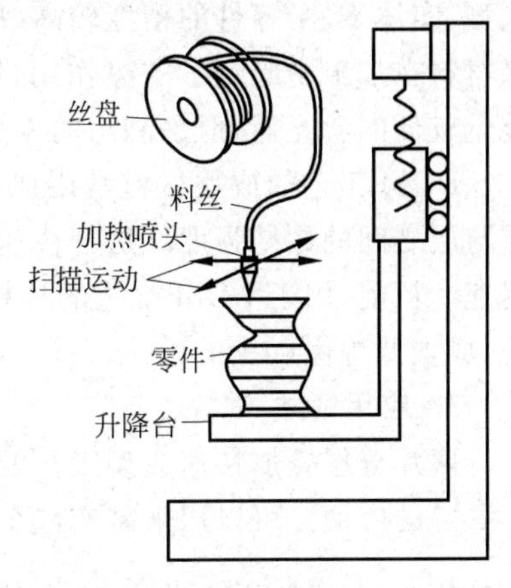

图8.11　熔丝堆积成型原理示意图

2. 工艺特点与成型材料

FDM工艺不用激光，具有系统成本低、体积小、无污染等优点。但成型速度较慢、精度偏低。用蜡成型的零件原型，可以直接用于失蜡铸造。用ABS工程塑料制造的原型因具有较高强度，因而在产品设计、测试与评估等方面得到广泛应用。

FDM工艺常用材料主要有ABS塑料、石蜡、橡胶、聚酯等热塑性塑料的线材以及低熔点金属。

FDM工艺材料的要求是熔融温度低(80～120℃)、黏度低、黏结性好、收缩率小。

3. 应用领域

FDM工艺可以成型任意复杂程度的零件，经常用于成型具有很复杂的内腔、孔等的零件。也用来制造熔模铸造用的蜡型，制造具有立体外观样件，以及某些材料的单件或小批量零件实物。

8.2.3　薄片分层叠加成型

薄片分层叠加成型(laminated object manufacturing，LOM)工艺又称叠层实体制造或分层实体制造，LOM工艺采用具有一定截面形状的薄片材料，层层黏结成立体造型。

此工艺由美国Helisys公司于1986年研制成功，并推出商品化的机器。

1. 工艺原理

LOM工艺采用薄片材料，如纸、塑料薄膜等作为成型材料，片材表面事先涂覆上一层热熔胶。

如图8.12所示，用激光束在已黏结的新层上切割出零件截面轮廓和工件外框，并在截面轮廓与外框之间多余的区域内切割出上下对齐的网格；激光切割完成后，工作台带动已成型的工件下降，与带状片材(料带)分离；供料机构转动收料辊和供料辊，它们带动料带移动，使新层移到加工区域；工作台上升到加工平面；热压辊热压加工平面，工件的层数增加一层，高度增加一个料厚；再在新层上切割截面轮廓。如此反复直至零件的所有截面切割、黏结完，制造出三维的实体零件。

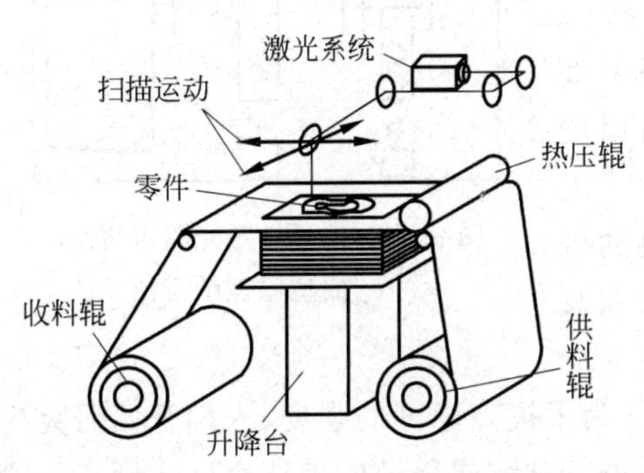

图8.12　薄片分层叠加成型原理示意图

2. 工艺特点与成型材料

LOM 工艺只需在片材上切割出零件截面的轮廓,而不用扫描整个截面,因此易于制造大型、实体零件,零件的精度较高(尺寸误差小于 0.15mm)。工件外框与截面轮廓之间的多余材料在加工中起到了支撑作用,所以 LOM 工艺无须增加支撑。层合快速成型可以使用能量较低的激光器,但是制出的零件外表面不够光滑,需要进行打磨等后处理。

LOM 工艺的成型材料常用成卷的纸,纸的一面事先涂覆一层热熔胶。热熔胶应保证层与层之间的黏结强度。层合快速成型是几种最成熟的快速成型制造技术之一,发展较为迅速。目前,用于 LOM 工艺的材料还有金属箔、塑料膜、陶瓷膜等,具有制造效率高、速度快、成本低等优点。

3. 应用领域

薄片分层叠加快速成型工艺的成型材料纸张较便宜,运行成本和设备投资较低,故获得了一定的应用。可以用来制作汽车发动机曲轴、连杆、各类箱体、盖板等零部件的原形样件。

8.2.4 选择性激光粉末烧结成型

选择性激光粉末烧结成型(selected laser sintering, SLS)工艺又称为选择性激光烧结,是使用专用设备在计算机控制下将粉末材料(金属粉末或非金属粉末)层层烧结堆积成立体造型。

此工艺由美国德克萨斯大学奥斯汀分校的 C. R. Dechard 于 1989 年研制成功,由美国 DTM 公司商品化。

1. 工艺原理

如图 8.13 所示,送粉器提供粉末造型材料,铺粉辊向升降台表面上均匀铺一层很薄(0.1～0.2mm)的粉末。采用激光器作能源,激光束在计算机控制下按照零件分层轮廓有选择性地进行烧结,一层完成后升降台下降,再进行下一层烧结。

全部烧结完后去掉多余的粉末,再进行打磨、烘干等处理便获得零件。

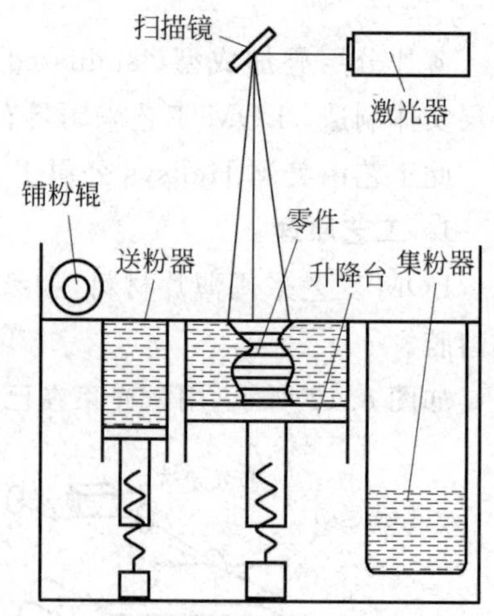

图 8.13 选择性激光粉末烧结成型原理示意图

2. 工艺特点与成型材料

SLS 工艺的特点是材料适应面广,不仅能制造塑料零件,还能制造陶瓷、石蜡等材料的零件。特别是可以直接制造金属零件,这使 SLS 工艺颇具吸引力。

SLS 工艺的另一特点是无须增加支撑,因为没有被烧结的粉末起到了支撑的作用。因此 SLS 工艺可以烧结制造空心、多层镂空的复杂零件。

任何受热黏结的粉末都有被用作 SLS 原材料的可能性,原则上说 SLS 原材料包括塑料、陶瓷、金属粉末及它们的复合粉。

早期 SLS 烧结成型采用蜡粉及高分子塑料粉。为了提高原型的强度,人们开始研究用于 SLS 工艺的金属和陶瓷。目前,用金属或陶瓷粉进行黏结或烧结的工艺也已达到实用阶段。可以使用金属和陶瓷材料是 SLS 工艺明显优越于 SL、LOM 工艺之处。

3. 应用领域

SLS激光粉末烧结的应用范围与SL工艺类似，可直接制作各种高分子粉末材料的功能件，用作结构验证和功能测试，并可能直接制造金属或陶瓷材料样机。

8.3 成组技术

产品需求的发展趋势是多样化和个性化，产品生产的发展趋势是多品种、小批量，产品生产进入产品多样化时代。成组技术(group technology,GT)是适应产品多样化时代要求的一门生产技术。它研究如何识别和发掘生产活动中有关事物的相似性，并把相似的问题归类成组，寻求一组(一类)问题的共同解决方案，从而以最少投入，最大地获取所期望的经济效益。

1. 成组技术的产生背景

成组技术自20世纪50年代由苏联学者米特洛凡诺夫提出并在机械工业中推广以来，已在世界各国得到了广泛应用。成组技术被公认为是使多品种、小批量生产降低成本，获取规模效益的有效途径。

传统的中小批量生产方式存在着产量小、生产准备工作量大、生产效率低、不利于协调生产计划，以及不利于生产组织管理等缺陷。为克服中小批量生产的上述缺陷，西德阿亨工业大学曾对机床、发动机、矿山机械、轧钢设备、仪器仪表、纺织机械、水力机械和军械等26个不同性质企业的产品进行了分析研究。研究结果表明，在任何一种机械产品中，组成零件都可以分成三大类：专用件，相似件，标准件。

专用件的形状和结构较为复杂，在不同产品中，专用件差别很大。专用件数量占机器零件总数的比例很小，为5%～10%。由于专用件结构复杂，其产值较高。例如机床的床身和箱体，发动机的缸体等均属专用件。

相似件数量占整机零件总数的65%～70%，其形状和结构具有相似性，故称相似件。相似件多具有中等复杂程度，单件产值不高。由于相似件数量较大，故其总产值也较高。典型相似件包括各种轴、套、法兰、支座、齿轮等。

标准件的零件结构已标准化和规格化。一般地，标准件已由专业标准件厂家组织大量生产供应市场，所以对普通的机械产品生产厂家，标准件属于外构件，标准件数量在机械产品零件总数中所占的比例约为25%。由于标准件已经实现大量生产，因此单件价值不高，在整机中所占产值也不高。

2. 成组技术的含义

成组技术主要针对的是机械产品中的相似件。相似件在零件结构和制造工艺方面具有相似性，可以考虑按照某种相似准则，将种类繁多的相似件分为少数几类。对每一类零件整体设计加工工艺，组织生产，则有可能将多品种小批量生产转化为大批量的生产类型。利用零件的相似性原理，将零件分类成组是成组技术的基本思想。

成组技术揭示和利用了生产系统中的相似性，它是将企业生产的多种产品、部(组)件和零件，按照特定的相似性准则(分类系统)分类归组，如图8.14所示，并按零件族的工艺要求配备相应的工装设备，采用适当的布置机器设备，组织成组加工，如图8.15所示。其明显优于普通的生产设备布置与生产安排，参见图8.16。成组技术可以实现产品设计、工艺制造和生产管理的合理化和科学化,以达到扩大产品批量的目的。

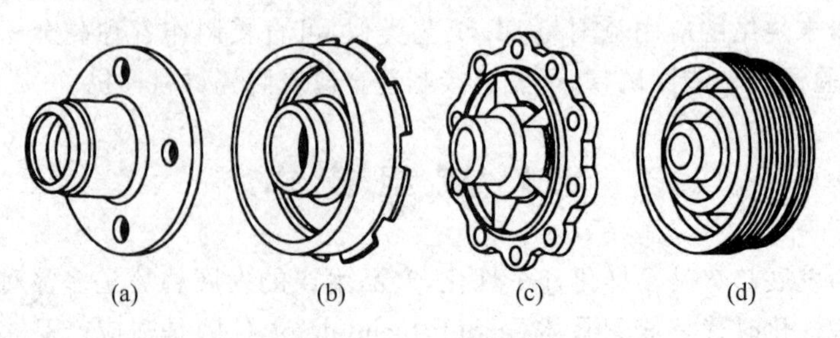

图 8.14　一组相似零件

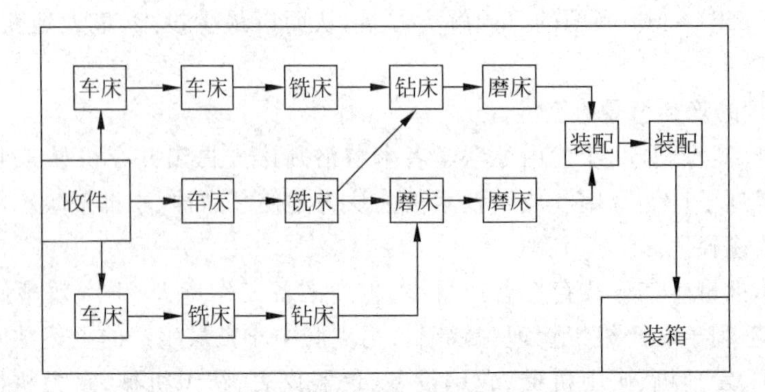

图 8.15　成组技术的机床配备与布置示意

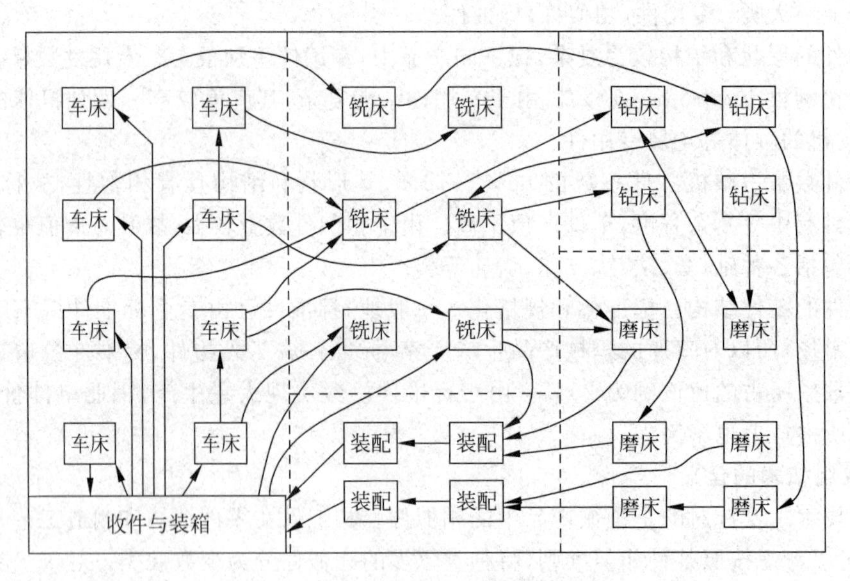

图 8.16　普通的机床配备与布置示意

成组技术利用零件的相似性将其按相似性原理进行分类组合,从而提供了能充分利用已有零件的设计与工艺信息的检索工具。

成组技术通过分类和编码系统将同类零件归并为零件组,零件组中汇集了大量的相似或相同的零件,这就为标准化创造了良好的条件,从而可以借助于标准化设计把各组中品种众多的零件压缩归并为数量有限的一种或几种标准零件，进而对某一零件组设计出标准工艺，组内其他零件的具体工艺可以由这个标准工艺演变而成；利用成组技术还可以使企业以最有效的工作方式得到统一的数据和信息，获得最大的经济效益，并为企业建立集成信息系统打下基础，为提高多品种、中小批生产的经济效益开辟了广阔的道路。

成组技术与计算机技术和数控技术相结合，大大地推动了中小批量生产的自动化进程。成组技术成为计算机辅助设计、计算机辅助工艺规程设计、计算机辅助制造等方面的重要的技术基础。

成组技术可以作为组织生产的通用方法。目前，成组技术已广泛应用于设计、制造和管理等各个方面。

3. 零件分类编码系统

图纸可以准确描述机械零件的结构特征，但是图纸表达方式不便于计算机按结构特征检索零件。因此需要采用编码方式描述零件的结构和工艺特征，方便计算机识别与检索，方便利用成组技术对零件进行分类。

零件编码就是用一串数字和拉丁字母来描述零件的结构形状特征和工艺特征。最常见、最方便的是用数字码，即将零件的特征数字化，便于计算机处理。

编码法则，也称为编码系统，是对编码所代表的含义做出规定和说明。编码过程实际上也就是对零件进行分类，所以零件编码也称为分类编码，编码系统也称为分类编码系统。

机械零件包含各种特征，如结构特征（形状、尺寸）、工艺特征（精度、表面粗糙度）、材料特征等。零件编码需要依据零件分组目的，选取主要特征进行编码。代表零件特征的每一个字符称为特征码，所有特征码有规律的排列就是零件的编码。利用零件的编码，就可以较方便地划分出特征相似的零件组来。

随着计算机辅助工艺过程设计（computer aided process planning，CAPP）系统发展，零件特征描述愈来愈详尽，编码的位数有增加的趋势，但是码位过多，将会失去零件特征表示的简明性。

编码系统可分为层式结构（单码）、链式结构（多码）和混合式结构三种。层式编码容量大，关系复杂。但由于层式结构具有相对紧密性，因此能以有限个位数传递大量有关零件信息。链式结构中每位码都具有独立含义。链式编码容易掌握，容量较小，它可以方便地处理具有特殊属性的零件。大多数编码系统都采用混合式结构，混合式结构整体为链式结构，其中的某些码位为层式结构。

目前，世界各国已建立的具有代表性的分类编码系统有40余种，我国结合本国的具体情况也制定了机械工业成组技术分类编码系统（JLBM-1）。本书限于篇幅，不对分类编码系统作展开介绍。

4. 零件分类成组方法

零件族的划分是基于零件特征的相似性。零件分组目的与用途不同，则选用不同的零件相似性准则（特征）进行分组。例如在产品设计中应用成组技术，相似性准则主要是零件结构相似。而对成组加工来说，则相似准则是零件制造工艺相似。当然，一般情况下，结构相似零件的机械制造工艺方面也有较多相似性。

零件的编码工作可以采用计算机辅助编码系统软件用人机对话的方式进行交互式编码，也可以手工方式编码。目前，将零件分类成组的常用基本方法有视检法、编码分类法、生产流程分析法等几种。

1) 视检法

视检法是根据零件图样和零件加工制造过程,凭经验直观地判断零件的相似性,并据此将零件进行分类成组。视检法的特点是分类较为粗略,但直观易行。目前,视检法一般不单独使用,而是作为一种辅助方法,用于零件的粗分类。

2) 编码分类法

编码分类法是一种比较合理和有效的零件分类成组方法。该方法先将各种零件按特征编码,即先用代码来表示零件特征,依据零件分类成组目的,选取特征项和确定特征项数目,然后对代码规定出相似性准则,按准则将代码相似的零件归为一组。

常用的编码分类方法有特征码位法、码域法、特征码位码域法三种。特征码位码域法使用灵活、适用性强,故得到广泛应用。

3) 生产流程分析法

如果机械零件的分类和编码系统是以零件的结构形状和几何特征信息为主要分类和编码依据的,则得到的零件组没有直接与加工设备(机床)联系起来,不能很好地反映工艺特征的相似。因此英国学者提出了以工厂中零件的生产过程或工艺过程的相似性为主要依据的生产流程分析法。使用生产流程分析法可以找出相似的零件集合与加工设备集合之间的对应关系,既能确定零件组,又能同时得到加工该组零件的生产流程的设备组。

机器零件相似特征具有复杂多样性,用上述三种基本方法进行零件分类尚显不足,于是各国学者陆续提出了许多新方法,例如单链聚类法、模糊聚类法、相似系数法、图论法等。这里对它们不作展开讨论。

5. 成组技术在零件制造中的应用

在零件制造中,成组技术主要有三种应用形式:成组加工单机、成组加工单元、成组加工企业。

成组加工单机是成组技术的最初形式,其经济效益受限制。但随着数控机床和加工中心的广泛应用,特别是柔性运输系统的发展,成组加工单机的组织形式又变得重要起来。

成组加工单元有一定的独立性,并有明确的职责,所以能够更好地保证产品的质量和生产效率,用较少的成本就可以获得较好的经济效益。因此成组加工单元是一种先进的生产组织形式和科学的管理方法,并被许多企业所采用。

成组加工企业是在中、小批量生产中将设计、制造和管理看作一个整体系统,全面实施成组技术。它除了使产品设计和工艺设计工作合理化、标准化,节约了设计时间和费用以外,还扩大了零件的成组年产量,便于采用先进的生产技术和高效加工设备,使生产技术水平和管理效率大大提高,可以取得最佳的综合经济效益。

成组技术将大量的机械零件信息分类成组并使之规格化、标准化,使得机械零件信息的存储和流动大为简化,所以成组技术又是计算机辅助工程的技术基础之一。

8.4 计算机辅助工艺过程设计

计算机辅助工艺过程设计(CAPP)是连接计算机辅助设计(computer aided design, CAD)和计算机辅助制造(computer aided manufacturing, CAM)的桥梁,实现CAD/CAM

真正集成的关键环节，是计算机集成制造系统（computer integrated manufacturing system，CIMS）的重要技术基础之一。

1. CAPP 的含义

计算机辅助工艺过程设计是在成组技术的基础上，借助于计算机软硬件技术和支撑环境，利用计算机进行数值计算、逻辑判断和推理等的功能来辅助设计零件机械加工工艺过程。

CAPP 是将产品设计信息转换为加工制造、生产管理等信息的关键环节，是企业信息化建设中联系产品设计和产品生产的纽带，同时也为企业的管理部门提供相关的技术数据，是企业信息交换的中间环节。

采用 CAPP 技术进行工艺设计可以较好地解决传统手工机械加工工艺设计方法存在的诸多问题。

2. 传统手工工艺设计方法存在的主要问题

(1) 工艺设计的效率亟待提高　设计信息无法直接利用，产品信息等需要重复输入；绘制工艺简图和填写特殊符号比较烦琐；缺乏有效的信息检索手段，信息检索效率低；无法实现制造工艺数据的快速计算。

(2) 工艺设计资源利用率不高　机床设备、工艺装备、切削用量、加工参数普遍依靠查手册；多年积累的成熟工艺无法有效地利用；工艺资源不透明，查找十分困难。

(3) 工艺知识积累、继承、创新困难　对工艺人员要求高，需要丰富的生产经验；有经验的工艺人员比较缺乏，工艺知识缺乏积累的载体；工艺人员没有精力进行工艺的创新。

(4) 工艺信息汇总手段落后，效率低、易出错　手工统计各类清单(如工艺装配明细表、消耗工具明细表等)，工作量大，效率低、易出错；手工统计的各类清单不利于计算机管理；手工统计的各类工艺数据不利于向其他应用系统传递。

(5) 存在“信息孤岛”问题　产品设计信息无法直接利用；CAM 所需的零件加工中所涉及的设备、工装、切削参数等信息无法提供；产品数据管理所需要的零部件工艺信息无法提供；企业资源计划所需要的机械加工工艺过程、工时等信息无法及时提供。

(6) 工艺管理需要进一步完善　工艺术语、填写方式等需要进一步规范；工艺签审缺乏有效的管理和监控手段；工艺信息安全缺乏有效的保障措施。

3. CAPP 技术产生与发展

自从 1965 年 Niebel 首次提出 CAPP 思想以来，CAPP 研究开发工作一直在国内外持续发展，并且越来越受到人们的重视。

1969 年挪威正式推出世界上第一个 CAPP 系统 AUTOPROS，1973 年正式推出商品化的 AUTOPROS 系统。

到 80 年代 CAPP 研究开始受到工业界的普遍重视。

在 1991 年、1995 年度美国国家关键技术报告中，美国国家关键技术委员会两次将 CAPP 技术列举为对美国经济繁荣和国家安全至关重要的专项技术之一。

90 年代中后期，国外推出一些商品化 CAPP 系统，如 CS/CAPP、HMS-CAPP、Met CAPP、Tfxho TIPO、Intelli CAPP 等。从总体来看，以交互式设计和数据化、模型化、集成化为基础，并集成数据库技术、网络技术等是上述商品化 CAPP 软件的共同特点。

国内外CAPP系统按照工作原理进行分类,大致分为派生式CAPP、创成式CAPP、专家式CAPP等几类。

1) 派生式CAPP

派生式CAPP又称为变异式CAPP、修订式CAPP,是在成组技术的基础上,将零件按结构形状及工艺相似性分类、归族,每一族生成一个典型样件,并为每一个典型样件设计出相应的典型工艺文件,存入工艺文件库中,称之为标准工艺规程。通过检索标准工艺规程,并对其修改、编辑,进一步生成新的零件的工艺规程。

一般地,调用标准工艺文件,确定加工顺序、切削用量、加工余量、时间定额等可由计算机自动完成。

派生式CAPP系统工艺规程设计是利用成组技术将零件按几何形状及工艺相似性分类、归族,每一族又存有一个典型样件,根据此样件建立典型工艺文件,即标准工艺规范,存入标准工艺文件库中。

当需要设计一个新的零件工艺规程时,按照其成组编码,确定其所属零件族,由计算机检索出相应零件族的典型工艺,再根据新零件的具体特殊性要求,对典型工艺进行修改,最后取得所需的工艺规程。派生式CAPP系统的具体工作原理如图8.17所示。

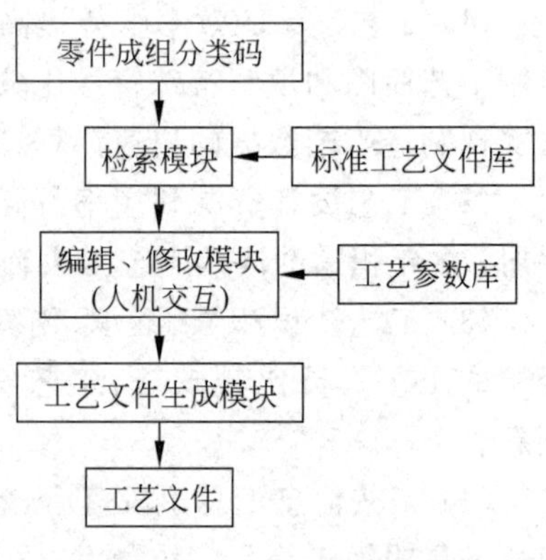

图8.17　派生式CAPP系统工作原理图

在派生式系统中引入较多的决策逻辑时,该系统又称为半创成式或混合式系统。例如,零件组的复合工艺中只是一个加工工艺过程,而各加工工序的内容(包括机床、工具和夹具的选择,工步顺序以及切削参数的确定)都是用逻辑决策方式生成的,这样的系统就是半创成式或混合式系统。

2) 创成式CAPP

创成式CAPP是在计算机软件系统中收集了大量工艺数据和加工知识,并在此基础上建立一系列的决策逻辑,形成工艺数据库和加工知识库。当输入新零件的几何形状、精度要求等有关信息后,系统可以模仿工艺人员,应用各种工艺决策逻辑规则,在无须人工干预的情况下,自动地生成零件的工艺规程

创成式CAPP是以逻辑算法加决策表为特征。

由于零件结构的多样性、工艺决策的多变性及复杂性等诸多因素,尚未有真正的创成型CAPP系统应用于实际生产。

创成式CAPP系统在读取零件的制造特征信息后,能自动识别和分类。此后,系统中其他模块按决策逻辑生成零件上各待加工表面的加工顺序和各处表面的加工链,并为各表面加工选择机床、夹具、刀具、切削参数和加工时间、加工成本,以及对工艺过程进行优化。最后,系统自动进行编辑并输出工艺规程。人的作用仅在于监督计算机的工作,并在计算机决策过程中作一些简单问题的处理,对中间结果进行判断和评估。

零件信息描述是设计创成式系统的首要问题。目前,国内外创成式系统中采用的零件描述方法主要有成组编码法、型面描述法和体面描述法。也可将零件的设计信息直接从系统的数据库中采集。其工作原理如图8.18所示。

从理论上讲，创成式工艺设计系统是一个完备的先进自动系统，它拥有工艺设备所需要的全部信息，在其软件服务系统中包含着全部决策逻辑，因此使用起来比较方便，无须人工介入，即可自动生成零件机械制造工艺规程。但是，由于工艺设计中所涉及的因素又多又复杂，目前的技术水平还无法完全实现所谓的自动系统，目前的创成式工艺设计系统大多还处于研发阶段。

创成式 CAPP 系统的核心是工艺知识库、逻辑算法和决策表等几部分。

创成式 CAPP 系统可按工艺生成步骤分为若干个模块，每个模块的设计是按功能模块的决策表或决策树来进行的，即决策逻辑嵌套在程序中。各模块工作时所需的各种数据都以数据库文件的形式存储。

由于创成式 CAPP 系统决策逻辑嵌套在应用程序中，结构复杂且不易修改，因此目前的研究已转向知识基础系统（又称专家系统）。

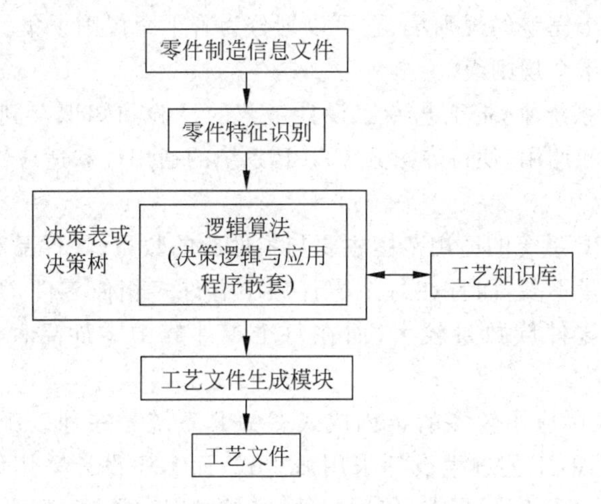

图 8.18　创成式 CAPP 系统工作原理图

3) 专家式 CAPP

专家式 CAPP 系统是基于人工智能、专家系统技术的 CAPP 系统。它以“推理＋知识”为特征，强调工艺设计系统中工艺知识的表达、处理机制，以及决策过程的自动化。

知识库是由零件设计信息和表达工艺决策的规划集组成；推理机是根据当前输入零件制造信息，通过激活知识库的规则集，而得到工艺设计结果。

专家式 CAPP 系统的核心部分由专家知识库、工艺知识库、推理机三部分组成，其中知识库和推理机是互相独立的。专家式 CAPP 系统根据输入的零件信息频繁地去访问专家知识库，并通过推理机中的控制策略，在专家知识库中搜索能够处理零件当前状态的规则，然后执行这条规则，并把每一次执行规则得到的结论部分按照先后顺序记录下来，直到零件加工达到一个终结状态，这个记录就是零件加工所要求的工艺规程。专家式 CAPP 系统的工作原理如图 8.19 所示。

工艺知识在专家系统中属于过程性知识，它包括选择决策逻辑（如加工方法选择、工艺装备选择、切削用量选择等）、排序决策逻辑（如安排走刀路线、确定工序中的加工步骤等），以及加工方法知识（如加工能力、预加工要求、表面处理要求等）。一般都采用产生式规则来表示工艺决策知识。

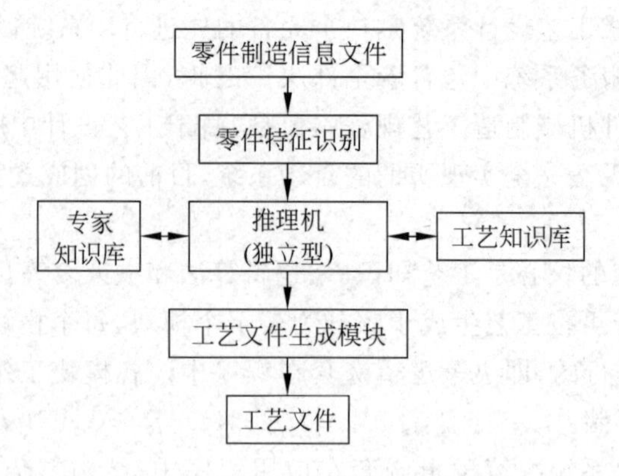

图 8.19　专家式 CAPP 原理图

工艺知识库是一个完整的规则集,它可以划分为若干个规则子集。根据需要,每个规则子集还可以划分成若干个规则组。

在专家式 CAPP 系统中,把工艺专家设计工艺的经验和知识存到知识库中,它可以通过专用模块进行增减和调用,使得专家式 CAPP 系统的通用性和适应性大大提高。

4. CAPP 选用

各种类型的 CAPP 系统的适用范围主要与零件族的数量、零件品种数以及其相似程度有关。如果零件族数量不多,而且在每个零件族中有许多相似零件,派生式 CAPP 系统通常用得比较多;如果零件族数量较大,而在每个零件族中零件品种不多,那么用创成式 CAPP 系统就比较经济。

需要注意的是,实际应用较多的半创成式 CAPP 系统是一种以派生式为主、创成式为辅的 CAPP 系统。例如,工艺过程设计采用派生式,而工序设计采用创成式。无论哪一种 CAPP 系统,只要符合工厂实际需求、使用方便、容易操作和掌握,就是合适的 CAPP 系统。

5. CAPP 发展趋势

由于工艺设计具有很强的个性,因此工艺是机械制造中最活跃的因素,国内外 CAPP 研究开发工作一直在蓬勃发展,其发展趋势大致如下:

(1) 普遍基于网络数据库开发,实现各种工艺设计资源的有效共享和智能化利用;

(2) 从单元应用向集成应用发展,产品设计、工艺技术准备、制造的全面集成;

(3) 从注重工艺设计到工艺设计与工艺管理并重,实现工艺设计、工艺管理、工艺数据的集成应用;

(4) 采用通用的平台,从专用系统向通用系统发展;

(5) 开放的体系结构,提供多种二次开发手段,满足个性化需求;

(6) 交互式 CAPP 与智能化模块的结合,工艺流程可视化及工艺流程优化分析;

(7) 从学院派 CAPP 向实用化 CAPP 系统发展,走工程化发展道路。

8.5　计算机辅助机床夹具设计

计算机辅助机床夹具设计(computer aided fixture design, CAFD)是利用计算机技术辅助人工进行机床夹具设计的一种先进制造技术。

1. CAFD 技术产生与发展

现代制造业面向多品种、多规格、小批量、高柔性的市场需求,因而要求加工设备和工艺装备具有较大的柔性、较快的变更或更新。传统的制造技术很难适应制造业的高速发展。计算机辅助机床夹具设计就是在上述背景下产生的。

计算机技术的发展为 CAFD 发展提供了有力的支撑平台。成组技术、并行工程等新技术的涌现与发展推动 CAFD 技术向前发展。

目前,CAFD 系统正朝着如下几个方面发展。

(1) 集成化 CAFD 与 CAPP 紧密连接,并与之构成 CAD 与 CAM 之间的连接桥梁。

(2) 标准化 标准化是 CAFD 的基础。功能模块的标准化有利于促进 CAFD 与 CAPP 的集成。

(3) 并行化 并行化的 CAFD 将与 CAPP 并行工作,同时实现。这样能够提高夹具设计效率,缩短生产准备周期。

(4) 智能化 人工智能技术在 CAFD 中应用将更进一步推动 CAFD 向智能化发展。将人工智能、三维 CAD 建模、虚拟装配、标准件库、网络化信息管理系统等与夹具设计知识相融合,实现夹具快速设计。

2. CAFD 的理论基础与技术基础

计算机辅助机床夹具设计的基本方法是利用计算机的存储与图形功能,针对夹具标准化的特点开发辅助夹具设计系统。从夹具库中查找类似结构,并将其检索出来,通过修改,完成新的夹具设计任务。

(1) 快速设计技术与方法 发展二维、三维机械结构设计方法,融合虚拟制造技术等实现夹具快速设计。

(2) 并行协同设计 CAFD 依据产品设计的 CAD 几何信息、CAPP 加工工艺信息进行夹具方案设计,并为制造过程仿真提供数据。上述各部分并行协调工作。

(3) 模块化设计 夹具可以设计为定位模块、对刀(导向)模块、夹具模块、附加模块等几个标准模块的组合、(小规模)调整。将调整规模较大并对其他部件影响较大的模块设计为专用模块。

(4) 产品数据管理 CAFD 系统通过产品数据管理系统获取设计信息(如形状信息、材料、技术要求等)和工艺信息(如机床设备、工艺装备、毛坯、工序内容、刀具信息、切削用量、加工参数等),直接用于设计新夹具的信息检索、匹配、调整和变异,完成夹具设计。

CAFD 系统中用到的技术基础包括三维几何建模技术、参数化技术、数据库技术、网络技术等。

(1) 三维几何建模技术 三维几何建模技术可以帮助工程人员直观、方便、形象地建立零件和机器的三维实体模型,有利于实现以模块化设计为基础的变型设计,提高夹具设计的速度与效率。

(2) 参数化技术 参数化为机械模型的可变性、可复用性、并行设计等提供了手段,工程人员可以方便地利用现有模型进行修改,建立新的模型。参数化方法的引入代表了设计思想的变革。

(3) 数据库技术 数据库技术对夹具设计的支撑体现在两个方面:一是存储夹具设计所需的信息;二是存储夹具设计的数据。数据库技术在数据管理、维护、查询等方面为夹具设计提供支撑。

(4) 网络技术　网络技术可以为更多的工程人员提供信息共享服务。设计人员、工艺人员、生产人员可以共享机械产品数据,并行开展工作。

3. 典型 CAFD 系统模式

目前,比较实用的 CAFD 系统主要有两类基本模式:交互式和变异式。

早期的 CAFD 系统是交互式模式,其工作原理见图 8.20。

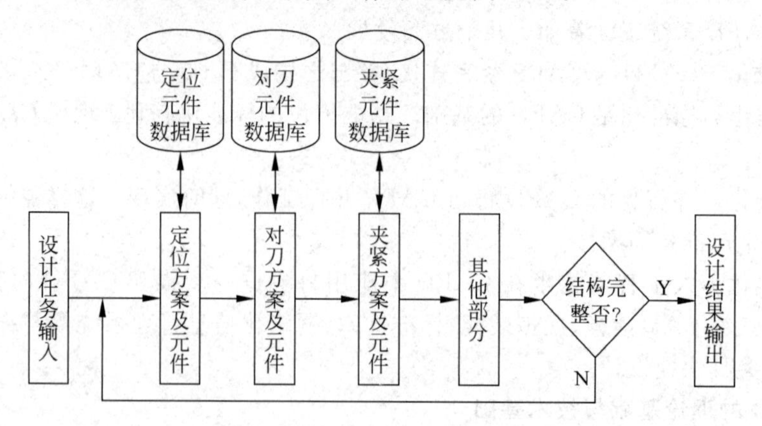

图 8.20　交互式 CAFD 系统工作原理图

成组技术大幅度推动了 CAFD 技术发展。利用成组技术开发带有图形功能的夹具设计辅助系统。从现有的夹具结构图中寻找相似的结构并将其检索出来,加以修改变异,以产生新的夹具结构。

变异式 CAFD 系统以强大的夹具信息管理模块、信息检索系统、夹具设计信息管理模块为基础,其工作原理如图 8.21 所示。

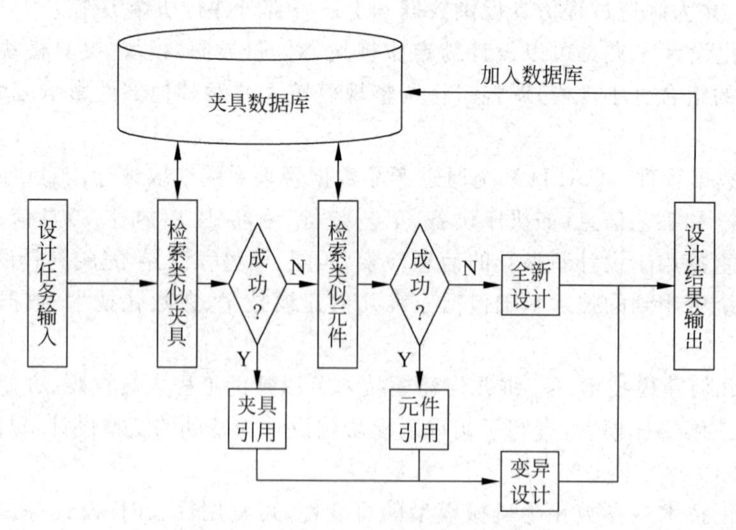

图 8.21　变异式 CAFD 系统工作原理图

现有实用 CAFD 系统往往集成了交互式工作模式和变异式工作模式。

8.6　先进制造模式

产生于美国的大规模批量生产曾经是 20 世纪初期的先进生产模式的象征，企业生产模式一度以追求批量生产和大量生产获取规模效益为目标。

到了 20 世纪末期，随着科学技术发展和社会进步，消费需求日趋主体化、个性化和多样化，制造业的生产模式需要进行相应调整以适应多品种、小批量的产品生产，于是并行工程、精益生产、敏捷制造等先进制造模式先后出现了。

8.6.1　并行工程

并行工程(concurrent engineering，CE)自身是一种先进的制造模式，同时它又是精益生产和敏捷制造等先进制造模式的重要组成部分。

1. 并行工程的产生背景

并行工程产生之前，产品功能设计、生产工艺设计、生产准备等步骤以串行生产方式进行。串行生产方式的缺陷在于：后面的工序是在前一道工序结束后才参与到生产链中来，它对前一道工序的反馈信息具有滞后性。一旦发现前面的工作中含有较大的失误，就需要对设计进行重新修改，对半成品进行重新加工，于是延长了产品的生产周期、增加了产品的生产成本、造成了不必要的浪费，产品的质量也受到影响。

针对上述情况，1986 年美国国防工程系统首次提出了并行工程的概念，其初衷是为了改进国防武器和军用产品的生产，缩短生产周期，提高质量，降低成本。由于并行工程实施效果明显，不久，各国的企业界和学术界都纷纷研究并行工程，并行工程方法也从军用品生产领域扩展到民用品生产领域。

2. 并行工程的概念

并行工程是为实现产品及其制造等各种相关过程(包括制造过程和支持过程)的一体化并行设计而采用的一种工作模式或方法。并行工程力图使开发者从产品设计开始就要对产品的整个生命周期的所有要素进行全面考察——从方案开始直到各方面的安排，包括质量、成本、进度以及客户需求等。

对于并行工程的概念可以从两个方面理解：一方面并行工程要求设计与制造过程的多项计划任务同时平行交叉进行；另一方面，并行工程是一种针对产品整个生命周期的预见性和预防性的设计。在新产品设计时，需要前瞻性地考虑和规划与该产品的全生命周期相关过程的全部内容，并强调在生产前完成全部设计。

并行工程不能简单地等同于并行生产或者并行工作，也不能简单地认为并行工程就是同时或者交错地开展生产活动。并行工程强调集成性，并行工程的技术构思是设计过程的集成，它不仅包括可加工性、可靠性和可维护性设计，还包括产品的美观性。耐用性设计，甚至包括产品报废后可处理性等更多方面的设计，并强调在产品生产之前完成全部设计工作。

实施并行工程可缩短产品设计周期，优化生产过程，降低成本，提高产品的质量，提高产品创新能力，增强企业的市场竞争力。

3. 实施并行工程的关键

实施并行工程需要改变制造业的企业结构和工作方式，并行工程技术的实施是系统工程,在实施上有多项技术关键。

1) 团队工作方式

实施并行工程应以团队工作方式确定产品性能,对产品的设计方案进行全面的评估,集中各方专家意见,从而形成一个优化方案。实施并行工程需要首先建立工作团队,团队成员应该包括产品整个生命周期将可能涉及人员的代表。并行工程需要工作团队成员具备团队合作精神,不同专业的人员一起协同工作(team work)。

并行工作方式较大程度上克服了原来串行工作方式的弊病,较容易对设计方案在全局上进行充分评价与筛选,以避免出现返工现象。

2) 技术平台

并行工程往往是基于计算机网络的,必须有相应网络技术支持,并配有相应的硬件设施才能实施。技术平台包括如下内容。

(1) 一个完整的公共数据库,它集成并行设计所需要的诸多方面的知识、信息和数据,并且方便设计、工艺、制造等多方客户共同使用。

(2) 一个支持各方面人员并行工作甚至异地工作的各方设计人员之间的计算机网络系统,实时、在线地沟通信息,发现并协调技术冲突。

(3) 一套功能强大的计算机仿真软件。使用它可以建立一个虚拟样机,供各方专家预测、推断及发现产品的制造及使用过程中可能潜在的阻碍等各种问题。

3) 设计过程的并行管理

技术平台是实施并行工程的物质基础,各行业专家是并行工程的思想和知识基础。并行工程是基于各方面专家协作的并行开发,实施并行工程需要对设计过程进行有效的并行管理,需要集中各方面专家的智慧,构建交流、沟通和协商的机制,以便随时对设计出的产品和零件从各个方面进行审查,力求使设计出的产品不仅外观美、成本低,便于使用,而且便于加工,便于装配,便于维修,便于运输。

4) 强调设计过程的系统性和完整性

并行工程赋予了设计工作更广泛的内涵,将设计、制造、管理等过程纳入一个整体的系统进行全局整体考虑,设计过程中不仅产生图纸和其他设计资料,还要制定质量控制规划、进行成本核算,也要制订进度计划等。特别是由于建立了统一的虚拟样机,在设计阶段就可同时进行工艺(包括加工工艺、装配工艺和检验工艺)过程设计,并对工艺设计的结果进行计算机仿真,直至用快速原型法生产出产品的样件。

5) 基于网络产品设计

并行工程采用团队工作方式,可以是现实团队,也可以是利用网络技术组成的虚拟团队。在计算机及网络通信技术高度发达的今天,工作小组完全可以通过计算机网络向各方面专家咨询,专家成员既包括企业内部的专家,也包括企业外部的专家。

各方面专家可以对设计结果及时进行审查,并及时反馈给设计人员。这样不仅可以大大缩短设计时间,还可以保证将错误消灭在萌芽状态。

计算机、数据库和网络是并行工程必不可少的支撑环境。

8.6.2 精益生产

精益生产(lean production,LP)是美国麻省理工学院数位国际汽车计划组织的专家在对日本丰田汽车工业公司的生产方式进行研究后于1985年提出的,一般认为精益生产与丰田生产方式(Toyota production system,TPS)是同一个概念。精,即少而精,不投入多余的生产要素,只是在适当的时间生产必要数量的市场急需产品或下道工序急需的产品;益,即所有经营活动都要有益有效,具有经济性。

精益生产是当前工业界应用最佳的一种生产组织体系和方式。精益生产的基本思想是杜绝企业内的各种浪费,提高生产效率。精益生产的核心是准时化生产(just in time,JIT)。准时化生产就是在需要的时间,将需要的产品或零部件,按需要的数量送到需要的地点。准时化要求只在需要的时候才生产必要的制品,消除任何不必要的库存,杜绝生产过程中的浪费。因此,精益生产又常被称为JIT生产。

1. 精益生产产生的背景

20世纪初,从美国福特汽车公司创立第一条汽车生产流水线以来,大规模的生产方式一直是现代工业生产的主要特征。大规模生产方式是以标准化、大批量生产来降低生产成本,提高生产效率的。大规模流水生产在生产技术以及生产管理史上具有极为重要的意义。

战后日本汽车工业遇到了"资源稀缺"和"多品种、少批量"的市场制约,并且日本经济萧条,缺少资金和外汇。在如何建立日本的汽车工业问题上,丰田公司没有照搬美国的大量生产方式,而是开创了自己的生产方式。

原丰田汽车工业公司副社长大野耐一根据日本的国情,进行了一系列的探索和实验,提出了日本汽车工业生产方式,对精益生产的实践和理论的创立做出了最主要的贡献。1973年石油危机发生后,由于经济萧条,各国工业企业普遍经营困难,而丰田汽车工业公司却表现出了比其他公司更强的抗冲击能力。石油危机后的1975年至1977年间丰田公司的盈利逐年增加,扩大了同其他公司的差距,使日本的汽车工业超过了美国,产量达到了1 300万辆,占世界汽车总量的30%以上。从此,丰田生产方式开始引起全世界的广泛关注。

丰田生产方式是日本工业竞争战略的重要组成部分,它反映了日本在重复性生产过程中的管理思想。丰田生产方式的指导思想是通过生产过程整体优化、改进技术、理顺物流、杜绝超量生产、消除无效劳动与浪费、有效利用资源、降低成本、改善质量,达到用最少的投入实现最大产出的目的。

2. 精益生产的精髓

精益生产既是一种以最大限度地减少企业生产所占用的资源和降低企业管理和运营成本为主要目标的生产方式,同时也是一种理念,一种文化。实施精益生产既是决心追求完美的历程,也是追求卓越的历程,它是支撑个人与企业生命的一种精神力量,也是在永无止境的学习过程中获得努力实现自我完美的一种境界。其目标是精益求精,尽善尽美,永无止境地追求七个零的终极目标。

精益生产努力消除一切浪费,追求精益求精和不断改善。去掉生产环节中一切无用的东西,每个工人及其岗位的安排原则是必须增值,撤除一切不增值的岗位。精简是它的核心,精简产品开发设计、生产、管理中一切不产生附加值的工作,旨在以最优品质、最低成本和最高效率对市场需求做出最迅速的响应。

精益生产的实质是管理过程的优化。管理过程优化包括人事组织管理的优化,大力精简中间管理层,进行扁平化组织管理改革,减少非直接生产人员;推进生产均衡化与同步化,力争实现零库存与柔性生产;推行全生产过程(包括整个供应链)的质量保证体系,力争实现零不良；减少和降低任何环节上的浪费，力争实现零浪费；最终实现拉动式准时化生产方式。

3. 精益生产的特点

1）拉动式准时化生产

精益生产以最终客户的需求为生产起点。精益生产强调物流平衡，追求零库存，要求上一道工序加工完的零件立即可以进入下一道工序。精益生产的生产线使用看板的形式组织生产，即由看板传递工序间需求的信息（看板只是形式，其关键在于信息传递）。精益生产中的节拍可由人工干预、控制，但重在保证生产中的物流平衡（对于每一道工序来说，即是保证对后续工序供应的准时化）。由于采用拉动式生产，生产中的计划与调度实质上是由各个生产单元自己完成，在形式上不采用集中计划，但操作过程中生产单元之间的协调则极为必要。

2）全面质量管理

精益生产强调产品质量是生产出来而非检验出来的，产品质量由生产中的质量管理来保证。在生产过程中对每一道工序都进行产品质量的检验与控制。重在培养每位员工的质量意识，在每一道工序中注意检测与控制质量，确保及时发现质量问题。如果在生产过程中发生质量问题，根据现场具体情况可以立即停止生产，直至解决产品质量问题，从而保证不出现对不合格品的无效加工。针对出现的质量问题，通常是组织相关的技术与生产人员构成一个小团队，团结协作，以尽快解决。

3）团队工作法

根据业务的关系来组织团队。强调团队成员一专多能，要求精通本职工作，同时熟悉团队内其他工作人员的工作，保证团队工作的顺利进行。每位员工在工作中不仅是执行上级的命令。更重要的是积极地参与，起到决策或辅助决策的作用。团队的组织是动态的，针对不同的工作任务，动态建立不同的团队，同一个人可能属于不同的团队。

4）并行工作

在产品设计开发期间，将概念设计、结构设计、工艺设计、最终需求等结合起来，保证以最快的速度按要求的质量完成。各项工作由与其相关的项目小组完成。在工作进程中小组成员各自安排自身的工作，但可以定期或随时反馈信息并对出现的问题协商解决。依据适当的信息系统工具，反馈与协调整个项目的进行。在产品的研制与开发期间，利用现代企业的电子数据集成处理技术辅助项目进程的并行化。

4. 精益生产企业管理的关键

1）去除浪费实现增值

杜绝浪费是精益生产的基本思想，也是实施精益生产的手段。

在丰田公司企业中，所有的活动可以分为三类，分别是增值活动、驱动活动和无效活动。

增值活动是使产品增加价值的活动。通过增值活动，产品增加了附加值，工厂才得以盈利。工厂的所有活动都是围绕增值活动而存在的。

驱动活动是使增值活动得以进行的辅助活动，对增值活动起驱动作用，本身不能为客户创造价值，但却是增值活动实施中所必需的。驱动活动应尽可能地减少。可以通过再造过程，将实现增值活动的过程重新组织成一个更有效的过程来减少驱动活动。

无效活动是去除增值活动和驱动活动以外的其他活动。无效活动是毫无意义的活动，应该尽量排除。

精益生产所定义的浪费是指超过绝对必要的限度增值活动和驱动活动以外的活动。无效活动是浪费,当增值活动和驱动活动超过绝对必要的限度也会造成浪费。精益生产强调不超过增值活动和驱动活动的绝对必要限度,不为库存和过量生产留下一点余地。

精益生产强调的杜绝浪费与提高生产效率是同一件事情的两个侧面,生产中存在浪费就是低效率,杜绝浪费就是提高效率。为了实现杜绝浪费、提高生产效率的目的,精益生产将如下两点结合起来:

第一点是提高效率必须与降低成本结合起来。为此,应该朝着使用最少量的人员和只生产需要数量的产品这一方向努力,即实现"少人化"生产。精益生产追求按需生产,因此,要将多余的人员排除,以使生产能力与所需的产量相吻合。

第二点是关注整体效率。杜绝浪费、提高生产效率必须关注每个操作者、每条生产线、整个工厂,甚至包括外部协作单位,只有每个环节都得到了提高,才能取得应有的效果。

精益生产是工厂的一项系统工程,需要工厂各环节、各部门,甚至外部协作单位的密切配合,工厂内的一个环节、一条生产线是无法单独取得杜绝浪费、提高生产效率的理想效果的。

丰田公司将生产中存在的浪费现象归纳为七种类型。

(1) 过量生产的浪费　过量生产指超过必要数量的生产和提前生产。过量生产将造成提早消耗原材料、浪费人力与设施、占用资金、占用场地、增加搬送负担、增加管理费用等问题。

(2) 库存的浪费　精益生产认为过量生产和库存过剩是最大的浪费,过量生产最终也体现在库存过剩上。库存不仅本身造成浪费,也掩盖了生产中存在的问题,掩盖了其他浪费现象,隐藏了可供改善生产现场的线索。

(3) 等待的浪费　操作者无事可做时,等待的浪费就发生了。生产计划不当、生产线不平衡、产品切换、缺料、机器故障等情况都会造成操作者等待,导致等待的浪费。

(4) 搬送的浪费　搬送不是一种增值活动,无谓的搬送就造成了搬送的浪费。需要强调:使用传输带来进行搬送作业可以减轻人的体力消耗,但并没有消除搬送本身的浪费。

精益生产通过生产流水线化,尽量将作业并入生产线内,避免离岛作业,来最大限度地消除搬送的浪费。

(5) 加工的浪费　加工的浪费包括不适当的加工和过于精细的加工。不适当的加工是指机器空行程、行程过长,以及由于工艺设计的不当而增加额外的辅助加工等。过于精细的加工是指把工作做得过于精细,超出了需要的程度,因此也产生了加工的浪费。

加工的浪费通常是由于流程无法同步而造成的,应用一般常识和低成本的方法,通过作业合并,通常可以消除加工的浪费。

(6) 动作的浪费　不产生附加值的人体动作就是动作的浪费。可以通过重新安排物料放置的方式和开发适当的工装夹具来消除动作的浪费。

动作的浪费一般不为人所注意,但由于动作浪费的重复性很高,其对生产效率的影响也是很大的。

(7) 产品缺陷的浪费　如果产品生产出现了不合格产品,将造成材料、工时、设备的浪费是显而易见的。产品设计的缺陷也是造成产品缺陷浪费的一种情况。

2）流水线化单元布置

生产流水线化就是将通常按工艺原则布置的不同设备分成单元，每个单元独立完成产品(或零部件)的加工过程，以发挥工艺原则布置的优点，例如：缩短交期时间，减少零部件在车间之间的移动，减少等待时间，减少在制品库存，减少作业人员(一人进行多种操作)，提高模具更换速度等。

3）准时化生产

(1）拉动式生产

准时化生产采用的就是拉动式生产方式。理论上讲，在拉动式生产系统中，当有一件产品卖出时，市场就从总装线上拉动一个产品，总装线位于生产线下游工位，下游工位需求拉动上游工位零部件生产，上游工位再拉动更上游工位零部件生产，如此重复，直到原材料投入工序，甚至直到原料供应商。

需要明确的是，在拉动式生产中并非就不需要生产计划了，但拉动式生产中的生产计划与推进式生产中的生产计划不同。在拉动式生产中，下达给除最后一道工序以外的其他各工序的计划只是指导性计划，而作为安排投产顺序的指令性计划则只下达给最后一道工序(比如总装线)，其他各工序需要生产的品种和数量的指令由后面工序给出。传递生产指令的常用工具就是"看板"。

(2）应用看板

看板是准时化生产中用于传递生产指令的工具，应用看板是实现准时化生产的手段。通常情况下，由生产计划部门将生产什么、生产多少、何时生产等信息制定成生产计划表配布到生产部门。看板一般分为两类，即搬送看板和生产看板。

出于不断改善工作的需要，可以有计划地主动减少系统中的看板数量，减少在制品库存，以暴露问题和解决问题。当工序中的看板数量减少为零，即不再需要看板时，就是实现了"一个流"的生产。

(3）均衡生产

由于均衡生产的需要，实行准时化生产的工厂通常采用混合型生产线进行生产，同时生产多品种的产品。其目的是避免出现很高的库存、适应客户对产品多样化的需求和满足前后工序的良好配合。

混合型生产线的平衡要解决产品的生产排序问题，从而使同一生产线在指定的时间内生产不同型号的产品，即实现多品种循环生产。

(4）准时化采购

采购与供应是准时化生产中的一个工序，如果供应商不能配合工厂的准时化生产，准时化生产的效果就会大打折扣。准时化采购的基本思想是要求供应商配合，在需要的时候提供需要数量的原材料。

准时化采购与传统的早在生产之前就把原材料大批量地采购到仓库的做法是不同的。准时化采购的核心要素有两点，第一点是减小批量，频繁而可靠地交货，第二点是一贯保持原材料的高品质。

(5）自动化

大野耐一将自动化称为精益生产中除准时化之外的另一个支柱。精益生产中的自动化不是单纯指机器设备的自动化，而是指"人性自动化"，或称为"包括人的因素的自动化"。实现精益生产的自动化，要求将人的智慧赋予机器，使其成为具有智能自动停止装置的机器。在生产系统出现异常情况时，能自动停机，杜绝过量制造的无效劳动，防止生产不合格品。

8.6.3　敏捷制造

随着人类社会的发展和人们生活水平的不断提高，社会对产品的要求将不仅仅是质量优、功能全和价格低，还必须具有最短交货周期、最大客户满意度、节省资源和环境保护等特性。市场是由社会需求的产品与服务驱动的。社会需求的发展趋势是多样化和个性化，因此企业需要具备敏捷性(agility)的品质，即企业能在无法预测的和不断变化的市场环境中保持并不断努力提高企业的竞争能力。具备敏捷性的生产方式是敏捷制造(agile manufacturing,AM)。

1. 敏捷制造的产生背景

20 世纪后期，经济领域的竞争越来越严峻。新知识、新概念的不断涌现和新产品、新工艺的迅速更迭进一步加速了市场的变化，企业面临着更严峻的挑战。在市场持续、高速变化的 21 世纪，企业不仅需要能针对市场变化迅速进行必要的调整(包括组织上和技术上的调整)，对市场的变化做出快速响应，而且要有不断通过技术创新和产品更新来开拓市场、引导市场的能力。只有这样，企业才能及时抓住一瞬即逝的市场机遇，而立于竞争的不败之地。

1986 年，在美国国家科学基金会(National Science Fund, NSF)和企业界支持下，美国麻省理工学院(Massachusetts Institute of Technology,MIT)的"工业生产率委员会"深入研究了美国衰退的原因和振兴对策。研究的结论重申作为人类社会赖以生存的物质生产基础产业和制造业的社会功能，提出以技术先进、有强大竞争力的国内制造业夺回生产优势，振兴制造业的对策。

1988 年，美国通用汽车公司与美国里海大学的几位教授共同首次提出了一种新的制造企业战略，即敏捷制造的概念。

1991 年，美国 Iacocca 研究所在美国国会和国防部的支持下，主持召开了 21 世纪发展战略讨论会，向美国国会提交名为《21 世纪制造企业战略》的报告。这份报告提出了两个最重要的论断：

(1) 影响企业生存、发展的共性问题是目前竞争环境的变化太快，而现有企业自我调整、适应的速度跟不上。

(2) 依靠对现有大规模生产模式与系统的逐步改进和完善是不能实现重振美国制造业雄风的目标的。

针对上述研究结论，该报告提出了一种新型的制造体系——敏捷制造。希望敏捷制造能够使美国的制造业重新恢复其在全球制造业中的领导地位。报告对敏捷制造的概念、方法及相关技术作了全面的描述。这份报告是美国开展先进制造技术研究的重要里程碑。

2. 敏捷制造的概念

美国敏捷制造的研究组织(agility forum)将敏捷制造定义为：在不可预测的不断变化的竞争环境中，能够对客户产品与服务需求驱动下的市场做出迅速响应，从而使企业繁荣兴旺的生产模式。

敏捷制造作为大量生产的换代生产模式，是一种新型制造模式，是一种新的制造策略。

敏捷制造的目标是建立一种对客户需求能够做出灵敏快速反应的制造组织体系，它具有强大的市场竞争力。

敏捷制造依赖于各种现代技术和方法,最具代表性的是虚拟企业和虚拟制造。

1) 虚拟企业

虚拟企业,也叫动态联盟,是在市场机遇来临时,由一个公司内部某些部门或不同公司按照资源、技术和人员的最优配置,快速组成临时性企业,提供市场需要的产品和服务。虚拟企业是一种组织方式。

虚拟企业的存在时间可长可短,有些虚拟企业在任务完成后即可宣告解散。对于复杂程度高的产品,由一个企业独立开发与制造是不经济的,也是不必要的。因此,组建虚拟企业能更有效地利用诸多外部资源。这种以动态联盟为特征的虚拟企业组织方式可以降低企业风险,使生产能力获得空前提高,从而缩短产品的上市时间,减少相关的开发工作量,降低生产成本,提高企业对市场的响应速度。

未来的生产方式将是社会级集成生产方式,具体表现是组成虚拟企业,利用各方的资源优势,迅速响应客户需求。

需要说明的是,敏捷虚拟企业并不限于制造,但制造却往往是虚拟企业中重要的组成部分。

2) 虚拟制造

虚拟制造综合运用仿真、建模、虚拟现实等技术,提供三维可视交互环境,对从产品概念产生、设计到制造全过程进行虚拟模拟,以期在真实制造之前,预估产品的功能及可制造性,获取产品的实现方法,从而大大缩短产品上市时间,降低产品开发、制造成本。虚拟制造是一种开发手段。

虚拟制造组织方式是由从事产品设计、分析、仿真、制造和支持等方面的人员组成虚拟产品设计团队,通过网络平台并行工作;其应用过程是用数字形式虚拟地创造产品。即完全在计算机上建立产品数字模型,并在计算机上对这一虚拟模型产生的形式、性能和功能进行评审、修改,经过数次对虚拟模型的改进和完善后,再制作最终的实物原型,这样不仅节省成本,而且使新产品模型综合了各方面的考虑,做到了最大程度上的完善,为产品的实际制造和上市销售打下了坚实的基础。

虚拟制造充分显示出了信息技术和计算机技术在现代制造业中的重要作用。

敏捷制造有如下特征:

(1) 集成　敏捷制造型企业采用扁平的企业组织结构,以人、组织、管理为中心,而不以技术为中心。在企业物理集成、信息集成和功能集成的基础之上,实现企业的过程的集成、部门的集成。

(2) 敏捷　敏捷指的是企业能够对客户驱动的市场变化做出迅速响应,能够缩短产品的开发时间,缩短交货期,增大产品的周转率等。

(3) 主观能动性　任何先进的制造系统都离不开人的因素。敏捷制造强调人的积极主动性,强调培训有知识、精技能、善合作、能应变的高素质的员工,充分发挥人机系统中人的主观能动性,激发员工的自信心、责任心和主动性。

敏捷制造模式强调将先进的制造技术、高素质的劳动者以及企业之间和企业内部灵活的管理有机地集成起来,实现制造系统的最佳化,适应千变万化的市场需求。

3. 敏捷制造的技术关键

为了快速响应市场的变化，抓住瞬息即逝的机遇，在尽可能短的时间内向市场提供高性能、高可靠性、价格适宜的环保产品，敏捷制造型企业应具有如下技术关键。

(1) 研发能力　产品需求的发展趋势是多样化、个性化。在未来的新经济模式下，决定产品成本、产品利润和产品竞争能力的主要因素将是开发和生产所需的知识，而不是制造产品的材料、设备或劳动力。敏捷制造型企业希望尽可能地通过把知识融进产品，使知识完成产业化的方法来获取利润。

敏捷制造型企业认为产品利润来源将是高技术含量带来高附加值，技术是决定产品利润的重要因素。

在信息技术快速发展的社会，企业要保持领先优势，就要拥有强大的技术研发实力，确保企业有新产品及时更替现有产品。

(2) 柔性生产　要抓住快变的市场机遇，企业需要不断更新产品，并使其在成本和价格上具有优势。企业生产体系必须具有一定的柔性，适应小批量和多品种的生产方式。通过可重组的和模块化的加工单元，实现快速生产新产品及各种各样的变型产品，从而使生产小批量、高性能产品能获得与大批量生产同样的效益，并大幅度消减产品的价格降低对产品生产批量的依赖关系。

(3) 个性化的产品　敏捷制造型企业按订单组织生产，以低廉的价格生产客户的订制产品或客户个性化产品。这种方式取代了单一品种的大批量生产模式，满足了客户多样化的需求。

(4) 动态合作　敏捷制造要求企业能够迅速对生产工艺、流程、机构进行重组，以期对市场机遇做出敏捷反应，快速生产出客户需要的产品。

当企业独自无法做出敏捷反应时，就要在企业间展开合作。敏捷制造更重视企业结盟，企业利用网络和信息技术平台，进行异地组建动态联合公司，开展异地设计、异地制造等活动，对市场机遇做出快速响应。

(5) 标准化技术　敏捷制造型企业首先要在产品设计、制造、管理等方面推行标准化，还要在企业内逐步扩大国际标准的应用，为参与国际合作和参加国际动态联盟打下基础。

(6) 网络通信技术　企业实施敏捷制造，必须逐步建立企业内部网和企业外部网。利用内部网实现企业内部工作组之间的交流和并行工作；利用外部网实现资源共享，实现异地设计和异地制造，及时地、适时地建立企业间动态联盟。

(7) 自主创新能力　富有创新能力的员工将是敏捷制造型企业的主要财富。敏捷制造型企业的持续创新能力来源于员工的积极性和创造性。

(8) 新型客户关系　最好的产品是企业在有客户参与的情况下设计出来的。敏捷制造认为要想满足客户的越来越高的要求和期望，最好的方法是把客户纳入到产品设计和制造的流程中来。敏捷制造型企业重视与客户建立一种崭新的“战略依存关系”，强调客户参与制造的全过程。

敏捷制造型企业利用各种手段获取客户的意见和建议，加强产品客户化的程度。

8.7　基于模型的机械制造工艺(面向工业4.0)

随着信息物理系统(cyber-physical system, CPS)在制造业中的推广应用,正在引发工业变革。新的工业变革以数字制造为核心。

以基于模型的解决方案提供计算机辅助设计、分析、制造一体化数字研发解决方案,从概念构思直至制造的所有环节,涵盖工业造型设计、包装设计、机械设计、机电设计、机械仿真、机电仿真、工装夹具和模具设计、机械加工、工程流程管理等。基于模型的机械制造工艺是其中的重要环节。

8.7.1　工业4.0与中国制造2025

随着制造业再次成为全球经济稳定发展的驱动力,世界各主要国家都加快了工业发展的步伐,制造业成为各国经济发展的重中之重。德国提出了"工业4.0"战略,美国提出了"制造业复兴战略",中国提出了"中国制造2025"发展规划……

1. 工业4.0

"工业4.0"研究项目由德国联邦教研部与联邦经济技术部联手资助,在德国工程院、弗劳恩霍夫协会、西门子公司等德国学术界和产业界的建议和推动下形成,并已上升为国家级战略。

德国政府提出"工业4.0"战略,并在2013年4月的汉诺威工业博览会上正式推出,其目的是为了提高德国工业的竞争力,在新一轮工业革命中占领先机。自2013年4月在汉诺威工业博览会上正式推出以来,工业4.0迅速成为德国的另一个标签,并在全球范围内引发了新一轮的工业转型竞争。

"工业4.0"概念包含了由集中式控制向分散式增强型控制的基本模式转变,目标是建立一个高度灵活的个性化和数字化的产品与服务的生产模式。在这种模式中,传统的行业界限将消失,并会产生各种新的活动领域和合作形式。创造新价值的过程正在发生改变,产业链分工将被重组。

"工业4.0为德国提供了一个机会,使之进一步巩固其作为生产制造基地、生产设备供应商和IT业务解决方案供应商的地位。"德国工程院院长孔翰宁(Henning Kagermann)教授如此评价工业4.0。

德国学术界和产业界认为:"工业4.0"概念即是以智能制造为主导的第四次工业革命,或革命性的生产方法。该战略旨在通过充分利用信息通信技术、网络空间虚拟技术和信息-物理系统(cyber-physical system)相结合的手段,将制造业向智能化转型。

"工业4.0"项目主要分为三大主题:

(1) 智能工厂　重点研究智能化生产系统及过程,以及网络化分布式生产设施的实现。

(2) 智能生产　主要涉及整个企业的生产物流管理、人机互动以及3D技术在工业生产过程中的应用等。该计划将特别注重吸引中小企业参与,力图使中小企业成为新一代智能化生产技术的使用者和受益者,同时也成为先进工业生产技术的创造者和供应者。

(3) 智能物流　主要通过互联网、物联网、物流网,整合物流资源,充分发挥现有物流资源供应方的效率,需求方则能够快速获得服务匹配,得到物流支持。

2. 中国制造 2025

“中国制造 2025”是中国版的工业 4.0。提出到 2025 年迈入制造强国行列，2035 年制造业整体达到世界制造强国阵营中等水平，新中国成立一百年时制造业大国地位更加巩固，综合实力进入世界制造强国前列。

中国制造 2025 包含五项重大工程和九项主要任务。

中国制造 2025 的五项重大工程：

(1) 国家制造业创新中心建设工程；

(2) 工业强基工程；

(3) 绿色制造工程；

(4) 高端装备制造业创新；

(5) 智能制造。

中国制造 2025 的九项主要任务：

(1) 提高国家制造业创新能力；

(2) 强化工业基础能力；

(3) 全面推进绿色制造；

(4) 深入推进制造业结构调整；

(5) 提高制造业的国际化发展水平；

(6) 推进信息化与工业化深度融合；

(7) 加强质量品牌建设；

(8) 大力推动重点领域突破性发展；

(9) 积极发展服务型制造业和生产性服务业。

8.7.2 基于模型的定义与基于模型的企业

基于模型的定义与基于模型的企业是数字制造的关键。

1. 基于模型的定义

在制造业数字化的变革中，产品定义方式变革处于核心地位。在工业文明的发展历程中，二维工程图纸描述定义产品信息方式发挥了至关重要的作用。随着信息物理系统(CPS)的应用，产品定义方式将是基于模型的定义(model based definition, MBD)。它是产品数字化定义的先进方法，是指产品定义的各种信息按模型方式组织。其核心内涵是产品的三维几何模型。所有相关的制造工艺描述信息、属性信息、管理信息等都附着在产品的三维模型上。

当前工程上多以二维工程图定义产品尺寸、公差和工艺信息。将来，MBD 是生产过程的唯一依据，改变当前以二维工程图为主、三维实体模型为辅的制造方式。

目前，MBD 技术已经走向成熟。波音 787 新型客机研制过程中，波音公司全面采用了 MBD 技术，将三维产品制造信息与三维设计信息共同定位到产品的三维模型中，将 MBD 模型作为制造的唯一依据，开创了飞机数字化设计制造的新模式。

MBD 的数字化产品研发模式的内涵是关键业务过程的无图纸化和全三维实现。它必然带来传统产品研发模式的变革，特别是产品设计模式和制造工艺设计模式变革。

MBD 对产品设计模式产生变革。MBD 三维模型能够包含产品研制的所有相关信息，包括设计模型、注释、属性,并由有效的工具来定义和管理;对三维模型的信息进行分类管理与显示,便于不同的人员使用不同的视图快速查询;面向制造的设计,确保MBD模型既反映产品的物理和功能需要(即客户的需求),又能具备可制造性(即创建的MBD模型能满足制造需求);实现产品设计与工艺设计、加工制造协同,实现产品研制过程的并行协同;设计结果的校对与审核模式发生转变,由基于图样的校对与审核转变为基于三维模型的校对与审核。

MBD对制造工艺设计模式产生变革。制造工艺将以产品的三维模型为依据,从二维文档卡片式工艺设计方式转变为结构化的三维工艺设计方式,并且由三维可视化工序模型取代传统的工序简图,从而实现工艺设计的数据来源三维化,工艺结果的结构化,工序模型三维化,工装设计三维化,工艺设计三维可视化,工艺仿真三维化,工艺输出三维化,车间执行与实施三维化。

2. 基于模型的企业

制造业数字化的基本单元是基于模型的企业(model based enterprise, MBE)。MBE是先进的数字化制造组织方式,是基于MBD在整个企业与供应链范围内建立一个基础的与协同化的环境,各业务环节充分利用MBD数据源开展工作,从而有效地缩短整个产品研制周期,改善生产现场的工作环境,提高产品生产的质量和效率。

美国于2005年提出"下一代制造技术计划"(the next generation manufacturing technologies initiative, NGMTI),于2016年部分完成。NGMTI定义美国下一代制造技术共有六个目标,其中第一个目标就是基于模型的企业(MBE)。

NGMTI提出MBE是一种制造实体,它采用建模与仿真技术对设计、制造、产品支持的全部技术和业务的流程进行彻底改造、无缝集成,以及战略管理,利用产品和过程模型来定义、执行、控制与管理企业的全部过程,并采用科学的模拟与分析工具在产品生命周期的每一步做出最佳决策,从根本上减少产品创新、开发、制造和支持的时间和成本。

MBE的发展与演变历程如图8.22所示。

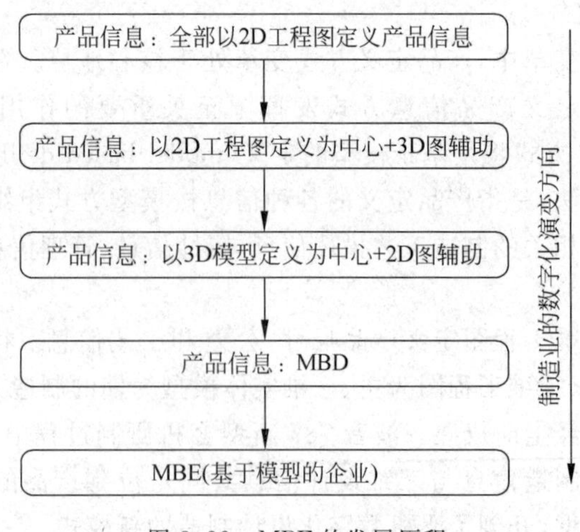

图8.22　MBE的发展历程

MBE的核心内涵是MBD。基于模型的制造(model based manufacturing, MBM)是MBE的主题内容。MBD数据创建一次并能被后续各个业务环节直接使用。MBD作为

MBE的配置基础，并在此基础上对MBE的外延进行扩展和说明，其中基于模型的系统工程(model based engineering, MBe)和基于模型的维护(model based sustainment, MBS)是基于模型的企业的应用与实践方向。它们之间的关系如图8.23所示。

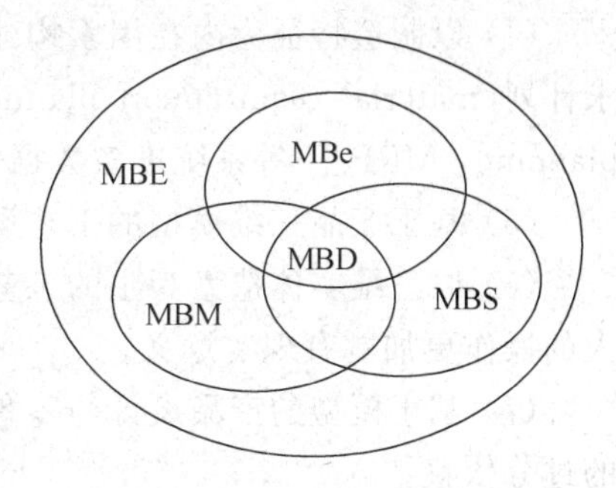

图8.23　MBE的构成

MBE企业实施数字化制造，使用三维零件加工工艺、三维装配工艺、数控加工程序、三维电子作业指导书、传统作业指导书、离散事件仿真等技术手段与方式。从过去凭经验，依靠物理实验的方法，转变为依靠数字化技术，采用先进软件协助设计人员、工艺人员和工程师等开展产品研发与制造活动，高效率、高质量地完成产品制造任务。其中，基于模型的指导书(model based instruction, MBI)是连接虚拟制造环境和生产现实的关键。

8.7.3　基于模型的零件制造工艺

零件制造工艺设计作为连接产品设计与产品制造的桥梁，所产生的工艺数据是产品全生命周期中最重要的数据之一，同时也是企业编排生产计划、制订采购计划、执行生产调度的重要基础数据，在企业的整个产品开发及生产中起着重要作用。

1. 基于模型的零件制造工艺解决方案

基于模型的零件制造工艺解决方案包括产品设计(数据获取)、工艺设计、工装设计、工艺仿真、工艺卡与统计表、生产制造执行系统(manufacturing execution system, MES)/企业资源计划(enterprise resources planning,ERP)集成、知识管理及资源管理等核心功能，实现从产品设计到工艺、制造等业务集成。

基于模型的零件制造工艺的主要特点是利用三维工序模型及标注信息来说明制造过程、操作要求、检验项目等。

基于模型的零件制造工艺解决方案能够实现真正意义上的协同设计与制造，直接利用设计的三维数据进行结构化工艺设计，关联产品、资源、工厂数据；工艺文档可以进行客户化定制，有多种输出格式(HTML/PDF)在线作业指导书，支持三维工序模型生成和三维标注；紧密集成CAM，实现数控程序、刀具、工装、操作说明与工序、工步的关联与管理；也可以实现对工艺数据的权限、版本、配置及流程的有效管理。通过对典型工艺、工序、工步的模板化应用，还能实现知识的重用，提高工艺设计效率。零件制造工艺解决方案涉及零件制造的全过程，包括机械加工工艺、板焊接工艺、锻铸工艺、热处理与表面处理工艺等。

2. 价值与获益

基于模型的零件制造工艺具有如下价值，实施企业可以从中获益。

(1) 以产品三维模型为基础，零件制造工艺设计基于产品设计数据，并与产品、制造、资源关联，将设计与制造过程的关键元素进行有机结合。

(2) 结构化特征作为表达三维模型的内在元素。零件设计以结构化特征为单元展开，工艺设计依据结构化特征为单元设计制造工艺和加工工序。

(3) 产品三维模型成为设计与制造信息的载体。零件的模型信息不仅包含三维模型中的标注尺寸、公差及其他制造信息，而且包含制造属性、质量属性、成本属性等其他信息定义。

(4) 以制造特征为内在因素构建结构化的工艺结构，并为企业资源计划(ERP)、物料需求计划(material requirement planning, MRP)和制造资源计划(manufacturing resources planning, MRPⅡ)等系统准备数据。

(5) 基于产品三维模型的工艺设计可以为未来工艺的仿真验证打下坚实的基础。

(6) 以三维实体造型为主的工艺展现形式可以更为直观，表达内容更为丰富，对车间工人的操作更加具有现实意义。

(7) 基于模型的产品设计与零件制造工艺设计有助于改善产品质量，减少对员工经验的过分依赖。

8.7.4 基于模型的装配工艺

当前，大型装备制造业的产品结构普遍比较复杂，产品的零件品种和数量众多。产品的复杂性导致产品装配过程的复杂性，规范产品装配过程的装配工艺也具有复杂性。它们是影响产品制造周期的最主要因素。

企业要在尽可能短的时间内高质量地完成产品制造任务，需要采用先进的软件工具来协助设计，工艺人员进行装配分析、装配规划，进一步保证装配质量，缩短装配时间。

1. 基于模型的机器装配工艺解决方案

基于模型的装配工艺解决方案建立于企业的产品生命周期管理(product lifecycle management, PLM)之上，由流水分工、生产物料清单(manufacture bill of material, MBOM)创建、结构化工艺设计、工艺仿真与优化、可视化工艺输出、工艺统计报表等部分构成。

工艺人员以设计部门发放的针对特定型号的工程物料清单(engineering bill of material, EBOM)(包含产品设计信息、结构信息以及零件信息)作为输入信息，引用企业最佳实践知识及以往的制造工艺设计经验，并参考企业现有组织形式、可利用的制造资源以及相关的工艺规范等，定义用于此产品的装配工艺过程。针对装配工艺过程中每一道工序，设计装配方法、装配工位、装配对象以及装配次序等，进一步纳入每道工序装配工作所需的装配资源信息、工序图、在制品模型、测试及质量控制信息、装夹及测量注意事项、材料及工时定额等。装配资源信息包括设备、工装、夹具、量具、工人技能水平等。

基于模型的装配工艺设计以产品设计模型为基础，它的特点如下：

(1) 基于模型的机器装配工艺设计的装配件与装配工序对应，实现按工序配料；

(2) 在可视化的数字环境中设计基于产品模型的机器装配工艺，并完成产品检验、工装检验、装配工艺正确性检验，提高产品装配的一次成功率，减少现场更改；

(3) 通过典型工艺模板和知识重用，提高新产品、新型号的制造工艺设计效率和质量；

(4) 建立3D可视化制造工艺表现形式，明确和规范操作过程；

(5) 制造工艺系统与ERP、MES等系统集成。

2. 价值与获益

基于模型的机器装配工艺具有如下价值，实施企业可以从中获益：

(1) 产品设计问题尽早检查、处理，降低了工程变更数量与成本；

(2) 采用虚拟验证，减少了实物验证样机制造、安装、调试、试验的数量；

(3) 采用人因仿真，确保了机器装配可行性，也保证了人体操作的合理性与安全性，可以提高产品制造质量，减少生产风险；

(4) 提高资源利用率，降低成本；

(5) 减少了工装夹具的更改，降低成本；

(6) 并行工作，装配工艺设计与产品设计同步进行；

(7) 基于模型的产品设计与机器装配工艺设计有助于改善产品质量，减少对员工经验的过分依赖。

8.7.5　基于模型的机床夹具设计

机床夹具等工装设计是产品研制过程中的重要环节。适应制造业数字化变革，需要以数字化的手段进行工装设计、管理，实现工装快速设计，达到设计的标准化和规范化，降低生产成本，缩短周期。

1. 基于模型的机床夹具设计解决方案

基于模型的机床夹具设计是数字化机床工装设计解决方案的实现目标，是将模块化设计的理念应用到机床工装夹具设计中，通过对工装的模块化分类应用，实现工装设计知识和经验的积累、重用，促进工装的创新设计；实现工装设备数据的有效管理和状态控制，实现工艺工装设计的快速与并行协同作业；实现工装数据的全面管理，便于工装数据查询、参考与重用，从而达到缩短周期、改进质量、减少成本的目的。

2. 价值与获益

基于模型的机床夹具设计具有如下价值，实施企业可以从中获益：

(1) 建立企业级工装资源库。增强工装产品的管理，保证工装数据的正确性，提高工装产品的重用率，减少设计变更。

(2) 采用统一的设计规范和设计环境。

(3) 提高机床夹具设计的自动化程度，提高夹具的标准化与系列化程度，提高夹具设计的重用率。

(4) 实现工装的基于 MBD 的全三维协同设计和可视化验证，提供统一的机床夹具设计模板，提高设计效率和设计水平。

(5) 基于模型的机床夹具设计有助于改善机床夹具质量，减少对员工经验的过分依赖。

习题及思考题

8-1　非传统加工的概念及主要特点是什么？

8-2　简述电火花加工的概念、原理、特点及主要应用领域。

8-3　简述电解加工的概念、原理、特点及主要应用领域。

8-4　高能束加工主要包括哪几类？简述它们的原理、特点及应用领域。

8-5　简述超声加工的概念、原理、特点及主要应用领域。

8-6　简述增材制造技术的概念、特点及分类。

8-7　简述成组技术的基本思想及应用领域。

8-8　简述CAPP技术的含义、分类及其基本原理。

8-9　CAFD的理论基础与技术基础是什么?

8-10　简述并行工程的含义及其技术关键。

8-11　简述精益生产的精髓及实施关键。

8-12　简述敏捷制造的特征及其技术关键。

8-13　简述基于模型的定义如何引起产品设计与制造工艺设计的变革。

第9章 复杂工程问题求解能力实训

教学要求：

掌握轴类零件的机械加工工艺规律；

掌握盘套类零件的机械加工工艺规律；

掌握箱体类零件的机械加工工艺规律；

掌握异形类零件的机械加工工艺规律；

掌握工序尺寸设计方法；

掌握数控与圆柱齿轮加工工艺设计规律；

掌握装配工艺设计规律。

能力往往来自于实践的历练。在条件具备时读者可以多参与工程实践，在实践过程中探寻技术矛盾、技术冲突的解决方案，技术能力将得到培养与锻炼。另一种提升技术能力的途径是通过对来自工程实际的案例进行分析、领悟与反思获得。特别是对整机(系统)的工程案例的再分析与再认识，能够避免出现经而不历的现象。本章引用一些工程实际案例，通过分析企业的机械制造工艺方面实际案例，将强化理论学习与工程实际的联系，培养读者对复杂工程问题的求解能力，拉近校园教学与社会职场实践的距离。

工程现实是丰富多彩的，也是鲜活的。在工程现场，掺杂着偶然因素，呈现的是大量的个例化的生产问题、个例的技术关键、特殊的机械制造装备、特别的工艺方法等。本章在引入工程实例时，避免落入个例技术与知识的窠臼，努力透过纷繁复杂的现实表象，探讨机械制造工艺方面的一般性通用规律。

本章分为四个部分，第一部分基于成组技术的思想，列举并分析了轴类零件、盘套类零件、箱体类零件、异形零件的机械加工工艺，以期提升读者对各种类型零件的机械加工工艺设计能力。第二部分通过探讨一个中等复杂的套类零件工序尺寸设计问题，提升读者求解工序尺寸计算问题的分析设计能力。工序尺寸设计是工序设计的复杂问题。第三部分通过圆柱齿轮加工过程的分析，探讨齿轮坯的数控加工工艺，提升读者设计数控与圆柱齿轮加工工艺的能力。第四部分通过分析部件的装配工艺案例提升读者对装配工艺与装配设计的理解。

本章内容致力于培养读者的综合机械技能和机械系统设计制造协同意识。机械技能是一项综合能力，机械设计、机械工艺、机械制造之间也有密不可分的联系，不能强行将它拆分开来。协同设计意识是全局意识，强调工程问题的全局观与协作精神。机械制造工艺设计需要与产品设计协同，也需要与生产制造协同考虑。

在研讨零件加工工艺问题之前，先看一个整机的案例。图9.1～图9.3是一个特种车辆的S324双功率流传动系统案例。它将发动机输出驱动功率传递给车辆两侧的行走履带，具备离合、变速、转向、制动功能。离合与变速操纵方式采用液压助力的机械方式，转向与制动采用液压控制方式。在案例中，形状各异的零件在机器中相互协调、互不干涉、相容相配、协同工作。从系统论的观点看，S324传动案例表达了零件结构与机器(整机系统)的紧密关系，

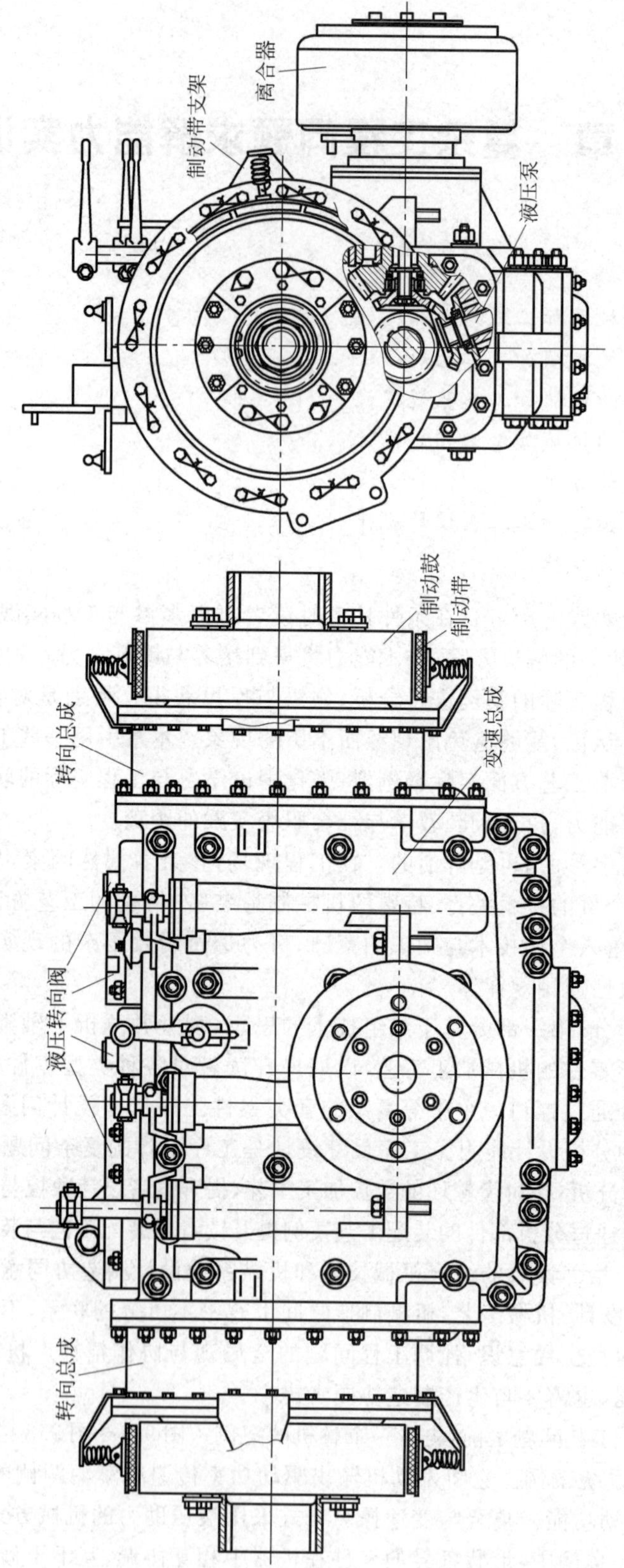

图 9.1　双功率流传动系统

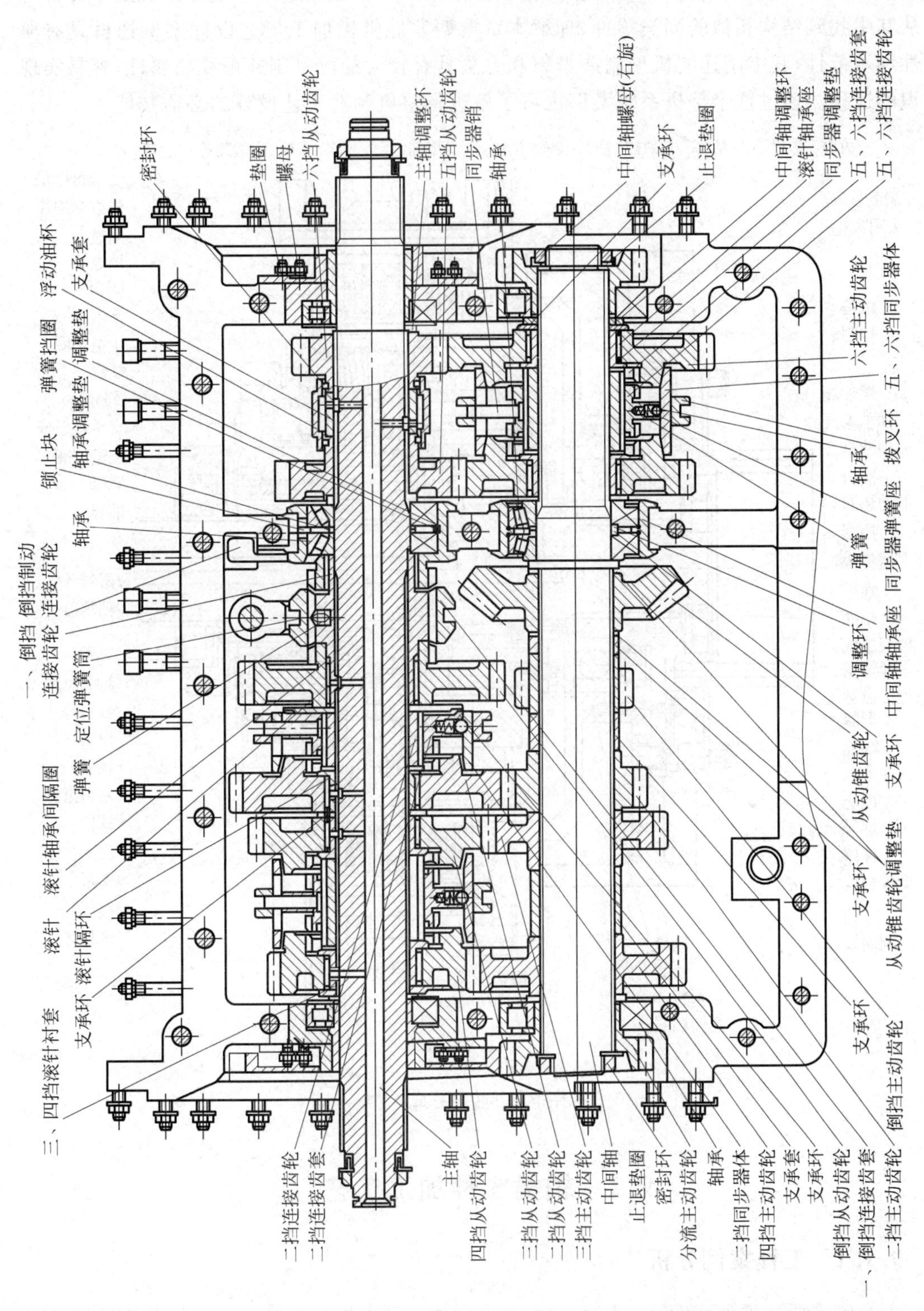
密封环
垫圈
螺母
六挡从动齿轮
主轴调整环
五挡从动齿轮
同步器销
轴承
中间轴螺母(右旋)
支承环
止退垫圈
中间轴调整环
滚针轴承座
同步器调整垫
五、六挡连接齿套
五、六挡连接齿轮
六挡主动齿轮
五、六挡同步器体
轴承
拨叉环
弹簧
同步器弹簧座
调整环
中间轴轴承座
从动锥齿轮
支承环
支承环
从动锥齿轮调整垫
支承环
倒挡主动齿轮
二挡主动齿轮
一、倒挡连接齿套
倒挡从动齿轮
支承环
支承套
四挡主动齿轮
二挡同步器体
轴承
分流主动齿轮
密封环
止退垫圈
中间轴
三挡主动齿轮
二挡从动齿轮
三挡从动齿轮
四挡从动齿轮
主轴
二挡连接齿套
二挡连接齿轮
三、四挡滚针衬套
支承环
滚针隔环
滚针
滚针轴承间隔圈
弹簧
定位弹簧筒
一、倒挡连接齿轮
倒挡制动连接齿轮
轴承
锁止块
轴承调整垫
弹簧挡圈
调整垫
浮动油杯
支承套

图 9.2　变速总成

表达了零件加工要求与机器系统工作的紧密关系。本章机械制造工艺设计案例的零件都可以从其中找到结构相似的同类零件,理解本章典型零件机械加工工艺设计案例选材具有典型性和示范性,其中阐述的机械制造思想和方法具有较大的可复制或可移植属性,容易实现知识的迁移。透过这个整机系统案例也可了解进行整机制造工艺设计的必需技能。

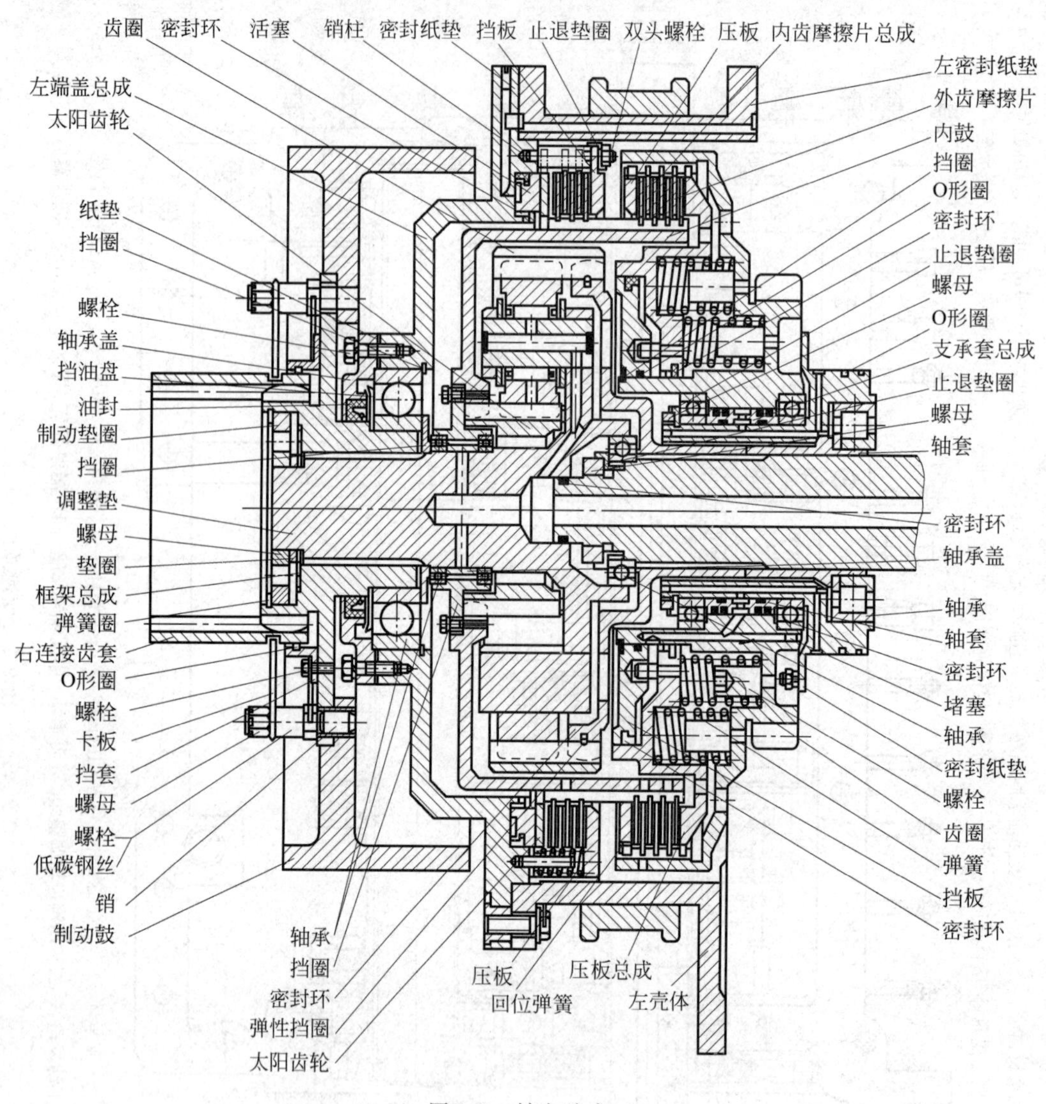

图 9.3　转向总成

9.1　轴类零件加工工艺

9.1.1　工程案例分析

主动锥齿轮轴零件如图 9.4 所示。生产类型是大批大量的规模化生产。其机械加工工艺成熟,且具有代表性。

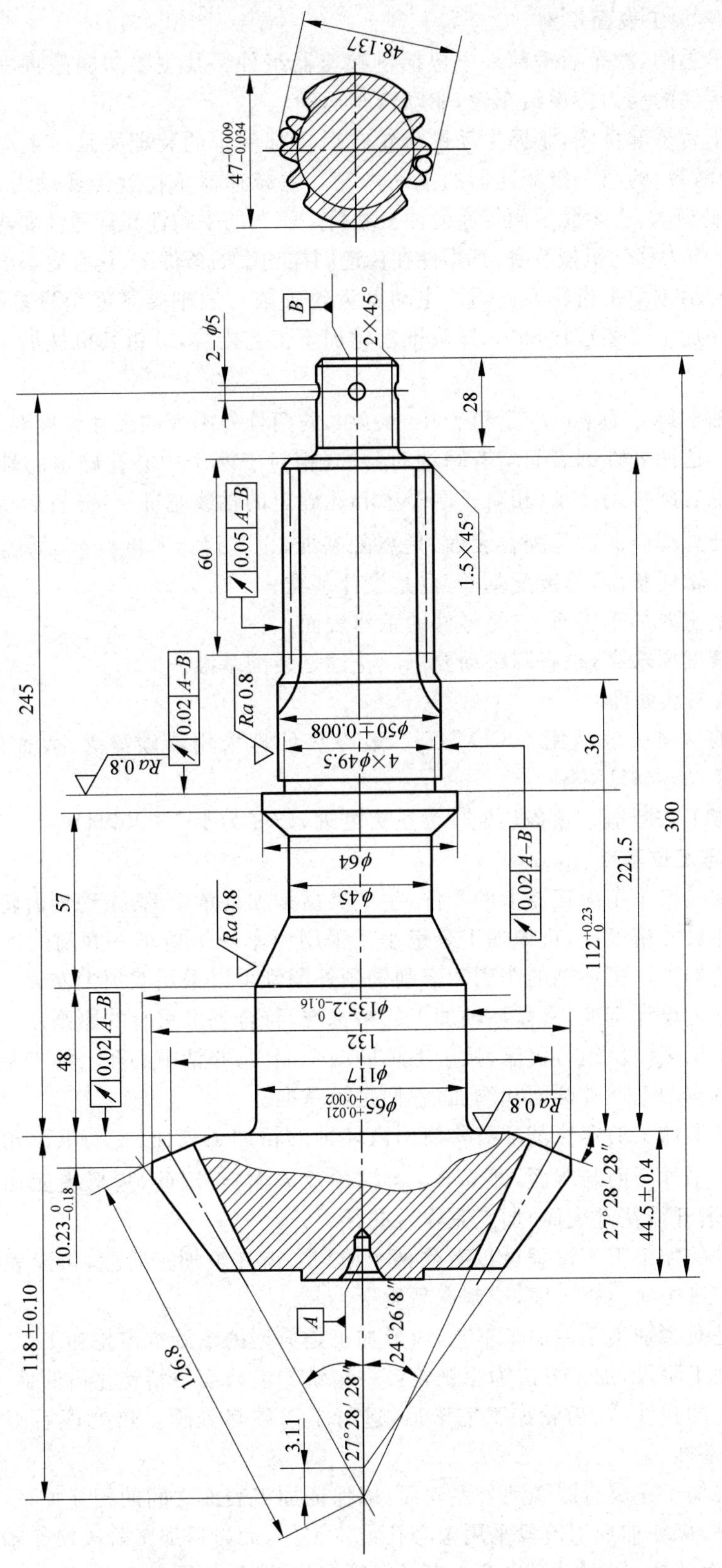

图 9.4　主动锥齿轮轴零件简图

1. 读图与主要加工表面识别

阅读载重汽车总图,汽车后桥部件中包括主减速器组件。其主要功能是将发动机经过离合器和变速器传递的动力传递给车轮,驱动汽车运动。

阅读载重汽车后桥部件图,掌握主动锥齿轮在后桥部件中的装配关系。主动锥齿轮轴是汽车主减速器(两级)的第一级减速器的主动齿轮。主减速器承担着传递动力、减速增扭的功能,它承受载荷较大,也承受地面传递的冲击载荷。汽车的平顺性和舒适性要求该零件加工精度较高。汽车作为移动机械装备,其零件在传递同样功率的条件下,具有更小的质量。

阅读图9.4所示主动锥齿轮零件图。主动锥齿轮轴较一般轴类零件稍显复杂,不仅具有典型的轴类零件加工工艺过程,也有螺旋锥齿轮加工工艺内容,分析其机械加工工艺有较佳的示范效果。

主动锥齿轮轴上尺寸为$\phi65^{+0.021}_{+0.002}$和$\phi50\pm0.008$的两处外圆面的尺寸精度要求高,表面粗糙度要求也高。这两处外圆表面均有圆跳动要求(相对于两个中心孔确定的轴线基准)。它们附近的端面也有圆跳动要求(相对于两个中心孔确定的轴线基准)。分析后桥部件装配图可以看出这两处外圆表面都是配合表面,是装配基准,也是设计基准。$\phi65^{+0.021}_{+0.002}$轴颈端面是确定齿轮位置的轴向基准,是装配基准,也是设计基准。

齿形表面也是主要加工表面,它是零件的工作表面。

花键的尺寸精度要求高,也有圆跳动要求。花键是装配基准。

2. 材料、毛坯与热处理

主动锥齿轮轴材料一般选用20CrMnTi。最终热处理采用渗碳淬火,表面硬度58～63HRC,心部硬度33～48HRC。

毛坯采用模锻工艺制造。预备热处理为正火处理,硬度为157～207HV。

3. 加工方法与定位基准

主动锥齿轮轴是汽车主减速器上的零件,生产类型是大批量生产,主动锥齿轮轴采用精密锻造毛坯。毛坯尺寸精度高,机械加工余量小。采用粗车→半精车→磨削的加工方案进行淬硬轴颈表面的加工。齿坯轴的车削和磨削轴颈外圆都可以采用双顶尖安装工件。双中心孔确定的轴线作为设计基准,是齿坯轴加工的精基准,符合基准重合的原则。

精基准加工采用多工位组合机床,铣削毛坯的两个端面,并钻中心孔。加工基准采用零件主要加工表面对应的毛坯外圆面和端面,它们是粗基准。

主动锥齿轮齿形加工的定位基准需要使用齿坯轴的精加工表面(主动锥齿轮的主要加工表面对应的齿坯轴外圆面与端面,即$\phi65^{+0.021}_{+0.002}$轴颈及端面)。因此,齿形表面加工需要在齿坯轴表面(包括渐开线花键表面)加工完毕后进行。

主动锥齿轮轴的加工工艺过程可以看作两个阶段:齿坯轴加工阶段,齿形表面加工阶段。在它们之间安排中间检查工序,控制产品质量。

齿坯轴加工是典型轴类零件加工工艺,齿形加工是典型的螺旋锥齿轮加工工艺。

在齿形表面加工阶段,加工方法为粗铣轮齿→精铣轮齿凸面→精铣轮齿凹面。

为了提高齿轮的强度,在齿轮加工完毕后,进行了渗碳热处理。热处理后工件变形较大,需要磨削装配基准。

采用一次装夹加工完成有圆跳动公差表面,以保证加工表面之间的相互关系。

需要说明的是,齿坯轴加工阶段采用中心孔定位工件,而齿形加工阶段换作轴颈与端面定位,定位基准发生转换,特别设计自定心夹具保障定位精度,如图9.5所示。

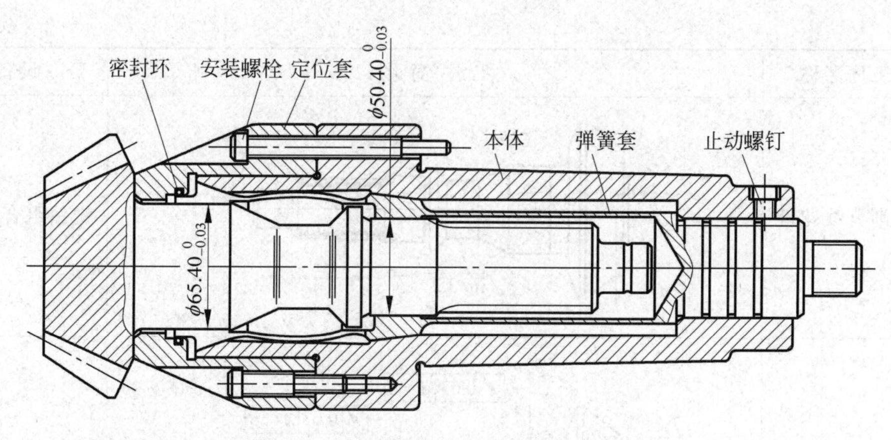

图9.5 主动螺旋锥齿轮及其铣齿夹具

4. 典型工艺案例

在企业生产中，主动螺旋锥齿轮轴加工有几十道工序。表9.1示出了反映轴类零件加工和螺旋齿轮加工的典型主要加工工艺。

表9.1 主动螺旋锥齿轮轴主要加工工序

序号	工序名称	工序简图	设备
1	铣端面，钻中心孔	Y; Ra 3.2; Y; 2; 2; Ra 12.5; Ra 12.5; 47; 300	铣钻组合机床
2	车轴颈及背锥	27°28′28″; $\phi65.75_{-0.2}^{0}$; $\phi64_{-0.35}^{-0.10}$; $\phi50.75_{-0.5}^{0}$; $\phi47.45_{-0.1}^{0}$; $\phi26.95_{-0.2}^{0}$; 2; 2; 112; 35; $45.5_{-0.3}^{0}$; 221; Ra 6.3	液压仿形车床
3	车槽及锥端面	Ra 6.3; $\phi49.5$; 32°51′32″; 44.2±0.03; $\phi132_{-0.5}^{0}$; $\phi50$; 2; 2; 4; $112_{-0.08}^{+0.10}$; $10.53_{-0.15}^{0}$	液压仿形车床

续表

序号	工序名称	工序简图	设备
4	铣渐开线花键	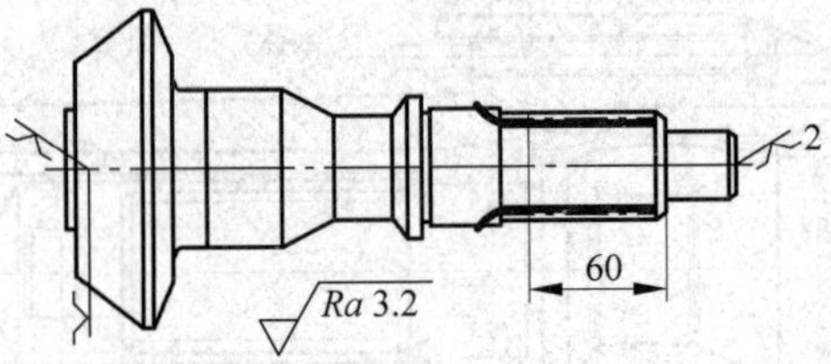2 60 Ra 3.2	铣钻组合机床
5	磨轴颈及端面	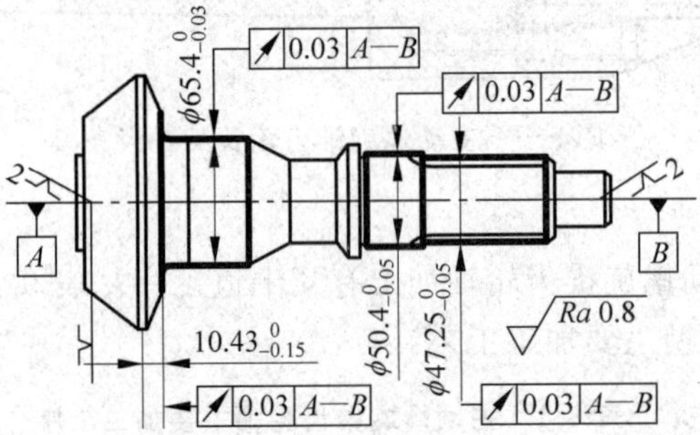φ65.4 0/-0.03 0.03 A—B 0.03 A—B 2 2 A B φ50.4 0/-0.05 φ47.25 0/-0.05 Ra 0.8 10.43 0/-0.15 0.03 A—B 0.03 A—B	端面外圆磨床
6	加工螺纹	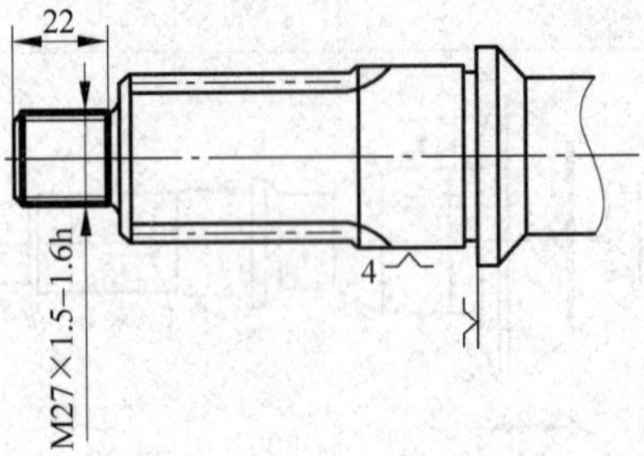22 4 M27×1.5-1.6h	套丝机
7	钻孔	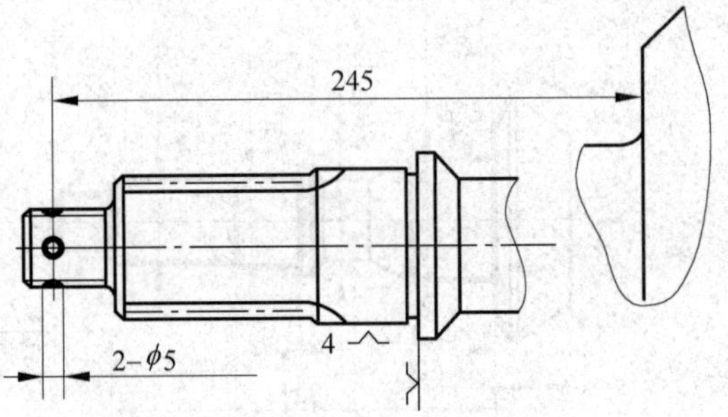245 4 2-φ5	多工位钻床
8	中间检查	$\phi65.40_{-0.3}^{\ 0}$，$\phi50.40_{-0.03}^{\ 0}$，$\phi47.25_{-0.05}^{\ 0}$	
9	粗铣轮齿	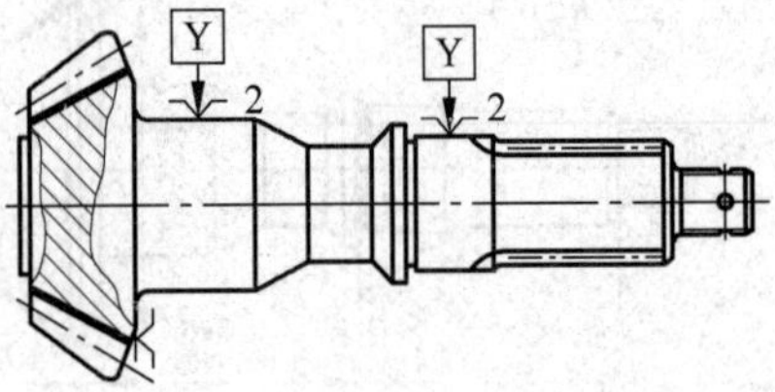Y 2 Y 2	铣齿机床

续表

序号	工序名称	工序简图	设备
10	精铣齿轮凸面	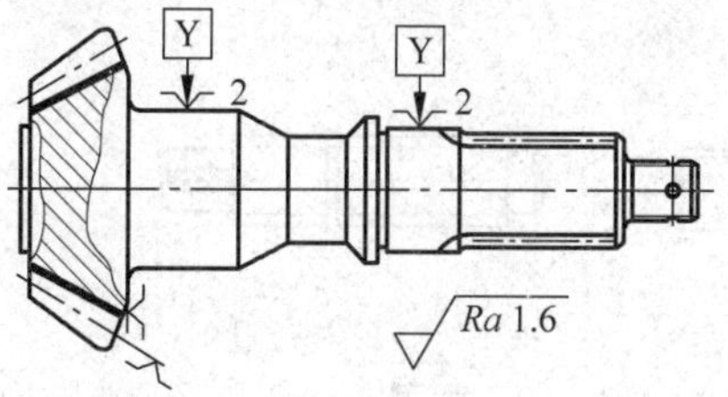 Y 2 Y 2 Ra 1.6	铣齿机床
11	精铣齿轮凹面	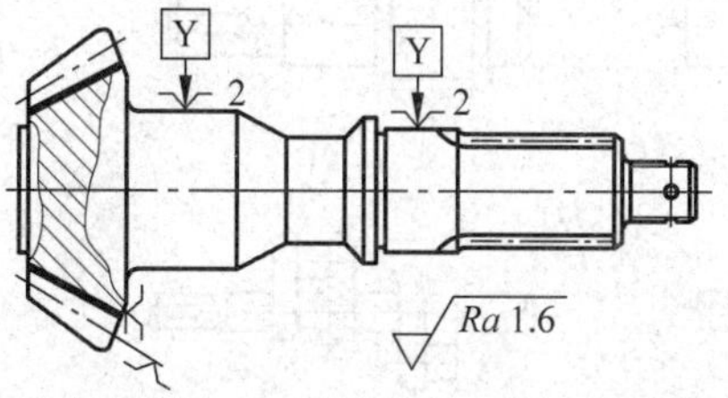 Y 2 Y 2 Ra 1.6	铣齿机床
12	中间检查	接触区，齿侧间隙，齿面粗糙度	
13	热处理	渗碳层 1.2～1.6mm 淬火：表面硬度 58～63HRC，心部硬度 33～48HRC	
14	磨轴颈及端面	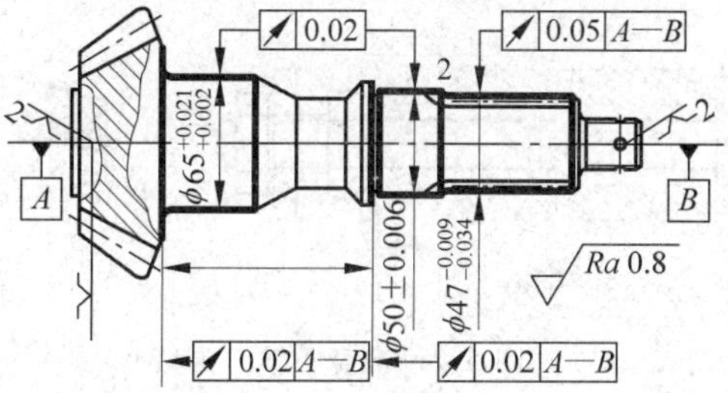 0.02　0.05 A—B　2　2　2　$\phi65^{+0.021}_{+0.002}$　A　B　$\phi50\pm0.006$　$\phi47^{-0.009}_{-0.034}$　Ra 0.8　0.02 A—B　0.02 A—B	端面外圆磨床
15	最终检验		

9.1.2　轴类零件加工工艺总述

1. 零件结构特征与工件安装方式

常见轴类零件包括光轴、阶梯轴、锥轴、半轴、花键轴、螺杆、空心轴、圆柱齿轮轴、圆锥齿轮轴、凸轮轴、曲轴和十字轴等(依次参见图 9.6(a)～(l))。依据成组技术思想，图 9.6 所示零件统称为轴类零件，它们的机械加工工艺具有较多相似内容。

依据加工过程的定位基准与夹紧方式的不同，轴类零件可以区分为实心轴、空心轴，也可区分为长轴、短轴。

(1) 实心轴　用外圆定位安装或双顶尖定位安装均方便，工件夹紧容易实现。

(2) 空心轴　若空心轴需要采用双顶尖定位方式，则需要用堵头或心轴(参见图 9.7)填充轴的空心孔。在工件加工过程中往往不拆卸心轴或堵头，或尽量少拆卸，避免重新安装误差。若条件允许，空心轴也可考虑在轴孔处加工倒角锥用于工件定位安装。

(3) 长轴　长轴往往采用双顶尖作为外圆加工定位安装方式。粗加工常常首先加工轴的两个端面，然后钻中心孔，作为精基准。

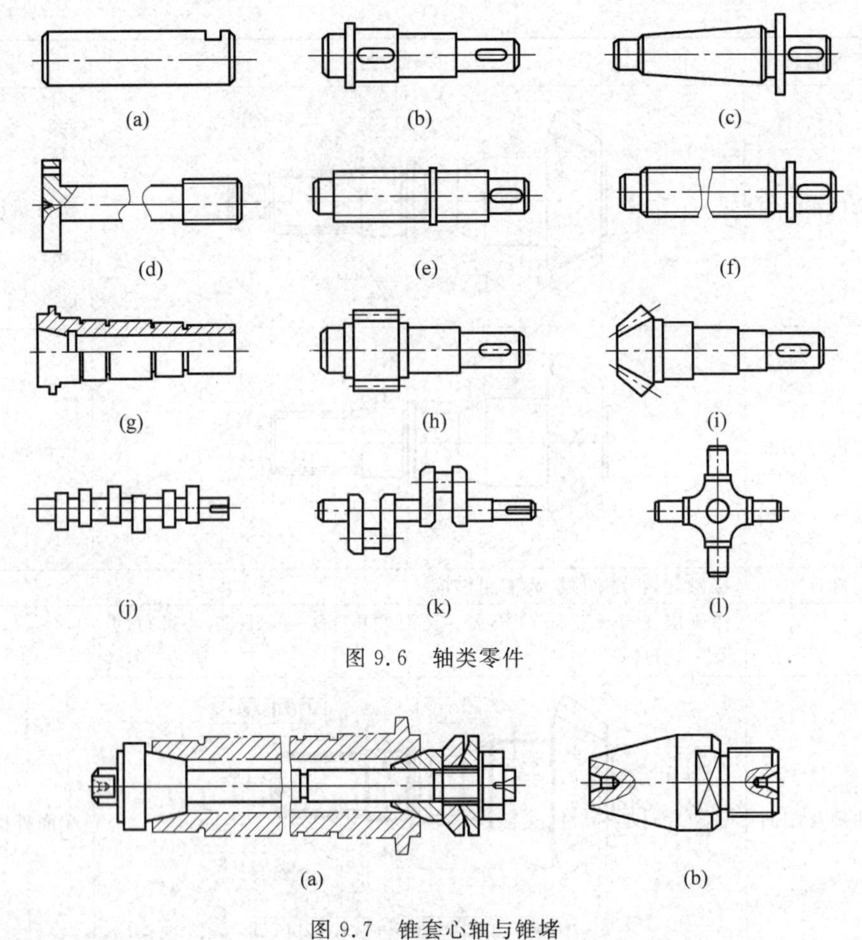

图 9.6　轴类零件

图 9.7　锥套心轴与锥堵

(4) 短轴　短轴多采用三爪卡盘作为加工安装夹具,定位面为工件外圆和端面。粗加工多数先加工定位外圆表面和轴向定位端面,作为精基准。

齿轮轴、螺杆、花键轴和曲轴等零件加工工艺除了具有轴类零件加工的共性特点,又具有一些特殊性。

2. 材料、毛坯与热处理

轴类零件应根据零件的工作条件和使用要求等,选择恰当的材料和热处理方法,以期获得所需强度、韧性和耐磨性。

轴类零件常用材料包括 30 钢、40 钢、45 钢、40Cr、40CrNi、GCr15、65Mn、20CrMo、20CrMnTi、20Mn2B、38CrMoAl 等。

45 钢轴的预备热处理为调质,调质后 45 钢具有良好的切削性能,兼具较高强度、韧性等综合力学性能。最终热处理采用局部淬火后回火,表面硬度可达 45～52HRC,满足一般轴对材料力学性能的需求。

40Cr、40CrNi 轴采用调质和表面淬火处理后具备较高的综合力学性能,满足中等精度高速轴需求。

GCr15 和 65Mn 采用调质、表面淬火和回火处理后,表面硬度可达 50～58HRC,具有较高疲劳强度和耐磨性。

20CrMnTi、20Mn2B、20CrMo等低碳合金钢轴采用正火和渗碳淬火处理可以获得较低的心部硬度和较高的表面硬度，处理后的轴具有较大的耐冲击性能。因渗碳淬火处理变形较大，热处理后需要磨削加工修整热处理变形。

38CrMoAl等中碳合金钢可以采用调质和渗氮处理，获取较高表面硬度，具有良好耐磨型和疲劳强度，较小的热处理变形。

轴类零件的常用毛坯是圆钢和锻件。当形状特别复杂时，如曲轴，若强度满足要求也用铸件。

3. 主要加工表面与次要加工表面

通常，轴类零件的技术要求如下：

(1) 尺寸精度　主要轴颈(装配-配合表面等)的尺寸精度，一般为IT9～IT6。

(2) 几何形状精度　主要有圆度、圆柱度的要求，一般控制在尺寸公差以内。

(3) 位置精度　支承轴颈之间有同轴度要求，工作表面、配合表面对支承轴颈有跳动要求。

(4) 表面粗糙度　一般为$Ra=0.8\sim0.16\mu m$。

轴类零件的主要加工表面往往是轴颈，它们通常是定位基准、装配基准和工作表面等。它们用作装配基准和进一步加工的定位基准，如齿坯轴的一些主要加工表面是齿形加工的安装定位基准。装配基准则是机器装配时轴上安装零件的装配基准。零件主要加工表面也包括机器运动副的构成表面。

轴类零件的次要加工表面则是除了主要加工表面以外的各种加工表面，如各种凹槽、倒角、螺纹以及不重要的外圆及端面。

4. 加工方法与定位基准

轴类零件多为回转体，其加工表面多为外圆面。粗加工和半精加工方法以车削为主。对于非淬硬钢轴的精加工也可采用车削方法，对于淬硬钢轴的精加工则需要采用磨削方法。

车床和外圆磨床加工外圆表面均可采用双顶尖安装工件。工件中心孔作为精基准，符合基准统一原则。

采用零件主要加工轴颈和端面对应的毛坯轴颈和端面作为粗基准。

短轴的定位精基准往往是外圆面和端面。

若轴类零件上还有其他加工表面，如轮齿、螺纹、花键等，则需要相应加工方法。

5. 典型机械加工工艺过程

若轴类零件比较短，多采用外圆安装工件；若轴类零件比较长，则多采用中心孔安装工件。采用中心孔作为精基准的轴类零件加工工艺过程的特点之一就是加工制造过程中尽量早加工工件的中心孔。

若轴类零件采用中心孔作为精基准，其典型加工工艺过程为：毛坯制造→预备热处理→铣端面钻中心孔→粗车主要外圆及端面→中间检验→车次要表面→半精车(精车)主要外圆及端面→最终热处理→磨削热处理后的外圆及端面→最终检验。如工件需要掉头车削，则在上述加工工艺过程的粗加工、半精加工和精加工中增加相应工序。

若轴类零件采用外圆面和端面作为精基准，其典型加工工艺过程为：毛坯制造→预备热处理→半精车基准外圆面和端面→粗车其他外圆及端面→掉头半精车另一端基准外圆面和端面→粗车其他外圆及端面→中间检验→精车基准外圆面和端面→半精车(或精车)其他主要外圆及端面→车削次要表面→掉头精车另一端基准外圆面和端面→半精车(或精车)其他主要外圆及端面→车削次要表面→最终热处理→无心磨削热处理的外圆→最终检验。

若轴类零件极其精密,尺寸稳定性要求高,则考虑增加低温时效或冷处理工序。

6. 特殊轴类零件的加工工艺

除了锥齿轮轴,常见的特殊轴还包括圆柱齿轮轴、丝杠、花键轴、曲轴等。它们的加工工艺除了具备轴类零件的共性,也有自己的特殊性。下面扼要阐述。

1) 圆柱齿轮轴

齿轮轴材料选择以齿形加工和寿命为依据,通常选用机械强度、硬度等综合力学性能优良的材料。如选用20CrMnTi,经过渗碳淬火处理,心部具有良好韧性,齿面硬度可达56~62HRC。选用38CrMoAlA,经过渗氮淬火处理,齿面可生成硬度很高的硬化层,抗疲劳点蚀能力强,且热处理变形小。齿轮轴毛坯多采用锻件。

齿轮轴加工工艺过程分为两个阶段,即齿坯轴加工和齿形加工。第一个阶段完成齿坯轴加工,制造出齿形加工定位基准。第二个阶段为齿形加工阶段,完成齿形加工。若有变形较大的热处理过程,则齿形加工完成后进行装配基准修整加工和齿面精加工。

小直径齿轮轴的齿形加工定位基准尽可能采用齿坯轴加工的中心孔,符合基准统一原则。大直径齿轮轴通常采用轴颈与一个较大的端面定位,符合基准重合的原则。

根据性能需要,齿轮轴加工可安排两次热处理过程:预备热处理和最终热处理。预备热处理安排在齿坯轴粗加工前,通常为正火或调质。最终热处理安排在齿形加工后,通常采用渗碳淬火、渗氮处理、高频淬火、碳氮共渗等。

典型的齿轮轴加工工艺过程为:毛坯制造→预备热处理→齿坯轴加工→中间检验→齿形加工→最终热处理→修整定位基准→齿形精加工→最终检验。

2) 丝杠加工

丝杠的材料一般用GCr15、CrWMn、9CrSi等。热处理硬度范围60~62HRC。整体热处理变形大,表面高频淬火变形小。

丝杠加工定位基准通常采用中心孔,符合基准统一原则。

丝杠加工方法与丝杠的精度等级、硬度、生产纲领、生产率等关系密切。常见的螺纹加工方法有车削、旋风铣削、磨削和滚轧等四种。

车削螺纹用于加工非淬硬丝杠,设备便利,可连续切削加工,螺纹精度高,生产率不高。

旋风铣削加工螺纹需专用设备,加工非淬硬丝杠,是断续切削,螺纹精度差,生产率高。多用于螺纹粗加工。

磨削螺纹需螺纹磨床,可加工淬硬丝杠,加工精度高,生产率低。

滚轧螺纹需要专用设备,加工非淬硬丝杠,丝杠精度等级高,生产率高,成本低,是无切屑加工方法。滚轧丝杠可采用高频表面淬火提高螺纹硬度。

非淬硬丝杠常采用热轧圆钢毛坯。预备热处理采用球化退火及调质处理。机械加工工艺过程通常是车削两端面,并打中心孔,作为后续加工的精基准。按照粗加工、半精加工、精加工等次序进行丝杠外圆表面、螺纹表面的车削。

典型的非淬硬丝杠加工工艺过程为:毛坯制造→预备热处理→丝杠粗车螺纹→中间检验→半精车螺纹→精车螺纹→最终检验。

淬硬丝杠常采用“全磨工艺”。即采用轴的机械加工工艺加工出丝杠坯轴,然后采用整体淬火热处理提高材料硬度。在淬硬的坯轴上,采用磨削方法加工螺纹表面。“全磨工艺”避免了粗车螺纹+整体热处理+磨削螺纹工艺造成的应力裂纹(淬火应力集中引起)和磨削余量不均(丝杠全长形变造成)等问题。

典型的“全磨工艺”丝杠加工工艺过程为：毛坯制造→预备热处理→丝杠坯轴加工→中间检验→螺纹磨削→最终检验。

3) 花键轴加工

花键是轴类零件上的典型表面，花键轴的材料、毛坯、定位安装方式与普通轴类似。

花键轴加工方法通常有铣削和磨削两种。

铣削花键加工非淬硬轴，是花键的粗加工和半精加工方法。铣削花键的方式有三面刃铣刀加工、花键滚刀加工、双飞刀高速铣花键等。

三面刃铣刀加工花键采用普通卧式铣床，配分度头调整工件转角，具有设备便利、加工方便、质量不高、生产率低的特点。

花键滚刀加工花键需专用设备和花键滚刀，具有较高的加工质量和生产率。

双飞刀高速铣花键也需要专用设备和刀具，具有很高的加工质量和生产率。

磨削花键加工能够加工淬硬轴，常用作花键的精加工方法。

花键是配对使用的，即花键孔与花键轴相配。它们的定心方式有大径定心、小径定心和键侧定心三种。其中，大径定心花键副，花键轴的大径可以磨削。花键孔不能磨削，常采用拉削加工。因此大径定心花键的定心精度受限。小径定心花键副的花键孔与花键轴均可以磨削，均可以在热处理提高硬度的条件下磨削加工，具有很高的定心精度和综合力学性能，因而广泛采用小径定心花键。

典型的小径定心花键轴加工工艺过程为：毛坯制造→预备热处理→坯轴加工→中间检验→花键铣削→最终热处理→修整定位基准→花键磨削→最终检验。

4) 曲轴加工

一般曲轴材料为 35 钢、40 钢、45 钢或球墨铸铁 QT600-2。高速重载发动机曲轴可采用 40Cr、35CrMoAl、42MnV 等。

曲轴毛坯多采用锻件和铸件。大批量曲轴生产常用模锻毛坯，球墨铸铁曲轴采用铸件毛坯。

曲轴加工时通常采用主轴颈为定位基准，止推面为轴向定位基准，与设计基准一致，符合基准统一原则。采用中心孔为辅助精基准。连杆轴颈加工的定位精基准为主轴颈，符合基准重合原则。连杆轴颈处在圆周不同相位，还需要角度定位基准，在两端曲轴臂侧面加工工艺平台，作为定位精基准。它的定位粗基准为连杆轴颈。

曲轴的连杆轴颈轴线与主轴颈轴线不共线，各个连杆轴颈轴线也不一定共线。虽然曲轴表面都是外圆表面加工，但其加工难度较大，往往需要专用设备，甚至专用加工原理。例如，连杆轴颈多刀车削加工原理。

典型的曲轴加工工艺过程为：毛坯制造→预备热处理→铣端面加工中心孔→粗、精车主轴颈→粗、精磨主轴颈→铣定位角度平台→车连杆轴颈→加工次要表面→中间检查→中频淬火→半精磨主轴颈→粗、精磨连杆轴颈→精磨主轴径→铣键槽→两端孔加工→动平衡→超精加工主轴颈和连杆轴颈→最终检验。

9.2　盘套类零件加工工艺

9.2.1　工程案例分析

从动锥齿轮盘零件如图 9.8 所示。生产类型是大批量、规模化生产。其机械加工工艺

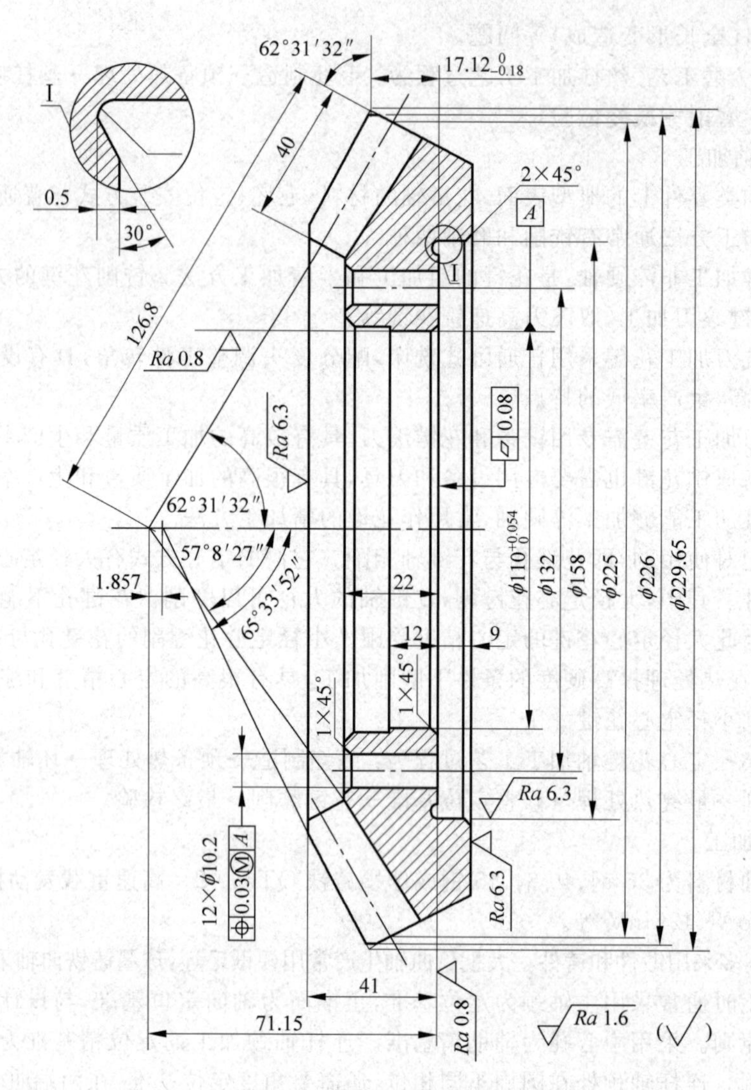

图 9.8　从动锥齿轮盘简图

具有代表性。

1. 读图与主要加工表面识别

阅读汽车总图与后桥(驱动桥)部件图,掌握零件在部件中的装配关系,理解零件所属部件在机器中的作用,机器对部件的要求。

从动锥齿轮盘与主动锥齿轮轴一起,构成汽车主减速器(两级)的第一级齿轮传动。驱动转矩大,承受地面传递的大冲击载荷。从动锥齿轮盘具有典型的盘类零件加工过程,同时有螺旋锥齿轮加工内容,较一般盘类零件稍显复杂,有代表性。

阅读从动锥齿轮盘零件图(见图 9.8),从动锥齿轮盘上尺寸为 $\phi110^{+0.054}_{0}$ mm 内圆面及其端面的尺寸精度要求高,表面粗糙度要求也高。端面有平面度要求(而且特别强调了热处理前后的平面度要求)。12 个 $\phi10.2$mm 通孔有位置度要求(相对于 $\phi110^{+0.054}_{0}$ mm 内孔轴线基准)。分析装配图可以看出 $\phi110^{+0.054}_{0}$ mm 内圆都是配合表面,$\phi110^{+0.054}_{0}$ mm 内圆面及其端面是装配基准,也是设计基准。12 个 $\phi10.2$mm 通孔是用于齿盘向轮毂传递驱动转矩,为使螺栓均匀分配载荷，提出了位置度要求。

从动锥齿轮盘的几何结构稍显不规则，除了基准面外，其他表面都不便定位与夹紧。

2. 材料、毛坯与热处理

从动锥齿轮盘材料一般选用20CrMnTi。最终热处理采用渗碳淬火，表面硬度58～63HRC，心部硬度33～48HRC。

毛坯采用模锻工艺制造。预备热处理为正火处理，硬度为157～207HV。

3. 加工方法与定位基准

从动锥齿轮盘的加工类型是大批量生产，从动锥齿轮盘采用精密锻造毛坯。毛坯尺寸精度高，机械加工余量小。采用粗车→半精车→精车的加工方案进行非淬硬回转表面的加工。采用粗车→半精车→磨削的加工方案进行淬硬回转表面的加工。齿坯盘的车削和磨削加工都可以采用内孔与端面安装工件。内孔与端面作为设计基准，是齿坯盘加工的精基准，也是齿形加工的基准，符合基准重合的原则。

精基准加工采用多轴立式车床，工件定位的粗基准是毛坯的外锥面和背锥面。

从动锥齿轮盘齿形加工的定位基准需要使用齿坯盘的精加工表面（从动锥齿轮盘的$\phi110^{+0.054}_{0}$ mm内圆面与端面）。因此，齿形表面加工需要在齿坯盘表面加工完毕后进行。

从动锥齿轮盘的加工工艺过程可以看作两个阶段：齿坯盘加工阶段，齿形表面加工阶段。在它们之间安排中间检查工序，以控制产品质量。

在齿形表面加工阶段，加工方法为粗铣轮齿→精铣轮齿。

为了提高齿轮的强度，在齿轮加工完毕后进行了渗碳热处理。然后以轮齿定位，磨削$\phi110^{+0.054}_{0}$ mm内圆面。

需要说明的是，齿形加工使用自定心夹具保障定位精度，如图9.9所示。采用钻模保证孔位置度要求。

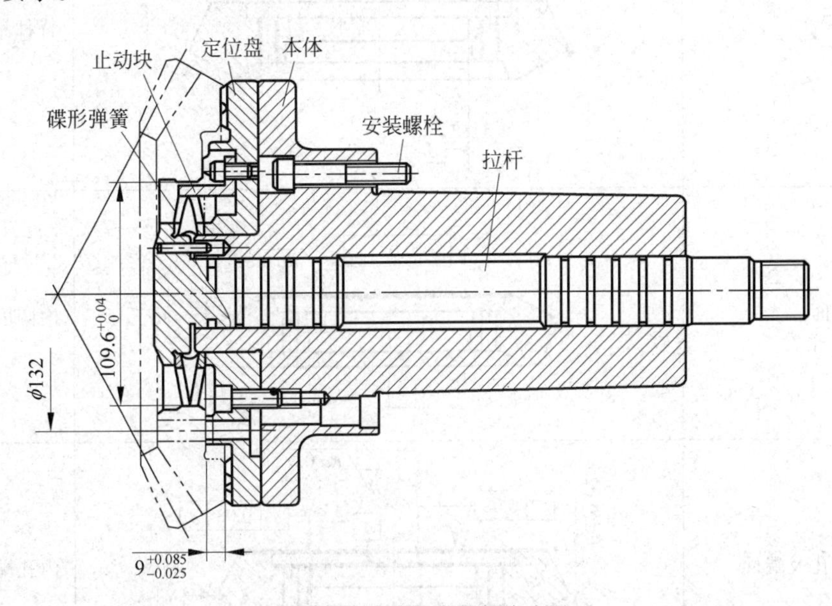

图9.9　从动锥齿轮铣齿夹具

4. 典型工艺案例

在企业生产中,从动锥齿轮盘加工有几十道工序。表9.2抽取了反映盘类零件加工和螺旋齿轮加工的典型主要加工工艺。

表9.2　从动锥齿轮盘主要加工工序

序号	工序名称	工序简图	设　备
1	车端面及内孔	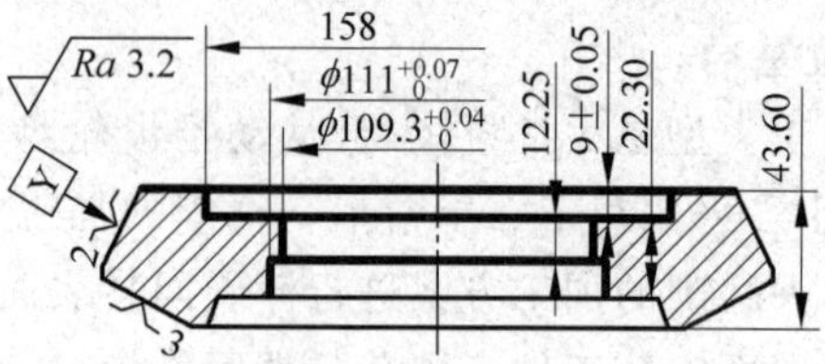 158; $\phi111^{+0.07}_{0}$; $\phi109.3^{+0.04}_{0}$; 12.25; 9±0.05; 22.30; 43.60; Ra 3.2; Y; 2; 3	多轴立式车床
2	车外锥、背锥、内锥端面及倒角	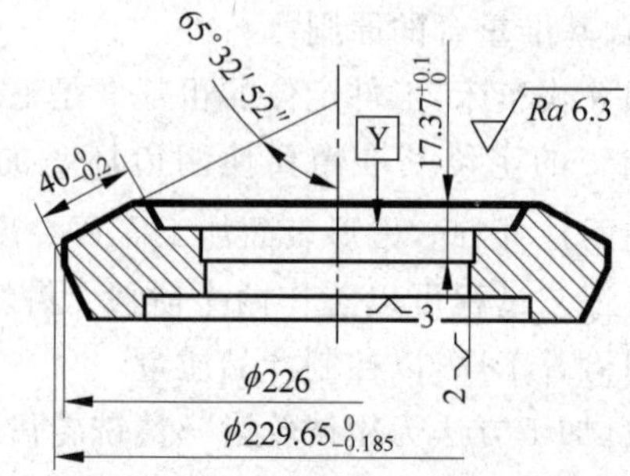 65°32′52″; $17.37^{+0.1}_{0}$; Ra 6.3; Y; $40^{0}_{-0.2}$; 3; 2; $\phi226$; $\phi229.65^{0}_{-0.185}$	双轴立式车床
3	钻孔	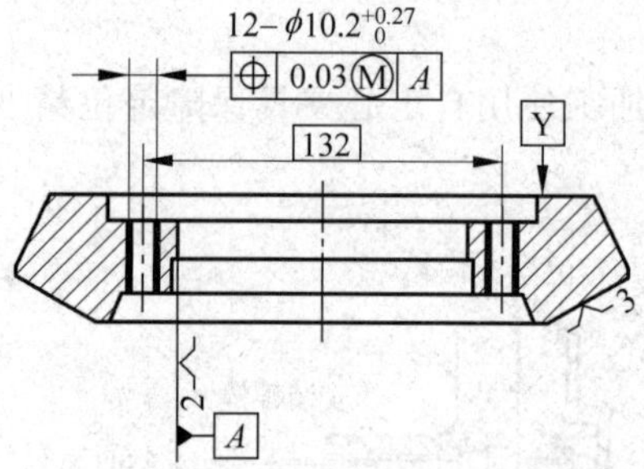 $12\text{-}\phi10.2^{+0.27}_{0}$; ⌖ 0.03 Ⓜ A; 132; Y; 3; 2; A	特种钻床
4	磨平面	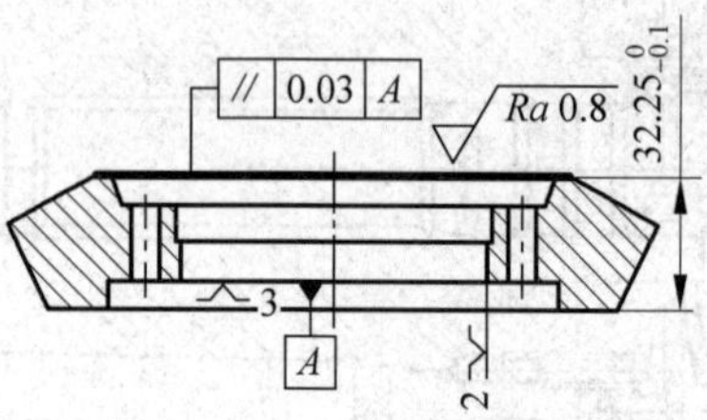 // 0.03 A; Ra 0.8; $32.25^{0}_{-0.1}$; 3; A; 2	内圆磨床
5	磨内孔及端面	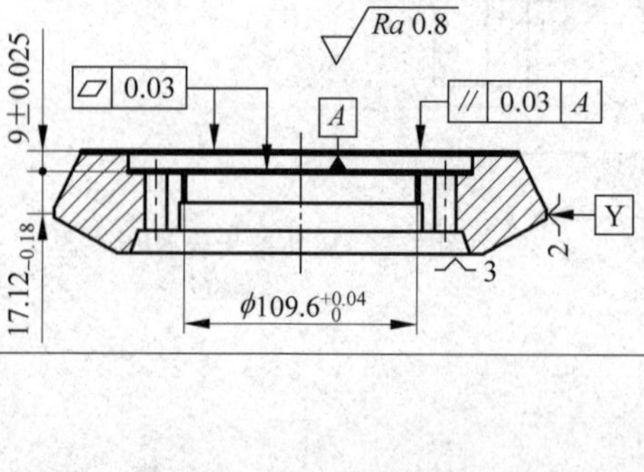 Ra 0.8; 9±0.025; ▱ 0.03; A; // 0.03 A; Y; 2; 3; $17.12_{-0.18}$; $\phi109.6^{+0.04}_{0}$	内孔端面磨床

续表

序号	工序名称	工序简图	设备
6	中间检查		
7	粗铣轮齿	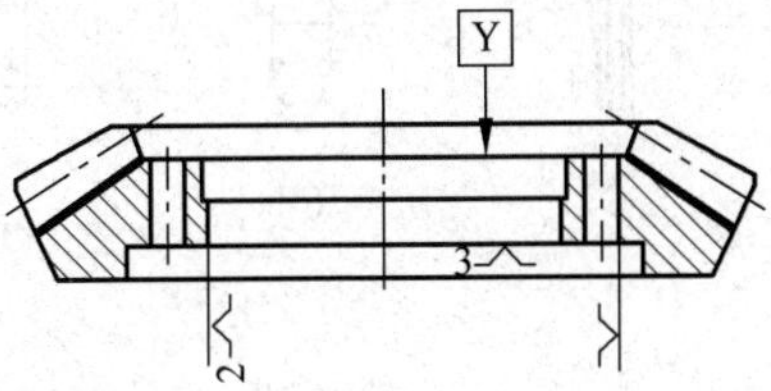 Y　3　2	铣齿机床
8	精铣轮齿	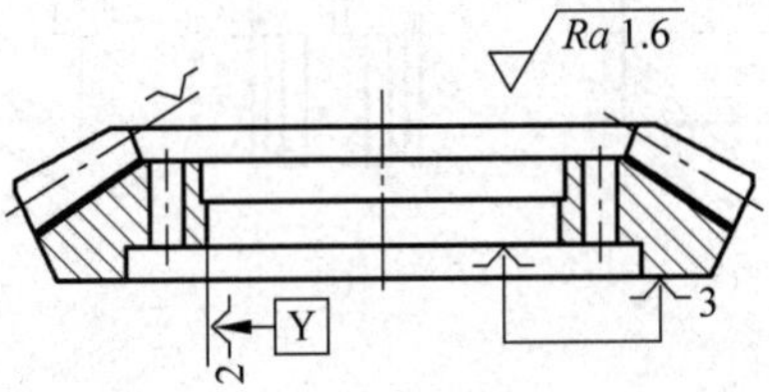 Ra 1.6　3　2　Y	铣齿机床
9	中间检查	接触区，齿侧间隙，齿面粗糙度	
10	热处理	渗碳层 1.2～1.6mm，淬火：表面硬度 58～63HRC，心部硬度 33～48HRC	
11	磨内孔	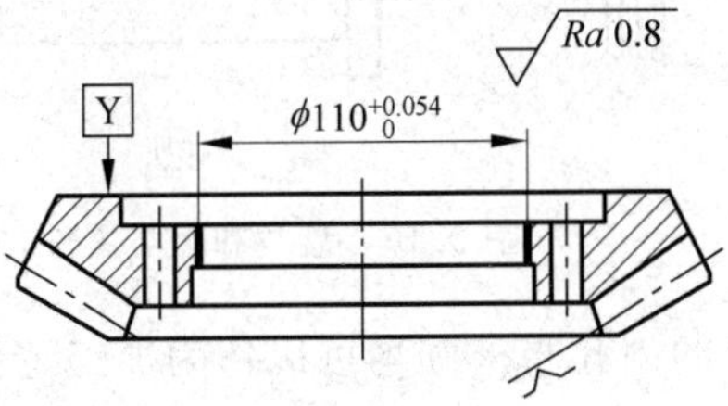 Ra 0.8　Y　$\phi 110^{+0.054}_{0}$	内圆磨床
12	最终检验		

9.2.2　盘套类加工工艺总述

1. 零件结构特征与工件安装方式

常见盘套类零件包括法兰盖、孔法兰、皮带轮、链轮、圆柱齿轮、双联齿轮、端盖、导向套、液压缸活塞、锥齿轮盘、液压缸端头、液压缸筒、柱塞缸筒和小带轮等(依次参见图 9.10)。依据成组技术思想，图 9.10 所示零件统称为一类零件，它们的机械加工工艺具有较多类似部分。

依据定位基准与夹紧方式的不同，盘套类零件可以区分为无孔盘(见图 9.10(g))、有孔盘(见图 9.10(a)～(d)等)，也可区分为薄壁套(见图 9.10(m))和厚壁套(见图 9.10(h)、(i))。

(1) 无孔盘　多用外圆定位夹紧。在一次安装中尽量加工更多表面。

(2) 有孔盘　有孔盘的内孔和外圆均有可能用作定位基准。采用自定心夹具有助于减少或避免安装误差。

(3) 薄壁套　薄壁套轴往往以外圆作为粗基准，加工内孔(精基准)。薄壁零件装夹需要特别注意工件受力变形，需要考虑专用夹具。

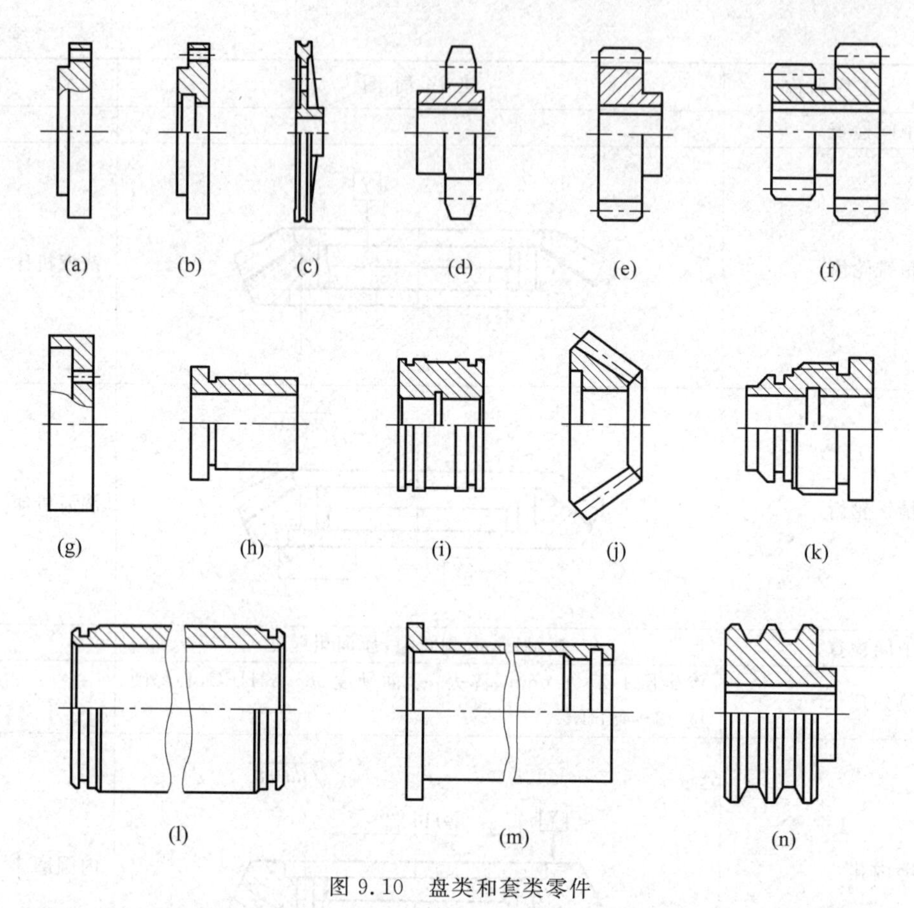

图 9.10　盘类和套类零件

(4) 厚壁套　厚壁套的内孔与外圆均可以作为加工定位基准。采用自定心夹具有助于减少或避免安装误差。

2. 材料、毛坯与热处理

盘套类零件材料的应用情况比较宽泛，几乎囊括了所有材料，需要根据零件的功能、工作条件和使用要求等具体情况研究确定，不能一概而论。

一般来说，仅仅需要密封用途的密封盖，采用具有一定机械强度的低成本材料即可；用于减磨的轴套可以考虑铸铁、青铜或黄铜材料；带轮常采用铸铁、低碳钢等；链轮和齿轮的强度、韧性和耐磨性都很重要，需要选择恰当的材料和热处理方法，常采用 45 钢、40Cr、40CrNi、38CrMoAl、40MnB 等中碳钢，配合表面高频淬火热处理工艺；也常用 30 钢、20Cr、20CrMoTi、20CrMo、20Mn2B 等低碳钢，配合表面渗碳淬火热处理工艺。

盘类零件的毛坯依据所用材料，可以是铸件、锻件、厚钢板、焊接件等。

套类零件的常用毛坯是铸件、圆棒料、管料、锻件等。

3. 主要加工表面与次要加工表面

一般地，盘套类零件的主要技术要求是：

(1) 内孔及外圆的尺寸精度、表面粗糙度以及圆度要求；

(2) 内外圆之间的同轴度要求；

(3) 孔轴线与端面的垂直度要求。

盘套类零件的主要加工表面是内圆表面、外圆表面及端面，它们用作装配基准、工作表面和形面进一步加工的基准，如齿坯盘的主要加工表面包括齿形加工的定位基准。装配基准则是机器装配时轴上安装零件的装配基准。零件主要加工表面也包括机器运动副的构成表面。

盘套类零件的次要加工表面则是除了主要加工表面以外的各种加工，如各种凹槽、倒角、螺纹以及非主要的外圆及端面。

4. 加工方法与定位基准

盘套类零件多为回转体，其加工表面多为外圆面。粗加工和半精加工方法以车削为主，对于非淬硬钢零件的精加工也可采用车削方法，对于淬硬钢零件的精加工则需要采用磨削方法。

盘套类的内孔可以用作定位基准，大直径内孔可以自定心夹具用孔表面定位夹紧，小直径内孔可以考虑心轴作为定位元件。

盘套类零件的外圆表面也可以作定位与夹紧。

对于薄壁零件需要注意夹紧变形问题，可以考虑改变夹紧力方向，尽量使夹紧力均匀分布，增加夹具工艺凸台等办法。

轴向定位基准往往采用零件的较大端面。

5. 典型机械加工工艺过程

如盘类零件的最主要加工表面为外圆表面，它的典型加工工艺过程为：毛坯制造→预备热处理→(以外圆定位)车精基准内圆面和端面→粗车其他次要表面→掉头(以精基准定位)车削主要外圆面和端面→粗车其他次要表面→中间检验→车精基准内圆面和端面→半精车主要外圆及端面→精加工外圆及端面→最终检验。

如长套类零件(如液压缸筒)的最主要加工表面为内圆表面，它的典型加工工艺过程为：毛坯制造→预备热处理→(以内孔定位)车削一端外圆基准和固定缸筒工艺螺纹→掉头(以内孔定位)车削另一端外圆基准→(以外圆定位，工艺螺纹固定缸筒)半精镗内孔→精镗内孔→浮动镗内孔→滚压内孔→车去工艺螺纹→最终检验。

短套类零件的加工工艺过程与有孔盘类零件相似。

9.3　箱体类零件加工工艺

9.3.1　工程案例分析

汽车变速器箱体简图如图 9.11 所示。生产类型是大批大量，规模化生产。其机械加工工艺具有代表性。

1. 读图与主要加工表面识别

阅读载重汽车总图，变速器的功能是改变发动机向车轮传递功率的传动比，从而改变汽车行驶速度，并可以实现倒向行驶。

阅读载重汽车变速器部件图，变速器别名齿轮箱，由齿轮、齿轮轴、轴和箱体等零件组成。

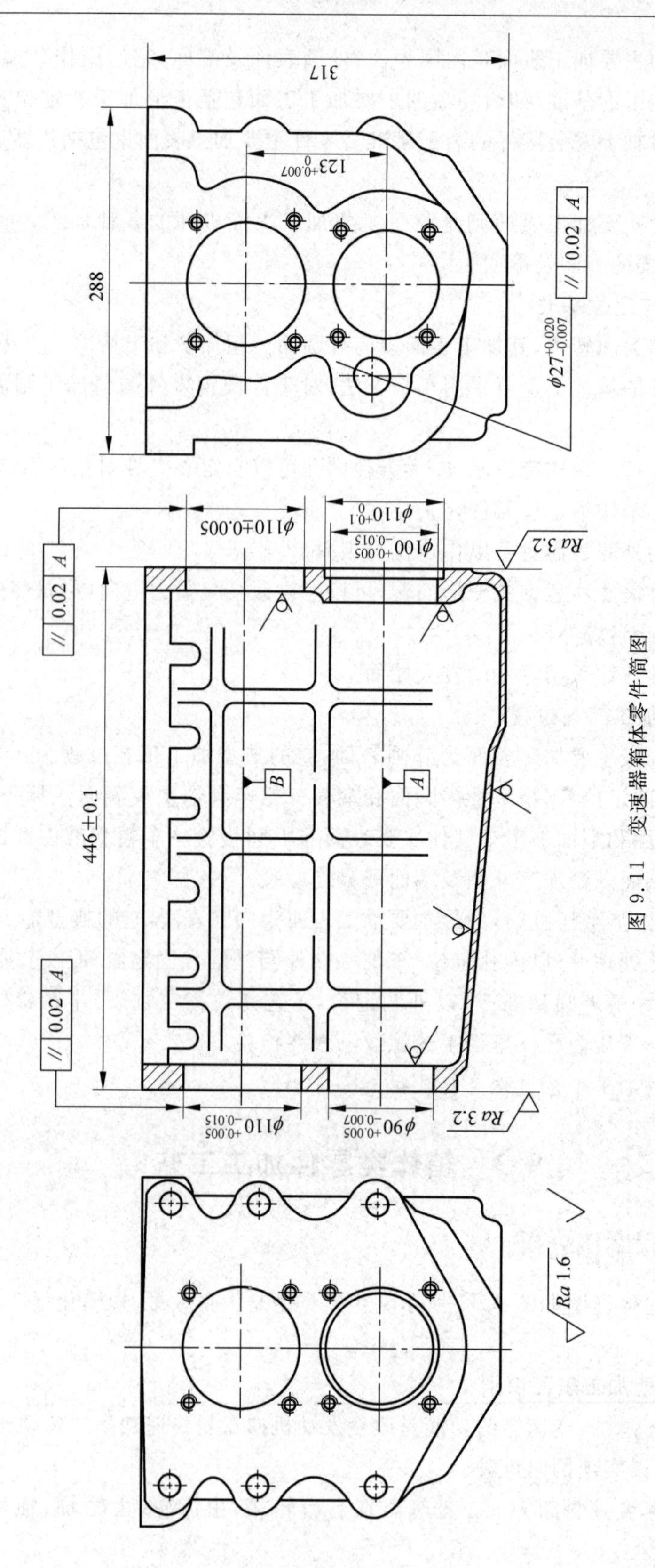

图 9.11　变速器箱体零件简图

变速器箱体零件在变速器部件中的功能是基础构件，保证其上安装零件占据正确的位置，使之能够协调运动。因此，箱体零件的制造质量优劣将直接影响到变速器内运动零件（如齿轮、轴承等）的相互位置正确性，进而影响变速器的灵活性和寿命等。变速器箱体零件受汽车行驶路况的影响，工作条件恶劣。

阅读变速器箱体零件图，变速器箱体是典型的箱体类零件，其形状复杂，壁薄（10～20mm），传递功率与重量比大。从机械加工看，变速器箱体需要加工多个平面、多个孔系，有较多螺纹孔需要加工。箱体零件刚度低，受力、热等因素易导致其变形。

主要加工表面包括孔系加工面、平面等。

(1) 孔系加工面　轴孔孔径尺寸精度为IT6，公差值为0.02mm，表面粗糙度值 Ra 为1.6μm。上下两排轴孔的平行度公差在水平与垂直两个平面内均为0.04/446mm。

倒挡轴孔与中间轴的平行度公差在水平与垂直两个平面内均为0.02/87.5mm。

(2) 平面加工面　前、后端面的平面度均为0.04mm。对第一、第二轴孔的垂直度为0.08/全长，表面粗糙度 Ra 为3.2μm。

2. 材料、毛坯与热处理

变速器箱体材料选用HT200，具有易成型、吸振性好、加工工艺性好、成本低等特点。毛坯采用砂型制造。自然冷却消除应力，进行喷丸处理。箱体毛坯的主要加工面加工余量分布如图9.12所示。

3. 加工方法与定位基准

若箱体零件毛坯上有大的轴颈孔，粗基准通常采用轴颈孔，如图9.13所示。夹紧方式采用锥顶尖夹紧箱体工件。载重汽车变速箱体是薄壁件，生产批量大，要求生产率高，粗加工切削用量大。实践证明，这种方案的零件夹持稳定性较差，平面度误差较低，只能达到0.15mm。载重汽车变速箱体粗加工定位方式的改进方案是在箱体毛坯上铸造工艺凸台，利用工艺凸台实现箱体在机床的工作台上定位。

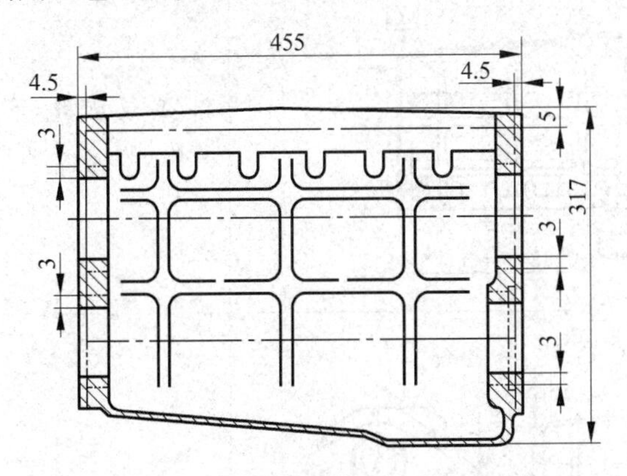

图9.12　毛坯主要加工余量示意图

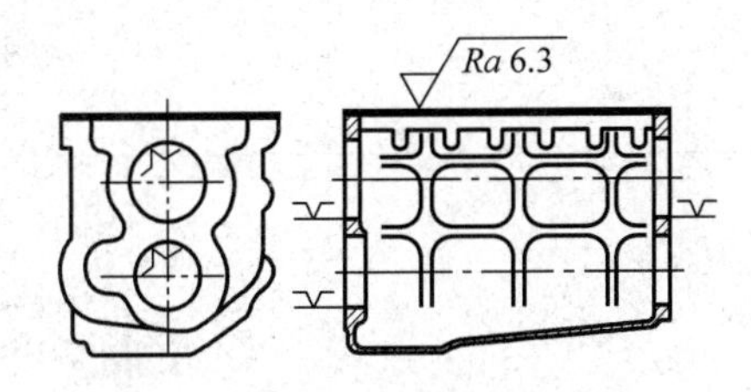

图9.13　轴颈孔作粗基准工序简图

箱体零件加工的精基准通常采用一面两孔方式定位。

变速器箱体上盖接合面是箱体加工的精基准，采用铣削加工。粗基准安装工具后，连续进行粗铣→半精铣。

变速器箱体的前后端面加工方案采用铣削加工。加工方案是粗铣→半精铣。

轴承孔采用镗削加工。加工方案是粗镗→半精镗→精镗。

为了减小内应力对工件加工质量的影响,采用粗铣端面→粗镗孔→精铣端面→精镗孔。交替加工面和孔,容易保证加工质量,也能及早发现工件缺陷。

4. 典型工艺案例

变速器箱体的机械加工过程划分为三个阶段：粗加工阶段、半精加工阶段和精加工阶段。在企业中,变速箱体制造从毛坯到箱体成品的最终检验多达三十多道工序。其中反映箱体零件加工工艺特点的主要加工工序见表9.3。

表9.3　变速器箱体主要加工工序

序号	工序名称	工序简图	设　备
1	铣变速箱上盖结合面	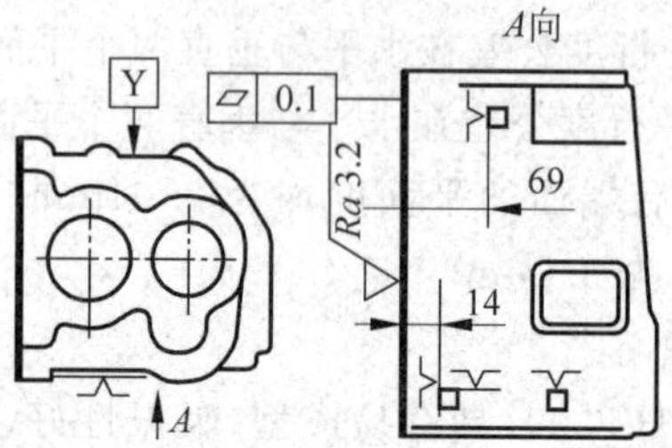 A向; 0.1; Ra 3.2; 69; 14; Y; A	卧式双铣头组合机床
2	钻铰工艺定位销孔	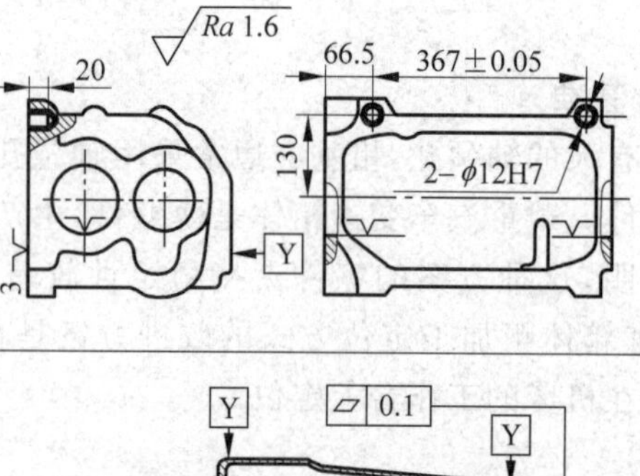 Ra 1.6; 20; 66.5; 367±0.05; 130; 2-φ12H7; Y; 3	组合钻床
3	粗铣、半精铣前后端面	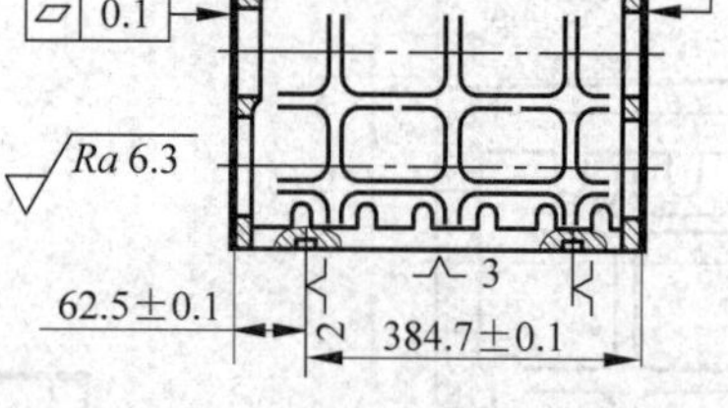 Y; 0.1; 0.1; Y; Ra 6.3; 3; 62.5±0.1; 2; 384.7±0.1	卧式双面组合铣床
4	粗镗、半精镗轴承孔	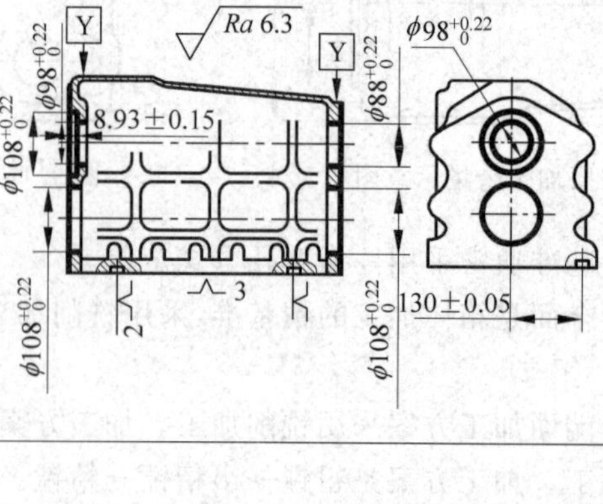 Y; Ra 6.3; Y; $\phi98^{+0.22}_{0}$; $\phi98^{+0.22}_{0}$; 8.93±0.15; $\phi108^{+0.22}_{0}$; $\phi88^{+0.22}_{0}$; 3; 2; $\phi108^{+0.22}_{0}$; $\phi108^{+0.22}_{0}$; 130±0.05	卧式双面组合镗床

续表

序号	工序名称	工序简图	设　备
5	精铣前后端面	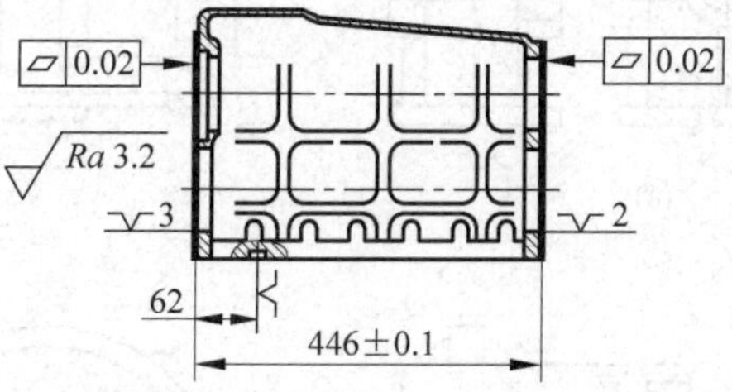	卧式双面组合铣床
6	精镗轴承孔	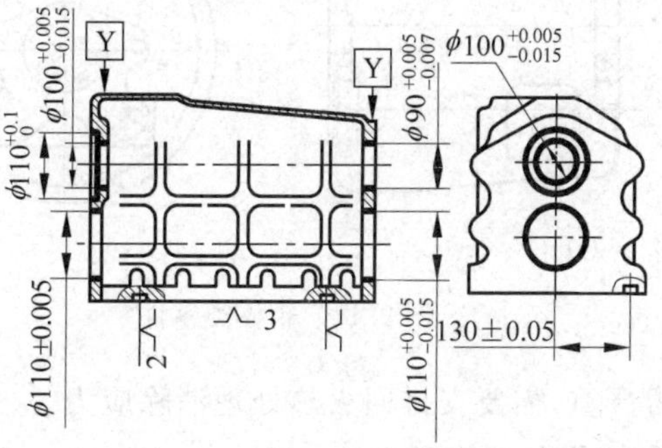	卧式五轴金刚镗床
7	最终检验		

9.3.2　箱体类加工工艺总述

1. 零件结构特征与工件安装方式

箱体(壳体)是机器或部件的基础件,它的功能是将其他零、部件相互连接成为一个整体(系统),使之占据并保持正确的位置。箱体往往是部件中最大的零件,通常箱体称谓用它的部件名称,所以图 9.14 所示箱体依次称为:减速器箱体、主轴箱、变速器箱体、离合器壳体。依据成组技术思想,各种箱体和壳体可以归类为一类零件,它们的机械加工工艺具有较多相似部分。

箱体类零件可以分为分体式箱体、整体式箱体。它们在工艺过程上稍有不同。

(1) 分体式箱体　箱体在轴承安装孔处分为两体,如图 9.14(a)所示。

(2) 整体式箱体　箱体没有在轴承安装孔处分为两体,如图 9.14(b)～(d)所示。

2. 材料、毛坯与热处理

箱体类零件常用材料包括 HT200、HT250、HT300、ZL101、ZL105 等。

箱体类零件的常用毛坯是铸件。铸造方法包括砂型铸造、压力铸造等。

箱体毛坯有时也用焊接毛坯,特别是一些超大型壳体。焊接壳体省去了砂型和铸模的制造过程。

箱体结构复杂,壁厚不一,铸造残余应力大。为了减小铸件内应力对后续机械加工质量的影响和改善切削性能,毛坯在机械加工前进行退火处理。为了消除残余应力、减少加工后变形,箱体毛坯需要时效处理。高精度箱体在粗加工后还要安排时效处理。为了节省时间,时效处理可以采用人工时效处理。

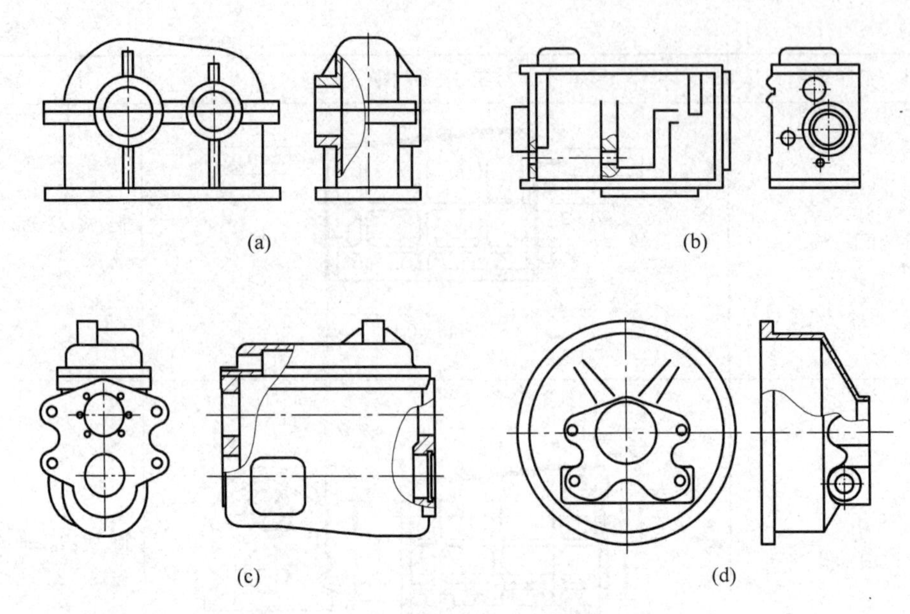

图 9.14　箱体类零件

焊接箱体残余应力严重,需要安排回火热处理消除应力。

3. 主要加工表面与次要加工表面

通常,箱体类零件的技术要求主要是针对平面和孔的技术要求:

(1) 平面的精度要求　箱体零件的设计基准一般为平面。

(2) 孔系的技术要求　箱体上有孔间距和同轴度要求的一系列孔,称为孔系。为保证箱体孔与轴承外圈配合及轴的回转精度,孔的尺寸精度通常为IT7,孔的几何形状误差控制在尺寸公差范围之内。为保证齿轮啮合精度,孔轴线间的尺寸精度、孔轴线间的平行度、同一轴线上各孔的同轴度误差和孔端面对轴线的垂直度误差,均应有较高的要求。

(3) 孔与平面间的位置精度　箱体上主要孔与箱体安装基面之间应规定平行度要求。

(4) 表面粗糙度　重要孔和主要表面的粗糙度会影响连接面的配合性质或接触刚度。

因此,箱体类零件的主要加工表面是平面、轴颈孔。

箱体类零件的主要平面往往是基准面、结合面、安装面。

箱体类零件的主要轴颈孔的直径较大,通常用于安装轴承、轴瓦等,孔的轴线是轴的安装基准和设计基准。

箱体类零件的次要加工表面则是除了主要加工表面以外的小孔、平面、凹槽、倒角、螺纹,以及其他不重要的表面。

4. 加工方法与定位基准

箱体类零件的平面通常有刨、铣、磨三种加工方法。刨削设备与刀具简单、生产率低。铣削设备常见,有更高生产率。刨削和铣削加工质量相当,都可以用于平面半精加工。平面磨削加工质量好,效率低,可加工淬硬表面,多用于精加工。若箱体零件的平面为圆面、圆环、回转面,视其体积大小可安排在立式车床上加工。

轴颈孔多用镗削加工。加工方案为:粗镗→半精镗→精镗→浮动镗。

螺纹孔等小直径孔多采用钻削加工。精密小孔可采用扩孔、铰孔等加工方式。

箱体的加工基准选择与是否有箱体工件安装夹具有关。箱体安装夹具配备与否与箱体产量(生产纲领)有关。

箱体(如果是大批大量生产)采用夹具在机床上安装定位,通常采用一面两孔定位方式作为精基准。粗基准一般选择箱体上重要的孔,如轴颈孔。原则上保证各处加工面余量一致。这种情况下,箱体加工精基准通常选用大的平面(尽量选用装配基准,往往也是设计基准)。

若没有夹具用于(单件小批量生产)箱体加工安装,通常增设划线工序。通过划线方式,在机床上找正箱体,分配各个加工面的加工余量,尽量使其均匀。粗基准按划线找正工件。精基准多为平面。

箱体孔加工有多种方式使工件在机床上找正。通常,划线找正方式可获得的孔距精度不高,一般为±0.5mm;心轴块规找正可获得的孔距精度达±0.03mm;定位套找正可获得的孔距精度达±0.02mm;普通镗床可获得的孔距精度为0.01～0.3mm。如果增加镗模作为工艺装备,孔距精度可达±0.05mm。使用坐标镗床可获得的孔距精度为0.002～0.005mm。

5. 典型机械加工工艺过程

整体式箱体加工工艺过程与分体式箱体的加工工艺过程是有所不同的。箱体工件在机床上的安装方式对加工工艺过程也有影响。

1) 整体式箱体加工

没有夹具安装的整体式箱体典型加工工艺过程为:毛坯制造→时效处理→漆底漆→划线→粗、精加工基准平面→粗、精加工主要平面→加工次要平面→中间检验→粗、精镗纵向孔→粗、精镗横向孔→加工其他孔(包括螺纹孔)→去毛刺、清洗→最终检验。

若整体式箱体在机床上用夹具安装,箱体典型加工工艺过程为:毛坯制造→时效处理→漆底漆→粗、精加工基准平面→加工(工艺)定位孔→粗加工主要平面→加工次要平面→粗镗纵向孔→粗镗横向孔→中间检验→精加工主要平面→精镗纵向孔→精镗横向孔→加工其他孔(包括螺纹孔)→去毛刺、清洗→最终检验。

2) 分体式箱体加工

分体式箱体加工的主要特点是分箱面处轴颈孔需两个箱体合箱装配后加工。对有夹具在机床上安装箱体工件的情况,以水平分箱面箱体为例讲述分体箱体的加工工艺过程。

上、下箱体加工的典型加工工艺过程为:毛坯制造→时效处理→漆底漆→粗、精加工分箱平面→加工(工艺)定位孔→粗、精加工主要平面→加工次要平面→加工上下箱体连接螺栓孔→粗、精加工分箱轴颈孔外的其他孔(包括螺纹孔)→去毛刺、清洗→中间检验。

合箱加工的典型加工工艺过程为:上下箱体合箱装配→粗、精镗分箱面轴颈孔→粗、精加工分箱面轴颈孔位置误差要求高的表面→去毛刺、清洗→最终检验。

没有夹具在机床上安装箱体工件的情况,采用划线方式在机床上定位工件。

9.4　异形零件加工工艺

9.4.1　工程案例分析

变速叉如图9.15所示,它是载重汽车机械变速器中的零件,是典型的叉杆类零件。生产类型是大批量,规模化生产。其机械加工工艺具有代表性。

1. 读图与主要加工表面识别

阅读汽车总图,变速器承担改变车速和改变速度方向的功能。这个功能通过变速叉拨动换挡齿套实现。

阅读载重汽车变速器部件图,可知,手动变速器操纵杆通过一套机械机构带动变速叉前后移动,变速叉拨动滑动齿套改变挡位,实现汽车行驶速度变化。

阅读变速叉零件图(图9.15),汽车变速器换挡时,变速叉 D、E 面是其工作表面,因此有较高精度要求,较高硬度和耐磨性。它们(尺寸 $10_{-0.1}^{\ 0}$mm 两侧)是主要加工面。

轴孔 $\phi16_{-0.025}^{+0.005}$mm 是设计基准(变速叉 D、E 面垂直度),是配合表面,是安装基准,因此是主要加工表面。

孔 $\phi6_{\ 0}^{+0.3}$mm 是确定变速叉在变速叉轴上轴向位置和圆周角度的主要加工表面,是设计基准和装配基准,是主要加工表面。

尺寸 $38_{\ 0}^{+0.2}$mm 和 10 ± 0.1mm 的公共尺寸线平面(图9.15的 F 面)是设计基准,是主要加工面。

综上分析,E、F 面、$\phi16_{-0.025}^{+0.005}$mm 和 $120.2_{\ 0}^{+0.3}$mm 将用作定位精基准。

2. 材料、毛坯与热处理

变速叉选用45钢。锻造毛坯如图9.16所示。调质,硬度为220～260HV,进行喷丸处理。最终热处理:叉爪部位高频淬火,硬度为57～62HRC。

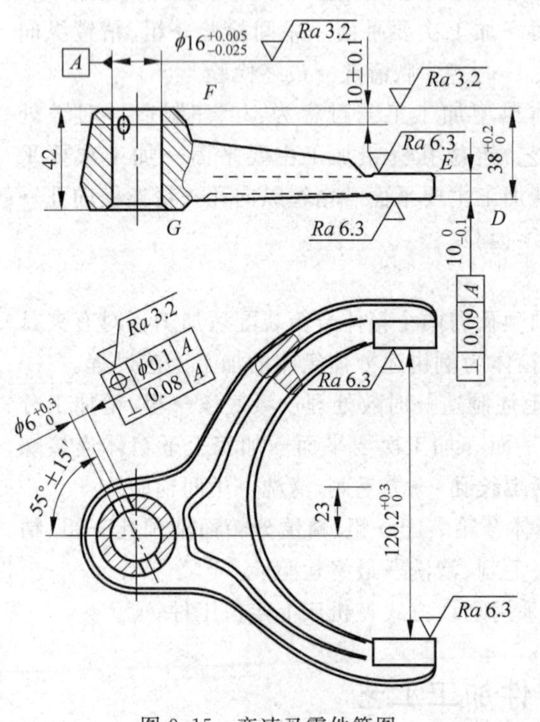

图9.15 变速叉零件简图

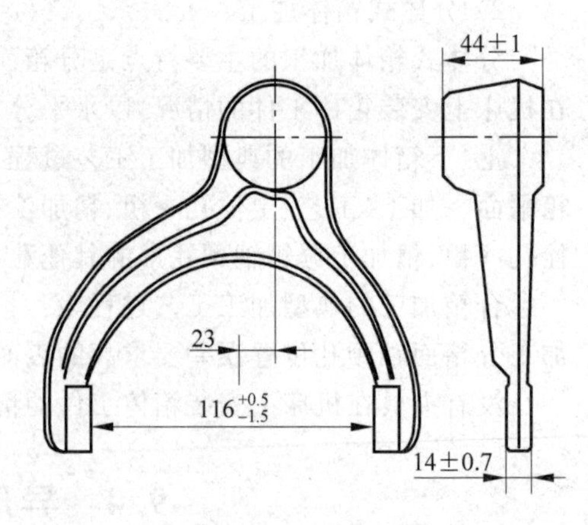

图9.16 毛坯简图

3. 加工方法与定位基准

变速叉是异形零件,定位夹紧都相对困难。汽车是大批量生产产品,变速叉加工时用专用夹具在机床上安装。

粗基准采用毛坯面的 D、G 面作定位平面，加工精基准平面 F 面和 E 面。用精基准平面定位，配合变速叉轴孔端毛坯外轮廓圆弧面作为定位面，加工孔 $\phi16_{-0.025}^{+0.001}$ mm，也作为精基准。

用已加工出的精基准定位，与之配合，选用叉口外侧的未加工表面作粗基准，铣削 $120.2_{0}^{+0.3}$ mm，得到的两个平面也可用作精基准，用于加工孔 $\phi6_{0}^{+0.3}$ mm。

变速叉加工表面有平面和孔两类。

平面加工方案为：粗铣→精铣。

为了提高叉口平面的强度，对其进行高频淬火热处理。热处理后不必加工。

变速叉上孔加工方案采用钻孔→铰孔方案。配钻床模具保证加工精度。

4. 典型加工工艺案例

体现异形类零件加工特点的变速叉加工工艺的主要工序见表 9.4。

表 9.4　变速叉主要加工工序

序号	工序名称	工 序 简 图	设备
1	铣基准面	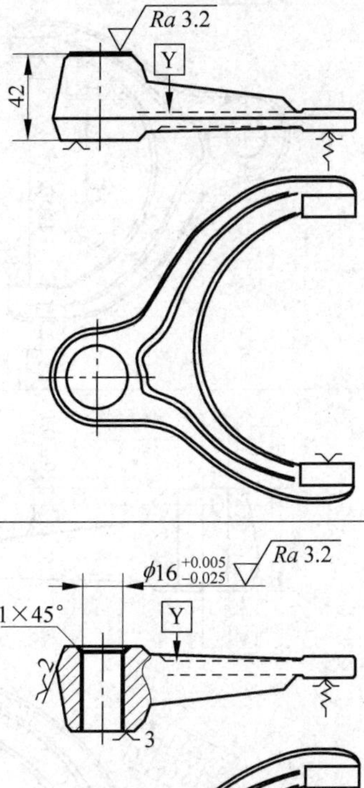	卧式组合铣床
2	钻铰叉轴孔	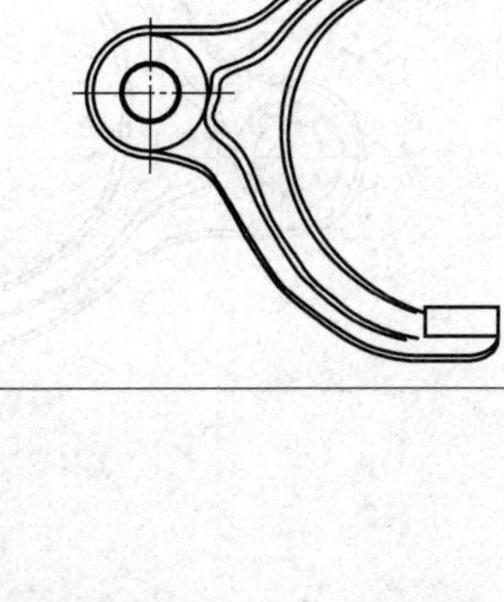	立式组合机床

续表

序号	工序名称	工序简图	设备
3	铣削叉爪两端面	A　⊥ 0.09 A　$10_{-0.1}^{0}$　Ra 6.3　$38_{0}^{+0.2}$　Ra 6.3　3　Y	卧式组合铣床
4	铣变速叉口	Y　Ra 6.3　23　$120.2_{0}^{+0.3}$　Ra 6.3　Y	卧式组合铣床
5	钻铰锁紧销孔	A　$\phi16_{-0.025}^{+0.005}$　10±0.1　42　Y　G　Ra 3.2　⌖ ϕ0.1 A　⊥ 0.08 A　$\phi6_{0}^{+0.03}$　55°±15′	立式五工位回转台式组合机床

续表

序号	工序名称	工 序 简 图	设备
6	高频淬火	叉爪高频淬火，硬度 600～750HV	
7	最终检验		

9.4.2　异形类零件加工工艺总述

1. 零件结构特征与工件安装方式

异形零件是形状不规整或形状复杂的零件，叉类、架类零件是典型的异形零件，如图 9.17 所示。异形零件的机械加工工艺也可以归纳出相似的内容。

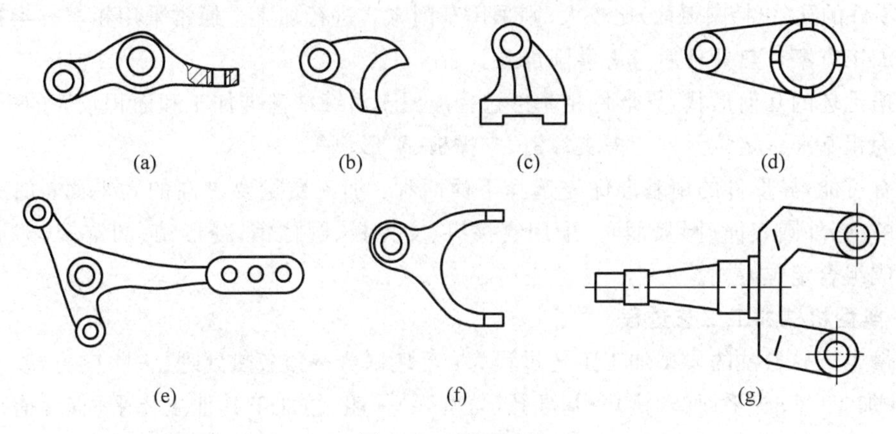

图 9.17　异形零件

异形零件形状不规整或复杂，采用通用夹具安装工件比较困难。异形零件批量生产往往配备专用夹具。单件生产多采用通用夹具配合垫片、压板等临时工件夹紧工件，在机床上找正安装工件。有时也制作“土夹具”，用于临时夹具工件。

2. 材料、毛坯与热处理

异形零件的材料范围非常广泛，与零件的结构形状、功能、力学性能要求等有关。材质包括铸铁、碳钢、合金钢、有色金属等。碳钢可能是性能一般的 Q235，也可能采用力学性能好的 45 钢，还要进行热处理；还有可能选择合金钢(如 40Cr)并进行渗氮处理。总之，异形零件的材料及热处理方法多样，不能一概而论，需要具体问题具体分析，还要考虑到异形零件上的特殊结构。简单举例说明，如若异形零件上出现高精度、高强度、高耐磨性能等要求的孔，材料与热处理选用参考盘类零件；如若异形零件上出现了高精度、高强度齿形结构，则可参考齿轮加工工艺处理零件材料和毛坯等问题，并配备相应的热处理。

铸件、锻件、焊接件、冲压件、型材等均可能用作异形零件的毛坯。

异形件材质与毛坯类型的选择与它的产量关系密切。

3. 主要加工表面与次要加工表面

异形零件的主要加工表面通常是孔(包括圆弧面)、槽和平面等。

一般地，异形零件的主要加工表面通常有如下主要技术要求：

(1) 尺寸精度　描述异形零件主要几何表面的尺寸精度。

(2) 形状精度　主要平面的平面度,主要孔和轴的圆柱度等。

(3) 位置精度　主要加工表面之间的相对位置精度。

(4) 表面粗糙度　加工表面的质量要求。

异形零件次要加工表面则是除了主要加工表面以外,为了便于加工、减轻重量、避免装配或运动干涉等而进行加工的非工作表面。

4. 加工方法与定位基准

异形零件的平面与槽通常采用铣削方式加工,通常采用粗铣→半精铣→精铣的加工方案完成。若工件硬度较高,则考虑采用磨削工序。

若异形零件的孔比较小,可以按照钻、扩、铰的顺序,依据孔的精度要求,选择进行加工。若异形零件的孔(包括圆弧面)比较大,则采用车削方式进行加工。通常采用粗车→半精车→精车的加工方案。热处理后考虑磨削加工。

依据毛坯的几何形状,异形件粗基准选择应便于后续精基准加工和面积较大的平面、圆弧面作为粗基准。定位元件考虑支撑钉、支撑板、V形块等。

如有可能,异形件的精基准优先选择下面两种:加工质量要求高的大平面;加工质量要求高的内、外圆表面(圆弧面)。采用支撑钉、支撑板、圆柱销、菱形销、圆锥销、V形块的几种构成组合定位方式。

5. 典型机械加工工艺过程

批量生产异形件的典型加工工艺过程为:毛坯制造→预备热处理(去除应力,改善切削条件)→加工(基准)平面(含槽)→基准孔(含圆弧)→粗、精加工其他主要平面(含槽)→粗、精加工其他主要圆孔(含圆弧)→次要表面加工→最终热处理→磨削主要加工表面→最终检验。

单件小批量生产异形零件,多采用找正夹紧方式安装工件,单件小批量生产异形零件工艺过程可参考上述批量生产的工艺过程。但是,在工件一次安装中尽量完成更多表面加工。

9.5 工序尺寸设计

本节内容主要是工序尺寸设计,并将其融合在工艺设计过程中。本节的工艺设计对象是薄壁轴套,是典型的薄壁类零件。相比较,它的加工精度较高,可以作为精密零件加工工艺设计的范例。

9.5.1 零件加工分析

套筒零件图来自工程实际,可以理解为不含有结构工艺性问题,可以进行零件机械加工工艺设计。

1. 读图与主要加工表面识别

轴套(见图9.18)是涡轮发动机的零件。工作转速达12000r/min,工作温度达300℃。尽管零件表面结构不复杂,它是有加工难度的薄壁件,是典型的套类零件。在行业中,它是中等加工难度的零件,很具有代表性。

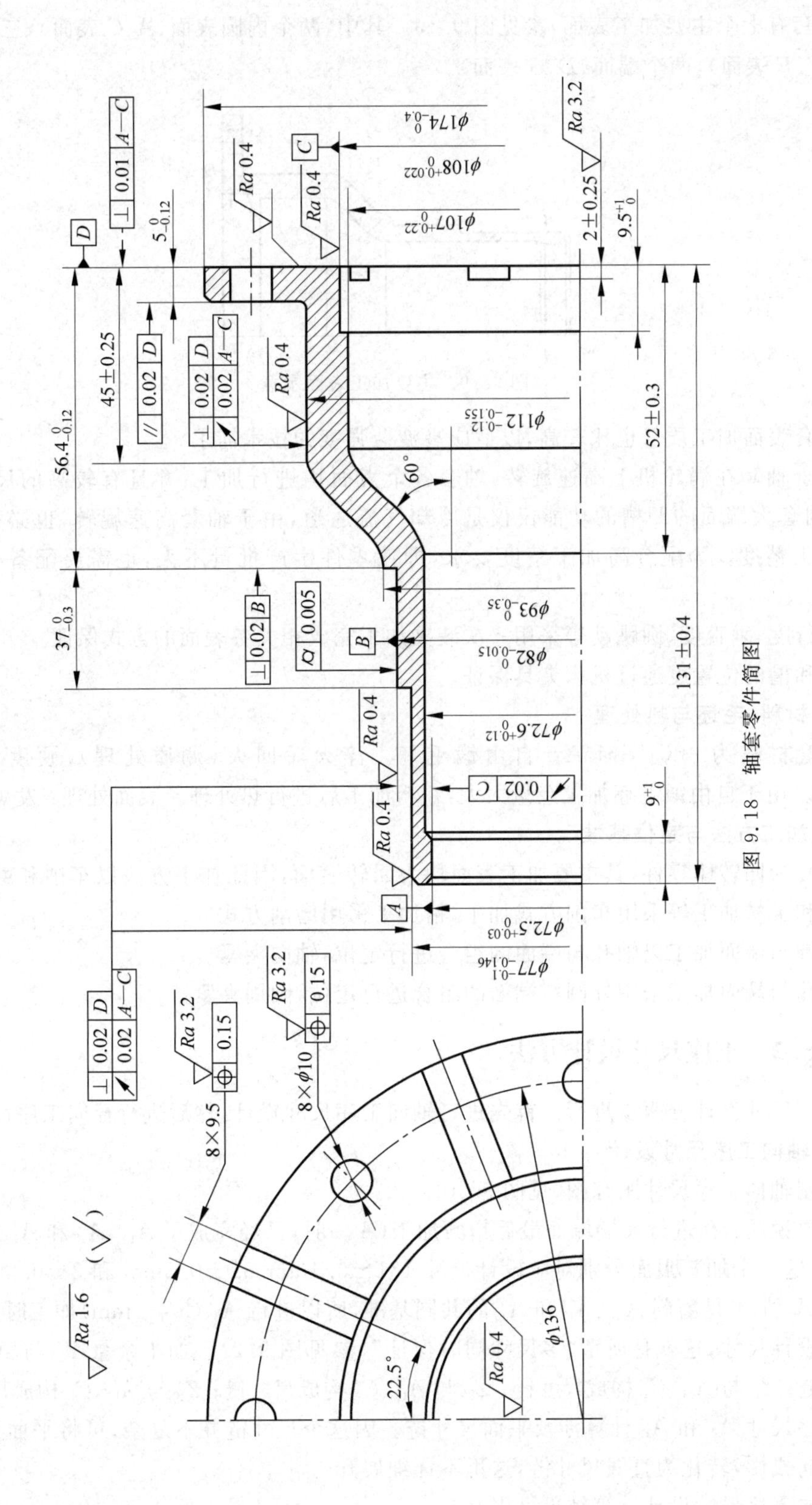

Ra 1.6
Ra 0.4
Ra 3.2
8×9.5
8×ϕ10
ϕ136
22.5°
60°
131±0.4
52±0.3
45±0.25
2±0.25
A
B
C
D

图 9.18　轴套零件简图

轴套有七个主要加工表面，参见图9.19。其中，两个内圆表面(A、C表面)，三个外圆表面(B、E、F表面)，两个端面(D、G表面)。

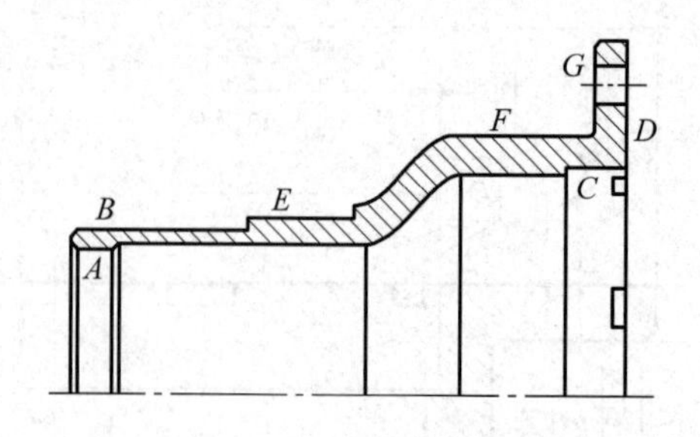

图9.19　主要加工表面示意

轴套表面加工质量也比较高，以适应高疲劳强度的技术需求。

由于轴套在涡轮机上高速旋转，轴套各个表面均进行加工，并且有较高的尺寸精度。例如，轴套大端面的凹槽的功能仅仅是冷却气流通道，由于轴套高速旋转，也必须给出较高的加工精度。为配合高加工精度要求，即使零件生产批量不大，也需要配备机床安装夹具。

平行度、垂直度、圆跳动等采用一次装夹加工完成相关各表面的方式保证。

孔和槽的位置度通过机床夹具保证。

2. 材料、毛坯与热处理

轴套材料为40CrNiMoA。自由锻毛坯。淬火后回火(调质处理)，硬度为301～339HV。由于自由锻毛坯加工余量太大，在粗加工后进行热处理。表面处理：发黑。

3. 加工方法与定位基准

轴套为回转体零件，其主要加工表面均为回转表面，因此加工方法以车削和磨削为主。粗加工和半精加工等采用车削方式加工，精加工采用磨削方式。

外圆与端面加工以轴孔与端面的组合进行定位，轴向夹紧。

内孔与端面加工采用外圆与端面的组合进行定位，圆周夹紧。

9.5.2　工序尺寸设计方法

工序尺寸设计分两步进行。首先进行轴向工序尺寸设计，然后进行径向工序尺寸设计。

1. 轴向工序尺寸设计

绘制轴向工序尺寸跟踪图，见图9.20。

需要说明：在进行大端端面最后精磨加工(A_{20})时，已经完成了A_{11}、A_{17}和A_{19}对应表面的加工，这三个加工表面分别对应设计尺寸131±0.4mm、52±0.3mm和2±0.25mm。工序尺寸A_{20}加工是磨削A_{11}、A_{17}和A_{19}的共同基准，所以进行A_{20}($5_{-0.12}^{\ 0}$mm)加工时要完成上述三个设计尺寸，这就是所谓“多尺寸同时保证”，参见图9.21。加工余量Z_{20}与A_{16}、A_{20}构成尺寸链；Z_{20}与A_{11}、C_9构成尺寸链；Z_{20}与A_{16}、C_5构成尺寸链；Z_{20}与A_{19}、C_1构成尺寸链。

工序尺寸A_6和A_{15}计算涉及平面尺寸链。因这个尺寸链并不复杂，可将平面尺寸链在轴线方向投影，转化为直线尺寸链，这里不详细展开。

轴向工序尺寸设计计算结果见表9.5。

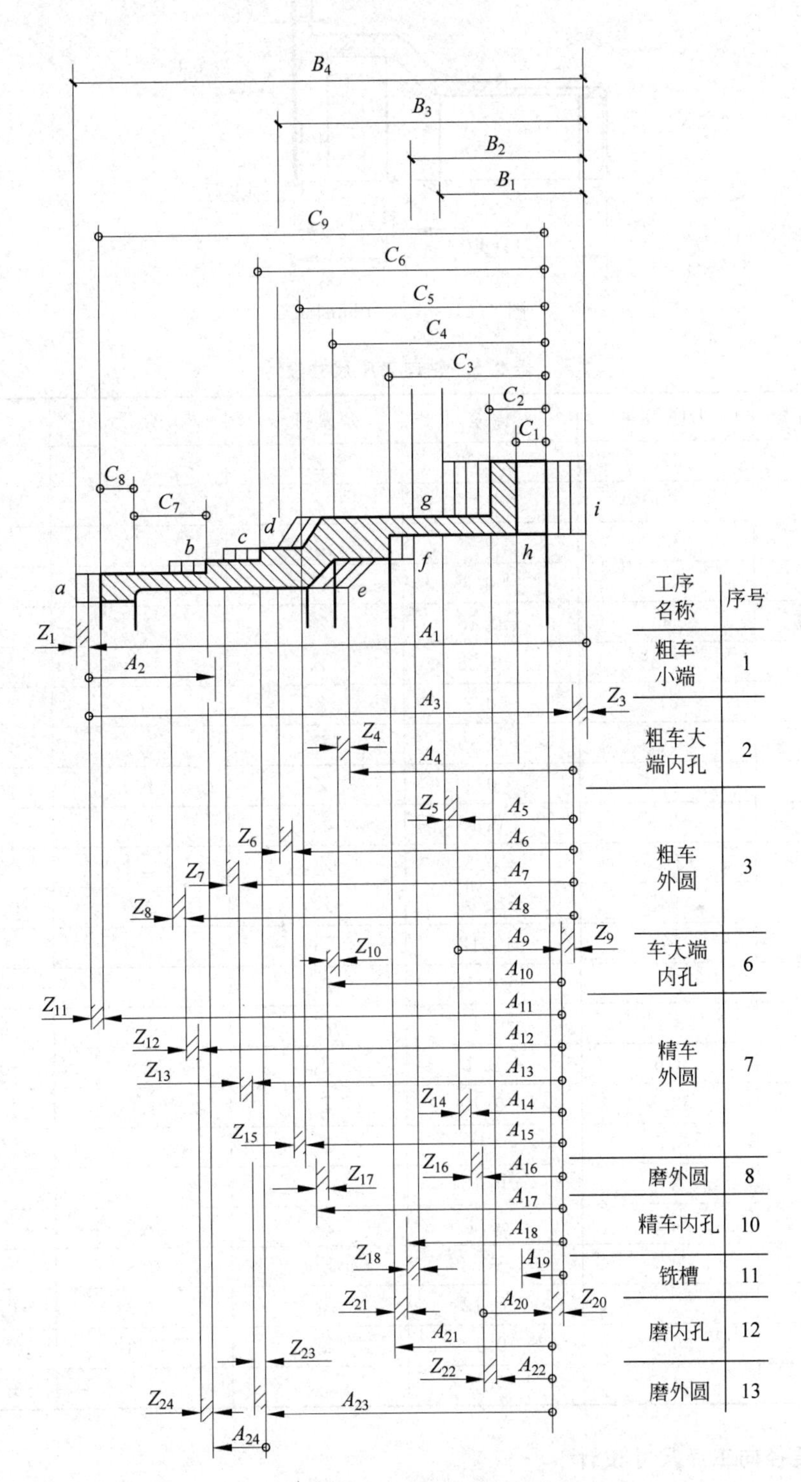

工序名称	序号
粗车小端	1
粗车大端内孔	2
粗车外圆	3
车大端内孔	6
精车外圆	7
磨外圆	8
精车内孔	10
铣槽	11
磨内孔	12
磨外圆	13

图 9.20　轴向工序尺寸计算跟踪图

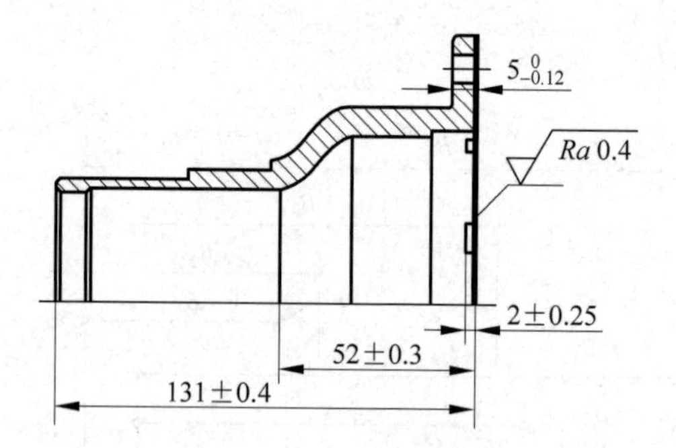

图 9.21　多尺寸同时保证

表 9.5　轴向工序尺寸设计

mm

工序尺寸符号	工序尺寸	偏差	余量符号	余量	余量变化
A_1	137.4	−0.63	Z_1	4.0	
A_2	60	+3	Z_2	—	
A_3	133.4	−0.4	Z_3	4.0	
A_4	53.3	+0.3	Z_4	—	
A_5	8	−0.15	Z_5	3.0	
A_6	52.38	−0.25	Z_6	—	
A_7	57	−0.3	Z_7	—	
A_8	96	−0.35	Z_8	—	
A_9	7	−0.1	Z_9	1.0	−0.15～+0.1
A_{10}	53.3	+0.19	Z_{10}	1.0	−0.45～+0.29
A_{11}	131.3	−0.5	Z_{11}	2.1	−0.5～+0.4
A_{12}	94	−0.14	Z_{12}	2.0	−0.35～+0.14
A_{13}	57	−0.12	Z_{13}	1.0	−0.3～+0.12
A_{14}	6	−0.1	Z_{14}	1.0	−0.1～+0.1
A_{15}	50.78	±0.15	Z_{15}	0.6	−0.5～+0.3
A_{16}	5.6	−0.1	Z_{16}	0.4	−0.1～+0.1
A_{17}	52.3	+0.19	Z_{17}	1.0	−0.19～+0.19
A_{18}	9.5	−1	Z_{18}	—	
A_{19}	2.3	±0.15	Z_{19}	—	
A_{20}	5.3	−0.1	Z_{20}	0.3	−0.1～+0.1
A_{21}	9.5	+1	Z_{21}	0.3	
A_{22}	5	−0.12	Z_{22}	0.3	−0.1～+0.12
A_{23}	56.4	−0.12	Z_{23}	0.3	−0.12～+0.12
A_{24}	37	−0.3	Z_{24}	0.3	−0.14～+0.42

2. 重要径向工序尺寸设计

主要外圆加工面工序尺寸设计见表 9.6。工件为薄壁零件,为了克服较大变形,加工余量略取大些。

表 9.6　主要外圆面工序尺寸设计　　mm

工序(序号)	B 加工面			E 加工面			F 加工面		
	工序尺寸	余量	精度	工序尺寸	余量	精度	工序尺寸	余量	精度
磨外圆(13)	$\phi77^{+0.1}_{+0.146}$	0.4	IT8	$\phi82^{\ 0}_{-0.015}$	0.4	IT7	$\phi112^{-0.120}_{-0.155}$	0.3	IT7
磨基准(8)	—			—			$\phi112.2^{\ 0}_{-0.087}$	0.4	IT9
精车(7)	$\phi77.4^{\ 0}_{-0.074}$	1.1	IT9	$\phi82.3^{\ 0}_{-0.087}$	1.1	IT9	$\phi112.6^{\ 0}_{-0.22}$	1.2	IT11
粗车(3)	$\phi78.5^{\ 0}_{-0.46}$	8.5	IT13	$\phi83.4^{\ 0}_{-0.54}$		IT13	$\phi113.8^{\ 0}_{-0.54}$		IT13
毛坯	$\phi86^{\ 0}_{-2}$								

主要内圆加工面工序尺寸设计见表 9.7。工件为薄壁零件，为了克服较大变形，加工余量略取大些。

表 9.7　主要内圆面工序尺寸设计　　mm

工序(序号)	A 加工面			C 加工面		
	工序尺寸	余量	精度	工序尺寸	余量	精度
磨内圆(12)	$\phi72.5^{+0.03}_{0}$	0.3	IT7	$\phi108^{+0.022}_{0}$	0.3	IT6
精车(10)	$\phi72.2^{+0.046}_{0}$	0.7	IT8	$\phi107.7^{+0.054}_{0}$	0.7	IT8
半精车(6)	$\phi71.5^{+0.19}_{0}$	1.5	IT11	$\phi107^{+0.22}_{0}$	1.5	IT11
粗车(2)	$\phi70^{+0.46}_{0}$	5	IT13	$\phi105.5^{+0.54}_{0}$	4	IT13
毛坯	$\phi65^{+3}_{0}$					

9.5.3　机械加工工艺

轴套主要加工工序如表 9.8 所示。

表 9.8　轴套主要加工工序

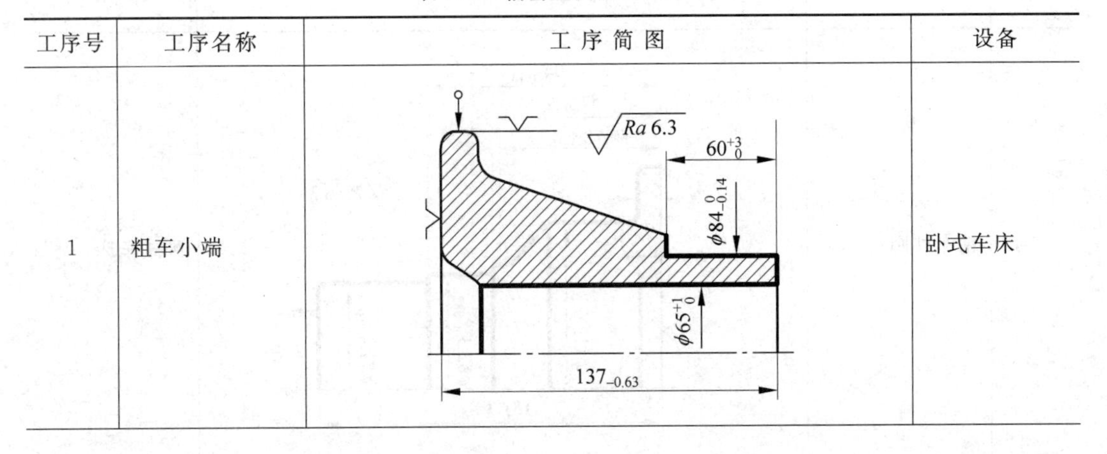

工序号	工序名称	工 序 简 图	设备
1	粗车小端		卧式车床

续表

工序号	工序名称	工序简图	设备
2	粗车大端及内孔	Ra 6.3 $53.3^{+0.3}_{0}$ $\phi 70^{+0.46}_{0}$ $\phi 105.5^{+0.54}_{0}$ $133.4^{0}_{-0.4}$	卧式车床
3	粗车外圆	$96^{0}_{-0.35}$ $57^{0}_{-0.3}$ $52.38^{0}_{-0.25}$ $8^{0}_{-0.15}$ Ra 6.3 $\phi 113.8^{0}_{-0.54}$ $\phi 83.4^{0}_{-0.54}$ $\phi 78.5^{0}_{-0.46}$	卧式车床
4	中期检查		
5	热处理	调质处理,硬度 301～339HV	
6	车大端及内腔	Ra 6.3 $\phi 174^{0}_{-0.4}$ $7^{0}_{-0.1}$ $\phi 71.5^{+0.19}_{0}$ $\phi 107^{+0.22}_{0}$ $53.3^{+0.19}_{0}$	卧式车床
7	精车外圆	$94^{0}_{-0.14}$ $57^{0}_{-0.12}$ 50.78 ± 0.15 $6^{0}_{-0.1}$ Ra 6.3 $\phi 112.6^{0}_{-0.22}$ $\phi 82.3^{0}_{-0.087}$ $\phi 77.4^{0}_{-0.074}$ $131.3^{0}_{-0.50}$	卧式车床

续表

工序号	工序名称	工序简图	设备
8	磨外圆	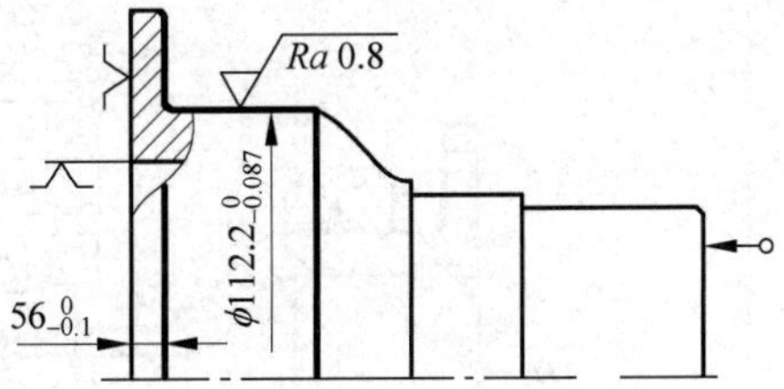 Ra 0.8; $\phi112.2_{-0.087}^{0}$; $56_{-0.1}^{0}$	外圆磨床
9	钻孔	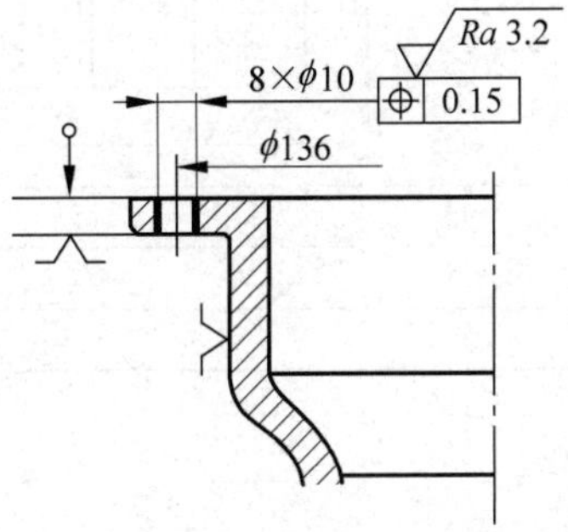 Ra 3.2; $8\times\phi10$; ⊕ 0.15; $\phi136$	立式钻床
10	精镗内腔表面	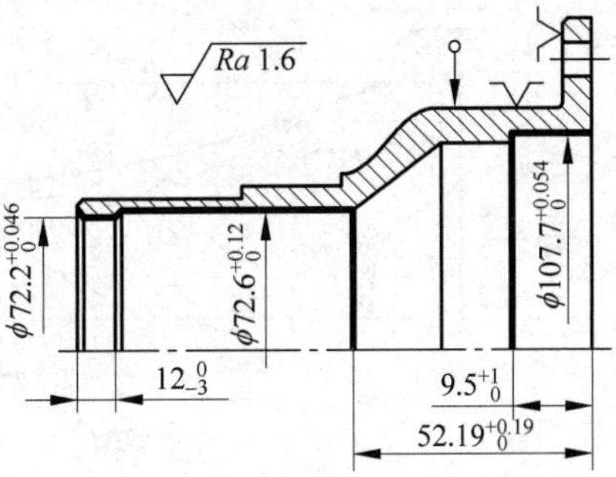 Ra 1.6; $\phi72.2_{0}^{+0.046}$; $\phi72.6_{0}^{+0.12}$; $\phi107.7_{0}^{+0.054}$; 12_{-3}^{0}; 9.5_{0}^{+1}; $52.19_{0}^{+0.19}$	卧式车床
11	铣槽	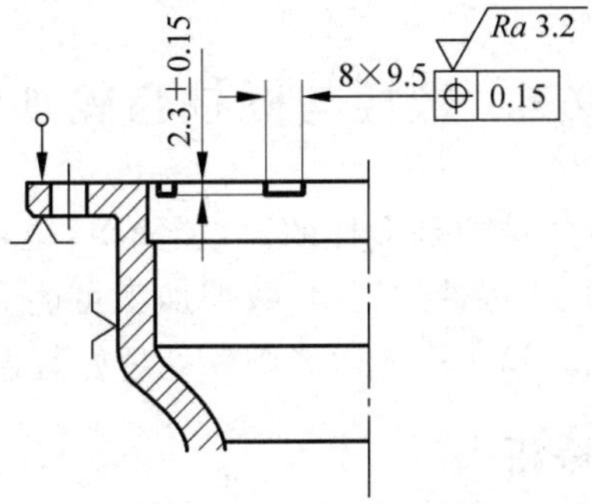 Ra 3.2; 2.3 ± 0.15; 8×9.5; ⊕ 0.15	卧式铣床
12	磨内孔及端面	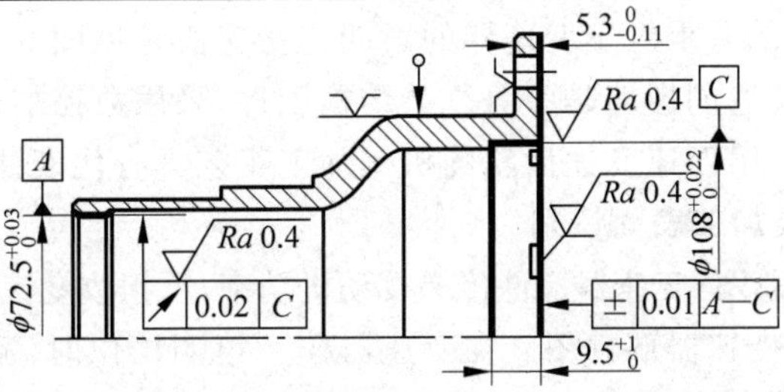 $5.3_{-0.11}^{0}$; Ra 0.4; C; A; $\phi72.5_{0}^{+0.03}$; Ra 0.4; $\phi108_{0}^{+0.022}$; Ra 0.4; ↗ 0.02 C; ⊥ 0.01 A—C; 9.5_{0}^{+1}	内圆磨床

续表

工序号	工序名称	工 序 简 图	设备
13	磨外圆	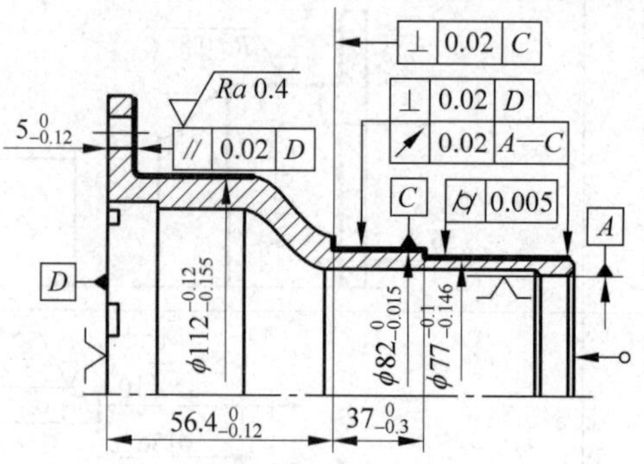	端面外圆磨床
14	磁力探伤		
15	最终检验		
16	发黑处理		

毛坯结构示意见图 9.22。

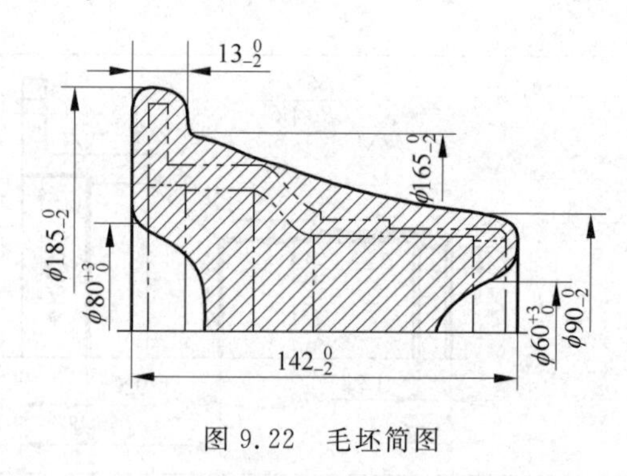

图 9.22 毛坯简图

9.6 数控与圆柱齿轮加工工艺

生产实际中机械零件的结构是多样的,可能简单,也可能复杂;可能有轮齿,可能有花键,也可能有螺纹等。在现实零件加工中,数控加工可能完成零件的全部加工,也可能是零件全部机械加工过程中的几道工序。后者则要处理好数控加工与普通加工的衔接。

9.6.1 工程案例分析

来自制造企业的载重汽车变速器的第四速变速齿轮见图 9.23,它是典型的复杂圆柱齿轮,也是双联齿轮。它的齿坯是中等复杂结构工件,采用数控加工方式加工。生产类型是大批量,规模化生产。第四速变速齿轮的机械加工工艺具有代表性。

1. 读图与主要加工表面识别

阅读载重汽车总图,变速器部件传递发动机功率,承担改变汽车车速和倒向行驶的功能。

阅读载重汽车变速器部件图。在变速器挂上第四挡位时,第四速变速齿轮传递发动机功率。车轮在地面作用下产生负载转矩施加在变速器输出轴上,也是第四速变速齿轮的负载。汽车运行过程中，路面情况是变化的，可能有较大冲击载荷。

阅读第四速变速齿轮零件图（图 9.23），其主要加工面可以分为两类：齿形表面和回转体表面。回转体表面也就是齿坯表面，齿坯表面采用数控加工。

1）齿形表面

第四速变速齿轮齿形的加工表面主要有 32 齿的圆柱斜齿渐开线齿形表面（用于啮合传动）和 36 齿的直齿渐开线齿形（结合齿）表面。

2）齿坯表面（数控加工）

第四速变速齿轮齿坯的加工表面较多，几乎齿坯的全部表面都需要加工。齿坯的结构复杂，包含各种回转体型面：内孔表面（$\phi70^{+0.029}_{+0.010}$ mm）、外圆表面（$\phi127.4^{+0.8}_{+0.6}$ mm）、端面、凹陷端面（$\phi98$ 旁端面）、外圆环槽（$3\times\phi88$mm）等。并且有较高的垂直度和平面度要求。

内孔表面（$\phi70^{+0.029}_{+0.010}$ mm）也是齿形加工的定位基准，它也是数控加工与齿形加工的衔接基准。

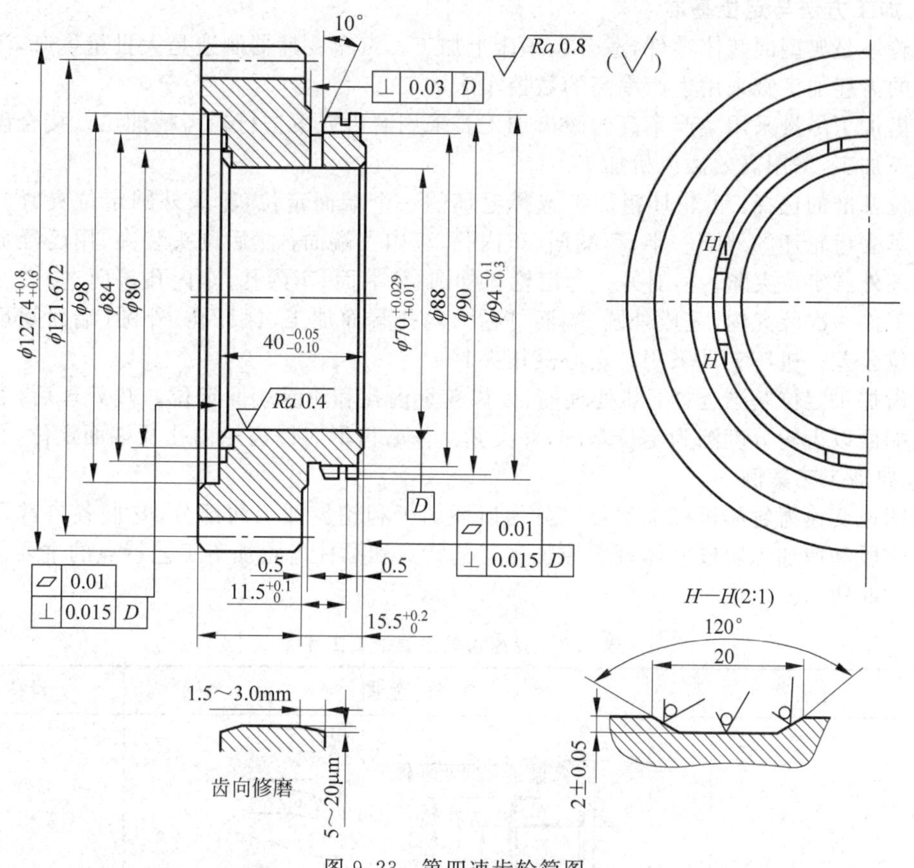

图 9.23　第四速齿轮简图

2. 材料、毛坯与热处理

汽车变速齿轮一般选用 20CrMnTi。最终热处理采用渗碳淬火，表面硬度 58～65HRC，心部硬度 33～48HRC。

毛坯采用模锻工艺制造，锻造毛坯如图 9.24 所示。预备热处理为正火处理，硬度为 157～207HV。

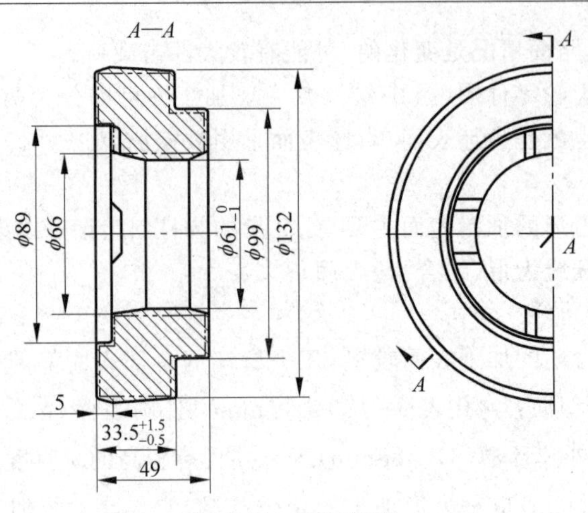

图 9.24　毛坯简图

3. 加工方法与定位基准

齿轮坯是典型回转体零件,适合在车床上加工。汽车变速器制造是大批量生产,汽车变速齿轮的齿坯加工宜采用生产率高的数控车床加工。

轮齿加工尽量采用生产率高的滚齿加工。采用磨齿方案进行轮齿精加工。接合齿无法采用滚齿加工,采用高效插齿机加工。

定位基准的选择:齿轮坯粗加工选择毛坯的一个端面定位,轮缘外圆定位夹紧。用数控车床车去齿轮坯的外圆一半、车端面、车内孔、车内孔端面;然后调头装夹,用已经加工过的齿轮坯外圆定位夹紧;车削另一半齿轮坯外圆、车端面、车内孔、车内孔端面。

在工件一次装夹内,完成外圆、端面、内孔、内孔端面加工,保证孔、外圆、端面间尺寸公差和形位公差。机床夹具采用自定心液压夹具。

轮齿加工定位基准选择:热处理前,以齿轮坯内孔和轮缘端面定位。热处理后,磨内孔和内孔端面以齿轮分度圆为定位基准,并夹紧。修磨齿形时以齿轮内孔及端面定位。

4. 典型工艺案例

第四速变速齿轮的机械加工可以分为齿坯加工和轮齿加工两部分,它们各自都可分为粗加工阶段和精加工阶段。体现数控加工工艺特点和圆柱齿轮加工工艺特点的主要加工工序如表 9.9 所示。

表 9.9　变速齿轮主要加工工序

序号	工序名称	工 序 简 图	设备
1	粗车外圆、端面、内孔、倒角	Ra 6.3; 2; 3; φ68+0.4 0; φ79; φ95.5; φ129.1 0 -0.4; 0.5; 15; 31.5; 15.85±0.15; 1工步; 2工步	数控车床

续表

序号	工序名称	工 序 简 图	设备
2	粗车外圆、端面止口、内孔、倒角	Ra 6.3；2；3；4.9±0.2；30.6$^{0}_{-0.4}$；$\phi68^{+0.2}_{0}$；$\phi92$；$\phi129.1^{0}_{-0.2}$；1 工步；2 工步；3 工步	数控车床
3	精车外圆、端面、空刀槽、锁环、倒角	Ra 3.2；0.5；3；2；0.5；3；15；30.1；11.5$^{+0.1}_{0}$；15.7$^{0}_{-0.05}$；$\phi79$；$\phi88^{0}_{-0.5}$；$\phi91.3^{0}_{-0.1}$；$\phi94.4^{0}_{-0.05}$；$\phi128.2^{0}_{-0.2}$；1 工步；2 工步；3 工步；4 工步	数控车床
4	精车外圆、端面止口、内孔、环槽、倒角	Ra 3.2；2；3；14.5；29.5$^{0}_{-0.2}$；24.4$^{0}_{-0.05}$；$\phi69.8^{+0.025}_{0}$；$\phi80$；$\phi84$；$\phi93$；$\phi128.2^{0}_{-0.2}$；1 工步；2 工步；3 工步；4 工步	数控车床
5	滚齿加工	Y；Ra 3.2；2；3；$\phi121.672$	高效滚齿机

续表

序号	工序名称	工 序 简 图	设备
6	插齿加工结合齿	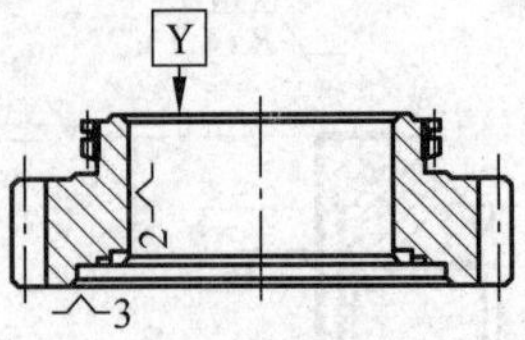	高速插齿机
7	检验		
8	热处理	渗碳淬火,表面硬度650～800HV。以齿根部为准,渗碳层为0.4～1mm。心部硬度513HV	
9	磨内孔、端面	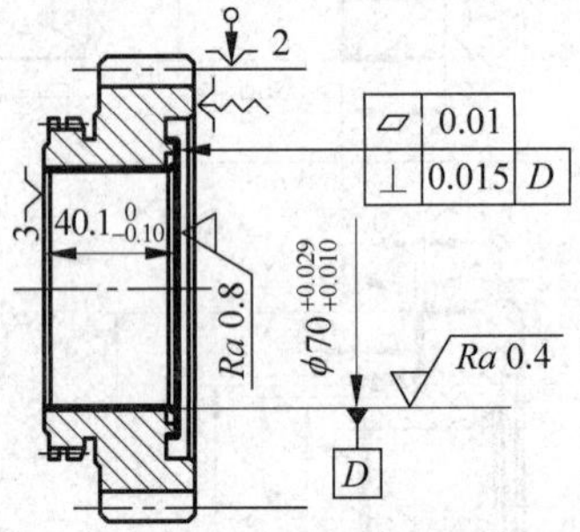	内孔端面磨床
10	磨端面	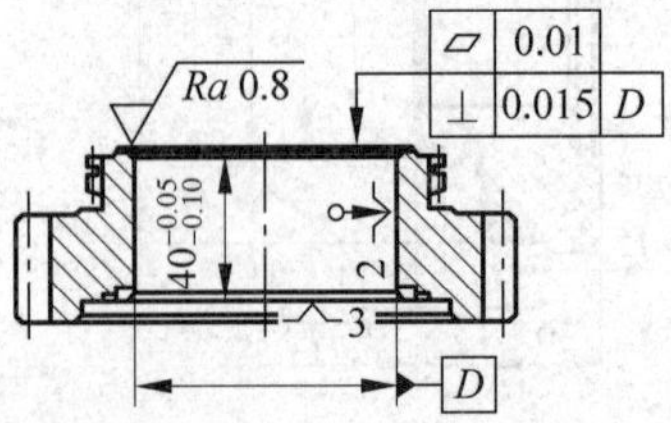	高精度卧轴圆台平面磨床
11	磨齿形	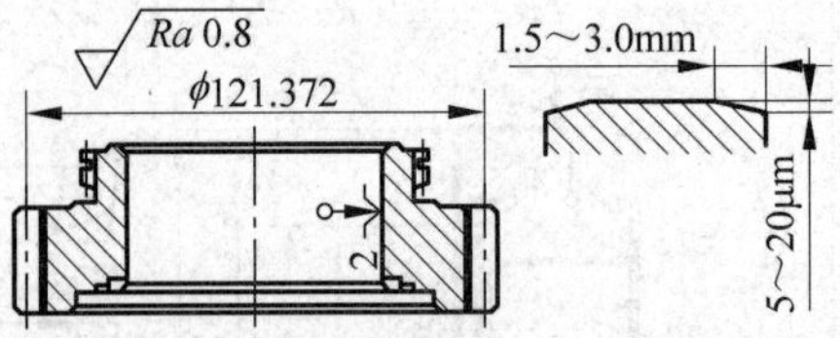	蜗杆砂轮磨齿机
12	最终检验		

9.6.2 圆柱齿轮类加工工艺

齿轮材料选择以齿轮载荷、工况和工作寿命等为依据,通常选用机械强度、硬度等综合力学性能优良的材料。例如选用20CrMnTi,经过渗碳淬火处理,心部具有良好韧性,齿面硬度可达56～62HRC。又如,选用38CrMoAlA,经过渗氮淬火处理,齿面可生成硬度很高的硬化层,抗疲劳点蚀能力强,且热处理变形小。非传力齿轮可采用铸铁材料。

小直径齿轮毛坯可采用圆钢,大直径齿轮毛坯常用铸件,中等直径高强度、高冲击、耐磨齿轮毛坯多采用锻件。

圆柱齿轮加工工艺过程分为两个阶段,即齿坯加工和齿形加工。第一个阶段加工完成齿轮的齿坯,它具有高精度的齿形加工定位基准。第二个阶段为齿形加工阶段,将完成齿形加工。若在齿形加工阶段进行了变形较大的热处理过程,则滚齿(或插齿)加工完成后进行装配基准修整加工和齿面精加工。典型的齿轮加工工艺过程为:毛坯制造→预备热处理→齿坯(轴类、套类、盘类等)加工→中间检验→齿形粗加工、半精加工→最终热处理→修整齿形加工定位基准→齿形精加工→最终检验。

圆柱齿轮往往是带孔齿轮。齿形加工的定位基准往往采用内圆孔和一个端面,可以实现定位基准、测量基准、装配基准和设计基准重合。

依据性能需要,齿轮加工过程通常可安排两次热处理过程:预备热处理和最终热处理。预备热处理安排在齿坯粗加工前,通常为正火或调质;最终热处理安排在齿形加工后,通常采用渗碳淬火、渗氮处理、高频淬火、碳氮共渗等。

盘形齿轮的齿形加工的定位基准往往是内圆孔。淬火热处理后齿轮的内圆孔会发生变形,其直径可能缩小 10～50μm,故需要对基准孔进行修整加工。修整加工采用磨削方式,以齿面定位,磨削加工内圆孔。

齿形加工方案:精度 7～8 级非淬火齿轮的齿形加工方案可选插齿或滚齿。精度 6～7 级非淬火的齿形加工方案可用滚齿(或插齿)→剃齿。精度 6～7 级淬火的齿轮,若是单件小批生产,齿形加工方案可用滚齿(或插齿)→齿面热处理→修整定位基准→磨齿;若是大批大量生产,齿形加工方案可用滚齿→剃齿→齿面热处理→修整定位基准→珩齿。成批生产的精度 5～6 级淬火齿轮加工方案可用粗滚齿→精滚(插)齿→齿面热处理→修整基准→磨齿。

9.7　装配工艺

载重汽车是常见的机械,作为批量生产民用机械,其生产过程是高生产率的。汽车的结构设计和装配工艺都是相对成熟的和具有代表性的。载重汽车后桥部件如图 9.25 所示,它的装配工作内容和种类均较为丰富,包括圆柱齿轮装配、锥齿轮装配、轴承调整等,是能够反映机器装配工作特点的例子。这里以载重汽车后桥部件装配为例,介绍机器装配工艺的一般规律。

图 9.25　载重汽车后桥

9.7.1　装配图分析

阅读载重汽车总图,载重汽车后桥是其驱动桥,驱动桥两端安装车轮,汽车后桥上安装车架。驱动桥的主要功能包括五个方面：对传动轴传递过来的发动机的动力(功率)进行降低转速与增大转矩；将增大的转矩以差速形式分配给两侧轮毂(车轮)；通过钢板弹簧把路面的反作用力和力矩传递给车架；产生轮毂制动转矩；支撑汽车后部重量。

阅读载重汽车后桥部件图(图 9.26 和图 9.27),载重汽车后桥主要包括主减速器、差速器、制动器、后桥壳等组件。主要零件和总成见表 9.10。

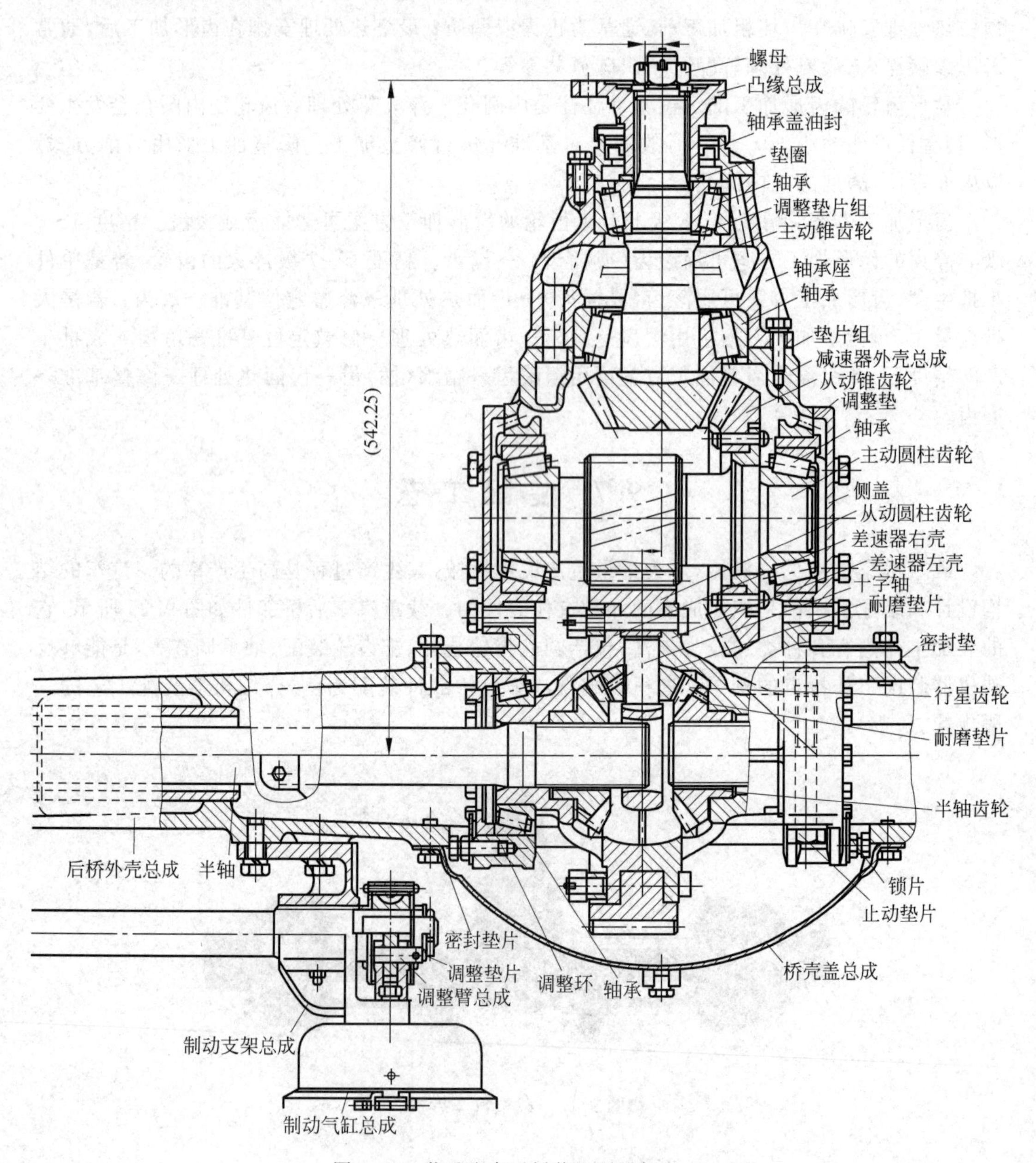

图 9.26　载重汽车后桥装配图局部之一

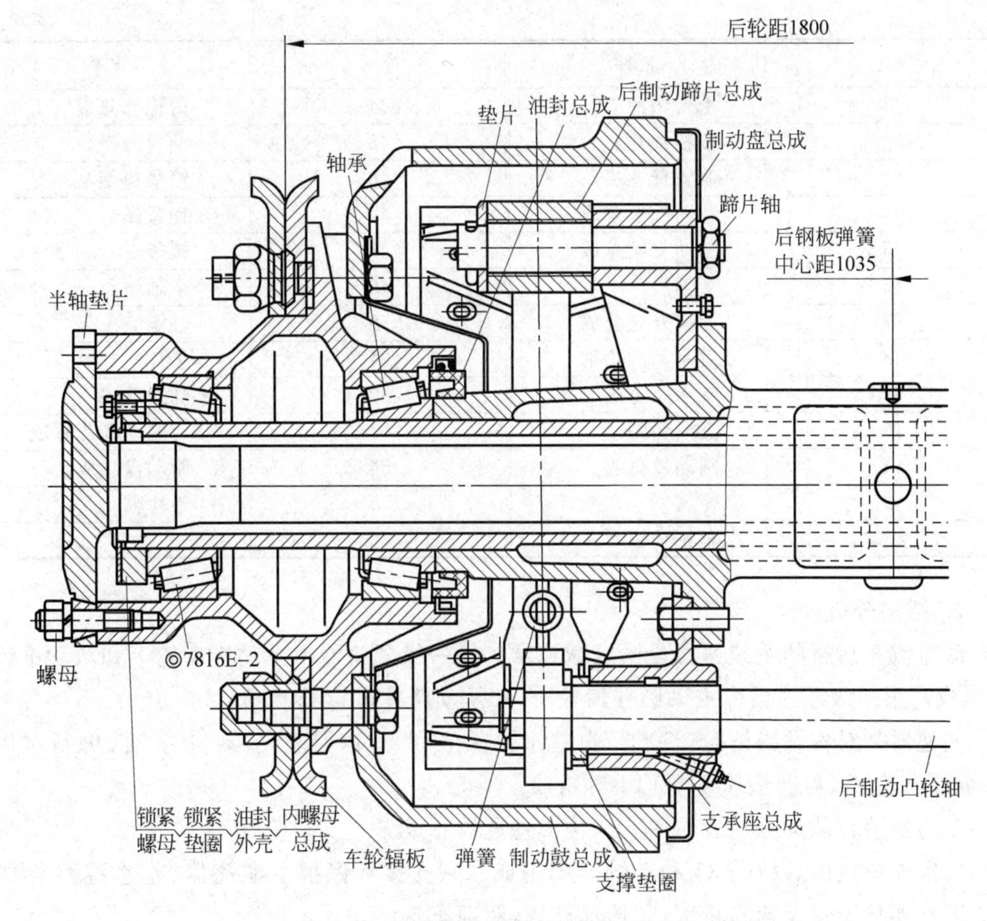

图 9.27　载重汽车后桥装配图局部之二

表 9.10　载重汽车后桥主要零件和总成

序号	名称	序号	名称
1	螺母	16	侧盖
2	凸缘总成	17	从动圆柱齿轮
3	轴承盖油封	18	差速器右壳
4	垫圈	19	差速器左壳
5	轴承	20	十字轴
6	调整垫片组	21	耐磨垫片
7	主动锥齿轮	22	密封垫
8	轴承座	23	行星齿轮
9	轴承	24	耐磨垫片
10	垫片组	25	半轴齿轮
11	减速器外壳总成	26	锁片
12	从动锥齿轮	27	止动垫片
13	调整垫	28	桥壳盖总成
14	轴承	29	轴承
15	主动圆柱齿轮	30	调整环

续表

序号	名称	序号	名称
31	密封垫片	44	内螺母总成
32	调整垫片	45	油封外壳
33	调整臂总成	46	锁紧垫圈
34	制动气缸总成	47	锁紧螺母
35	制动支架总成	48	螺母
36	半轴	49	半轴垫片
37	后桥外壳总成	50	轴承
38	后制动凸轮轴	51	垫片
39	支承座总成	52	油封总成
40	支撑垫圈	53	后制动蹄片总成
41	制动鼓总成	54	制动盘总成
42	弹簧	55	蹄片轴
43	车轮辐板		

1. 结构分析

载重汽车后桥的主减速器是两级减速器。第一级减速器由主动锥齿轮7和从动锥齿轮12组成。第二级减速器由主动圆柱齿轮15和从动圆柱齿轮17组成。

差速器是对称圆锥齿轮差速器,由差速器右壳18、差速器左壳19、十字轴20、行星齿轮23、半轴齿轮25、耐磨垫片21和24等组成。

差速器装在从动圆柱齿轮17上,构成差速器总成。

后桥壳总成由后桥壳37和半轴套筒组成。它支撑和保护主减速器、差速器和半轴36等。半轴连接半轴齿轮和轮毂,并传递转矩,驱动车轮。

制动器包括后制动凸轮轴38、支撑座总成39、支撑垫圈40、制动鼓总成41、弹簧42、后制动蹄片总成53、制动盘总成54、蹄片轴55等组成。调整臂总成33和制动气缸总成34属于制动控制系统。压缩空气进入制动气缸总成34,推动调整臂总成33摆动,带动后制动凸轮轴38转动,撑开后制动蹄片总成53,摩擦制动鼓总成41产生制动转矩。

2. 装配技术要求分析

后桥装配技术要求包括5个方面：轴承预紧力要求；连接的特殊要求；齿轮接触区和侧隙的调整要求；减速器与差速器总成试验要求；刹车间隙调整要求。

1) 轴承预紧力

(1) 主动锥齿轮轴承预紧力,通过主动锥齿轮轴轴肩与外轴承内环间的调整垫片组6进行调整。用转动锥齿轮所需力矩衡量,规定为1～3.5N·m。

(2) 从动齿轮轴承预紧力,规定检查齿轮转动所需力矩为1～3.5N·m。通过侧盖16与减速器壳件的调整垫13进行调整。

(3) 差速器轴承预紧力,用调整环30进行调整,用减速器壳的变形量衡量,规定变形增量为0.15～0.35mm。

(4) 轮毂轴承预紧力,用100～150N·m力矩紧固螺母将轮毂刹住,然后反向旋动螺母,退出六分之一圈(轴向退出0.3mm),锁紧外螺母。

2）连接的特殊要求

主动圆柱齿轮和从动锥齿轮的连接是过盈配合，采用温差法装配，将从动锥齿轮加热至120～160℃，热态下装配，在油压机上冷铆。

主动锥齿轮凸缘的紧固螺母拧紧力矩为 200～350N·m，差速器螺母拧紧力矩为 110～180N·m，差速器四个紧固螺母的拧紧力矩为 250～300N·m。

3）齿轮接触区和侧隙的调整要求

螺旋锥齿轮装配前，需在齿轮检验机上依据齿轮接触区和侧隙的要求进行齿轮选配。配对后的主动螺旋锥齿轮与装有从动锥齿轮盘的柱齿轮锥齿轮总成配对送往汽车后桥装配线。

在汽车后桥装配线上，螺旋锥齿轮按标号配对装配。每对螺旋锥齿轮都必须进行接触区与啮合间隙调整。

主动锥齿轮移动通过主动锥齿轮轴承座与减速器外壳之间的垫片厚度变化实现。从动锥齿轮移动通过将减速器外壳与侧盖之间的垫片从一侧移动到另一侧实现。螺旋锥齿轮啮合调整方法参阅表 9.11，它描述了螺旋锥齿轮的接触印痕和啮合间隙与齿轮位置关系。

表 9.11　螺旋锥齿轮啮合调整方法

从动锥齿轮齿面印痕（向前行驶 / 向后行驶） 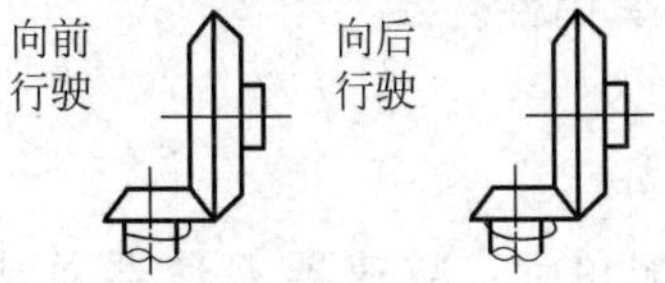	调整方法	
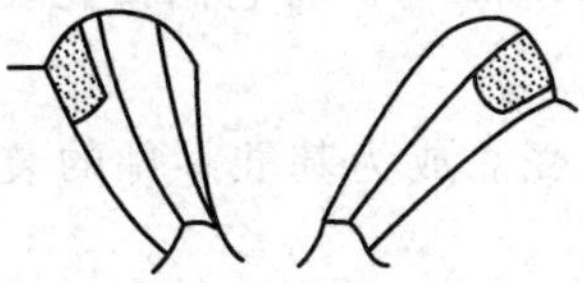	将从动锥齿轮向主动锥齿轮移近，若此时齿侧过小，则将主动锥齿轮移开	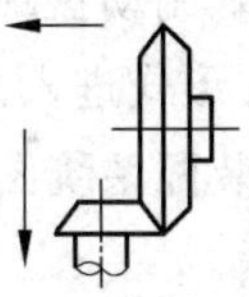
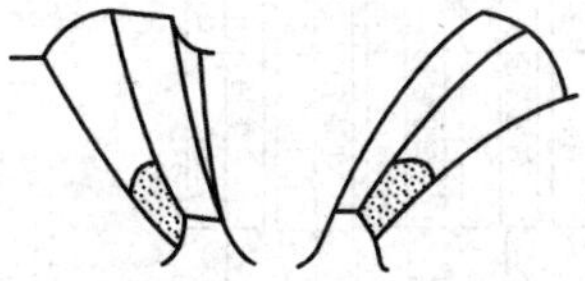	将从动锥齿轮自主动锥齿轮移开，若此时齿隙过大，则将主动锥齿轮移开	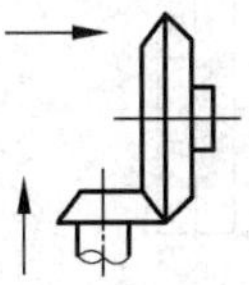
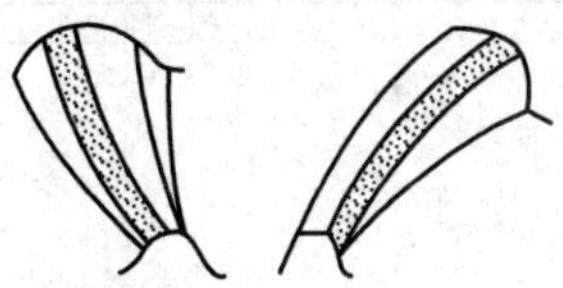	将主动锥齿轮向从动锥齿轮移开，若此时齿侧过小，则将从动锥齿轮移开	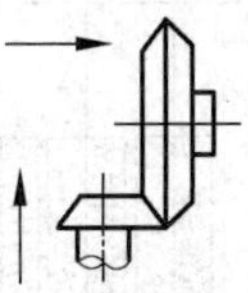
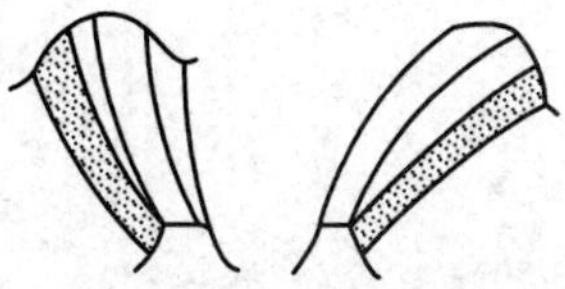	将主动锥齿轮自从动锥齿轮移开，若此时齿隙过大，则将从动锥齿轮移开	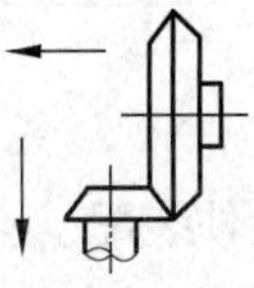

齿轮接触痕迹检验结果需与图 9.28 所示情况相符。

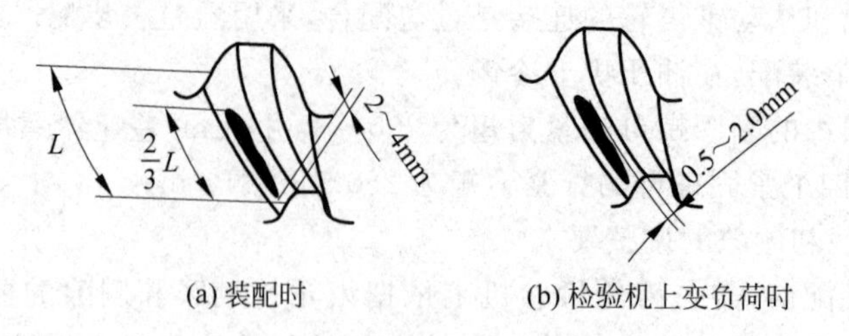

(a) 装配时　　(b) 检验机上变负荷时

图 9.28　螺旋锥齿轮正确接触区示意

齿侧间隙用检验夹具和百分表检验,沿轮齿全宽上齿隙须在 0.15~0.40mm 之间。从动锥齿轮圆周上至少检验三处(沿圆周均布)。

减速器与差速器总成试验要求、刹车间隙要求与调整此处不展开论述。

9.7.2　装配工艺过程设计

后桥部件包含一百多个零件,探讨它的全部装配工艺将需要很大的篇幅。考虑后桥具有一定的对称性,为了节省篇幅,后续工艺问题探讨略去了右侧轮毂、半轴、制动器等装配内容。同样为了节省篇幅和表达清晰,在装配系统图中均省去了紧固件。

1. 装配单元划分及装配顺序

1) 部件装配

阅读汽车后桥部件图,分析装配结构,划分出三个装配单元:减速器差速器总成(2402010)、制动盘蹄片轴总成(3502525)、支架制动气缸总成(3502915)。将它们预先装配好,以组件形式进入部件装配生产线。

部件装配系统图见图 9.29。这个图清晰表达了以后桥外壳总成为基准零件的装配顺序。

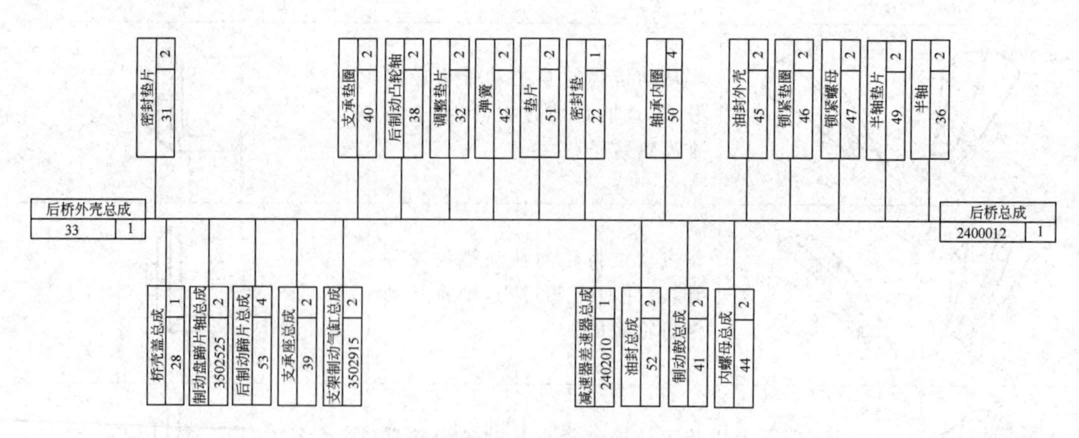

图 9.29　后桥部件装配系统图

2) 组件装配

支架制动气缸总成(3502915)、制动盘蹄片轴总成(3502525)、减速器差速器总成

(2402010)是三个组件。它们的装配系统图分别见图 9.30、图 9.31 和图 9.32。

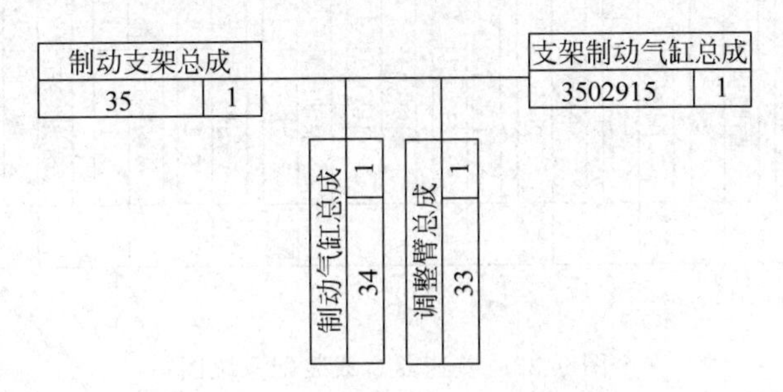

图 9.30　支架制动气缸总成装配系统图

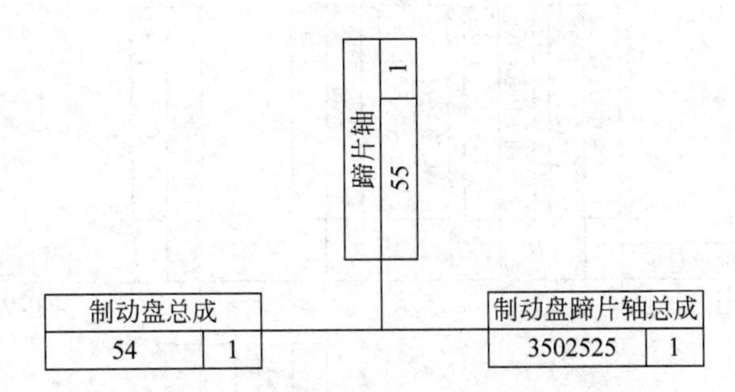

图 9.31　制动盘蹄片轴总成装配系统图

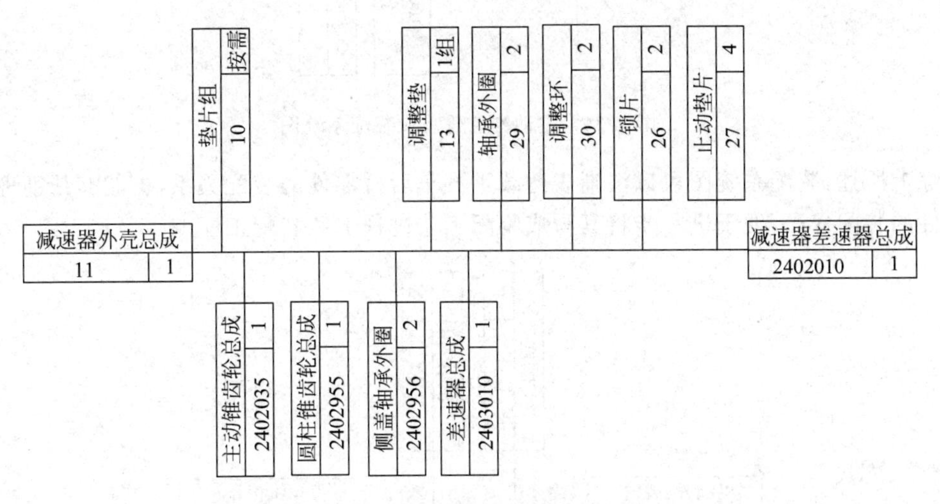

图 9.32　减速器差速器总成装配系统图

减速器差速器总成(2402010)中还包含差速器总成(2403010)和主动锥齿轮总成(2402035)两个组件。它们的装配系统图分别见图 9.33 和图 9.34。

组件装配系统图清晰表达了装配顺序。

减速器差速器总成(2402010)装配完毕后需进行试验台试验。

3) 合件装配

圆柱锥齿轮总成、外壳轴承外圈和轴承座轴承总成是三个合件，它们的装配系统图分别见图 9.35、图 9.36 和图 9.37。

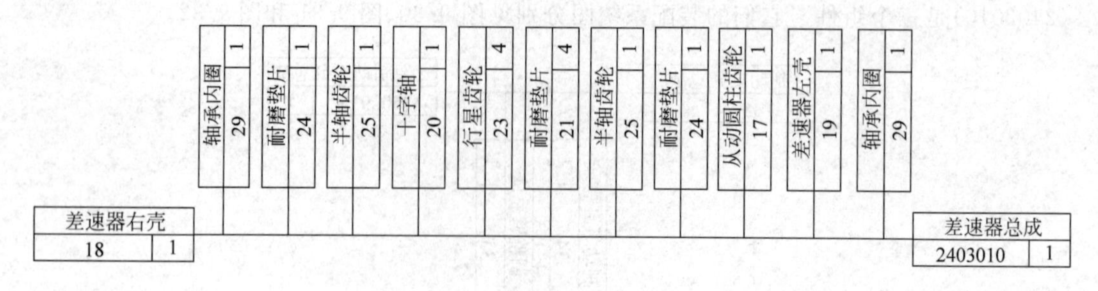

图 9.33　差速器总成装配系统图

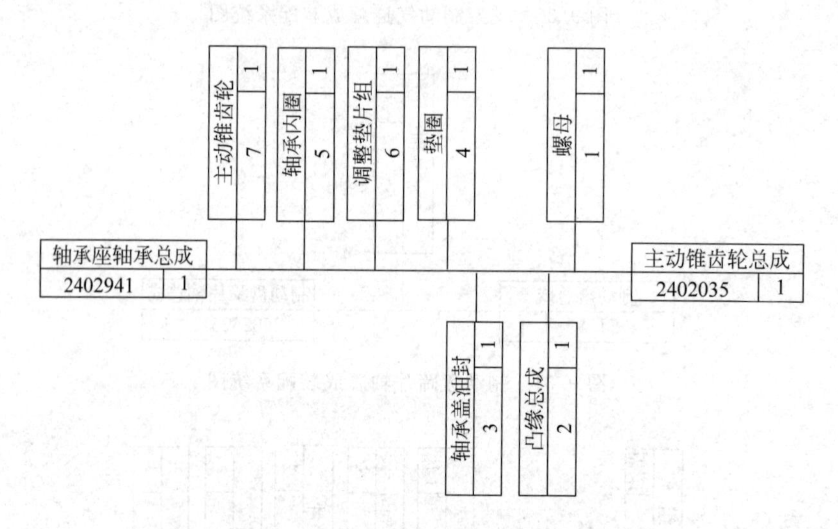

图 9.34　主动锥齿轮总成装配系统图

综上所述,装配系统图可以清晰表达载重汽车后桥零件的装配关系,也能够帮助理清后桥部件的装配程序,便于进一步将其写成装配工艺过程卡和装配工序卡。

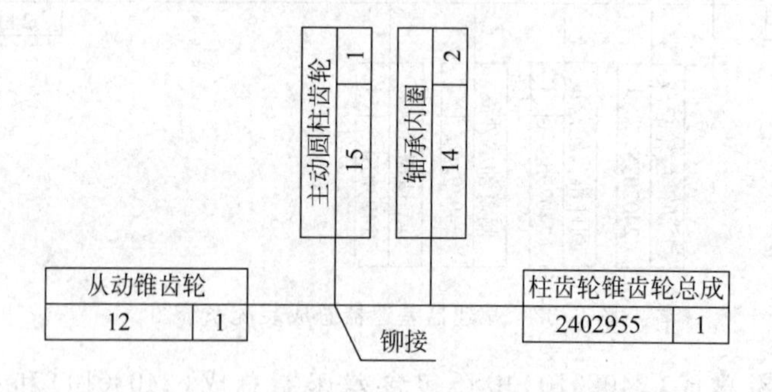

图 9.35　圆柱锥齿轮总成装配系统图

2. 装配组织形式

部件装配采用移动式装配组织形式,在后桥装配生产线上完成。

组件装配的工序内容不多,采用固定式装配组织形式,在一个固定工位完成装配工作。

合件的装配有两种情况,有些合件装配后还要加工,例如后桥外壳总成就是这样的一个

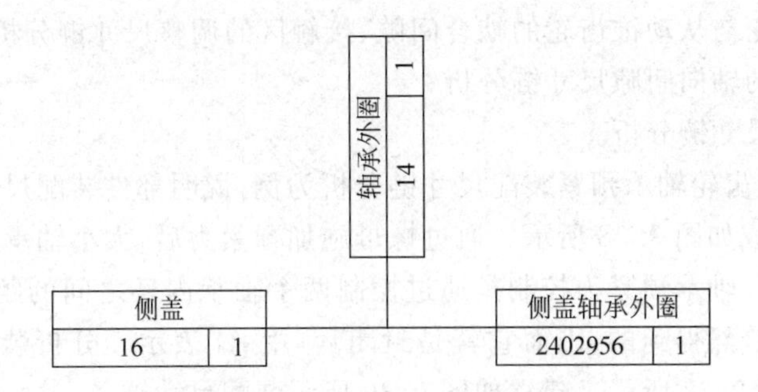

图 9.36　外壳轴承外圈合件装配系统图

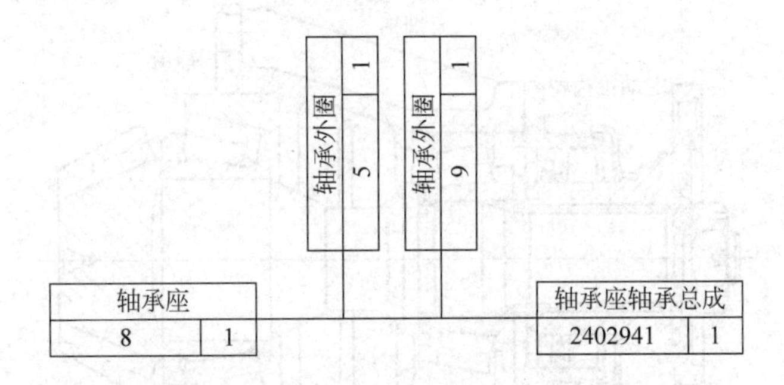

图 9.37　轴承座轴承合件装配系统图

合件，其合件装配工作在机械加工车间完成；另外一些合件装配后不需要机械加工，则可以在装配车间完成合件装配。通常，合件装配工作量不是很大，因而普遍采用固定式装配组织形式，在一个固定工位完成。

3. 装配工艺装备

1）装配生产线

载重汽车是大批量生产的机器，后桥部件生产批量要求配备移动生产线，以保证较高生产率。

2）试验台

减速器差速器总成需要试验台试验。检验合格后，方可装配到载重汽车后桥部件上。

3）装配工具

载重汽车装配生产线广泛配备气动扳手，生产效率高，控制螺栓拧紧力矩方便。

9.7.3　装配尺寸链分析

载重汽车是大批量生产的机器，要求汽车后桥装配工艺设计必须便于装配工艺过程的开展，必须设计恰当的装配方法以适应汽车后桥生产线流水作业，必须能够减少装配过程的修配和调整工作量。因此，在后桥的结构设计和工艺设计都需要进行尺寸链分析，以保证设计的装配方法合理与有效。

通常，载重汽车后桥需要进行如下几个尺寸链分析：

(1) 主动锥齿轮轴承预紧装配尺寸链分析；

(2) 主动圆柱齿轮及从动锥齿轮轴承预紧尺寸链分析；

(3) 主动锥齿轮与从动锥齿轮的啮合间隙、接触区的调整尺寸链分析；

(4) 制动凸轮的轴向间隙尺寸链分析；

(5) 制动间隙尺寸链分析。

这里，以主动锥齿轮轴承预紧装配尺寸链分析为例，说明部件装配尺寸链分析方法。

主动锥齿轮总成如图9.38所示。通过螺母施加预紧力后，大小轴承的内外圈之间沿轴线方向距离会缩小。轴承预紧力控制是通过控制两个轴承内环之间的距离变化量实现的。这个距离是装配时自然得到的，因而它就是封闭环，用A_0表示。分析装配关系中对A_0直接相关的尺寸(如图9.38所示)，建立如图9.39所示装配尺寸链。

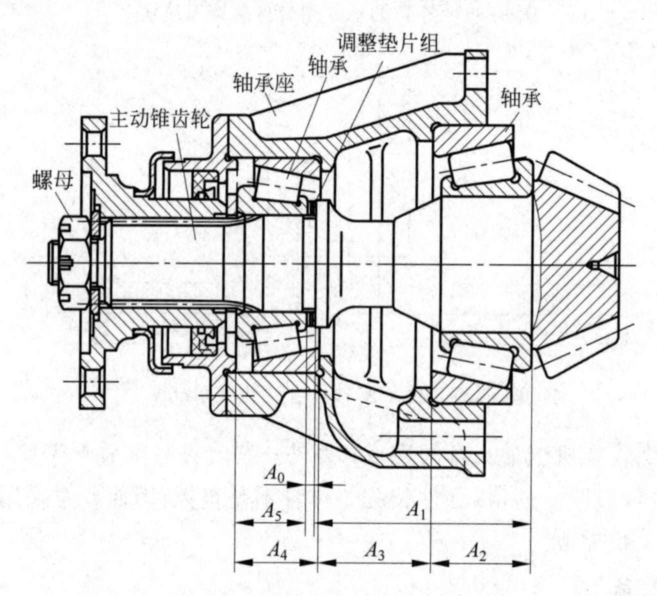

图9.38 圆柱锥齿轮总成装配图

查阅主动锥齿轮图纸，知$A_1=112^{+0.22}_{0}$mm。查阅轴承座图纸，知$A_3=60.5\pm0.15$mm。

查阅轴承手册，知$A_2=50^{+1.7}_{+0.3}$mm，$A_4=42\pm0.2$～42.5 ± 0.2mm，$A_5=40^{\ 0}_{-0.24}$mm。

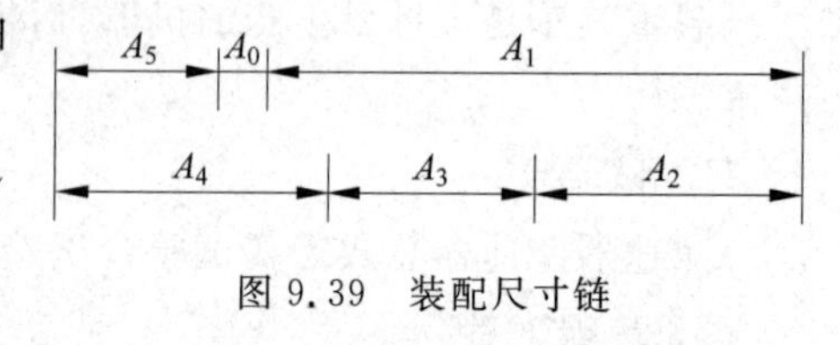

图9.39 装配尺寸链

采用极值法计算的$A_{0\max}=3.29$mm，$A_{0\min}=0.23$mm。

从汽车装配实践获知，用1～3.5N·m力矩旋紧螺母时，产生封闭环A_0的变化量不大于0.05mm。据此设计五组厚度分别为0.05mm、0.1mm、0.2mm、0.5mm、1mm的调整垫片用于调整主动锥齿轮轴承预紧力。

习题及思考题

9-1 有人说："整机的结构设计结果产生了零件结构，整机的精度设计产生了零件的加工精度要求，因而工艺人员需要看部件(甚至机器)装配图，工艺设计需要了解零件在机器中的作用和整机对零件的要求。"对此你怎么想？

9-2　减速器输出轴如题图 9.1 所示，材料：40Cr。完成如下工作。

(1) 主要加工表面是什么？为其拟定加工方案，并阐述理由。

(2) 加工主要加工表面过程中的定位基准是什么？如何夹紧工件？

(3) 试在单件生产和大批生产的两种生产类型下，分别为减速器轴设计机械加工工艺过程，并探讨两个机械加工工艺过程的差别。

(4) 尝试进行工序尺寸设计。

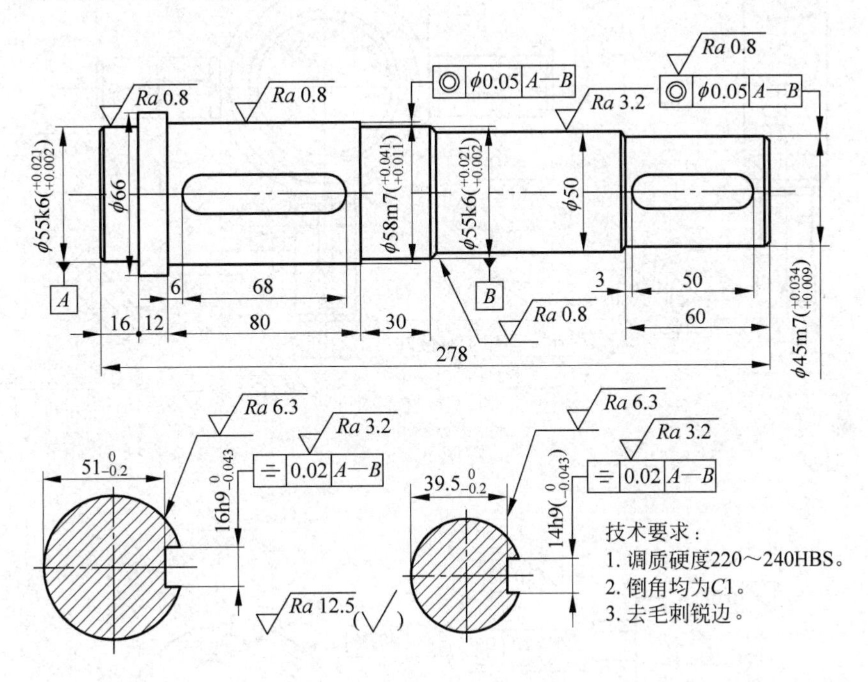

题图 9.1

9-3　汽车十字轴如题图 9.2 所示，材料：20CrMnTi。渗碳层深度 0.9～1.3mm，表面硬度 58～63HRC，锻件硬度 200～230HB。完成如下工作。

(1) 主要加工表面是什么？为其拟定加工方案，并阐述理由。

(2) 加工主要加工表面过程中的定位基准是什么？如何夹紧工件？

(3) 设计零件的机械加工工艺过程。

(4) 尝试进行工序尺寸设计。

9-4　结合盘如题图 9.3 所示，材料：45 钢。完成如下工作。

(1) 主要加工表面是什么？为其拟定加工方案，并阐述理由。

(2) 加工主要加工表面过程中的定位基准是什么？如何夹紧工件？

(3) 设计零件的机械加工工艺过程。

(4) 尝试进行工序尺寸设计。

9-5　圆柱齿轮如题图 9.4 所示，材料：45 钢，调质处理，硬度 269～302HBS。完成如下工作。

(1) 主要加工表面是什么？为其拟定加工方案，并阐述理由。

(2) 加工主要加工表面过程中的定位基准是什么？如何夹紧工件？

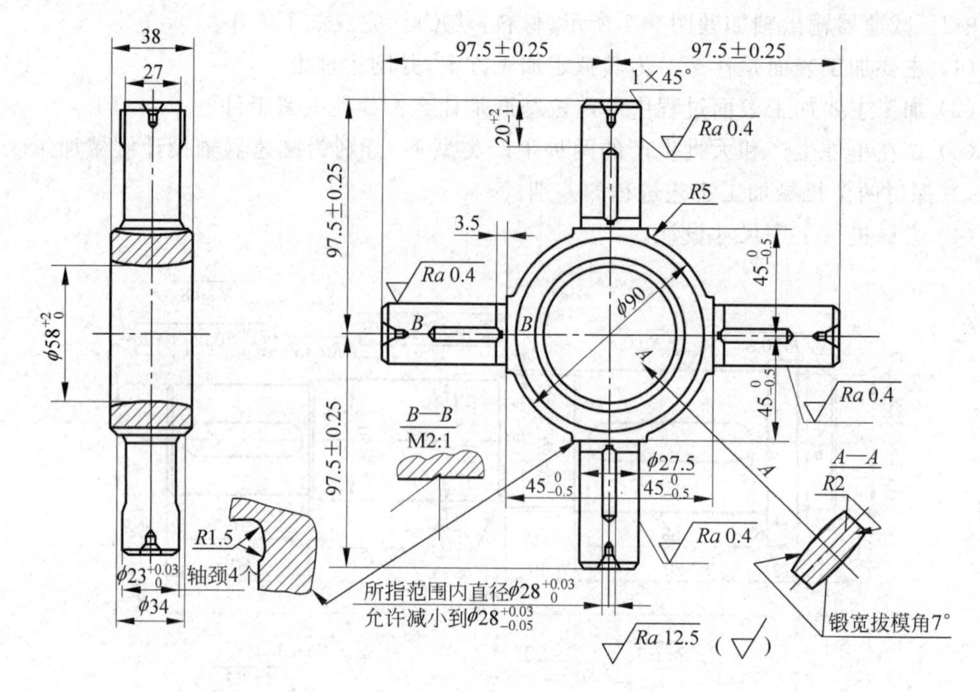

题图 9.2

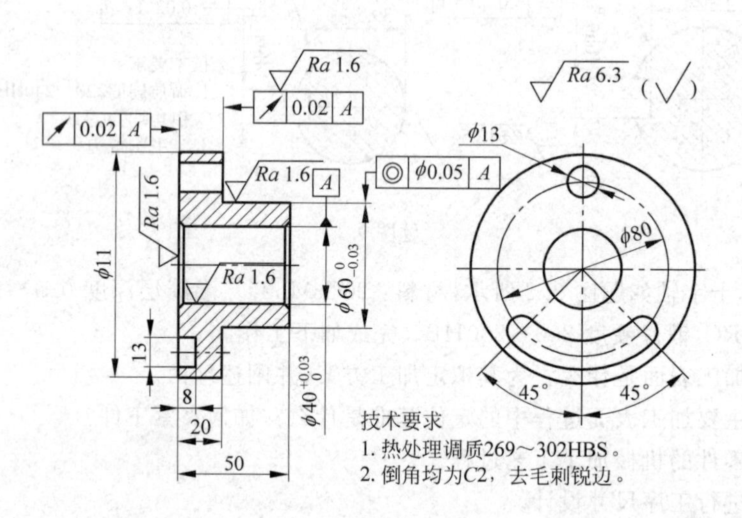

题图 9.3

(3) 设计零件的机械加工工艺过程。

(4) 尝试进行工序尺寸设计。

9-6　圆柱齿轮如题图 9.5 所示，材料：40Cr，调质热处理，硬度 220～240HBS。完成如下工作。

(1) 主要加工表面是什么？为其拟定加工方案，并阐述理由。

(2) 加工主要加工表面过程中的定位基准是什么？如何夹紧工件？

(3) 设计零件的机械加工工艺过程。

(4) 尝试进行工序尺寸设计。

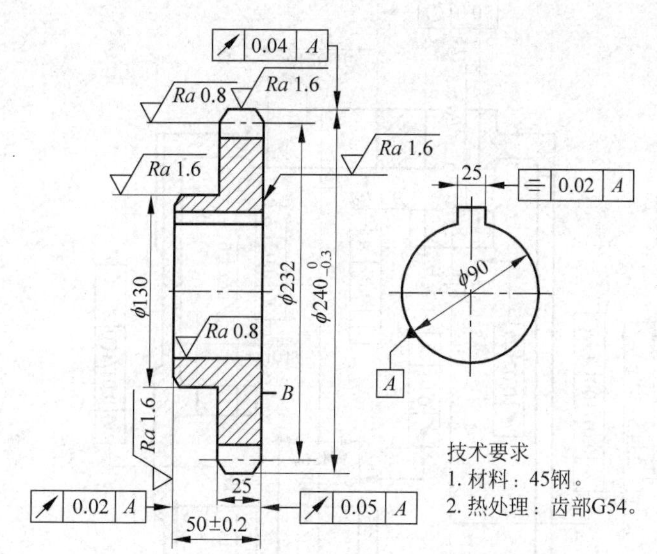

模数	m	4
齿数	z	58
压力角	α	20°
变位系数	x	0
精度等级	766KM GB/T 10095.1	
公法线长度变动公差	F_W	0.036
径向综合总偏差	F_i''	0.08
一齿径向综合偏差	f_i''	0.016
齿向公差	F_β	0.009
公法线平均长度	$W=80_{-0.29}^{+0.20}$	

题图 9.4

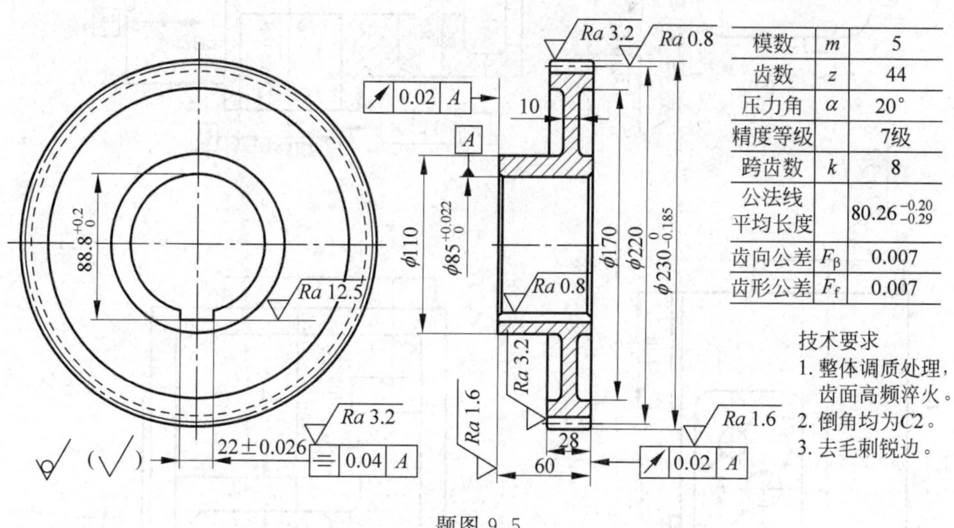

模数	m	5
齿数	z	44
压力角	α	20°
精度等级		7级
跨齿数	k	8
公法线平均长度		$80.26_{-0.29}^{-0.20}$
齿向公差	F_β	0.007
齿形公差	F_f	0.007

题图 9.5

9-7　车床主轴箱如题图 9.6 所示，材料：HT300。完成如下工作。

(1) 主要加工表面是什么？为其拟定加工方案，并阐述理由。

(2) 加工主要加工表面过程中的定位基准是什么？如何夹紧工件？

(3) 设计零件的机械加工工艺过程。

(4) 尝试进行工序尺寸设计。

9-8　圆柱齿轮减速器箱体图纸如题图 9.7 和题图 9.8 所示，材料：HT200。完成如下工作。

(1) 主要加工表面是什么？为其拟定加工方案，并阐述理由。

(2) 加工主要加工表面过程中的定位基准是什么？如何夹紧工件？

(3) 设计零件的机械加工工艺过程。

(4) 尝试进行工序尺寸设计。

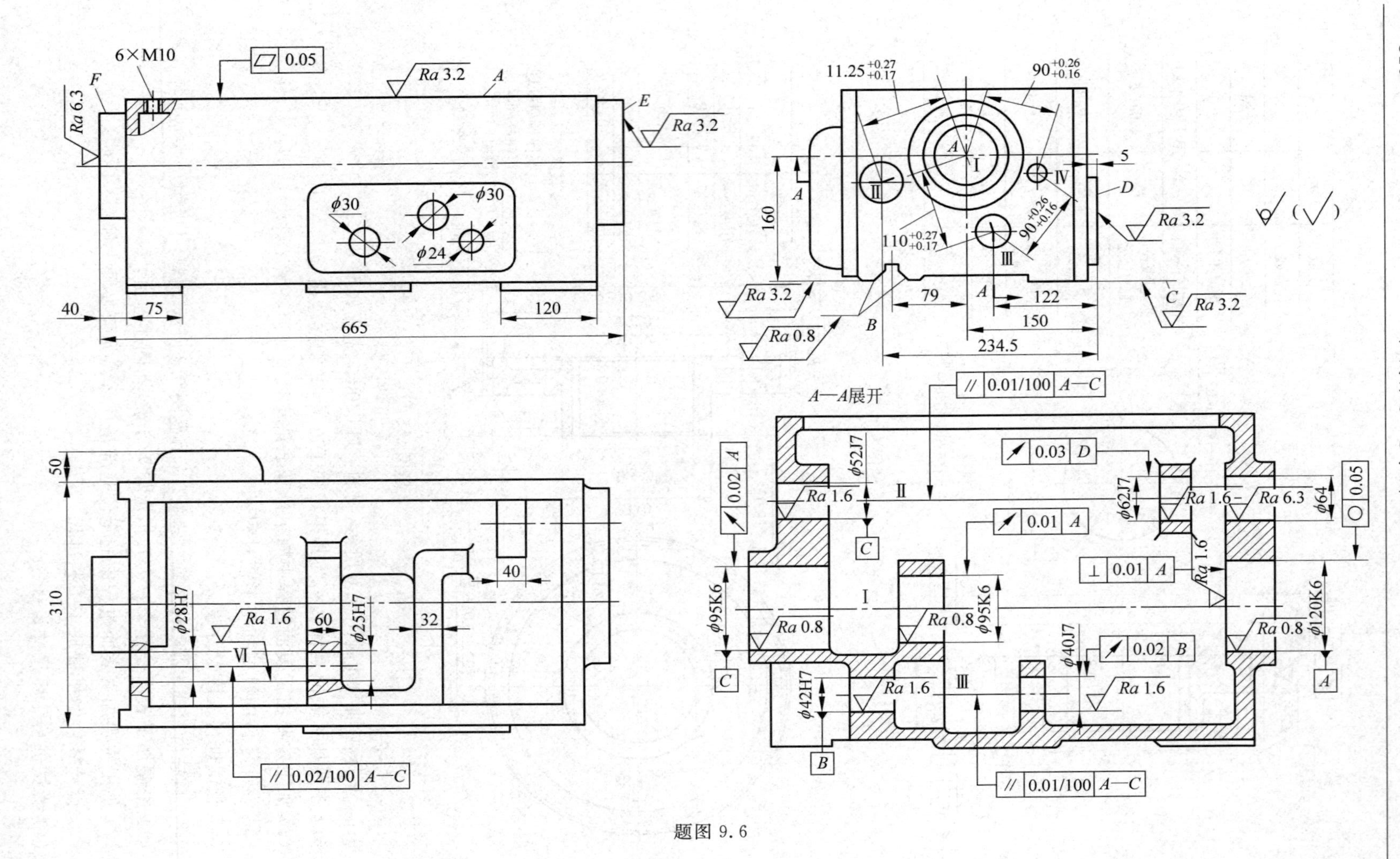
6×M10
0.05
Ra 3.2
Ra 6.3
F
A
E
φ30
φ30
φ24
40
75
120
665
11.25 +0.27 +0.17
90 +0.26 +0.16
110 +0.27 +0.17
5
D
160
79
122
150
234.5
B
C
Ra 0.8
A—A展开
// 0.01/100 A—C
0.03 D
0.01 A
⊥ 0.01 A
0.02 B
0.02 A
0.05
φ52J7
φ62J7
φ64
φ95K6
φ120K6
φ40J7
φ42H7
Ra 1.6
50
310
φ28H7
60
φ25H7
32
// 0.02/100 A—C

题图 9.6

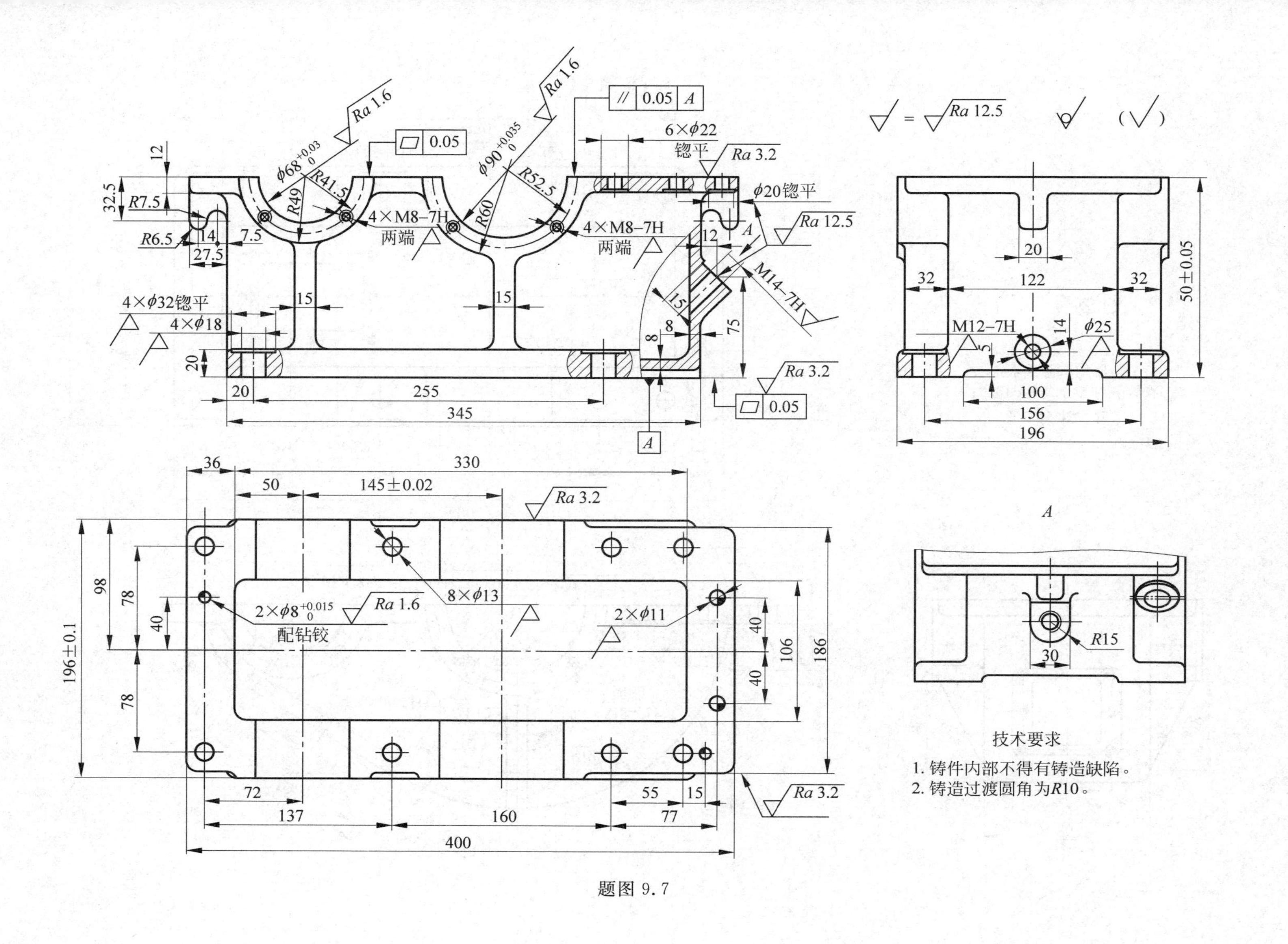
6×φ22
锪平
φ20锪平
4×M8-7H
两端
M14-7H
4×φ32锪平
4×φ18
M12-7H
A
8×φ13
2×φ11
2×φ8
配钻铰
技术要求
1. 铸件内部不得有铸造缺陷。
2. 铸造过渡圆角为R10。

题图 9.7

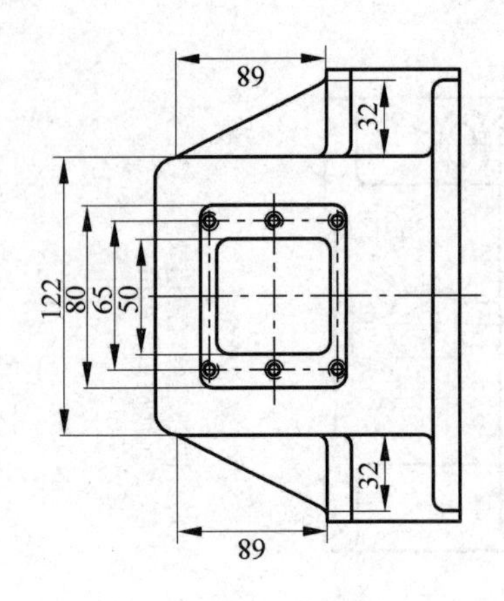
89
32
122
80
65
50
32
89

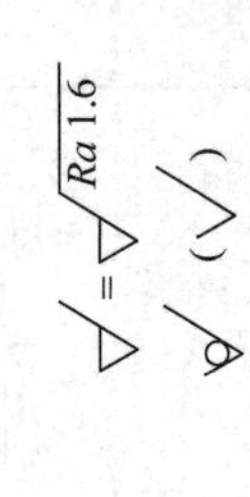
技术要求
1. 铸件内部不得有铸造缺陷。
2. 铸造过渡圆角为R10。
Ra 1.6

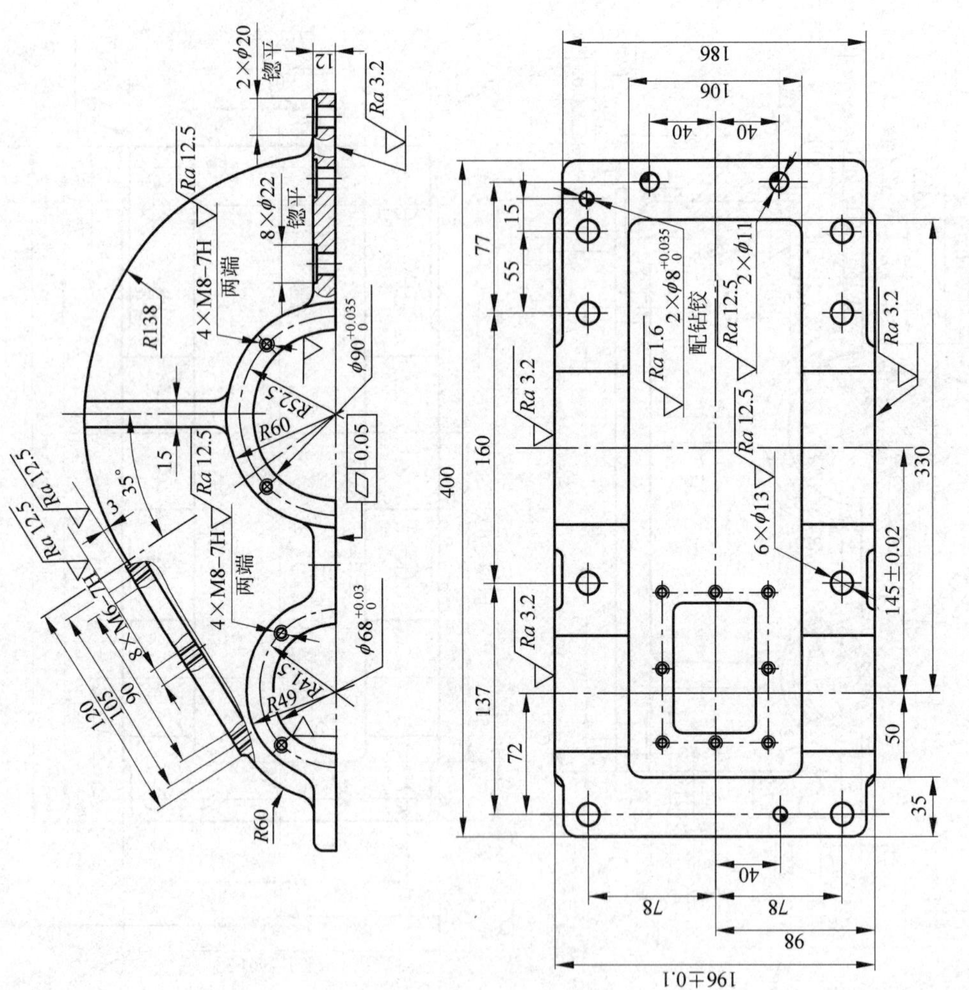
2×φ20
锪平
12
Ra 3.2
Ra 12.5
8×φ22
锪平
4×M8-7H
两端
R138
R52.5
R60
φ90
0.05
15
35°
Ra 12.5
8×M6-7H
120
105
96
φ68
R41.5
R49
R60
186
106
40
40
77
15
55
2×φ8
配钻铰
2×φ11
Ra 1.6
Ra 12.5
Ra 3.2
400
160
330
6×φ13
145±0.02
137
72
50
35
78
78
98
196±0.1

题图 9.8

9-9　支架零件如题图 9.9 所示，材料：HT200。完成如下工作。

（1）主要加工表面是什么？为其拟定加工方案，并阐述理由。

（2）加工主要加工表面过程中的定位基准是什么？如何夹紧工件？

（3）设计零件的机械加工工艺过程。

（4）尝试进行工序尺寸设计。

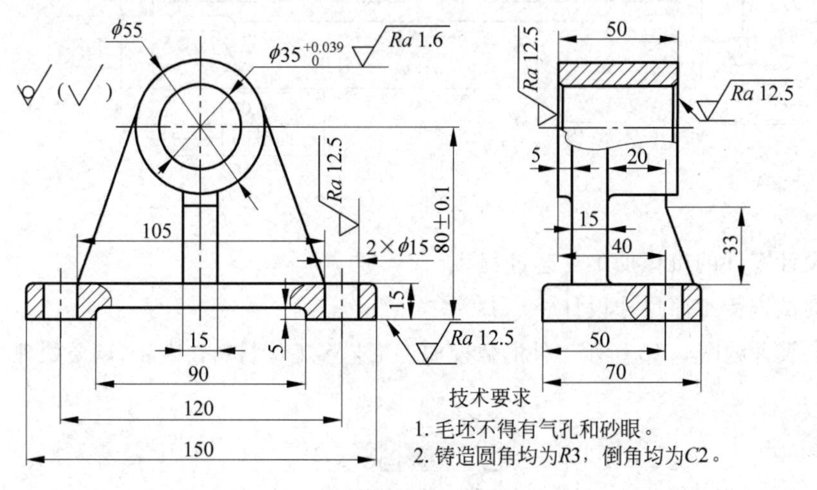

题图 9.9

9-10　液压缸导向套如题图 9.10 所示，材质为 40Cr。完成如下工作。

（1）主要加工表面是什么？为其拟定加工方案，并阐述理由。

（2）加工主要加工表面过程中的定位基准是什么？如何夹紧工件？

（3）设计零件的机械加工工艺过程。

（4）尝试进行工序尺寸设计。

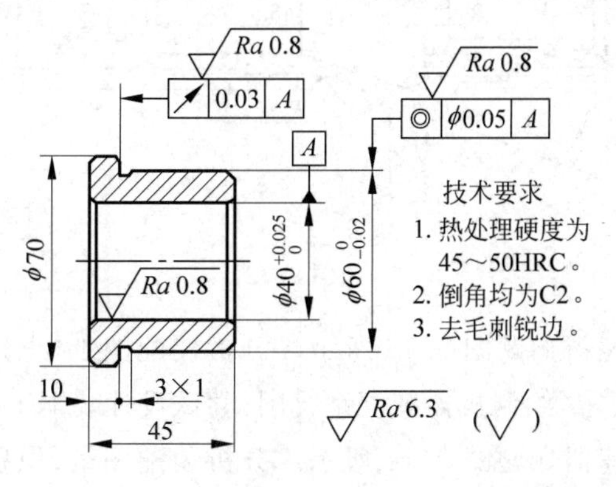

题图 9.10

9-11　液压缸缸筒如题图 9.11 所示，材料：45 钢。完成如下工作。

（1）采用何种热处理方案？为什么？

（2）主要加工表面是什么？为其拟定加工方案，并阐述理由。

（3）加工主要加工表面过程中的定位基准是什么？如何夹紧工件？

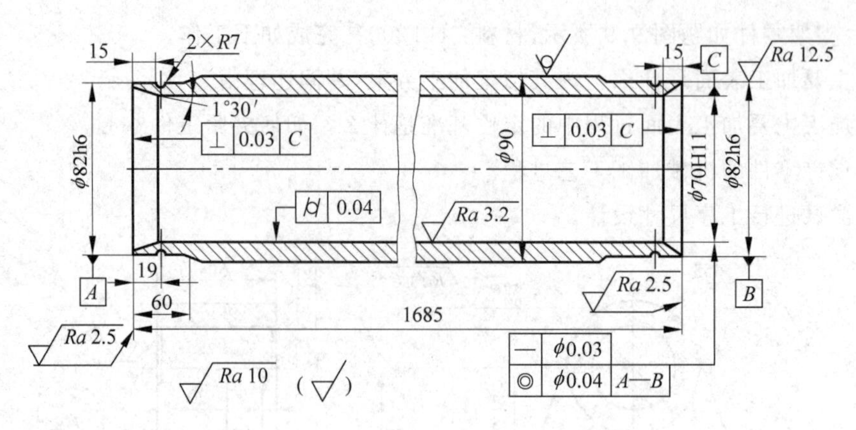

题图 9.11

(4) 设计零件的机械加工工艺过程。

(5) 尝试进行工序尺寸设计。

9-12　设计题图 9.12 所示工件的数控加工工艺。工件材料：45 钢，调质处理，硬度 269～302HBS。

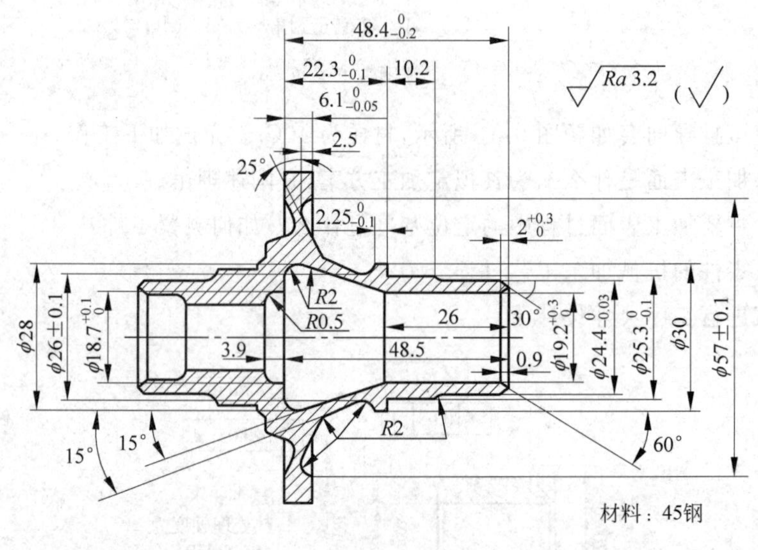

题图 9.12

9-13　圆柱齿轮减速器如题图 9.13 所示。分析装配图纸，识别各个零件类型，并为之编写序号，分析其装配要求，绘制机器装配系统图，尝试设计装配工艺。

9-14　蜗轮蜗杆减速器如题图 9.14 所示。分析装配图纸，识别各个零件类型，并为之编写序号，分析其装配要求，绘制机器装配工艺系统图，尝试设计装配工艺。

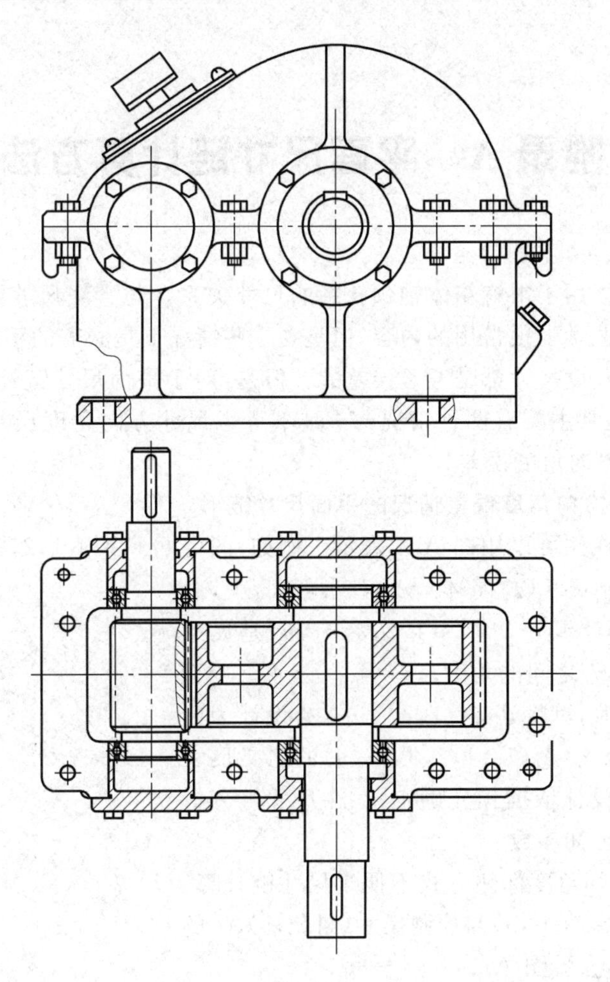

题图 9.13

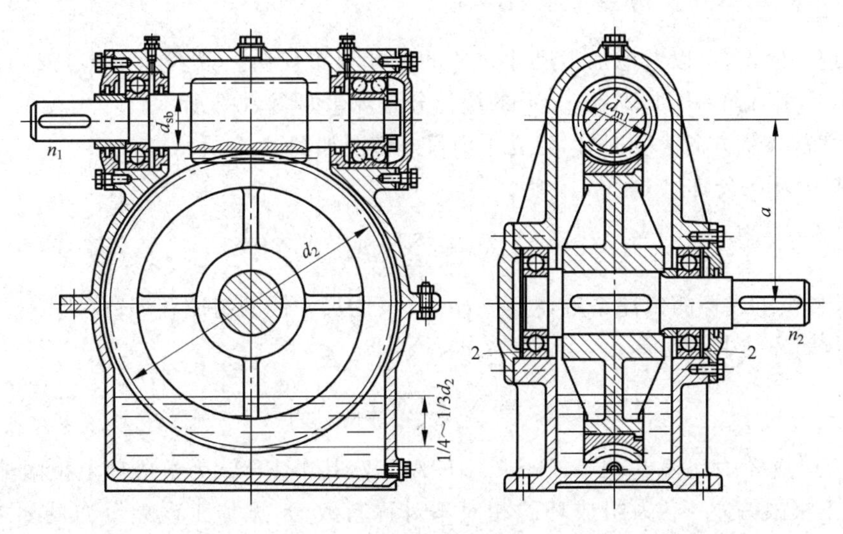

题图 9.14

附录 A　平面尺寸链计算方法

平面尺寸链较多用于求解箱体轴颈孔系的尺寸关系。与直线尺寸链相比较，平面尺寸链不是机械制造工艺学中很常用的内容，但是在一些情况下是必需的手段。

平面尺寸链中长度尺寸都是考虑误差的。但是，对于平面尺寸链计算的尺寸方向角度误差问题的处理，通常主要有两种情况：一是不考虑尺寸方向角度误差，仅考虑角度名义值；二是考虑尺寸方向角度误差。

1. 不考虑尺寸方向角度误差情况的平面尺寸链

平面尺寸关系往往可以用图 A.1 表示。例如，图中 $O_i(i=0,1,2,3,\cdots,n)$ 表示箱体轴颈中心，A_0 表示控制尺寸(封闭环)，$A_i(i=1,2,3,\cdots,n)$ 为轴颈中心间的设计尺寸，$\theta_i(i=1,2,3,\cdots,n)$ 是尺寸 $A_i(i=0,1,2,3,\cdots,n)$ 之间的角度。

产品设计开发时，可将 $\theta_i(i=1,2,3,\cdots,n)$ 设计为已知参数(可以通过尺寸 $A_i(i=1,2,3,\cdots,n)$ 的名义尺寸和机构几何关系等设计依据预先确定)。在尺寸链分析与设计时将其作为已知参数。

图 A.1 的尺寸间角度标注方式不便于尺寸链计算，统一改用 $A_i(i=1,2,3,\cdots,n)$ 与控制尺寸(封闭环)A_0 的角度方向关系标注，参见图 A.2：

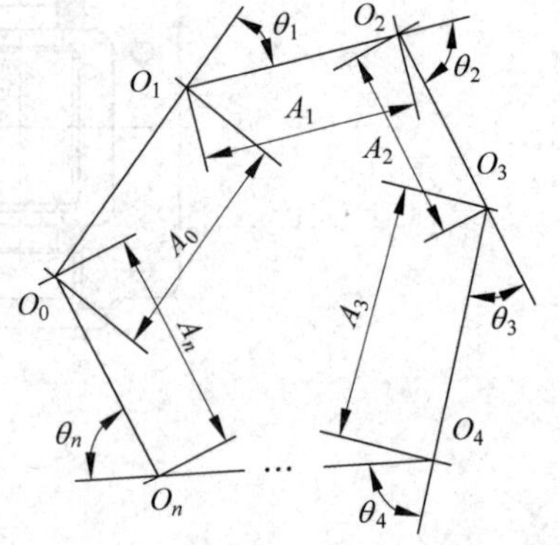

图 A.1　平面尺寸设计图

$$\alpha_i=\sum_{k=1}^{i}\theta_k,\quad i=1,2,3,\cdots,n \tag{A.1}$$

为体现一般性，可以考虑加工尺寸误差的统计分布规律。以 $O_i(i=0,1,2,3,\cdots,n)$ 为基准，表示尺寸 $A_i(i=0,1,2,3,\cdots,n)$ 的统计分布规律如图 A.2 所示。

取尺寸链环绕方向为顺时针，建立平面尺寸链图如图 A.3 所示。

(1) 封闭环的公称尺寸 A_0

$$A_0=\sum_{i=1}^{n}\xi_i A_i \tag{A.2}$$

式中，ξ_i 为各个组成环的传递系数，$\xi_i=-\cos\alpha_i$；n 为尺寸链的组成环环数。

(2) 封闭环的中间偏差 Δ_0

$$\Delta_0=\sum_{i=1}^{n}\xi_i\left(\Delta_i+e_i\frac{T_i}{2}\right) \tag{A.3}$$

式中，Δ_i 为组成环中间偏差，$\Delta_i=(\mathrm{ESA}_i+\mathrm{EIA}_i)/2$，其中 ESA_i 为组成环上极限偏差，EIA_i 为组成环下极限偏差；e_i 为组成环的相对不对称系数，常见加工误差分布的 e_i 数值参见表 5.1，若组成环在公差带内对称分布，则 $e_i=0$；T_i 为组成环公差带。

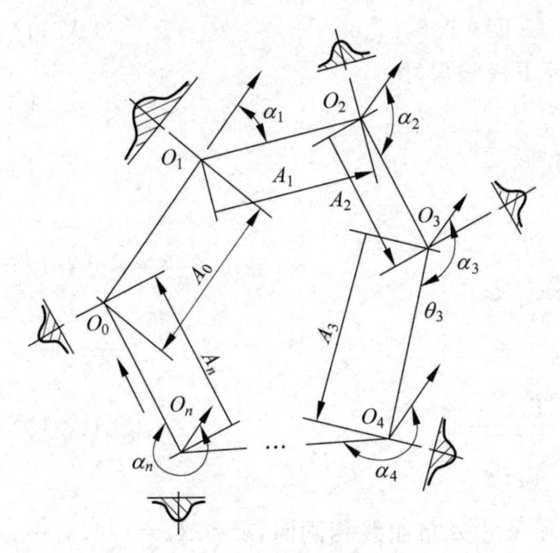

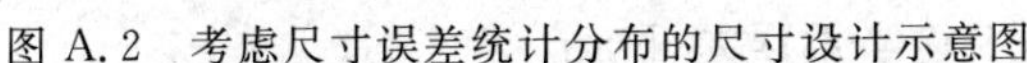

图 A.2　考虑尺寸误差统计分布的尺寸设计示意图

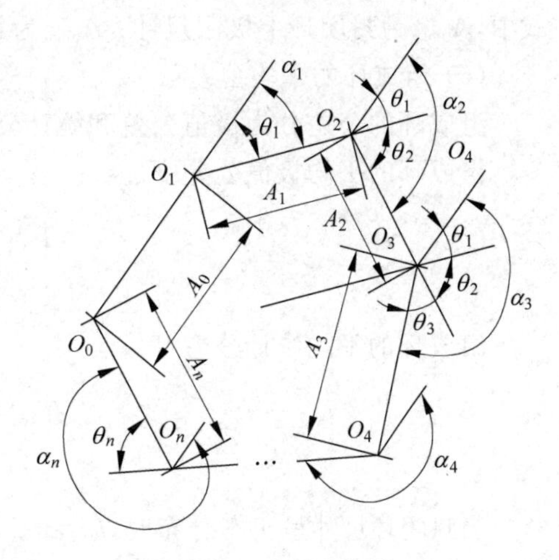

图 A.3　尺寸链图

(3) 封闭环的公差 T_0

封闭环的公差分为极值公差和统计公差两种。

封闭环的极值公差 T_{0L}：

$$T_{0L} = \sum_{i=1}^{n} |\xi_i| T_i \tag{A.4}$$

封闭环的统计公差 T_{0S}：

$$T_{0S} = \frac{1}{k_0}\sqrt{\sum_{i=1}^{n} \xi_i^2 k_i^2 T_i^2} \tag{A.5}$$

式中，k_i 为相对分布系数。常见加工误差分布的 k_i 数值参见表 5.1，正态分布时 $k=1$。

当封闭环尺寸呈正态分布时，$k_0=1$。组成环尺寸分布曲线相同时，$k_i=k(i=1,2,3,\cdots,n)$，则封闭环的统计公差 T_{0S} 被称为封闭环当量误差 T_{0E}：

$$T_{0E} = k\sqrt{\sum_{i=1}^{n} \xi_i^2 T_i^2} \tag{A.6}$$

当封闭环与组成环尺寸均呈正态分布时，$k_i=1(i=0,1,2,3,\cdots,n)$，则封闭环的统计公差 T_{0S} 被称为封闭环平方误差 T_{0Q}：

$$T_{0Q} = \sqrt{\sum_{i=1}^{n} \xi_i^2 T_i^2} \tag{A.7}$$

(4) 封闭环的极限偏差

$$\mathrm{ES}A_0 = \Delta_0 + \frac{T_0}{2} \tag{A.8}$$

$$\mathrm{EI}A_0 = \Delta_0 - \frac{T_0}{2} \tag{A.9}$$

式中，$\mathrm{ES}A_0$ 为封闭环上极限偏差；$\mathrm{EI}A_0$ 为封闭环下极限偏差。

(5) 封闭环的极限尺寸

$$A_{0\max} = A_0 + \mathrm{ES}A_0 \tag{A.10}$$

$$A_{0\min} = A_0 + \mathrm{EIA}_0 \tag{A.11}$$

式中,$A_{0\max}$为封闭环上极限尺寸;$A_{0\min}$为封闭环下极限尺寸。

(6) 组成环的平均公差

组成环的公差分为极值公差和统计公差两种。

组成环的平均极值公差 T_{avL}:

$$T_{\mathrm{avL}} = \frac{T_0}{\sum_{i=1}^{n} |\xi_i|} \tag{A.12}$$

组成环的平均统计公差 T_{avS}:

$$T_{\mathrm{avS}} = \frac{T_0 k_0}{\sqrt{\sum_{i=1}^{n} \xi_i^2 k_i^2}} \tag{A.13}$$

当封闭环尺寸呈正态分布时,$k_0 = 1$。组成环尺寸分布曲线相同时,$k_i = k(i=1,2,3,\cdots,n)$,则组成环的平均统计公差 T_{avS}被称为组成环平均当量误差 T_{avE}:

$$T_{\mathrm{avE}} = \frac{T_0}{k\sqrt{\sum_{i=1}^{n} \xi_i^2}} \tag{A.14}$$

当封闭环与组成环尺寸均呈正态分布时,$k_i = 1(i=0,1,2,3,\cdots,n)$,则组成环的平均统计公差 T_{avS}被称为组成环平均平方误差 T_{avQ}:

$$T_{\mathrm{avQ}} = \frac{T_0}{\sqrt{\sum_{i=1}^{n} \xi_i^2}} \tag{A.15}$$

(7) 组成环的极限偏差

$$\mathrm{ESA}_i = \Delta_i + \frac{T_i}{2},\quad i = 1,2,3,\cdots,n \tag{A.16}$$

$$\mathrm{EIA}_i = \Delta_i - \frac{T_i}{2},\quad i = 1,2,3,\cdots,n \tag{A.17}$$

(8) 组成环的极限尺寸

$$A_{i\max} = A_i + \mathrm{ESA}_i,\quad i = 1,2,3,\cdots,n \tag{A.18}$$

$$A_{i\min} = A_i + \mathrm{EIA}_i,\quad i = 1,2,3,\cdots,n \tag{A.19}$$

不考虑尺寸方向角度误差的情况是一种简单情况,也是工程实际经常采用的假设。

若平面尺寸链出现在直线尺寸链计算的局部环节,且平面尺寸链比较简单,可以将平面尺寸链的环在直线尺寸链方向上投影,转变为直线尺寸链。

2. 考虑尺寸方向角度误差情况的平面尺寸链

若考虑平面尺寸链的尺寸角度误差,则平面尺寸链的公差带图为一面积区域,见图 A.4 所示。显然,若考虑尺寸方向角度误差,平面尺寸链计算问题将大幅复杂化。

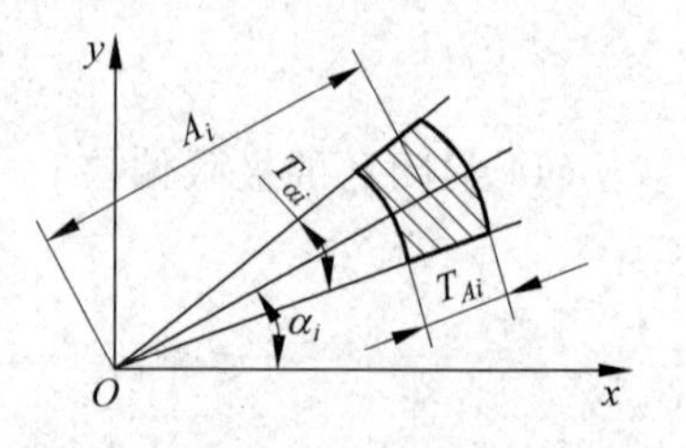

图 A.4　考虑尺寸方向角度误差平面尺寸链公差带图

附录B　常见工艺性差现象

典型的零件结构工艺性情况见表B.1。典型的图样标注合理性情况见表B.2。典型的装配工艺性情况见表B.3。

表B.1　零件结构工艺性

序号	工艺性差	工艺性好	提示
1	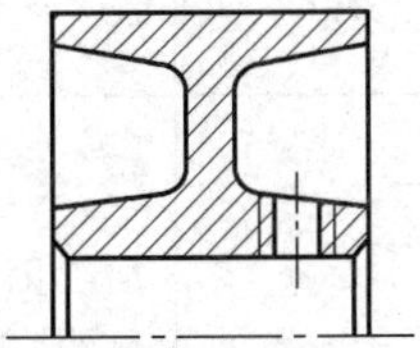	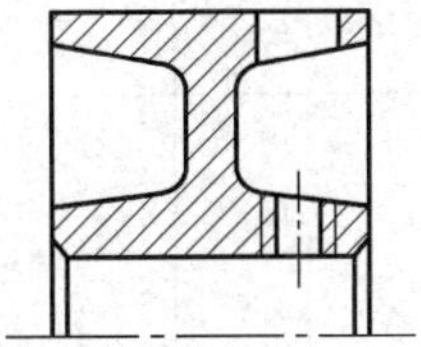	孔无法加工，开工艺孔
2	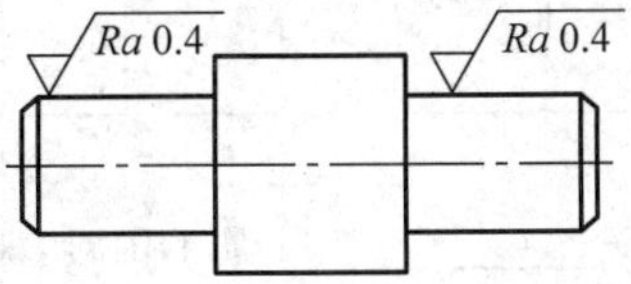 Ra 0.4　Ra 0.4	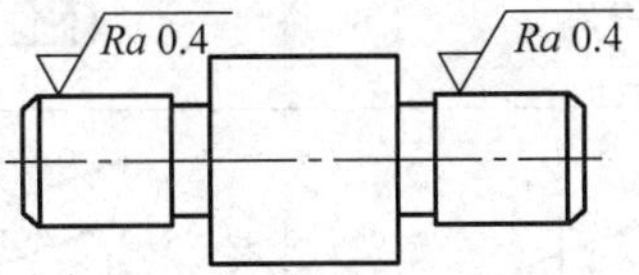 Ra 0.4　Ra 0.4	缺少越程槽，几乎无法加工
3	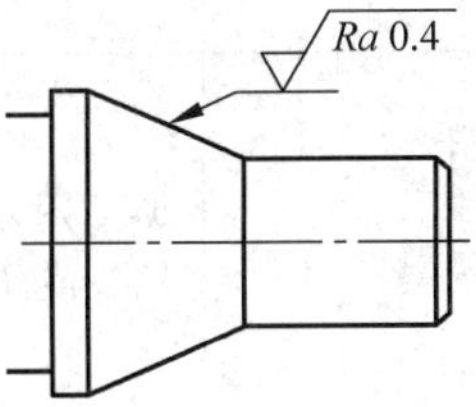 Ra 0.4	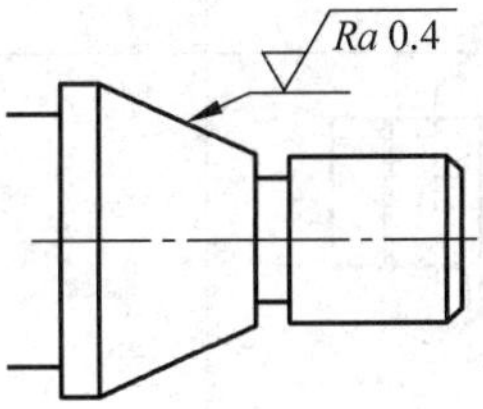 Ra 0.4	锥面磨削几乎无法进行
4	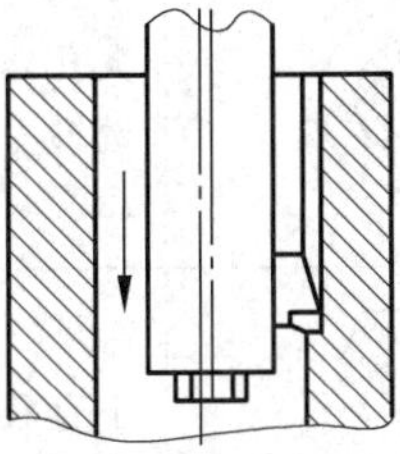	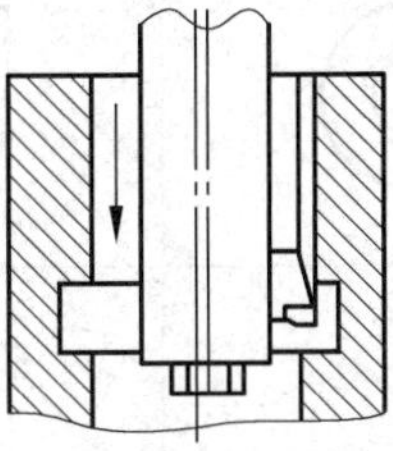	插削平键槽，无越程槽，无法加工
5	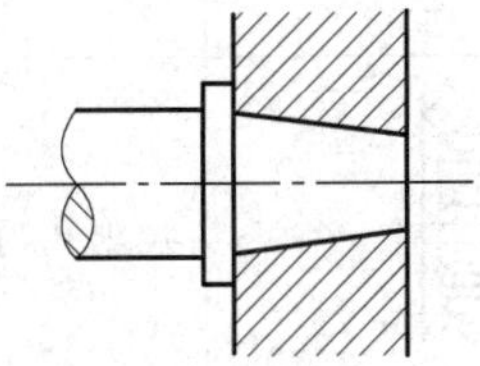	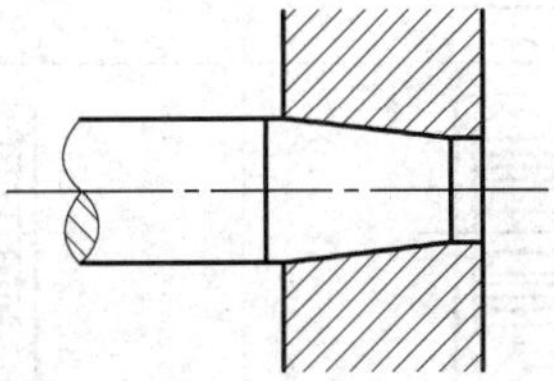	装配存在过定位，加工难度大

续表

序号	工艺性差	工艺性好	提示
6	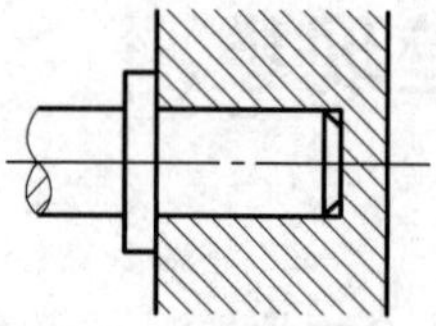	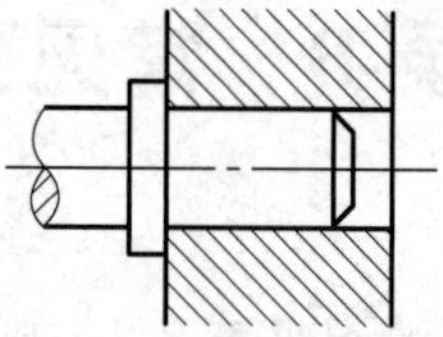	装配存在过定位,加工难度大
7	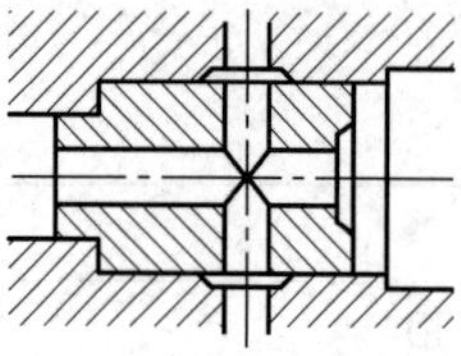	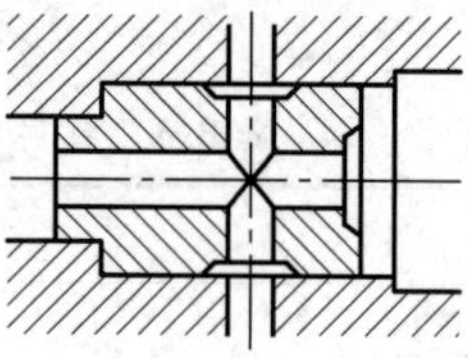	内圆柱面加工沟槽难于外圆柱面加工沟槽
8	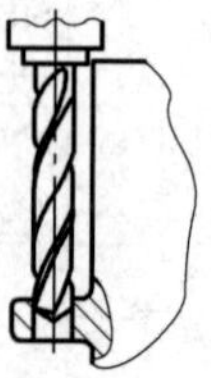	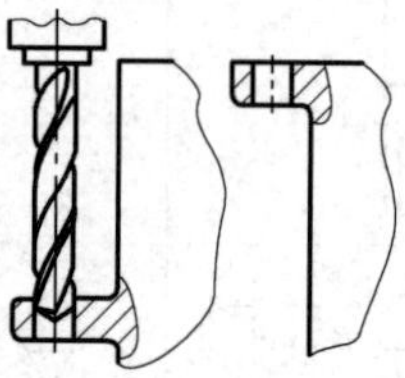	加工困难,超出刀具尺寸
9	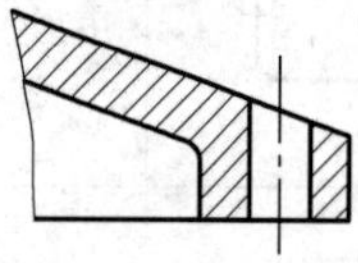	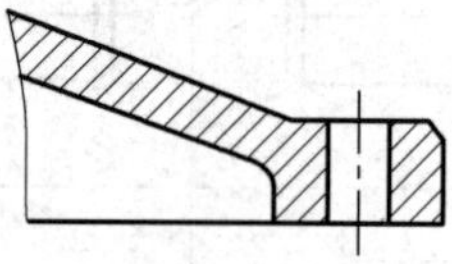	加工困难,避免斜面打孔
10	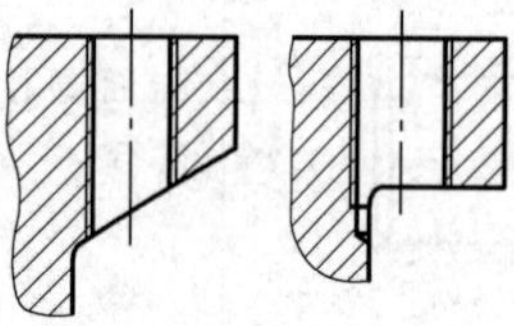	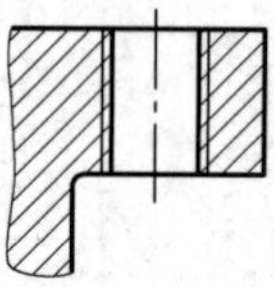	加工困难,容易折断钻头或丝锥
11	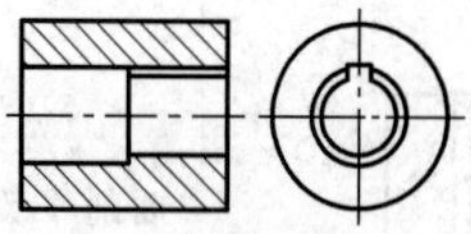	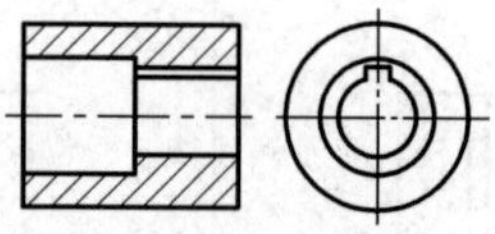	大孔略小,影响加工键槽
12	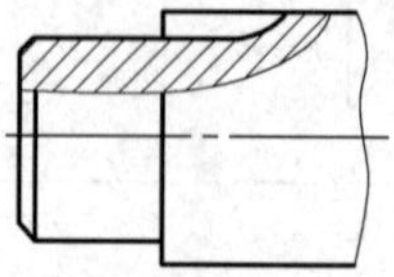	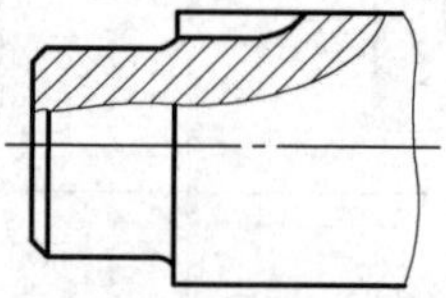	小直径轴略大,影响加工键槽
13	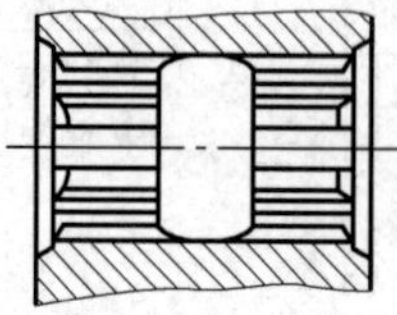	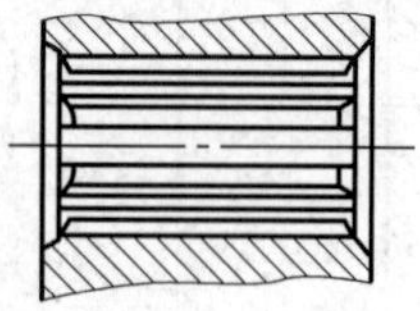	拉削孔,孔应贯通

续表

序号	工艺性差	工艺性好	提示
14	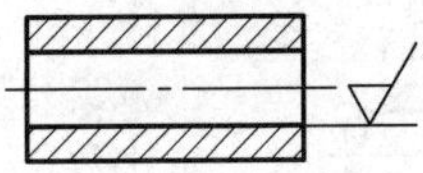	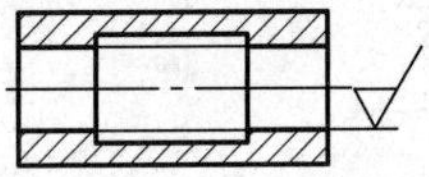	减小加工面积
15	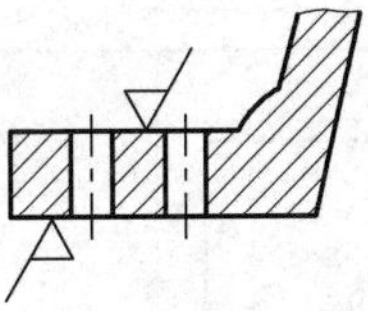	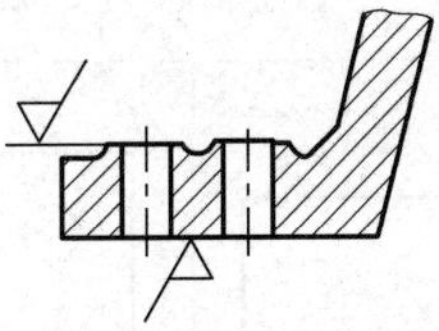	减小加工面积
16	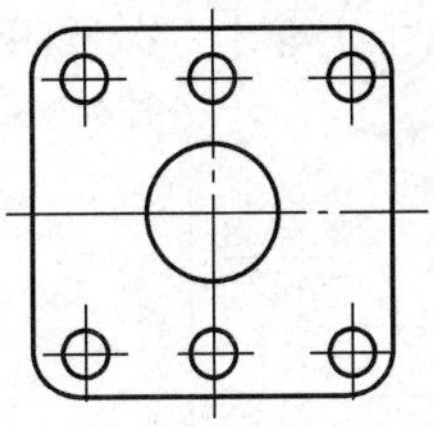	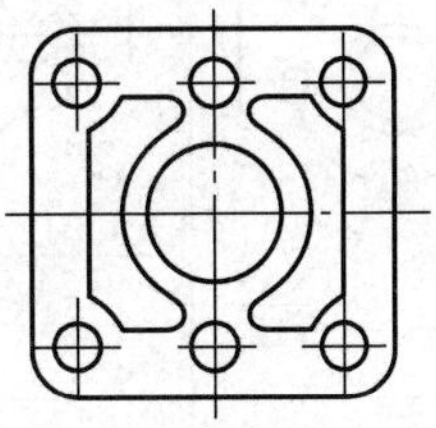	减小加工面积
17	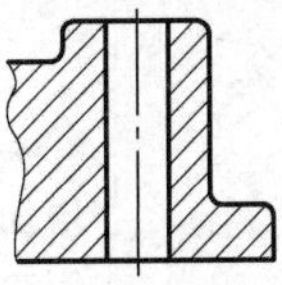	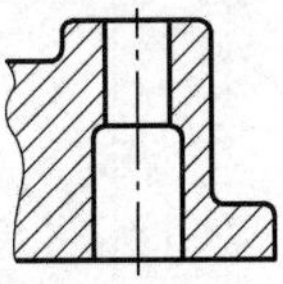	减小钻削深度
18	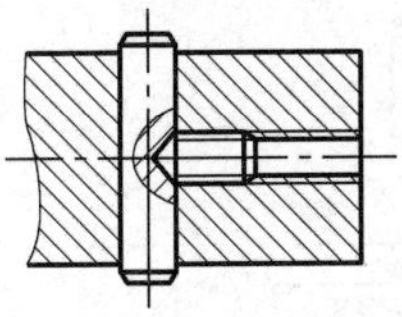	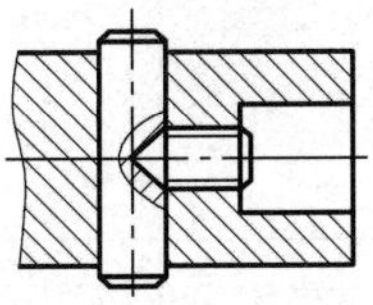	减少螺纹孔加工长度
19	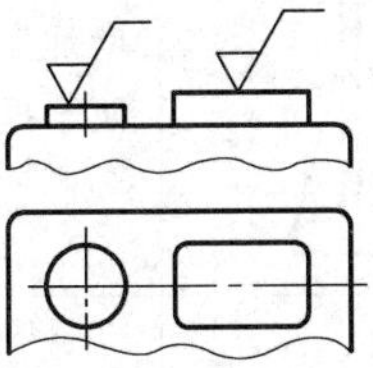	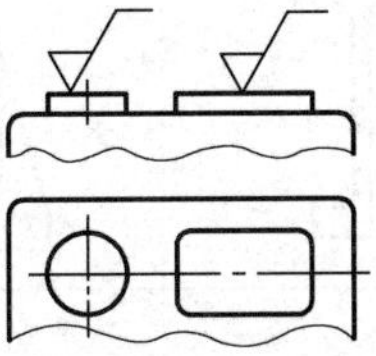	减少对刀次数
20	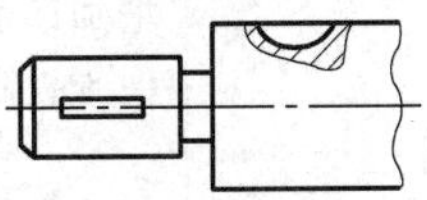	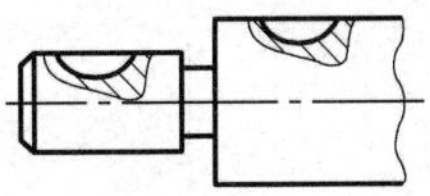	减少安装次数
21	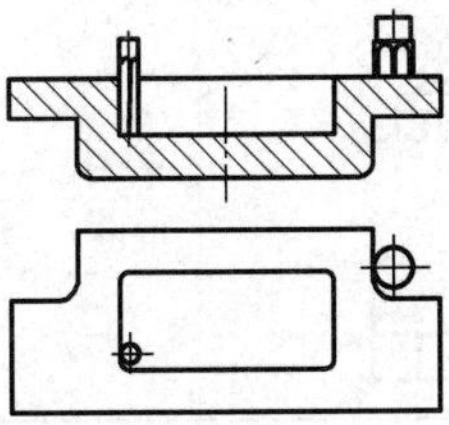	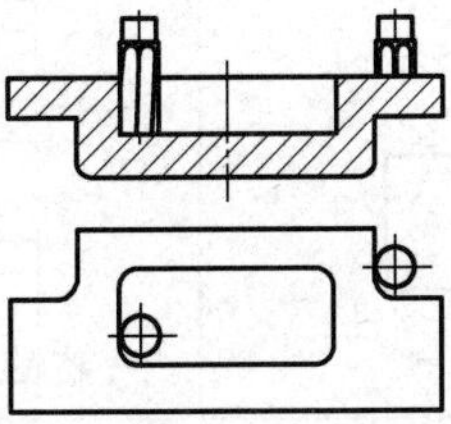	减少换刀次数

续表

序号	工艺性差	工艺性好	提示
22	R3　R2	R2　R2	减少刀具种类与换刀次数
23	3×M8 ↧12　4×M10 ↧18　4×M12 ↧32　3×M6 ↧12	8×M12 ↧24　6×M8 ↧12	减少刀具种类与换刀次数，减少标准件种类
24			增加工件结构刚度，便于提高切削用量
25	Ra 3.2	Ra 3.2	增加工件结构刚度，便于提高切削用量
26			增加工件结构刚度，便于提高切削用量
27			设计夹紧工艺孔或凸缘

附录 B.2 图样标注合理性

序号	工艺性差	工艺性好	提示
1	40　185±0.1　40　$265_{-0.2}^{0}$	40　185±0.1　$265_{-0.2}^{0}$	尺寸链封闭
2			自由尺寸不应纳入尺寸链
3			自由尺寸不应纳入尺寸链
4	10±0.1　10±0.1　10±0.1	10±0.1　20±0.1　30±0.1	统一基准
5	Ra 1.6	Ra 1.6	粗基准只用一次，非加工表面与加工表面只注一个尺寸
6	140　70　30　40　85　15　Ra 3.2	180　15　55　140　40　30　15　40　Ra 3.2	粗基准只用一次，非加工表面与加工表面只注一个尺寸
7	// 0.02 A　▱ 0.03　Ra 0.8　$50_{-0.015}^{0}$　A　Ra 0.8	// 0.02 A　▱ 0.015　Ra 0.8　$50_{-0.03}^{0}$　A　Ra 0.8	几何公差不能大于尺寸公差

续表

序号	工艺性差	工艺性好	提示
8	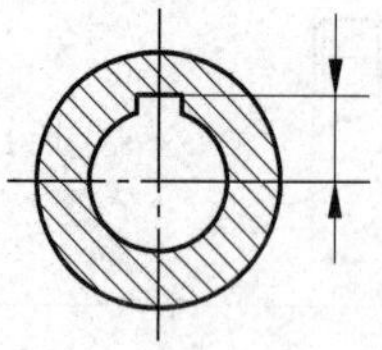	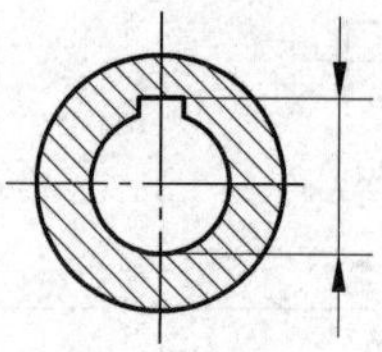	不便测量
9	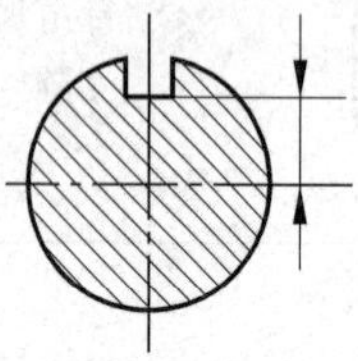	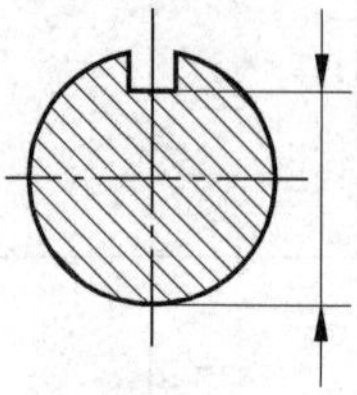	不便测量
10	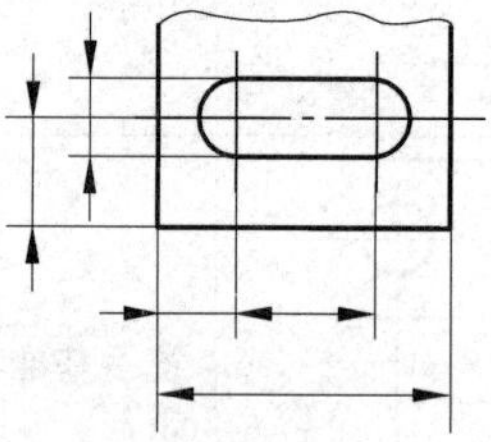	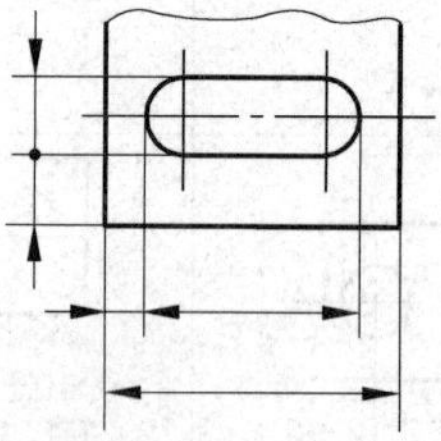	不便测量
11	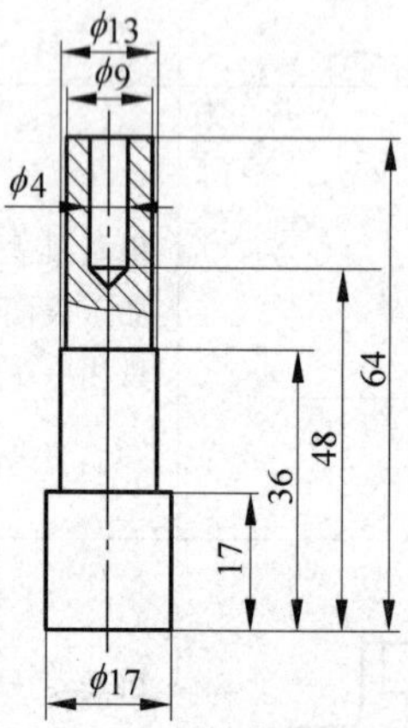 $\phi13$ $\phi9$ $\phi4$ 64 48 36 17 $\phi17$	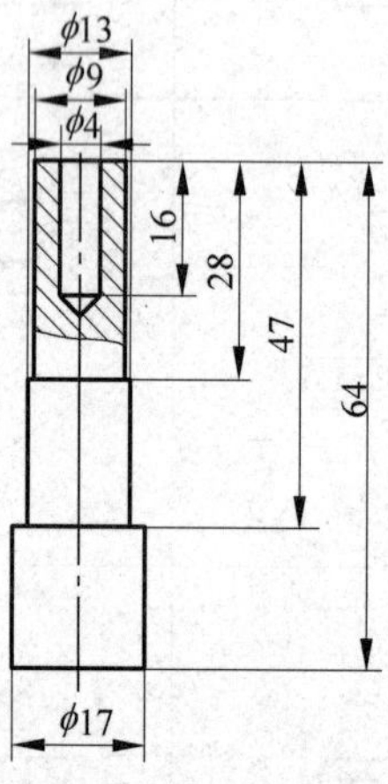 $\phi13$ $\phi9$ $\phi4$ 16 28 47 64 $\phi17$	尺寸标注与加工过程不一致
12	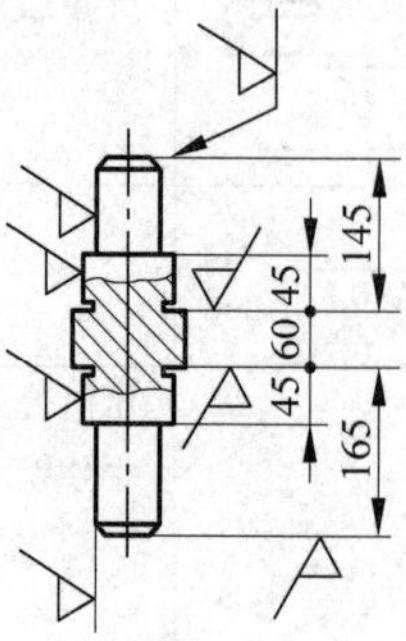 145 45 60 45 165	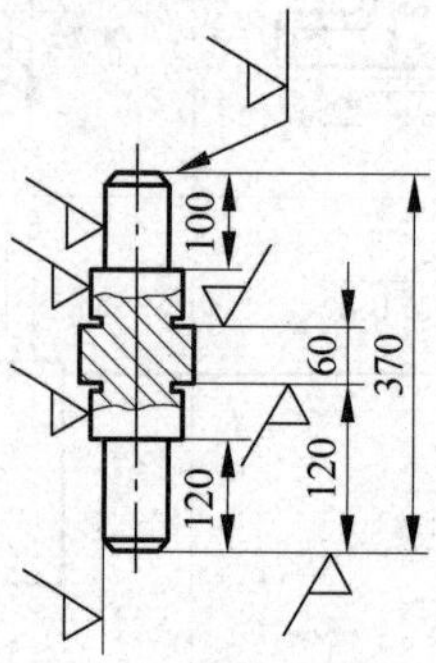 100 60 370 120 120	尺寸标注与加工过程不一致

表 B.3　装配工艺性

序号	工艺性差	工艺性好	提示
1	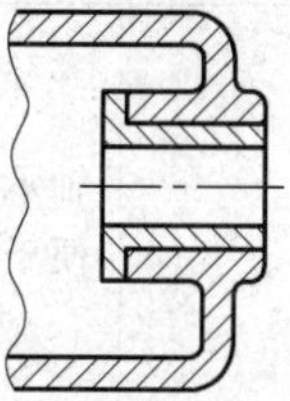	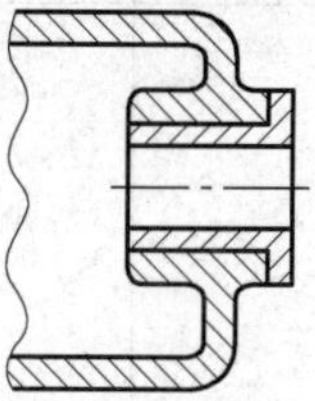	不便加工，不便安装
2	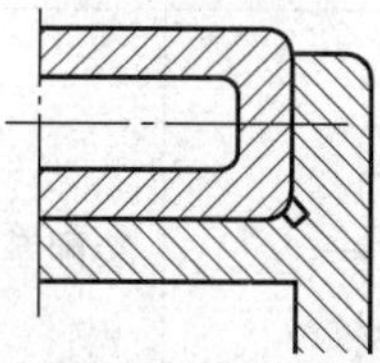	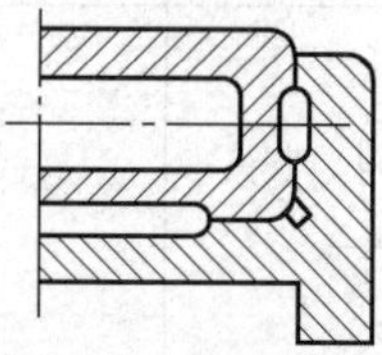	减少配合表面，便于加工、装配
3	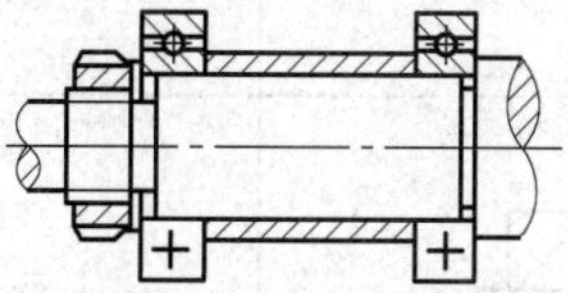	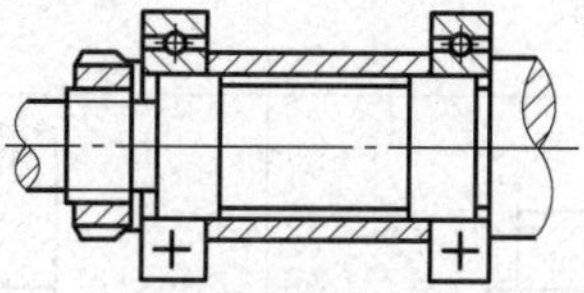	减少配合表面，便于加工、装配
4	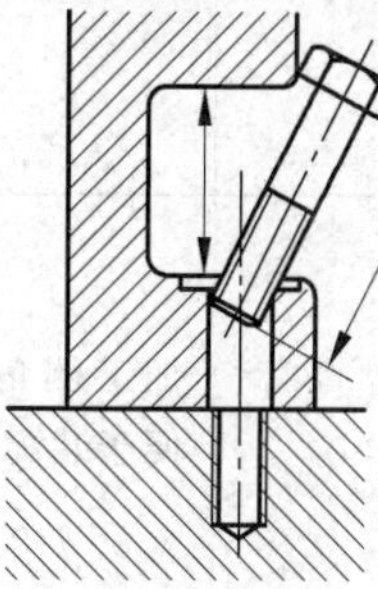	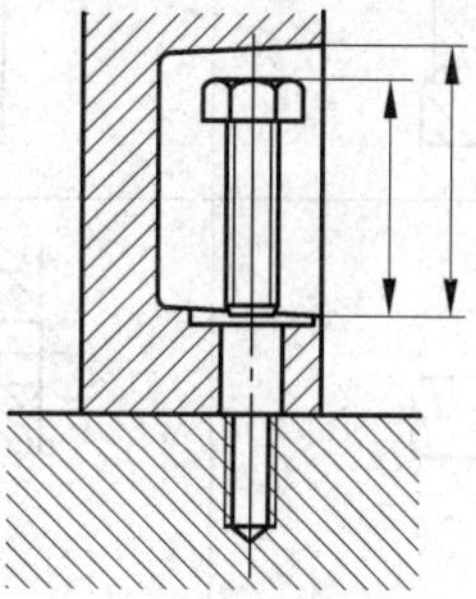	螺栓安装空间
5	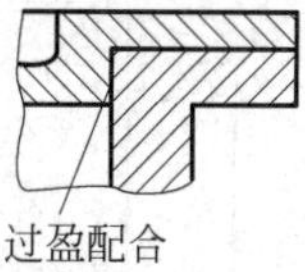 过盈配合	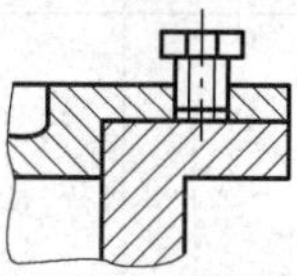	过盈配合端盖起开困难，设置起盖螺钉
6	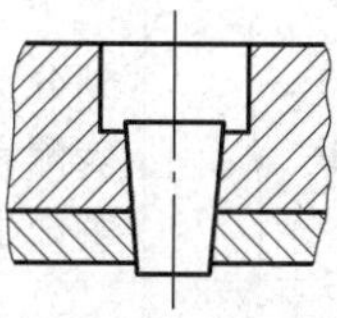	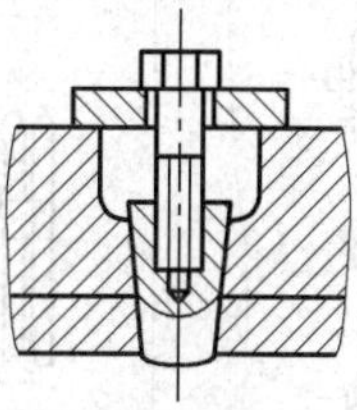	销子拔出困难，设置拔销螺钉
7	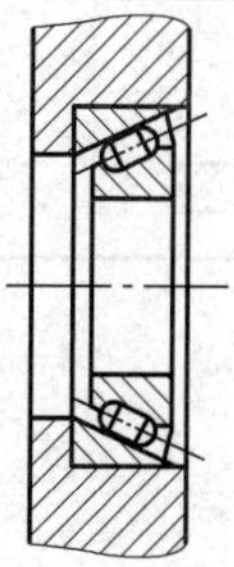	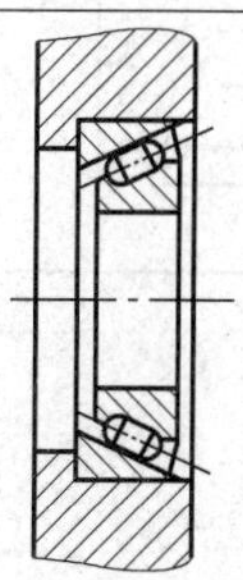	轴承外圈部分露出，便于拆卸轴承

续表

序号	工艺性差	工艺性好	提示
8	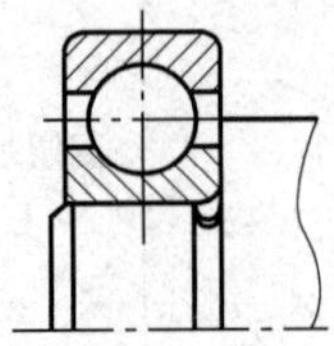	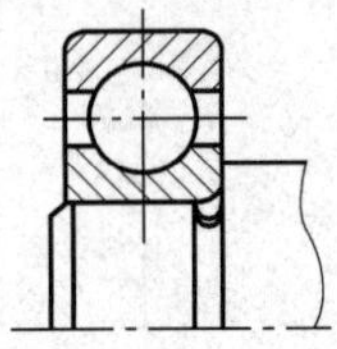	轴承内圈部分露出，便于拆卸轴承
9	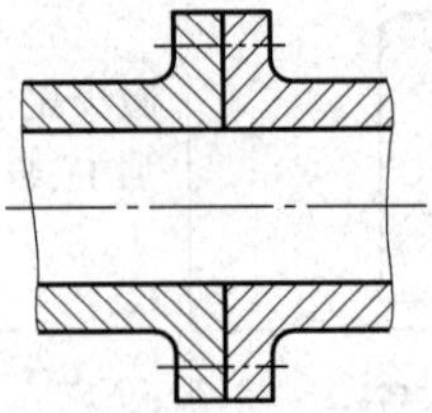	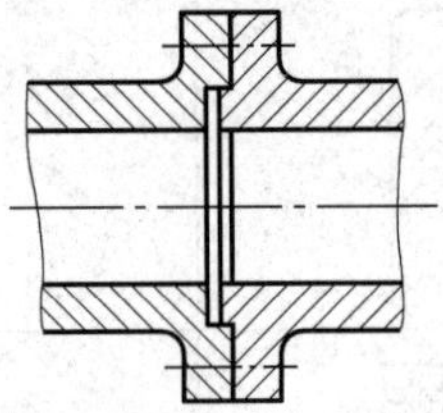	装配基准，便于装配
10	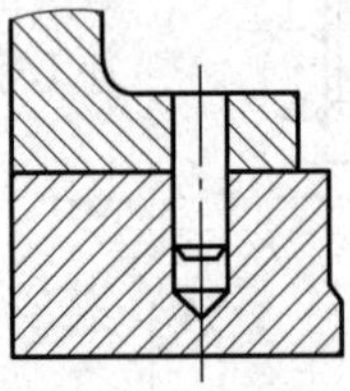	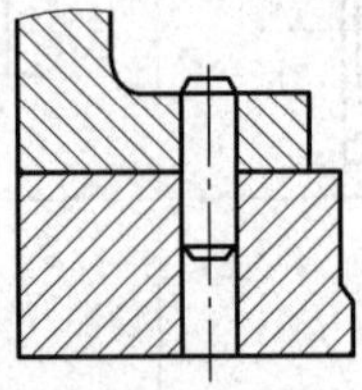	便于拆卸定位销
11	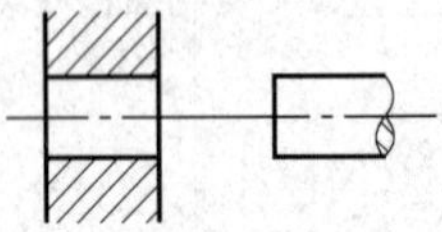	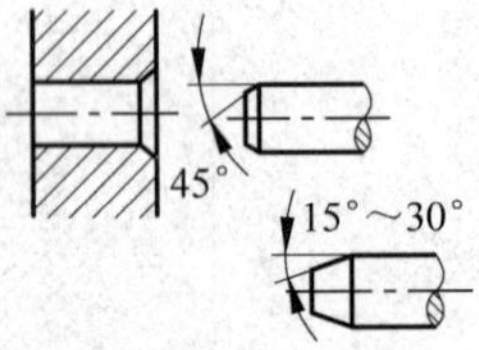 45° 15°～30°	加工倒角或导向锥，便于装配
12	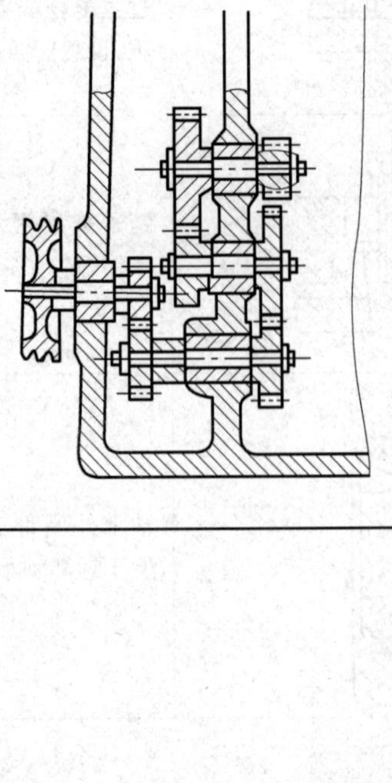	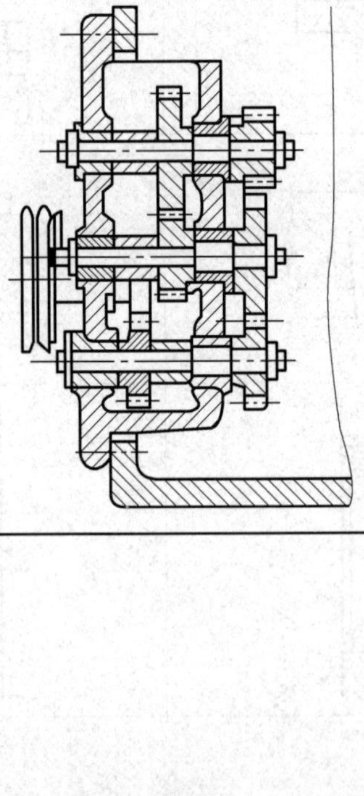	划分为组件、部件子装配单元，便于组织装配生产

附录C 标准公差系列

表 C.1 标准公差数值(摘自 GB/T 1800.3—1998)

基本尺寸/mm		标准公差等级																	
		IT1	IT2	IT3	IT4	IT5	IT6	IT7	IT8	IT9	IT10	IT11	IT12	IT13	IT14	IT15	IT16	IT17	IT18
大于	至	μm											mm						
—	3	0.8	1.2	2	3	4	6	10	14	25	40	60	0.1	0.14	0.25	0.4	0.6	1	1.4
3	6	1	1.5	2.5	4	5	8	12	18	30	48	75	0.13	0.18	0.3	0.48	0.75	1.2	1.8
6	10	1	1.5	2.5	4	6	9	15	22	36	58	90	0.15	0.22	0.36	0.58	0.9	1.5	2.2
10	18	1.2	2	3	5	8	11	18	27	43	70	110	0.18	0.27	0.43	0.7	1.1	1.8	2.7
18	30	1.5	2.5	4	6	9	13	21	33	52	84	130	0.21	0.33	0.52	0.84	1.3	2.1	3.3
30	50	1.5	2.5	4	7	11	16	25	39	62	100	160	0.25	0.39	0.62	1	1.6	2.5	3.9
50	80	2	3	5	8	13	19	30	46	74	120	190	0.3	0.46	0.74	1.2	1.9	3	4.6
80	120	2.5	4	6	10	15	22	35	54	87	140	220	0.35	0.54	0.87	1.4	2.2	3.5	5.4
120	180	3.5	5	8	12	18	25	40	63	100	160	250	0.4	0.63	1	1.6	2.5	4	6.3
180	250	4.5	7	10	14	20	29	46	72	115	185	290	0.46	0.72	1.15	1.85	2.9	4.6	7.2
250	315	6	8	12	16	23	32	52	81	130	210	320	0.52	0.81	1.3	2.1	3.2	5.2	8.1
315	400	7	9	13	18	25	36	57	89	140	230	360	0.57	0.89	1.4	2.3	3.6	5.7	8.9
400	500	8	10	15	20	27	40	63	97	155	250	400	0.63	0.97	1.55	2.5	4	6.3	9.7
500	630	9	11	16	22	32	44	70	110	175	280	440	0.7	1.1	1.75	2.8	4.4	7	11
630	800	10	13	18	25	36	50	80	125	200	320	500	0.8	1.25	2	3.2	5	8	12.5
800	1000	11	15	21	28	40	56	90	140	230	360	560	0.9	1.4	2.3	3.6	5.6	9	14
1000	1250	13	18	24	33	47	66	105	165	260	420	660	1.05	1.65	2.6	4.2	6.6	10.5	16.5
1250	1600	15	21	29	39	55	78	125	195	310	500	780	1.25	1.95	3.1	5	7.8	12.5	19.5
1600	2000	18	25	35	46	65	92	150	230	370	600	920	1.5	2.3	3.7	6	9.2	15	23
2000	2500	22	30	41	55	78	110	175	280	440	700	1100	1.75	2.8	4.4	7	11	17.5	28
2500	3150	26	36	50	68	96	135	210	330	540	860	1350	2.1	3.3	5.4	8.6	13.5	21	33

附录D　机械加工表层结构R_z、H_a数据

表D.1　机械加工表层结构R_z、H_a数据

加工方法	R_z/μm	H_a/μm	加工方法	R_z/μm	H_a/μm
粗车端面	15～225	40～60	磨平面	1.7～15	15～25
半精车端面	5～54	30～40	磨端面	1.7～15	15～35
粗车内外圆	15～100	40～60	磨内孔	1.7～15	20～30
半精车内外圆	5～45	30～40	磨外圆	1.7～15	15～25
粗铣	15～225	40～60	粗插	25～100	50～60
半精铣	5～45	25～40	半精插	5～45	35～50
粗刨	15～100	40～50	拉削	1.7～8.5	10～20
半精刨	5～45	25～40	研磨	0～1.6	3～5
钻孔	45～225	40～60	抛光	0.06～1.6	3～5
粗扩孔	25～225	40～60	超级光磨	0～0.8	0.2～0.3
半精扩孔	25～100	30～40	闭式模锻	100～225	500～600
粗镗	25～225	30～50	冷拉	25～100	80～100
半精镗	5～25	25～40	高精度碾压	100～225	300～350
粗铰	25～100	25～30	切断	45～225	60～70
半精铰	8.5～25	10～20			

附录 E　可转位刀片型号

可转位刀片型号表示为

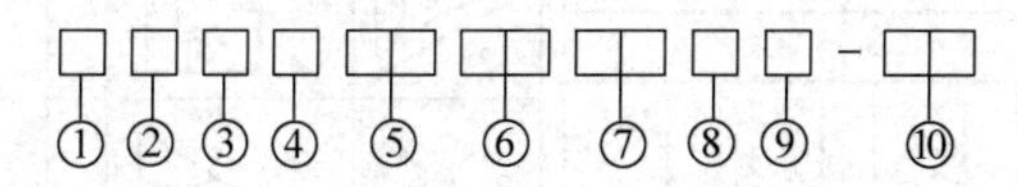

注释：

① 一个英文字母，说明刀片形状。

② 一个英文字母，说明刀片主切削刃后角(法向后角)大小。

③ 一个英文字母，说明刀片尺寸精度。

④ 一个英文字母，说明刀片固定方式及有无断屑槽。例如"M"表示一面有断屑槽，有中心孔定位。

⑤ 两位数字，说明刀片主切削刃长度。该位选取舍去小数值部分的刀片切削刃长度或理论边长值作代号。若只有一位数字，则在其前面填零。

⑥ 两位数字，说明刀片厚度，主切削刃到底面的距离。该位选取舍去小数值部分的刀片厚作代号。若只有一位数字，则在其前面填零。

⑦ 两位数字或一个英文字母一个数字，说明刀尖圆角半径或刀尖转角形状。如刀片转角为圆角，则用舍去小数点的圆角半径的毫米数表示。例如，"12"表示刀尖圆角半径为1.2mm；"00"表示刀片转角为尖角；"M0"表示圆形刀片。

⑧ 一个英文字母，说明刀片的切削刃截面形状。"E"表示切削刃倒圆。

⑨ 一个英文字母，说明刀片的切削方向。例如"L"表示左手刀。

⑩ 留给刀片厂家的备用号位。常用一个英文字母一个数字说明一个或两个刀片特征，以便更好地描述刀片。例如"A3"表示 A 型断屑槽，断屑槽宽 3.2～3.5mm。

表 E.1　可转位车刀刀片标记方法示例

mm

号位	1	2	3	4	5	6	7	8	9	10
表达特性	刀片形状	后角	偏差等级	夹固形式及有无断屑槽	刀片长度	刀片厚度	刀尖角形状	切削刃截面形状	切削方向	制造商用刀片特征代号或切削材料表示代号
举例	T	N	U	M	16	04	08	E	R	A2

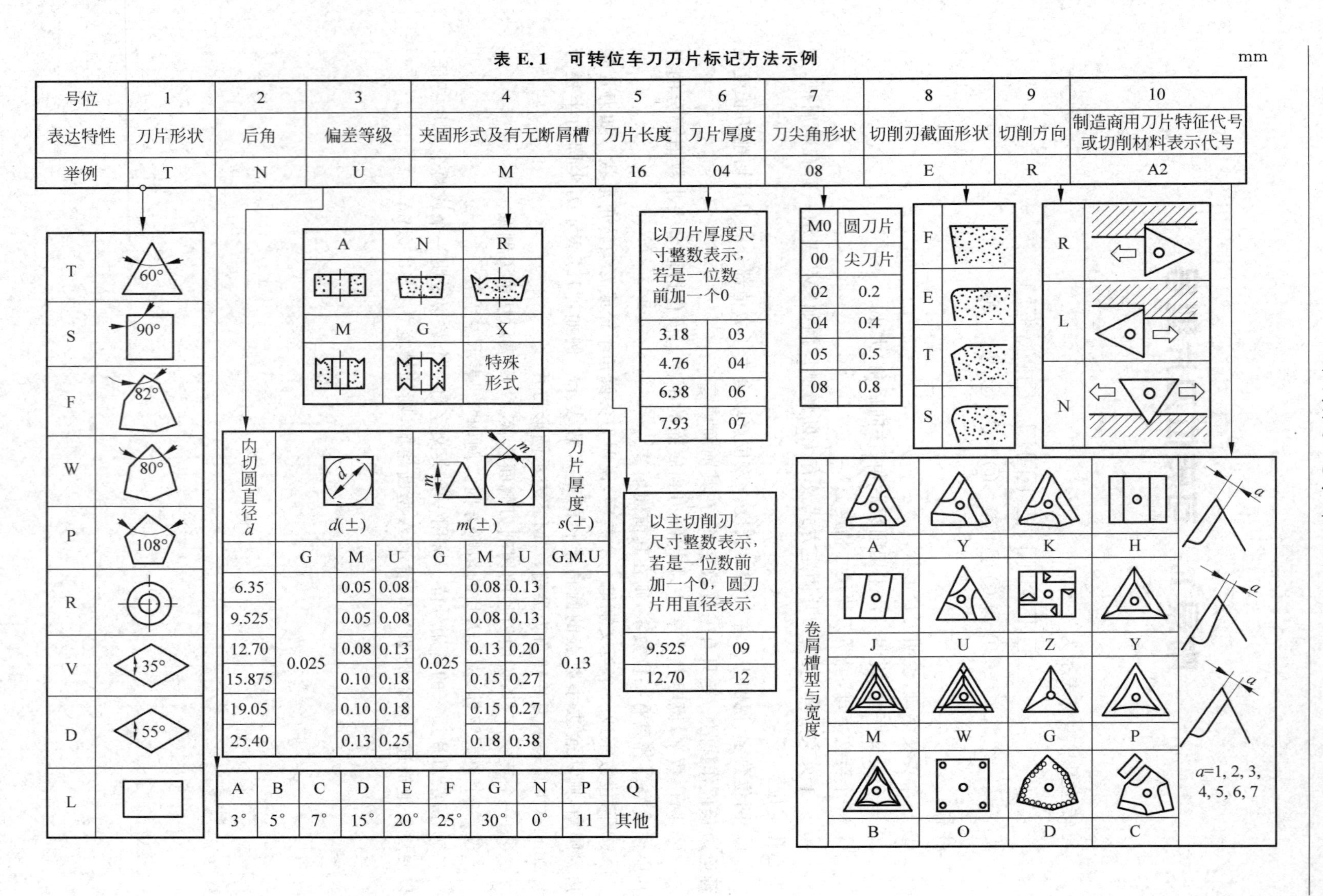

A	B	C	D	E	F	G	N	P	Q
3°	5°	7°	15°	20°	25°	30°	0°	11	其他

内切圆直径 d	$d(\pm)$ G	$d(\pm)$ M	$d(\pm)$ U	$m(\pm)$ G	$m(\pm)$ M	$m(\pm)$ U	刀片厚度 $s(\pm)$ G.M.U
6.35	0.025	0.05	0.08	0.025	0.08	0.13	0.13
9.525		0.05	0.08		0.08	0.13	
12.70		0.08	0.13		0.13	0.20	
15.875		0.10	0.18		0.15	0.27	
19.05		0.10	0.18		0.15	0.27	
25.40		0.13	0.25		0.18	0.38	

以主切削刃尺寸整数表示，若是一位数前加一个0，圆刀片用直径表示

9.525	09
12.70	12

以刀片厚度尺寸整数表示，若是一位数前加一个0

3.18	03
4.76	04
6.38	06
7.93	07

M0	圆刀片
00	尖刀片
02	0.2
04	0.4
05	0.5
08	0.8

附录F　机夹可转位车刀型号

可转位刀具型号表示为

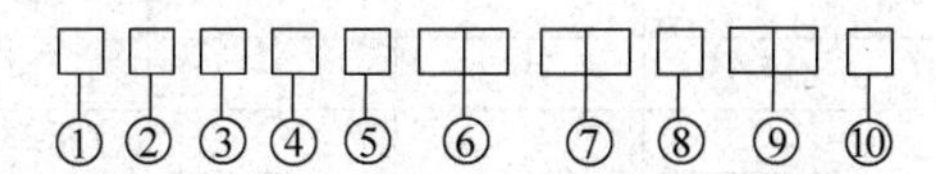

注释：

① 一个英文字母，说明刀片夹紧方式。

② 一个英文字母，说明刀片形状。

③ 一个英文字母，说明头部形式代号。

④ 一个英文字母，说明刀片法向后角。

⑤ 一个英文字母，说明切削方向。

⑥ 两位数字，说明刀尖高度。

⑦ 两位数字，说明刀杆宽度。

⑧ 说明车刀长度。“—”说明刀具标准长度(125mm)。

⑨ 两位数字，说明切削长度。

⑩ 一个英文字母，说明车刀的精密级。

表F.1　机夹可转位车刀的型号与意义

号位	代号示例	表示特征	代号规定								
1	P	刀片夹紧方式	C	M	P	S					
2	S	刀片形状	T	W	F	S	P	H	O	L	R
			V 35°	D 55°	E 75°	C 80°	M 86°	K 55°	B 82°	A 85°	表中所示角度为该刀片的较小角度

续表

号位	代号示例	表示特征	代号规定
3	B	头部形式代号及示意	A: 90°; B: 75°; C: 90°; D: 45°; E: 60°; F: 90°; G: 90°; H: 107.5°; J: 93°; K: 75°; L: 95°, 95°; M: 50°; N: 63°; R: 75°; S: 45°; T: 60°; U: 93°; V: 72.5°; W: 60°; Y: 85°
4	N	刀片法向后角	α_n; A: 3°; B: 6°; C: 7°; D: 15°; E: 20°; F: 25°; G: 30°; N: 0°; P: 11°
5	R	切削方向	R; L; N
6	25	刀尖高度	h_1, h。刀尖高度 h_1 等于柄部高度 h。如刀尖高为个位数时，应在其前加"0"；如 $h_1=8\text{mm}$，则代号为08，$h_1=h=8\text{mm}$
7	20	刀杆宽度	b。刀杆宽度表示方法与刀尖高度相同，$b=20\text{mm}$
8	—	车刀长度 l_1	l_1。符号标准长度用"—"表示（见下表）

代号	A	B	C	D	E	F	G	H
l_1	32	40	50	60	70	80	90	100
代号	J	K	L	M	N	P	Q	R
l_1	110	125	140	150	160	170	180	200
代号	S	T	U	V	W	Y	X	
l_1	250	300	350	400	450	500	特殊长度	

续表

号位	代号示例	表示特征	代号规定			
9	15	切削刃长	C、D、V	R	S	T
			l	l	l	l
10	Q	精密级（不同测量基准）	Q	F	B	
			$f_1 \pm 0.08$，$l_1 \pm 0.08$	$f_2 \pm 0.08$，$l_1 \pm 0.08$	$f_1 \pm 0.08$，$f_2 \pm 0.08$，$l_1 \pm 0.08$	

附录G　数控加工工具系统

数控加工工具系统是具有某种装夹方式的系列化、标准化的数控加工通用工具，通常包括铣刀、镗刀、扩铰刀、钻头、丝锥等。例如TSG工具系统参见图G.1。

工具系统分为整体式结构(TSG)和模块式结构(TMG)两大类。

1. 整体式结构(TSG)刀具型号格式

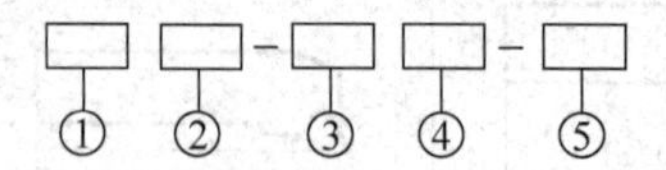

注释：

① 说明工具柄部形式，参见表G.1。常用的有JT、BT、ST三种。

② 说明柄部尺寸。

③ 说明工具用途代码，参见表G.2。

④ 说明工具规格。

⑤ 说明工具的设计工作长度。

表G.1　TSG工具柄部形式

代号	柄部形式	类别	柄部尺寸
JT	加工中心用锥柄，带机械手抓拿槽	刀柄	ISO锥度号
XT	一般镗铣床用工具柄部	刀柄	ISO锥度号
ST	数控机床用锥柄，无机械手抓拿槽	刀柄	ISO锥度号
BT	加工中心用锥柄，带机械手抓拿槽	刀柄	MAS403
MT	带扁尾莫氏圆锥工具手柄	接杆	莫氏锥度
MW	无扁尾莫氏圆锥工具手柄	接杆	莫氏锥度
XH	7∶24锥度锥柄接杆	接杆	锥柄锥度号
ZB	直柄工具柄	接杆	直径尺寸

表G.2　TSG82工具系统用途代码

代码	含义	代码	含义	代码	含义
J	装接长杆用锥柄	KJ	装扩、铰刀	TF	浮动镗刀
Q	弹簧夹头	BS	倍速夹头	TK	可调镗刀
KH	7∶24锥柄快换夹头	H	倒锪端面刀	X	装铣削工具
Z(J)	钻夹头刀柄(莫氏锥度加J)	T	镗孔刀具	XD	装面铣刀
MW	无扁尾莫氏圆锥工具	TZ	直角镗刀	ZDZ	装直角面铣刀
M	带扁尾莫氏圆锥工具	TQW	倾斜微调镗刀	XM	装套式面铣刀
G	攻螺纹夹头	TQC	斜式粗镗刀	XP	装削平型直柄刀具
C	切内槽工具	TZC	直角形粗镗刀	XS	装三面刃铣刀

2. 模块式结构(TMG)刀具型号格式

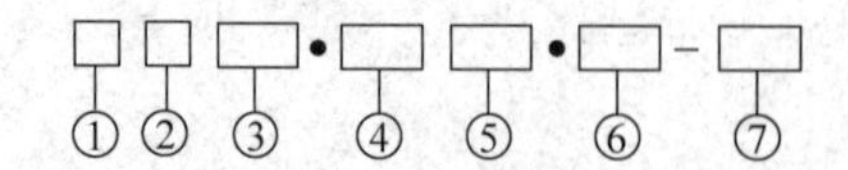

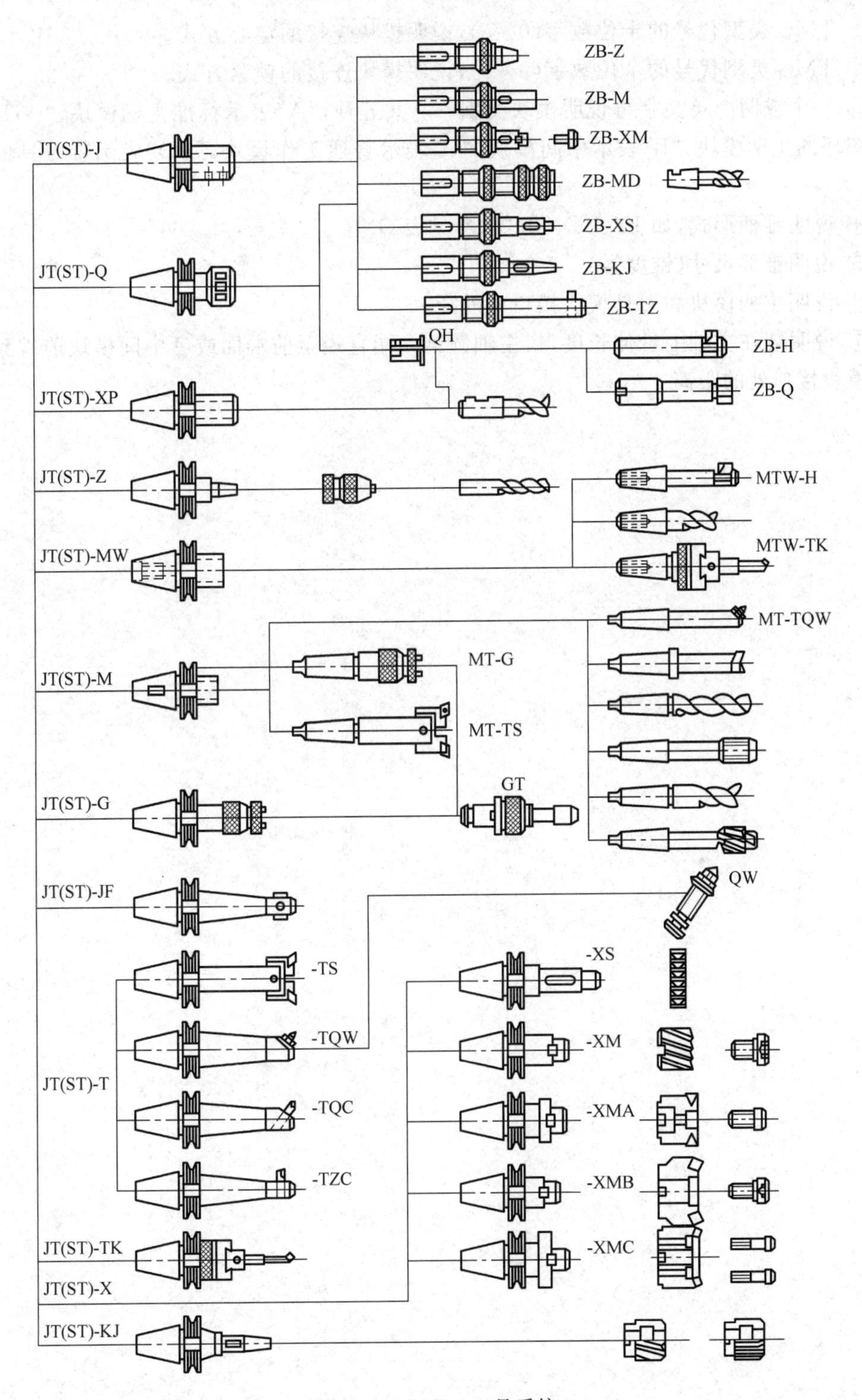

图 G.1　TSG82 工具系统

注释：

① TMG类型代号的十位数字(0～5)，说明模块连接的定心方式。

② TMG类型代号的个位数字(0～8)，说明模块连接的锁紧方式。

③ 一个或两个英文字母说明模块类别。一共五种，“A”表示标准主柄模块，“AH”表示带冷却环的主柄模块，“B”表示中间模块，“C”表示普通工作模块，“CD”表示带刀具的工作模块。

④ 说明锥柄形式，如JT、BT、ST等，参见表G.1。

⑤ 说明锥部尺寸(锥度号)。

⑥ 说明主柄模块和刀具模块接口处外径。

⑦ 说明装在主轴上悬伸长度，指主轴圆锥大端直径至前端面或者中间模块前端到其与主柄模块接口处的距离。

附录H　工件典型定位方式

表 H.1　工件典型定位方式

工件定位面	定位元件	图　　示	限制自由度	对偶定位形式
平面	一个支撑钉	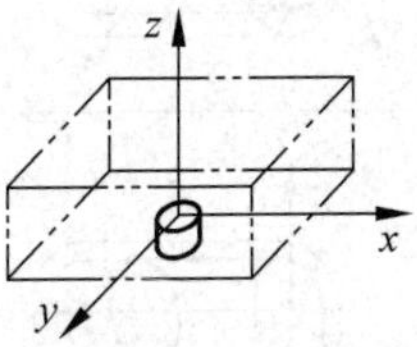	$\vec{z}$	
平面	两个支撑钉	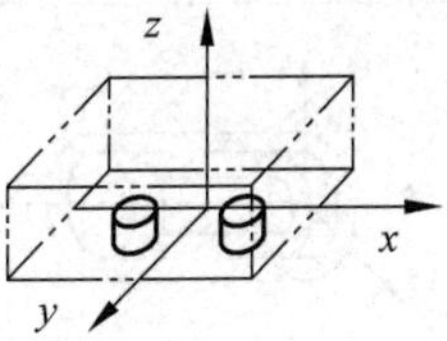	$\vec{z}$ $\overset{\frown}{y}$	
平面	三个支撑钉	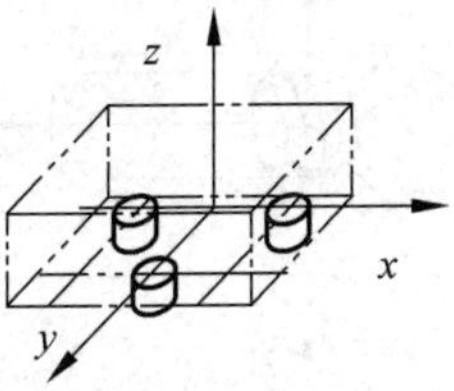	$\vec{z}$ $\overset{\frown}{x}$ $\overset{\frown}{y}$	
平面	一个条形支撑板	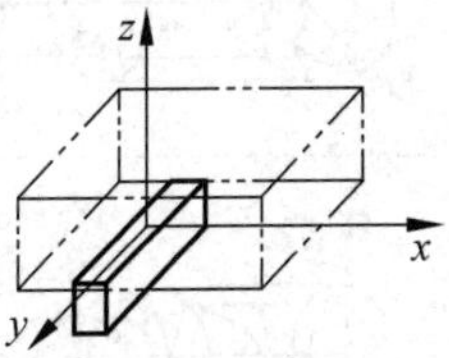	$\vec{z}$ $\overset{\frown}{x}$	
平面	两个条形支撑板	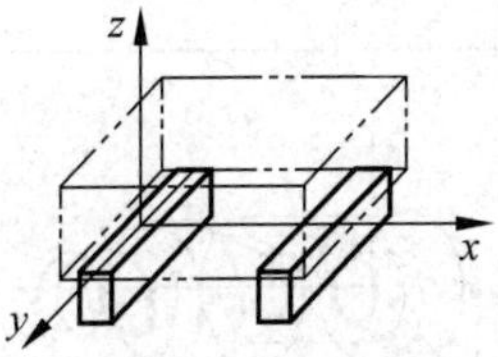	$\vec{z}$ $\overset{\frown}{x}$ $\overset{\frown}{y}$	

续表

工件定位面	定位元件	图　示	限制自由度	对偶定位形式
平面	一个矩形支撑板	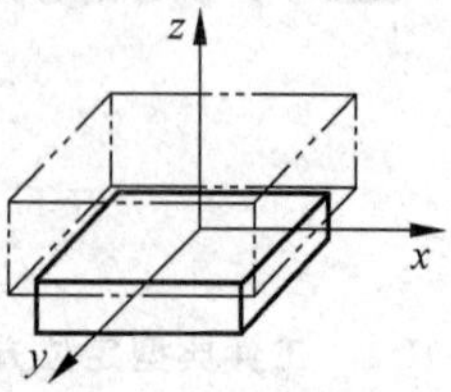	$\vec{z}$ $\widehat{x}$ $\widehat{y}$	
圆孔	短圆柱销	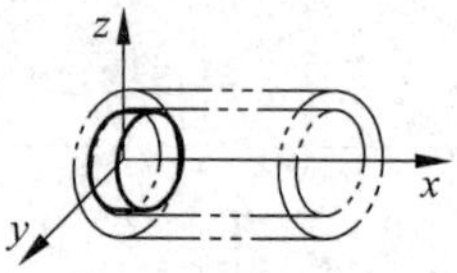	$\vec{y}$ $\vec{z}$	工件定位面：外圆柱面 定位元件：一段短定位套
圆孔	长圆柱销	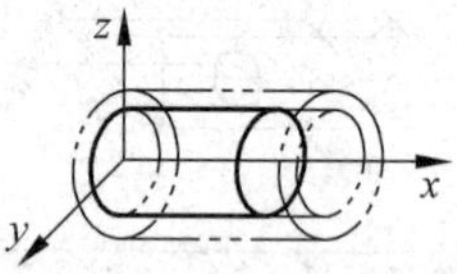	$\vec{y}$ $\vec{z}$ $\widehat{y}$ $\widehat{z}$	工件定位面：外圆柱面 定位元件：一段长定位套
圆孔	两段短圆柱销	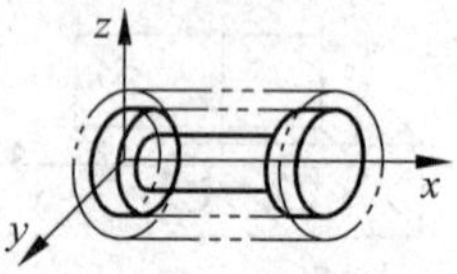	$\vec{y}$ $\vec{z}$ $\widehat{y}$ $\widehat{z}$	工件定位面：外圆柱面 定位元件：两段短定位套
圆孔	菱形销	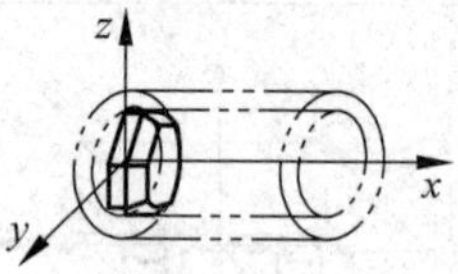	$\widehat{z}$	
圆孔	固定锥销	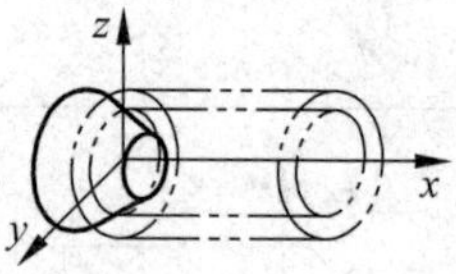	$\vec{x}$ $\vec{y}$ $\vec{z}$	工件定位面：外圆柱面 定位元件：固定锥套
圆孔	浮动锥销		$\vec{y}$ $\vec{z}$	工件定位面：外圆柱面 定位元件：浮动锥套
圆孔	固定与浮动锥销组合	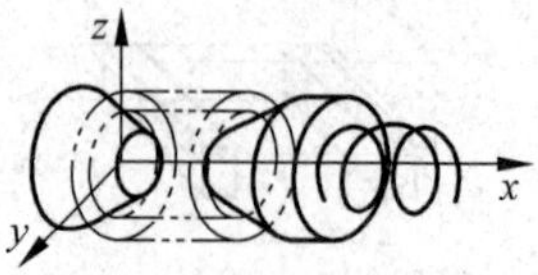	$\vec{x}$ $\vec{y}$ $\vec{z}$ $\widehat{y}$ $\widehat{z}$	工件定位面：外圆柱面 定位元件：固定与浮动锥套组合

续表

工件定位面	定位元件	图　　示	限制自由度	对偶定位形式
圆锥孔	锥心轴	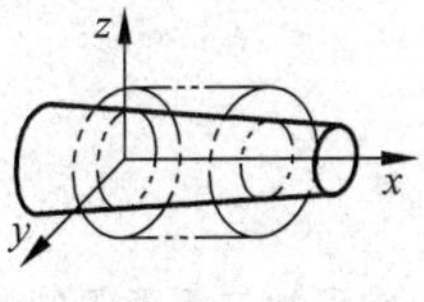	$\vec{x}$ $\vec{y}$ $\vec{z}$ $\overset{\frown}{y}$ $\overset{\frown}{z}$	工件定位面：外圆锥轴 定位元件：固定圆锥孔
外圆柱面	一个短 V 形块	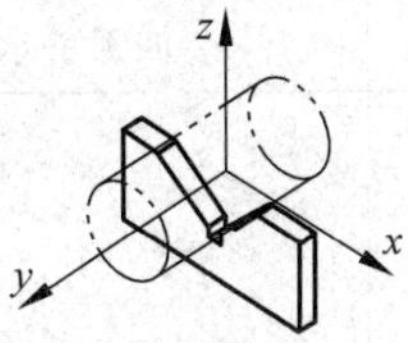	$\vec{x}$ $\vec{z}$	
外圆柱面	两个短 V 形块	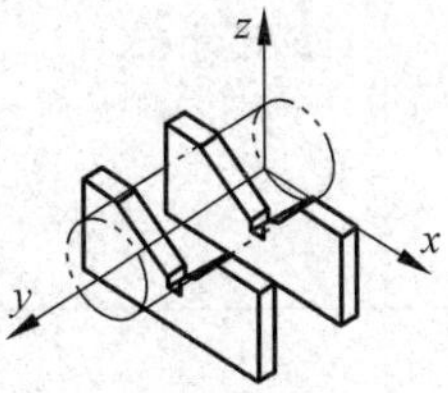	$\vec{x}$ $\vec{z}$ $\overset{\frown}{x}$ $\overset{\frown}{z}$	
外圆柱面	一个长 V 形块	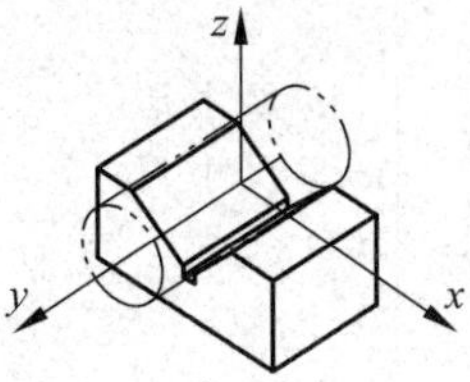	$\vec{x}$ $\vec{z}$ $\overset{\frown}{x}$ $\overset{\frown}{z}$	
外圆柱面	一个短半圆孔	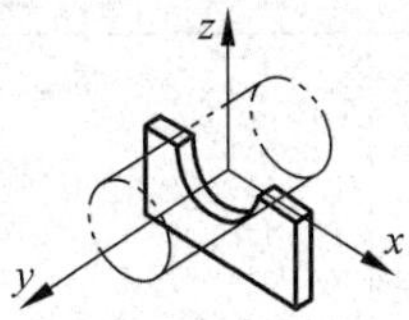	$\vec{x}$ $\vec{z}$	
外圆柱面	两个短半圆孔	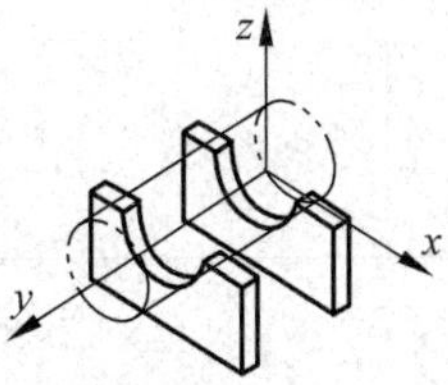	$\vec{x}$ $\vec{z}$ $\overset{\frown}{x}$ $\overset{\frown}{z}$	
外圆柱面	一个长半圆孔	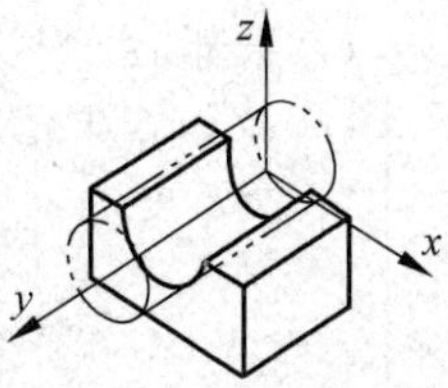	$\vec{x}$ $\vec{z}$ $\overset{\frown}{x}$ $\overset{\frown}{z}$	

附录 I　常见加工需要限制的自由度

表 I.1　常见加工需要限制的自由度

工序简图	加工要求	机床与刀具	限制自由度
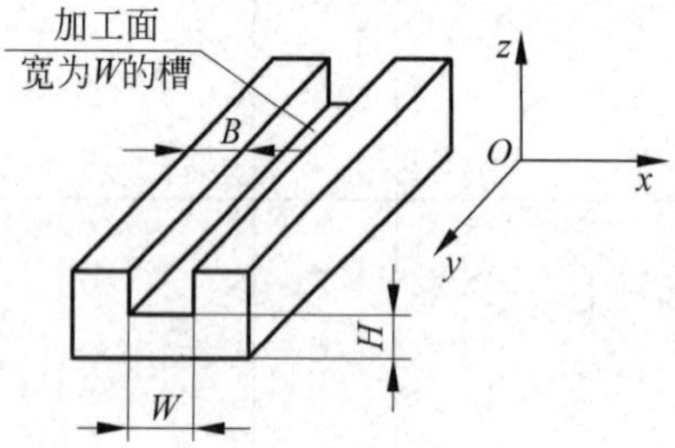 加工面 宽为W的槽 B H W O x y z	(1) 尺寸 B (2) 尺寸 H	立式铣床 立铣刀	$\vec{x}$, $\vec{z}$ $\widehat{x}$, $\widehat{y}$, $\widehat{z}$
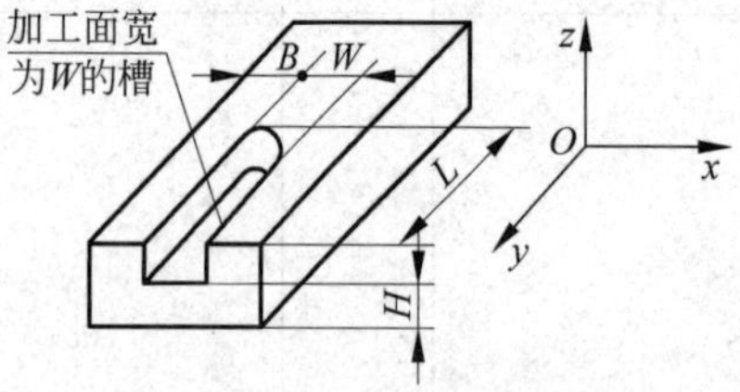 加工面宽 为W的槽 B W L H O x y z	(1) 尺寸 B (2) 尺寸 H (3) 尺寸 L	立式铣床 立铣刀	$\vec{x}$, $\vec{y}$, $\vec{z}$ $\widehat{x}$, $\widehat{y}$, $\widehat{z}$
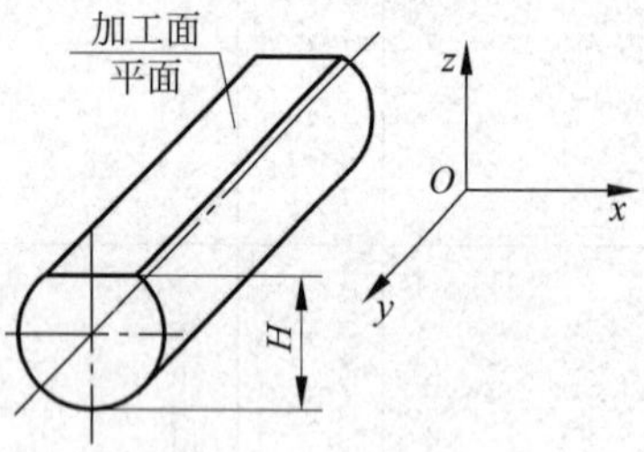 加工面 平面 H O x y z	尺寸 H	卧式铣床 圆柱铣刀	$\vec{z}$ $\widehat{x}$
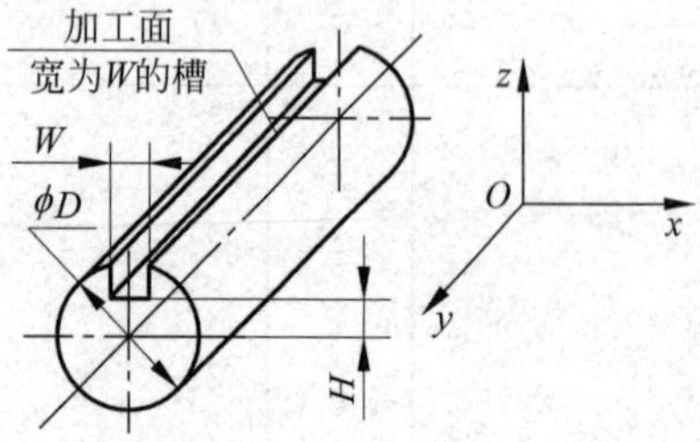 加工面 宽为W的槽 W ϕD H O x y z	(1) 尺寸 H (2) W 中心对 ϕD 轴线的对称度	立式铣床 立铣刀	$\vec{x}$, $\vec{z}$ $\widehat{x}$, $\widehat{z}$

续表

<table>
<tr><th>工序简图</th><th colspan="2">加工要求</th><th>机床与刀具</th><th>限制自由度</th></tr>
<tr><td>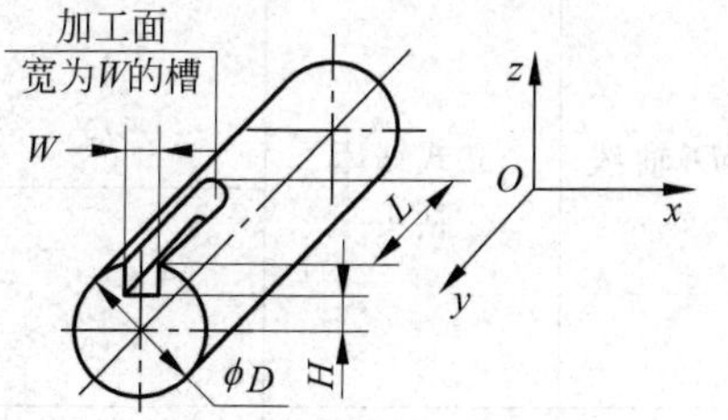
</td><td colspan="2">(1) 尺寸 H
(2) 尺寸 L
(3) W 中心对 ϕD 轴线的对称度</td><td>立式铣床
立铣刀</td><td>$\vec{x},\vec{y},\vec{z}$
$\widehat{x},\widehat{z}$</td></tr>
<tr><td>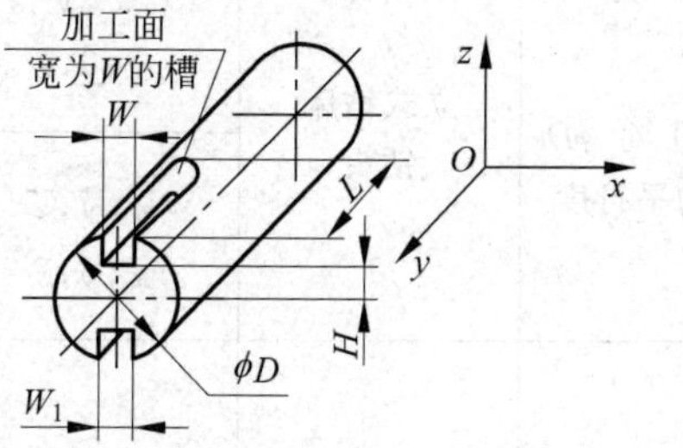
</td><td colspan="2">(1) 尺寸 H
(2) 尺寸 L
(3) W 中心对 ϕD 轴线的对称度
(4) W_1 中心对 ϕD 轴线的对称度</td><td>立式铣床
立铣刀</td><td>$\vec{x},\vec{y},\vec{z}$
$\widehat{x},\widehat{y},\widehat{z}$</td></tr>
<tr><td rowspan="2">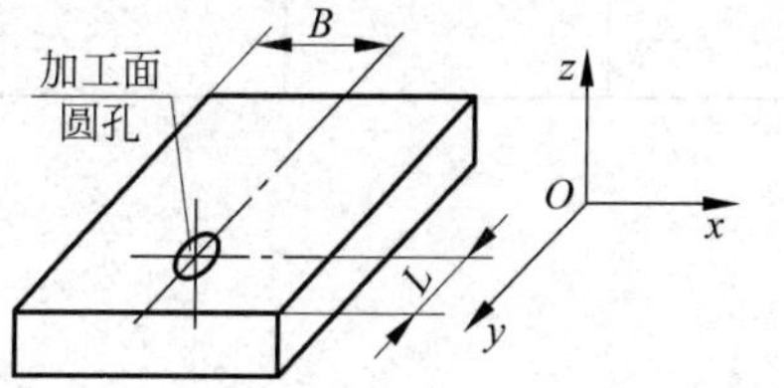
</td><td>通孔</td><td rowspan="2">(1) 尺寸 B
(2) 尺寸 L</td><td rowspan="2">立式钻床
钻头</td><td>$\vec{x},\vec{y}$
$\widehat{x},\widehat{y},\widehat{z}$</td></tr>
<tr><td>盲孔</td><td>$\vec{x},\vec{y},\vec{z}$
$\widehat{x},\widehat{y},\widehat{z}$</td></tr>
<tr><td rowspan="2">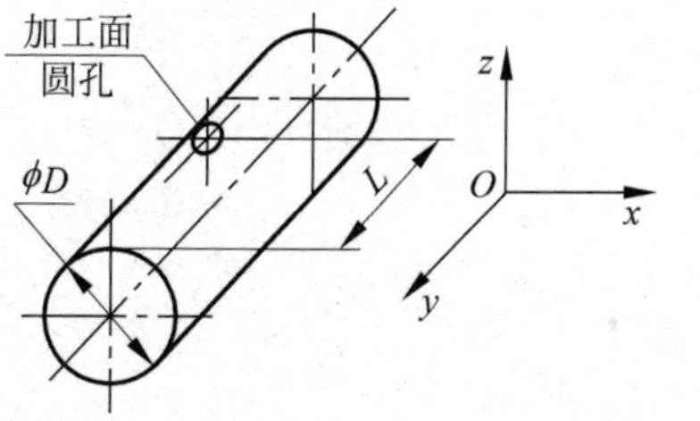
</td><td>通孔</td><td rowspan="2">(1) 尺寸 L
(2) 加工孔对 ϕD 轴线的位置度</td><td rowspan="2">立式钻床
钻头</td><td>$\vec{x},\vec{y}$
$\widehat{x},\widehat{z}$</td></tr>
<tr><td>盲孔</td><td>$\vec{x},\vec{y},\vec{z}$
$\widehat{x},\widehat{z}$</td></tr>
<tr><td rowspan="2">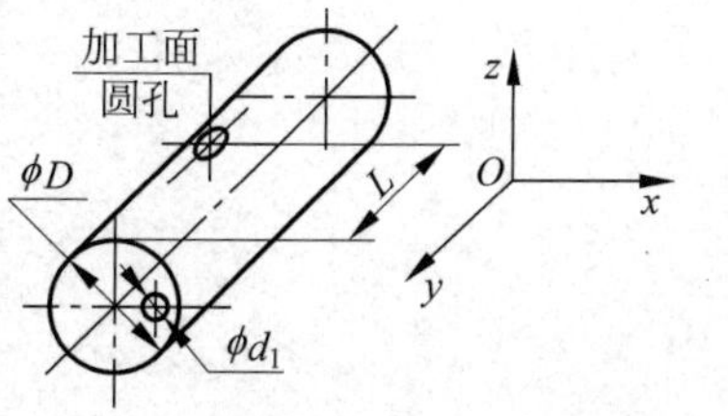
</td><td>通孔</td><td rowspan="2">(1) 尺寸 L
(2) 加工孔对 ϕD 轴线的位置度
(3) 加工孔对 $\phi d1$ 轴线的垂直度</td><td rowspan="2">立式钻床
钻头</td><td>$\vec{x},\vec{y}$
$\widehat{x},\widehat{y},\widehat{z}$</td></tr>
<tr><td>盲孔</td><td>$\vec{x},\vec{y},\vec{z}$
$\widehat{x},\widehat{y},\widehat{z}$</td></tr>
</table>

续表

工序简图	加工要求		机床与刀具	限制自由度
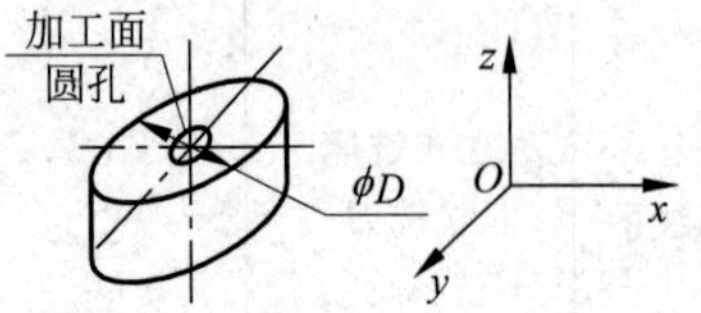 加工面 圆孔 ϕD z O x y	通孔	加工孔对 ϕD 轴线的同轴度	立式钻床 钻头	$\vec{x},\vec{y}$ $\widehat{x},\widehat{y}$
	盲孔			$\vec{x},\vec{y},\vec{z}$ $\widehat{x},\widehat{y}$
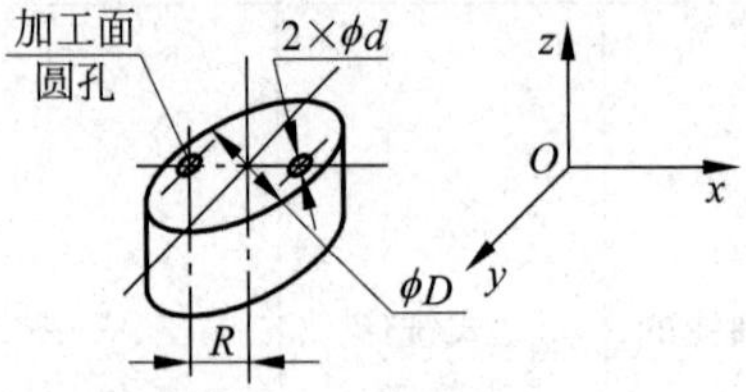 加工面 圆孔 $2\times\phi d$ ϕD R z O x y	通孔	(1) 尺寸 R (2) 加工孔对 ϕD 轴线的平行度	立式钻床 钻头	$\vec{x},\vec{y}$ $\widehat{x},\widehat{y},\widehat{z}$
	盲孔			$\vec{x},\vec{y},\vec{z}$ $\widehat{x},\widehat{y},\widehat{z}$
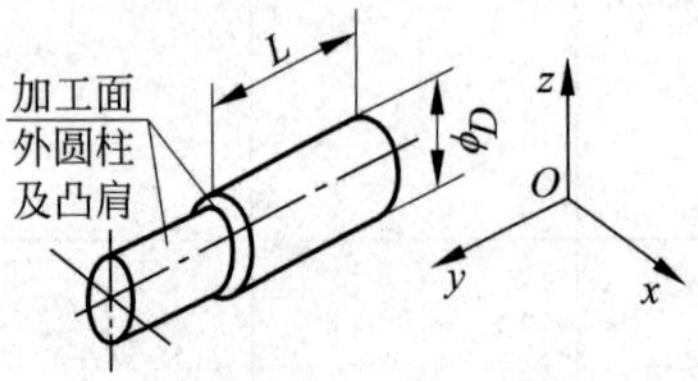 加工面 外圆柱 及凸肩 L ϕD z O y x		(1) 尺寸 L (2) 加工面轴线对 ϕD 轴线的同轴度	车床车刀	$\vec{x},\vec{y},\vec{z}$ $\widehat{x},\widehat{z}$

附录 J　常见定位方式定位误差

表 J.1　常见定位方式定位误差

<table>
<tr><th>工件简图</th><th>定位简图</th><th colspan="2">加工尺寸或位置精度的定位误差</th></tr>
<tr><td rowspan="20">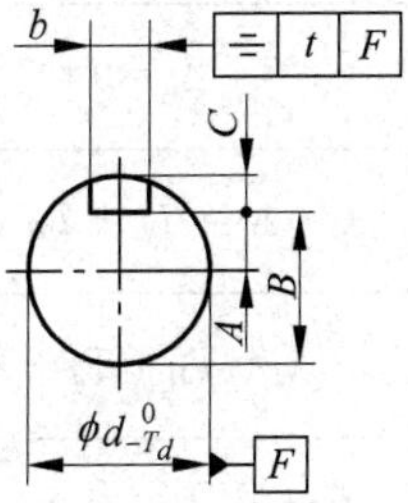
</td><td rowspan="4">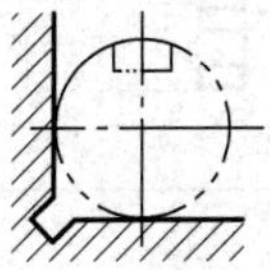</td><td>A</td><td>$\Delta_d = T_d/2$</td></tr>
<tr><td>B</td><td>$\Delta_d = 0$</td></tr>
<tr><td>C</td><td>$\Delta_d = T_d$</td></tr>
<tr><td>t</td><td>$\Delta_d = T_d/2$</td></tr>
<tr><td rowspan="4">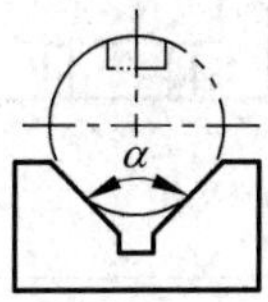
</td><td>A</td><td>$\Delta_d = \dfrac{T_d}{2\sin\frac{\alpha}{2}}$</td></tr>
<tr><td>B</td><td>$\Delta_d = \dfrac{T_d}{2}\left(\dfrac{1}{\sin\frac{\alpha}{2}} - 1\right)$</td></tr>
<tr><td>C</td><td>$\Delta_d = \dfrac{T_d}{2}\left(\dfrac{1}{\sin\frac{\alpha}{2}} + 1\right)$</td></tr>
<tr><td>t</td><td>$\Delta_d = 0$</td></tr>
<tr><td rowspan="4">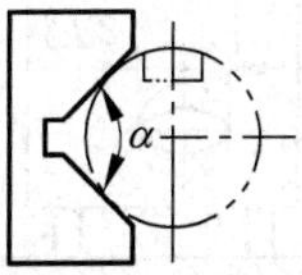
</td><td>A</td><td>$\Delta_d = 0$</td></tr>
<tr><td>B</td><td>$\Delta_d = T_d/2$</td></tr>
<tr><td>C</td><td>$\Delta_d = T_d/2$</td></tr>
<tr><td>t</td><td>$\Delta_d = \dfrac{T_d}{2\sin\frac{\alpha}{2}}$</td></tr>
<tr><td rowspan="4">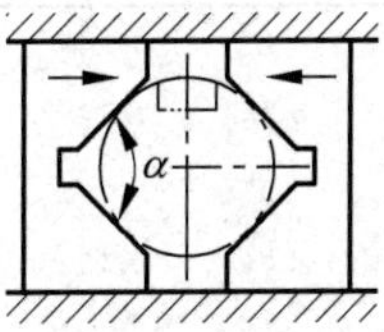
</td><td>A</td><td>$\Delta_d = 0$</td></tr>
<tr><td>B</td><td>$\Delta_d = T_d/2$</td></tr>
<tr><td>C</td><td>$\Delta_d = T_d/2$</td></tr>
<tr><td>t</td><td>$\Delta_d = 0$</td></tr>
<tr><td rowspan="4"></td><td>A</td><td>$\Delta_d = 0$</td></tr>
<tr><td>B</td><td>$\Delta_d = T_d/2$</td></tr>
<tr><td>C</td><td>$\Delta_d = T_d/2$</td></tr>
<tr><td>t</td><td>$\Delta_d = 0$</td></tr>
</table>

续表

工件简图	定位简图	加工尺寸或位置精度的定位误差	
B, $L\pm\frac{T_L}{2}$, A		A	$\Delta_d=0$
		B	$\Delta_d=T_H$
		B	$\Delta_d=0$
A, B, C, D, $H\pm\frac{T_H}{2}$, $90\pm\Delta\alpha$, $L\pm\frac{T_L}{2}$	h	A	$\Delta_d=2(H-h)\tan(\Delta\alpha)$
		B	$\Delta_d=2(H-h)\tan(\Delta\alpha)+T_L$
		C	$\Delta_d=T_H$
		D	$\Delta_d=0$
$L\pm\frac{T_L}{2}$, F, E, C, $\phi D^{+T_D}_{0}$, A, B, $H\pm\frac{T_H}{2}$, $J\pm\frac{T_J}{2}$	$\phi d^{0}_{-T_d}$	A	$\Delta_d=T_L$
		B	$\Delta_d=0$
		C	$\Delta_d=T_L+T_H$
		E	$\Delta_d=T_D+T_d+X$
		F	$\Delta_d=T_D+T_d+X+T_L$

附录 K　正态分布 $F(z)$ 值

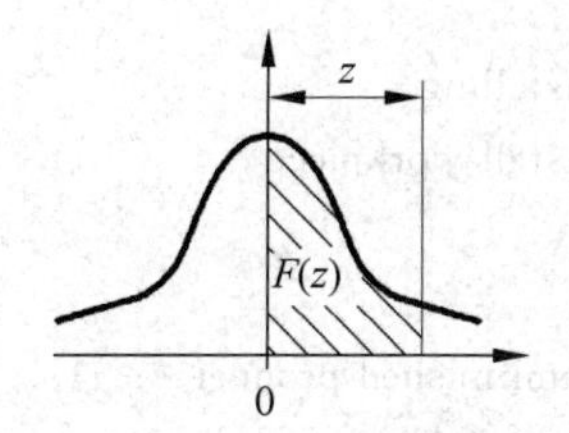

$$F(z)=\frac{1}{\sqrt{2\pi}}\int_0^z e^{-\frac{z^2}{2}}\,dz$$

z	$F(z)$	z	$F(z)$	z	$F(z)$	z	$F(z)$	z	$F(z)$
0.00	0.0000	0.20	0.0793	0.60	0.2257	1.00	0.3413	2.00	0.4772
0.01	0.0040	0.22	0.0871	0.62	0.2324	1.05	0.3531	2.10	0.4821
0.02	0.0080	0.24	0.0948	0.64	0.2389	1.10	0.3643	2.20	0.4861
0.03	0.0120	0.26	0.1023	0.66	0.2454	1.15	0.3749	2.30	0.4893
0.04	0.0160	0.28	0.1103	0.68	0.2517	1.20	0.3849	2.40	0.4918
0.05	0.0199	0.30	0.1179	0.70	0.2580	1.25	0.3944	2.50	0.4938
0.06	0.0239	0.32	0.1255	0.72	0.2642	1.30	0.4032	2.60	0.4953
0.07	0.0279	0.34	0.1331	0.74	0.2703	1.35	0.4115	2.70	0.4965
0.08	0.0319	0.36	0.1406	0.76	0.2764	1.40	0.4192	2.80	0.4974
0.09	0.0359	0.38	0.1480	0.78	0.2823	1.45	0.4265	2.90	0.4981
0.10	0.0398	0.40	0.1554	0.80	0.2881	1.50	0.4332	3.00	0.49865
0.11	0.0438	0.42	0.1628	0.82	0.2039	1.55	0.4394	3.20	0.49931
0.12	0.0478	0.44	0.1700	0.84	0.2995	1.60	0.4452	3.40	0.49966
0.13	0.0517	0.46	0.1772	0.86	0.3051	1.65	0.4505	3.60	0.499841
0.14	0.0557	0.48	0.1814	0.88	0.3106	1.70	0.4554	3.80	0.499928
0.15	0.0596	0.50	0.1915	0.90	0.3159	1.75	0.4599	4.00	0.499968
0.16	0.0636	0.52	0.1985	0.92	0.3212	1.80	0.4641	4.50	0.499997
0.17	0.0675	0.54	0.2004	0.94	0.3264	1.85	0.4678	5.00	0.49999997
0.18	0.0714	0.56	0.2123	0.96	0.3315	1.90	0.4713	—	—
0.19	0.0753	0.58	0.2190	0.98	0.36365	1.95	0.4744	—	—

附录 L　机械制造工艺术语(中英对照)

A

安装	installing
安装工件	install workpiece

B

半成品	semifinished product
半精加工	semi-finishing
刨边	edge planing
刨槽	slot shaping, slat planing, grooving
刨成形面	form shaping
刨齿	gear planing
刨平面	surface shaping(牛头刨), surface planing(龙门刨)
刨削	shaping(牛头刨), gouging
包装	packaging
爆炸成形	forming explosion
爆炸索切割	geoflex cutting
标记	marking
标准工具明细表	list of factory standard tool
标准工艺装备	standard tooling
标准作业程序	standard operating procedure(SOP)
表面处理	surface treatment
表面粗糙度	surface roughness
表面涂覆	surface coating
并行工程	concurrent engineering(CE)
拨缘	side bending
补偿环	compensating link
不合格品	non-conforming
布置工作地时间	time for machine servicing
部件装配(部装)	subassembly

C

材料利用率	overall material utilization factor
材料去除法	material-removal processes
材料消耗工艺定额	material consumption in process
材料消耗工艺定额汇总表	summaries of material consumption quato in process
材料消耗工艺定额明细表	list of material consumption quato in process
测量基准	measuring datum

插槽	slotting
插齿	gear shaping
插孔	hole slotting
插销	slotting
拆卸	disassembly
产量定额	rated output
产品结构工艺性	technological efficiency of product design,manufacturability
产品数据管理	product data management(PDM)
铲削	relieving,backing-off
超负荷试验	overload test
超精加工,超精密加工	superfinishing,ultraprecision machining
超声波打孔	ultrasonic perforation
超声波加工	ultrasonic machining
超声电火花加工	ultrasound EDM
超声电解复合加工	electrolysis of ultrasonic machining
超声研磨	ultrasound grinding
车槽	recessing,grooving,radical plunge cutting
车成型面	form turning,copy turning,profile turning
车间分工明细表	workshop specification sheet
车孔	hole turning
车螺纹	single-point treading,thread turning
车平面	surface turning,facing,surfacing
车外圆	turning,cylindrical turning
车削	turning
成型法	forming
成组技术	group technology(GT)
尺寸链	dimension chain
冲齿轮	gear stamping
冲孔	punching
冲压	stamping,pressing,sheet forming
冲压件	stamping
除锈	rust removal
传递系数	transformation ratio,sealing factor
传统加工(常规加工)	traditional machining
创成式 CAPP 系统	generative CAPP system
粗化	coarsening
粗加工	roughing
粗切削	roughing cuts
淬火	hardening
搓螺纹	thread rolling,flat die thread rolling
锉削	filing

D

打样冲眼	center-punching
大量生产	high-volume production,mass production

单件生产	single piece production
刀具	cutting tool
倒钝锐边	breaking sharp corners, rounding sharp edges
倒角	chamfering
倒圆角	rounding, filleting
等离子加工	plasma machining
等离子喷涂	plasma spray
典型工序卡	typical operation sheet
典型工艺	typical process
典型工艺过程卡	typical process flow sheet
典型工艺卡	typical process sheet
电化学(电解)加工	electro-chemical machining(ECM)
电火花打孔	electric spark-erosion perforation
电火花加工	electrical discharge machining(EDM)
电加工	electric machining
电加工成形面	form electro-machining
电解电火花复合加工	EDM composite processing electrolytic
电解磨削	electrolysis grinding
电解研磨	electrolytic polishing, electropolish
电气试验	electric test
电铸	galvanoplastics, electroforming
电子束打孔	electron beam perforation
电子束加工	electron beam machining(EBM)
吊装	lift fitting
定尺寸刀具法	dimensioning cutting tool
定位	positioning
定位基准	fixed datum
动平衡试验	dynamic balancing test
堵孔	plug-hole
锻件	forging
锻造	forging
对刀	tool setting

F

翻边	flanging
反变形(预变形)	reverse deformation
仿形法	copying
放边	release side
放样	lay out
非传统加工(常规加工,特种加工)	non-traditional machining
废品	scrap
分层实体制造	laminated object manufacturing(LOM)
分组装配法	classified groups assembly method
粉末冶金	powder metallurgy
封闭环	closing link

辅具	auxiliary tools, machine auxiliary tools
辅助材料	auxiliary material, indirect material
辅助工步	auxiliary step
辅助基准	auxiliary datum
辅助时间	auxiliary time
负荷试验	load test
复层工艺	coating process
复合加工	compound machining

G

干式切削	dry cutting
刚度	stiffness
高速高能成型	high-energy-rate forming(HERF)
高速加工	high speed machining
高速切削	high-speed cutting
高压水切割	high pressure water cutting
工步	step, manufacturing step
工件	workpiece
工件夹紧	workholding
工位	position
工位器具	station facilities
工位器具明细表	list of parts stands and racks
工序	operation
工序基准	operation datum
工序卡	operation sheet
工序能力	process capability
工序能力系数	process capability index
工序图	operation diagram
工序余量	operation allowance
工艺	technology, technique, technics, craft
工艺参数	process parameter
工艺尺寸	process dimension, operation dimension
工艺尺寸链	process dimension chain
工艺方案	process program
工艺附图	process accompanying figure
工艺关键件	key components and parts in process
工艺关键件明细表	list of key components and parts in process
工艺管理	technological management, process control
工艺规程	procedure
工艺规范	process specification
工艺过程	process
工艺过程卡	procedure sheet
工艺过程优化	process optimization
工艺基准	process datum
工艺纪律	manufacturer discipline

工艺决策	process decision
工艺卡	process sheet
工艺孔	auxiliary hole
工艺留量	processing allowance
工艺路线	process route
工艺路线表	sheet of process route,route sheet,master route sheet
工艺能力	process capabilities
工艺设备	manufacturer equipment
工艺设计	process design,process planning
工艺试验	engineering test,technological test,experimental research of process
工艺试验报告	report of engineering test
工艺守则	process instructions
工艺数据	process data
工艺数据库	technological base
工艺凸台	false boss
工艺文件	technological documentation
工艺文件更改通知单	change order for technological documentation
工艺文件目录	catalogue of process documents
工艺系统	machining complex
工艺信息模型	process information model
工艺性分析	analysis of technological efficiency,analysis of manufacturability
工艺性审查	review of technological efficiency,review of manufacturability
工艺验证	process verification
工艺要素	process factor
工艺用件	specified part in process
工艺装备(工装)	process equipment,tooling
工艺装备验证书	proof record for tooling
工艺准备	technological preparation of production
工艺总结	summary of technological work
攻螺纹	tapping
拱曲	arching,hollowing
刮槽	slot scraping
刮孔	hole scraping
刮平面	surface scraping
刮削	scraping
刮研	scraping
光固化立体造型	stereo lithography(SL)
光刻加工	photolithograph processing
光整加工	finishing cut
硅微细加工	silicon micro-machine
滚槽	slot rolling
滚齿	gear hobbing,hobbing
滚花	knurling
滚弯	roll bending
滚压	rolling

滚压孔	hole rolling
滚压螺纹	thread rolling,cylindrical die thread rolling
滚压外圆	cylindrical rolling

H

焊接	welding
焊接件	welding,weldment
号料	laying out,marking off
合格品	conforming
珩齿	gear honing
珩孔	hole honing
珩螺纹	thread honing
珩磨外圆	cylindrical honing
珩平面	surface honing
珩削	honing
互换装配法	interchangeable assembly method
划线	laying out
环(尺寸链环)	link
回火	tempering
锪孔	counterboring
锪平面	spot facing,end-face
锪削	spotting,spot face,counterboring

J

机床	machine tool
机械加工	machining
机械制造工艺	mechanical manufacturering technology, machine building technology, machinery technology
基本时间	machine time,running time
基准	datum
激光打孔	laser beam perforation
激光加工	laser beam machining
挤齿	gear burnishing
挤孔	hole burnishing
挤压	extruding
挤压中心孔	center squeezing, center hole squeezing
计量器具	measuring instruments
计算机辅助工程	computer aided engineering
计算机辅助工艺规划设计(计算机辅助工艺规程设计)	computer-aided process planning(CAPP)
计算机辅助夹具设计	computer-aided-fixture design(CAFD)
计算机辅助设计	computer aided design(CAD)
计算机辅助制造	computer-aided manufacturing(CAM)
计算机集成制造系统	computer integrated manufacturing system(CIMS)
计算机数字控制	computer numerical control(CNC)

加工经济精度	economical accuracy of machining
加工精度	machining accuracy
加工误差	machining error
加工中心	machining center
加工总余量(毛坯余量)	total allowance for machining
加热机械加工	mechanical cutting heating
夹紧	clamping
夹具	jigs,fixture
价值工程	value engineering
减环	decreasing link
剪切	shearing
矫正	straightening
铰孔	reaming
铰削	reaming
校平	flattening
校直	straightening
金属切削	metal cutting
进给量	feed
进给速度	feed speed
精加工	finishing
精密加工	precise machining
精益生产	lean product(LP)
静平衡试验	static balance test
锯削	sawing
卷边	curling,crimping

K

可复用工艺设计	reusable process planning
可加工性	machinability
可制造性	manufacturability
空行程	idle stroke
空载运行试验	no-load test,running-in test
快速原型	rapid prototyping(RP)
扩孔	core drilling,flaring

L

拉槽	slot broaching
拉齿	gear broaching
拉孔	hole broaching,internal broaching
拉螺纹	internal thread broach,rifling
拉平面	surface broaching
拉弯	stretch bending,tensile bending
拉削	broaching,pull broaching
冷装	expansion fitting
冷作	cold work

离子束加工	ion beam machining
立体印刷(立体打印,3D打印)	stereoscopic printing(3D-printing)
临时脱离工艺通知单	order for temporary disengage process
零件结构工艺性	technological efficiency of parts design
零件信息模型	parts information model
流程图	flow diagram
绿色加工	green processing
绿色制造	green manufacturing

M

毛坯	blank
毛坯图	blank draw
铆接	riveting
面向制造的设计	design for manufacturing(DFM)
面向装配、拆卸和维护的设计	design for assembly, disassembly and service
敏捷制造	agile manufacturing(AM)
模具	die,mould,pattern
磨槽	slot grinding
磨成形面	form grinding
磨齿	gear grinding
磨孔	hole grinding,internal grinding
磨螺纹	thread grinding
磨平面	surface grinding,face grinding
磨外圆	cylinderical grinding
磨削	grinding
磨中心孔	center grinding,center hole grinding

N

纳米加工	nano-processing
扭曲	twisting

P

排料	blank lay out,nesting plan
派生式CAPP系统	variant CAPP system
抛光	polishing
抛光成型面	form polishing
抛光平面	surface polishing,plane buffing
抛光外圆	cylindrical polishing,cylindrical buffing
配键	key fitting
配套	forming a complete set
配研	spotting,spotting-in
配重	mass-balance weight,counterpoising
配做	machining based another part
喷砂	sand-blasting
喷丸	shot-blasting,peening

喷丸成形	cloud burst treatment forming
批量生产,成批生产	mass production
拼接	jointing together
破坏性试验	destructive test

Q

漆封	paint sealing
企业资源计划	enterprise resource planning(ERP)
启封	unsealing
气密性试验	air-tight test
铅封	lead sealing
钳工工具	bench-work tool
钳加工	bench work
强化	strengthening
切出量(切出长度)	overtravel,overrun
切断(车断)	cutting off,parting off,parting
切割	cutting
切入量(切入长度)	approach
切削功率	cutting power
切削加工	cutting
切削力	cutting force
切削热	heat in metal cutting
切削深度	depth of cut
切削速度	cutting speed
切削温度	cutting temperature
切削液	cutting fluid
切削用量	cutting conditions
清洗	cleaning
去毛刺	deburring
去重	weight reduction

R

热成型	hot working
热处理	heat treatment
热浸镀	hot dip
热喷涂	thermal spray
热弯	hot bending
热装	shrinkage fitting
熔融沉积成型	fused depositing forming(FDF)
柔性制造	flexible manufacturing
柔性制造系统	flexible manufacturing system(FMS)

S

砂光	coated abrasive working
设备负荷率	machine load rate

设计基准	design datum
渗漏试验	leakage test
渗碳	carburization
生产纲领	production program
生产过程	production process
生产节拍	tact,pace of production
生产类型	types of production
生产量	production volume
生产率	production rate
生产批量	production batch
生产周期	production cycle
时间定额	standard time
实体自由制造	solid free-form fabrication
试车	test run
试件	specimen,test specimen
试切法	machining by trial cuts
试装	trial assembly
适应控制	adaptive control
收边	shrinking side
寿命试验	life test
梳螺纹	thread chasing
数控编程	programming for numerical control
数控加工	numerically controlled machining
数字控制	numerical control
数字制造	digital manufacture
塑性变形	plastic distortion
缩颈	necking
缩孔	necking

T

弹性变形	elastic distortion
调整法	machining on preset machine tool
调整卡	adjusting table
调整装配法	adjustment assembly method
调质	hardening and tempering
镗槽	slot boring
镗孔	boring
镗削	boring
套螺纹	thread die cutting,thread with die
特征	feature
特征代码	feature ID
剃齿	gear shaving
通用工艺装备	universal tooling
推槽	slot push broaching
推孔	hole push broaching

推削	push broaching
退火	anneal
托盘交换器	automatic pallet changer(APC)
脱碳	decarburization

W

外购工具明细表	list of purchased tooling
外协件	cooperation part
外协件明细表	list of cooperation part
弯管	pipe bending
弯形	bending
往复次数	number of strokes
微细加工	micromachining
温度试验	temperature test
无心磨	centerless grinding

X

铣槽	slot milling,side and face milling,keyway milling
铣成形面	form milling,copy milling,profile milling
铣齿	gear milling
铣孔	hole milling
铣螺纹	tread milling
铣平面	surface milling,slab milling,face milling
铣削	milling
小批量生产	small batch production
行程(工作行程)	working stroke,operating stroke
形式试验	type test
性能试验	performance test
休息与生理需要时间	time for rest and personal needs
修边	trimming
修配装配法	fitting assembly method
虚拟制造	virtual manufacturing
虚拟装配	virtual assembly
旋风铣螺纹	thread whirling
旋压	spinning
选择性激光烧结	selective laser sintering(SLS)

Y

压力加工	press working,pressure working
压力试验	pressure test
压弯	bending, press bending
压装	press fitting
研槽	slot lapping
研齿	gear lapping
研孔	hole lapping

研螺纹	thread lapping
研磨外圆	cylindrical lapping
研平面	flat lapping
研削	lapping
研中心孔	center lapping,center hole lapping
咬缝	seaming
液压成型	hydraulic moulding
硬态切削	hard cutting
油封	oil sealing
预载	preload
原材料	raw material

Z

再生性颤振	regenerative chatter
再制造	remanufacturing
在制品	work-in-process
錾削	chipping
噪声试验	noise measurement
增材制造	additive manufacturing(AM)
增环	increasing link
轧齿	gear rolling
轧制	rolling
黏结	gluing
展成法	generating
展开	development
涨接	expanding joint
涨形	bulging
找正	aligning,to center align
折边	heming,folding
真空沉积	vacuum deposition
振动切削	vibrocutting
正火	normalizing
直接成形技术	direct molding technology
直接劳动	direct labour
直接生产时间	floor-to-floor time
制成品	finished goods
制成品放弃	finished goods waivers
制造成本	manufacturing costs
制造过程仿真	manufacturing process simulation(MPS)
智能制造	intelligent manufacturing
主要材料	primary material
主轴转速	spindle speed
注射成型	injection forming
铸齿轮	gear casting
铸件	casting

铸造	foundry,casting
专用工艺装备	dedicated tooling,special tooling
专用工艺装备明细表	list of special tooling
专用工艺装备设计任务书	design assignment for dedicated technical equipment
专用机床	dedicated machine
专用设备设计任务书	design assignment for dedicated equipment
装夹	clamping
装配	assembly
装配尺寸链	dimension chain for assembly
装配基准	assembly datum
装配件	assembly
装配顺序规划	assemble sequence planning
装配系统图	assembly flow chart, product tree
准备与终结时间	time for prepare and finish
自动导向车	automatic guided vehicle(AGV)
自动化生产	automated production
自动换刀	automatic tool change
自激振动	self-excited vibration
总体装配(总装)	general assembly,final assembly
组成环	component link
组合夹具明细表	list of universal modular jigs and fixtures system
组合夹具组装任务书	assembly assignment modular fixture
组装线	assembly
钻削(钻孔)	drilling
钻中心孔	centering
作业时间	basic cycle time

主要参考文献

[1] 常同立，杨家武，佟志忠. 机械制造工艺学[M]. 北京：清华大学出版社，2010.

[2] KALPAKJIAN S, SCHMID R S. Manufacturing engineering and technology-machining[M]. Upper Saddle River：Prentice-Hall，2001.

[3] MOTT L R. Machine elements in mechanical design[M]. USA：Pearson Education，2002.

[4] LEONDES C. Manufacturing system process[M]. Boca Raton：CRC press，2001.

[5] 崔长华，左会峰，崔雷. 机械加工工艺规程设计[M]. 北京：机械工业出版社，2009.

[6] 姜继海，李志杰，尹九思. 汽车厂实习教程[M]. 哈尔滨：哈尔滨工业大学出版社，1998.

[7] 王启平. 机械制造工艺学[M]. 5 版. 哈尔滨：哈尔滨工业大学出版社，2005.

[8] 王先逵. 机械制造工艺学[M]. 3 版. 北京：机械工业出版社，2013.

[9] 柯明杨. 机械制造工艺学[M]. 北京：航空航天大学出版社，1996.

[10] 刘震北. 液压元件制造工艺学[M]. 哈尔滨：哈尔滨工业大学出版社，1992.

[11] 石振东. 尺寸链理论与应用[M]. 哈尔滨：黑龙江科学技术出版社，1993.

[12] 张荣瑞. 尺寸链原理及其应用[M]. 北京：机械工业出版社，1986.

[13] 冯道. 机械零件切削加工工艺与技术标准实用手册[M]. 合肥：安徽文化音像出版社，2003.

[14] 杨叔子. 机械加工工艺师手册[M]. 北京：机械工业出版社，2004.

[15] KOSHAL D. Manufacturing engineer's reference book[M]. Oxford：Butterworth-Heinemann，Ltd.，1993.

[16] WALSH A R，CORMIER D. McGraw-Hill machining and metalworking handbook[M]. USA：McGraw-Hill，2006.

[17] WALSH A R. Handbook of machining and metalworking calculations[M]. USA：McGraw-Hill，2001.

[18] MARINESCU D I，HITCHINER M，UHLMANN E，et. al. Handbook of machining with grinding [M]. Boca Raton：CRC press，2007.

[19] WALKER M J. Handbook of manufacturing engineering[M]. New York：Marcel Dekker，Inc.，1996.

[20] BEITZ W，KUTTER H K. Dubbel handbook of mechanical engineering[M]. London：Springer-Verlag，1994.

[21] OBERG E，JONES D F，HRTON L H，et al.. Mechinery's handbook[M]. New York：Industrial Press，Inc.，2004.

[22] 吕亚臣. 重型机械工艺手册(上下册)[M]. 哈尔滨：哈尔滨出版社，1998.

[23] 小栗富士雄，小栗达男. 机械设计禁忌手册[M]. 陈祝同，等译. 北京：机械工业出版社，2002.

[24] 戴起勋. 机械零件结构工艺性 300 例[M]. 北京：机械工业出版社，2003.

[25] 艾兴，肖诗钢. 切削用量简明手册[M]. 3 版. 北京：机械工业出版社，1994.

[26] 孙本绪，熊万武. 机械加工余量手册[M]. 北京：国防工业出版社，1999.

[27] COMPBELL G R. Integrated product design and manufacturing using geometric dimensioning and tolerancing[M]. New York：Marcel Dekker，Inc.，2003.

[28] 张公绪，孙静. 质量工程师手册[M]. 北京：企业管理出版社，2002.

[29] 杨继宏. 数控加工工艺手册[M]. 北京：化学工业出版社，2008.

[30] 段晓旭. 数控加工工艺方案设计与实施[M]. 沈阳：辽宁科学技术出版社，2008.

[31] 许祥泰，刘艳芳. 数控加工编程实用技术[M]. 北京：机械工业出版社，2000.

[32] 斋藤二郎. 数控机床常识及操作技巧[M]. 姜晓娇，译. 北京：机械工业出版社，2009.

[33] 李金伴，马伟民. 实用数控机床技术手册[M]. 北京：化学工业出版社，2007.
[34] 席文杰. 最新数控机床加工工艺编程技术与维护维修实用手册[M]. 长春：吉林省电子出版社，2004.
[35] 孙玉芹，孟兆新. 机械精度设计基础[M]. 北京：科学出版社，2003.
[36] FISHER R B. Mechanical tolerance stackup and analysis[M]. 2nd edition. Boca Raton：CRC Press，2011.
[37] 张辽远. 现代加工技术[M]. 北京：机械工业出版社，2002.
[38] 刘晋春，等. 特种加工[M]. 5版. 北京：机械工业出版社，2006.
[39] 袁哲俊，王先逵. 精密和超精密加工技术[M]. 2版. 北京：机械工业出版社，2007.
[40] CHILDS T，MAEKAUA K，OBIKAWA T，et al. Metal machining theory and application[M]. London：Arnold，a member of the Hodder Heading Group，2000.
[41] 迪特尔·穆斯，赫伯特·维特，曼弗雷德·贝克，等. 机械设计[M]. 孔建益，译. 北京：机械工业出版社，2012.
[42] ULRICH T K，EPPINGER D S. Product design and development[M]. USA：McGraw-Hill，2004.
[43] BOOTHROYD G，DEWHURST P，KNIGHT A W. Product design for manufacture and assembly[M]. New York：Marcel Dekker，Inc.，2002.
[44] MATTA A，SEMERARO Q. Design of advanced manufacturing systems[M]. Nether lands：Springer，2005.
[45] 支道光. 机械零件材料与热处理工艺选择[M]. 北京：机械工业出版社，2008.
[46] 乔治·克劳斯. 钢的热处理原理[M]. 李崇谟，等译. 北京：冶金工业出版社，1987.
[47] 中国机械工程学会热处理学会. 热处理手册[M]. 4版. 北京：机械工业出版社，2008.
[48] GENTRY G，WESTBURY T E. Hardening and tempering engineer's tools[M]. UK：Model & Allied Publications Argus Books Limited，1982.
[49] CAIN T. Hardening，tempering and heat treatment for model engineers[M]. UK：Argus Books Ltd.，1984.
[50] 刘永铨. 钢的热处理[M]. 北京：冶金工业出版社，1981.
[51] 刘鸣放，刘胜新. 金属材料力学性能手册[M]. 北京：机械工业出版社，2011.
[52] Xu X. Integrating advanced computer-aided design，manufacturing，and numerical control principles and implementation[M]. Herskey：Information Science Reference，2009.
[53] KAMEN W E. Industrial controls and manufacturing[M]. Nether lands：Elsevier Science & Technology Books，1999.
[54] BLOCH P H，GEITNER K F. Machinery component maintenance and repair[M]. 2nd edition. Houston：Gulf Publishing Company，1999.
[55] PARMLEY R. Machine devices and components illustration source book[M]. New York：McGraw-Hill，2005.
[56] 盛骤，谢式千，潘承毅. 概率论与数理统计[M]. 2版. 北京：高等教育出版社，2000.
[57] 朱耀祥，浦林祥. 现代夹具设计手册[M]. 北京：机械工业出版社，2010.
[58] 徐鸿本. 机床夹具设计手册[M]. 沈阳：辽宁科学技术出版社，2004.
[59] 贵州工学院机械制造工艺教研室. 机床夹具结构图册[M]. 贵阳：贵州人民出版社，1983.
[60] 王光斗，王春福. 机床夹具设计手册[M]. 上海：上海科学技术出版社，2011.
[61] 谢诚. 检验夹具设计[M]. 北京：机械工业出版社，2001.
[62] 陈家芳，顾霞琴. 典型零件机械加工工艺与实例[M]. 上海：上海科学技术出版社，2010.
[63] 冯冠大. 典型零件机械加工工艺[M]. 北京：机械工业出版社，1986.
[64] 西门子软件公司. 工业4.0实战——装备制造业数字化之路[M]. 北京：机械工业出版社，2016.

[65] 张培林，何忠波，白鸿柏. 自行火炮推进系统[M]. 哈尔滨：哈尔滨工业大学出版社，2012.
[66] 陈家瑞. 汽车构造[M]. 5 版. 北京：人民交通出版社，2009.
[67] 王宝玺. 汽车拖拉机制造工艺学[M]. 2 版. 北京：机械工业出版社，2000.
[68] CANTOR B, REILLY K O. Solidification and casting[M]. London: Institute of Physics Publishing, 2003.
[69] 加里·莫里森，史蒂文·罗斯，杰罗尔德·肯普. 设计有效的教学[M]. 4 版. 严玉萍，译. 北京：中国轻工业出版社，2007.